航图教程

李桂芳　桑保华　主　编

西南交通大学出版社
·成　都·

图书在版编目（CIP）数据

航图教程 / 李桂芳，桑保华主编. -- 成都：西南交通大学出版社，2025.1. -- ISBN 978-7-5774-0227-7

Ⅰ. V249.3

中国国家版本馆 CIP 数据核字第 2024WH8589 号

Hangtu Jiaocheng
航图教程

李桂芳　桑保华／主　编	策划编辑／罗在伟
	责任编辑／何明飞
	封面设计／GT 工作室

西南交通大学出版社出版发行
（四川省成都市金牛区二环路北一段 111 号西南交通大学创新大厦 21 楼　610031）
营销部电话：028-87600564　　028-87600533
网址：https://www.xnjdcbs.com
印刷：四川煤田地质制图印务有限责任公司

成品尺寸　185 mm×260 mm
印张　24.5　　字数　610 千
版次　2025 年 1 月第 1 版　　印次　2025 年 1 月第 1 次

书号　ISBN 978-7-5774-0227-7
定价　68.00 元

课件咨询电话：028-81435775
图书如有印装质量问题　本社负责退换
版权所有　盗版必究　举报电话：028-87600562

PREFACE 前 言

航图是飞行员必备的重要航行资料，用于飞行的各个阶段，为飞行员提供航路信息、通信导航设施、仪表飞行程序、空域、机场及其他各类飞行关键信息。航图的正确使用与否将直接影响飞行安全。

目前，世界各国民航飞行主要使用的航图是杰普逊航图，它采用英语进行图面信息的标注和说明，包含大量的缩略语和特有符号，使得来自非英语国家的航空人员在识读和应用过程中存在一定困难。此外，我国飞行员飞国内航线以及国内航校进行飞行训练时，主要使用的是 CAAC 航图。书中结合国内外具有代表性的机场介绍杰普逊航图和 CAAC 航图，详细阐述了两类航图的使用方法。

本书共分为 8 章，主要以近十年出版的航图为实例，内容涵盖航图概述、航路图与区域图、机场图、标准仪表离场图、标准仪表进场图、仪表进近图、其他终端区航图和航图软件介绍，并在每一章后面附有习题，供学生复习使用。本书旨在帮助飞行学员及飞行员正确认读、理解和使用航图，帮助其熟悉飞行各阶段的程序和内容，为其飞行训练和飞行实践奠定坚实的理论基础。

本书由南京航空航天大学通用航空与飞行学院李桂芳和桑保华两位老师主编。其中第 1、2、4、5、8 章由李桂芳编写，第 3、6、7 章由桑保华编写。本书在编写过程中得到了南京航空航天大学通用航空与飞行学院领导的大力支持，丁松滨、唐正飞和李勇三位老师，龙昊航校的白宏秋总师也为本书的编写提出了建设性的意见和建议，对提高本书质量起了重要作用，在此表示诚挚的感谢！

本书主要参考借鉴了方学东、由扬两位老师主编的《杰普逊航图教程》，也参考了国内其他民航院校的相关教材、行业标准、相关论文以及航图软件网站，在此编者一并向上述专家和文献作者致以深深的谢意！另外，本书在编写过程中也多次与南京航空航天大学通用航空与飞行学院部分 19 级~22 级飞行学员进行交流探讨，在此也向他们表示感谢！

本书可作为民航高等院校飞行技术专业开设航图课程的教材，也可作为空中交通管理、签派等专业的教材以及航图知识爱好者的自学参考书。

由于航图的涉及面广，信息量大，且编写过程中可参考的资料不多以及编者水平有限，书中难免存在疏漏或不妥之处，恳请广大读者批评指正，以便再版时修改补充。

编 者

2024 年 9 月

CONTENTS 目录

第 1 章 航图概述

1.1 航图的起源 …………………………………………………… 002
1.2 航图的种类 …………………………………………………… 003
1.3 航图相关数学基础 …………………………………………… 011
1.4 航图制图规范 ………………………………………………… 014
1.5 航图的修订 …………………………………………………… 015
1.6 航图的发展 …………………………………………………… 015
1.7 安全案例 ……………………………………………………… 016

第 2 章 航路图与区域图

2.1 杰普逊航路图类型 …………………………………………… 018
2.2 杰普逊航路图布局及信息 …………………………………… 019
2.3 杰普逊区域图 ………………………………………………… 058
2.4 杰普逊航路图综合样例 ……………………………………… 060
2.5 CAAC 航路图布局及信息 …………………………………… 064
2.6 CAAC 区域图 ………………………………………………… 078
复习思考题 ………………………………………………………… 083

第 3 章 机场图

3.1 机场跑道构型 ………………………………………………… 084
3.2 杰普逊机场图布局及信息 …………………………………… 087
3.3 杰普逊机场图综合样例 ……………………………………… 101
3.4 CAAC 机场图布局及信息 …………………………………… 105
3.5 CAAC 机场图综合样例 ……………………………………… 138
复习思考题 ………………………………………………………… 142

第 4 章 标准仪表离场图

- 4.1 杰普逊标准仪表离场程序的类型 …………………………………… 143
- 4.2 杰普逊标准仪表离场程序的指派 …………………………………… 144
- 4.3 杰普逊标准仪表离场图布局及信息 ………………………………… 144
- 4.4 PBN 介绍 ……………………………………………………………… 153
- 4.5 杰普逊标准仪表离场图应用范例 …………………………………… 155
- 4.6 CAAC 标准仪表离场图布局及信息 ………………………………… 159
- 4.7 CAAC 标准仪表离场图应用范例 …………………………………… 166
- 复习思考题 ………………………………………………………………… 169

第 5 章 标准仪表进场图

- 5.1 杰普逊标准仪表进场图布局及信息 ………………………………… 171
- 5.2 杰普逊标准仪表进场图应用范例 …………………………………… 178
- 5.3 CAAC 标准仪表进场图布局及信息 ………………………………… 182
- 5.4 CAAC 标准仪表进场图应用范例 …………………………………… 188
- 复习思考题 ………………………………………………………………… 192

第 6 章 仪表进近图

- 6.1 与进近图相关的进近程序概念 ……………………………………… 193
- 6.2 杰普逊仪表进近图布局及信息 ……………………………………… 200
- 6.3 杰普逊仪表进近图应用范例 ………………………………………… 227
- 6.4 CAAC 进近图相关概念 ……………………………………………… 237
- 6.5 CAAC 进近图布局及信息 …………………………………………… 239
- 6.6 CAAC 进近图应用范例 ……………………………………………… 273
- 复习思考题 ………………………………………………………………… 287

第 7 章　其他终端区航图

7.1　机场停机位图 …………………………………………… 288

7.2　滑行路线图 ……………………………………………… 299

7.3　机场障碍物图 …………………………………………… 311

7.4　空中走廊图 ……………………………………………… 314

7.5　放油区图 ………………………………………………… 315

复习思考题 …………………………………………………… 316

第 8 章　航图软件介绍

8.1　JeppView ………………………………………………… 320

8.2　ForeFlight ………………………………………………… 339

8.3　eAIP-China ……………………………………………… 349

8.4　Navigraph ………………………………………………… 364

8.5　电子飞行包（EFB） …………………………………… 368

附　录

附录 1　缩略词 ……………………………………………… 380

附录 2　公英制单位换算 …………………………………… 383

参考文献 …………………………………………………………… 384

第 1 章
航图概述

  航图是一种用于辅助飞机导航的地图。它是民航情报服务部门根据飞行规则、飞机性能、空域情况等内容统一绘制并发布，具有很强的时效性和针对性，且具有法律效力的公文，是保障飞行安全的重要资料。通过航图可以快速查阅航路信息、通信、导航设施、仪表飞行程序、空域、机场及其他各类相关信息。航图用于飞行的每个阶段，涵盖航路和终端区。

  在航空事业高度发达的今天，航空领域工作的飞行员、签派员、管制员、情报员等专业人士需要大量多样化的专业服务信息，航图（见图 1.0.1～图 1.0.3）是获得这些信息最有效的资源之一。航图以其使用方便、资料信息集中等特点，成为保证飞行安全的重要工具。

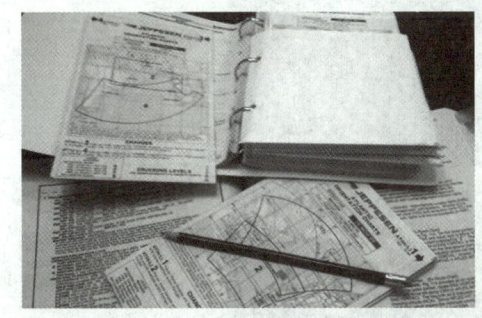

图 1.0.1　纸质版杰普逊航路手册

图 1.0.2　CAAC 航路手册

图 1.0.3　电子航图

1.1 航图的起源

在莱特兄弟发明第一架可以飞行的重于空气并具有动力飞行器之后，越来越多飞机出现在天空中。目视参考是当时最主要的导航方式。因为目视参考依赖于晴朗的天气和地标性建筑及铁路，飞机被限制于短途飞行。如果能见度较差，飞机只能在铁路线上方低空飞行。早期的飞行员们便开始使用自制的航图来引导他们到达距离较远的地方。

1.1.1 航图背后的故事

航图的创始人是杰普逊先生（见图 1.1.1），他以自己优秀的职业素养和卓越的商业头脑开创了杰普逊公司。1930 年，年仅 23 岁的杰普逊怀着小时候的飞行梦，加入波音航空运输公司，成为一名航空邮政飞行员。那时候，为保证不飞丢，飞行员人手一份著名地图绘制厂商 Rand McNally 公司的公路地图，里面标出了公路、城市、河流、湖泊。这一时期的飞机导航还处于目视导航阶段，飞行员依靠地面标志和地图认路。杰普逊开始邮路飞行后，时刻将"好记性不如烂笔头"铭记于心，专门花十美分买了一个黑皮笔记本，开始记录飞过路线上的每个细节。比如城市中比较显眼的水塔、超高的大树、灯塔和无线电信标台……这些渐渐就成为了 Rand McNally 公路地图的补充。随着笔记越做越多，杰普逊觉得只从空中观察是不够的，他开始实地勘察，亲自爬山测量海拔高度，请当地居民提供天气实况等。这一切再次被记录下来。日积月累，黑皮笔记本越来越厚，被周围的飞行员同行发现时，惊叹这简直就是一本"哈利·波特魔法书"。

图 1.1.1 杰普逊先生

"小黑皮书"（如图 1.1.2）贴合飞行实际、使用方便，马上就被传开了。刚开始杰普逊没有经营的想法，复制了几份送给朋友，但后来要笔记的人越来越多。聪明的杰普逊从中发现了商机。1934 年他借了 450 美元，在盐湖城家里的地下室中创立了杰普逊公司，销售笔记复制版。就这样，航空情报产业诞生了，这一切都来源于一本飞行笔记。1996 年，杰普逊去世。去世后，他入选美国航空荣誉堂。其中的展示记录了杰普逊生前最为自豪的、来自飞行员的一段话："杰普逊航图，你救了我的命，让我的飞行更加安全和方便，给了我穿越黑夜和风暴的自信。"

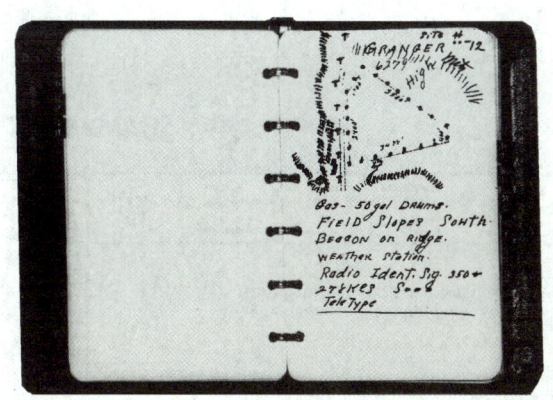

图 1.1.2　杰普逊"小黑皮书"

1.1.2　杰普逊公司介绍

杰普逊公司（JEPPESEN SANDERSON，LNC.），成立于 1934 年，专门为世界各订购国家提供航行情报服务，是世界上最大的航图制作公司，同时也是世界航行情报服务中心。公司总部设在美国科罗拉多州丹佛市。公司拥有先进的自动化航图制作设备，依据公司所掌握的世界各国大量的、详细的航行资料，经过加工、计算、处理、绘制、编辑、审校直至印刷成航图，向世界各订购国家销售，其每周平均需要对近 200 种航图进行修订。其产品和服务包括全球航图出版、电子信息服务、导航数据、计算机飞行计划、性能分析、运行控制系统、航空气象数据、机组管理系统和飞行人员训练等，诸多产品的技术已成为航空行业标准，尤其在数字化航空信息服务的研发和应用方面，杰普逊公司始终保持技术上的领先地位。

1.1.3　杰普逊航图教材介绍

杰普逊航图在全球飞行领域内得到广泛应用，熟悉并正确使用杰普逊航图是确保飞行质量的关键条件。而 2006 年之前我国航空院校以及航空公司在飞行员培养方面所使用的航图教材和资料存在较大差异，因此，民航行政管理部门决定编写一本供国内统一使用的杰普逊航图教材，以确保飞行人员在其养成教育阶段便打下良好的航图知识基础。2006 年 12 月月初，中国民航飞行人员杰普逊航图教材编写会议在中国民航大学召开。此次会议由民航总局飞行标准司主办、中国民航大学承办，来自民航总局、杰普逊（中国）公司、中国民航大学、中国民航飞行学院、南京航空航天大学以及南方航空股份有限公司等单位的专家参加了会议。最终，2008 年年初出版了我国第一本通用的杰普逊航图教材，该教材内容规范全面、图文并茂，很快成为业内的主用航图教材，对促进航图知识的推广和普及起到了重要的作用。

1.2　航图的种类

航图主要依据制图机构、服务的飞行规则、覆盖空域及作用进行分类。

1. 按制图机构分类

根据制图机构分为杰普逊（Jeppesen）航图、Lido 航图、AERAD 补充手册、CAAC 航图和 FAA 航图等。

杰普逊航图（见图 1.2.1）是由波音旗下的杰普逊公司绘制的，它是目前全球航空公司和飞行员使用最广泛的一种飞行资料，采用最适合的航空图和地形图编制，主要供仪表飞行使用。

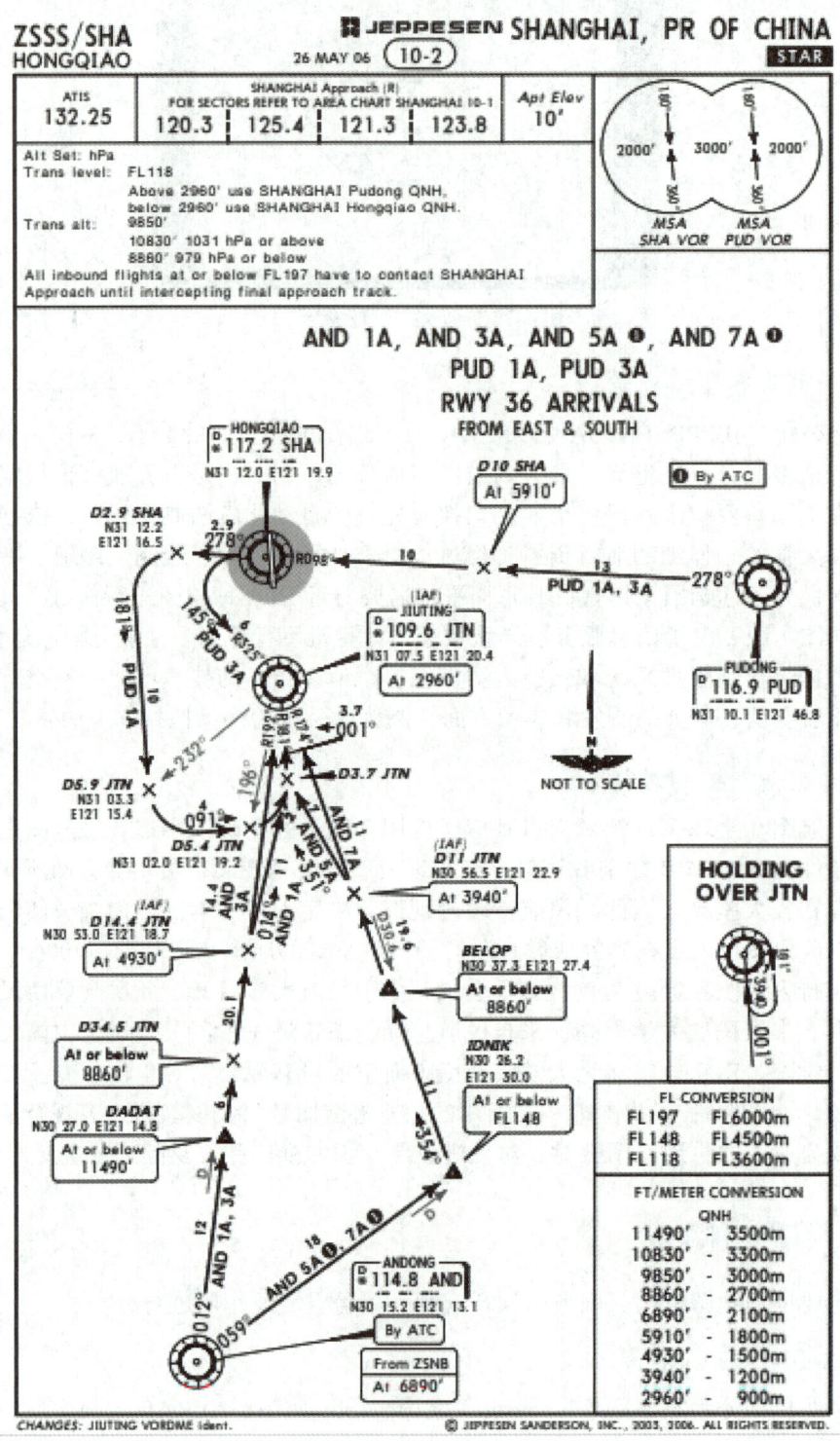

图 1.2.1　杰普逊航图

Lido 航图（见图 1.2.2）是由德国汉莎系统公司绘制的，目前国内航空公司使用 Lido 航图的不多。与杰普逊航图相比，Lido 航图对于颜色的应用更丰富一些。它将不同种类的终端区航图用不同的颜色标识。

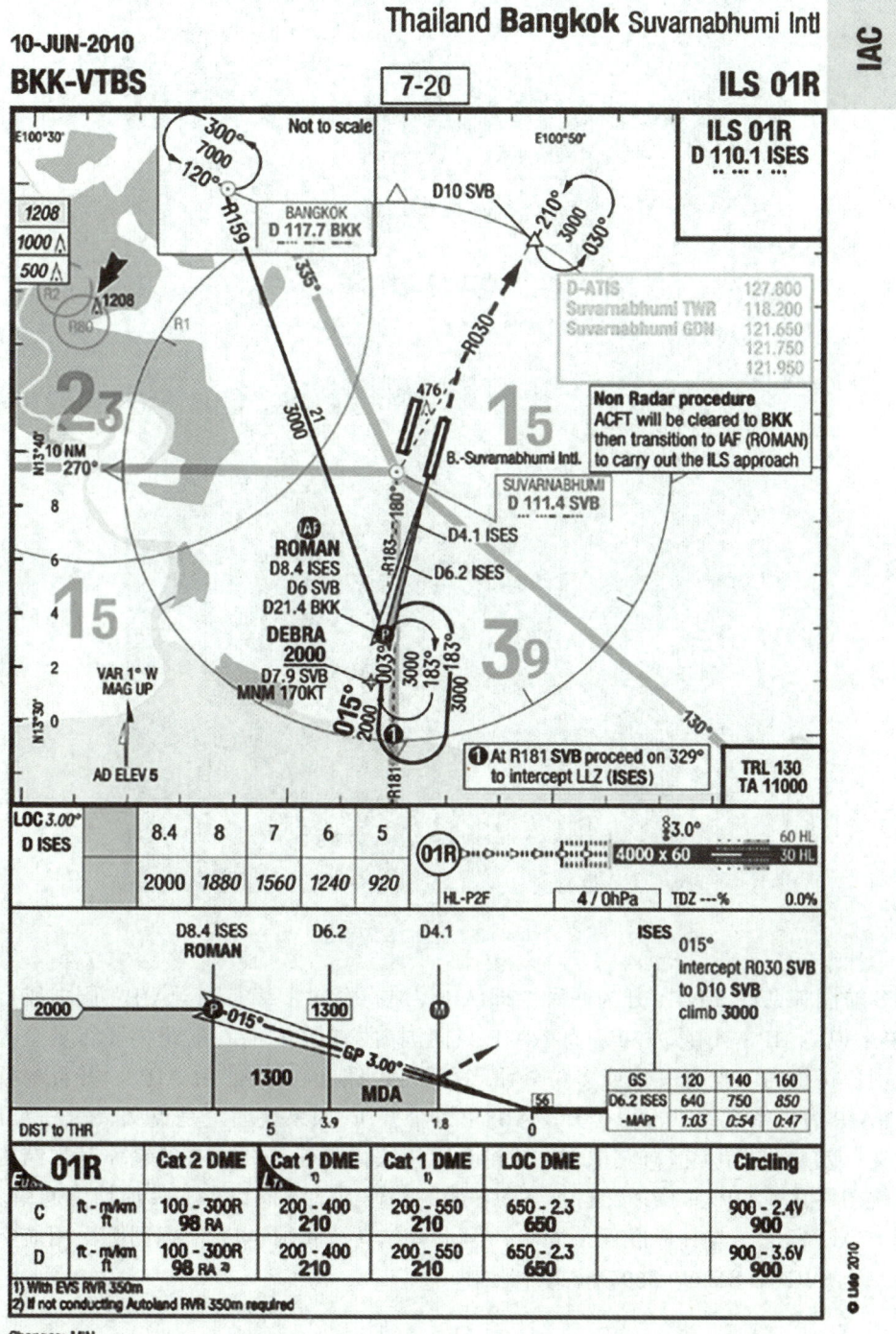

图 1.2.2 Lido 航图

AERAD(见图1.2.3)属于飞行指南,由英国的European Aeronautical Group(EAG)公司出版发行,并根据资料的变化和航行通告做定期修订,修改的内容采用彩色活页。

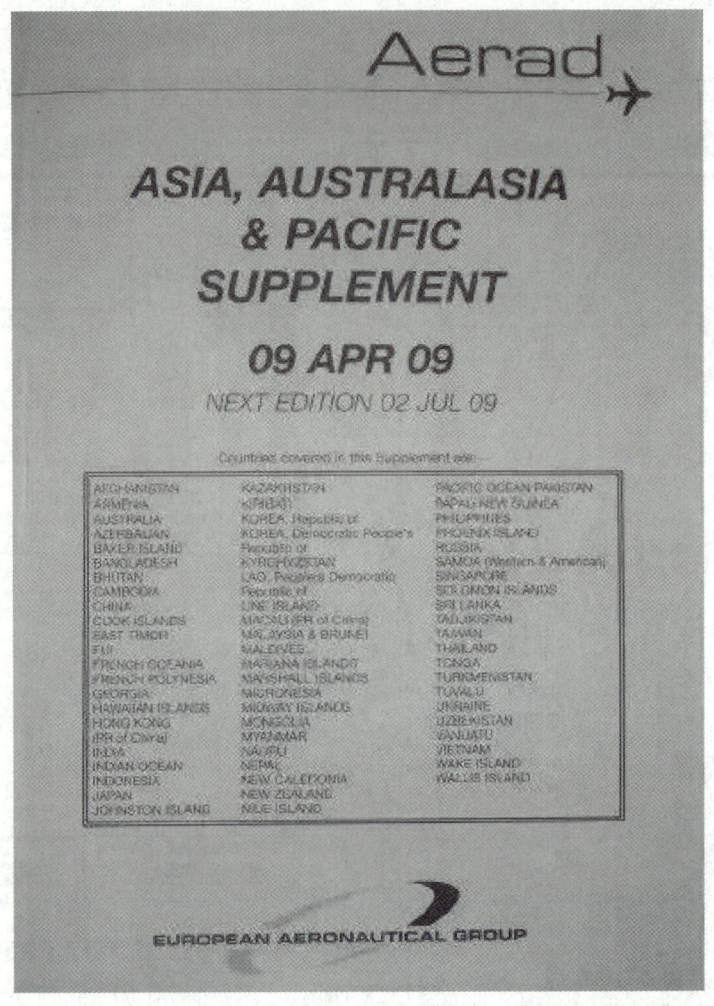

图1.2.3　AERAD补充手册

CAAC航图(见图1.2.4)分为两种,即AIP(航行资料汇编)和NAIP(国内航行资料汇编)。简单来说,AIP向国际发布,而NAIP只向国内发布(只有在航班内飞行员全为中国籍时才能使用,机组内一旦有一位或多位外籍飞行员执飞航班,只能用AIP);并且根据相关法律规定,NAIP为机密文件,不得公开(AIP可以公开)。如果航图全是英文,就是AIP;如果航图是中文,就是NAIP(擅自获取NAIP将会承担法律责任)。NAIP的制作基本结构采用了杰普逊的航图样式,AIP除了少数地方与杰普逊的制作方式不同以外,其他均为通用。CAAC航图参考ICAO标准,与其标准保持同步,但也有差异。我国AIP根据国际民用航空公约附件4、15,以及ICAO 8126、8697号文件绘制。

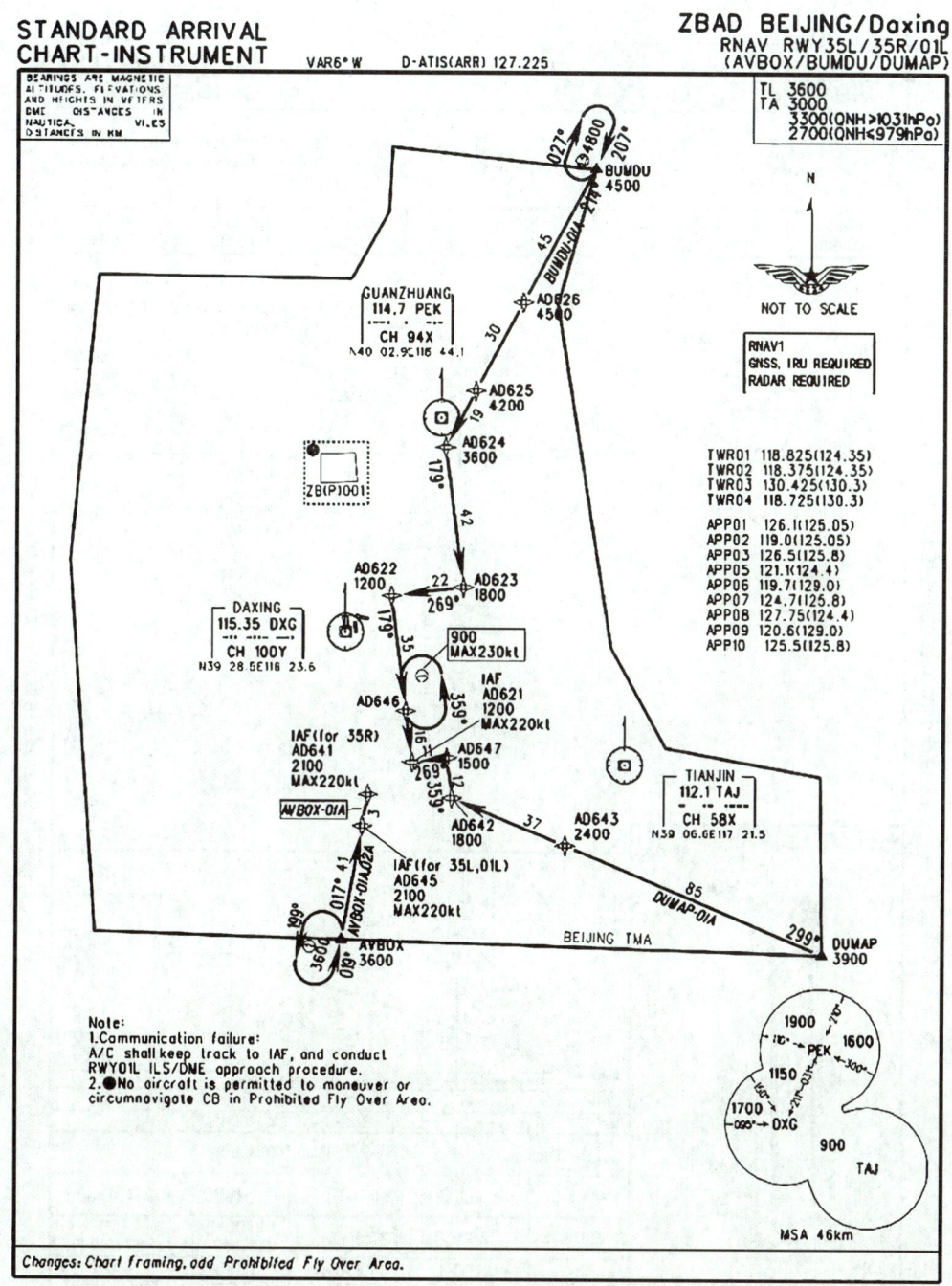

图 1.2.4 CAAC 航图

FAA 航图（见图 1.2.5）是飞行学员在美国航校进行仪表飞行训练时的主要用图。它是由美国联邦航空局的国家航图办公室完成的，主要分为目视图、仪表图、计划图、补充航图及补充资料、数字化产品五类，每类航图都有各自的特点和使用范围。

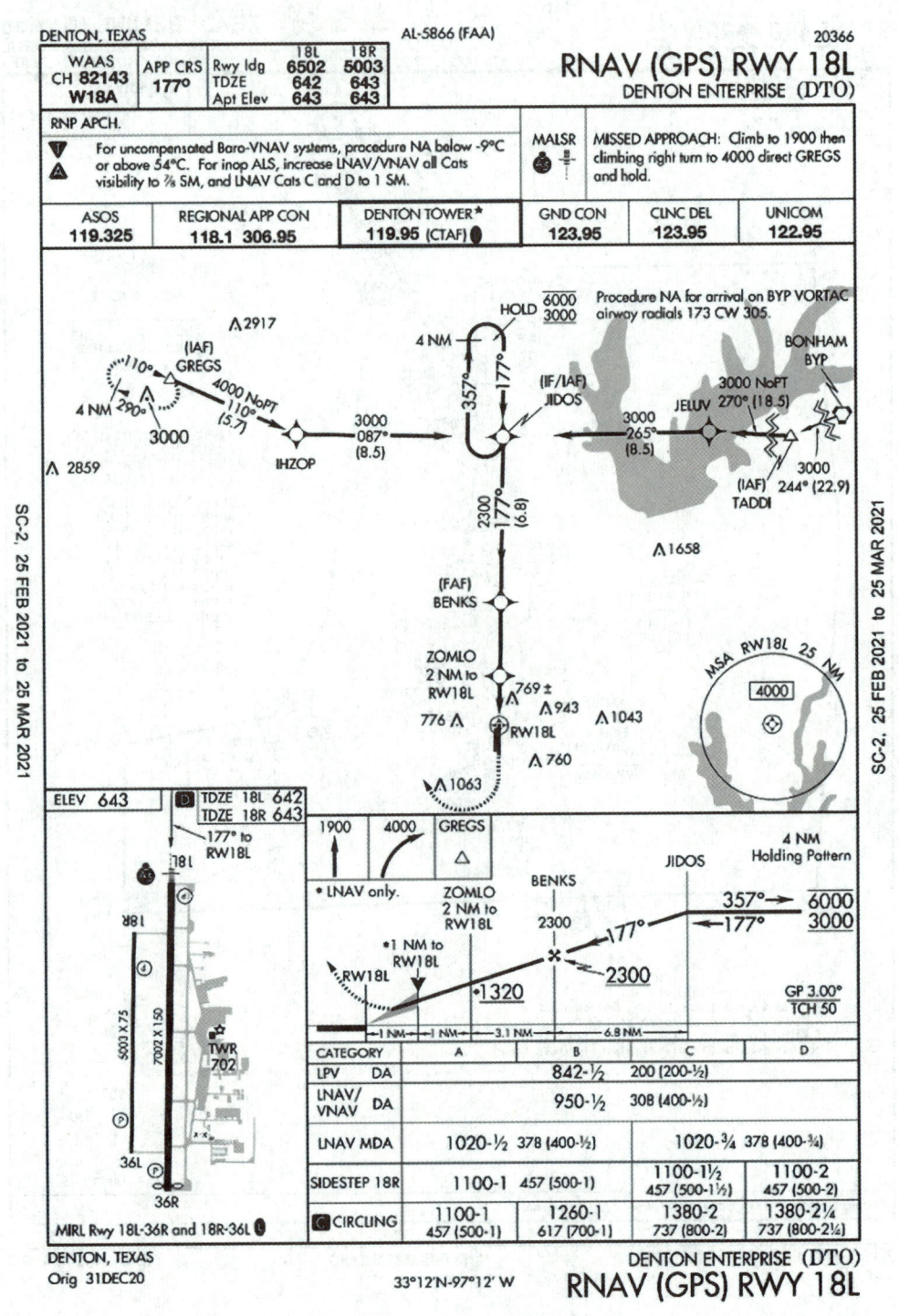

图 1.2.5 FAA 航图

2. 按服务的飞行规则分类

根据服务的飞行规则分为目视飞行航图（VFR）（见图 1.2.6）和仪表飞行航图（IFR）。目视飞行规则是指飞行员依照目视驾驶航空器。目视飞行时，能见度需高于目视气象状态。在目视气象状态下，只要向最近的机场航管单位提出飞航计划就可以飞行。在到达 VFR 飞行规则高度，飞行员可自己判断，选择理想的飞行高度。但在机场或机场周边，仍需依照航管单位的指示，在特别管制空域及管制区内飞行中需使用无线电听取航管单位指示，并依规定进行位置通报。而在仪表飞行规则下，飞行员视野中没有地标或者其他参照物，只能依靠机载仪表上的数据或者辅助导航来完成飞行。

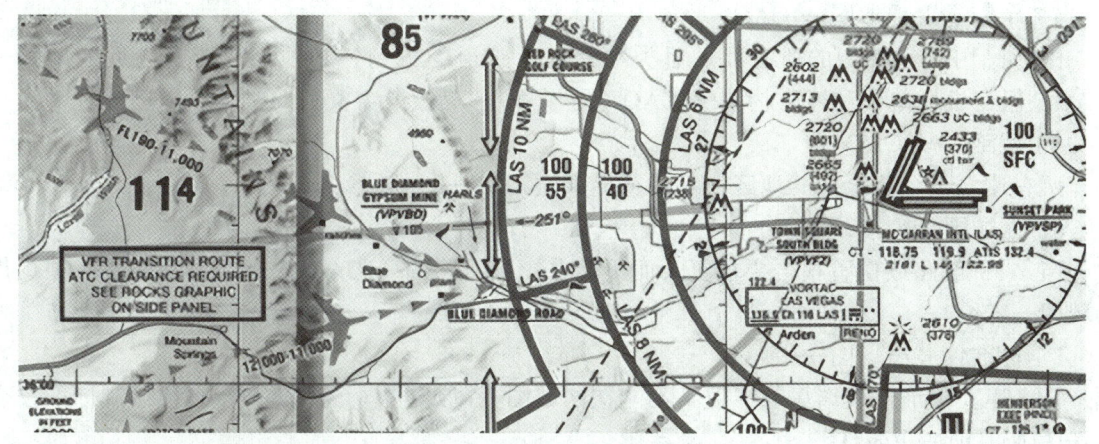

图 1.2.6　目视飞行航图

3. 按覆盖空域分类

根据覆盖空域分为航路图（其中又包括高空航路图、低空航路图和高/低空航路图）、区域图和终端区航图。不同的航图显示信息的侧重点以及详细程度也不同。

1）航路图

航路图是为飞机进行航路或航线飞行时使用的航图，可以涵盖大片区域的内容。它主要包括基本地形轮廓、航路信息、空域划分、通信频率、导航台信息、经纬度坐标、限制性空域信息等与航路飞行相关的数据信息，一般分为高空航路图、低空航路图和高/低空航路图。航路图的内容比较简单，稍看图例即可理解，比例尺一般为 1∶1 000 000。

2）区域图

区域图一般都是对某些飞行活动密集，空域复杂地区航路图进行的放大图，从而使涵盖的内容更加清晰、细致，内容基本与航路图相同，覆盖范围 340 mil（547.2 km），比例尺为 1∶500 000。

3）终端航图

终端航图包括很多种类，如机场平面图、停机位图、标准进/离场图、仪表进近图、放油区图、机场障碍物图、空中走廊图等，比例尺为 1∶250 000。

4. 按作用不同分类

根据作用不同，国际民用航空组织（ICAO）在附件4《航图》中规定了18种航图的制图规范和要求。

1）机场障碍物图—ICAO A 型（运行限制）

供国际民用航空定期使用的所有机场必须提供机场障碍物图—ICAO A 型（运行限制）。

但是起飞航径区内无障碍物或者提供机场地形和障碍物图—ICAO（电子）的机场可以例外。

2）机场障碍物图—ICAO B 型

供国际民用航空定期使用的所有机场，建议提供机场障碍物图—ICAO B 型。

3）机场地形和障碍物图—ICAO（电子版）

自 2015 年 11 月 12 日起，为国际民用航空定期使用的所有机场必须提供机场地形和障碍物图—ICAO（电子版）。

4）精密进近地形图—ICAO

国际民用航空使用的所有 II、III 类精密进近跑道的机场，必须绘制精密进近地形图—ICAO，但在机场地形和障碍物图—ICAO（电子版），提供所需资料的机场可以例外。

5）航路图—ICAO

所有建立飞行情报区的地区，都必须提供航路图—ICAO。

6）区域图—ICAO

当 ATS 航路或位置报告要求复杂而不能在一张航路图—ICAO 上标绘清楚时，必须提供区域图—ICAO。

7）标准仪表离场图—ICAO

凡已建立标准仪表离场航线但又不能在区域图—ICAO 上标绘清楚时，必须绘制标准仪表离场图（SID）—ICAO。

8）标准仪表进场图—ICAO

凡已划设标准仪表进场航线但又不能在区域图上标绘清楚时，必须绘制标准仪表进场图（STAR）—ICAO。

9）仪表进近图—ICAO

供国际民用航空使用，并已由有关国家制定仪表进近程序的机场，必须绘制仪表进近图—ICAO。

10）目视进近图—ICAO

所有供国际民用航空使用的机场，如果这些机场：仅具备有限的导航设施；或没有无线电通信设施；或没有机场及其周边地区 1：500 000 的合适航图或更大比例尺的航图；或已制定目视进近程序，必须提供目视进近图—ICAO。

11）机场直升机场图

所有供国际民用航空定期使用的机场/直升机场，必须提供机场直升机场图—ICAO。

12）机场地面活动图—ICAO

由于资料繁杂而不能在机场/直升机场图—ICAO 上清楚地表示航空器沿滑行道进、出航空器停机位的地面活动所必要的详细资料时，建议提供机场地面活动图—ICAO。

13）航空器停放停靠图—ICAO

由于航站设施复杂而不能在机场/直升机场图—ICAO 或机场地面活动图—ICAO 上清楚地注明资料时，建议提供航空器停放/停靠图—ICAO。

14）世界航图—ICAO 1：1 000 000

必须提供划定区域的世界航图—ICAO 1：1 000 000，如果基于航行或制图方面的考虑使用航空地图—ICAO 1：500 000 或航空领航图—ICAO 小比例尺即能有效地满足航行的要求时，可印制上述任何一种图，以代替1∶1 000 000基本航图。

15）航空地图—ICAO 1∶500 000

建议提供《国际民用航空公约》附件4附录5划定的全部区域的航空地图—ICAO 1∶500 000。

16）航空领航图—ICAO 小比例尺

建议提供《国际民用航空公约》附件4附录5划定的全部区域的航空领航图—ICAO 小比例尺。

17）作业图—ICAO

建议提供作业图以覆盖国际民用航空使用的飞越洋区和居民稀少地区的主要航线。

18）ATC 监视最低高度图

凡已建立引导程序但又不能在区域图—ICAO、标准仪表离场图—ICAO 或标准仪表进场图—ICAO 清楚标绘最低引导高度时，建议提供 ATC 监视最低高度图—ICAO，以便于飞行机组能够监控和交叉检查管制员使用 ATS 监视系统指定的高度。

上面18种航图的使用范围不同。仅用于做计划的航图有机场障碍物图—ICAO A 型、机场障碍物图—ICAO B 型、机场地形和障碍物图—ICAO（电子版）和精密进近地形图—ICAO。用于起飞至着陆之间飞行使用的航图：航路图—ICAO、区域图—ICAO、标准仪表离场图—ICAO、标准仪表进场图—ICAO、仪表进近图—ICAO、目视进近图—ICAO、ATC 监视最低高度图。航空器在机场道面上运行时使用的航图：机场图—ICAO、机场地面运行图—ICAO、航空器停放/停靠图—ICAO。目视领航、作业和计划时使用的航图：世界航图—ICAO 1∶1 000 000、航空地图—ICAO 1∶500 000、作业图—ICAO、航空领航图—ICAO 小比例尺。

1.3 航图相关数学基础

1. 坐标系统

基准是地图、航图测绘的依据，大地测量是为了建立国家平面基准、国家高程基准和国家重力基准的一门学科。测绘地面上某个点的位置时，需要两个基准起算点，一个是平面位置，另一个是高程。计算平面位置和高程所依据的系统，叫作坐标系统和高程系统。其中，坐标系统又分为地理坐标系、大地坐标系、航空坐标系三类。

1）地理坐标系

地理坐标系，是使用三维球面来定义地球表面位置，以实现通过经纬度对地球表面点位引用的坐标系。一个地理坐标系包括角度测量单位、本初子午线和参考椭球体三部分。地理坐标系定义了地表点位的经纬度，并且根据其采用的参考椭球体参数还可求得点位的绝对高程值。地理坐标系可以确定地球上任何一点的位置。首先将地球抽象成一个规则的逼近原始自然地球表面的椭球体，称为参考椭球体，然后在参考椭球体上定义一系列的经线和纬线构成经纬网，从而达到通过经纬度来描述地表点位的目的。经纬度通常分为天文经纬度、大地经纬度和地心经纬度。常用的经度和纬度是从地心到地球表面上某点的测量角。

2）大地坐标系

大地坐标系是大地测量中以参考椭球面为基准面建立的坐标系。地面点的位置用大地经度、大地纬度和大地高度表示。参考椭球一旦建立，标志着大地坐标系已经建立。大地坐标系为右手系，且为平面坐标。早期，我国航图绘制采用1954北京坐标系，随着卫星定位系统的应用，目前航图编制已启用WGS-84坐标系。

（1）1954北京坐标系采用苏联克拉索夫斯基椭球体，在1954年完成测定工作。我国地形图上的平面坐标位置都是以这个数据为基准推算的。该椭球的参数为长轴a=6 378 245 m，离心率为f=1/298.3。

（2）WGS-84坐标系是美国国防部确定的大地坐标系，是一种国际通用的地心坐标系。该椭球的参数为长轴a=6 378 138 m，离心率为f=1/98.257 223 563。质点在地球质心，X轴与本初子午面与赤道的交线重合，向东为正；Z轴与地球旋转轴重合，向北为正；Y轴与XZ平面垂直构成右手系。除非特殊说明，目前我国航图上公布的坐标都是WGS-84坐标系。

3）航空坐标系

航空坐标系又分为直角坐标系和极坐标系。直角坐标系以跑道入口中心点为坐标原点O，跑道延长线为X轴，跑道入口以前X为正值，入口以后为负值；Y轴与X轴在同一水平面，通过原点O，且垂直于X轴，从进近方向，面向跑道入口，右侧为正值，左侧为负值；Z轴垂直于X轴和Y轴所在平面，向上为正值，向下为负值，如图1.3.1所示。

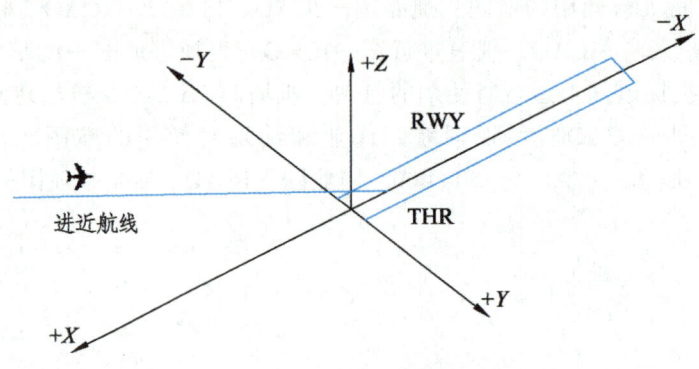

图1.3.1　直角坐标系

航空极坐标系原点一般为机场基准点或跑道中心。向径是以机场基准点或跑道中心为原点的方位线，用磁（真）方位角θ表示，距离ρ为机场基准点到目标点的水平距离，如图1.3.2所示。

2. 高程系统

1）国家高程基准（高程系）

国家高程基准是推算国家统一高程控制网中所有水准高程的起算依据，它包括一个水准基面和一个永久性水准原点。航图绘制中采用1956年黄海高程系或1985国家高程基准。以此为基准的高度值称为海拔高度（或高程）。

2）航空相对高程系

在航空运行中，通常以机场标高或跑道入口标高为零点算起，称场压高，向上为正，向下为负。

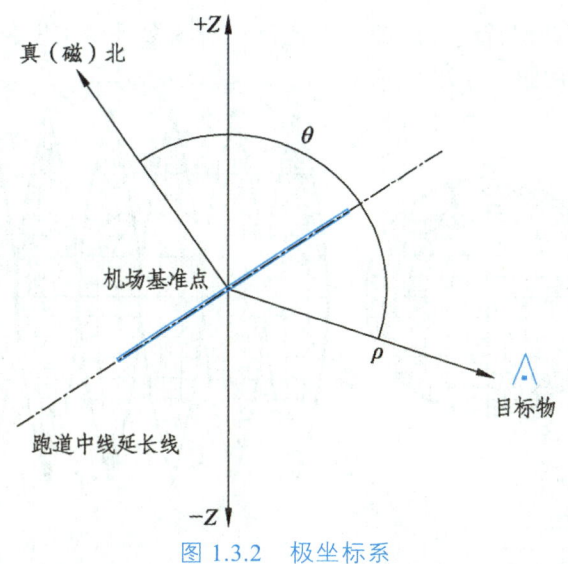

图 1.3.2　极坐标系

3. 投影方法

地图投影是使用一定的数学方法将地球表面的经纬网投影到平面上的方法。在我国出版的航图中，航路图和区域图采用兰伯特投影方法；机场障碍物图、精密进近地形图采用高斯-克吕格投影方法；机场图、离场图、进场图和仪表进近图采用高斯-克吕格投影或兰伯特投影方法。

1）兰伯特投影方法

兰伯特投影又称等角正割圆锥投影，是由德国数学家 Lambert 绘制的。圆锥面与球面相割，应用等角条件将经纬网投影到圆锥面上展开而成。投影后，纬线是以极点为圆心的同心圆，经线收敛于极点，如图 1.3.3 所示。没有角度变形，长度失真较小，是我国绘制百万分之一航图的主要投影方法。

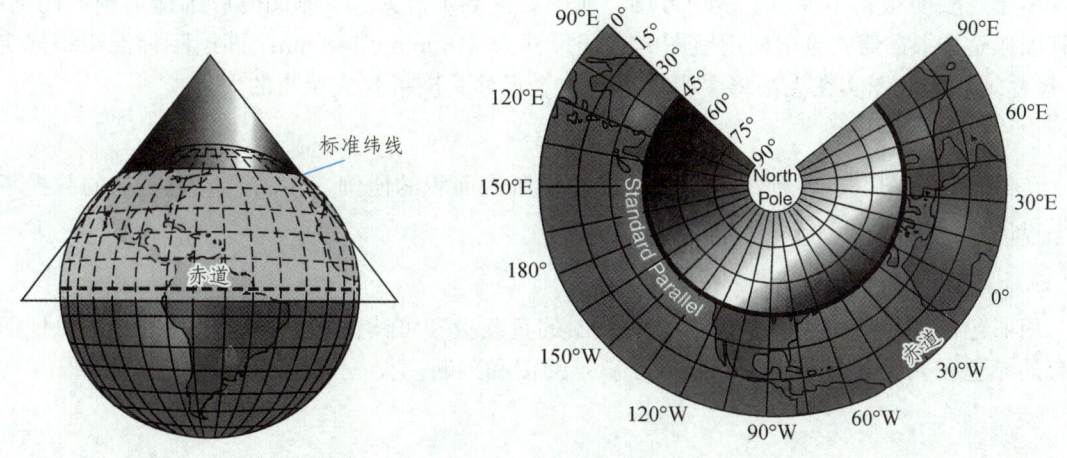

图 1.3.3　兰伯特投影

2）高斯-克吕格投影方法

高斯-克吕格投影（见图 1.3.4）又称横轴等角切椭圆柱投影，是由德国数学家高斯提出，后经克吕格改进而成。这种投影方式的每个投影带上，中央经线和赤道为直线；其他经线关于中央经线对称，凹向中央经线；纬线凸向赤道。大圆航线近似直线，等角航线是曲率极小的螺旋曲线，近距离中近似直线。因此，大比例尺航图多采用该投影方法绘制机场专用航图和仪表飞行程序的基础用图。

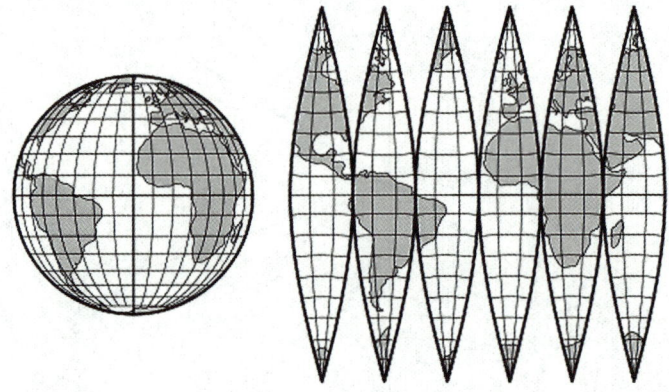

图 1.3.4　高斯-克吕格投影

1.4　航图制图规范

航图是飞行中必备的飞行资料。各国的科学技术发展水平和制图技术差异可能造成航图的制作方法、标注方式及包含内容的千差万别。为了避免这一情况的出现，国际民航组织从1944年开始制定航图的国际标准和建议措施，于1948年正式通过了航图标准与建议措施，并把这些标准和建议措施指定为《国际民用航空公约》附件4——航图。该附件规定了航图制作的一般规范、航图的种类及包含的航图要素。

为了便于飞行员使用，在制作航图时有如下要求：

1. 图幅尺寸

由于驾驶舱很狭小，为了使用方便，航图的图幅不宜太大。制图时应选择适当的比例尺，使其图幅适中。在驾驶舱中使用航图的最佳尺寸为 210 mm × 148 mm，即国际标准组织规定的A5尺寸。有的航图实在无法将图幅缩小到这个尺寸，应折叠成相当的大小。

2. 负载量

负载量是指图面上各种线划、符号和注记所占面积的比例。在满足所需资料的前提下，应尽可能降低负载量，突出航行相关要素。

3. 颜　色

用彩色制作和印刷航图，可以增加航图的负载量和可读性。选择色彩时，必须保证图上所有的颜色在人工和天然光线下容易分辨、阅读和判断。

4. 资料的现势性

资料的现势性是指图上内容与实际事物相一致的程度。为咨询的方便，在每张航图上都必须注明航图出版机构的名称和地址，同时注明航图系列的编号及航行资料的公布日期和有效日期。

5. 航图的定位方法

一般的地图，在制图时要按真北方向绘制经纬网格、地物等，并注明磁差。在实际飞行中，飞行员保持航向及导航定位又需要用到磁北，标注方向数据时以磁北为基准进行标注。

6. 地形的标绘

地形是指地表高低起伏的形态，是航行中的重要要素，直接影响航行的安全。地形可以综合使用标高点、等高线和分层设色等方法进行标注。

7. 航图的衔接关系

各类型的航图必须提供与其飞行阶段相关的资料，并且制图过程中应注意航图之间的衔接，以保证所提供资料的连续性。

1.5 航图的修订

航图要素主要包括航空要素和地理要素，一些重要的航空要素可能会发生改变，可以采取修订的方法来保持航图的现势性。

航图制作单位可采用以下三种修订方法来保持航图的现势性。

1. 手动修订航图

手动是简单而有效的解决方法。但是由于现代航图的复杂性，使手动难以较好地完成航图的修订，同时这样的修订方法也影响航图的易读性和现势性，而且手动修订还可能出现差错。

2. 补充航图变更通知

在正常的修订周期中，如有任何资料未能及时在航图中进行修订，制图机构将发布航图变更通知。

3. 重新印刷新航图

航图中的内容发生变化时，有关国家会采取重新印发航图的形式进行修订。

1.6 航图的发展

驾驶舱无纸化是世界民航发展的大趋势。未来航空情报核心是"数据"，将由纸质版印刷品向电子化航行资料信息转变，进而提高数据质量，便于数据交换传输和应用。目前，世界各国飞行员常用的电子航图软件或航图模拟软件主要有 JeppView、ForeFlight、eAIP-China 以及 Navigraph 等。

JeppView 是全球机场与航路数据软件，是给航空公司和飞行员使用的全球机场与航路数据软件。电子航图包括区域内 6 000 ft（1 828.8 m）以上跑道的机场平面图、跑道图与资料、航管通信频率 COM、导航频率 NAV、进离场程序图（ILS、VOR、GPS、SIDs、STARs、& DPs）、起降限制等。

ForeFlight 是一款基于 GPS 卫星的机场地图飞行导航 Apple 应用软件。ForeFlight 提供范围广泛的 VFR、IFR 和专业图表，包括 ICAO 图表、终端区图表、VFR 飞行路线、直升机、大峡谷等。

2014 年，中国民航正式发布电子版航行资料汇编（eAIP），其网站为 http://www.pgyer.com/eaipchina，提供了 AIP、AIP AMDT、AIC、SUP 的查阅和 AIP AMDT 下载功能。其中提供详细的中国 AIP 数据，涵盖国内所有国际机场，数据更新及时，航图质量高。2016 年，eAIP 改变了开放的政策，开始实行注册制，新用户注册需提交工商营业执照复印件和民航地区管理局下发的筹建（经营、运行）许可证复印件等资料才能使用。

Navigraph 的网站为 http://www.navigraph.com/，主要功能如下：查看机场图表，访问 230 个国家/地区的 7 000 个机场的程序、方法和滑行图的全球数据库；探索空域，使用交互式航路图并单击任何符号以查找有关机场、航线、航路点和空域的更多信息；可视化程序，使用彩色图表叠加功能查看路线如何连接到出发和到达程序；计划 IFR 飞行，使用 SimBrief 轻松地计划 IFR 飞行。只需点击一个按钮，即可将飞行计划直接导入 Navigraph 图表。

电子飞行包（EFB）是一种电子信息管理设备，它是一种通用计算平台，旨在减少或替代飞行员随身携带的飞行包中常见的纸质参考资料，包括飞机操作手册、飞行机组操作手册、导航图（包括空中和地面地图）。此外，EFB 可以托管专用目的应用程序，以自动执行通常手动完成的其他功能，如起飞性能参数计算。

EFB 近年来已在世界各国航空公司得到了广泛应用。《电子飞行包（EFB）运行批准指南》第 9.1 条"纸质材料移除政策"里，明确了座舱无纸化政策要求。目前，各运输航空公司均已将电子飞行包作为飞行中的主用设备，纸质版航空资料多数公司已不要求飞行中携带。使用 EFB 可以降低多版本航图发布带来的错、忘、漏风险，从而提高产品质量；有利于航空情报信息大规模变更时的信息发布，节约日常运行成本。

1.7 安全案例

案例：1997 年 8 月 6 日，大韩航空 801 号班机从韩国首尔飞往关岛。凌晨 1:55，该航班降落前，在距跑道 5 km 处的尼米兹山上坠毁，全机只有 27 人幸存，其余 227 人罹难，造成 1997 年航空史上一次最大的国际空难事故，如图 1.7.1 所示。当值机长执飞波音 747 的时间为 1 718 h。事发前 3 个月，他曾成功处理过一次客机低空发动机失效的险情，得到了公司总裁所颁发的飞行安全奖。这起空难事故是怎么造成的呢？

图 1.7.1 801 号航班空难

美国国家运输安全委员会（NTSB）给出的原因分析如下：① 当时关岛空域下起大雨，能见度低；② 机组人员的相关飞行训练不够，误判关岛机场跑道头的位置；③ 机长过度疲劳；④ ILS 下滑道故障；⑤ 航图使用不当。801 号航班机组使用了过期（2006 年）的航图，图中标示的降落时最低安全高度为 560 ft（170.7 m）（见图 1.7.2 所示），而正确的最低安全高度为 656 ft（199.9 m），事故中航班机组在准备降落前将飞机的高度只维持在 570 ft（173.7 m）。该案例说明正确识读、理解和应用航图对于飞行安全具有非常重要的作用。

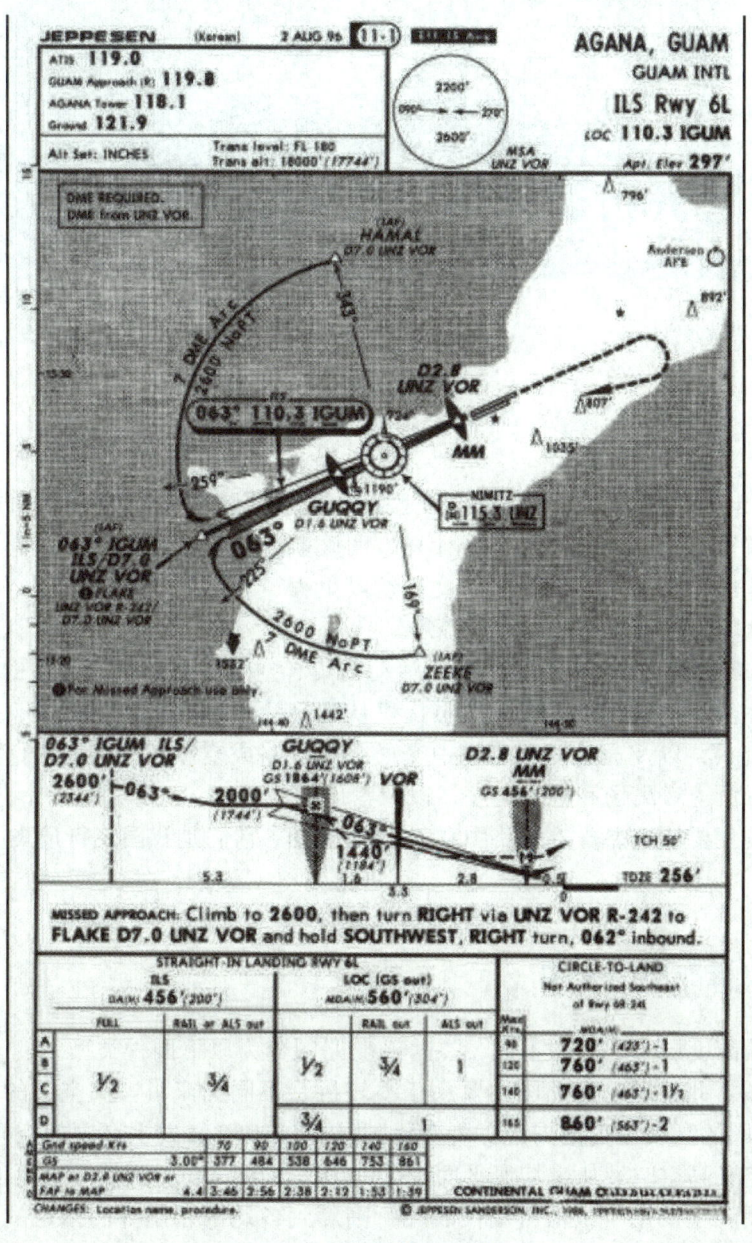

图 1.7.2　案例使用的航图

安全是民航的生命线。敬畏生命、敬畏职责、敬畏规章的"三个敬畏"理念在民航领域有着深远的意义。敬畏生命是民航工作的最基本要求，体现了对生命的尊重和将生命置于最高的价值地位。敬畏职责则是个人行为准则，要求明确岗位职责，不推诿等靠、敷衍了事，坚持典型案例和风险通告学习，不放过每一个细小隐患的排查。敬畏规章是民航工作的刚性约束和准则，确保民航工作的安全运行。飞行员应当自觉打造优良作风，进一步提升民航安全运行水平，使旅客在旅行中的生命安全得到更好保护。希望同学们以该事故为鉴，一生平安起落！

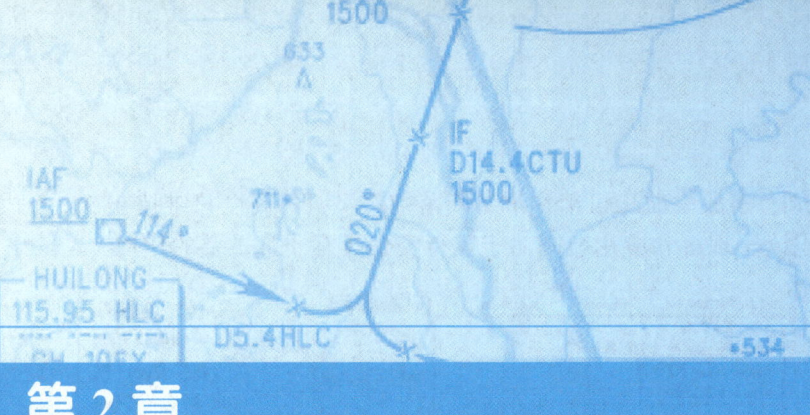

第 2 章
航路图与区域图

航路图（Aeronautical charts）是采用最适合的航空图和地形图编制而成的，它主要提供飞行中所需要的航行信息，用来制订飞行计划、明确航空器位置、保持安全高度，以及确保导航信号的接收。航路图上包含航线、高度、航段里程、导航台、定位点、空域、通信频率、机场和地形信息等飞行中所必需的航行资料。

区域图（Sectional charts）是某些飞行活动密集、空域复杂地区航路图的放大图，从而使涵盖的内容更加清晰、详细。它向飞行员提供从起飞阶段过渡到航路阶段、从航路阶段过渡到进近阶段的资料，以及通过复杂的空中交通服务航路或空域结构地区的信息。这种航图被设计用来使飞行员遵守离场和进场程序，以及盘旋等待程序。

民航飞行员主要使用杰普逊航路图和 CAAC 航图，它们是我国飞行员飞国际/国内航线必备的航图。

2.1 杰普逊航路图类型

根据所覆盖高度层和区域的不同，杰普逊航路图分为以下四种类型。

高空航路图：此类型的航路图主要用于喷气机。不同国家对"高空"的高度定义不同，因此，高空航路图的高度覆盖范围会有所变化。我国将 6 000 m 以上高度的空间称为高空空域。在部分国家，定义高空空域从平均海平面 18 000 ft（5 486.4 m）开始向上延伸。

低空航路图：主要用于最低可用仪表飞行高度到各地区管制部门指定的高度上限空域的飞行。我国将 1 000 m 以下高度的空间称为低空空域。美国规定在最低可用仪表飞行高度与平均海平面 17 999 ft（5 486.0 m）之间为低空空域。

高/低空航路图：如果航路图空间足够，可以将高空和低空空域的信息全部绘制出来，即高/低空航路图。

区域图：即航路图的放大版。当航路图上终端区的导航设施和航线非常密集，无法展现细节信息时，用较大比例尺绘制的区域图作为该航路图的补充，主要用于进出终端区内机场的所有飞行。

为了方便查找世界各国或各地区的航路图，杰普逊航图列出了所有航路图的覆盖范围代码、图幅编号和全称等信息，见表 2.1.1。根据领受的飞行任务的走向，除了携带主要航路图外，还需选择一些备用航路图。

表 2.1.1 覆盖范围代码、图幅编号和全称列表

覆盖范围代码	图幅编号范围	图名
CH（H/L）	1～4	中国高低空航路图
US（H）	1～8，2A/B	美国高空航路图
US（LO）	1～52	美国低空航路图
E（H）	1～15	欧洲高空航路图
E（LO）	1～15	欧洲低空航路图
US（LO）NE	1～2	美国东北沿海地区低空航路图
US（LO）SE	1～2	美国东南沿海地区低空航路图
CA（LO）	1～9	加拿大—阿拉斯加低空航路图
CA（H）	1～6	加拿大—阿拉斯加高空航路图
CA（HILO）	10～12	加拿大—阿拉斯加高低空航路图
AK（LO）	1～4	阿拉斯加低空航路图
AT（H/L）	1～5	大西洋高低空航路图
P（H/L）	1～4	太平洋高低空航路图
AU（H）	9～10	澳大利亚高空航路图
AU（LO）	1～8	澳大利亚低空航路图
AU（H/L）	1～8	澳大利亚高低空航路图
A（H）	1～8	非洲高空航路图
A（H/L）	1～14，1A	非洲高低空航路图
FE（H/L）	1～8	远东地区高低空航路图
SA（H）	1～8	南美洲高空航路图
SA（LO）	1～12	南美洲低空航路图
EA（H/L）	1～12	欧亚大陆高低空航路图
ME（H）	1～2	中东高空航路图
ME（H/L）	1～14	中东高低空航路图

2.2 杰普逊航路图布局及信息

杰普逊航路图包括面板和背板，图边信息及平面图三部分，布局如图 2.2.1 所示。

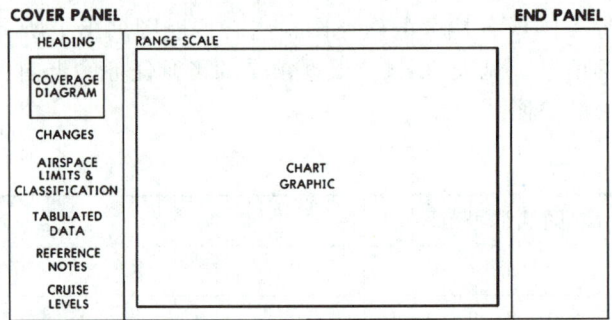

图 2.2.1　航路图布局

2.2.1　面板和背板信息（Cover/End Panel）

杰普逊航路图中面板和背板包含着大量能够帮助飞行员快速找到重要航图数据的标准信息，以及其他一些对飞行而言较为关键的数据。航路图的面板和背板包括的主要典型信息有标题信息、封面索引图、本次修订内容、通信资料表、专用空域列表、巡航高度/高度层、参考注释和其他特殊说明等。

1. 标题信息（Heading）

航路图标题信息主要包括航路图覆盖的空域范围、航路图类型、航图索引号、航图比例尺和航图日期等重要信息。

1）航图索引号（Chart number）

每张航路图的左上角和右上角上都有一组航图索引号，代表该图所描述的某地区特定的空域。在索引号的旁边有一个箭头，这个箭头指示飞行员相应折页标识的空域。航图索引号包含以下三部分内容。

（1）覆盖范围：以覆盖世界各地区的系列字母作为识别代码，如图 2.2.2 第一行所示，折页右侧的航图覆盖范围代码是 US，表示该图是美国的航路图。

（2）覆盖高度：分为高空、低空和高/低空三种，用圆括号括起来。其中（HI）表示高空航路图，（LO）表示低空航路图，（H/L）表示高/低空航路图。

（3）编号：在同一覆盖范围内，同一高度的航路图中会有多幅图，这时需要用数字标注出来，如 UA（LO）22 为美国低空航路图第 22 幅。

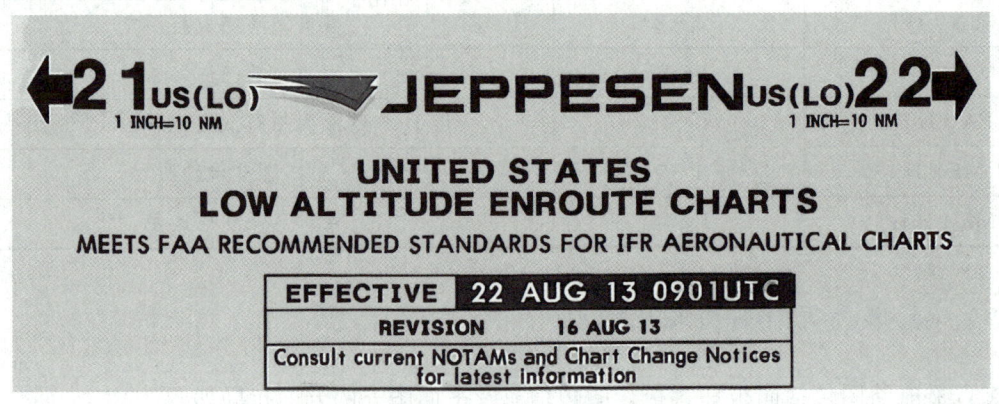

图 2.2.2　航路图标题信息

2）航图比例尺（Chart scale）

根据需要使用不同的制图比例尺来描述航路图。航图比例尺通常放在航路图索引号的下方。在美国，绝大多数航图比例尺为"1in（英寸）=10 NM（海里）"。

3）航图生效日期、修订日期和变更通知提示（Chart effctive & revision date, Chart Change Notice）

杰普逊航路图根据各国家或地区的航路图修订信息，定期更新与发布新的修订内容。修订周期通常为 28 天或 56 天。航图日期位于每一张航路图标题信息中的方框内。方框内的信息从上到下分别为航图生效日期、航图修订日期和航路图变更通知提示。

航路图的生效时间有三种格式：生效日期、生效日期和时间以及"收到即生效"（Effective Upon Receipt）。如写有"Effective Upon Receipt"，则表明收到此航路图时立即生效。如图 2.2.2 所示，该航路图的生效日期为 2013 年 8 月 22 日 09 时 01 分（UTC），修订日期为 2013 年 8 月 16 日。

当航路图或区域图中两次修订日期之间内容有重要变化时，用航路图变更通知提示加以补充。它位于航图日期方框的最下方，提醒飞行员应参考当前最新消息，如图 2.2.2 中的 Consult current NOTAMs and Chart Change Notices for Latest Information，提示使用者需要参考 NOTAM（Notice to Airmen），即航行通告（通过电信发布的有关从事飞行工作的人员必须及时了解的航空设施、服务、程序或危险的建立、情况或改变的通知）和航图变更通知。

2. 封面索引图（Coverage Diagram）

每张航路图的面板上都有一张小的封面索引图，展示出该航路图及其邻近航路图的覆盖范围。飞行员可以通过方位（包括经线和纬线）来查找封面索引图的覆盖范围，进而选择执行飞行任务所需携带的航路图。封面索引图中给出的主要信息包括航路图覆盖边界和图幅编号、主要城市、国家或地区边界、时区、区域图的覆盖范围和航路图使用说明等。

黑色粗体轮廓线表示正在使用的航路图覆盖的地理位置边界。其周围邻近的其他航路图都用蓝色的轮廓线表示。如图 2.2.3 所示，黑色粗体轮廓线给出目前正在使用的航路图是美国低空航路图 US（LO）21 和 22。属于当前航路图覆盖范围内的城市用黑色标注，而那些属于周围临近航路图覆盖范围内的城市用绿色标注。在图 2.2.3 中，城市"PARIS"用黑色标注，而城市"JACKSON"用绿色标注。

周围相邻的同系列的航路图，只需在航图覆盖轮廓线内标出航图编号。如图 2.2.3 所示，编号为 37 的这张航路图也属于美国低空航路图系列。如果是出自不同的航路图系列，那么航图轮廓线内应包含其完整的航图索引号。

政府/国家边界或者各州的分界线，在封面索引图上都用绿色的虚线描述。

飞机长距离飞行一次可能穿越几个时区，因此，仅使用起飞机场的区时很容易出现差错。飞行中使用世界协调时 UTC 来克服这个可能存在的问题。全世界的空中交通管制部门都使用 UTC 时间。时区分界线用一系列字符"T"表示。图 2.2.3 中，CST+6=UTC 表示美国中部时区的区时与 UTC 时之间的转换关系为"+6=UTC"，即美国中部时区的区时加 6 小时等于 UTC 时间。

在大多数航路图上，封面索引图上有一个或多个代表区域图所覆盖区域的阴影区。每一个区域图以区域图名称和小圆点标明的城市来表示。绝大多数区域图的比例尺为 1 in=7.5 NM。在航图上用阴影符号表示区域图的覆盖范围，如 OKLAHOMA CITY。区域图放置在靠近仪表进近图、SID 和 STAR，在飞往或飞离大型机场时可提供更好的终端区航图资料包。

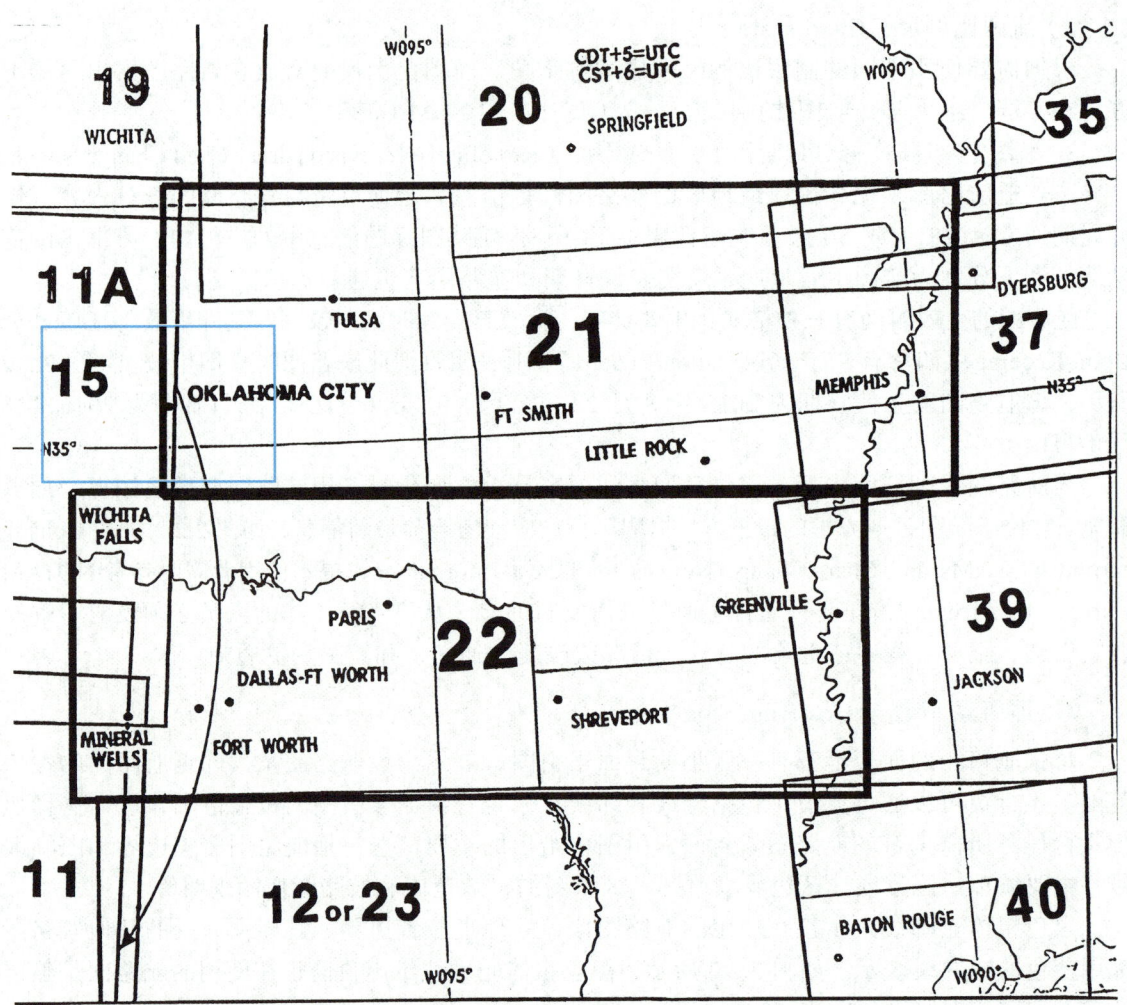

图 2.2.3　封面索引图

每张航路图中封面索引图的下方都包含一个使用说明，解释了空域和航路的使用限制。在图 2.2.3 中，航路图使用说明的最后一句话给出："For operational detail at or above 18,000' MSL, use US (HI) charts." 说明在平均海平面 18 000 ft（5 486.4 m）或之上运行需要使用美国高空航路图。

在航路图平面图中，如航路图间有重叠的部分，用航路图重叠指示标志即蓝色条纹和一个三角形，以及重叠航路图的编号标出。如图 2.2.4（a）所示，航路图 US（LO）37 与航路图 US（LO）48 相重叠，图中用蓝色的编号 LO-48 和向上的蓝色三角形配合外深内浅的边界线标注两幅航路图的重叠部分。

对于重叠在航路图上的区域图，则用区域图重叠指示标志即外深内浅的灰色条纹虚线和灰色三角形符号以及相应的区域图编码标注。区域图编码标明区域图的名称和主要机场的标识。如图2.2.4（b）所示，在该航路图上重叠着名称为ST LOUIS，ICAO四字代码为"KSTL"的区域图，图中用灰色的ST LOUIS和向上的灰色三角形配合外深内浅的灰色虚线标注重叠在航路图上的区域图。

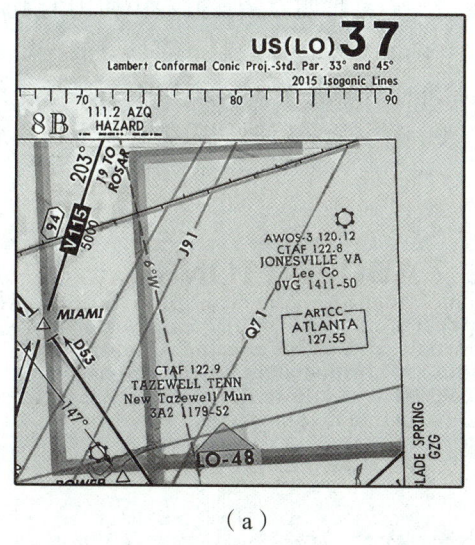 

（a） （b）

图2.2.4 重叠指示标志

3. 本次修订内容（Changes）

每张航路图上最重要的信息之一是包含在封面索引图下方的"本次修订内容"，主要包括航图索引号，以及用明语缩略语的形式给出的与前一次修订的版本相比主要的变更提示。因此，飞行员在飞行前应该认真阅读这部分内容。

如图2.2.5所示，航图US（LO）36中发生变更的内容为Portsmouth NDB台不再使用，ATS系统在Ind、Ky、Va和W Va等地发生了改变。

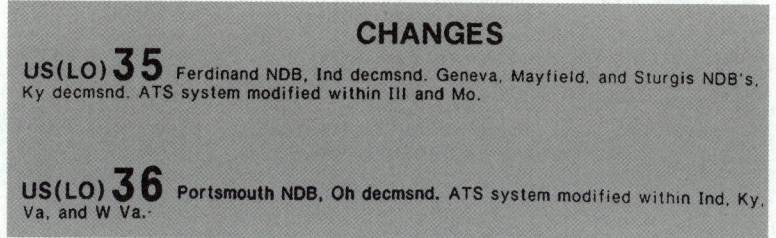

图2.2.5 本次修订内容

4. 通信资料表（Tabulated data-Communication）

每一张航路图都要包含一个其覆盖范围内ATC通信服务和频率的表，统称为通信资料表，主要包括进/离场、塔台和地面管制的频率、呼号及可用性等信息。

（1）机场所在地名（Airport location name），一般位于第一行左侧，地名字母大写表示IFR机场，大小写都有的表示VFR机场。在图2.2.6中，BELLEVILLE是仪表飞行机场。

（2）机场名称（Airport name），一般位于第二行左侧。

（3）机场位置所在的区域图代码和航路图分节索引代码。区域图是以这个区域内主要机场的 ICAO 四字代码命名的。航路图的分节索引代码由字母和数字两部分构成。如图 2.2.6 所示，KSTL 为区域图的代码，后面的 p5A 表示该机场可以在航路图的第 5 个折页的 A 小节中找到。

（4）通信信息。ATC 通信设备的呼号以粗体表示，用来指明在话音通信中使用的名称。如图 2.2.6 所示，粗体的 App（R）、Dep（R）、Twr 和 Gnd 表示进近管制、离场管制、塔台管制和地面管制。其中的数字表示相应的管制频率，如地面管制频率 128.25 MHz。括号中的大写字母"R"表示管制员可以使用雷达。星号"*"表示管制服务有时间限制，可以使用杰普逊机场目录查找特殊机场的工作时间。

通信资料表中常见缩写及其含义见表 2.2.1。

COMMUNICATIONS TABULATIONS

BOLD NAME - Voice call. Light Names/Abbreviations - Identifying names/abbreviations not used in radio call. G - Guard only. * - Part-time operation. **(R)** - Radar capability. KDEN p6D - Charted location is shown by Area chart initials and/or by quarter panel number-letter combination. ATIS, ASOS, AWOS, LAA and CTAF frequencies are positioned over the airport label on the chart face. Common EMERGENCY 121.5 is not listed. Refer to Glossary and Abbreviation in Introduction pages for further explanations.

ABINGDON, VA　p3C
　Virginia Highlands. **Tri City**
　　*App(R)/*Dep(R) 128.67.
ASHLAND, KY　p2B
　Ashland-Boyd Co. **Huntington**
　　App(R)/ Dep(R) 132.95.
BARDSTOWN, KY　p1B
　Samuels. **Louisville App(R)**/
　　Dep(R) (E 132.07) (W 123.67).
BELLEVILLE, ILL　KSTL p5A
　Scott AFB/Midamerica. **St
　　Louis App(R)/Dep(R)** 125.2.
　　Midamerica Twr 128.25.
　　Gnd 119.2.
BRISTOL/JOHNSON/
KINGSPORT, TENN　p3C
　Tri-Cities Regl/TENN/VA. **Tri-
　　City** *App(R) (228°-046°
　　125.5) (047°-227° 118.4)
　　119.25. *Dep(R) (228°-046°
　　125.5) (047°-227° 118.4).
　　*Twr 119.5. Gnd 121.7.
CAHOKIA/ST LOUIS, ILL　p4B
　St Louis Downtown.
　　App(R)/ Dep(R) 123.7.
　　Downtown *Twr 119.92. Gnd
　　121.8.

GEORGETOWN, KY　p2A
　Georgetown Scott Co-Marshall.
　　Lexington App(R)/Dep(R)
　　(221°-039° 120.75) (040°-220°
　　120.15).
GREENEVILLE, TENN　p2D
　Greeneville Mun. **Tri City**
　　*App(R)/*Dep(R) 119.25.
GREENVILLE, KY　p6C
　Mühlenberg Co. **Evansville**
　　*App(R)/*Dep(R) 126.4.
HARTFORD, KY　p6D
　Ohio Co. **Evansville**
　　*App/*Dep 126.4.
HENDERSON, KY　p6A
　Henderson City Co. **Evansville**
　　*App(R)/*Dep(R) 126.4.
HOPKINSVILLE, KY　p6C
　Hopkinsville-Christian Co.
　　Campbell App(R)/Dep(R) 118.1.
HUNTINGBURG, IND　p6A
　Huntingburg. **Evansville**
　　*App(R)/*Dep(R) 126.4.
HUNTINGTON, W VA　p2B
　Tri-State/Ferguson. **Huntington
　　App(R)/Dep(R)** (N 128.4) (S
　　119.75). **Twr** 118.5. **Gnd** 121.9.

MILTON, W VA　p3A
　Ona. **Charleston App(R)** 124.1.
　　Huntington Dep(R) 119.75.
MONTICELLO, KY　p1D
　Wayne Co. **Indianapolis
　　App(R)/Dep(R)** 124.62.
MOREHEAD, KY　p2B
　Thomas Regl. **Indianapolis
　　App/Dep** 124.22.
MT CARMEL, ILL　p6A
　Mt Carmel Mun. **Evansville**
　　*App(R)/*Dep(R) 125.6.
MT STERLING, KY　p2A
　Mt Sterling-Montgomery Co.
　　Lexington App(R)/Dep(R)
　　120.15.
ONEIDA, TENN　p2C
　Scott Mun. **Indianapolis
　　App(R)/Dep(R)** 124.62.
OWENSBORO, KY　p6A
　Owensboro-Daviess Co.
　　Evansville *App(R)/*Dep(R)
　　126.4. **Owensboro** *Twr
　　120.7. **Gnd** 121.7.
PADUCAH, KY　p5D
　Barkley Regl. **Paducah** *Twr
　　119.6. **Gnd** 121.7.

图 2.2.6　通信资料

表 2.2.1　通信资料表中常见缩写及含义

符号/内容	英文	中文
BOLD NAME	Voice call sign	呼号
T	Transmit only	仅发射
G	Guard only	仅接收
X	On request	按要求
C	Clearance delivery	放行许可
（R）	Radar cap abit y	雷达功能

续表

符号/内容	英文	中文
Cpt	Clearance（Pre-taxi procedure）	滑行前程序许可
XXXX p6D	Charted location is shown by Areachart and/or panel number-lettercombination.	区域图内主要机场 ICAO 代码和/或航路图分节索引号
*	Part t me operation	部分时段工作

5. 专用空域列表（Special Use Airspace）

专用空域列表通常出现在航路图的背板上，如果空间有限，也可能出现在航路图的其他地方，不同字母代表的专用空域类型见表 2.2.2 所示。

表 2.2.2 专业空域性质

代码	含义
A	警戒区（Alert）
C	注意/警告区（Caut on）
D	危险区（Danger）
P	禁区（Prohibited）
R	限制区（Rest rc ted）
W	警告区（Warning）
TRA	临时保留空域（Temporary ReservedAirspace）
TSA	临时隔离空域（Temporary SegregatedAirspace）
MOA	军事训练区（Miltary Operation Area）

一般来说，专用空域列表包含专用空域和限制区的活动时间、高度范围、管制机构等在航路图平面图上找不到的信息，如图 2.2.7 所示。而在平面图上，专用空域部分会包含空域轮廓、空域级别、空域编号、所属国家或地区等信息。

图 2.2.7 专用空域列表

在图 2.2.7 中：①该专用空域涉及的国家或地区以及所属的 ICAO 代码；②修订日期；

③ 国家地区 ICAO 代码；④ 空域类型；⑤ 空域编号；⑥ 空域的垂直距离限制；⑦ 空域管制机构；⑧ 执行时间。如果没写时间，则表示 24 h 有效。

6. 巡航高度/高度层（Cruising Levels）

不同国家和地区对巡航高度有不同的要求，因此，通常在航路图背板的底部会有提示信息，说明仪表飞行和目视飞行适合的巡航高度或者飞行高度层。但是，在航路图制图空间受到限制的情况下，巡航高度/高度层说明也可能放在航路图的其他位置上，并通过航路图注释说明其具体位置。

巡航高度/高度层以带有磁/真航线角扇区的巡航高度刻度盘形式表示。除非后面跟有"T"字母代表真方位角，否则所有方位角均为磁方位角。每个扇区都包含相应飞行方向的建议高度。如图 2.2.8 所示，刻度盘东半部的扇形表示在磁/真航线角 360°～179°飞行，高度层应该为奇数千位数英尺或奇数百位数米，比如 FL250 或者 FL 6 300 m；刻度盘西半部的扇形表示在 180°～359°的磁/真航线角范围内的航空器，应在偶数千位数的高度/高度层飞行。

巡航高度的单位通常为英尺、飞行高度层（百英尺）和米。我国空域内使用米制单位的巡航高度和巡航高度层。因此，在 CH 系列的航路图中，杰普逊航图标注了相应的高度单位转换表。注意，在实际飞行中需要遵从 ATC 的指示，因为它们可能会给出和航路图上实际标注完全不一样的高度层/高度。这也是为什么上面的所有高度均为建议高度。

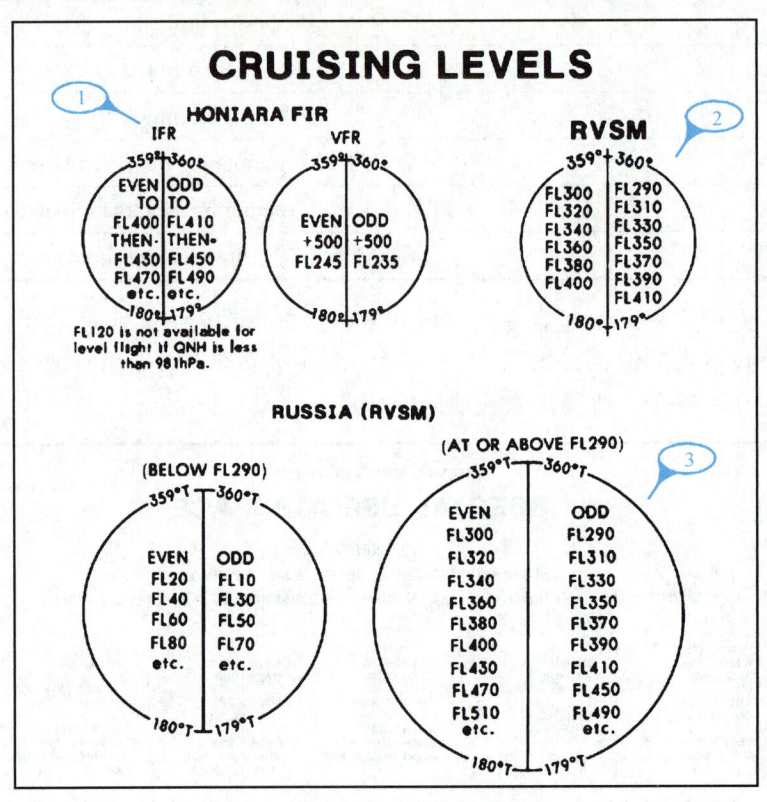

图 2.2.8　巡航高度/高度层

在图 2.2.8 中：① HONIARA 的巡航高度或高度层；② HONIARA 的 RVSM 高度表；③ 俄罗斯的 RVSM 高度表。

7. 参考注释（Reference Notes）

由于制图空间的限制，在航路图的面板和背板上还可能包含一定的参考注释（见图 2.2.9），主要指明无法绘制在航路图面板和背板上的信息在航路图上的其他具体位置。参考注释可能包括如下信息：应答机设置、ATS 航路相关限制、报告马赫数的程序、对航路图具有实际意义的注释、缩小最低垂直间隔标准和必备的导航性能等。

由于航图覆盖范围内的国家或地区对于空域管理的一些特殊规定的需要，在某些系列的航路图的面板或背板上还会包含相应的其他特殊图例符号。

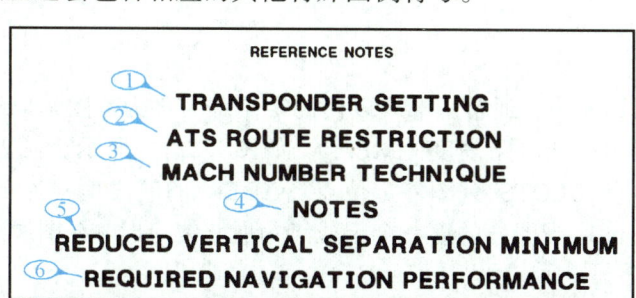

图 2.2.9 参考注释

在图 2.2.9 中：① 应答机设置；② 在给定的 FIR 或 UIR 中与空中交通服务指定的航路相关限制；③ 在给定的 FIR/UIR 中报告马赫数的程序；④ 对航路图具有实际意义的注释；⑤ 区域内或 FIR/UIR 内缩小最低垂直间隔标准和操作程序；⑥ 区域内航路或 FIR/UIR 的程序和必备导航性能。

2.2.2 图边信息（Edge information）

在航路图的边界处及四周主要包括如下信息：航路图系列号和编号、制图比例尺、分节索引代码、投影方式和图边"TO"指示标志。其中，前三类内容在前面已介绍，这里不再重复。

1. 投影方式（Project）

大部分杰普逊航路图选择兰勃特圆锥投影，这种投影方式绘制出的航线没有角度失真，距离失真也较小。但是，在地球的两极地区需要用到其他投影。通常航图投影方式注释放在每张航路图的系列号和编号下面。如图 2.2.10 所示，US（LO）42 使用兰伯特圆锥投影，两条标准纬线分别是北纬 33°和 45°。

图 2.2.10 兰勃特投影

2. 图边"TO"指示标志

大部分延伸到航图边缘的航路都有"TO"指示标志。"TO"指示标志给出的信息通常包括：下一个航路导航设施的名称、识别代码、一些情况下还标注其频率和莫尔斯电码，下一个报告点的名称、导航设施到下一个报告点的里程以及航段总里程等信息。

1）下一个导航设施

在图边"TO"指示标志中，通常图廓线外的导航台名称为下一个导航设施的名称及其识别代码。如图 2.2.11 所示，在图廓线外的 COLLIERS（IRQ）为沿相应航路飞行，不在图上的下一个导航设施的名称及其识别代码（无线电呼号）。当使用不在图上的导航设施来识别、引导图上的报告点或航线角时，除标出该导航设施的名称和识别代码外，图边"TO"指示标志中还应包含导航设施的频率和莫尔斯电码。如图 2.2.11 所示，在图廓线外的 COLUMBIA（CAE）导航台为图内的定位点 BLOTS 提供定位信息，其频率 114.7 MHz 和莫尔斯电码都标注在图边"TO"指示标志中。

2）下一个报告点

图边"TO"指示标志中，通常图廓线以内的定位点名称为本图幅以外的第一个定位点，并标注至该点的里程和最低航路高度（MEA）。如图 2.2.11 所示，图外的第一个定位点为 WIDER，从图中定位点 BLOTS 到图外定位点 WIDER 的航段里程为 15 NM（27.78 km），MEA 为 2 500 ft（762 m）。当图外的第一个定位点为航路终点时，在图廓线外直接标注定位点的名称。

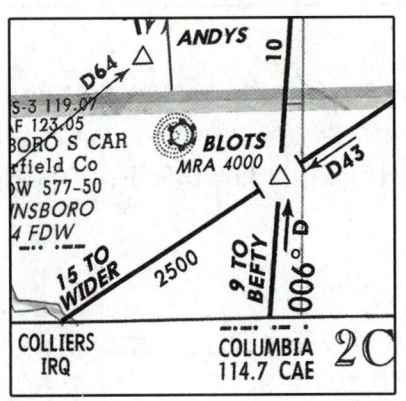

图 2.2.11　图边"TO"指示标志

2.2.3　平面图

1. 定位信息

航路图上的主要定位信息包括经纬网格、等磁差线和有限的地形信息。

1）经纬网格

航路图上给出经线和纬线是为了帮助标绘或确定航路图上的某一个位置。经纬度网格用绿线延伸穿越整个航路图来描述，如图 2.2.12 所示。航路图上经线和纬线之间的间隔取决于航路图的比例尺。通常航路图上经纬网格的间隔为 30′~20′，而 10′间隔的经纬网格是最普遍的。

2）等磁差线

磁差是磁经线偏离真经线的角度。在航路图上，用连续的绿色虚线横穿航路图给出磁差相等的点的连线，叫作等磁差线。在图 2.2.13 中，用绿色虚线给出磁差数值为"3°E"的等磁差线。由于地球表面的磁力线的方向有连续微小变化，通常，等磁差线由政府指定机构每 5 年进行一次测量，磁差的上一次测量日期在航路图边界左上角标出，如图 2.2.10 所示。

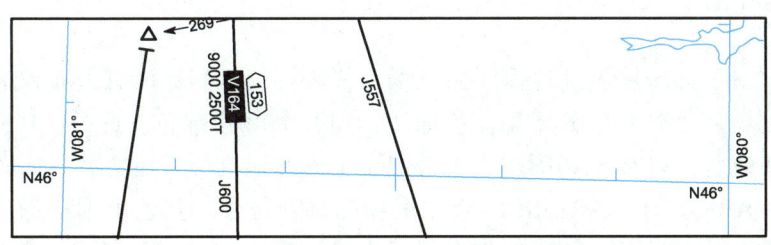

图 2.2.12 经纬网格

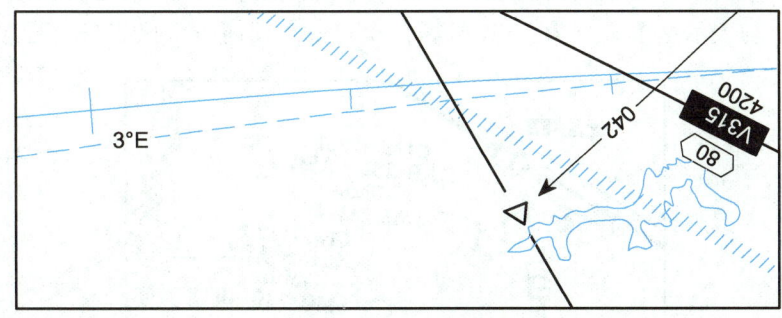

图 2.2.13 等磁差线

3）有限的地形信息

航路图上提供的地形信息仅限于海洋和大面积的内陆江河以及湖泊。陆地的地形障碍物信息，在航路图不予提供。在图 2.2.13 中，图形中的蓝色区域为地表水域。

2．机场

在高/低空和低空航路图上有大量关于机场的信息，包括机场名称、所在地名、机场类型、标高、跑道相关信息、气象服务和通信等。

1）机场符号

航路图上使用不同的机场符号来表示不同类型的机场，主要分为目视飞行机场（VFR）、仪表飞行机场（IFR）、民用机场或军用机场、水上飞机基地或直升机降落场。

航路图上各类机场图例见表 2.2.3 所示。

表 2.2.3 机场图例

符号		含义
○	○	军用机场
⚙	⚙	民用机场
Ⓗ	Ⓗ	直升机机场
⚓	⚓	水上机场

2）机场信息

至少公布有一个标准仪表进近程序的机场为仪表飞行机场，没有公布仪表进近程序的机场为目视飞行机场。通常 IFR 机场用蓝色标注，VFR 机场用绿色。此外，IFR 机场用大写字母标识机场所在地名，VFR 机场则用大小写混合字母标识机场所在地名。如图 2.2.14 所示，美国阿肯色州（ARK）的 CARLISLE 市立机场的机场符号、蓝色识别信息，以及所在地名"CARLISLE"采用大写字母，均表示这个机场为 IFR 机场，至少公布了一个仪表进近程序。而同一张图上的 Hazen 市立机场的机场符号、绿色识别信息，以及机场所在地名"Hazen"采用大小写混合，均表示这个机场为 VFR 机场，没有公布任何一个仪表进近程序。

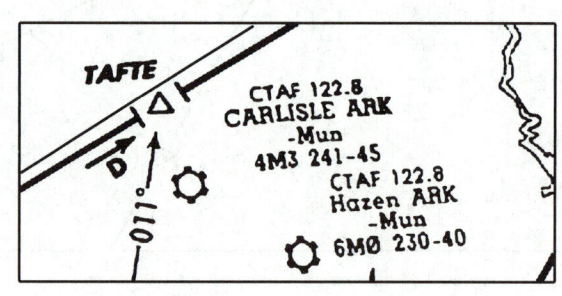

图 2.2.14　VFR 机场与 IFR 机场

通常，对于民用机场，机场所在地名列在机场识别信息的第一行，机场名（如果与机场所在地名不同）放在第二行，而机场识别代码放在第三行。如机场名与所在地名相同，则第一行同时表示机场名与地名，第二行给出相应的机场识别代码。机场名和机场所在地名中，可以使用常用的简缩字代替相应的全称。机场名称中的"Mun"为英文全称"Municipal"的简缩字，表示该机场为"市立机场"。当机场所在地名为机场名的一部分时，用"-"表示机场名中省略地名的部分。常用的机场识别代码为 ICAO 四字代码，IATA 三字代码或者是由字母与数字构成的三字编码（含有数字的三字代码是 FAA 代码）。对于军用机场，其名称列在机场识别信息的第一行，所在地名则列在第二行，第三行列出其识别代码。

在航路图上，除了标注机场的类型以外，还可能包含机场标高及其跑道相关信息。在大部分航路图上，在机场名称下方，紧随机场识别代码之后，给出以平均海平面（MSL）为基准的机场标高，单位为英尺。同时，采用 2～3 位数字表示机场内最长跑道的长度，单位为百英尺。跑道长度数据以 70 ft（21.3 m）为分界点进行进位，如最长跑道长度为 5 669 ft（1 727.9 m）的机场标示为"56"，而最长跑道长度为 5 671 ft（1 728.5 m）的机场标示为"57"。如果机场内最长跑道的道面为柔性道面，则在最长跑道长度的数值之后添加后缀"s"。

在机场所在地名的上方，航路图通常还提供机场内的气象服务和通信资料的可用性及其相关要求。特定机场内的航路和终端区气象服务台站可以提供以下服务：

（1）ASOS（Automated Surface Observation System），自动场面观测系统：提供连续每分钟观测并履行必要的基本功能，用以生成航空例行天气报告（METAR）和其他航空天气情报。当 ASOS 系统安装在某一个机场内时，在航路图上，用机场名称上方的"ASOS"和紧随其后的频率来表示，如图 2.2.15 所示。

（2）AWOS（Automated Weather Observing System），自动天气观测系统：可将当地的实

时天气数据直接发送给飞行员。当某一个机场内有 AWOS 系统时，在航路图上，用机场名称的上方的"AWOS"和紧随其后的频率来表示，如图 2.2.16 所示。

图 2.2.15　ASOS 服务

图 2.2.16　AWOS 服务

（3）EFAS（Enroute Flight Advisory Service），航路飞行咨询服务：根据飞行员的请求，按照其飞行类型、预定飞行航线和高度，为飞行中的航空器提供定时的特殊天气情报服务。提供航路飞行咨询服务的机场，在其机场名称上方用"机场呼号+WX+*+频率"的标准格式来标示，"*"表示 EFAS 系统仅在部分时段工作，每天的服务时间为当地时间 06:00~22:00，其工作频率为 122.0 MHz，如图 2.2.17 所示。

（4）ATIS（Automatic Terminal Information Service），自动终端情报服务：在比较繁忙的机场自动连续播放的信息服务，通常在一个单独的无线电频率上进行广播，包括主要的与飞行相关的信息，如天气、可用跑道、气压及高度表拨正值等信息，如图 2.2.18 所示。

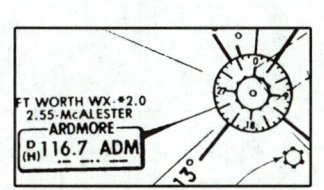

图 2.2.17　EFAS 服务

图 2.2.18　ATIS 服务

（5）RCOs（Remote Communications Outlets），遥控通信分站：RCOs 是一种非人工通信设施，由空中交通管制员进行遥控，以提供管制员和位于卫星机场的飞行员地面对地面间的通信。内容包括航路放行许可、离场许可、仪表飞行规则的取消以及预计离场/着陆时间。

RCOs 可与导航设施和机场联系起来，也可单独位于遥控位置。当 RCO 位于遥控位置时，RCOs 用一个里面带有一个圆点的圆圈表示。细线的信息框里包含 RCO 的名称、通信呼号和频率。如图 2.2.19 所示，DIAMOND RCO 为独立安装的遥控通信设施，其呼号为 RIVER，频率为 122.6 MHz。

图 2.2.19　遥控通信分站

3. 导航设施

杰普逊航路图中导航设施包含的内容主要有导航设施符号和导航设施识别框，其中后者又涵盖导航设施识别信息及相关的通信信息。用来定向的导航设施（如 VOR 台、NDB 台）符号会标注表示磁北方向的箭头。服务于不同高度范围的导航设施符号也会有所不同，一般来讲，高空航路图上的导航设施符号更加简单。

1）导航设施的符号及构成

导航设施符号及构成见表 2.2.4 所示。

表 2.2.4　常见导航设施符号

符号	含义及构成
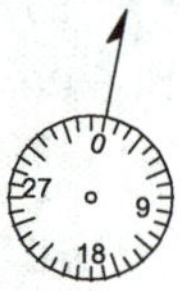	低空和高/低空航路图上的 VOR 台，由 360°方位刻度盘和磁北指标构成
	高空航路图上的 VOR 台，符号更小，没有刻度环
	TACAN 或 DME 台，用锯齿形的双圆环表示
	VORTAC 或 VOR/DME 台，两个符号合并
	低空和高/低空航路图上的 NDB 台由小圆点组成的三个同心圆和磁北指标构成
	高空航路图的 NDB 台，符号更小，没有刻度环
	指点标，骨状或凸透镜
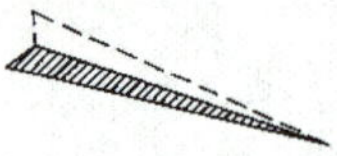	航向台（Localizer），一侧带有阴影的箭头

2）导航设施识别框

导航设施识别框通常位于它所代表的导航设施符号附近，用箭头与它所代表的导航设施相连接。导航设施识别框内一般包含导航设施的名称、频率、两个或三个字母的识别代码及其相应的莫尔斯电码。此外，有些导航设施识别框内还可能显示诸如地理坐标、VOR 台等级，以及相关的通信信息。

目前，航路图上 VOR 台依据所服务的航段和高度有如下两种等级划分，如图 2.2.20 和表 2.2.5 所示。

分类	使用频率	波道数	发射功率	作用距离	识别码 ICAO航图	识别码 杰普逊航图
航线VOR台（A类VOR台——CVOR）	112.00~118.00MHz之间每隔50kHz	120	200W	200nm	3个英文字母和3个莫尔斯电码	2个或3个英文字母和莫尔斯电码（无规律）
终端VOR台（B类VOR台——TVOR）	108.00~112.00MHz之间十分位的频率	40	50W	25nm		

图 2.2.20　按照所服务的航段划分

表 2.2.5　按照所服务的高度划分

种类	距离/NM	高度/ft
终端（T）	25	1 000 ~ 12 000
低空（L）	40	1 000 ~ 18 000
高空（H）	40	1 000 ~ 14 500
	100	14 500 ~ 60 000
	130	18 000 ~ 45 000

VOR 台和 NDB 台通常放置在一起，在 VOR 导航设施识别框里如标注有 D，则表示该 VOR 支持配套 DME 使用。常见导航设施符号及识别框信息见表 2.2.6 所示。

表 2.2.6　常见的导航设施识别框信息

图例	含义及构成	范例
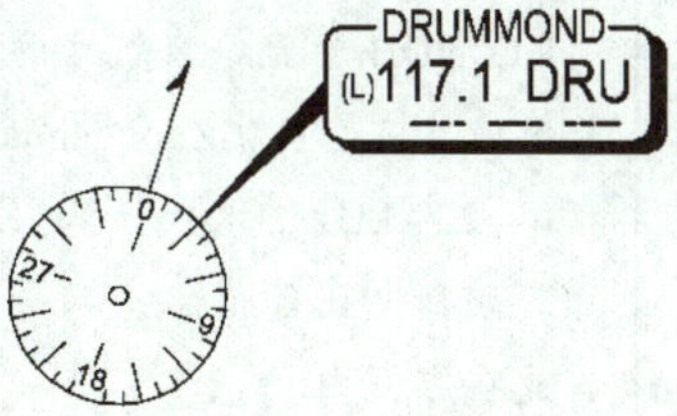 DRUMMOND (L)117.1 DRU	航路上的 VOR 台，右侧和下方的阴影表明该 VOR 台是航路结构的组成部分	VOR 台的名称：DRUMMOND 频率：117.1 MHz 识别代码：DRU 莫尔斯电码 VOR 台等级：低空级 VOR
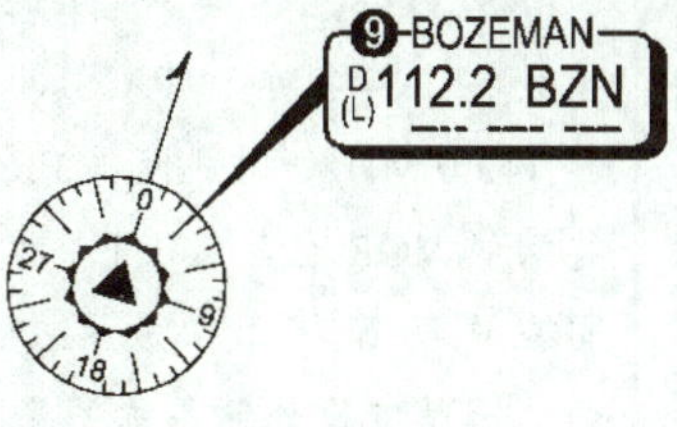 BOZEMAN D(L)112.2 BZN	航路上的 VOR/DME 台	在 VORTAC 或 VOR/DME 台频率左边的字母"D"表示有与 VOR 频率相匹配的 DME 测距功能可用

续表

图例	含义及构成	范例
KUQA D 114.5 KCA N41 43.0 E083 00.0 (288° 264° 053°)	航路上的高空级的导航设施，通常在识别框的下方同时标注其地理坐标（经度，纬度）	KCA VOR/DME 台可以为高空航路提供航迹引导，在导航设施识别框的底部给出其地理坐标（北纬 41°43.0′，东经 083°00.0′）
KADENA D 112.0 KAD N26 22.4 E127 48.0 335 KD N26 20.0 E127 44.8	当导航设施识别框里有两个导航台的信息时，航路结构以一个 VOR 台来定义时，另一个低/中频导航设施用于辅助进行离台较远距离航段的航迹引导	由 KAD VOR 台所定义的航路距离其较远的那部分航段的航迹引导由 KD NDB 台辅助完成
KETCH D30 151° LOC.DME 110.9 IBEY	具有航路功能的航向台 LOC 主要用于构成航路上的交叉定位点	"LOC-DME"表明航向台 LOC 同时具有 DME 功能。航路上的交叉定位点 KETCH 由频率为 110.9 MHz，识别代码 IBEY 的航向台 LOC 的 151°航道和 30 NM DME 距离弧确定
ANZHOU DUMPING AREA LANZHOS Zhongchuan ZLLL 6388-118 *237 KQ	偏离航路的低空或高/低空航路图上的导航设施识别信息不加框，但同样包含名称、频率、识别代码、莫尔斯电码、DME 功能和 VOR 台等级等信息	KQ NDB 台为偏离航路的导航设施，其名称为 Zhongchuan、频率 237 kHz、识别代码 KQ 和莫尔斯电码等信息，只是没有放在方框内
RAISI (T) 113.0 PRS	偏离航路的高空航路图上的导航设施识别，放在一个没有阴影的方框内。同样包含名称、频率、识别代码、莫尔斯电码、DME 功能和 VOR 台等级等信息	PRS VOR 台为偏离航路的导航设施，其名称为 PAISI、频率 113.0 MHz、识别代码 PRS、终端级 VOR 台等级（T）和莫尔斯电码等信息并放在方框内，只是方框外侧不加阴影

续表

图例	含义及构成	范例
MALMSTROM TAC-105 GFA (115.8)	偏离航路的 DME 台，当能够与 DME 相匹配的 VOR 台不存在时，在 DME（TACAN）波道下方的括号里列出能够与 DME（TACAN）相匹配的虚拟的 VOR 频率，用于民用航空器调谐使用测距功能	MALSTROM TACAN 台在频率 115.8 MHz 上可为民用航空提供测距信息，代码"TAC-105"为 TAC 波道，仅用于军方导航接收者调谐 TACAN 台的方位信息
CLARKSVILLE ARK -Mun H35 481-45 201 CZE	当位于机场的导航设施的名称、所在地名和机场名称一致时，导航设施的频率和识别代码放在机场信息的下方	机场内的 NDB 台的名称与机场名称都是 CLARKSVILLE，其导航识别信息放在机场信息的下方，NDB 台识别码为 CZE，频率为 201 kHz
LAYTON	指点标台的名称和莫尔斯电码直接标注在其符号后面	指点标台的名称为 LAYTON

3）与导航设施相关的飞行服务站

航路图上与导航设施相关的通信设施主要是飞行服务站（Flight Service Station，FSS）。当 FSS 站离导航设施非常近或处于同一位置，通信频率直接标注在导航设施识别框的上方，并标注飞行服务站的名称、呼号、频率、航路飞行咨询服务和飞行中危险天气咨询服务等，见表 2.2.7。

表 2.2.7　与导航设施相关的 FSS 信息

图例	含义	范例
122.2-122.45-5680 RIVER D 114.6 RIV	（控制飞行服务站的呼号和名称）如果 FSS 与导航设施名称相同，通信频率信息直接标注在导航设施识别框上方	FSS 的名称和导航设施的名称都是 RIVER，FSS 可以在 122.2 MHz、122.45 MHz 以及 5680 kHz 的频率上收信和发信
RIVER 122.1G CANYON 113.9 CNY	（控制飞行服务站的呼号和名称；限于守听） 如果 FSS 与导航设施名称不同，控制飞行服务站的名称和呼号放在频率前面	在导航台 CANYON 附近的 FSS 与导航台名称不同，控制飞行服务站的名称 RIVER 放在通信频率 122.1 MHz 前面，频率后面的字母"G"表示 FSS 仅限于在该频率上收听或守听，不能在此频率上发射，但是能在导航设施的频率上发射

续表

图例	含义	范例
 FSS RIVER LAVA D 115.3 LVA	（没有频率的飞行服务站）在导航设施上方仅有 FSS 名称，表示飞行服务站可以通过 VOR 台发射，但没有可用的接收频率	RIVER FSS 可以通过 LAVA VOR 台在 115.3 MHz 的频率上发信，但不能通过 LAVA VOR 台收信
 RIVER 122.3 PHANTOM 122.6 PHANTOM 364 PTM	（多重呼号）在同一导航设施上方会有不止一个 FSS 的通信频率列在一起	RIVER FSS 可以在 122.3 MHz 的频率上收信和发信，而 PHANTOM FSS 可以在 122.6 MHz 的频率上收信和发信
 HIWAS MIAMI WX *122.0 MIAMI D 115.9 MIA N25 57.8 W080 27.6	（航路飞行咨询服务；飞行中危险天气咨询服务）航路飞行咨询服务可以为飞行员提供定时的特殊天气情报服务。一般标注飞行员呼叫的管制部门的名称或识别代码、WX 标志、星号及频率（WX *122.0 或 WX. *2.0），服务时间为美国地方时每天 06:00～22:00。飞行中危险天气咨询服务（HIWAX）可以通过导航设施广播特殊天气咨询服务	MIAMI VOR 台可以提供航路飞行咨询服务，飞行员所呼叫的管制单位为 MIAMI 航路交通管制中心，其守听频率为 122.0 MHz，服务时间为美国地方时每天 06:00～22:00

飞行服务站为所有的飞行提供飞行情报服务和告警服务，除了民航飞行外，军航飞行也使用飞行服务站。美国现有 72 个飞行服务站，其中 61 个为自动飞行服务站。这些飞行服务站的服务范围覆盖全美所有空域。从 1999 年开始美国联邦航空局对飞行服务站进行了整合，建立了大型自动化飞行服务站，实现了飞行计划、气象等数据的自动处理和传输。飞行服务站的主要功能包括：

（1）受理飞行计划。飞行员可以通过 Internet、公用电话、设在机场的专用电话提交飞行计划，也可以直接到飞行服务站进行提交。对于 VFR 飞行甚至可以在空中通过飞行服务站的专有频率进行提交，飞行服务站负责转发 IFR 飞行计划，记录、激活和关闭 VFR 飞行计划。

（2）提供气象咨询服务。在全美统一的频率上提供航路气象咨询服务，范围通常为 5 000～18 000 ft，飞行员可以通过该频率联系飞行服务站的气象咨询服务席位，获取自己关心区域的气象信息。

（3）提供气象通播服务。提供飞行中危险天气咨询 HIWAS（Hazardous Inflight Weather Advisory Service）和转录气象通播 TWEB（Transcribed Weather Broadcast）服务。在 VOR 台

频率上循环播放强对流、雷暴等危险天气信息和一般气象信息，每小时进行更新。在 VOR 导航信号覆盖范围内均可收到。机场附近的气象条件可以通过 ATIS/AWOS/ASOS 通播获取，飞行服务站不负责这些通播的更新。

（4）提供通用咨询服务。飞行服务站管辖的范围内划设若干扇区，每一扇区指定专用频率，根据飞行员要求提供 NOTAM、气象和其他服务。

（5）提供告警服务。监听应急频率，在收到应急定位发射机信号或是在 VFR 飞行预达时间 30 min 后，启动有关检查和搜救程序。

4. 航路和航线

航路是指根据地面导航设施建立的供飞机作航线飞行之用的具有一定宽度的空域。划定航路的目的是维护空中交通秩序，提高空间利用率，保证飞行安全。

传统航路以连接各导航设施的直线为中心线，规定有上限和下限高度以及宽度。在这个通道上，空中交通管理机构提供必要的空中交通管制服务和飞行情报服务。各型航空器在航路内应按指定的飞行高度层飞行，并保持规定的垂直间隔和纵向间隔。航路的宽度取决于飞机能保持按指定航迹飞行的准确度、飞机飞越导航设施的准确度、飞机在不同高度和速度时的转弯半径，并需加必要的缓冲区。因此，航路的宽度不是固定不变的。《国际民用航空公约》附件 11 中规定，当两个全向信标台之间的航段距离在 50 NM（92.6 km）以内时，航路的基本宽度为 8 NM（14.8 km）；航段距离在 50 NM 以上时，根据导航设施提供飞机保持航迹飞行的准确度进行计算，扩大航路宽度。有些国家规定为 10 NM，中国规定为 20 km。

飞机飞行的路线称为航线，航线确定了飞机飞行的具体方向、起讫和经停地点。因此，航线是一维的线，而航路是三维的空间。航线可以分为国际航线、国内航线和地区航线。国际航线是指飞行路线连接两个或两个以上国家的航线；国内航线是指在一个国家内部的航线，又分为干线、支线和地方航线三大类；地区航线是指在一国之内，连接普通地区与特殊地区的航线，如内地与港、澳、台地区之间的航线。另外，航线还可分为固定航线和临时航线，临时航线通常不得与航路，固定航线交叉或是通过飞行繁忙的机场上空。

航路和航线是航路图上最重要的组成部分。航路图中主要提供航路代号、航路中心线、航线方向、定位点、航段里程和高度等相关信息。

1）航路代号

为便于驾驶员和空中交通管制部门工作，航路标有明确的名称代号。ICAO 规定航路或航线的基本代号由一个拉丁字母和 1~999 的数字组成，具体如下。

（1）A、B、G、R：用于 ATS 航路地区航路网的组成部分，但并非是区域导航航路。

（2）L、M、N、P：用于 ATS 航路地区航路网组成部分的区域导航航路。

（3）H、J、V、W：用于不属于 ATS 航路地区航路网的组成部分，也不是区域导航航路。

（4）Q、T、Y、Z：用于不属于 ATS 航路区域航路网组成部分的区域导航航路。

（5）对于规定高度范围的航路或供特定飞机飞行的航路，则可在基本代号之前增加一个拉丁字母作为前缀。如表 2.2.8 所示，K 表示主要为直升机划设的低空航路，U 表示航路（或其一部分）划设在高空空域，S 表示专为超音速航空器在加速、减速和超音速飞行时而划设的航路。也可以在基本代号之后增加一个拉丁字母作为后缀。如表 2.2.9 所示，F 用于表示航路或者部分航段只提供咨询服务，G 用于表示航路或者部分航段只提供飞行情报服务。

表 2.2.8　常见的航路代号前缀及其含义

航路代号前缀	含义
A	琥珀色，Alpha 航路，南北主航路
ADR	咨询航路
AR	大西洋航路、加拿大 Alpha 航路
ATS	未公布识别代号，但提供 ATS 服务的指定航路
AWY	航路
B	蓝色，Bravo 航路，南北支航路
BR	巴哈马航路、加拿大 Bravo 航路
D	直飞航路。需要 ATC 的许可，不可用于填报飞行计划
DOM	国内航路。外国经营人使用需特别批准
G	绿色，Golf 航路，东西主航路
GR	海湾航路
H	高空航路
HL	高空航路
J	喷气机航路
K	主要为直升机划设的低空航路或者航线
NAT	与北大西洋组织航迹结构相联的航路
OTR	海洋过渡航路
PDR	预定航路
R	红色，Romeo 航路，东西支航路
RR	加拿大 R 航路
SP	超音速区域导航航路
U	高空航路。航路或者航线或者其中的部分航段划设在高空空域
V	Victor 航路
W	白色，Whiskey 航路

表 2.2.9　常见的航路代号后缀及其含义

航路代号后缀	含义
E	东
F	仅提供咨询服务
G	仅提供飞行情报服务
L	中低频航路
N	北
R	区域导航航路

续表

航路代号后缀	含义
S	南
UL	区域导航航路
V	VOR 航路
W	西
X	无 B-RNAV 配备的航空器所使用的航路（欧洲）
Y	在飞行高度层 6 000 米（含）以上的所需导航性能类型 1（RNP1）的航路，字母 Y 表示航路上 30°至 90°之间的所有转弯必须在直线航段间正切圆弧允许的所需导航性能精度容差内进行，并限定转弯半径为 42 千米
Z	在飞行高度层 5 700 米（含）以下的所需导航性能类型 1（RNP1）的航路，字母 Z 表示航路上 30°至 90°之间的所有转弯必须在直线航段间正切圆弧允许的所需导航性能精度容差内进行，并限定转弯半径为 28 千米
1	条件航路的类别（欧洲）
1，2	条件航路的类别（欧洲）
1，2，3	条件航路的类别（欧洲）

2）航路中心线

位于航路的中心，上面用黑底白字的方框标明航线代号。表 2.2.10 给出常见的航线图例。

表 2.2.10　各种航线图例

图例	构成及含义
 259 B215 16300T 4944mT	黑色实线表示航路中心线，B215 是其航线代号
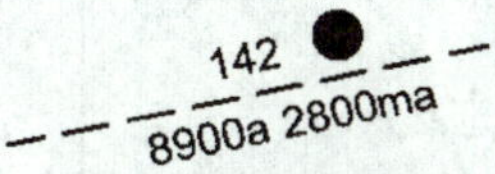 142 ● 8900a 2800ma	黑色虚线表示飞往备降机场的航线
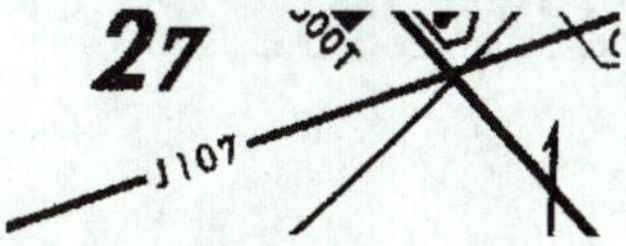 27 J107	在低空或高/低空航路图上，重叠在上一层的高空航路用绿色表示，如 J107
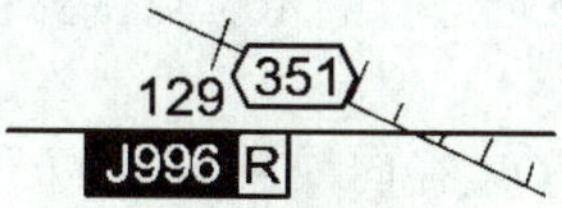 129 351 J996 R	后缀为 R 的航路表示 RNAV 航路，在航路图上常用一条深色的实线表示
 H44 (1100-0300Z)	表示在列出的时间内为单向航路，其余时间为双向航路

续表

图例	构成及含义
(PPR 图)	PPR 表示按箭头方向的飞行要求事先得到批准
(FPR 图)	FPR 表示要求按箭头方向的飞行应预先提供飞行计划

3）航线方向

航线的方向既可用航线角来表示，也可以用 NDB 方位线或 VOR 径向线给出。航线角是以航线起点的北（磁北/真北）为基准，顺时针量到航线去向的角度。航线角通常用磁航线角 MC 表示，但如果航线角后面出现"T"，则表示用真航线角 TC 表示，一般高纬度地区或磁力异常点用真航线角。

在图 2.2.21 中，A559 航路由 BOSE VOR/DME 台的 095°径向线提供方位引导。如果航线方向是从右边导航台飞左边导航台，可以说飞机是沿着 BOSE 的 R-095°径向线向台飞行。VOR 的径向线并不一定与航线方向或飞行方向一致，只表示航线方位。

在图 2.2.22 中，R474 航路由 TEBAK 飞向 LONGZHOU NDB 时是沿着 NDB 台的 044°方位线飞行，而由 LONGZHOU NDB 飞向 TEBAK 时是沿着 NDB 台的 224°方位线飞行。NDB 台方位线表示航线方向或飞行方向，与航线角一致。

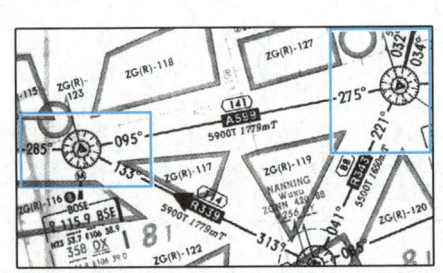

图 2.2.21　VOR 径向线

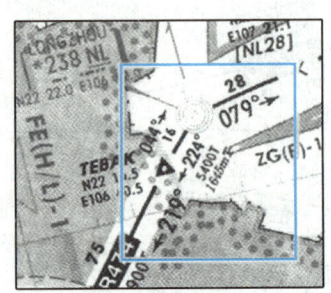

图 2.2.22　NDB 方位线

4）定位点

定位点即沿航路或航线用于确定地理位置的点，便于检查飞行进程。定位点主要包括交叉定位点（报告点）、航路点和转弯点（里程分段点）。

定位点可以通过多种方式给出：两条航路的交叉点、两条 VOR 径向线或 NDB 方位线的交叉点、两条 DME 弧的交叉点、VOR 径向线或者 NDB 方位线与 DME 弧的交叉点和地理坐标（经纬度）。

陆基无线电导航设施确定的是交叉定位点，其准确位置由 VOR 台或 NDB 台的方位角或距 DME 台的 DME 距离弧来定义。在航路图中用三角形符号和五字识别代码标注。航路点通常是由区域导航 RNAV 设备或 GPS 来确定的位置点，其准确位置用经纬度地理坐标来表示，在航路图中用四角星符号和五字识别代码标注。交叉定位点也叫报告点，实心的是强制报告点，空心的是非强制报告点，见表 2.2.11。由陆基导航设施确定交叉定位点的方法见表 2.2.12。

表 2.2.11　各种定位点

图例	构成及含义
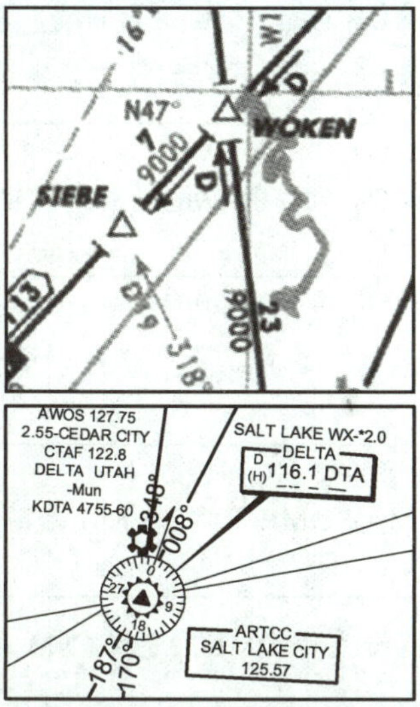	交叉定位点：用三角形符号和五字识别代码标注。WOKEN 和 DELTA 都是交叉定位点。前者空心，是非强制报告点；后者实心，是强制报告点
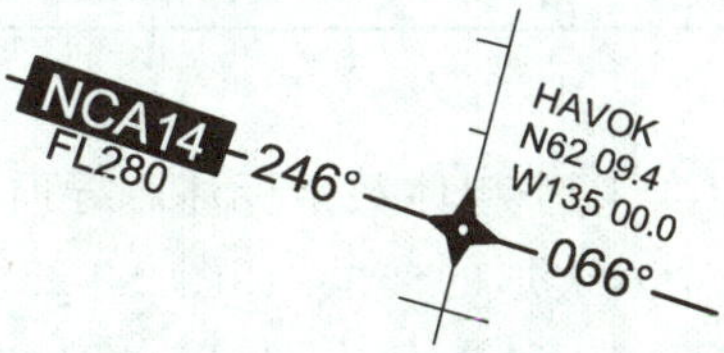	航路点：区域导航航路上用于确定航空器位置的点，用四角星符号和五字识别代码标注
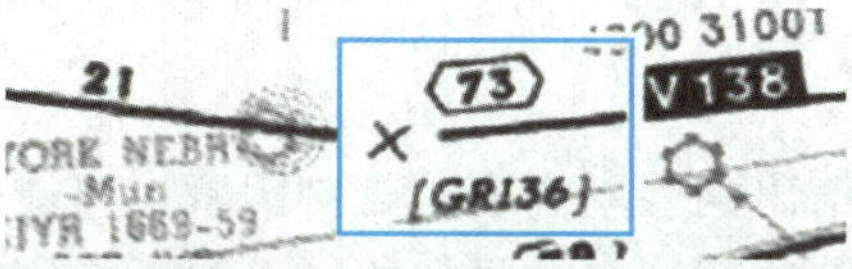	转弯点：又称里程分段点，用"×"表示。在导航数据库里又称计算机导航定位点（CNF），CNF 不用于位置报告、ATC 许可或制订飞行计划
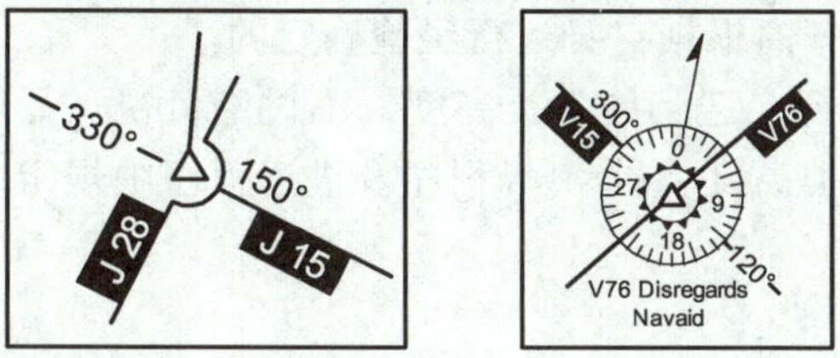	飞经航路报告点或导航设施：J26 航路不使用该强制报告点；V76 航路不使用该 VOR 台，相应的注释"V76 Disregards Navaid"说明该导航设施的使用情况
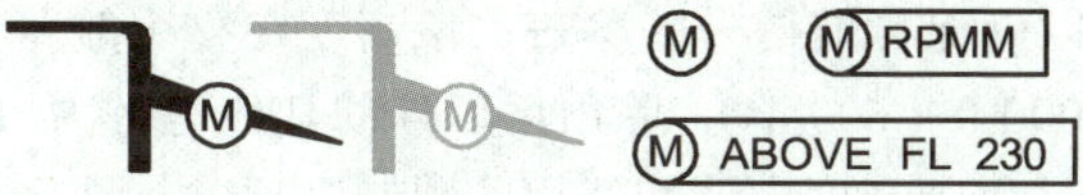	要求报告气象的定位点：沿某些航路，航路图上标出穿越交叉定位点时，需要报告气象的特定报告点。用一个大写字母"M"，外加一个圆圈表示。气象报告的内容包括空中温度、风、积冰、颠簸、云以及其他重要天气

表 2.2.12　交叉定位点信息

图例	含义
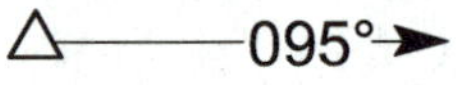 △ ——095°→	交叉定位点由 NDB 台的 95°方位线确定
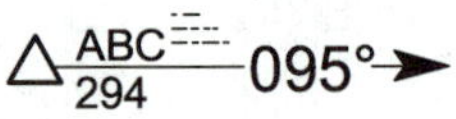 △ ABC/294 ——095°→	交叉定位点由 NDB 台的 95°方位线确定。导航台不在图上，要标明导航台的频率、识别代码和莫尔斯电码
 △ ←296°——	交叉定位点由 VOR 台的 R-296°径向线确定
 △ ←296° BOR/116.8	交叉定位点由 VOR 台的 R-296°径向线确定，导航台在图上远处，要标明导航台的频率、识别代码，不需要标注莫尔斯电码
 △ D55/MAZ	交叉定位点由 MAZ DME 台的 55 NM 距离弧确定
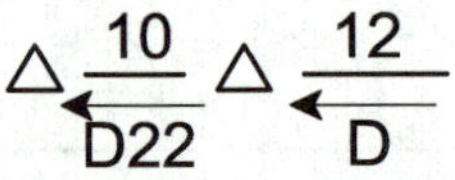 △ 10/D22 △ 12/D	两个交叉定位点分别由 DME 台的 12 NM 和 22 NM 距离弧定义

5）航段里程

航路里程是航段上两个定位点之间的直线距离，用小粗体数字标注。导航设施之间的总里程是相邻两个导航设施之间的直线距离，放在一个六边形的框里。如图 2.2.23 所示，沿 V114 航路，交叉定位点 AWLAR 和 OTTUV 之间的距离为 4 NM，从图上导航台到另一导航台的航段总里程为 42 NM。

6）航路高度

在航路飞行时，除了各类飞行情报资料中给出的限制高度，管制因素也可能带来高度限制。某些高度只有在一些特定国家才能遇到。有些高度名称虽然相同，但不同国家和地区对其含义和应用有特殊规定，有些则是情报服务商根据自身运行经验确定的。

本节仅讨论仪表飞行规则条件下航路飞行会遇到的各类高度，不讨论目视飞行规则条件下的各类高度、机场运行最低标准有关的各类高度、进/离场程序及进近程序中规定的各类限制高度。

（1）各国 AIP 给出的高度。

① 最低航路高度 MEA（Minimum Enroute Altitude）。

MEA 是各国 AIP 公布的飞行器在无线电定位点之间允许保持的最低高度。该高度能提供这些定位点之间超障余度的要求，并且可以确保导航信号的覆盖。该高度在整个航路宽度范围内有效。通常规定山区的超障余度为 2 000 ft（600 m），除山区以外的其他地区为 1 000 ft（300 m）。MEA 作为正常的航路航线飞行过程中高度申请和使用的限制，通常标注在航路代号框的上方或下方，如"←2000 4000→"，箭头表示飞行方向，如图 2.2.24 所示。

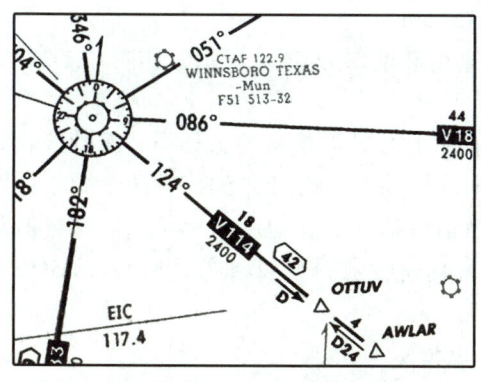

图 2.2.23　航段里程

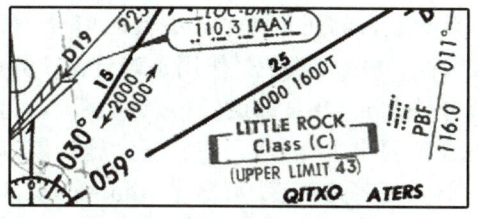

图 2.2.24　最低航路高度

② 最低超障高度 MOCA（Minimum Obstruction Clearance Altitude）。

MOCA 是各国 AIP 公布的航空器在 VOR 航路、偏离航路的航线或航段上各无线电定位点之间所允许保持的有效最低超障高度。通常规定山区的超障余度为 2 000 ft（600 m），除山区以外的其他地区为 1 000 ft（300 m）。在美国，仅在 VOR 台周围 22 NM 内确保能接收到导航信号的覆盖，由高度和后缀"T"表示，如图 2.2.24 中的"1600T"。如果航行情报不提供最低航路高度 MEA，MOCA 也可以作为正常的航路航线飞行过程中高度申请和使用的限制。如果发生单发、释压飘降等情况，航路最低超障高度 MOCA 是限制依据。

以上两种航路高度符合 ICAO 和多数国家法规规则，仅在设定方法上可能存在差异，一般把它们称为"法规高度"。需要注意的是，不同国家对同一种高度的具体标准可能会有不同。

除法规高度外，航路图上常见的还有最高批准高度 MAA（Maximum Authorized Altitude）、最低穿越高度 MCA（Minimum Crossing Altitude）、最低接收高度 MRA（Minimum Reception Altitude）和最低等待高度 MHA（Minimum Holding Altitude）等。

③ 最高批准高度 MAA（Maximum Authorized Altitude）。

MAA 代表某一空域或航段的最高可用高度或飞行高度层的公布高度（由于技术限制，空域结构限制以及陆基导航设备的限制等），由高度和前缀"MAA"表示，如图 2.2.25 中的"MAA FL120"。

④ 最低穿越高度 MCA（Minimum Crossing Altitude）。

MCA 是航空器从一个具有较低 MEA 的航段飞往一个具有较高 MEA 的航段时，穿越某些定位点所必需的最低飞行高度。由航路、飞行方向和前缀"MCA"表示，如图 2.2.26 中的"MCA V8-21 4100NE"标明沿 V-8 或者 V21 航路向东北方向飞行的最低穿越高度为 4 100 ft（1 249.7 m）。

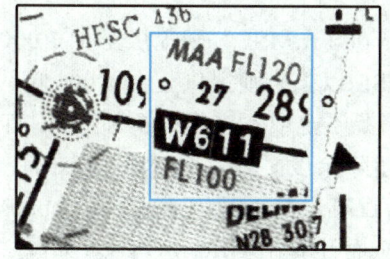

图 2.2.25　最高批准高度

图 2.2.26　最低穿越高度

⑤ 最低接收高度 MRA（Minimum Reception Altitude）。

MRA 是能够确定交叉点位置的最低高度，由高度和前缀 MRA 表示，如图 2.2.27 中的"MRA 7000"。

MRA 与 MEA 不同的地方在于：MEA 只需要航路上有导航信号覆盖即可，不管接收到的是一个导航台的还是两个导航台的信号，而 MRA 则需要能够同时接收到前后两个导航台的信号。因此，MRA 的一个作用是确定两个导航台导航信号的交点，也就是定位点。穿过航路的闪形符号表示 MEA 高度转换点或自该点起航路上另有高度限制（如增加了 MAA、MOCA 或 MORA 的要求）。通常，在导航设施处该符号被省略。

⑥ 最低等待高度 MHA（Minimum Holding Altitude）。

MHA 是等待程序中可以飞行的最低高度，在这个高度之上可以确保超障要求并且有足够的导航信号覆盖。如图 2.2.28 所示，最低等待高度为 FL90。

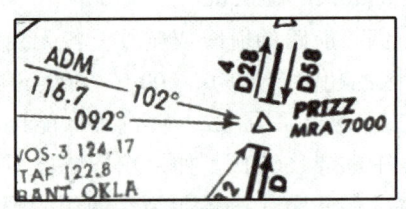

图 2.2.27　最低接收高度　　　　　　图 2.2.28　最低等待高度

（2）情报服务商自定义的限制高度。

上面所讨论的各种高度，都是由各国 AIP 公布的。而对于 Jeppesen 等公司而言，在情报产品中根据自己的理解又提出了一些个性化的高度，如航路最低偏航高度（Enroute MORA）和网格最低偏航高度（Grid MORA）。

① 航路最低偏航高度 Enroute MORA（Enroute Minimum Off Route Altitude）。

Enroute MORA 是 Jeppesen 公司定义的一个高度，Enroute MORA 在航路中心线和定位点 10 NM 以内提供超障余度。在 Jeppesen 航图上，以高度数字加后缀"a"来表示。

当区域内最高参考点障碍物的标高不超过 5 000 ft MSL，提供至少 1 000 ft 的超障余度；区域内最高参考点障碍物的标高在 5 000 ft MSL 以上，则提供至少 2 000 ft 的超障余度。Jeppesen 利用全球地形数据确定航路下方的地表障碍物标高，从而计算出每个航段的 Enroute MORA。如图 2.2.29 所示，航路最低偏航高度为 2 200 ft。

② 网格最低偏航高度 Grid MORA（Grid Minimum Off Route Altitude）。

与 Enroute MORA 类似，Grid MORA 也是 Jeppesen 公司定义的一个高度，Grid MORA 为在这个经纬线组成的网格内的飞行提供足够的超障余度，但是在网格最低安全高度上飞行并不保证能够被导航信号覆盖。

经纬网格区域内最高参考点障碍物的标高不超过 5 000 ft MSL，则提供至少 1 000 ft 的超障余度；区域内最高参考点障碍物的标高在 5 000 ft MSL 以上，则提供至少 2 000 ft 的超障余度。当表示为"Unsurveyed"（未经探测）时，说明资料来源不全或不充分；当数值后附有"+/-"号时，表示不够精确，但可认为对参考点已提供足够超障余度。在 Jeppesen 航图上，以网格内的红褐色（高于 14 000 ft）或绿色（低于 14 000 ft）百英尺高度数字来表示。Jeppesen 公司利用全球地形数据确定网格区域内地表障碍物标高，从而计算出 Grid MORA。如图 2.2.30 所示，网格最低偏航高度分别为 6 400 ft 和 16 300 ft。

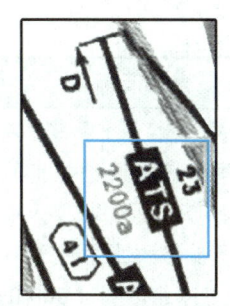
图 2.2.29 航路最低偏航高度

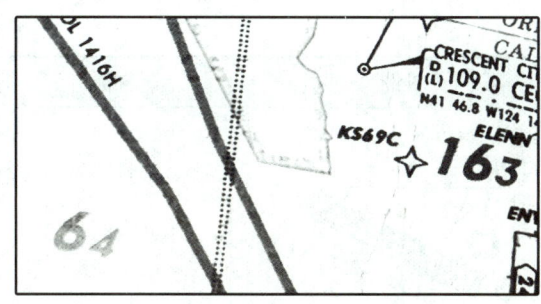
图 2.2.30 网格最低偏航高度

(3) 国内的航路高度限制。

航路最低安全高度 MSA (Minimum Safe Altitude): 国内法规对于航路最低安全高度的定义,实际是仪表飞行航空器最低垂直间隔标准中有关航空器与地面障碍物之间的最低垂直间隔规定,即航路、航线飞行或者转场飞行的安全高度。在高原和山区应当高出航路中心线、航线两侧各 25 km 范围内最高障碍物标高 600 m;在其他地区应当高出航路中心线、航线两侧各 25 km 范围内最高障碍物标高 400 m。MSA 通过 AIP 公布。保证在航路航线整个宽度(注意这个宽度是 25 km)范围内的超障余度。该高度作为包括正常和各种非正常(单发、释压飘降)的航路航线飞行过程中高度申请和使用的限制。

各种高度信息的含义及标注见表 2.2.13。

表 2.2.13 各种高度信息

图例	名称	含义及标注
29 1000 8000	MEA(最低航路高度)	通常是在无线电定位点之间所公布的最低高度。该高度能保证航路上的导航信号覆盖以及足够的超障余度(通常规定,山区的超障余度为 2 000 ft,其他地区为 1 000 ft)
32 D 2600a	Enroute MORA(航路最低偏航高度)	(杰普逊公司提出)Enroute MORA 在航路中心线和定位点 10 NM 以内提供超障余度。区域内最高参考点障碍物的标高不超过 5 000 ft MSL,则提供至少 1 000 ft 的超障余度;区域内最高参考点障碍物的标高在 5 000 ft MSL 以上,则提供至少 2 000 ft 的超障余度。航路最低偏航高度由高度数字和后缀"a"表示
90 157	Grid MORA(网格最低偏航高度)	(杰普逊公司提出)经纬网格区域内最高参考点障碍物的标高不超过 5 000 ft MSL,则提供至少 1 000 ft 的超障余度;区域内最高参考点障碍物的标高在 5 000 ft MSL 以上,则提供至少 2 000 ft 的超障余度。在航路图上,网格最低偏航高度值以百 ft 为单位进行标注。当网格最低偏航高度值大于或者等于 14 000 ft MSL 时,其值用红褐色标出;当网格最低偏航高度值小于 14 000 ft MSL 时,其值用绿色标出。当网格最低偏航高度值后面紧跟着一个"+/-"符号时,表示数值来源的精度不准确,但是可以相信对于基准点已提供足够的超障余度

续表

图例	名称	含义及标注
（V37-104-443，32，3700 2300T）	MOCA（最低超障高度）	MOCA 是在 VOR 航路、偏离航路的航线或航段上各无线电定位点之间所公布的有效最低越障高度，仅在导航设施周围 22 NM 内确保能接收到导航信号。航路图上的最低超障高度具有 2 000 ft 的山区超障能力和 1 000 ft 的非山区超障能力。最低超障高度由高度数字和后缀"T"表示
（13000，9000，8000G，*7500，V121，25）	RNAV/GPS MEA（区域导航最低航路高度）	由于不受地面导航设备的限制，不需要考虑地面导航设施信号的覆盖范围，区域导航最低航路高度可能会比 MEA 稍低一些，但是不会低于 MOCA。RNAV/GPS MEA 在杰普逊航图的标注上都是在高度数字后面加个"G"
（MAA FL120，27 289，W611，FL100）	MAA（最高批准高度）	MAA 是在指定航段或空域内，批准飞行可用的最大高度。在这个高度以下和最低航路高度以上的航路飞行，可以确保有足够的导航信号覆盖。在杰普逊航图标注是在高度数字前加"MAA"表示
（DEJAY 11，D23，COREL，MCA V-64，7400 E，V64 8000）	MCA（最低穿越高度）	MCA 是航空器从一个具有较低 MEA 数值的航段飞往一个具有较高 MEA 数值的航段时，穿越某些定位点所必需的最低飞行高度。在航路图上，最低穿越高度用"MCA"表示
（D50，503，SEWAR，MRA 9500）	MRA（最低接收高度）	MRA 是可以接收到航路上前后两个导航台信号的最低高度，即能够确定交叉定位点的最低高度。在航路图上，最低接收高度用在高度数字前加"MRA"表示
（HOLDINGS OVER ASTRA，MAX 250 KT，MHA FL90，MAX FL250）	MHA（最低等待高度）	MHA 是等待程序中可以飞行的最低高度，在这个高度之上可以确保超障要求并且有足够的导航信号覆盖

5. 空　域

地表以上可供航空器运行的空气空间称为空域。空域是宝贵的国家资源。按照统一管制和分区负责相结合的原则，将空域划分为飞行情报区和管制区。一些国家和地区将飞行情报区进一步分为低空空域和高空空域两部分，分别称为飞行情报区（FIR）和高空飞行情报区（UIR）。

飞行情报区（FIR）是为飞行器提供飞行情报服务和告警服务而划定范围的空间。提供的情报包括机场状态、导航设备的服务能力、气象、突发事件以及特殊飞行限制。为实现安全有效飞行，我国共划设沈阳、北京、上海、昆明、广州、武汉、兰州、乌鲁木齐、三亚、香港和台北共 11 个飞行情报区。管制区（CTA）是包含在飞行情报区内，为提供空中交通管制服务而进一步划分的空域，垂直方向上可划分为高空管制区、中/低空管制区、终端(进近)管制区和机场塔台管制区，水平方向上可划分为多个管制区或多个扇区。

在飞行情报区和管制区内划定飞行航路/航线、空中走廊和机场区域。对于一些禁止飞行或在规定时间和高度范围内禁止飞行的空域，划定了特殊空域，如禁区、限制区和危险区等。特殊空域属于非管制空域。

不同国家和地区，空域的划分也不同，有些还存在较大差异。本节介绍几类代表性的国家或地区的空域划分。

1）国际民航组织（ICAO）的空域划分

ICAO 制定了空域分类的相关标准，将空中交通服务空域分为 A、B、C、D 和 E 类 ATS 空域。

A 类空域是受限制最多的空域类型，需要飞行员很有经验，由 ATC 进行管制。所有在 A 类空域的航空器必须以 IFR 运行，要求飞行员必须持有仪表等级执照。

B 类空域包含或覆盖最繁忙的空中交通环境，以保证航空器在拥挤的机场环境接受管制。B 类空域允许 IFR 和 VFR 飞行，但是，这两种类型都必须接受空中交通管制并保持必要的间隔。每个 B 类空域的外形都必须与所在机场环境相适应。

C 类空域与 B 类空域类似，是在比较拥挤的区域内指定的一块空域。在 C 类空域，允许 IFR 和 VFR 飞行，且所有飞行都在空中交通管制服务范围内。IFR 飞行需要与其他所有 IFR 和 VFR 飞行保持必要的间隔，而 VFR 飞行只需与 IFR 飞行保持必要的间隔，接收其他相关的 VFR 飞行的交通信息。

D 类和 E 类空域常与管制塔台相联系，一般在较不繁忙的机场周围。E 类空域与 D 类空域相邻，使仪表飞行员在进行仪表进近时保持在管制空域内。事实上，在塔台部分时段工作的机场，当塔台关闭时，D 类空域可以转换为 E 类。

D 类空域是为航路或终端区运行而指定的。在 D 类空域，所有飞行都必须接受 ATC 服务。IFR 飞行与其他 IFR 飞行保持必要的间隔，并接收其他相关的 VFR 飞行的交通信息。VFR 飞行接收所有其他相关飞行（包括 IFR 和 VFR）的交通信息。

E 类空域通常是为航路运行而设计的，除非有特别的说明，大部分的低空航线是属于 E 类空域结构的。在 E 类空域，仅有 IFR 飞行接受 ATC 服务，IFR 飞行与其他 IFR 飞行保持必要的间隔。所有飞行根据实际情况接收相应的交通信息。

ICAO 提供的空域分类标准是一个较为原则的模板，各国根据空域分类的精神并结合本国的实际情况对之进行选择和扩充，这丰富了空域分类的内含。空域分类在各国的实践并不相同，但其目的都是建立一个更为简单、有效的国家空域系统，使空域用户更加容易理解不同类型空域对飞行执照、航空器机载设备、空中交通管制服务的要求，从而使之更为接近国际标准。

美国联邦航空管理局（FAA）根据美国的实际情况有选择地引入了 ICAO 的空域分类标准，修改了部分空域类型的上下限，降低了终端管制空域对目视飞行规则 VFR 的运行要求，并在部分空域的能见度要求、航空器速度限制等具体标准上作了修改。

2）美国联邦航空管理局（FAA）的空域划分

绝对管制空域只允许 IFR 飞行，这样的空域主要是用来满足 18 000 ft 以上的飞行或高密度区域的飞行。

管制空域是一个划定的空域空间，在其中飞行的航空器必须接受空中交通管制服务。管制空域允许 IFR 或 VFR 飞行。管制空域的下限以所划分的空域内最低安全高度以上的第一飞行高度层为基准。

非管制空域指的是飞行情报区（FIR）内管制空域外所有空间，包括美国大部分机场和地面以上 1 200 ft 以下的大部分空域。在该空域内可以进行 IFR 和 VFR 飞行，一般不提供空中交通管制服务，飞行安全由飞行员本人负责。

FAA 在联邦航空条例 FAR 第 71 部上定义和规定空域分类等级，从管制要求最严的 A 类空域到最松的 G 类将空域划分为 A、B、C、D、E、F 和 G 类，如图 2.2.31 所示。FAR 第 71 部规章中还指出，如果存在空域类型的重叠，以更严格的分类等级为准。

A 类空域（绝对管制空域）是限制最多、要求飞行员具有丰富经验、在 ATC 管制下的空域。美国 A 类空域规定为从平均海平面 18 000～60 000 ft（FL600）。在这个空域内，机长必须具有仪表资格，所有的飞行都必须按照 IFR 飞行计划进行，所有航空器必须具有高度报告能力的应答机。

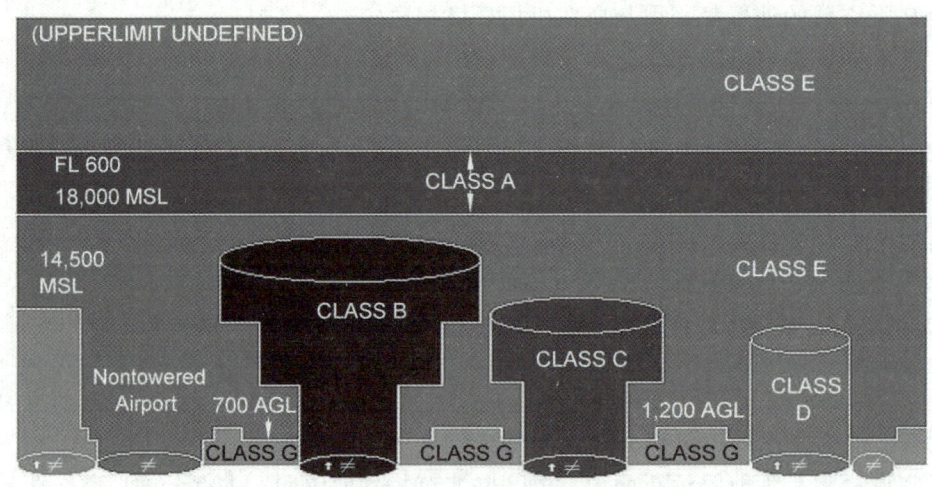

图 2.2.31　美国空域划分

B 类空域包括美国最繁忙的国际机场周围的空域，要求航空器必须具有双向无线电通话、一个能工作的 VOR 或 TACAN 接收机、一个具有 C 模式自动高度报告能力的 4096 编码应答机。B 类空域有一个核心，以机场为中心，5 NM 为半径。从地面开始，空域在垂直方向一直伸展到大约平均海平面以上 8 000 ft。从 2 000 ft 的高度开始，以核心为中心，水平的范围将扩大 2 次或更多次。最高层的水平范围距中心大约有 30 NM，高度为 8 000 ft。从底层到最高层的空域，用来为公布的仪表进近程序提供空间。穿越此空域的任何部分都必须得到有关管制部门的批准。

C 类空域与 B 类空域类似，大约有 120 个机场属于 C 类空域，这些机场属于中等规模的仪表飞行量和旅客吞吐量，比 B 类空域要少。C 类空域以主机场为中心，半径 5 NM，高度从地面开始，到平均海平面以上 4 000 ft。学员等级以上的飞行员都可以在该空域中运行；飞行员必须得到许可才能进入，在进入该空域前要求与相应 ATC 设施（通常指进近管制）建立双向无线电通信，要求航空器具有 C 模式高度报告功能的应答机。

D 类空域用于机场附近更小一些的空域，通常是最小的但可能是最繁忙的塔台管制机场，主要用于轻型飞机的通用航空飞行。D 类空域以跑道为中心，半径 4.3 NM，高度从地面开始，到平均海平面以上 2 500 ft。学员等级以上的飞行员都可以在该空域中运行；飞行员必须得到许可才能进入。D 类空域内没有进近/离场管制机构。

E 类空域包括所有从地面以上 700 ft 或 1 200 ft 到平均海平面 18 000 ft 的管制空域，以及批准用于通勤类飞行运行的非塔台管制机场。在该空域内可以 VFR 或 IFR 飞行，但只有 IFR 飞行受航路交通管制中心的管制。

F 类空域是非管制空域，IFR 飞行可以接收空中交通咨询服务。在美国境内没有设立。

G 类空域从地面开始，一直上升到距离地面 700 ft 或 1 200 ft，也就是 E 类空域的底部。在 G 类空域内飞行的飞行员必须是学员等级（含）或以上，航空器不需要无线电设备，进行 VFR 飞行。

美国的 E 类空域（通用管制空域）、G 类空域的设立为通用航空创造了宽松、规范、安全的运行环境。其中 E 类空域是美国面积最大、应用最为广泛的空域，也是通用航空运行的主要空域。在此空域内目视和仪表飞行可以混合运行，仪表飞行需要管制放行许可，接受与其他飞行之间的间隔服务；目视飞行仅在管制员工作负荷允许时提供交通咨询服务，飞行情报服务和告警服务由飞行服务站提供。

欧美等航空发达国家参照 ICAO 空域分类标准，在 20 世纪就完成了空域的分类划设，亚太地区也有 2/3 的国家和地区实施了空域分类。目前，除瑙鲁、所罗门群岛、库克群岛、基里巴斯等 4 个岛国外，亚太地区其他没有实施空域分类的 9 个国家和地区都明确了具体的实施目标时间。

欧洲各国也根据实际情况对 ICAO 空域分类标准进行了引入和变通，但是由于欧洲各国面积狭小、空域零碎，空域分类情况较美国更为复杂。欧控（Eurocontrol）目前正在努力统一欧洲各国的空域分类标准，并在 ICAO 空域分类的基础上提出了 U、K、N 三类空域。

美国和欧洲对 ICAO 空域分类标准的引用和变通，较好地体现了"空域是国家资源，每个公民都享有使用空域的权利"这一原则，在安全与效率之间找到了一个平衡点，为目视飞行创造了宽松的空域条件，极大地促进了通用航空的发展。

在杰普逊航路图中，管制空域以白色为底色，非管制空域以灰色为底色。

航路图上将管制空域用管制区边界线描述。在边界线上，加注该空域的空域类型，见表

2.2.14 所示。在边界线内还进一步划分扇区边界及其相应空域的上下边界，这些上下边界通常用平均海平面之上的百英尺高度来表示，或直接用飞行高度层来表示。其中，带上划横线的数值表示空域高度的上限，带下划横线的高度数值表示空域高度的下限。此外，在管制区边界旁边的文字描述框中，也会给出相应空域的名称、类别和高度限制。

表 2.2.14　各类空域

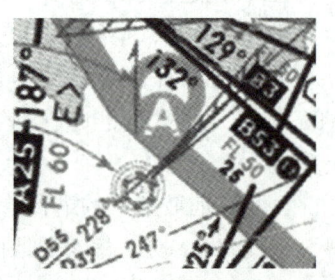	A 类空域的管制区边界线用一条粗的红褐色线表示，在边界线周围的圆圈内可以找到白色的大写字母"A"
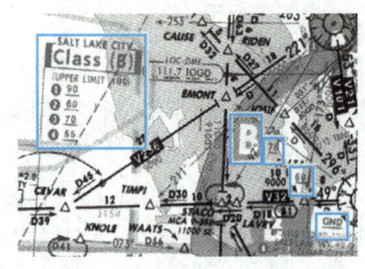	B 类空域其管制区边界线同样用一条粗的红褐色线表示，在边界线周围的圆圈内可以找到白色的大写字母"B"
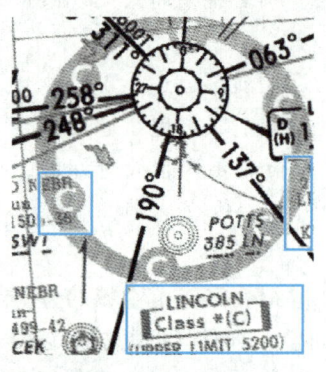	C 类空域的管制区边界线用一条粗的蓝色线表示，在边界线周围的圆圈内可以找到白色的大写字母"C"
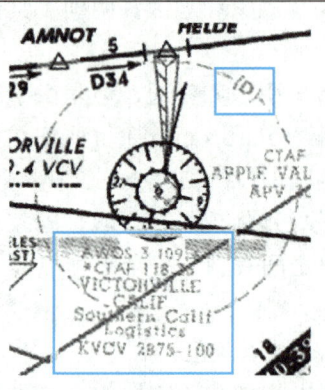	D/E 类空域的管制区边界线用一条细的蓝色虚线表示，在边界线周围的括号内可以找到大写字母"D"或"E"。D/E 类管制空域的高度下限通常是从地面开始向上延伸，如果没有特别指明高度上限，则 D/E 类管制空域的高度上限以 2 500 ft 作为标准数值。当机场管制塔台停止工作时，D 类空域将转化为 E 类空域，与此同时，与该 D 类空域相关的 E 空域则为全天 24 h 工作

3）中国空域划分

我国在航路、航线地带和民用机场区域设置高空管制区、中低空管制区、终端（进近）管制区和机场塔台管制区。通常情况下，高空管制区、中低空管制区、终端（进近）管制区和机场塔台管制区内的空域分别为 A、B、C、D 四种类型，如表 2.2.15 和图 2.2.32 所示。

表 2.2.15 中国空域分类

分类	范围	要求
高空管制空域（A 类空域）	在我国境内标准大气压高度 6 000 m（不含）以上的空间，为高空管制空域	仅允许航空器按照 IFR 飞行，提供空中交通管制服务，并在航空器之间配备间隔
中低空管制空域（B 类空域）	在我国境内标准大气压高度 6 000 m（含）至其下某指定高度的空间，为中低空管制空域	一般按照 IFR 飞行，如果符合目视气象条件，由机长申请并经中低空管制室批准，也可按照 VFR 飞行，提供空中交通管制服务，并在航空器之间配备间隔
终端（进近）管制空域（C 类空域）	通常设置在一个或几个机场附近的航路汇合处，便于进场和离场飞行的民用航空器飞行。其垂直范围通常在高度 6 000 m（不含）以下，最低高度层以上；水平范围为以机场基准点为中心半径 50 km 范围以内或走廊进出口范围以内，其具体范围在航行资料汇编的机场部分内有规定	允许航空器按照 IFR 飞行或者按照 VFR 飞行，提供空中交通管制服务，并在按照 IFR 飞行的航空器之间，以及在按照 IFR 飞行的航空器与按照 VFR 飞行的航空器之间配备间隔；按照 VFR 飞行的航空器应当接收其他按照 VFR 飞行的航空器的活动情况
机场管制地带空域（D 类空域）	包括机场起落航线和最后进近定位点之后的航段以及第一个等待高度层（含）及其以下地球表面以上的空间和机场机动区	允许航空器按照 IFR 飞行或者按照 VFR 飞行，对所有飞行中的航空器提供空中交通管制服务；在按照 IFR 飞行的航空器之间配备间隔，按照 IFR 飞行的航空器应当接收按照 VFR 飞行的航空器的活动情况；按照 VFR 飞行的航空器应当接收所有其他飞行的航空器的活动情报

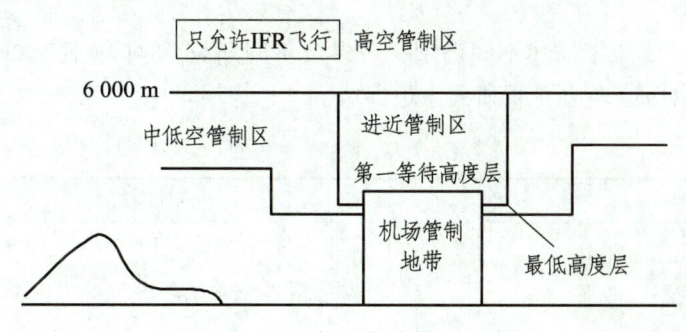

图 2.2.32 中国空域划分示意

4）专用空域

禁区、限制区、警告区等各类专用空域同样标注在航路图上。航路图上用红褐色和绿色两种不同颜色的阴影线表示。飞机在飞行时，要严格遵守这些特殊空域的规则，如禁飞或限飞时间段，否则会出现严重后果。

如果在航路图背板上包含专用空域列表，则专用空域限制活动时间、高度范围和管制机构等详细信息包含在专用空域列表中，航路图上仅标注专用空域的轮廓和空域识别信息。如果在航路图背板上不包含专用空域列表，则航路图上除了标明专用空域的轮廓和空域识别信息以外，还需要标注专用空域的空域限制活动时间、高度范围和管制机构等详细信息。

在航路图上，专用空域的识别信息主要包括空域所在国家和地区代码、空域性质代码和编号三部分。通常空域性质代码被放在紧随国家和地区代码之后的括号内，见表 2.2.16，"CY(R)-4207" 表示加拿大空域内编号为 4207 的限制区。但是，在美国的航图上，空域识别信息中省略美国国家代码 "K" 和空域性质代码外的括号，如表 2.2.16 中直接用 "R-6001" 表示美国空域内编号为 6001 的限制区。在某些系列的航路图上，在国家和地区代码之前用圆点表示该专用空域的永久性活动，如表 2.2.16 中 "·ED(R)-7" 表示德国空域内编号为 7 的限制区为永久性限制区。

表 2.2.16 专用空域

图例	含义
CY(R)-4207 FL450 / GND SS-SR (MSP ARTCC)	加拿大空域内编号为 4207 的限制区，其高度上限为 FL450，下限为地面，活动时间为日没到日出（SS-SR），由 MSP ARTCC 提供相应的管制服务
·ED(R)-7 30000 / GND	"·ED（R）-7" 表示德国空域内编号为 7 的限制区为永久性限制区，国家和地区代码之前的圆点表示该专用空域的永久性活动
R-6001 24000 / GND (JAX ARTCC)	"R-6001" 表示美国空域内编号为 6001 的限制区，省略了美国国家代码 "K" 和空域性质代号外的括号

6. 边 界

航图的边界线主要用于描述不同类型空域以及不同国家、时区、管制单位等之间的边界，见表 2.2.17，主要包括地理边界线和程序边界线。

表 2.2.17 地理边界线

图例	构成
	相邻国家的国界线在航路图上用长短相间的黑色虚线表示

续表

图例	构成
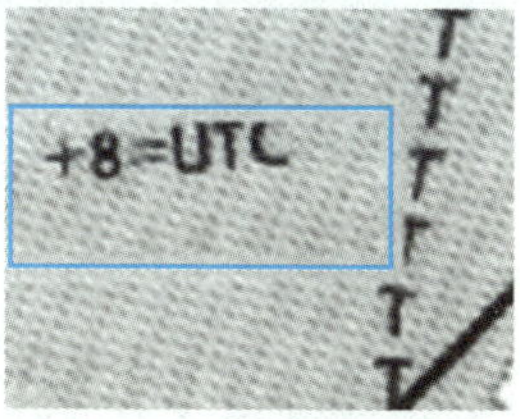	时区边界线用一系列字符"T"表示，在时区边界线旁通常标注本地时间与世界协调时（UTC）转换的注解。左图+8=UTC表示当地的区时加 8 h 是世界时 UTC
	邻近重叠的航路图边界线用外深内浅的蓝色阴影线表示，蓝色的航图索引号标注用于识别邻接航路图所属的系列、类型（高空、低空或高/低空）和编号，蓝色箭头指向两幅航路图重叠的区域。左图的航路图重叠指示标志，表示与本幅航路图重叠的是 US(LO)-30 系列航路图
	区域图在航路图上的覆盖范围用外深内浅的灰色虚线识别，区域图的覆盖范围由带箭头指向的阴影框来描述。区域图代码表明区域图的名称和主要机场的标识。在本幅航路图上，重叠着区域名称为"LAS VEGAS"，代码为"KIAS"的区域图

1）地理边界线

地理边界线主要包括用于区分政区、时区和航路图重叠的各类边界线。

2）程序边界线

程序边界线主要包括用于定义具有不同程序或要求的区域之间的程序边界，见表 2.2.18。航路图上主要包括下列几种程序边界线：管制单位、QNH/QNE、防空识别区（ADIZ）和缩小垂直间隔（RVSM）。

表 2.2.18　程序边界线

图例	构成及含义
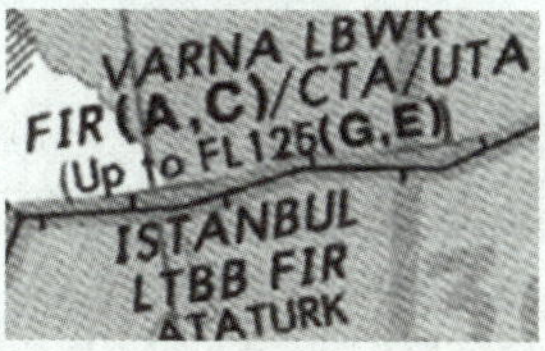	航路图上用黑色带刺边界线与绿色的高亮配合来表示不同空中航路交通管制中心（ARTCC）的边界线
	航路图上用一条黑色点线表示不同区域管制中心（ACC）的边界

续表

图例	构成及含义
	QNH/QNE 边界线用于区分具有不同高度表拨正值程序的区域。在航路图上，用一条由虚线和圆圈组成的黑色线来表示 QNH/QNE 边界
	RVSM 空域的边界线符号是用红褐色的双排点线来表示，同时在适用 RVSM 的一侧有 "RVSM AIRSPACE" 的标识和适用飞行高度层信息
	为了国家的安全利益，在标有防空识别区的空域内，用黑色的双排点线来表示 ADIZ 边界

7. 等待程序

等待程序是一种应用于飞机在等待空域时实施的飞行程序，其目的是调配飞机的间隔、消失高度、等待天气的好转或处理特殊情况等。在航路飞行阶段，区域管制可能会给定一个等待航线来调节飞机的流量和调配间隔；进近管制也常用等待高度层使飞机分层盘旋飞行等待进近着陆；在到达一个许可限制或复飞时，也会使用等待航线；另外，起始进近前，如果需要等待天气好转，也可请求进入等待航线。

等待航线在仪表飞行中通常是一个经过等待点的跑马场型航线，如图 2.2.33 和图 2.2.34 所示。常规的等待航线由等待定位点、出航转弯、出航边（outbound）、入航转弯和入航边（inbound）组成。

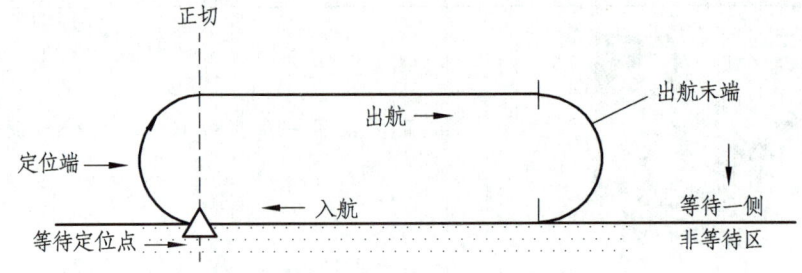

图 2.2.33　等待程序示意

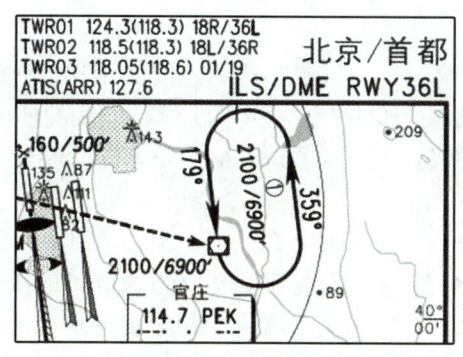

图 2.2.34 实际等待航线

1) 等待航线的要素

在航路图上用一个带箭头的灰色椭圆表示公布的等待航线。公布的等待航线信息主要包括等待定位点、转弯方向、出航边长度、最低等待高度、等待速度和等待指令。

（1）等待定位点。

等待定位点是等待航线的起点和终点，它可以在导航台上空。在缺乏无线电导航设施时，等待点可以是某个定位点。

（2）转弯方向。

等待航线大致分为两种，出航转弯向右的为右等待航线，是标准等待航线；出航转弯向左的为左等待航线，为非标准等待航线。所有转弯使用坡度为 25°或标准转弯率 3°/s 对应的坡度，以所需坡度小者为准。

（3）出航边长度。

等待程序所占用空域的大小由出航边的长度来定义。通常，标准的出航边长度由出航航段的飞行时间来确定。出航计时是从正切等待点时开始，如不能确定正切位置，则在完成转弯至出航航向即开始计时。等待航线的出航边长度根据飞机高度的不同而不同。静风条件下，在飞行高度为 4 250 m（14 000 ft）或以下，标准出航飞行时间为 1 min，在 4 250 m（14 000 ft）以上为 1.5 min。当等待航线的出航时间不是标准的，则给出相应的出航时间（单位是分钟）或具体的出航边末端限制。如图 2.2.35 所示，等待航线中的菱形表示以分钟计的出航时间。如出航边长度用 DME 距离弧限制来表示，第一个 DME 距离弧数字表示等待定位点的位置，第二个 DME 距离弧数字表示出航边末端的限制。

实际飞行中，如在等待航线上有侧风，还需要进行侧风修正。

（4）最低等待高度。

最低等待高度距离地面最高障碍物的真高不得低于 600 m。如果等待航线规定了最低等待高度，则最低等待高度会标绘在航路图上。如图 2.2.36 所示，最低等待高度为 FL90。

图 2.2.35 出航边长度表示

图 2.2.36 最低等待高度和等待速度

（5）等待速度。

由于等待航线所占用空域的大小与航空器的速度成正比，这个速度保证飞机在执行等待航线时不会进入禁区或者飞出安全保护区。在中国，等待航线的速度限制会在航图中标明。在美国，等待航线的最大速度通常是：低于 6 000 ft MSL，等待速度低于 200 kt；6 001 ~ 14 000 ft，等待速度低于 230 kt；14 000 ft 以上，等待速度低于 265 kt。

（6）等待指令。

除非空中交通管制发布等待指令或航图上有公布的等待航线，否则飞机进入等待航线后的所有转弯为右转弯。通常，ATC 在航空器到达相应定位点之前 5 min 内发布等待指令，为飞行员提供关于预期执行等待航线的许可。

2）加入等待航线的程序

飞机从扇区进入，根据航向与三个扇区的关系确定加入等待航线的方法。加入等待航线有三种方法：直接进入、偏置进入和平行进入。

（1）扇区的划分方法。

如图 2.2.37 所示，以等待定位点为圆心，入航航迹的反向线为基准，向等待航线一侧（右航线向右，左航线向左）量取 110° 并通过起始点画一条直线，该直线与入航航迹反向线将 360° 的区域划分为三个扇区。第一扇区 110°，第二扇区 70°，第三扇区 180°。各扇区还要考虑其边界两侧各 5° 的机动区。

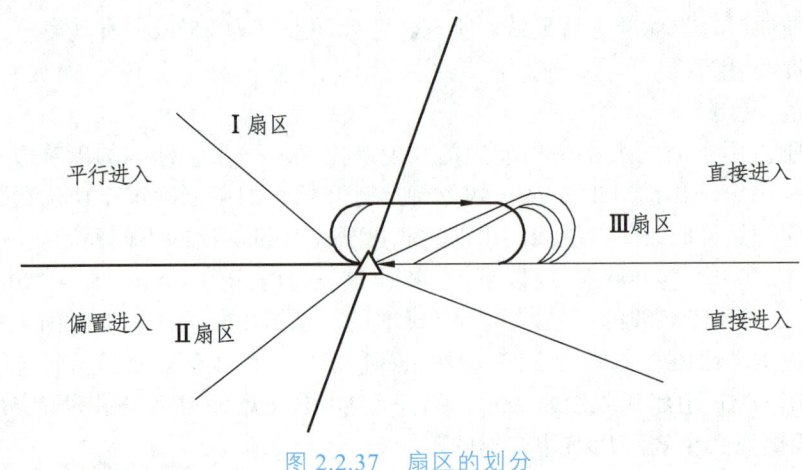

图 2.2.37　扇区的划分

（2）进入等待航线的方法。

① 第三扇区直接进入。如图 2.2.38 所示，航空器到达等待定位点，直接转向出航航迹，开始执行等待。

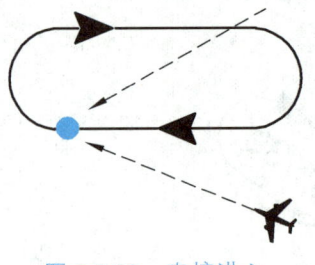

图 2.2.38　直接进入

② 第二扇区偏置进入。如图 2.2.39 所示，航空器到达等待定位点后，首先转到与入航航迹成 30°夹角的偏置出航航迹上飞行规定时间或距离，然后转弯切入入航航迹，第二次飞越等待定位点，正常转弯进入等待航线。

③ 第一扇区平行进入。如图 2.2.40 所示，航空器到达等待定位点，转至出航航向飞行规定的时间或距离，然后以与等待转弯方向相反的转弯切入入航航迹，飞机第二次飞越等待定位点，正常转弯进入等待航线。

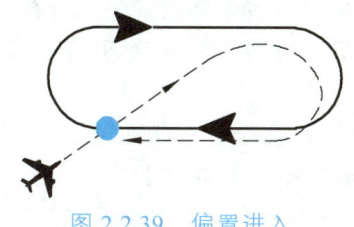

图 2.2.39　偏置进入

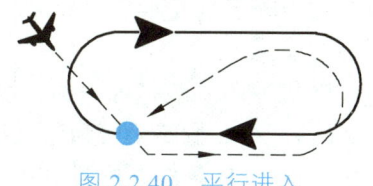

图 2.2.40　平行进入

8. 通信程序

通过阅读航图，飞行员还可以获得关于通信程序的信息，如一些管制指令、各种报告以及通信失效等。

1）管制指令

管制指令主要包括雷达移交和下降许可。

在航路飞行阶段，从一个管制单位过渡到下一个管制单位时，需要完成相应的移交程序。在航图上，要识别清楚管制单位间的分界线。当航空器接近目的地时，管制员发布下降许可指令，以确保航空器保持合适的高度。

为防止在移交过程中因程序混乱和责任不清而出现重大事故，需遵守如下移交规则。① 两个管制区域的移交：管制航空器的单位要把航空器越过管制区边界的时间通知下一个管制区，进行移交。② 区域管制和进近管制之间的移交：要双方管制员同意，然后通知驾驶员，进行移交。③ 进近管制和机场管制之间的移交：在地面由机场管制员负责，在空中主要依据按什么飞行规则，按目视飞行规则（VFR）飞行的由机场管制负责，按仪表飞行规则（IFR）的飞行由进近管制负责。

发出许可是管制员向航空器提供服务的基本手段之一。管制许可的内容包括飞机的编号（明确许可的对象）、许可范围、航路、飞行高度层（包括进入航路的指定高度层或申请后改变高度）以及在进近或离场时必要的机动飞行。

2）报告程序

除了确认从一个管制员移交到下一个管制员的指令以外，在管制员不要求的情况下，飞行员也需报告其他一些内容。某些报告是强制的，还有一些仅在雷达识别失效或中止时是必须的。

一般地，如果航空器遇到下列情况时，应向管制员报告：离开某个指定高度或高度层到另一个高度或高度层；离开任意指定等待定位点或等待点；不能够达到 500 ft/min 的爬升率或下降率；改变真空速 5%或 10 kt，取其中较大值替换原来飞行计划中相应的值；到达一个等待定位点或许可限制（时间和高度或飞行高度层）；导航通信能力失效；遇到未预报的天气或有关飞行安全的情报。

如果航空器未被雷达识别，飞行员应该在下列情况时向管制员报告：与预计到达时间

（ETA）相差大于 3 min；在非精密进近时错过最后进近定位点（FAF）；精密进近时错过外指点标（OM）。

飞越强制报告点或非强制报告点时，所做的空中位置报告的内容随不同的国家规定和程序有细微变化，但常规的空中位置报告应包括：航空器识别代码、航空器位置、时间、高度或飞行高度层、到下一个报告点的 ETA、下一个报告点。

3）通信失效

在飞行过程中，如果遇到双向无线电通信失效，应将应答机编码设置为 760 在 ATC 雷达屏幕上信息被阻断。当发生危急故障时，航空器的应答机设置为 7700，对于特殊紧急情况设置为 7500。

这些应答机编码一般是统一的，虽然对于特殊的通信失效程序会有所变化，可以查看相应的 NOTAMS、ATC 航路手册和紧急程序页，了解不同国家之间的区别。

在美国，在 VFR 条件下按照 IFR 许可运行时，如果发生双向无线电通信失效，飞行员可以使用 VFR 继续飞行并尽快着陆。

如果遇到双向通信失效以后，还必须以 IFR 继续飞行，则航空器应该沿下列航路飞行，优先选择下面列出的航路：最后从 ATC 获得的指定航路；如果正在被雷达引导，从无线电失效点开始到雷达引导许可中指定的定位点、航路或航线；如果没有指定航路，选择在进一步许可指令中预期的建议航路；如果没有指定的或预期的航路，选择飞行计划中输入的航路。

2.3 杰普逊区域图

当航路图上的导航设施和航路数据太拥挤；需要了解地形；航路图上所覆盖的终端区信息不够用时都需要用到区域图，如图 2.3.1 所示。

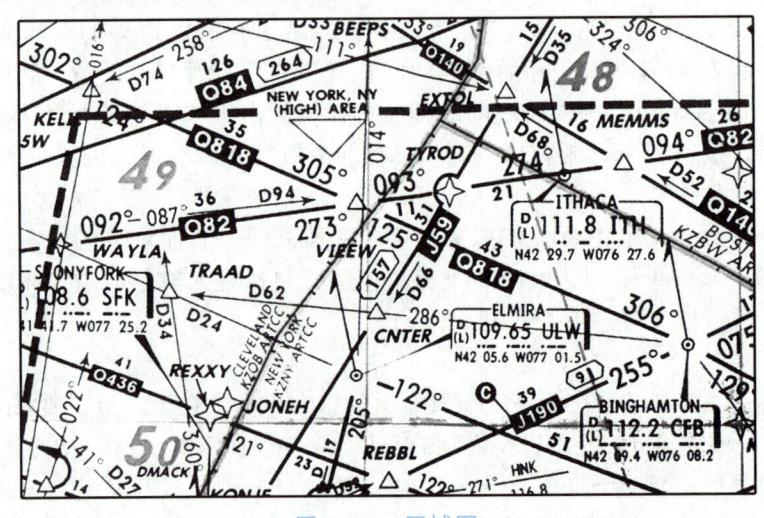

图 2.3.1 区域图

区域图可以包括几个主要城市，通常以覆盖范围内最大的城市命名。区域图的名称标示在区域图的右上角。一般地，区域图上所使用的大部分图例符号与航路图中使用的符号相同，但也有例外。区域图所特有的信息包括机场、地形、人工参考点障碍物、离场和进场航线、速度限制。

1. 机　　场

除了与航路图相同的机场符号外，区域图可能包含下列有关机场的特殊信息。

1）跑道的基本构型

区域图上的主要机场，常常用跑道的基本构型来表示，但最终所有机场将统一使用与航路图相同的机场符号来标绘。

2）通信设施框

区域图上主要机场的通信频率在一个通信设施框内标出，先列出城市名称，然后是机场名称和可用频率，如进近、离场、塔台和地面管制的服务频率，但不包括飞行中的天气服务，飞行中的天气服务单独列在机场识别信息的上方。

3）DME 弧

当考虑地形因素时，区域图上将标绘主要机场周围的一个或几个 DME 弧。DME 弧主要用于帮助飞行员在终端区内运行时对机场附近的环境保持相应的情景意识。

DME 弧用蓝色线表示，并用"D"和后面的 DME 距离加以标注。如图 2.3.2 所示，在 Los Angeles 国际机场附近提供了 D10、D20 和 D30 共 3 个 DME 弧，可用于飞行员在 Los Angeles 国际机场进场或离场时对机场周围的环境保持情景意识。

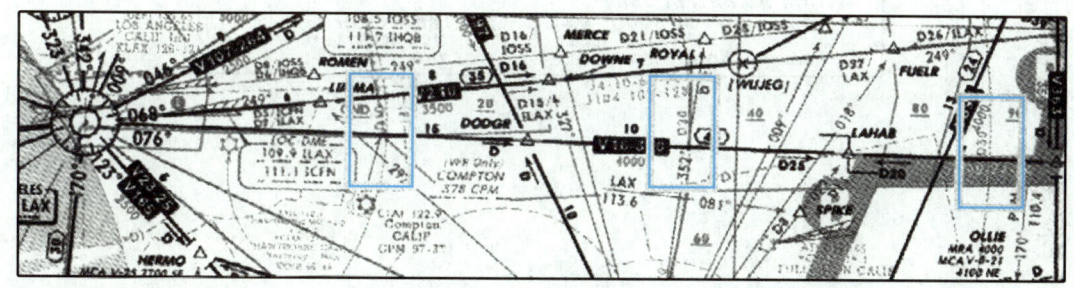

图 2.3.2　DME 弧

2. 地　　形

当区域图覆盖范围内的地形高于主要机场 4 000 ft 以上时，在区域图上标出相应的地形等高线和等高线的数值。标绘的地形等高线信息并不能确保超障余度。

3. 人工参考点障碍物

区域图上另一种航路图所不具备的特殊符号是障碍物符号。只有高度高出地面 1 000 ft 或以上的人工参考点障碍物用一个建筑物的符号和标高来描述。如果人工参考点障碍物的类型已知，则可以使用塔形等象形符号来表示人工参考点障碍物。通常，如图 2.3.3 所示，Los Angeles 的区域图上标绘出了位于 Riverside municipal 机场东部标高为 3 239 ft MSL 的一个被识别的人工参考点障碍物。

4. 离场和进场航线

进场航线的指定飞行航迹用虚线描述，箭头指示飞行的方向；离场航线用实线表示，箭头也指示飞行方向；当进、离场航线使用同一条航线时，用不带箭头的实线表示。

5. 速度限制

通常用红色的阴影虚线表示位于比较繁忙的机场附近的速度限制区，速度限制区在对应符号的阴影一侧，如图 2.3.4 所示。同时，区域图上的速度限制文字框给出了速度限制细节，如图 2.3.5 所示。

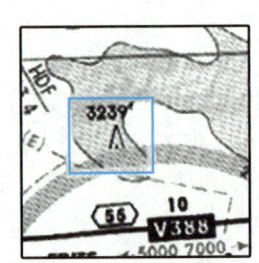

图 2.3.3　人工参考点障碍物

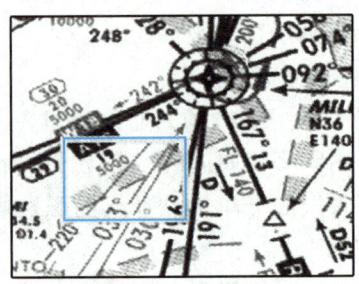

图 2.3.4　速度限制符号

SPEED RESTRICTIONS WITHIN TOKYO TCA

Maximum IAS unless otherwise authorized by ATC.
Within an Approach Control Area:
At or Below 10000′ MSL.........250 KTS
Within a Control Zone:
At or Below 3000′ MSL...........160 KTS Prop
200 KTS Jet
Above 3000′ MSL...................250 KTS All

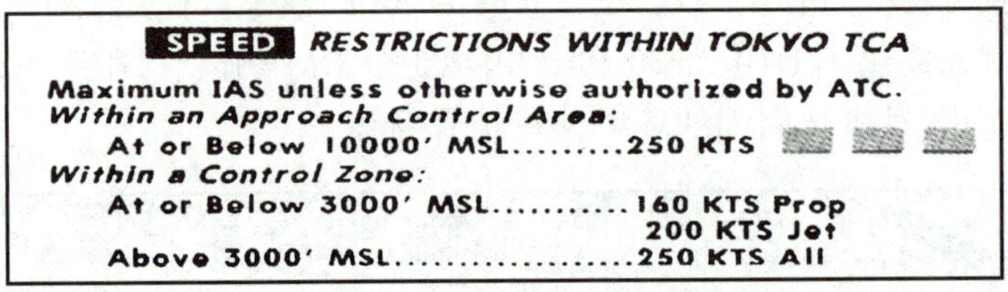

图 2.3.5　速度限制信息

2.4　杰普逊航路图综合样例

2.4.1　美国低空航路图综合样例

一张典型的美国低空航路图如图 2.4.1 所示。

图中各项标注的含义如下：

标注 1：蓝色虚线圈标识终端区 D 类空域，当塔台不工作时，转换为 E 类空域。

标注 2：TERRE HAUTE VOR/DME 台识别信息框。

标注 3：IFR 机场符号及其识别信息。IFR 机场为蓝色，至少公布了一张仪表进近图，识别信息包括机场所在地名、机场名称、ICAO 四字代码、机场标高和以百英尺为单位的最长跑道长度，以及机场通信信息。该机场为 IFR 民用机场，机场所在地为 TERRE HAUTE，机场名称为 Terre Haute Intl/Hulman（特雷霍特机场），ICAO 四字代码为 KHUT，场标高为 589 ft，最长跑道长度为 9 000 ft；机场在 127.5 MHz 上提供 ATIS/ASOS 服务；在 122.0 MHz、122.2 MHz 和 122.65 MHz 上提供危险天气咨询服务。

标注 4：等待航线，等待定位点为 MATAN，右转弯，等待定位点距离 TTH 台的距离为 15 NM，出航边末端距离该台 19 NM。

标注 5：航路代号为 V171。

标注 6：V171 的航线角为 134°。

标注 7：VOR 台的径向线，定位点 ORLEY 位于 RSV 台的 R-280°径向线上。

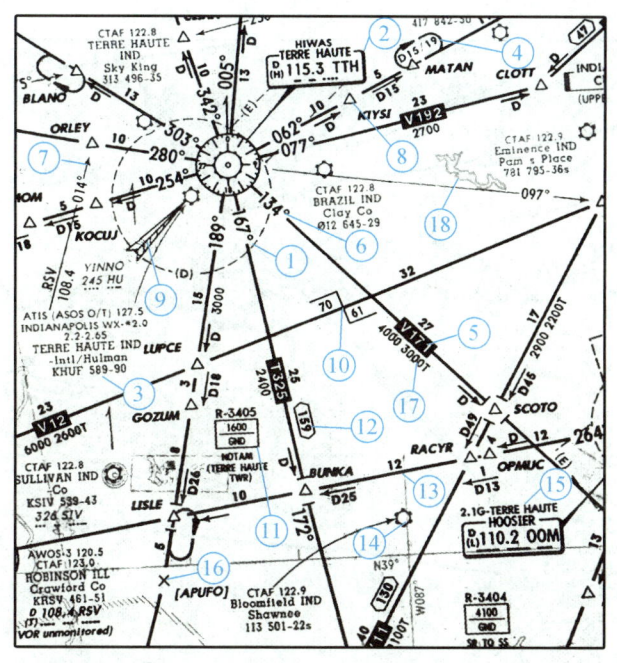

图 2.4.1 美国低空航路图

标注 8：交叉定位点 KIYSI 的定位信息，它是非强制报告点。该点位于 TTH 台的 R-062° 径向线上，且距该 DME 台 10 NM。DME 距离为该航段的航段里程，因此省略了 D 后面的数字 10。

标注 9：LOC 台。

标注 10：导航频率转换点。

标注 11：专用空域。

标注 12：导航设施间的总里程为 159 NM。

标注 13：航段里程为 12 NM。

标注 14：VFR 机场，在 122.9 MHz 上提供 CTAF 服务。

标注 15：飞行服务站信息。

标注 16：里程分段点。计算机导航数据库里的名称为 APUFO。这些识别标志都没有 ATC 功能，也不能用于申报飞行计划以及与 ATC 的通信联络，把它们标绘在图上只是用于当与其数据库导航系统对照使用航图时，使飞行员保持方向。

标注 17：最低航路高度 MEA 为 4 000 ft，最低超障高度 MOCA 为 3 000 ft。

标注 18：地表水域。

2.4.2 美国高空航路图综合样例

一张典型的美国高空航路图如图 2.4.2 所示。

图中各项标注的含义如下：

标注 1：高空 VOR 台 DLH 及其识别信息。

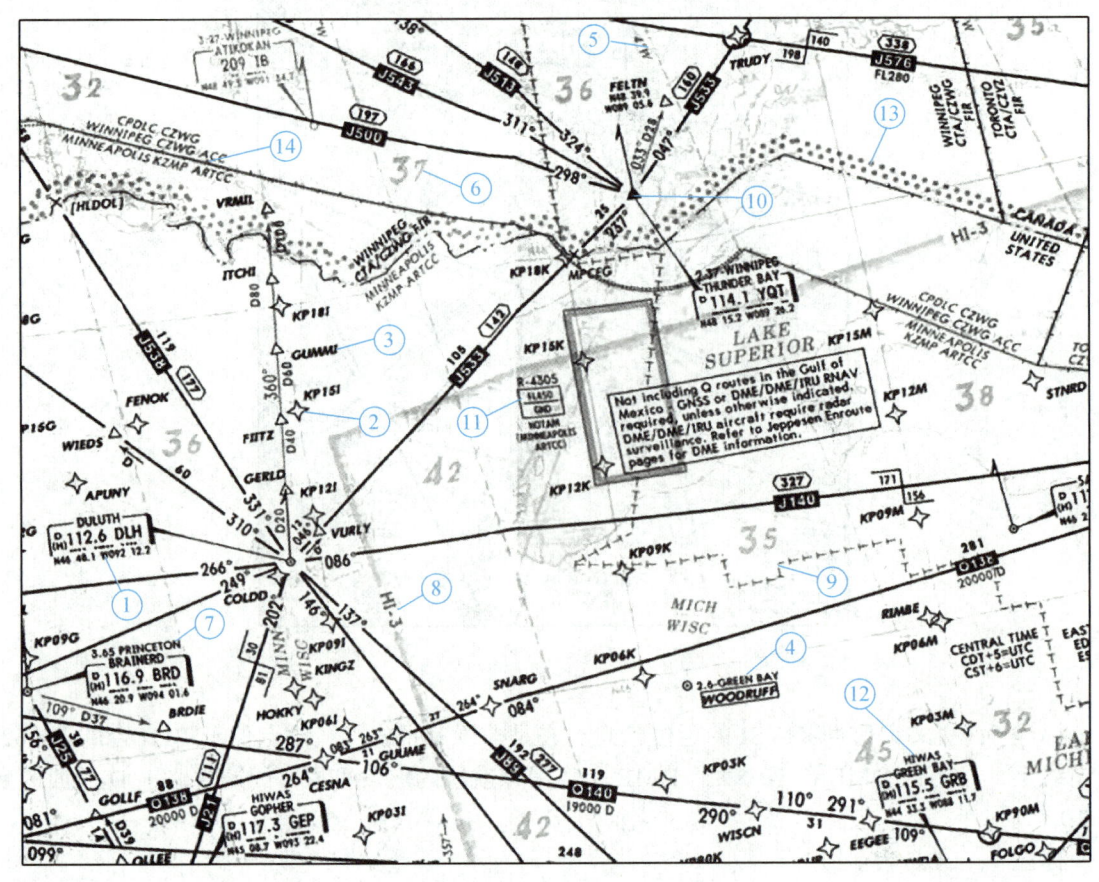

图 2.4.2　美国高空航路图

标注 2：航路点 KP151。

标注 3：定位点 GUMMI。

标注 4：遥控通信分站，呼号为 GREENBAY，频率为 122.6 MHz。

标注 5：等磁差线用绿色虚线表示 4°W。

标注 6：网格最低偏航高度分别为 3 700 ft。网格最低偏航高 14 000 ft 及以上标示为红褐色，14 000 ft 以下标示为绿色。

标注 7：位于导航台附近的飞行服务站 PRINCETON。

标注 8：航路图重叠指示标志。

标注 9：时区分界线。

标注 10：强制报告点 FELTN。

标注 11：专用空域。

标注 12：与导航设施相关的通信信息。HIWAS 为飞行中的危险天气咨询服务。

标注 13：RVSM 区域边界。

标注 14：管制单位边界。

2.4.3 美国高/低空航路图综合样例

一张典型的美国高/低空航路图如图 2.4.3 所示。

图中各项标注的含义如下：

标注 1：蓝色虚线标注的管制地带。

标注 2：导航台识别信息框，DIB VOR 和 DB NDB 台。

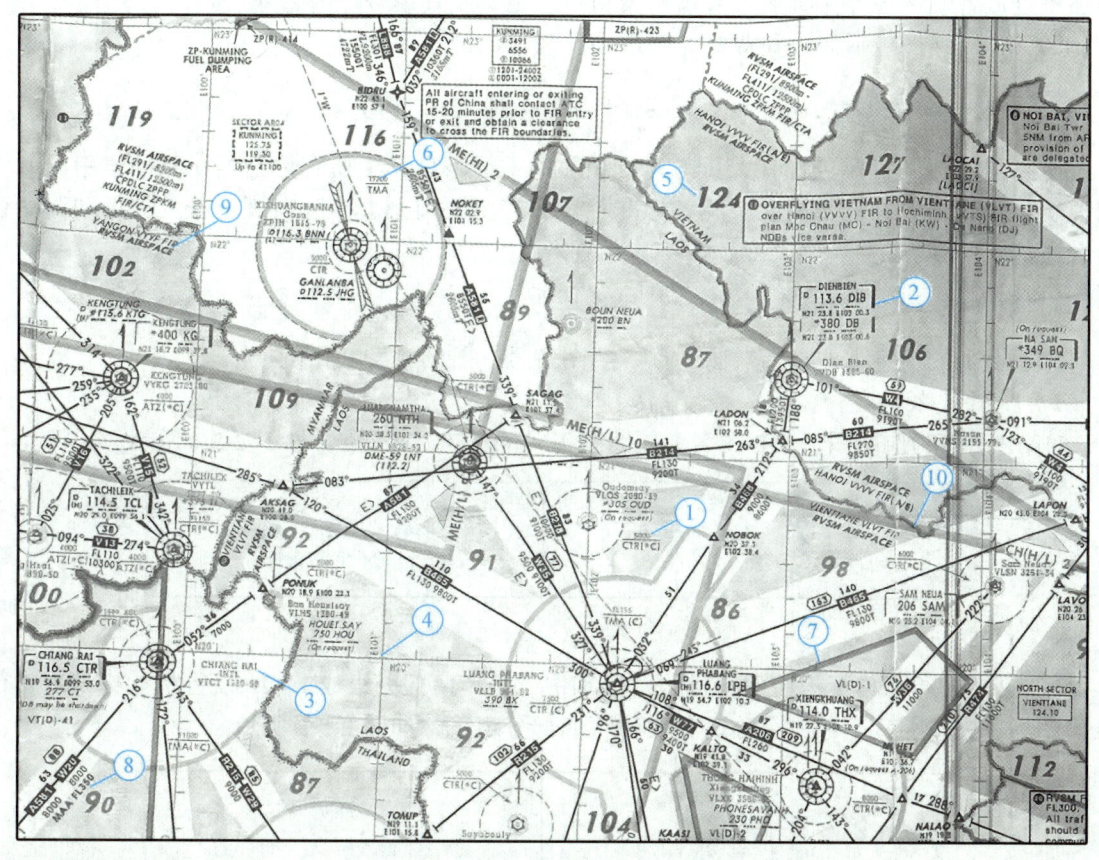

图 2.4.3 美国高/低空航路图

标注 3：IFR 机场符号及其识别信息。IFR 机场为蓝色，至少公布了一张仪表进近图，识别信息包括机场所在地名、机场名称、ICAO 四字代码、机场标高和以百英尺为单位的最长跑道长度。

标注 4：经纬网格。

标注 5：网格最低偏航高度 12 400 ft，百英尺为单位。

标注 6：管制区。

标注 7：专用空域。

标注 8：最高批准高度 FL350。

标注 9：RVSM 边界。

标注 10：飞行情报区边界。

2.5 CAAC 航路图布局及信息

中国民航航路图分为两种，即 AIP（Aeronautical Information Publication，航行资料汇编）和 NAIP（National Aeronautical Information Publication，国内航行资料汇编）。航图全是英文的就是 AIP，标注是中文就是 NAIP。AIP 向国际发布，而 NAIP 只向国内发布；并且根据相关法律规定，NAIP 为机密文件，不得公开，AIP 可以公开。区域图内容与航路图基本一样，只增加了进近管制区边界、机场塔台频率表和空中走廊及其编号等内容。

CAAC 航路图包括面板和背板，图边信息及平面图三部分。

2.5.1 面板和背板

航路图面板和背板包含有大量与飞行相关的重要信息，主要有标题栏、封面索引图、使用说明、修改内容、飞行高度层配备标准示意图、主要图例、高度表拨正以及进近和终端管制区通信频率等。

1. 标题栏

标题栏中的信息主要包括航图名称、航图编号、航图日期和比例尺。

1）航图名称

NAIP 图名为航路图，AIP 图名为航路图 ENROUTE CHART，如图 2.5.1 所示。

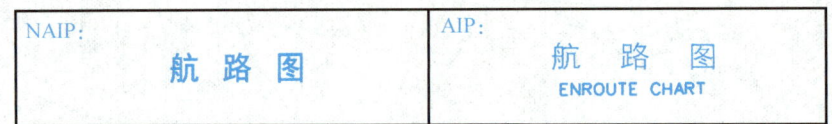

图 2.5.1　航图名称

NAIP 的发行机构标识由发行机构图标和中文名称两部分组成；AIP 发行机构标识由发行机构图标、中文名称、英文名称、英文缩写四部分组成，如图 2.5.2 所示。

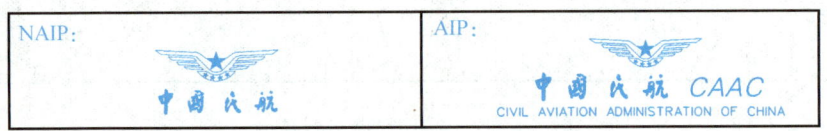

图 2.5.2　发行机构标识

2）航图编号

航图编号由"ERC+图幅号"构成，如"ERC 1"代表航路图第一幅，如图 2.5.3 所示。

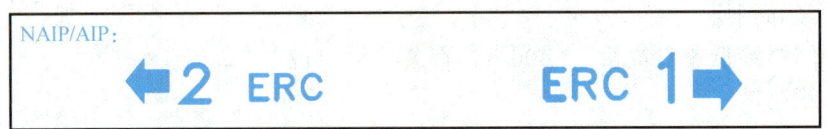

图 2.5.3　航图编号

3）出版日期和生效时间

NAIP 航图采用北京时，AIP 航图采用 UTC 时间，如图 2.5.4 所示。

NAIP: 出版日期 2018年6月15日	AIP: REVISION 15 JUN 2018
NAIP: 生效时间 2018年7月19日零时	AIP: EFF 1807181600UTC

图 2.5.4　出版日期和生效时间

4）比例尺

比例尺的标识如图 2.5.5 所示。

NAIP: 1 : 2 500 000	AIP: SCALE 1:3 000 000

图 2.5.5　比例尺

2. 封面索引图

航路图的封面索引图用于说明航路图的分幅方法，给出该航路图及其邻近航路图的覆盖范围。封面索引图还提供以下信息：航路图覆盖边界、主要城市、政府/国家边界、区域图的覆盖范围和航路图使用说明。在封面索引图下方，有一段非常重要的文字，为航路图解释了空域和航路的使用限制。

3. 修改内容

说明每幅航路图最新修订内容，NAIP 还说明修订内容所在的折页编号，如图 2.5.6 所示。

```
NAIP: ERC3
     1.增设郑州区域05、06号管制扇区，调整01、03号管制扇区；增设报告点
     P541、P542，调整航路H11、H14部分航段数据。3B、4B
     2.胶东地区空域调整，增设青岛进近04、05号管制扇区，调整01、02、03号
     管制扇区；5A、6A

AIP: ERC4:
     Secondary FREQ of ZUUUAR01/10 adjusted.
```

图 2.5.6　修改内容

4. 飞行高度层配备标准示意图及说明

公布飞行高度层配备标准示意图及简要的使用说明，如图 2.5.7 和图 2.5.8 所示。

5. 图　例

公布航路图使用的所有要素符号及其含义，如图 2.5.9 所示。

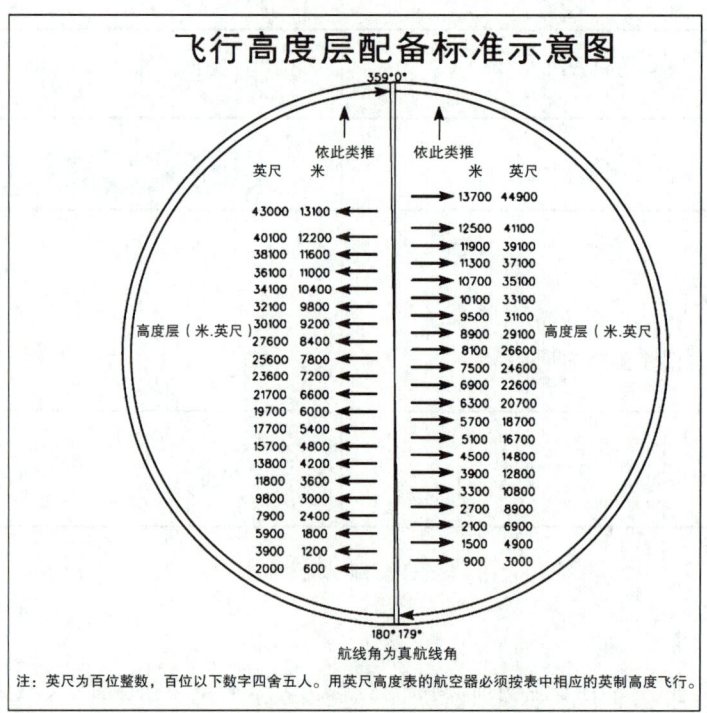

图 2.5.7　NAIP 飞行高度层配备标准示意图

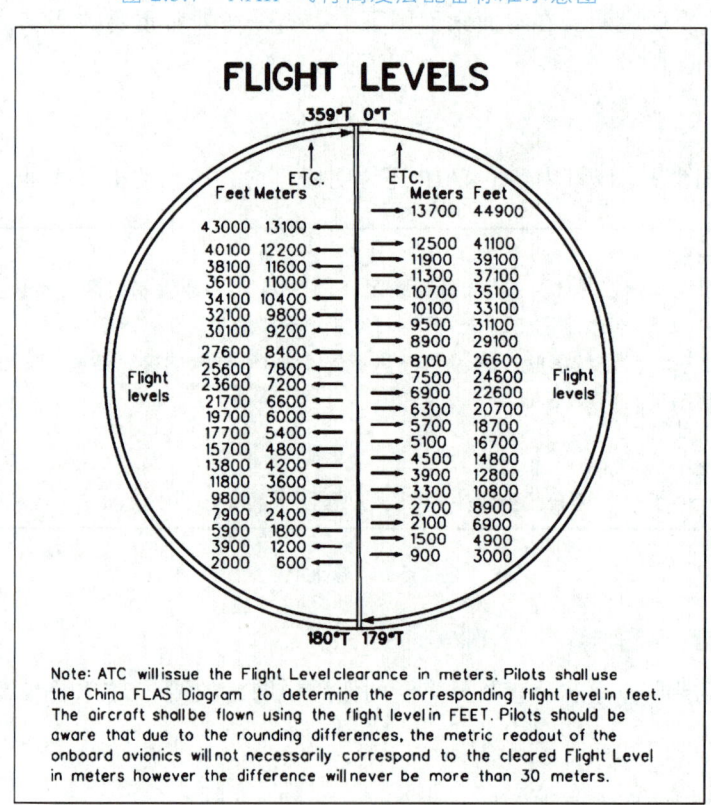

图 2.5.8　AIP 飞行高度层配备标准示意图

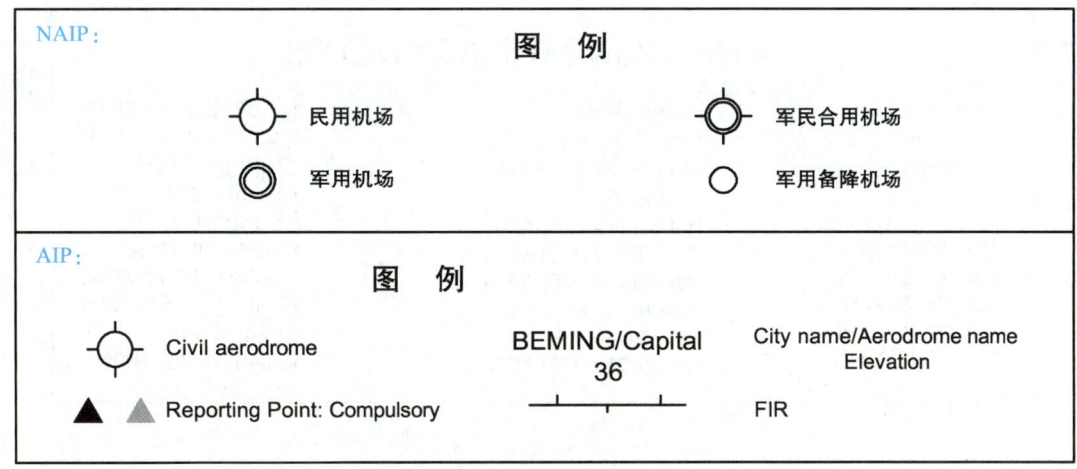

图 2.5.9　图例

6. 高度表拨正

在 AIP 航路图中公布航路、离场及进近飞行阶段高度表拨正要求及获取高度表拨正信息的说明，如图 2.5.10 所示。

图 2.5.10　AIP 高度表拨正

7. 进近和终端管制区通信频率

在 AIP 航路图 ERC1/2 中公布进近和终端管制区通信频率，如图 2.5.11 所示。

2.5.2　图边信息

航路图的图边信息主要包括线段比例尺、地图投影与磁差、折页导航和图边重要点信息等。

1. 线段比例尺

线段比例尺通常放在航路图上边框外侧中间位置，如图 2.5.12 所示。

APP COMMUNICATIONS

Beijing APP
126.1(125.05) AP01
119.0(125.05) AP02
126.5(125,8) AP03
121.1(124.4) AP05
119.7(129.0) APO6
124.7(125.8) AP07
127.75(124.4) AP08
120.6(129.0) AP09
125.5(125.8) AP10

Haibin APP
119.65127.75) AP01
119.05(127.75) AP02
Haibin APP
119.85(119.025) AP01
120.45(119.025) AP02
124.45(119.025) AP03
Haibin APP
124.85119.075) AP01
123.85(119,075) AP02

125.625120.65) AP10
119.075128.05) AP11
Shangtou APP
120.65(123.05)
Shangtou APP
125.55(126.55) AP01
119.825(126.55) AP02
121.225(126.55) AP03
ShijinAPP
120.45124.75) AP01

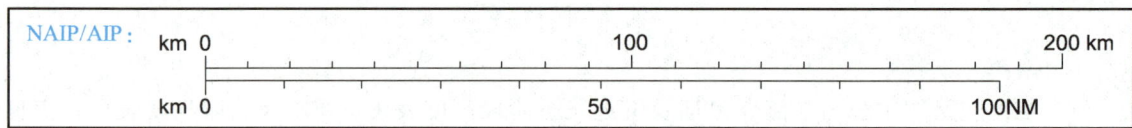

图 2.5.11　进近和终端管制区通信频率

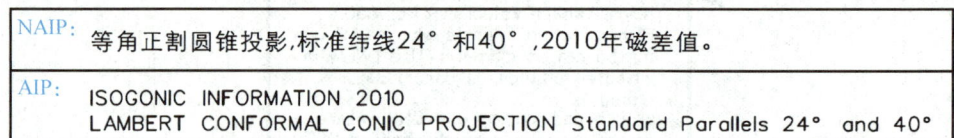

图 2.5.12　NAIP/AIP 线段比例尺

2. 地图投影与磁差

在航路图下边框左下角标注地图投影及磁差数据的采集年份，如图 2.5.13 所示。

NAIP:	等角正割圆锥投影,标准纬线24° 和40° ,2010年磁差值。
AIP:	ISOGONIC INFORMATION 2010 LAMBERT CONFORMAL CONIC PROJECTION Standard Parallels 24° and 40°

图 2.5.13　地图投影与磁差

3. 折页导航

折页导航以小短线表示，分别绘制在航路图边框外，如图 2.5.14 所示。折页编号分为横向折页编号和纵向折页编号。横向折页编号用阿拉伯数字从左至右顺序表示，纵向折页编号用大写英文字母从上至下顺序表示。横向折页编号与纵向折页编号的组合可用于识别航图要素所在区域。

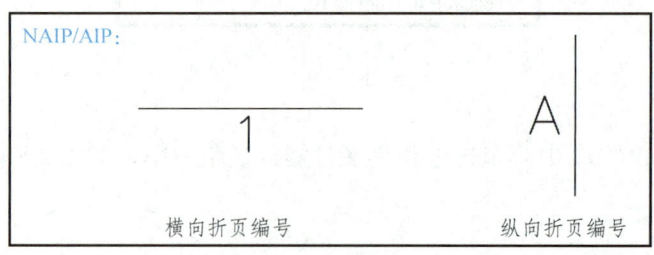

图 2.5.14　NAIP/AIP 折页编号

NAIP 每幅航路图纵向小折页内的主要城市名称标注在上边框外小折页左上角或右上角，如图 2.5.15 所示。AIP 航路图无须标注。

图 2.5.15　折页内主要城市

4. 图边重要点信息

航路/航线延伸至边框外的第一个导航台或报告点的名称标注在边框外航路/航线与图廓的交点处，如图 2.5.16 所示。

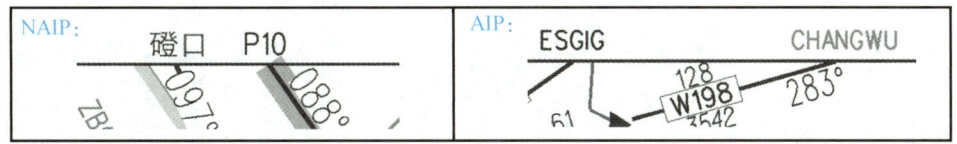

图 2.5.16　图边重要点信息

2.5.3　平面图

航路图平面图包括诸多重要信息，主要有经纬网、网格最低安全高度、等磁差线、人文地物及水文地理要素、机场、无线电导航设施、报告点、航路/航线、空域和航图要素注记等。

1. 经纬网

以 4° 为间隔在经、纬线上分别标注经度、纬度刻划，每 1° 绘一长刻划，每 30′ 绘一中刻划，每 5′ 绘一短刻划如图 2.5.17 所示。在每一条经线和纬线两端标注经度、纬度值。

2. 网格最低安全高度

网格最低安全高度是在经线和纬线围成的网格区域内的最高地形海拔高度基础上，以 30 m 向上取整后的数值表示。千位用大号字，百位和十位用小号字，个位不表示，如 "339" 表示 3 390 m，如图 2.5.18 所示。

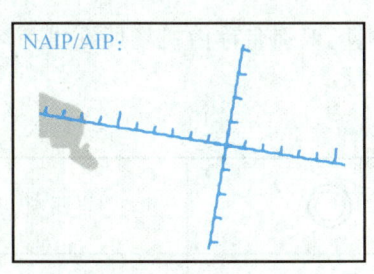

图 2.5.17　NAIP/AIP 经纬网

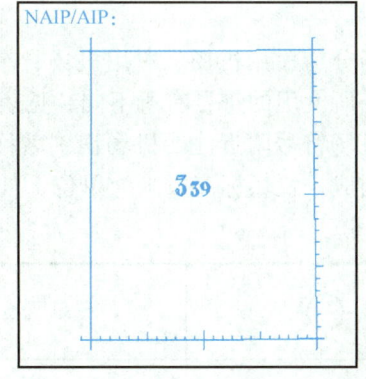

图 2.5.18　NAIP/AIP 网格最低安全高度

3. 等磁差线

用浅灰色细虚线绘出磁差值为整数的等磁差线，并以 1° 为间隔标注其磁差值，如图 2.5.19 所示。

4. 人文地物及水文地理要素

1）国界线和特别行政区行政区域界线

NAIP 和 AIP 都是用蓝色短线和点标注图幅内的国界线和特别行政区行政区域界线，如图 2.5.20 所示。

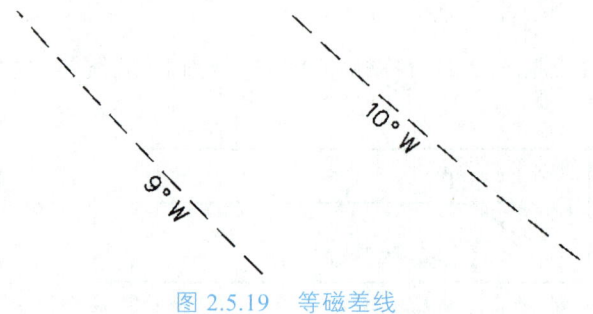

图 2.5.19　等磁差线

图 2.5.20　国界线和特别行政区行政区域界线

2）水文地理要素

用淡蓝色绘出图幅内的主要水文地理要素，尤其是具有明显地标作用，或机场周边对飞行员具有领航参考价值的水域，包括常年湖泊、河流、运河和水库等，如图 2.5.21 所示。

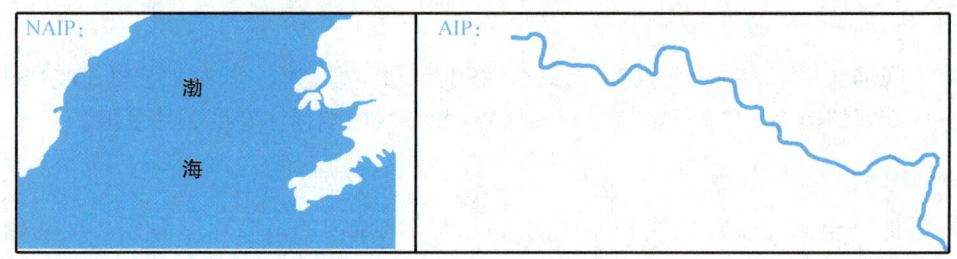

图 2.5.21　水文地理要素

5. 机　场

机场分为民用机场、军用机场、军民合用机场、军用备降机场、民用直升机场，不同类型的机场所使用的符号有所不同，见表 2.5.1。

在机场符号附近注明机场识别名称和机场标高，机场识别名称由机场所在城市名称和机场名称构成，机场标高以米为单位，如图 2.5.22 所示。

表 2.5.1　机场综合图例

符号	名称	符号	名称
 ⊕	民用机场	 ◎	军用机场
 ⊕	军民合用机场	○	军用备降机场
 Ⓗ	民用直升机场	广州/白云 15	城市名/机场名 机场标高（米）

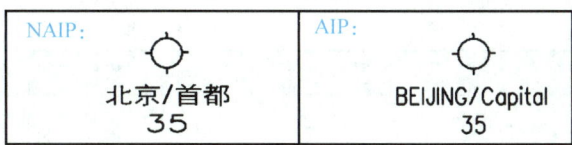

图 2.5.22　机场

6. 无线电导航设施

1）VOR/DME 台

VOR/DME 台识别框位于导航设施图例附近，标注的内容包括导航设施名称、频率、识别代码、DME 波道、莫尔斯电码和地理坐标等，如图 2.5.23 所示。

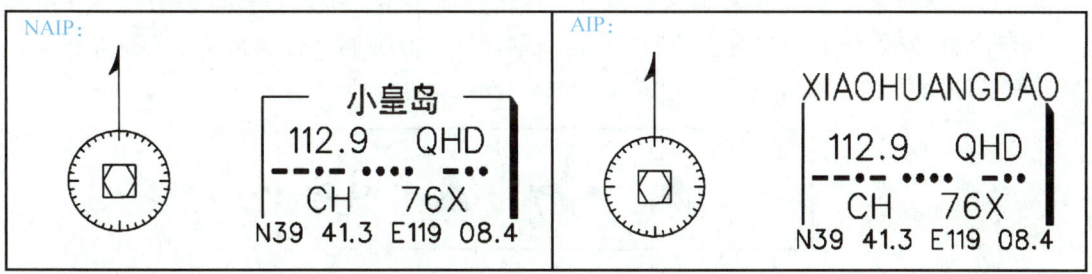

图 2.5.23　VOR/DME 台

2）NDB 台

NDB 台识别框位于导航设施图例附近，标注的内容与 VOR/DME 台类似，如图 2.5.24 所示。NDB 图例没有磁北指示。

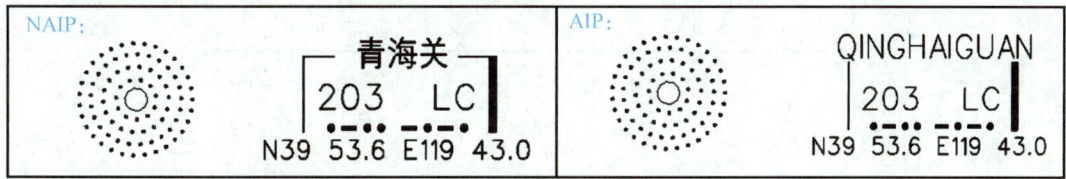

图 2.5.24　NDB 台

导航台综合图例见表 2.5.2。

表 2.5.2　导航台综合图例

图标	说明	应用
	甚高频全向信标台（VOR）和测距仪（DME）合装	哈密 115.1 MHz CH SOX N42 50.0 E93 38.3
	甚高频全向信标台（VOR）	九州 117.2 ZAO N22 14.0 E113 35.7
	无方向性无线电信标台（NDB）	奇台 300 HJ N44 01.0 E89 38.0

续表

图标	说明	应用
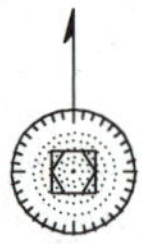	VOR/DME 与 NDB 在同一位置	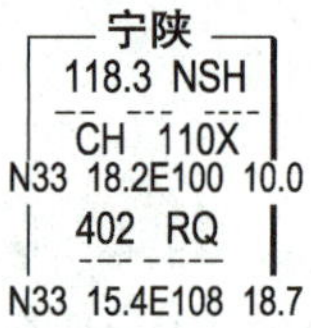 宁陕 118.3 NSH CH 110X N33 18.2 E100 10.0 402 RQ N33 15.4 E108 18.7

7. 报告点

报告点分为强制报告点和非强制报告点。在传统航路中，强制报告点采用实心三角形绘制，区域导航航路采用实心四角星绘制。在传统航路中，非强制报告点采用空心三角形绘制，区域导航航路采用空心四角星绘制，如图 2.5.25 所示。

图 2.5.25　NAIP/AIP 报告点

报告点名称包括五字名称代码和以字母 P 开头后接数字的名称代码（仅在 NAIP 中使用）两种，地理坐标的经度和纬度分两行标注，如图 2.5.26 所示。

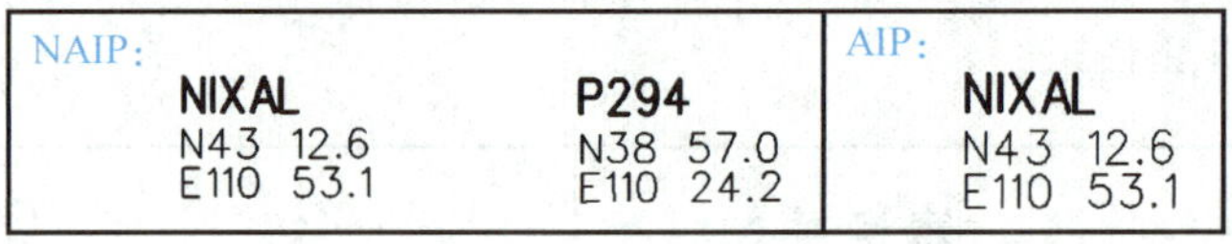

图 2.5.26　报告点

8. 航路/航线

1）航路

航路是用实线绘制航路中心线，中心线两侧使用阴影表示航路宽度，如图 2.5.27 所示。

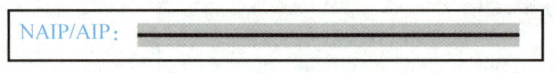

图 2.5.27　航路

2）航线

航线用实线表示，单向航线用带有箭头的实线表示；目视航线、直升机航线用点状虚线表示；脱离航线用虚线表示，分别如图 2.5.28 所示。

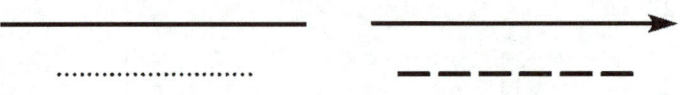

图 2.5.28　各种航线

传统航路/航线代号格式为：字母代码+数字。PBN 航路代号格式为：字母代码+数字+导航规范代码，如图 2.5.29 所示。字母代码按照国际民航组织相关规定确定；数字代码为 1~999

的数字；导航规范代码选择 P 或 R，P 代表 RNP，R 代表 RNAV。双向航路代号边框用矩形表示，单向航路代号边框用带箭头的框表示。航路/航线综合图例见表 2.5.3。

NAIP/AIP: A326　　W157　　M503 R2

图 2.5.29　NAIP/AIP 航路/航线代号

表 2.5.3　航路/航线综合图例

图例	说明	图例	说明
─G212─	航路、航线（双向）	─J527─	航路（双向）
─W64─▶	（单向）	─8458─▶	（单向）
─ ─ ─	脱离航线	▲　▲　▲ 276(149) 5122	该航路不使用此报告点 航段距离为该飞越点两端航段距离之和

某一航线（航段）有几个航线（航段）代号时，选用航线（航段）代号应与下一段所飞航线（航段）相一致；若该航线（航段）的几个航线（航段）代号与下一段所飞航线（航段）代号不相同，选用航线（航段）代号的优先级，通常为 A、B、G、R、W、H、J、V 顺序排列，并优先选择距离长的航线（航段）代号。

3）航段数据

航段数据始于 VOR 台的磁航线角标绘在航线上，始于其他导航台或报告点的磁航线角标绘在航线一侧，如图 2.5.30 所示。以千米或海里为单位标注航段距离。NAIP 航路图中公布千米和海里数据，AIP 航路图中公布千米数据。以米为单位标注航段最低飞行高度。

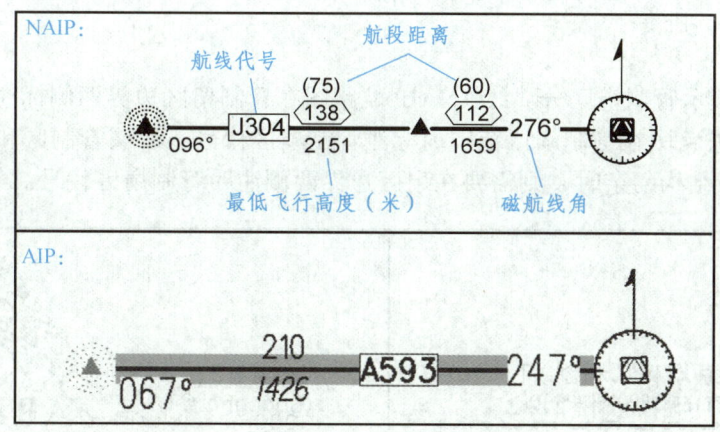

图 2.5.30　航段数据

4）等待航线

等待航线包括的主要信息有等待定位点、出航时间或距离、出航/入航航迹、转弯方向、最大指示空速和等待高度，如图 2.5.31 所示。

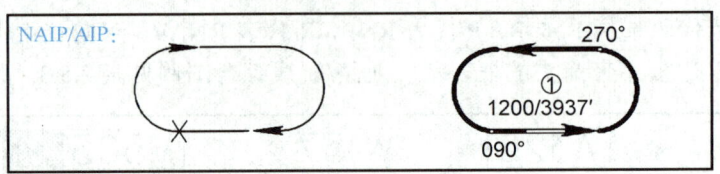

图 2.5.31　NAIP/AIP 等待航线

9. 空　域

1）飞行情报区

用带刺的黑实线表示飞行情报区边界，在飞行情报区边界两侧标注飞行情报区名称或代码，用带刺的黑虚线表示暂定情报区边界，如图 2.5.32 所示。

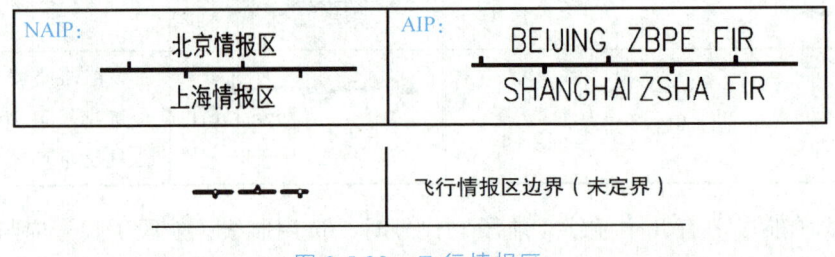

图 2.5.32　飞行情报区

2）管制区

以灰色实线表示管制区边界，在管制区边界两侧标注管制区名称，如图 2.5.33 所示。

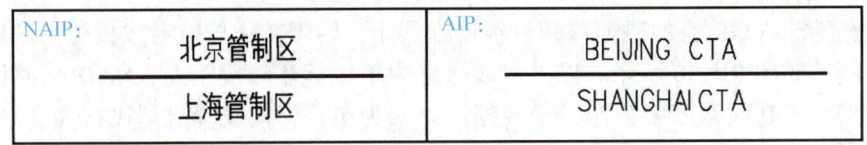

图 2.5.33　管制区

以电话线型表示管制扇区分界线，NAIP 航路图在管制扇区边界两侧标注管制扇区名称和垂直范围；AIP 航路图在管制扇区范围内标注管制扇区代号、所属管制区和垂直范围，如图 2.5.34 所示。空域结构复杂时，则需要在扇区边界两侧注明管制扇区代号。

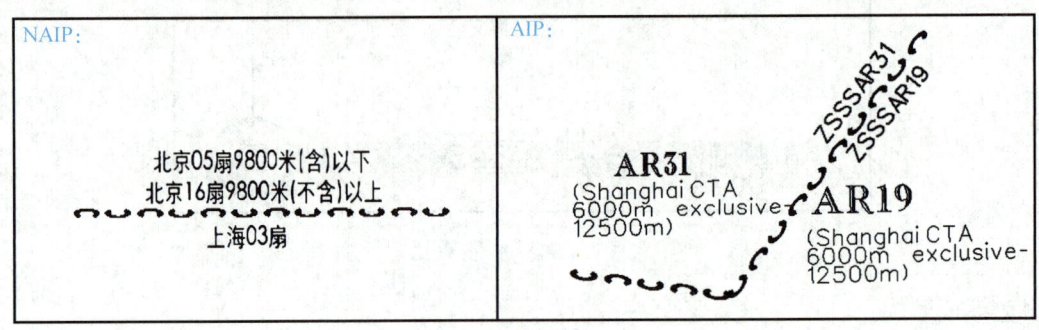

图 2.5.34　管制区标注

航路图中在适当位置以注记框的形式标注管制扇区的通信频率及工作时间。通信频率包括主用频率、备用频率，工作时间应采用 24 小时制，有时也用 H24、HO、HR、by ATC 等表示，如图 2.5.35 所示。

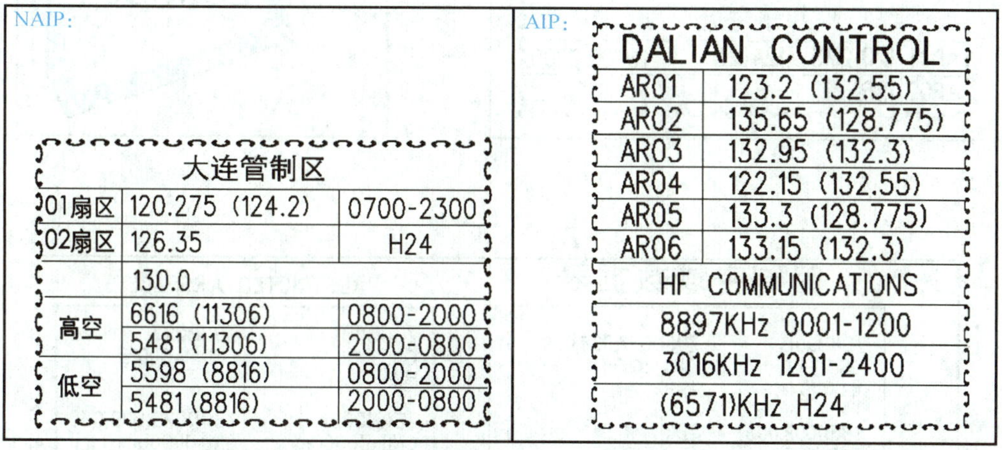

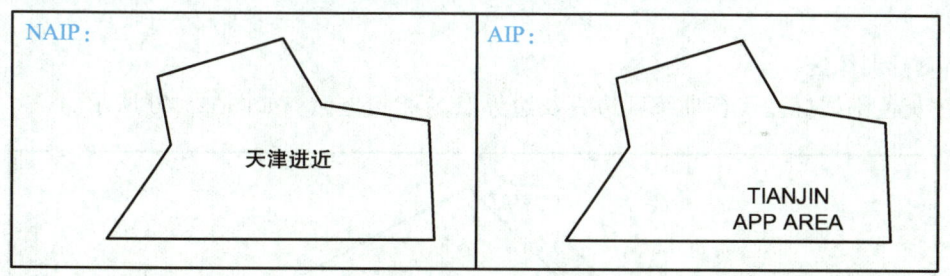

图 2.5.35　通信频率

3）进近区

以灰色粗实线表示进近或终端管制区边界，在其区内标注其名称，如图 2.5.36 所示。

图 2.5.36　进近区

航路图中在适当位置以注记框的形式标注进近区的通信频率及工作时间。进近和终端管制区通信频率包括主用频率、备用频率，工作时间应采用 24 小时制，有时也用 H24、HO、HR、by ATC 等表示，如图 2.5.37 所示。

4）专用空域

专用空域包括禁区、限制区和危险区，用蓝色实线标注空域边界范围，内侧标绘浅蓝色阴影。在图幅范围内标注其识别名称。其识别名称用"所属情报区四字地名代码的首两位字母+（空域属性）+序号"标注。空域属性用大写英文字母 P、R、D 分别代表禁区、限制区、危险区，序号为三位数的阿拉伯数字，如图 2.5.38 所示。

在图幅内的适当位置列出限制区、危险区和禁区数据表，并对专用空域的编号、高度下限和上限、限制时间进行说明，如图 2.5.39 所示。

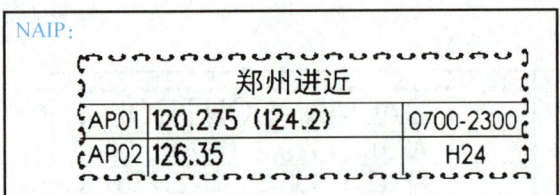
图 2.5.37 NAIP 进近区通信频率及工作时间

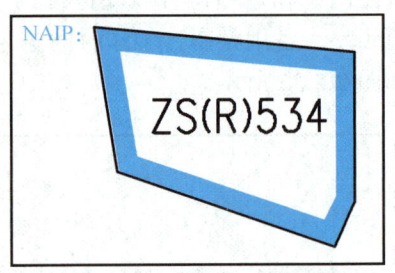
图 2.5.38 NAIP 限制性空域

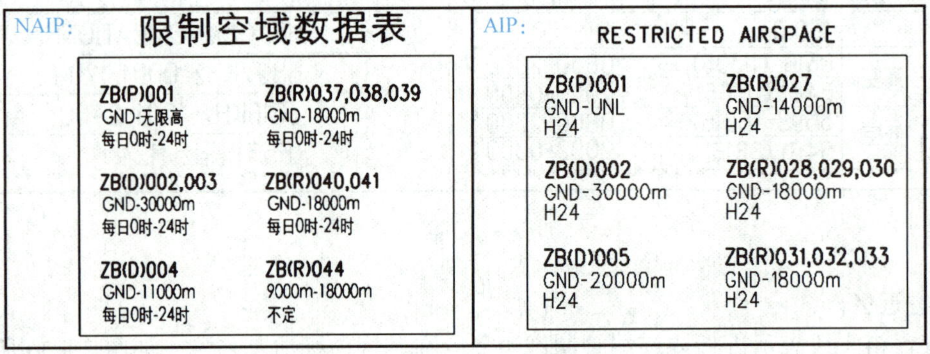

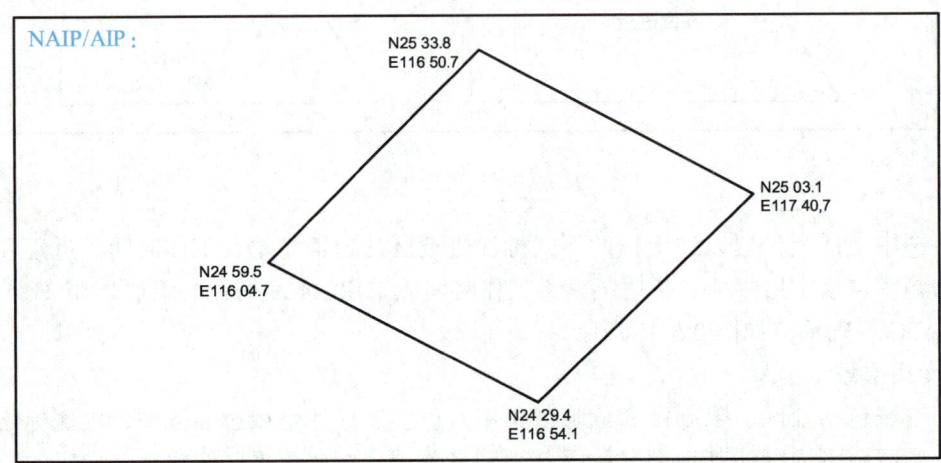
图 2.5.39 限制区、危险区和禁区数据表

5）飞行训练区
用浅灰色细线标注飞行训练区边界及边界点名称和坐标，如图 2.5.40 所示。

图 2.5.40 NAIP/AIP 飞行训练区

6）防空识别区
用黑色的三排点线标注防空识别区边界，并标注其名称、边界点名称和坐标、相关说明，如图 2.5.41 所示。

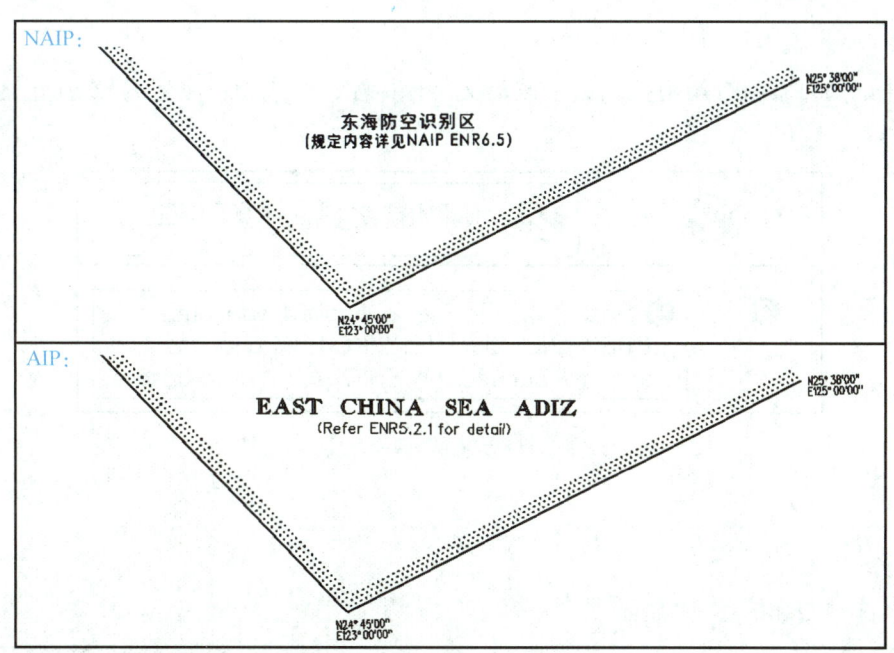

图 2.5.41 防空识别区

中国的专用空域和美国不太一样,主要包括以下几类。

(1)危险区:可以由主权国家在权据需要陆地或领海上空建立,也可以在无明确主权的地区建立,它在所有限制性空域中,约束、限制最少。

(2)限制区:限制、约束等级较危险区高,又比禁区低的一种空域。在该空域内飞行并非是绝对禁区,而是否有危险,已不能仅仅取决于飞行员自身的判别和推测。一般不是长期的,该区可在 VFR、IFR 航图上用 R 字母加以标注。

(3)禁止区:被划分为永久性和临时性禁区两种,是在各种类型的空域中,限制、约束等级最高的,一旦建立,任何飞行活动被禁止,除非有特别紧急的情况,否则将遭受致命的灾难。常以醒目的 P 在航图上加以标注。

(4)放油区:围绕大型机场建立的供飞机在起飞后由于种种原因不能继续飞行,返回原起飞机场又不能以起飞全重着陆时而划定的一片区域。设计该区域的主要目的是放掉多余燃油,飞机着陆时不超过最大允许着陆重量,对飞机不造成结构性损伤,大大减少其他可能事件的发生。

(5)预留区:固定性(训练、飞行表演);活动的(空中加油、航路编队)。

各类边界综合图例见表 2.5.4。

表 2.5.4 各类边界综合图例

⊢·─·⊢·─·⊢	国界	▬▬▬▬	进近管制区、终端管制区边界
─▲─▲─	飞行情报区边界	ᴗᴗᴗᴗ	管制扇区边界
─▲─▲─	飞行情报区边界(未定界)	▬▬▬▬	区域管制区边界

10. 航图要素注记

在被注记的要素附近用阿拉伯数字或英文字母标注,格式为:注记编号+注记内容,如图 2.5.42 所示。

图 2.5.42　航图要素注记

2.6　CAAC 区域图

CAAC 区域图如图 2.6.1 所示。

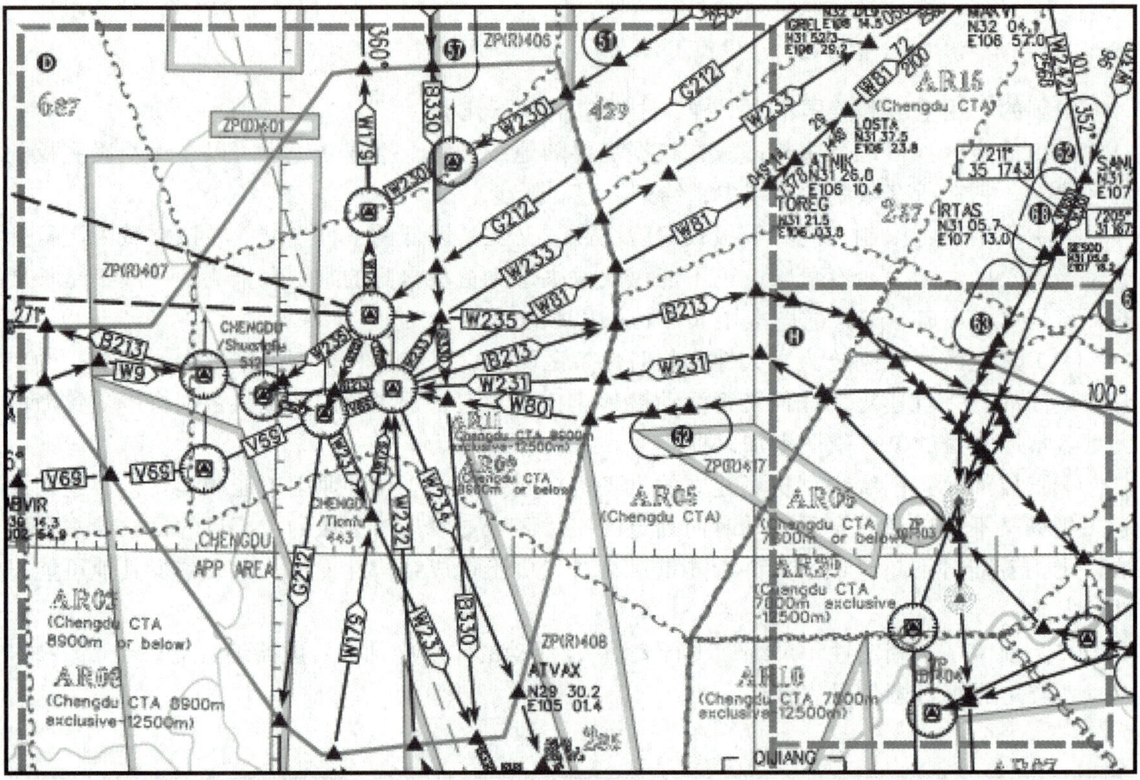

图 2.6.1　区域图

2.6.1　图边信息

区域图图边信息主要包括:图名、识别名称、航图编号、出版日期及生效日期、出版单位和磁差等。

1. 图　名

NAIP 图名为"区域图"，AIP 图名为"AREA CHART"，位于区域图图框外左上角，如图 2.6.2 所示。

图 2.6.2　图名

2. 识别名称

识别名称为区域图范围内最重要城市名称。NAIP 标注中文，AIP 标注汉语拼音，如图 2.6.3 所示。

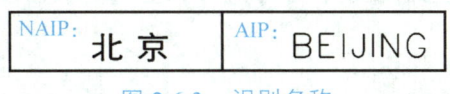

图 2.6.3　识别名称

3. 航图编号

NAIP 的表示方式为"机场地名代码-序号"，序号由数字序号和字母序号组成，如图 2.6.4（a）所示。

（1）数字序号均为"1"，与放油区图和最低监视引导高度图相同。

（2）字母序号从"A"开始，按照区域图、放油区图、最低监视引导高度图的顺序依次排列。如机场没有放油区图和最低监视引导高度图，则省略字母序号。

AIP 采用其在 ENR 中所占章节代号的形式公布，如图 2.6.4（b）所示。

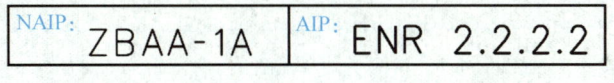

图 2.6.4　航图编号

4. 出版日期及生效日期

NAIP 航图采用北京时，AIP 航图采用 UTC 时间，如图 2.6.5 所示。NAIP 区域图中出版日期和生效日期的位置在图外侧的左下角或右下角。

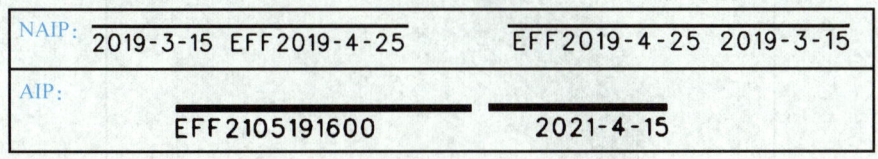

图 2.6.5　出版日期及生效日期

5. 出版单位

出版单位为中国民用航空局 CAAC，位于区域图图框外下部中央，如图 2.6.6 所示。

6. 磁　差

AIP 区域图中机场的磁差放置于区域图图框外上部中央，如图 2.6.7 所示代表 6°的西磁差。

NAIP/AIP：中国民用航空局ＣＡＡＣ	AIP： VAR6°W
图 2.6.6　NAIP/AIP 出版单位	图 2.6.7　磁差

2.6.2　平面图

平面图包括与航路图相同的要素，也包括一些不同的要素。

1. 与航路图相同的要素

区域图与航路图相同的要素包括：国界线和特别行政区界线、网格最低安全高度、机场、无线电导航设施、报告点、航路/航线、等待航线、空域（不含区域管制扇区、专用空域）和航图要素注记等。

2. 与航路图不同的要素

1）经纬网及经纬度数标注

区域图：1∶1 000 000 比例尺下每 30′绘一长刻划，每 10′绘一中刻划，每 1′绘一短刻划；1∶500 000 比例尺下每 15′绘一长刻划，每 10′绘一中刻划，每 1′绘一短刻划，如图 2.6.8 所示。

2）地貌

采用等高线、等高值、高程值和分层设色法标注地貌，用黑点标注地形中的高程点，标注高程值，如图 2.6.9 所示。

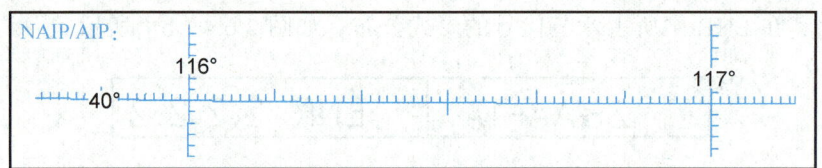

图 2.6.8　NAIP/AIP 经纬度数标注

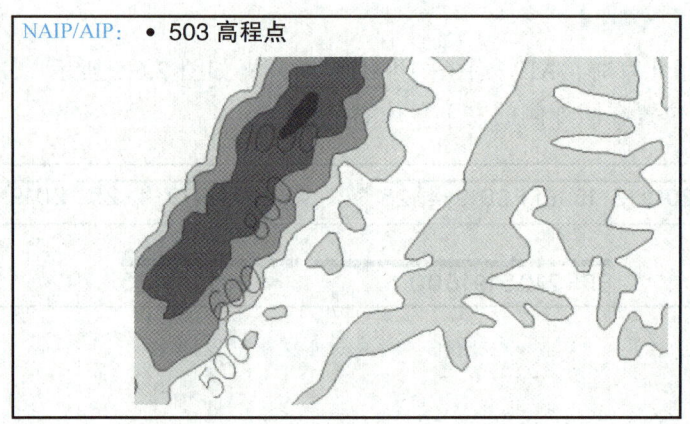

图 2.6.9　NAIP/AIP 地貌标注

3）人文地物要素

区域图范围内居民地外形轮廓，仅在市级以上的居民地轮廓线外标注城市名称。NAIP 标注中文名称，AIP 标注汉语拼音，如图 2.6.10 所示。

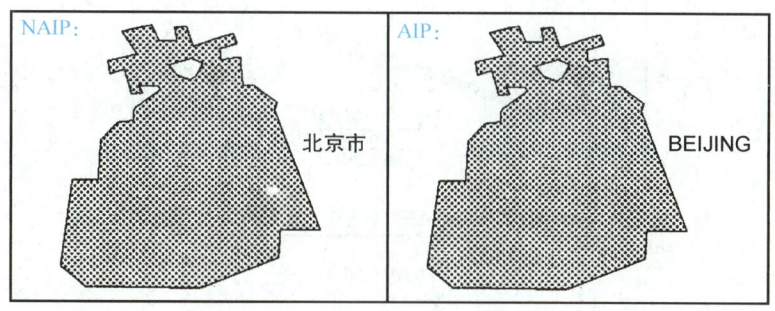

图 2.6.10　人文地物要素

4）文地理要素

图幅内的主要水文地理要素，尤其是具有明显地标作用，或机场周边对飞行员具有领航参考价值的水域，包括常年湖泊、河流、运河、水库等，视情况标注其名称，如图 2.6.11 所示。

5）进近和终端管制区通信频率及工作时间表

NAIP 区域图中进近和终端管制区通信频率及工作时间表与 NAIP 航路图相同；AIP 区域图中进近和终端管制区通信频率及工作时间表中数据顺序为通信频率、扇区代号、工作时间，如图 2.6.12 所示。

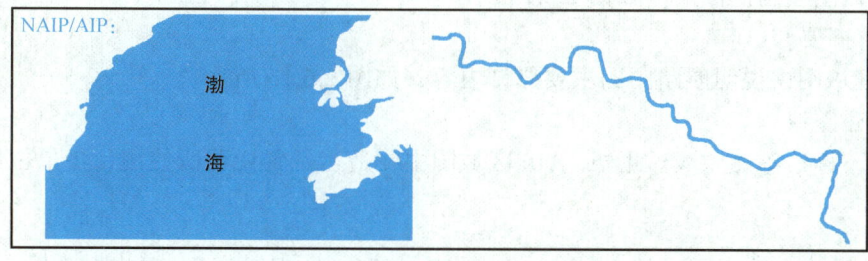

图 2.6.11　NAIP/AIP 水文地理要素

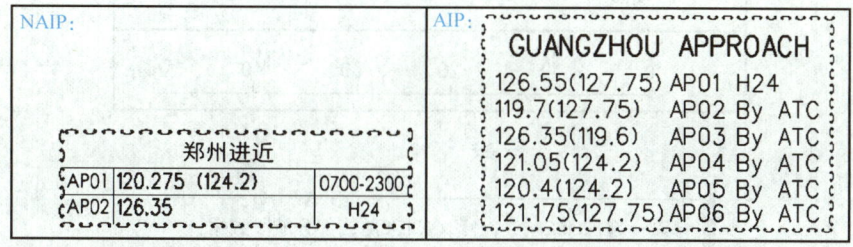

图 2.6.12　进近和终端管制区通信频率及工作时间表

6）专用空域

用蓝色实线标绘限制性（禁区、限制区和危险区）空域边界范围，内侧标绘浅蓝色阴影，并注明其识别名称、高度上下限和限制时间，如图 2.6.13 所示。

7）图框内衔接重要点信息

在区域图图框内航路/航线与图框交点处标注衔接重要点名称，代表图外的第一个导航台或定位点，如图 2.6.14 所示。

NAIP/AIP：
ZS(R)567
12000/GND
0600-2400

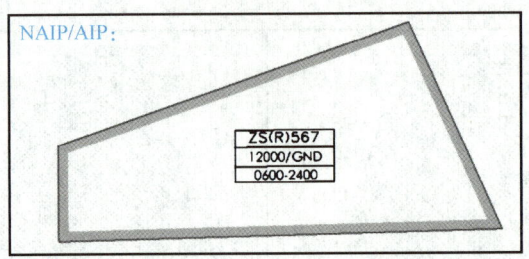

图 2.6.13　NAIP/AIP 限制性空域

NAIP：
滦县
138°
089°
NOKAK
AIP：
LUANXIAN
138°
089°
NOKAK

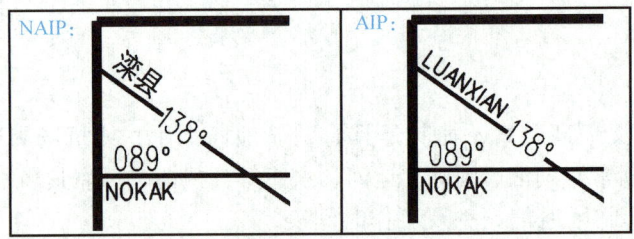

图 2.6.14　图框内衔接重要点信息

8）比例尺

公布区域图绘制比例尺，如图 2.6.15 所示。

9）修订摘要

NAIP 区域图中说明航路图的主要修订内容，如图 2.6.16 所示。

10）等磁差线

区域图不标绘等磁差线。此外，AIP 区域图中在适当位置说明所使用计量单位信息，如图 2.6.17 所示。

NAIP：
KM 0
比例尺 1:1000000
50
NM 0
25
AIP：
0 10 20 30 40 50km

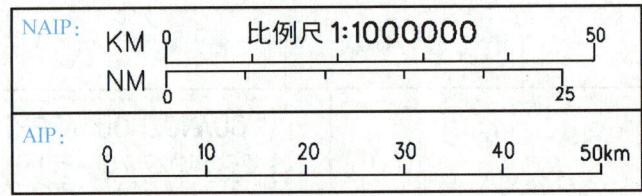

图 2.6.15　比例尺

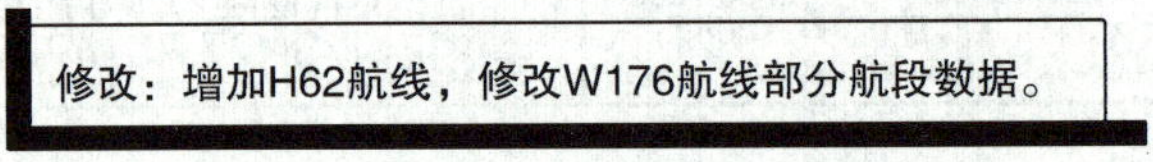

修改：增加H62航线，修改W176航线部分航段数据。

图 2.6.16　修订摘要

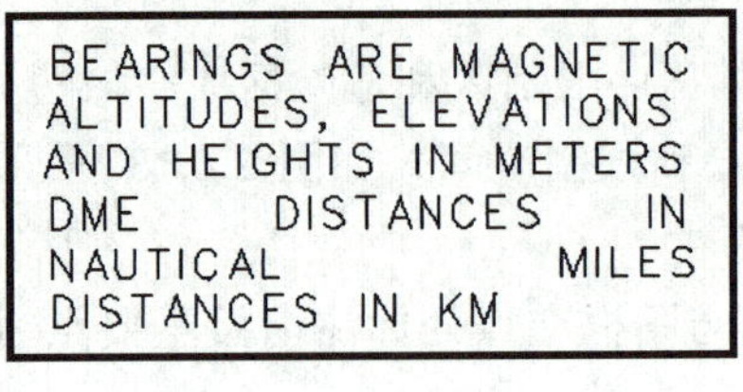

BEARINGS ARE MAGNETIC
ALTITUDES, ELEVATIONS
AND HEIGHTS IN METERS
DME DISTANCES IN
NAUTICAL MILES
DISTANCES IN KM

图 2.6.17　计量单位信息

复习思考题

1. 杰普逊航路图和 CAAC 航路图的标题信息分别有哪些？
2. 杰普逊航路图的封面索引图能提供哪些信息？
3. 本次修订内容和航图变更通知有什么区别？
4. 通信资料表里包含有哪些信息？
5. 飞行高度层是以什么为单位的？
6. 航路图上的主要定位信息有哪些？
7. 识别两类重叠指示标志，会认读图边"TO"指示标志的含义。
8. 识别航路图上的各类导航设施。
9. 识别飞行服务站的相关信息。
10. 什么是航路的航迹引导？包括哪两类？
11. 航路上的定位点有哪些类型？会认读交叉定位点的信息。
12. 辨析航路上规定的各类高度的特征。
13. 机场的分类有哪些？分类标准是什么？
14. 专用空域有哪些？
15. 航图边界线有哪些？
16. 等待程序包括哪些要素？进入扇区如何划分？如何进入等待？
17. 报告程序的报告时机和报告内容分别是什么？
18. 航路通信失效如何处置？
19. 杰普逊航路图和 CAAC 航路图有什么区别？

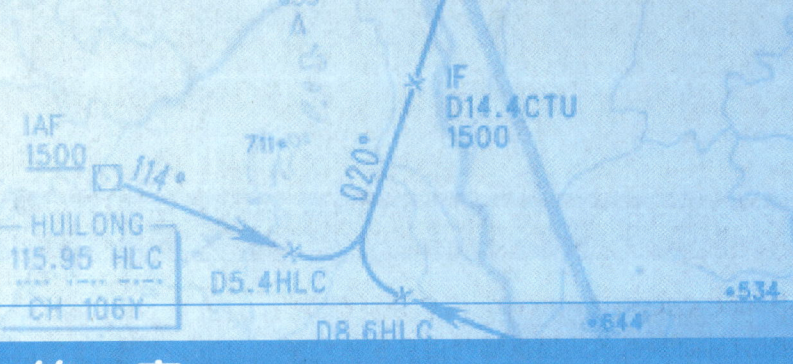

第 3 章
机场图

　　机场图是对机场布局和机场内基础设施的详细描述,是飞行机组人员操纵航空器在地面滑行活动的主要参考资料,也是航空器起飞备降的重要参考资料。ATC 根据机场图的布局信息,结合机场内的实际地面活动情况可以为飞行员提供合理的滑行路线建议。飞行人员则根据机场图,操纵航空器按照地面的滑行指示,将航空器停靠在指定的停机位或者进入指定的跑道准备起飞。在此滑行过程中,飞行人员除了遵从 ATC 地面部门的指示之外,还需要自主导航,此时机场图将会变得非常重要。

　　一般而言,机场图是一张独立的航图。目前,在国际上广泛使用的机场图是简令格式的机场图,且按比例尺绘制,提供跑道系统相关参数以及跑道周边的灯光系统、助航设施设备的布局,并在机场图中以表格的形式给出各种运行条件下的机场起飞备降最低标准。

3.1　机场跑道构型

　　由于跑道是机场活动区的核心设施,因此提前了解清楚与本次航班任务密切相关的机场内的跑道构型对飞行很有必要。在机场内,航空器起飞通常选择逆风实施,目的是在保证有足够升力的前提下尽量降低航空器的地速,以便减小在跑道上的滑行距离,所以根据当地的常年气象条件,有些机场会建有多条跑道,以便在不同季节的不同风向下都可以使用。对于只有一条跑道或多条平行跑道的机场,其跑道方向通常与当地盛行风的方向一致。一般来说,一个机场拥有两条以上跑道称为多跑道机场。目前,跑道数量最多的民用机场拥有 8 条跑道,如芝加哥奥黑尔国际机场。全球范围内,多跑道机场很多,按照跑道构型大致可分为四类:平行跑道、交叉跑道、V 形跑道和混合构型跑道。

1. 平行跑道

　　平行跑道具有容量大、效率高、风险低、易于管理等优点,是目前新建或改/扩建机场最为常用的跑道构型方式。目前,平行跑道数量最多的是美国亚特兰大国际机场,共有 5 条平行跑道。从跑道数量和构型来看,2～5 条平行跑道有多种构型。

两条平行跑道有宽距（两条跑道中心线距离超过 760 m）和窄距（两条跑道中心线距离小于 760 m）两种构型，如上海虹桥国际机场两条跑道中心线距离为 365 m，属于窄距平行跑道。伦敦希斯罗国际机场两条跑道中心线距离为 1 415 m，属于宽距平行跑道。

三条平行跑道有：三条窄距、两窄一宽以及三条宽距三种构型，如图 3.1.1 所示的广州白云国际机场和北京首都国际机场。

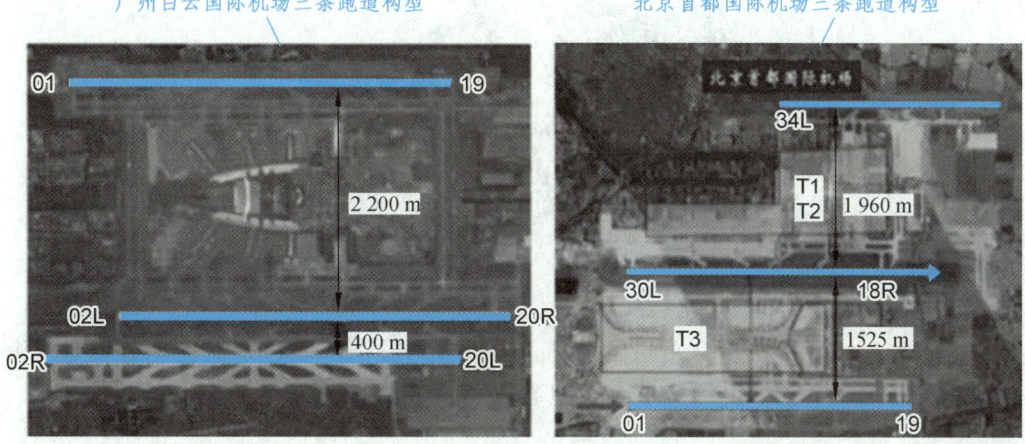

图 3.1.1 三条平行跑道构型示例

四条平行跑道最常见的构型方式是两组窄距，如图 3.1.2 所示的巴黎戴高乐国际机场。

图 3.1.2 四条平行跑道构型示例

五条平行跑道最常见的构型方式是两组窄距加一条宽距，如亚特兰大国际机场。

2. 交叉跑道

对于重量较轻的运输类航空器，由于起飞和着陆期间对于侧风的要求较高，为提高机场运行保障能力，机场当局一般会根据风向统计数据铺设交叉跑道。例如，图 3.1.3 所示的波士顿国际机场拥有 5 条交叉跑道。

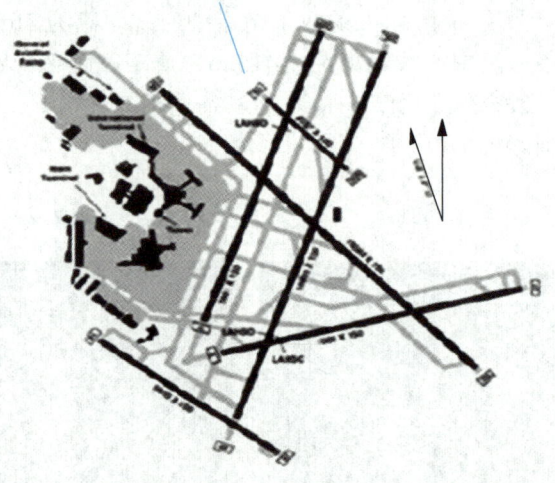

图 3.1.3 五条交叉跑道构型示例

目前,随着民用客机机型和重量的不断加大以及科技的不断进步,民用客机对于侧风要求逐步降低,因此现今较少机场采用交叉跑道构型,除非受场地或其他因素限制。

3. V 形跑道

受地形条件限制,有些机场采用 V 形跑道,最具代表的是法兰克福国际机场和马德里机场,如图 3.1.4 所示。

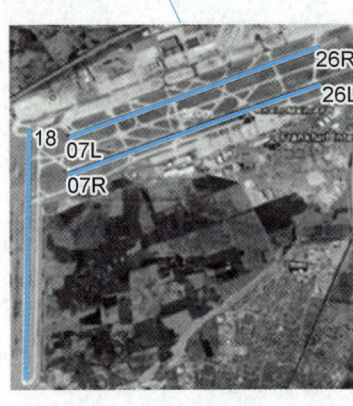
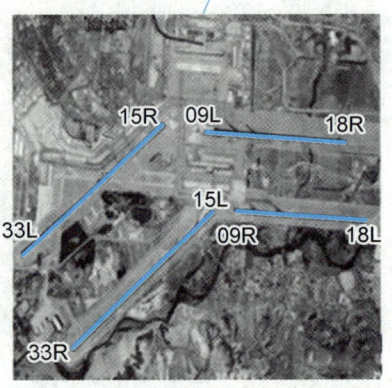

图 3.1.4 V 形跑道构型示例

4. 混合跑道构型

对于跑道数量较多的机场则多采用混合构型方式,即将跑道分组,组内平行、组与组之间相互交叉或者呈相应角度。例如,图 3.1.5 所示的达拉斯国际机场。

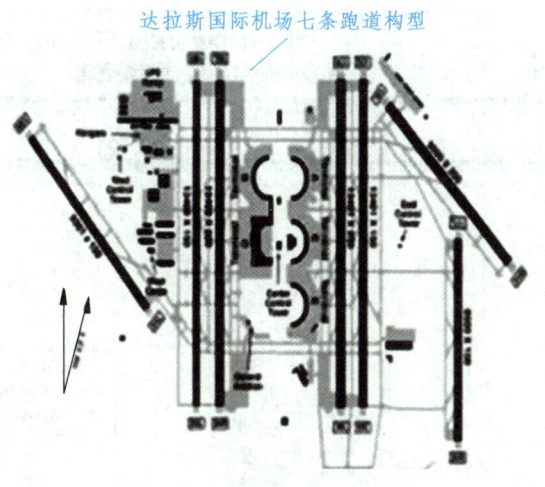

图 3.1.5　混合跑道构型示例

3.2　杰普逊机场图布局及信息

飞行员根据机场使用细则了解清楚本次航班运行所涉及的机场内跑道构型之后，需要重点关注所选定机场的机场图信息。通常，杰普逊机场图包含标题栏、平面图、跑道附加信息和起飞（备降）最低标准4个部分，如图3.2.1所示。

3.2.1　杰普逊机场图解读

1. 标题栏

杰普逊机场图标题栏包含图边信息和机场通信频率。

1）图边信息

图边信息指的是机场图最上方的部分，由机场名称、ICAO/IATA 代码、地名、索引号、机场标高（Airport Elevation，Apt Elev）、机场基准点（Airport Reference Point，ARP，机场内所有可用跑道的几何中心，单位为0.1′）坐标、航图修订日期和生效日期组成，如图3.2.2所示的上海虹桥国际机场的机场图标题栏。

图中，标题栏最左侧机场 ICAO 四字代码为 ZSSS，IATA 三字代码为 SHA，机场标高为10 ft，机场参考基准点 ARP 为 N31°11.9′，E121°20.1′。部分机场图的标题栏部分不会标绘 ARP。本机场图发布于2007年7月29日，于8月5日生效。如果没有标注生效日期，则表示该机场图使用者收到时立即生效。"10-9"是该机场图的索引号。标题栏右侧的"HONGQIAO"是 ZSSS 机场的名称，上方的"SHANGHAI"为机场所在地名，后面紧跟的"PR OF CHINA"为机场所属国家。

有些机场因为名称过长，在图上可使用常用的明语简缩字作为前缀或后缀来进行地名与机场名的标注，比如国际机场的 international 被缩写成 INTL。

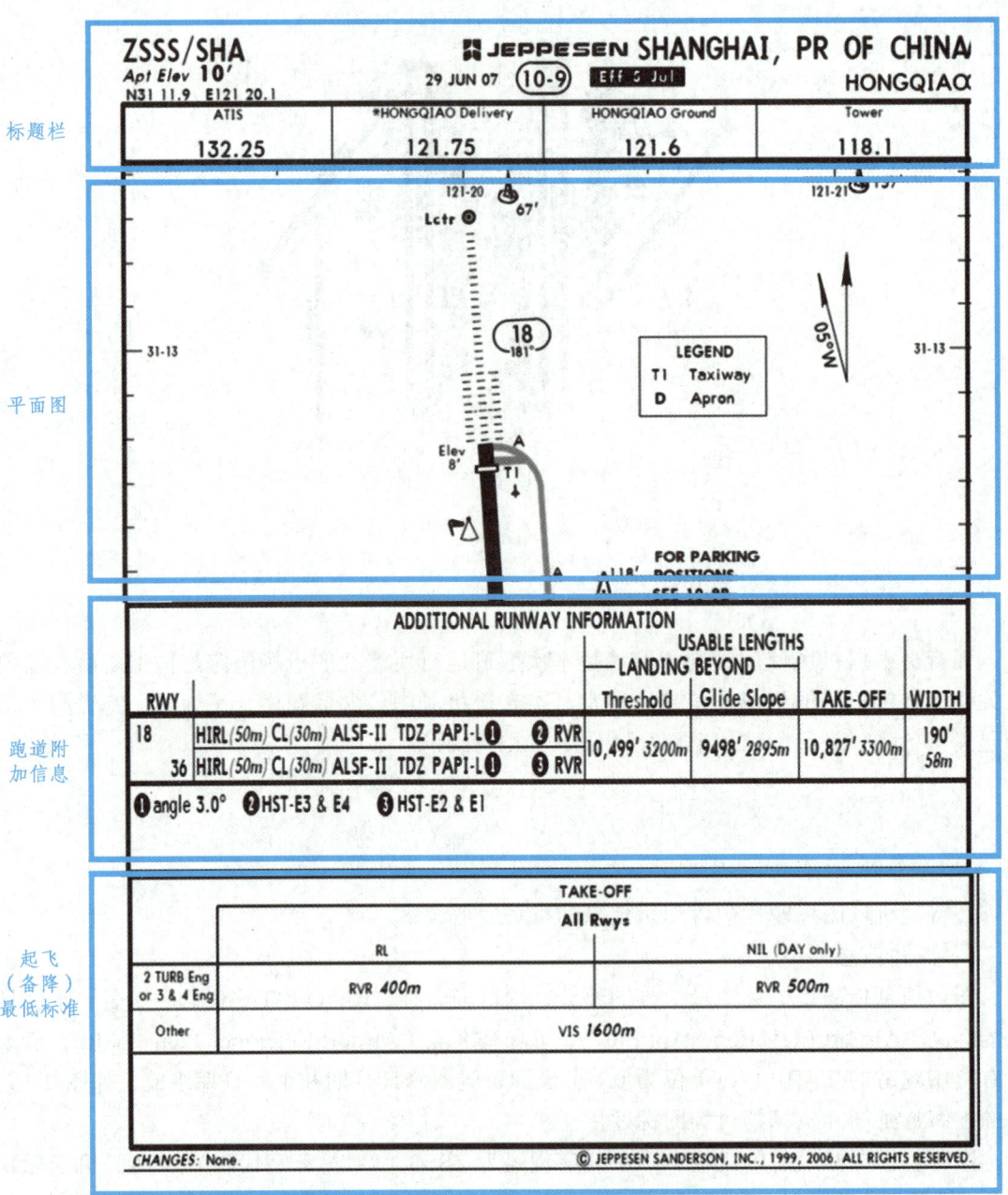

图 3.2.1　机场图布局及主要内容（JEPP）

图 3.2.2　机场图标题栏（JEPP）

2）机场通信频率栏

在机场图上，通信频率按照离场时的使用顺序列出，通常包括 ATIS（自动终端情报服务）或者 D-ATIS（Digital ATIS，数字式自动终端情报服务）、放行（Delivery）、地面（Ground）、机坪（Apron）、塔台（Tower）等通信频率，如图 3.2.3 所示。

D-ATIS Departure	ACARS: D-ATIS DCL	*CHENGDU Delivery	*CHENGDU Ground RWY 02L/20R	*CHENGDU Ground RWY 02R/20L
128.6		121.6	121.85	121.75
SHUANGLIU Apron APN01	SHUANGLIU Apron APN02	SHUANGLIU Apron APN03	*CHENGDU Tower RWY 02L/20R	*CHENGDU Tower RWY 02R/20L
121.9	121.8	121.65	123.0	130.35

图 3.2.3　机场图的通信频率栏（JEPP）

图中，用于离场服务的 ATIS 通信频率为 128.6 MHz，D 表示提供数字化 ATIS 信息。成都放行许可通信频率为 121.6 MHz，成都地面管制 02L/20R 跑道的通信频率为 121.85 MHz，成都地面管制 02R/20L 跑道的通信频率为 121.75 MHz，双流 1 号机坪通信频率为 121.9 MHz，双流 2 号机坪通信频率为 121.8 MHz，双流 3 号机坪通信频率为 121.65 MHz，成都塔台管制 02L/20R 跑道的通信频率为 123.0 MHz，成都塔台管制 02R/20L 跑道的通信频率为 130.35 MHz。带星号*的频率代表该通信频率部分时段工作。若通信频率后面带"（R）"字样，则代表该通信频率能够提供雷达引导服务。此外，部分机场图的 ATIS 标绘有"ACARS"字样，表示配置有航空器通信寻址报告系统，如图 3.2.3 中的 ACARS（Airborne Communications Addressing and Report System）包含 D-ATIS 和 DCL（Departure Clearance system，离场许可系统）。

2. 平面图

杰普逊机场图的平面图部分通常会绘制出机场的整体轮廓、跑道、滑行道、停机坪以及灯光系统等内容，其中跑道端停止道、滑行道、四周道路以及进近灯光系统不按比例尺绘制，如图 3.2.4 所示。

机场图的平面图中各种符号的含义解读如下：

1）比例尺、经纬度网格及磁差

平面图的比例尺、经纬网和磁差尤为重要，其中比例尺提供了图上距离和实际距离的相对关系。不同的机场，其机场图上使用的比例尺各不相同，通常在机场图的底部会用图解形式分别标出以英尺和米为单位的比例尺，如图 3.2.5 所示。

经纬度网格标绘在机场平面图四周，用于帮助确定平面图范围内某点的地理坐标。

机场的磁差在平面图中用真北和磁北箭头标注，真北箭头平行于平面图的图边。如果平面图上没有标绘磁差箭头，则在标题栏中直接标注磁差数值。磁差指的是磁北和真北之间的夹角，假设磁北偏西于真北 1°，则磁差为负，记为 -1°，在航图上注记为 01°W。

2）跑道信息

跑道是机场的最重要组成部分，机场平面图中的跑道信息为飞行员提供跑道的轮廓、长度、道面情况和标高等信息。

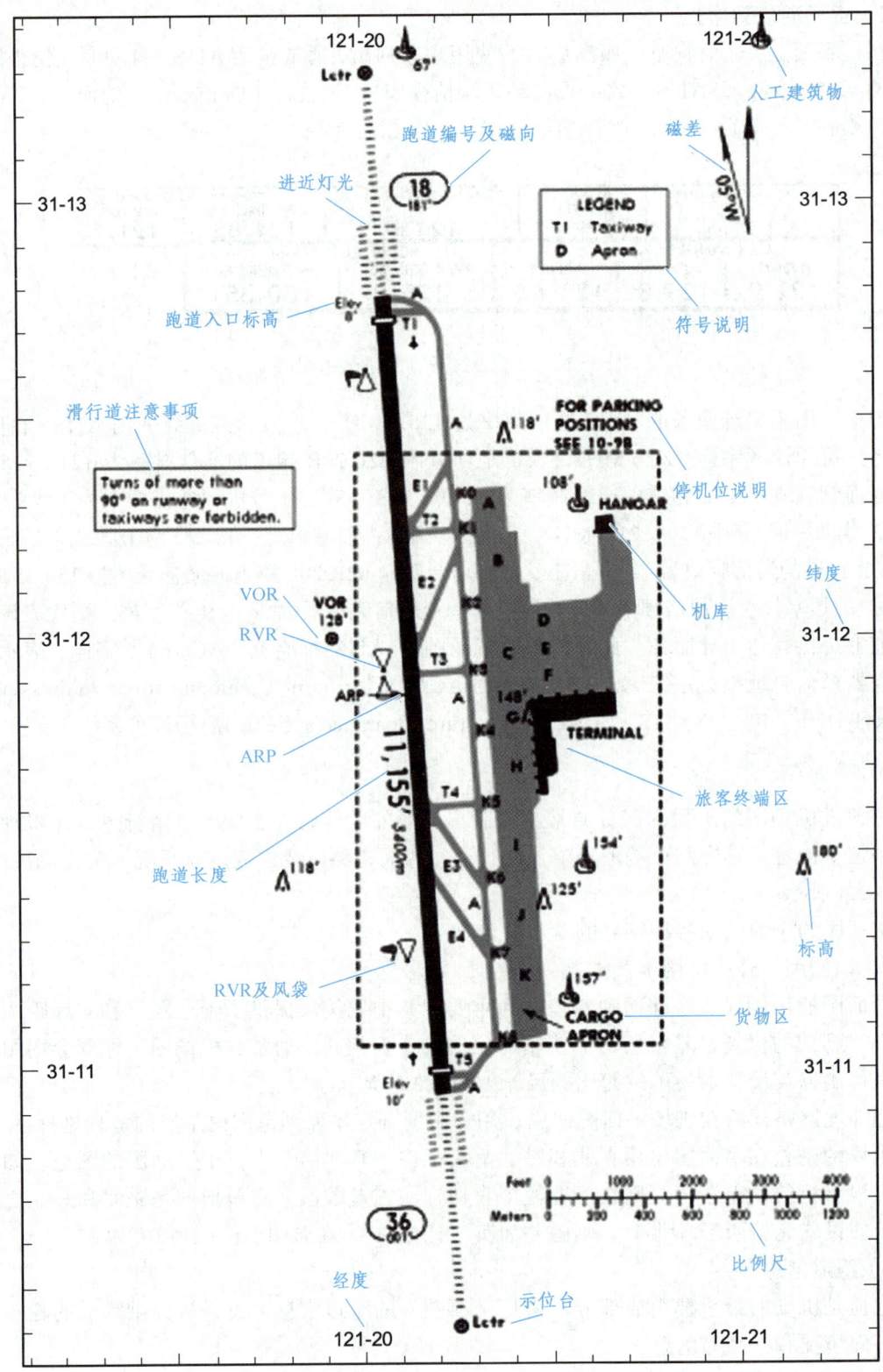

图 3.2.4 机场图的平面图（JEPP）

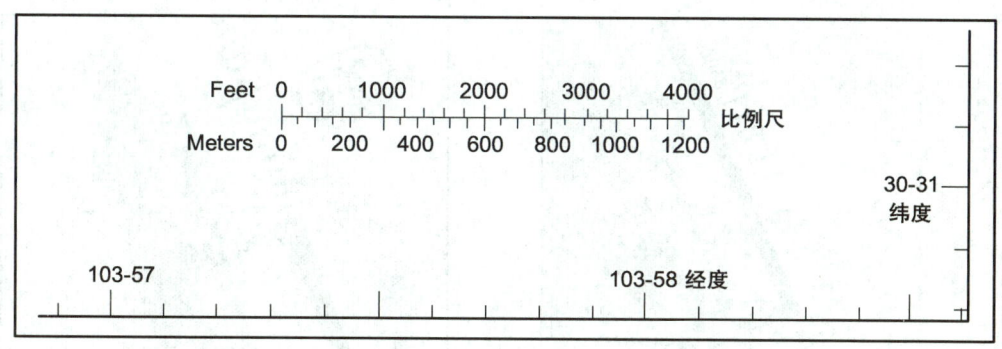

图 3.2.5　机场图平面图中的比例尺和经纬度（JEPP）

（1）跑道编号及其磁方向。

大型机场通常都有多条跑道，这些跑道会根据它们的磁方位角而被命名，其方位角同时指明了该跑道的使用方向，即使用跑道时航空器的运动方向。命名的基本原则是取跑道磁方位角的前两位数或者四舍五入后取前两位数，所以可能有不同方向但是同名的跑道。比如，磁方位角分别为 173°和 179°的两条跑道都可以称为 17 号跑道。因此"36 跑道"指磁方位角为 360°±9°（向磁北）的跑道，"09 跑道"指磁方位角为 90°±9°（向磁东）的跑道。由于跑道可能是双向使用的，因使用方向变化，跑道对应的磁方位角也会发生变化，所以跑道两端对应不同的名称。以北京首都国际机场跑道为例，磁方向为 359°的跑道，其跑道号为 36，而这条跑道的另一端的磁方向为 179°，跑道号为 18，因此一条跑道的两个方向会有两个编号，磁方向二者相差 180°，跑道号相差 18。

对于机场而言，一般会有主跑道，该主跑道的方向通常与当地的主风向一致，而跑道号则以大号字标示在跑道的头端，其构图如图 3.2.6 所示。

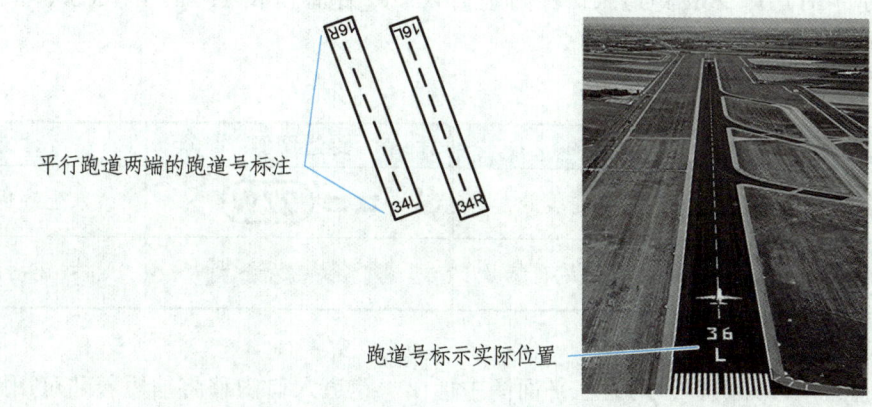

图 3.2.6　跑道号标注及实际位置示例

如果机场有超过一条方向相同的跑道，则在数字之后加以"L""C""R"来区别，分别代表左（Left）、中（Center）和右（Right）。例如，"15L""15C""15R"指三条互相平行且方位角均为 150°的跑道。

在机场平面图中，跑道编号和磁方向标绘在跑道中线延长线上，便于航空器起飞滑跑时飞行员检查航向指示器。例如，在图 3.2.7 所示的成都双流国际机场平面图中，02L 跑道的磁方向为 024°，而 20R 跑道磁方向则是 204°。

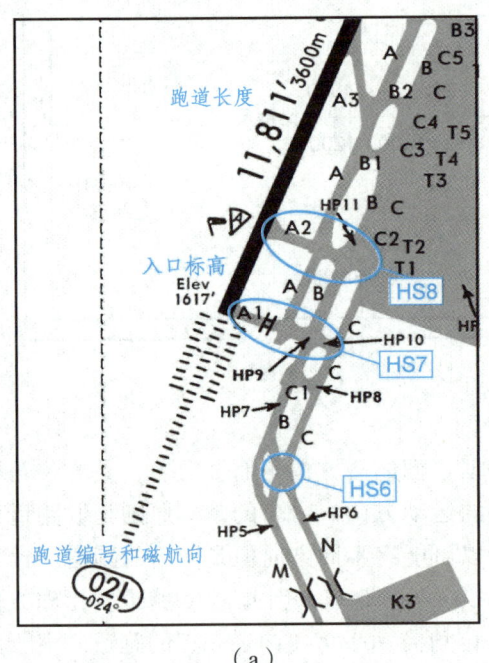 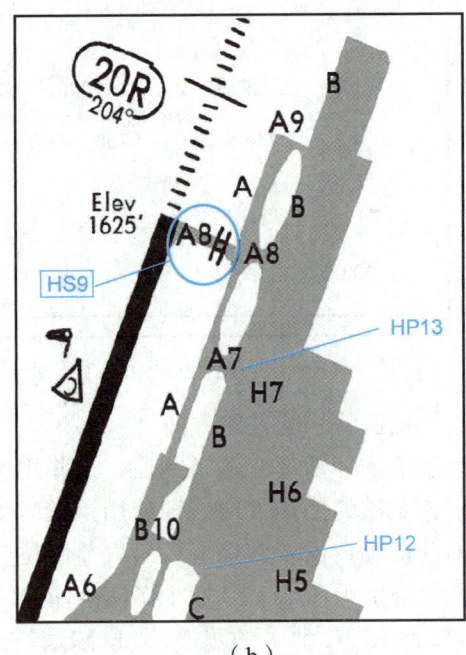

（a） （b）

图 3.2.7　机场图平面图中的跑道信息（JEPP）

（2）跑道入口标高和跑道长度。

跑道入口标高是指跑道入口的高度，与机场标高不同。机场标高指主跑道中线上最高点的标高。

跑道入口处标注跑道入口标高，跑道旁侧中部标注跑道长度。例如，图 3.2.7 中，02L 跑道入口标高是 1 617 ft，20R 跑道入口标高是 1 625 ft，跑道全长 11 811 ft（3 600 m）。

常用的跑道编号图例符号见表 3.2.1。

表 3.2.1　跑道编号图例（JEPP）

跑道图例	含义	跑道图例	含义
⊐⫿⫿⫿ ㉗	常用跑道编号	═⊐ ㉗W	水上跑道编号
▬ ㉗ 267°	带磁方向的跑道编号	▬▬✗▬▬	关闭的跑道

（3）跑道入口内移和停止道。

如果跑道的入口有内移，则需在平面图中标出。跑道入口内移将缩短着陆可用跑道长度，有入口内移的跑道，可向任一方向起飞，但只能从相对方向着陆。

跑道停止道供航空器起飞过程中中断起飞减速时使用，宽度至少与跑道相同。跑道入口内移及停止道标志，如图 3.2.8 所示。

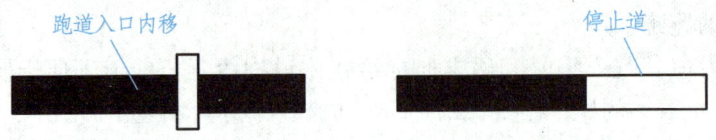

图 3.2.8　跑道入口内移及停止道

（4）跑道道面。

对于跑道道面而言，不同的跑道道面会采用不同的图形进行标绘，见表3.2.2。

表 3.2.2　跑道道面图形

图例	说明
	铺筑道面
	未铺筑道面
	穿孔钢板道面
	滚珠钢板道面
	水上跑道
	施工道面

（5）无跑道着陆区。

作为跑道补充，对于没有跑道的着陆区，也会标绘在机场图的平面图中，如直升机降落场或批准的着陆区，其图例符号如图3.2.9所示。

图 3.2.9　无跑道着陆区（JEPP）

3）滑行道和停机坪

平面图中的滑行道用于连接机场停机坪和跑道，中心线为连续的黄色线条，以便飞行员识别。在机场图上，滑行道和停机坪都用浅灰色标绘，以区分深黑色跑道，并标注滑行道的编号。在比较复杂的滑行道上还会标示滑行道中线，如图3.2.10中的B6滑行道。对于永久关闭的滑行道，则用一排浅灰色的×表示。

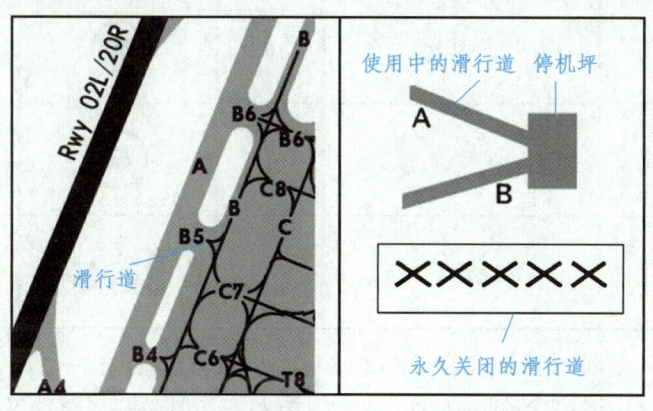

图 3.2.10　机场图平面图中的滑行道与停机坪（JEPP）

为了地面管制更有效地指挥航空器的地面滑行，有些浅灰色滑行道标志上还会标示停止排灯或Ⅱ/Ⅲ等待位置，其图例符号如图 3.2.11 所示。

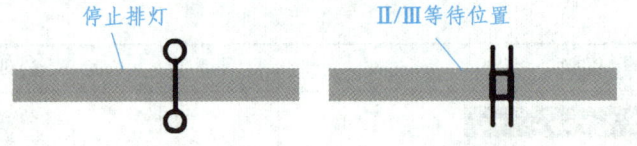

图 3.2.11　滑行道上的其他标志（JEPP）

4）各类建筑物及机场设施

机场的各类建筑物以及设施采用不同的符号进行标绘，便于飞行员制订飞行计划，如建筑、ATC 塔、风袋、跑道视程测量仪、桥等，如图 3.2.12 和表 3.2.3 所示。

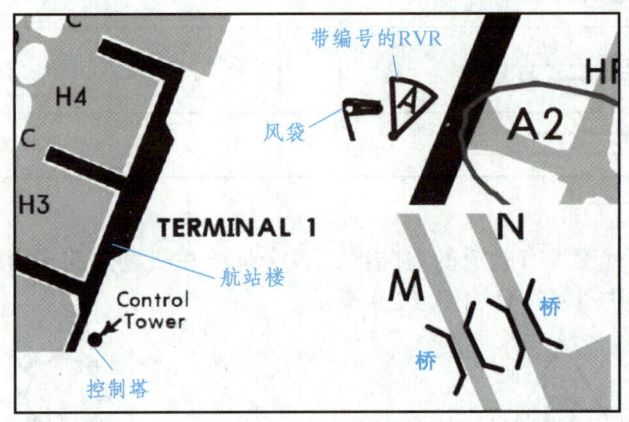

图 3.2.12　机场图平面图中的建筑物及设施图例

表 3.2.3　机场图平面图中的建筑物及设施符号（JEPP）

序号	符号	名称	序号	符号	名称
1	▷	RVR	5	⊕	ARP
2	⚐	风向袋	6	★	机场灯标
3	✈	T 字布	7	⊙	导航设施
4	▲	角锥形风标	8	▨	建筑物

5）灯光和灯标

平面图上的主要灯光符号为进近灯光（ALS）和灯标，其符号、名称及英文缩写见表 3.2.4。

表 3.2.4 机场图平面图中的灯光（JEPP）

灯光符号	名称
	接地地带灯
 PAPI	精密进近航道指示器（PAPI）
	简易进近灯光系统
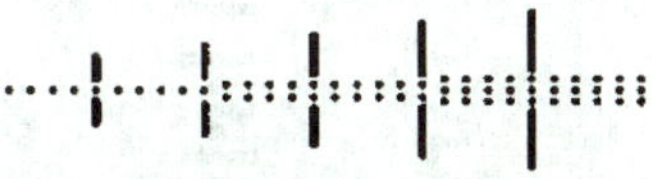	I 类精密进近灯光系统（PALS CAT I）
	I 类精密进近灯光系统（有顺序闪光灯 PALS CAT I）
	II 类精密进近灯光系统（PALS CAT II）
	II 类精密进近灯光系统（有顺序闪光灯 PALS CAT II）

进近灯光系统可以协助飞行员从仪表飞行切换到目视飞行，使航空器对准跑道中线。精密进近时，飞行员在决断高需观察进近灯光系统，只要能看到灯光就可以继续进近，无需看到跑道，因为进近灯光可以作为目视参考。I 类 ILS 进近通常使用的是中强度进近灯光，而 II 类和 III 类 ILS 进近通常要求机场配置有更为复杂的高强度进近灯光系统。进近灯光系统的实际构型如图 3.2.13 所示。在许多没有塔台的机场，灯光系统可以由飞行员控制。

进近灯光系统可以与其他助航灯光配套使用，如跑道入口灯、接地地带灯和跑道边线灯等。随着灯光配置的不同，一套进近灯光系统可能会安装以下助航灯光的一种或几种：

（1）进近中线灯。

进近中线灯为安装于跑道中线上的一组可变白色的固定灯标。精密进近跑道的进近中线灯纵向间隔为 30 m，延伸至少 900 m。简易跑道的间隔为 60 m，延伸至少 420 m。

（2）进近横排灯。

进近横排灯设置在跑道入口 150 m 的整数倍距离处，为可变白色的横排灯。横排灯与跑道中线垂直，每边内侧距跑道中线延长线 4.5 m。

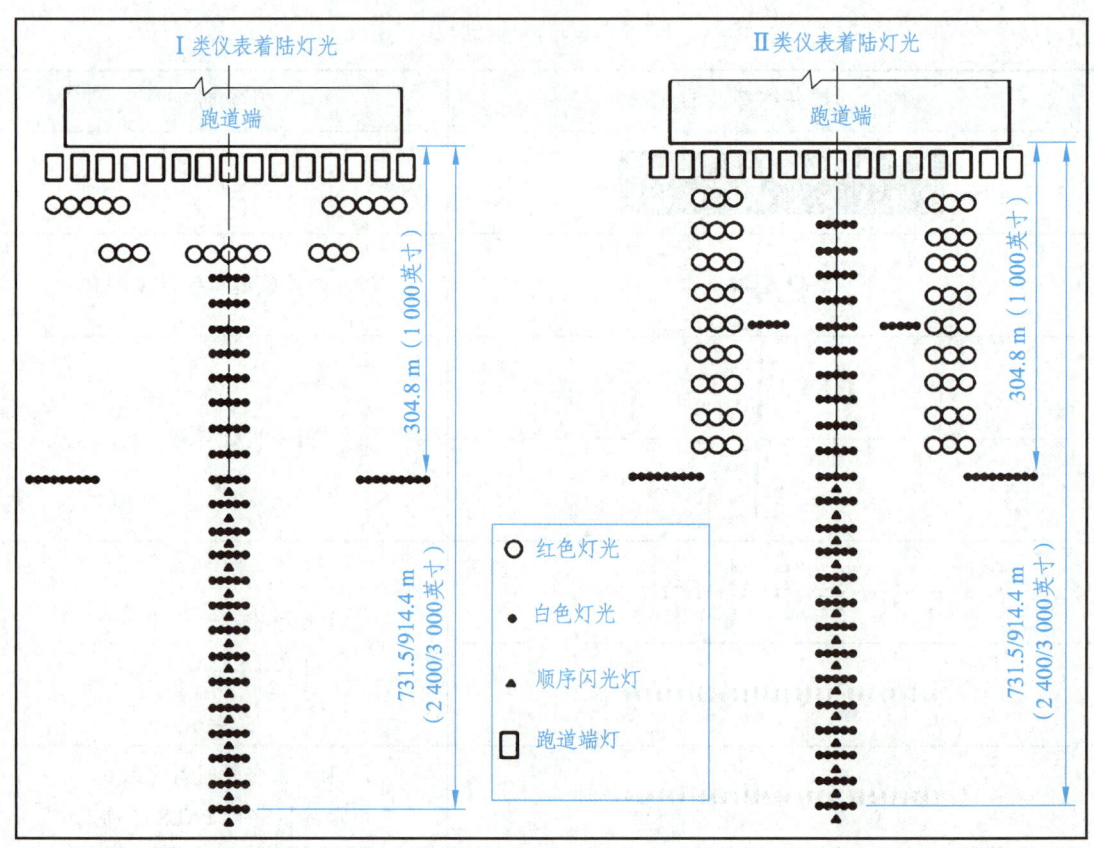

图 3.2.13 进近灯光系统的实际构型

（3）进近旁线灯。

进近旁线灯一般安装于精密进近跑道，为一组红色灯标。从跑道入口延伸至 270 m 处，灯的间距为 30 m。

（4）目视进近坡度指示灯。

目视进近坡度指示灯由多组成对灯组组成，分为筒式、三排式或 T 式三种。种类不同灯组数量也不同，安装的位置也有所区别。有的对称地排列在跑道两侧，多数则排列在跑道左侧。

（5）进近闪光灯标。

在跑道中线延长线上距跑道入口 300~900 m 处设置白色闪光的灯标，这些灯标的闪光顺序为逐个由前至后，每个灯闪光频率为 1 Hz。

上述助航灯光配置可以组合成多种灯光系统（见表 3.2.5），其实际构型可以查阅所选定机场的机场使用细则。

表 3.2.5 机场的灯光系统

序号	名称	英文全称
1	有跑道对准指示灯的中等强度进近灯光系统（MALSR）	Medium-intensity Approach Lighting System with Runway Alignment Indicator Lights
2	有连续闪烁灯光的中等强度进近灯光系统（MALSF）	Medium-intensity Approach Lighting System with Sequenced Flashing lights

续表

序号	名称	英文全称
3	近程进近灯光系统（SALS）	Short Approach Lighting System
4	简易近程进近灯光系统（SSALS）	Simplified Short Approach Lighting System
5	有跑道对准指示灯的简易近程进近灯光系统（SSALR）	Simplified Short Approach Lighting System with Runway Alignment Indicator Lights
6	有顺序闪光灯的简易近程进近灯光系统（SSALF）	Simplified Short Approach Lighting System with Sequenced Flashing Lights
7	全方位进近灯光系统（ODALS）	Omnidirectional Approach Lighting System
8	ALS1类顺序闪光灯配置（ALSF-Ⅰ）	Approach Lighting System with Sequenced Flashing Lights configuration 1
9	ALS2类顺序闪光灯配置（ALSF-Ⅱ）	Approach Lighting System with Sequenced Flashing Lights configuration 2
10	符合ICAO-1类配置高强度ALS（CALVERT I/ICAO-1 HIALS）	ICAO-compliant configuration 1 High Intensity Approach Lighting System
11	符合ICAO-2类配置高强度ALS（CALVERT Ⅱ/ICAO-2 HIALS）	ICAO-compliant configuration 2 High Intensity Approach Lighting System
12	跑道末端识别灯（REIL）	Runway End Identification Lights
13	跑道对准识别灯（RAIL）	Runway Alignment Indicator Lights

6）各种地标

平面图中还会标绘树、铁路、公路、塔、悬崖、电线杆、灯杆等天然或人造地标，其图例见表3.2.6。

表3.2.6 机场图平面图中的地标图例（JEPP）

	塔	
	建筑物	
	不明建筑物	
人工地标	铁路	
	公路	
	电线杆	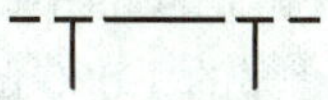
	有灯光的电线杆	

天然地标	标高点	●
	悬崖峭壁	
	树林树木	

7）文字补充说明

在平面图中，有时还会根据机场地形、地物或机场运行等方面的实际情况用文字的形式给出补充说明，如图 3.2.14 所示的文字额外说明了机场平面图中的一些图例用途及细节信息查找说明。

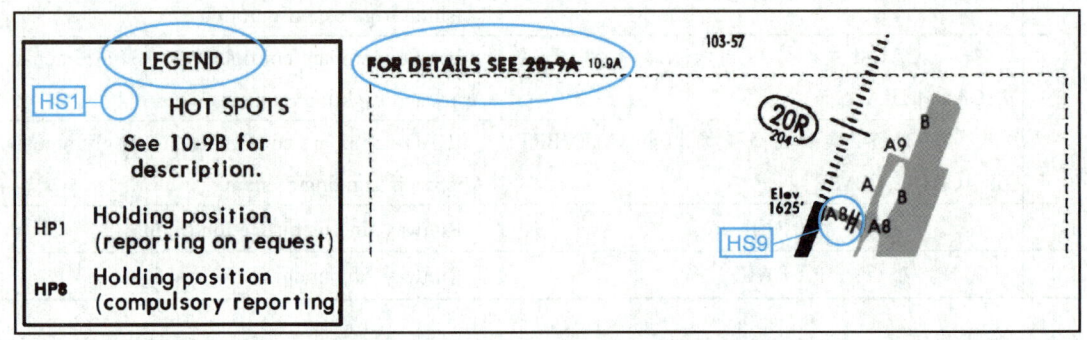

图 3.2.14　机场图平面图中的文字补充说明样例（JEPP）

对于滑行道（Taxiway，TWY）的强度信息，则在机场介绍部分列出，如图 3.2.15 所示。

3. 跑道附加信息

如果一张平面图无法标出每条跑道的全部信息，则可以将这些信息通过附加信息栏展现出来，称为跑道附加信息。跑道附加信息包括跑道灯光、跑道长度和宽度及跑道限制等，如图 3.2.16 所示。

图 3.2.16 中，左侧的 A1（或 A2）部分的跑道编号（RWY No.），两个数字呈左上右下分布，且较小的跑道编号，如 02L 需排在左上角，而较大的跑道编号 20L 则需排在右下角。其中 02L 跑道拥有 HIRL（60 m），为间隔 60 m 的高强度跑道灯（High Intensity Runway Light，HIRL），即跑道边配置有非常明亮的米黄色边灯。除了 HIRL，跑道灯还有低强度 LIRL 或中强度 MIRL。

CL（15 m），为间隔 15 m 的跑道中线灯（Central light，CL）。通常情况下，从跑道头直至最后 3 000 ft 之间的中线灯为白色，余下的 3 000 ft 跑道内，靠近跑道头的 2 000 ft 红白相间，而靠近尾部的 1 000 ft 则为全红。

HIALS-II SFL TDZ，全称是 High Intensity Approach Landing System Category 2 with Sequenced Flash Light and Touchdown Zone（Lights），为与接地带组合使用并具有连续闪光灯的高强度二类仪表着陆系统灯光。

| ZUUU/CTU SHUANGLIU | 1 NOV 19 | JEPPESEN 10-1P Eff 6 Nov 16UUZ | CHENGDU, PR OF CHINA AIRPORT BRIEFING |

1. GENERAL

1.1. ATIS
D-ATIS Arrival 126.45
D-ATIS Departure 128.6

1.2. LOW VISIBILITY OPERATIONS
Taxiing is with Follow-me vehicle only.
Departing ACFT shall normally enter RWY from TWY A and are forbidden to enter RWY for take-off via TWYs A2, E2 and E8.

1.3. TAXI PROCEDURES

1.3.1. GENERAL
TWYs A3 and A4 available for towing ACFT across RWY 02L/20R.
180° turn around on TWY is strictly forbidden.
Follow-me and towing service available via TWR Control or SHUANGLIU Apron.

1.3.2. TWY LIMITATION

TWY	Wing Span Limits for ACFT
B (between B1 and M), B1, C (between C2 and C5), C2, E, E1 thru E3, E7 thru E9, M, N, T2 (West of T10)	MAX 262?80m
A, A1 thru A9, B (between B1 and B10), B (North of stand Nr.212), B2 thru B10, C (others), C1, C3 thru C8, D, D1 thru D5, E (between E9 and F),	MAX 213?65m

图 3.2.15　机场图的滑行道信息说明（JEPP）

		ADDITIONAL RUNWAY INFORMATION			
A1 RWY			USABLE LENGTHS LANDING BEYOND		
		Threshold	Glide Slope	TAKE-OFF	WIDTH
02L	HIRL (60m) CL (15m) HIALS-II SFL TDZ PAPI-L (3.0°) HST-A5 & A6 RVR		10,794' 3290m	❶	148' 45m
20R	HIRL (60m) CL (15m) HIALS SFL PAPI-L (3.0°) RVR		10,764' 3281m		
B1 ❶ TAKE-OFF RUN AVAILABLE RWY 02L: From rwy head 11,811' (3600m) twy A2 int 10,499' (3200m)					
A2					
02R	HIRL (60m) CL (15m) HIALS-II SFL TDZ PAPI-L (3.0°) RVR		10,689' 3258m	❷	197' 60m
20L	HIRL (60m) CL (15m) HIALS SFL PAPI-L (3.0°) RVR		10,866' 3312m		
B2 ❷ TAKE-OFF RUN AVAILABLE RWY 02R: From rwy head 11,811' (3600m) twy E2 int 10,499' (3200m)		RWY 20L: From rwy head 11,811' (3600m) twy E8 int 10,499' (3200m)			

图 3.2.16　机场图的跑道附加信息（JEPP）

PAPI-L（3.0°）表示在跑道的左侧（右侧则为 R）设有精密进近航道指示器（Precise Approaching Pathway Indicator，PAPI）灯，其下滑角为 3.0°。

HST-A5 & A6 表示 A5 和 A6 滑行道为高速脱离滑行道（High Speed Turn-off Taxiway）。

RVR 表示该跑道安装有跑道视程测量装置。

图 3.2.16 中 20R、02R、20L 这 3 条跑道，其附加跑道信息解读与上述相同。

在图 3.2.16 中，右侧中间部分为跑道可用长度，用于说明跑道的起飞可用长度和着陆可用长度，其截图如图 3.2.17 所示。

USABLE LENGTHS		
LANDING BEYOND		
Threshold	Glide Slope	TAKE-OFF
	10,794' 3290m	❶
	10,764' 3281m	

图 3.2.17　跑道可用长度（JEPP）

当跑道可用长度与机场平面图中标注出的跑道长度不相同时，可以在此处进行补充说明。如果起飞或着陆跑道可用长度与平面图中标注的跑道长度一致，则在图 3.2.16 的相对应列留白。如果标注有“NA”字样，则表示该跑道不允许用于起飞或着陆。如果信息量太多无法在表格标注出，则用黑底白字数字 1，2，3 等表示。

对于图 3.2.17 所示的 02L/20R 跑道可用长度列表，当航空器在 02L 或 20R 跑道入口处着陆（Landing beyond Threshold）时，可用跑道长度为该跑道全长，即 11 811 ft（3 600 m）。当利用 02L 跑道正切下滑道着陆时，可用跑道长度只有 10 794 ft（3 290 m），而利用 20R 跑道正切下滑道着陆时则只有 10 764 ft（3 281 m）。当航空器利用 02L 跑道起飞时，可用跑道长度有限制，其限制说明在 TAKE-OFF 列以黑底白字数字 1 表示，提示飞行员需要在表格下方找到对应黑底数字的具体信息，即 B1 部分。该部分标注了 02L 跑道起飞时的可用跑道限制，具体为从跑道头起飞时可用跑道长度为 11 811 ft（3 600 m）；从 A2 入口进入跑道起飞时可用跑道长度为 10 499 ft（3 200 m）。

图 3.2.16 所示的 B2 部分解读方法与 B1 部分相同，其最后一列“WIDTH”为跑道的宽度，可以有效帮助飞行员意识到潜在的错觉并纠正，比如在较宽跑道着陆时飞行员可能会产生高度偏低的错觉。

4. 起飞备降最低标准

跑道附加信息栏的下方为机场起飞或备降的最低标准（Take-off/Alternatives Minimum）。

起飞最低标准分为标准起飞最低标准（Standard To Minimum）、低于标准起飞最低标准的最低起飞标准和高于标准起飞最低标准的最低起飞标准。标准起飞最低标准由各国民航局制定，不考虑灯光和其他辅助设备。

在杰普逊机场图中，RVR 或能见度这些数据可能不带单位。通常数字较大的表示最低标准云高，例如 600，其单位为英尺；数字较小（½或 1）的表示能见度，例如½或 1，其单位为英里；有时会标出 × × ×-×，例如 800-2，意思是最低标准云高 800 ft，最低能见度 2 mile。但对于图 3.2.18 所示的“RVR400”则表示跑道视程为 400 m，这是因为图中标注 2 明确指出了最低标准的单位为"m",即米。

在图 3.2.18 中,标注 1 为航空器的分类,要求 A、B、C、D 四类航空器为双发涡轮(涡扇)发动机或三发及四发任意发动机。标注 2 表示最低起飞标准只有在具备可靠起飞备降机场时才可以使用,标注 3 "LVP in force"表示要求确认已建立并实施低能见度程序。

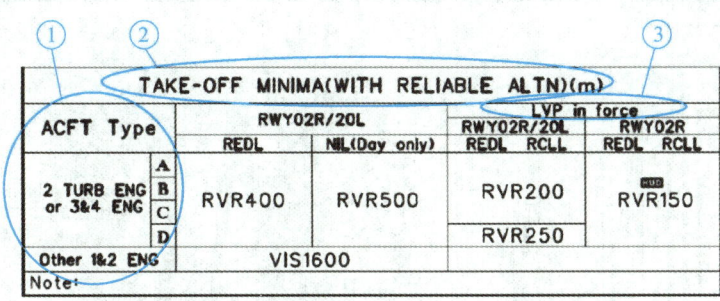

图 3.2.18　机场图的起飞备降最低标准(JEPP)

图 3.2.18 的具体最低标准解读如下:

对于 02R/20L 跑道,当 REDL(Runway edge light,跑道边灯)正常工作时,A、B、C、D 四类航空器的跑道视程 RVR 为 400 m。"NIL(Day only)"表示无任何辅助设备(仅白天),在该条件下,A、B、C、D 四类航空器的跑道视程 RVR 为 500 m。对于具有一发和两发发动机的任意航空器,在 REDL 正常工作或白天无任何辅助设备的条件下,能见度 VIS 均为 1 600 m。

当实施低能见度程序时,对于 02R/20L 跑道,在 REDL、RCLL(Runway center line light,跑道中线灯)均正常工作时,A、B、C 三类航空器的跑道视程 RVR 为 200 m,而 D 类航空器的跑道视程 RVR 为 250 m。对于 02R 跑道,在 REDL、RCLL 均正常工作且 HUD(抬头显示器)辅助下,A、B、C、D 四类航空器的跑道视程 RVR 为 150 m。实施低能见度程序时,对于具有一发和两发发动机的任意航空器,其最低标准没有公布,而是留白,说明不允许。

3.3　杰普逊机场图综合样例

下面以洛杉矶国际机场的杰普逊系列机场图为例进行详细解读,如图 3.3.1 和图 3.3.2 所示。

图中各标注的含义如下:

标注 1:航图索引号。本航图为洛杉矶第一大机场 0 系列航图中的机场图。

标注 2:机场代码。机场的 ICAO 四字代码为 KLAX,IATA 三字代码为 LAX。

标注 3:机场标高。机场着陆区内最高点的标高为 126 ft。

标注 4:机场基准点。经纬度坐标分别为 W118°24.5′,N33°56.6′,该点在平面图上的标记为标注 15。

标注 5:离场服务系统。提供数字式自动终端情报服务,其通信频率为 135.65 MHz。VOR 测试信号 VOT 的通信频率为 113.9 MHz。

标注 6:放行许可通信频率,为 121.4 MHz。

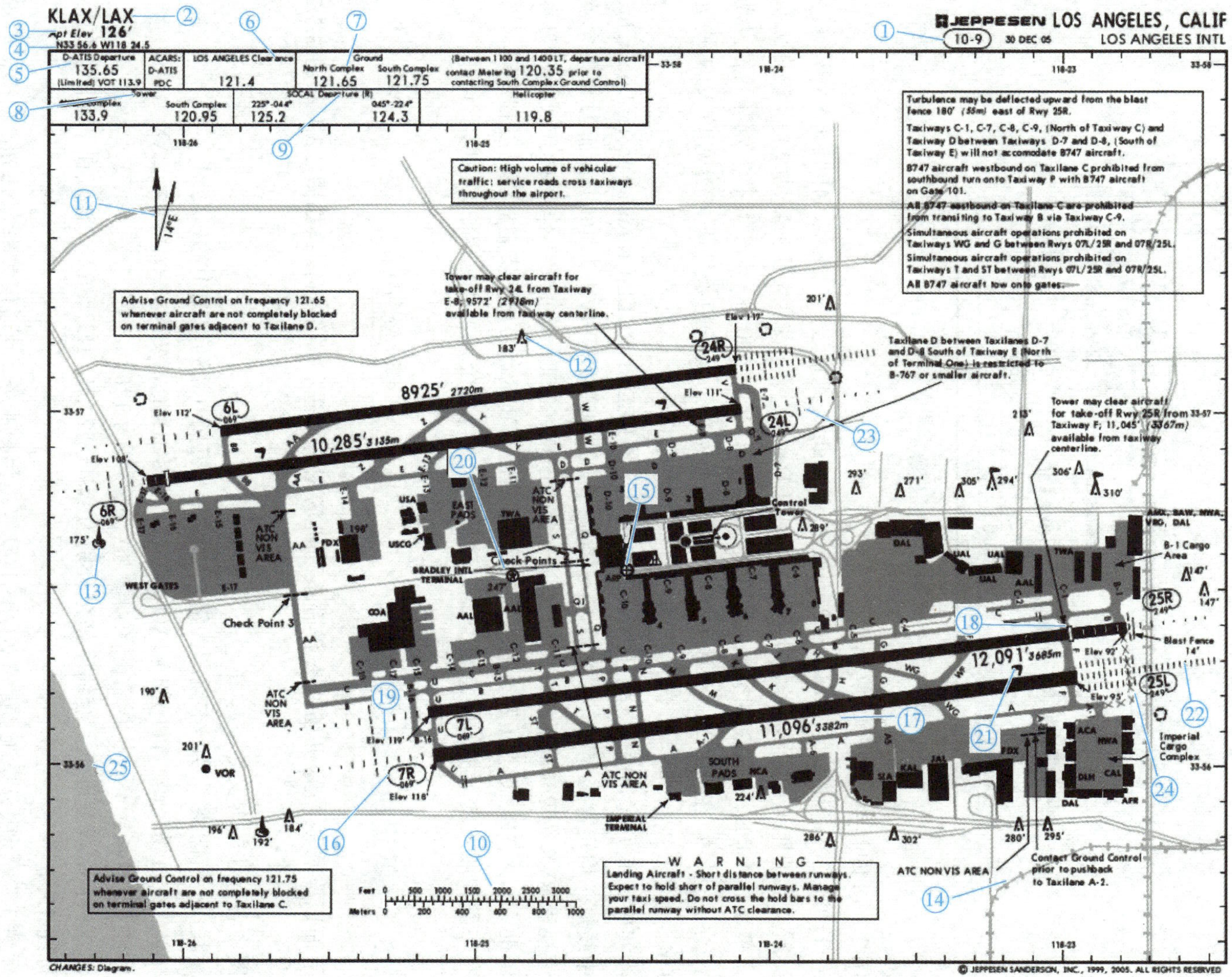

图 3.3.1 机场图综合样例——洛杉矶国际机场图（一）（JEPP）

KLAX/LAX
30 DEC 05 (10-9A)
JEPPESEN
LOS ANGELES, CALIF
LOS ANGELES INTL

GENERAL
Taxiway closures throughout the airport. Consult current NOTAMs.
Birds in vicinity of airport.
Low-level wind shear alert system.

ADDITIONAL RUNWAY INFORMATION

RWY				USABLE LENGTHS — LANDING BEYOND		TAKE OFF	WIDTH
				Threshold	Glide Slope		
6R	HIRL CL MALSR TDZ PAPI-L (angle 3.0°)		grooved RVR	9954' 3034m	9138' 2785m		150' 46m
24L	HIRL CL MALSR		grooved RVR		9259' 2822m		
6L	HIRL CL MALSR PAPI-L (angle 3.0°)		grooved RVR		7920' 2414m		150' 46m
24R	HIRL CL ❶ ALSF-II TDZ		grooved RVR		7899' 2408m		

❶ Operates as SSALR until weather goes below VFR.

7R	HIRL CL MALSR PAPI-L (angle 3.0°)	grooved RVR		10,023' 3055m		200' 61m
25L	HIRL CL ❷ ALSF-II TDZ	grooved RVR		10,095' 3077m		

❷ Operates as SSALR until weather goes below VFR.

7L	HIRL CL MALSR TDZ PAPI-L (angle 3.0°)	grooved RVR		11,017' 3358m		150' 46m
25R	HIRL CL MALSR	grooved RVR	11,134' 3394m	10,090' 3075m		

TAKE-OFF & OBSTACLE DEPARTURE PROCEDURE

Rwys 6L, 7L/R, 24L/R, 25L/R

	CL & RCLM any RVR out, other two required	Adequate Vis Ref	STD
1 & 2 Eng	TDZ RVR 6	RVR 16 or ¼	RVR 50 or 1
3 & 4 Eng	Mid RVR 6		RVR 24 or ½
	Rollout RVR 6		

Rwy 6R

With Mim climb of 281'/NM to 400'

	CL & RCLM any RVR out, other two required	Adequate Vis Ref	STD	Other
1 & 2 Eng	TDZ RVR 6	RVR 16 or ¼	RVR 50 or 1	200-1¼
3 & 4 Eng	Mid RVR 6		RVR 24 or ½	
	Rollout RVR 6			

OBSTACLE DP
Rwys 6L/R, 7L/R: Climb to 2000' heading 070°, then climbing right turn. Rwys 24 L/R: Climb to 2000' heading 250°, then climbing left turn. Rwys 25 L/R: Turbojet climb to 2000' heading 250°, then climbing left turn; Non-Turbojet climb to 2000' heading 250°, at the SMO R-154 turn left heading 200°. Then all aircraft climb direct SLI VOR, then climb on course.

FOR FILING AS ALTERNATE

	Precision	Non-Precision	RNAV (GPS) All Rwys
A			
B	600-2	800-2	NA
C			
D			

CHANGES: None.

图 3.3.2　机场图综合样例——洛杉矶国际机场图（二）（JEPP）

标注 7：地面管制通信频率。北片区为 121.65 MHz，南片区为 121.75 MHz。

标注 8：塔台管制通信频率。北片区为 133.9MHz，南片区为 120.95 MHz。

标注 9：离场管制通信频率。扇区 225°～44°内为 125.2 MHz，扇区 45°～224°内为 124.3 MHz，"（R）"表示提供雷达引导服务。

标注 10：航图比例尺，为 1 in=500 ft。

标注 11：磁差。该机场图的磁差为+14°，即磁北偏真北以东 14°。

标注 12：不明建筑物，用"∧"表示，其标高为 183 ft。

标注 13：人工建筑物，"♁"表示"塔"，其标高为 175 ft。

标注 14：铁路。

标注 15：机场基准点，用"⊕"表示。一般规定为机场所有可用跑道的几何中心。

标注 16：跑道编号和磁方向。跑道编号为 7R，跑道磁方向为 69°，标注跑道磁方向的作用是便于航空器起飞滑跑时飞行员检查航向指示器。

标注 17：跑道长度。07R 或 25L 跑道的长度为 11 096 ft 或 3 382 m。

标注 18：跑道入口内移。

标注 19：跑道入口标高，07L 跑道的跑道入口标高为 119 ft。

标注 20：机场灯标，用"★"表示。

标注 21：机场风袋，用"⌐"表示。

标注 22：进近灯光系统，为 ALSF-Ⅱ 灯光系统，即有顺序闪光灯且最后 1 000 ft 为红色翼排灯。

标注 23：进近灯光系统，为 MALSR 灯光系统，即有对准跑道指示灯的中强度进近灯光系统。

标注 24：滑行道关闭，用"×××××"表示。

标注 25：纬度刻度。用于帮助确定平面图范围内某点的地理坐标，以便在登机门以外的位置做对准惯性导航系统的操作时输入参数。

标注 26：跑道灯光说明。6R 跑道的灯光系统主要有 HIRL（高强度跑道边灯）、CL（跑道中线灯）、MALSR（对准跑道指示灯的中强度进近灯光系统）、TDZ（接地地带灯）、装在跑道左侧的是下滑角为 3°的 PAPI（精密进近航道指示器），另外还有跑道刻槽和 RVR 测量仪。

标注 27：跑道可用长度说明。若航空器利用 6R 跑道在入口以后着陆，其跑道可用长度为 9 954 ft（3 034 m），该长度为着陆入口至滑跑结束的距离。若航空器正切下滑台以后利用 6R 跑道着陆，其跑道可用长度为 9 138 ft（2 785 m）。

标注 28：注释说明。24R 跑道的灯光系统主要有 HIRL（高强度跑道边灯）、CL（跑道中线灯）、ALSF-Ⅱ（Ⅱ类带有顺序闪光灯的进近灯光系统）、TDZ（接地地带灯）、跑道刻槽和 RVR 测量仪。其中，气象条件低于目视飞行规则时启用 SSARL。

标注 29：跑道宽度。7L 或 25R 跑道的跑道宽度均为 150 ft 或 46 m。

标注 30：起飞最低标准。跑道中线灯开放并能见跑道中线标志条件下，接地地带、跑道中部和跑道末端三个 RVR 中一个不工作、其余两个工作时，起飞最低标准为 RVR6（600 ft）。

标注 31：足够目视参考下的起飞最低标准。取得足够目视参考的起飞最低标准为 RVR1 600 ft 或能见度 1/4 mile。足够目视参考指至少高强度跑道灯、跑道中线灯和跑道中线标志之一工作或能见。

标注 32：标准起飞最低标准。1、2 发航空器标准起飞最低标准为 RVR5 000 ft 或能见度 1 mile。3、4 发航空器标准起飞最低标准为 RVR2 400 ft 或能见度 1/2 mile。

标注 33：最小爬升梯度。利用 6R 跑道起飞后的航空器，其最小爬升梯度为 281 ft/NM，直至 400 ft。

标注 34：其他条件下的起飞最低标准。6R 跑道在不满足左侧栏中的灯光系统、目视参考和标准条件时，因爬升梯度要求而提高的起飞最低标准为云底高 200 ft，能见度 1¼ mile。

标注 35：障碍物离场程序。列出了各条跑道离场时应该保持的磁航向和上升高度。

标注 36：备降最低标准。当本机场作为备降机场实施精密进近时，其云底高需达到 600 ft 且能见度需达到 2 mile。实施非精密进近时，其云底高需达到 800 ft 且能见度需达到 2 mile。作为备降机场，所有跑道均不能用于实施 GPS 辅助下的区域导航 RNAV 进近。

3.4 CAAC 机场图布局及信息

3.4.1 CAAC 机场图样式

CAAC 机场图分为 AIP 机场图系列和 NAIP 机场图系列。AIP 机场图可供外籍飞行人员使用，NAIP 机场图仅供中国籍飞行机组人员使用。其图幅分为标准格式和非标准格式两种，如图 3.4.1 和图 3.4.2 所示。

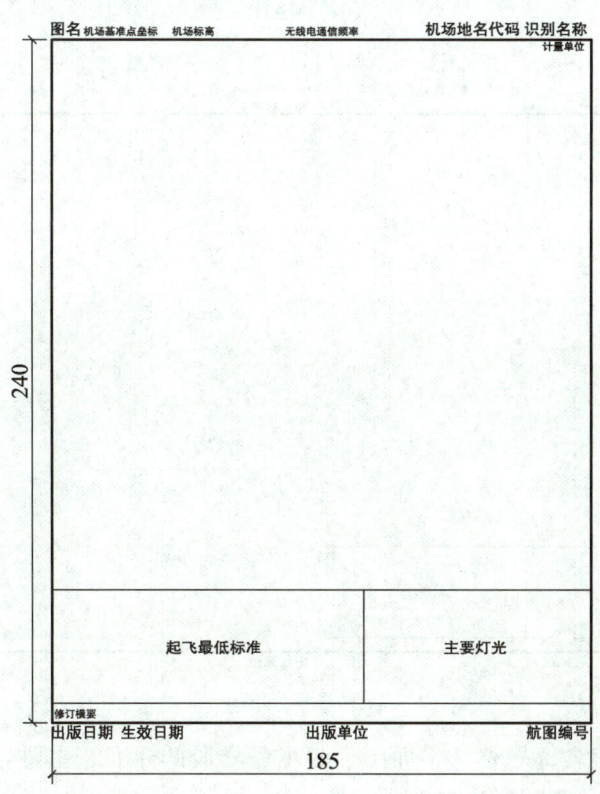

（a）AIP

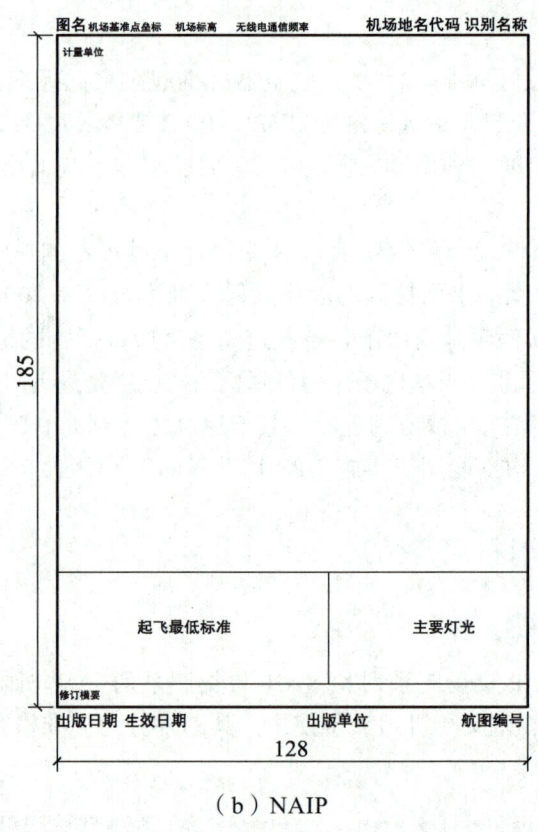

（b）NAIP

图 3.4.1　CAAC 机场图标准排版样式

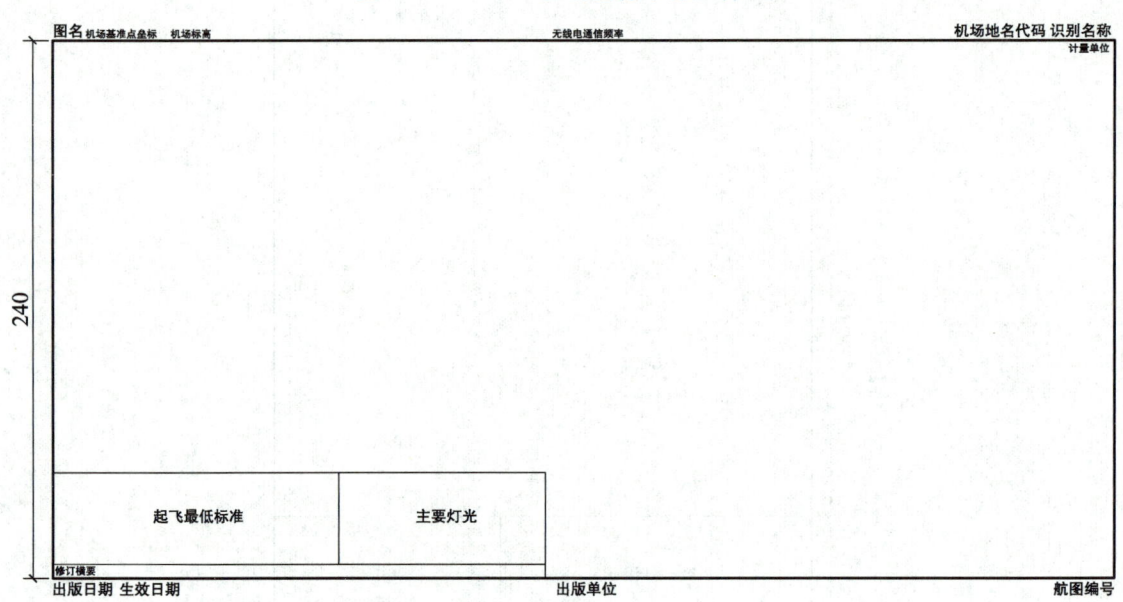

图 3.4.2　CAAC 机场图非标准排版样式（AIP/NAIP）

国内机场图一般包含标题栏、平面图、起飞备降最低标准、主要灯光以及备注和图边注记等几个部分，如图 3.4.3～图 3.4.6 所示。

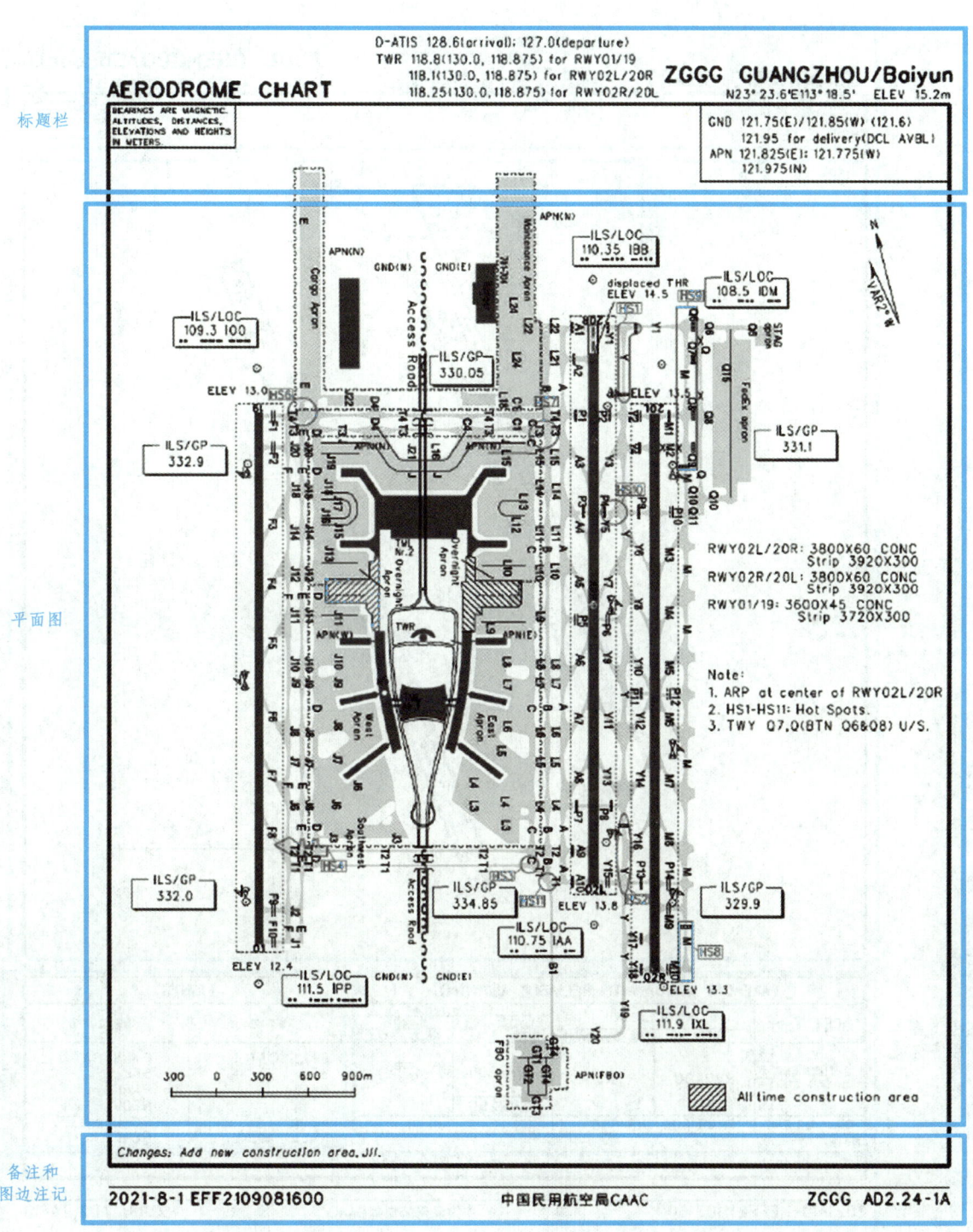

图 3.4.3　CAAC 机场布局——广州白云国际机场（一）（AIP）

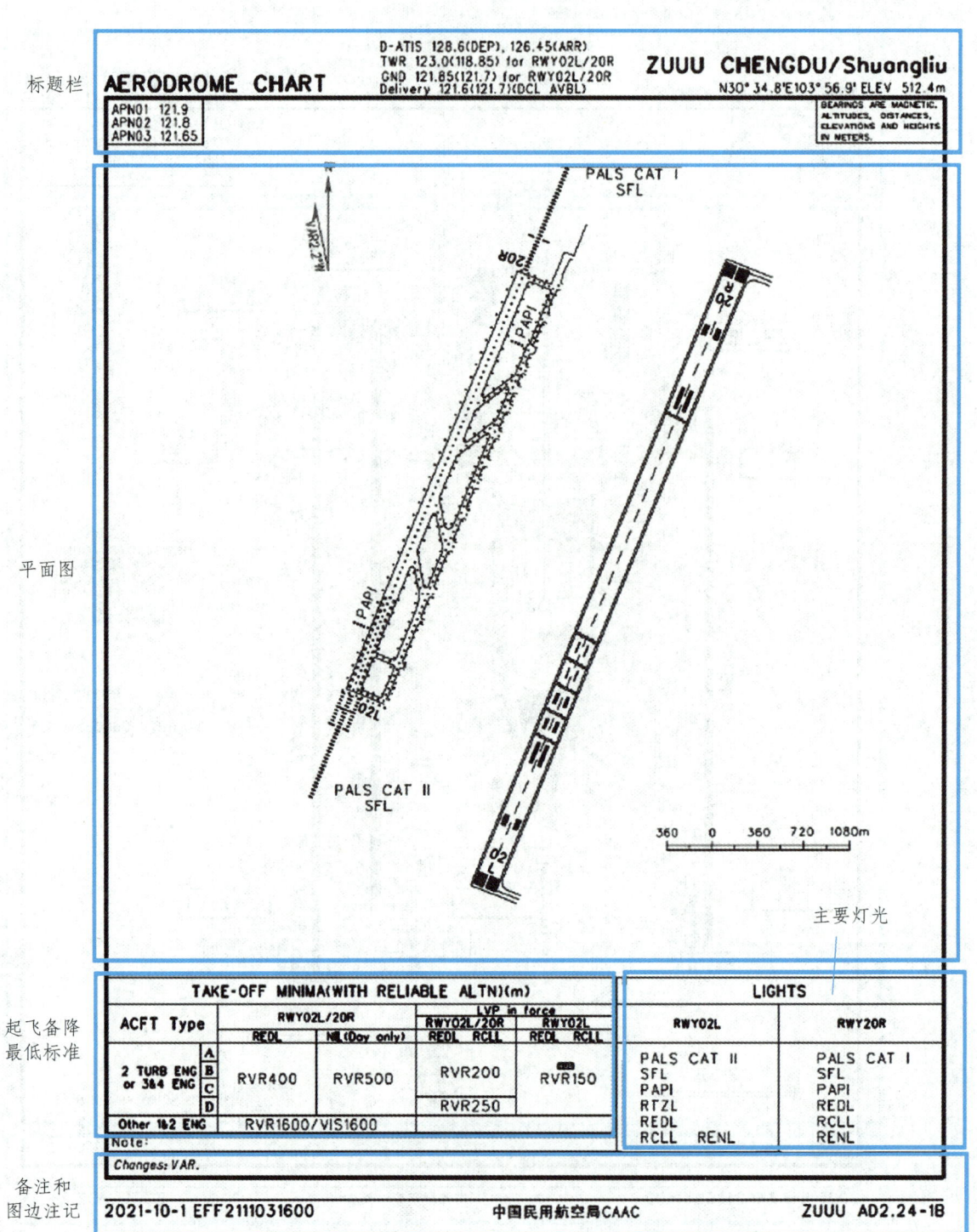

图 3.4.4　CAAC 机场图布局——成都双流国际机场（AIP）

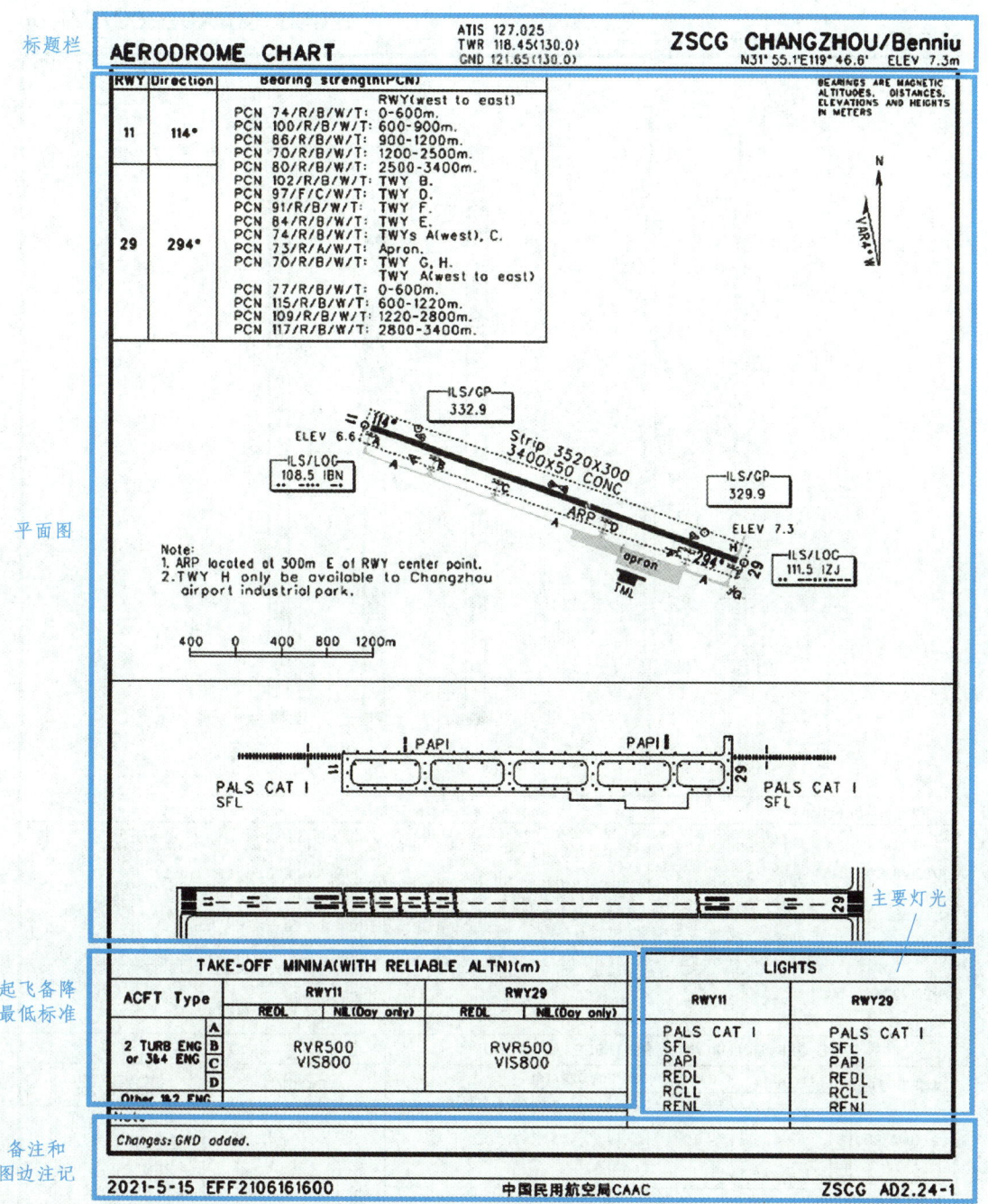

图 3.4.5 CAAC 机场图布局——常州奔牛国际机场（AIP）

AERODROME CHART

D-ATIS 128.6(arrival); 127.0(departure)
TWR 118.8(130.0, 118.875) for RWY01/19
　　 118.1(130.0, 118.875) for RWY02L/20R
　　 118.25(130.0, 118.875) for RWY02R/20L
GND 121.75(E)/121.85(W) (121.6)
　　 121.95 for delivery(DCL AVBL)
APN 121.825(E); 121.775(W); 121.975(N)

ZGGG GUANGZHOU/Baiyun
N23°23.6'E113°18.5' ELEV 15.2m

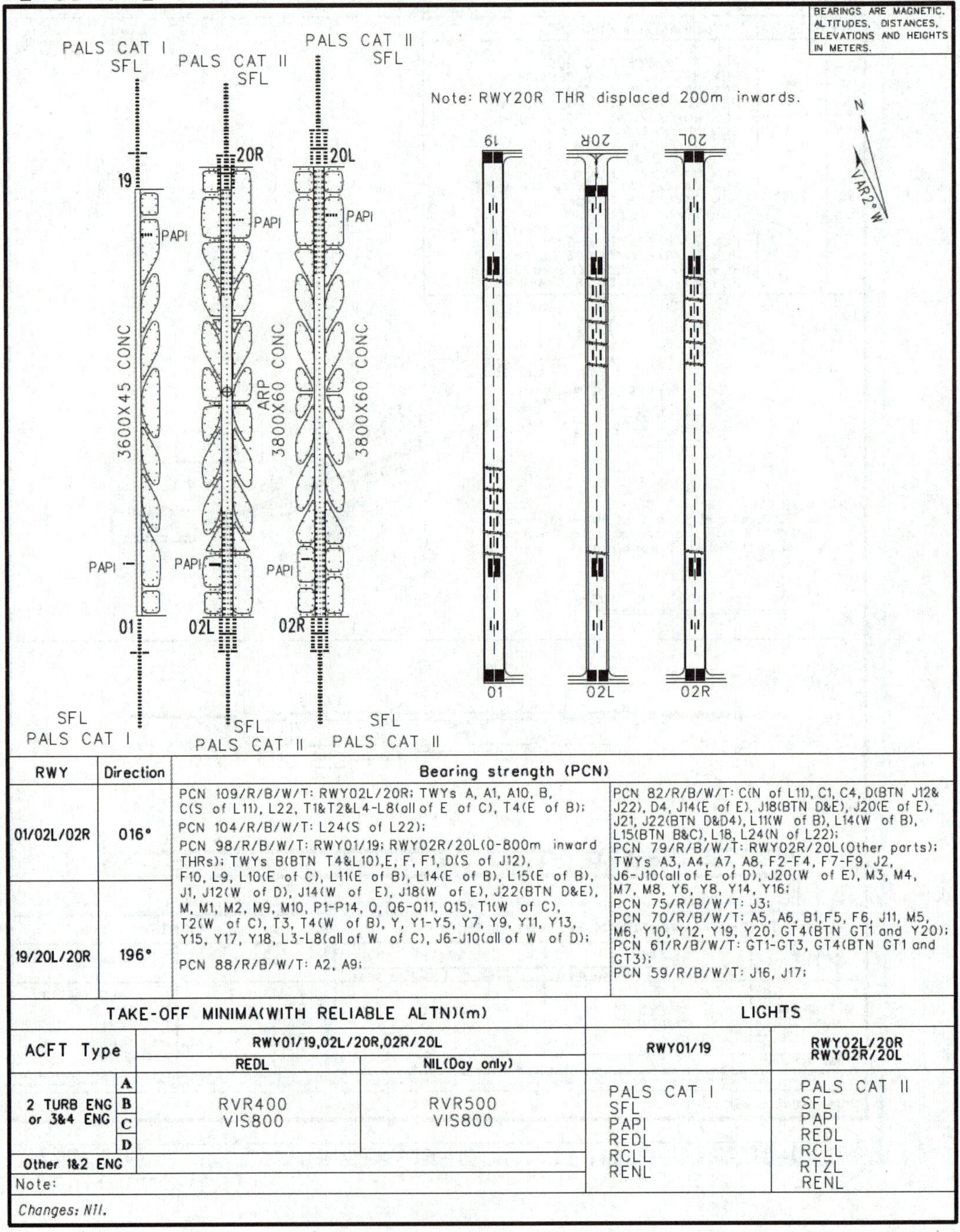

BEARINGS ARE MAGNETIC.
ALTITUDES, DISTANCES,
ELEVATIONS AND HEIGHTS
IN METERS.

Note: RWY20R THR displaced 200m inwards.

RWY 01: PALS CAT I SFL, 3600×45 CONC
RWY 02L: PALS CAT II SFL, ARP 3800×60 CONC
RWY 02R: PALS CAT II SFL, 3800×60 CONC

VAR 2°W

RWY	Direction	Bearing strength (PCN)	
01/02L/02R	016°	PCN 109/R/B/W/T: RWY02L/20R; TWYs A, A1, A10, B, C(S of L11), L22, T1&T2&L4-L8(all of E of C), T4(E of B); PCN 104/R/B/W/T: L24(S of L22); PCN 98/R/B/W/T: RWY01/19; RWY02R/20L(0-800m inward THRs); TWYs B(BTN T4&L10),E, F, F1, D(S of J12), F10, L9, L10(E of C), L11(E of B), L14(E of B), L15(E of B), J1, J12(W of D), J14(W of E), J18(W of E), J22(BTN D&E), M, M1, M2, M9, M10, P1-P14, Q, Q6-Q11, Q15, T1(W of C), T2(W of C), T3, T4(W of B), Y, Y1-Y5, Y7, Y9, Y11, Y13, Y15, Y17, Y18, L3-L8(all of W of C), J6-J10(all of W of D); PCN 88/R/B/W/T: A2, A9;	PCN 82/R/B/W/T: C(N of L11), C1, C4, D(BTN J12& J22), D4, J14(E of E), J18(BTN D&E), J20(E of E), J21, J22(BTN D&D4), L11(W of B), L14(W of B), L15(BTN B&C), L18, L24(N of L22); PCN 79/R/B/W/T: RWY02R/20L(Other parts); TWYs A3, A4, A7, A8, F2-F4, F7-F9, J2, J6-J10(all of E of D), J20(W of E), M3, M4, M7, M8, Y6, Y8, Y14, Y16; PCN 75/R/B/W/T: J3; PCN 70/R/B/W/T: A5, A6, B1, F5, F6, J11, M5, M6, Y10, Y12, Y19, Y20, GT4(BTN GT1 and Y20); PCN 61/R/B/W/T: GT1-GT3, GT4(BTN GT1 and GT3); PCN 59/R/B/W/T: J16, J17;
19/20L/20R	196°		

TAKE-OFF MINIMA(WITH RELIABLE ALTN)(m)			LIGHTS	
ACFT Type	RWY01/19,02L/20R,02R/20L		RWY01/19	RWY02L/20R RWY02R/20L
	REDL	NIL(Day only)		
2 TURB ENG or 3&4 ENG A/B/C/D	RVR400 VIS800	RVR500 VIS800	PALS CAT I SFL PAPI REDL RCLL RENL	PALS CAT II SFL PAPI REDL RCLL RTZL RENL
Other 1&2 ENG				

Note:
Changes: NIl.

ZGGG AD2.24-1B　　中国民用航空局CAAC　　EFF2109081600 2021-8-1

图 3.4.6　CAAC 机场图布局——广州白云国际机场（二）（AIP）

一般情况下，大部分机场只需配备一张机场图，但是对于一些大型机场，如果机场的跑道数相对较多，致使一张机场图无法完全描述所有跑道的具体信息及一些备注信息，则通过多张机场图的方式加以补充。例如，广州白云国际机场有 2 张机场图，成都双流国际机场则共有 3 张机场图。

可以看出，杰普逊机场图与 CAAC 机场图布局有区别。下面将主要针对 CAAC 机场图的布局进行详细解读，并以 AIP 机场图为主进行示例介绍。

3.4.2　CAAC 机场图解读

1. 标题栏

标题栏在机场图的最上端。标题栏从左往右依次包含航图名称、通信频率列表、机场所在地名、机场名称、机场基准点坐标、机场标高，如图 3.4.7 所示。

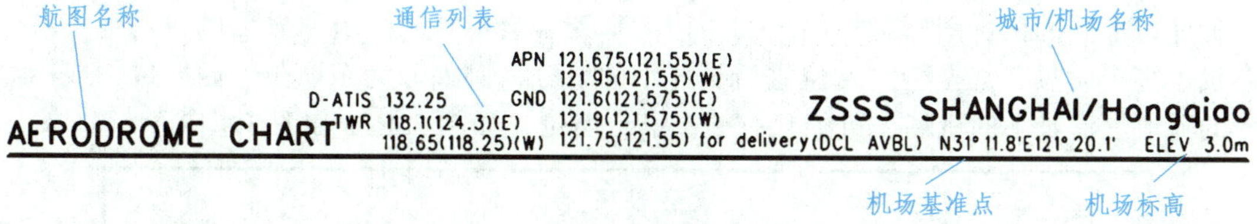

图 3.4.7　机场图标题栏（AIP）

1）航图名称

航图名称位于机场图框外左上角。NAIP 图名为"机场图"；AIP 图名为"AERODROME CHART"，其格式及布局如图 3.4.8 所示。

AIP： AERODROME CHART	NAIP： 机场图

图 3.4.8　机场图名称（AIP/NAIP）

2）通信频率

紧随航图名称之后是无线电通信频率列表。通信频率一般包括自动终端情报服务（Automatic Terminal information Service，ATIS）、机坪管制（Arpon，APN 或 Ramp）、塔台管制（Aerodrome Control Tower，TWR）、地面管制（Ground，GND）、放行许可（Delivery）等，有的机场通信频率只包括自动终端情报服务的通信频率和塔台的通信频率。其中，括号外的频率为主用频率，括号中的频率为备用频率。如果机场具备数字化放行系统，则在 Delivery 通信频率的备注中注明"DCL AVBL"或"有 DCL"，如图 3.4.9 和图 3.4.10 所示。

AIP： D-ATIS　127.25 TWR（N）　123.65（118.75） TWR（S）　118.3（118.75） Ramp（N）　121.725（121.55） Ramp（S）　121.85（121.55） GND　121.65 Delivery　121.95（DCL AVBL）	NAIP： ATIS　122.6 for arrival 　　　126.25 for departure TWR01（H24）125.3（118.6）for 18L/36R TWR02（H24）119.05（121.4）for 18R/36L GND　121.225（121.4）（0630-2200） DELIVERY 121.75（121.82）（0730-2200）（有 DCL）

图 3.4.9　机场图标题栏的通信频率（一）（AIP/NAIP）

```
AIP：
    D-ATIS（离场）127.45        Delivery 121.95（121.85）（有DCL）    GND（东）121.65（121.85）
    D-ATIS（进场）126.85        TWR（东）130.35（118.05）              GND（西）121.8（121.85）
                                TWR（西）118.45（130.35）              APN 121.9

NAIP：
    D-ATIS 127.45(departure) 126.85(arrival)    TWR 130.35(118.05)E) 118.45(130.35)(W) GND
    Delivery 121.95(121.85)(DCL AVBL)            121.65(121.85)(E) 121.8(121.85)(W)
                                                 APN 121.9
```

图 3.4.10　机场图标题栏的通信频率（二）（AIP/NAIP）

目前，我国 ATC 使用的通信频段为 118.0～135.975 MHz，间隔为 0.025 MHz。通常塔台使用的频段为 118.0～118.875 MHz 和 124.3～124.375 MHz，ATIS 使用的频段为 126.2～128.875 MHz，且小数点后第一位数字为偶数。如果这些频率不能在同一列公布，则分成多列公布。当图廓外的规定位置无法标注所有需标注的通信频率时，则标注在图廓内的适当位置。

另外，不同的机场图标题栏给出的通信频率列表会不相同。流量较大的机场，其塔台通常会设置多个席位，甚至会对席位进行更详细的划分，例如分为东席位、西席位，或标注所服务的跑道。流量小的机场，可能只有一个塔台席位，如图 3.4.11 和图 3.4.12 所示。

```
                                    TWR(E) 118.7(124.3)
                                    TWR(W) 118.275(124.3)
                D-ATIS 127.2        GND(E) 121.65(121.55)       ZSQD QINGDAO/Jiaodong
AERODROME CHART APN(E) 121.6        GND(W) 121.75(121.55)
                APN(W) 121.875      Delivery 121.95(121.55)(DCL AVBL)  N36°21.9'E120°05.9'  ELEV 9.2m
```
（a）

```
                                    ATIS 128.85
                                    TWR 118.75(118.1)(DCL AVBL)    ZSOF HEFEI/Xinqiao
AERODROME CHART                     GND 121.625
                                    APN 121.725                    N31°59.2'E116°58.5' ELEV 63.5m
```
（b）

```
                                    ATIS 126.875                   ZSNT NANTONG/Xingdong
AERODROME CHART                     TWR 118.2(130.0)               N32°04.1'E120°58.9'  ELEV 4.9m
```
（c）

```
                                                                   ZSXZ XUZHOU/Guanyin
AERODROME CHART                     TWR 118.25(130.0)              N34°03.5'E117°33.3' ELEV 35m
```
（d）

图 3.4.11　机场图标题栏的通信频率（三）（AIP）

```
D-ATIS  127.45(ARR)  128.65(DEP)
TWR(N)  124.3(118.15)      TWR(S)  130.45(118.15)
GND(N)  121.8(124.3)       GND(S)  121.65(130.45)
Delivery 121.6 (DCL AVBL)
APN(N)  121.925            APN(S)  121.85
```
（a）

```
APN01: 121.65(122.125)
APN02: 121.975(122.125)
APN03: 122.7(122.125)              D-ATIS: 127.85
APN04: 122.6(122.125)              GND01: 121.7
RWY17L/35R, 17R/35L: TWR01 118.8(118.325)    GND02: 121.8
RWY16L/34R, 16R/34L: TWR02 118.4(118.725)    GND03: 121.875
RWY17L/35R: TWR03 124.35(118.325)            GND04: 121.625
RWY16R/34L: TWR04 118.575(118.725)           Delivery: 121.95(121.625)(DCL AVBL)
```
（b）

图 3.4.12　机场图标题栏的通信频率（四）（AIP）

（1）自动终端情报服务 ATIS。

当机场的流量增大到一定程度时，为了有效减少 ATC 与飞行员的通话量以避免波道拥挤，机场会提供 ATIS 服务。机场 ATIS 也称为机场通播，它以广播的形式自动连续播放各类与机场有关的飞行信息，包括天气、可用跑道、气压、高度表拨正值及使用频率等信息，由 ATC 负责准备和发布。对于流量比较大的机场，可能会根据进场与离场分别设置进场通播（ARR ATIS）和离场通播（DEP ATIS）。我国一些大型机场还会提供数据链自动终端情报服务机场通播（Data Link Automatic Terminal information Service，D-ATIS），即通过数据链网络与航空器之间实现数据链通信，使得航空器能够通过甚高频（Very High Frequent，VHF）数据链与地面系统交换服务信息，如北京首都国际机场、广州白云国际机场、上海虹桥国际机场、深圳宝安国际机场等。通播的内容如下：

机场名称：如上海虹桥机场。

通播代码：如机场通播 M。

观测时间：如 0130UTC。

预计进近类别：如预计 ILS DME 进近。

使用跑道：如使用 RWY 36R。

跑道的重要情况和刹车效果：如道面是湿的，刹车效果差。

过渡高度层（可能包含）：如果机场使用细则中规定了该机场的过渡高度和过渡高度层，则在通播中提供该机场的过渡高度层，如过渡高度层 3 600 m。

其他必要的运行情况：如 36L 跑道旁侧安装风向袋。

地面风向、风速及其变化情况：如风向 180°，风速 5 m/s，阵风 10 m/s。

能见度、跑道视程（可能包含）：如能见度 800 m，跑道视程 600 m。

天气实况：提供机场范围内当时的天气现象，如中雨，密云，云底高 800 m。

空气温度和露点温度：如温度 18 °C，露点 20 °C。

高度表拨正值：如场压 1 001 hPa，修正海压 1 002.2 hPa。

飞行活动区域内的重要天气情报，主要通播该区域内存在的可能影响航空器进近、起飞、爬升的危险天气，如雷雨、沙尘暴、冰雹、积冰等。

其他必要的运行情况：如滑行道 K 关闭，36L 跑道旁侧安装风向袋。

特殊指令，主要用于提醒飞行员在与 ATC 首次联络时，通知已收到通播，如首次与管制员联系时报告您已收到情报通播 M。

NAIP 机场图中的 ATIS 通播示例如下：

"上海虹桥机场通播 M，0130 世界协调时。着陆使用 36 右跑道 ILS DME 进近，主起飞跑道 36 左。跑道湿，刹车效果差。风向 180°，风速 5 m/s，阵风 10 m/s。能见度 800 m，跑道视程 600 m，中雨，密云，云底高 800 m。温度 18 °C，露点 20 °C，场压 1 001 hPa，修正海压 1 002.2 hPa。滑行道 K 关闭。首次与管制员联系时报告您已收到情报通播 M。"

（2）塔台管制 TWR。

对于准备起飞滑跑的航空器，当航空器到达跑道入口等待位置时，飞行员需要联系塔台管制申请起飞许可，塔台管制根据当时的实际情况发布起飞许可，给出可以起飞的指令，同时告知起飞之后的初始爬升高度。

NAIP 机场图中的塔台管制指令示例如下：

P：请求进跑道，B2506。

C：B2506，进跑道等待。

P：进跑道等待，B2506。

C：B2506，地面风300、4 m/s，跑道27，可以起飞。

P：跑道27，可以起飞，B2506。

C：B2506，联系汉莎进近119.12，再见。

P—飞行员；C—塔台管制。

（3）地面管制 GND。

飞行员得到放行许可后，航空器开始作起飞前准备、上客、装货等工作。准备好之后，飞行员需要向地面管制请求推出许可。飞行员得到推出许可后，开始启动发动机并申请滑行，得到许可后按照地面管制给出的滑行路线，参照机场图、停机位图滑行至跑道等待位置。在大型机场，往往会分片区提供地面管制通信频率，其频率后面带有括号，且括号中标明 E 或 W 字样，表示东区地面管制或西区地面管制，如广州白云国际机场以航站楼的中轴线为界划分东西。

NAIP 机场图中的地面管制指令示例如下：

P：塔台，B2506，请求滑出。

C：B2506经由T1、C2、B2、A2滑到36号等待点等待。

P：经由T1、C2、B2、A2滑到36号跑道外等待，B2506。

（4）放行许可 delivery。

飞行准备就绪后，由飞行员通过放行频率向机场申请放行许可。放行许可管制员根据机场实际情况发布放行许可。放行许可指令中应包含本次航班的目的地、使用的跑道、航路飞行规则、航路巡航高度、离场程序、应答机编码。有时还包含起始高度、离场频率、特殊要求等。具体为：

航空器呼号：如 CSN3101。

管制许可界限：如上海。

飞行的航路：如计划航路。

跑道号和批准的离场程序：如 24L 跑道、离场程序 NTY03D。

起始爬升高度：如 1 200 m。

离场频率：如 119.73。

应答机编码：如 4523。

ATIS&QNH：如 T&1013。

离场程序中未规定的必要管制指令或情报。

NAIP 机场图中的放行许可指令示例如下：

C：B2506，汉莎塔台，可以按计划航路飞往成都，巡航高度8900，预计 TM01D（天门01）离场，起始高度修正海压980，修正海压1012，应答机2121，离地联系汉莎进近119.1。

目前，国内不少机场采用数字化起飞前放行许可（Pre-Departure Clearance，PDC）技术，飞行员通过数据链发送起飞许可请求，PDC 系统接收到请求后根据放行许可规则判断是否允许起飞，放行许可管制员操作生成相应的起飞前放行报文，取代传统的语音方式对航空器进行放行。其中，需要的飞行标志、应答机编码、离场路径、飞行高度层、机型等信息均直接从系统中获取。

（5）机坪管制 APN。

对于部分机场实施地面管制和机坪管制分开运行，甚至属于不同的管制单位，则在标题栏的通信列表中专门标注出机坪管制的通信频率。如果机坪管制频率后面带有括号，且括号内标注 E、W、S、N，表示东、西、南、北的意思。一般来说，机坪管制的东西南北划分与塔台管制的东西南北划分基本一致。例如，北部机坪表示为"APN（N）"。

3）机场代码、机场所在地名与机场名称

在 CAAC AIP 机场图的框外右上角是机场的 ICAO 四字代码、机场所在的城市名称以及机场名称。NAIP 中则不包含机场的 ICAO 代码，右上角只有城市名称和机场名称。其中，城市名称与机场名称中间用斜杠隔开，如图 3.4.13 所示。

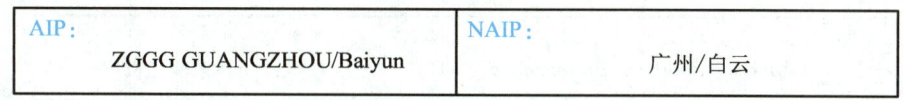

图 3.4.13　机场图标题栏的机场名称（AIP/NAIP）

4）机场基准点坐标

机场基准点（Airport Reference Point，ARP）是标示机场地理位置的点。任何机场都必须设置一个机场基准点且一般保持不变。机场基准点为机场的几何中心，通常为主用跑道的中点。机场基准点在标题栏部分用地理坐标形式给出，在平面图中用符号标示。AIP 中的表示方式为 N 度°分′E 度°分′，精度均为 0.1′。其中，北纬的"度"为两位数字，"分"的整数部分为两位数字，并保留小数点后一位；东经的"度"为三位数字，"分"的整数部分为两位数字，并保留小数点后一位。NAIP 中的表示方式为 N 度°分′秒″E 度°分′秒″，精度均为 1″。其中，北纬的"度"为两位数字，"分"的整数部分为两位数字，并保留小数点后一位；东经的"度"为三位数字，"分"的整数部分为两位数字，并保留小数点后一位。如图 3.4.14 所示。

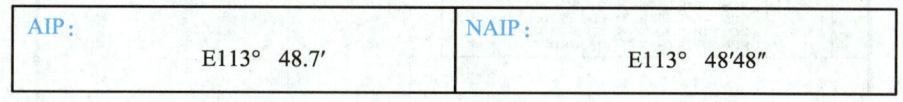

图 3.4.14　机场图标题栏的机场基准点坐标（AIP/NAIP）

5）机场标高

机场标高的标示位置在标题栏部分一般紧随机场基准点之后。机场标高是指起飞着陆区内最高点的标高，与机场基准点不一定是同一个位置。通常用主跑道中线上最高点的标高作为该机场的标高，由机场当局提供，用于帮助飞行员在使用修正海压 QNH 作为高度表基准完成起飞离场、进场及进近着陆过程中，了解航空器在空中时距离机场道面的垂直高度，用米和英尺两种单位进行标注。AIP 中的表示形式为"AD ELEV ××m"或"ELEV ××m"；NAIP 中的表示方式为"机场标高××m/××′"。米制单位精度为 1 m 或 0.1 m，英制单位精度为 1 ft，如图 3.4.15 所示。

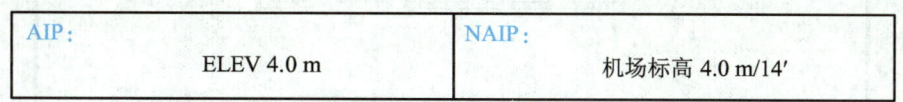

图 3.4.15　机场图标题栏的机场标高（AIP/NAIP）

2. 备注和图边注记

CAAC 机场图的最下方是备注和图边注记，标注该机场图的修订摘要、出版日期、生效时间、出版单位和图幅编号。如图 3.4.16 所示，该图的修订摘要表明新设地面管制，出版日期为 2021 年 5 月 15 日，生效日期 2021 年 6 月 16 日 UTC16:00，如果没有标明生效日期，则为收到时生效。出版当局为中国民用航空局 CAAC，图幅编号为 ZSCG AD2.24-1。

```
Changes: GND added.
```

2021-5-15 EFF2106161600　　　　中国民用航空局CAAC　　　　ZSCG AD2.24-1

图 3.4.16　机场图最下方的备注和图边注记（AIP）

AIP 机场图的修订摘要表示方式为"Changes：×××"，NAIP 机场图的修订摘要表示方式为"修改：×××"，如图 3.4.17 所示。

AIP： Changes：Southeast apron added	NAIP： 修改：新建东南停机坪

图 3.4.17　机场图的修订摘要（AIP/NAIP）

3. 平面图

CAAC 机场图的平面图位于标题栏的下方，用于标绘机场的总体轮廓，用图形加文字说明的方法描述机场活动区内的跑道、停机坪以及灯光系统等，如图 3.4.18 所示。

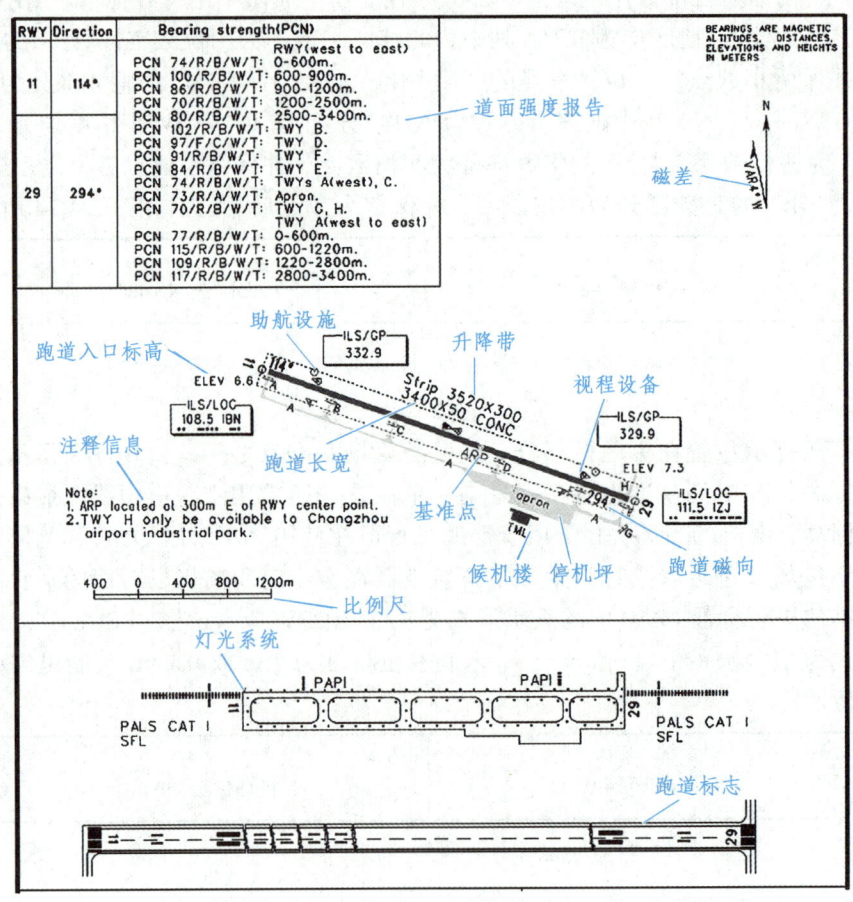

图 3.4.18　机场图的平面图示例（AIP）

1）比例尺

在 AIP/NAIP 机场图的平面图部分，主要使用图解比例尺进行绘制，其单位设定为 1 cm，一般标注在平面图的底部，包含的比例尺为 1∶50 000～1∶20 000，如图 3.4.19 所示。

2）磁　差

平面图中以指北标示当前磁差的真北朝向，以"VAR 磁差"标示机场所处区域的磁差，其精度为 1°，取整方式四舍五入，不公布磁差年变率，如图 3.4.20 所示。

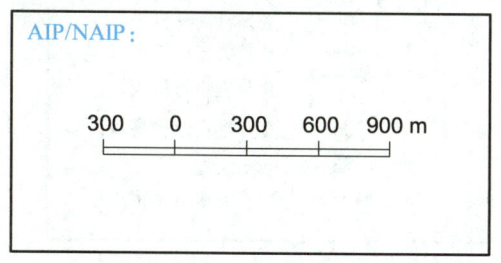 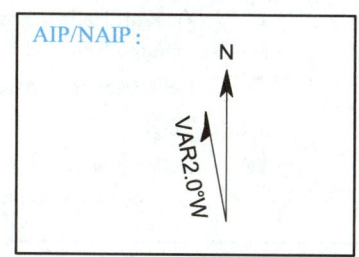

图 3.4.19　机场图平面图中的比例尺（AIP/NAIP）　　图 3.4.20　机场图平面图中的磁差（AIP/NAIP）

3）注释信息

在平面图的空白位置，对于有必要解释或者说明的内容，采用注释信息的形式进行描述。若注释较多，则进行编号。AIP 中的表示方式为"Note：注释信息"；NAIP 中的表示方式为"注：注释信息"，如图 3.4.21 所示。

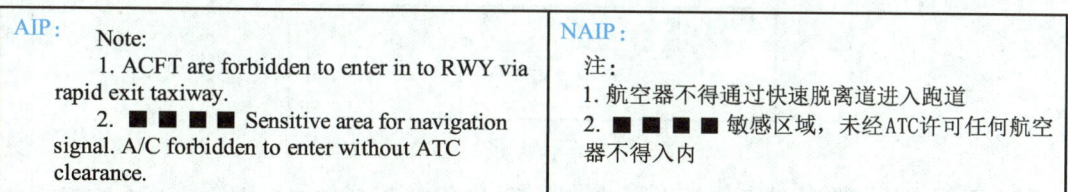

图 3.4.21　机场图平面图中的注释信息（AIP/NAIP）

4）图例说明

对于机场图中的一些特殊符号，通常会在平面图中采用图例框进行示例说明，或在注释信息中加以说明，或直接用文字进行说明，如图 3.4.22 所示。

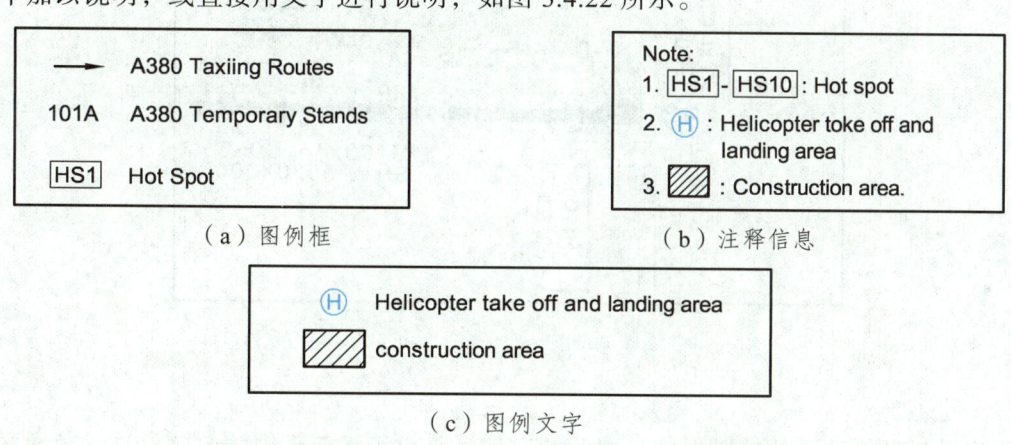

图 3.4.22　机场图平面图中的图例说明形式（AIP）

AIP 与 NAIP 中的图例说明对比如图 3.4.23 所示。

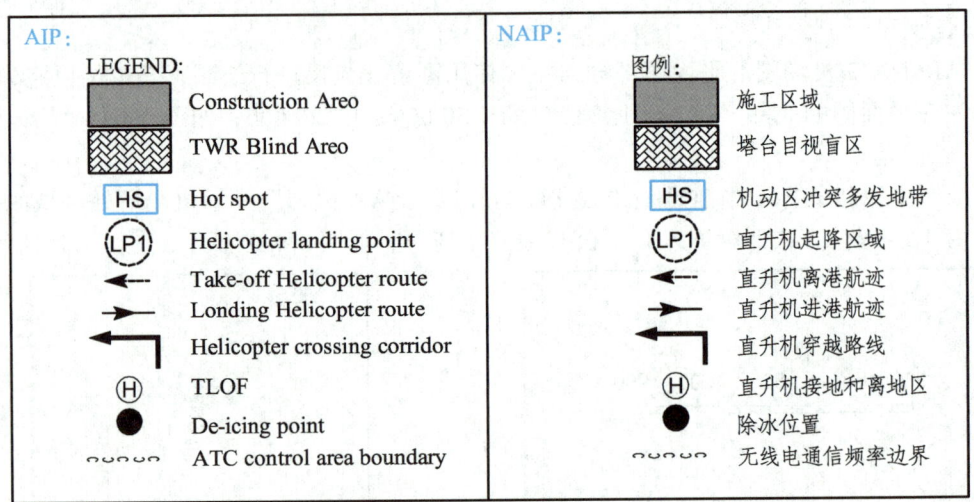

图 3.4.23 CAAC 机场图平面图中的图例说明（AIP/NAIP）

5）跑道信息

（1）机场基准点。

机场基准点（Airport Reference Point，ARP）位置根据机场基准点坐标进行标示，其位置确定后一般不变化，符号如图 3.4.24 所示。

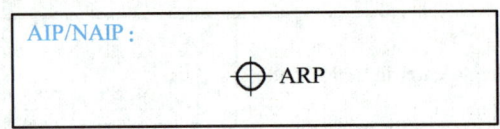

图 3.4.24 机场基准点符号（AIP/NAIP）

在平面图中，机场基准点用带十字的圆圈加"ARP"字样标示，如图 3.4.25 所示。

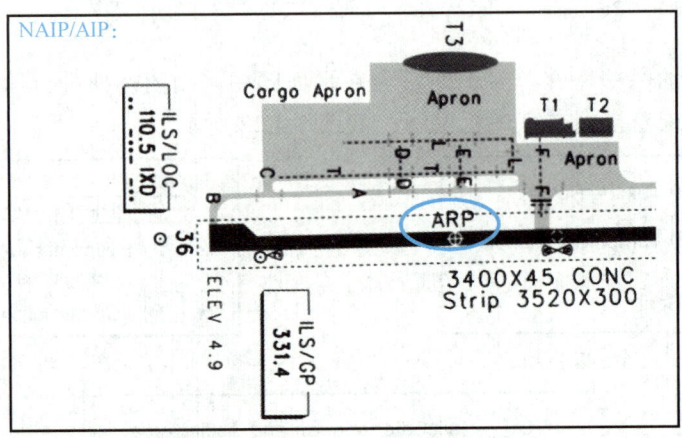

图 3.4.25 机场图平面图中的机场基准点（AIP/NAIP）

（2）跑道。

跑道是机场活动区的核心设施，因此跑道信息是机场平面图中的关键信息。通常在平面图中需要标绘跑道的构型、轮廓、长度、道面以及标高等各种信息。对于单个机场而言，所有的跑道都需要绘制出来，包括废弃的跑道和正在修建的跑道。

① 跑道构型。

由于不同机场的容量需求不同,各机场的跑道数量及跑道构型也不一样。一般来说,多跑道机场的跑道构型为单条跑道、平行跑道和交叉跑道的组合。

② 跑道长度和宽度。

对于本幅机场图所标绘的主跑道,一般在其中部附近标注出跑道的长度和宽度以及道面类型,表示形式为"长度×宽度 道面类型"。一般来说,跑道长度需要根据本机场所飞机型的航空器性能、机场的净空条件、机场的标高、机场的地形以及与本机场相关的航线等因素综合确定。跑道宽度则需要根据跑道运行类别(仪表与非仪表、精密进近与非精密进近)、航空器主起落架外轮间距、航空器滑跑时的横向偏移等因素综合确定,并考虑一定的裕量。跑道宽度可以帮助飞行员补偿高度错觉。通常,当着陆跑道较窄时,飞行员容易产生偏高的错觉,飞行员操纵航空器下降高度时可能导致低高度进近而危及飞行安全。当着陆跑道较宽时,则容易产生偏低的错觉,导致着陆目测偏高而重着陆。

在平面图中,跑道长度需按比例尺绘制,跑道宽度则不需要按比例尺绘制,用粗实线表示,其精度均为 1 m,同时采用不同的图形标绘出跑道是否有铺筑面,如图 3.4.26 所示。

(a)铺筑道面　　　　　　　(b)未铺筑道面

图 3.4.26　机场图平面图中的跑道道面符号(AIP/NAIP)

对于不同铺筑面的类型,则采用简缩字进行标明。道面类型为水泥混凝土或沥青,分别用 CONC(Concrete Surfaced Runway)或 ASPH(Asphalt Runway)表示。若为砂砾则用"GRAVEL"表示,红土用"LATERITE"表示。如果一条跑道不同分段的道面类型不同,则分段标注,如图 3.4.27 所示的"3200×45 ASPH"表示跑道的长度为 3 200 m,宽度为 45 m,道面类型为沥青。

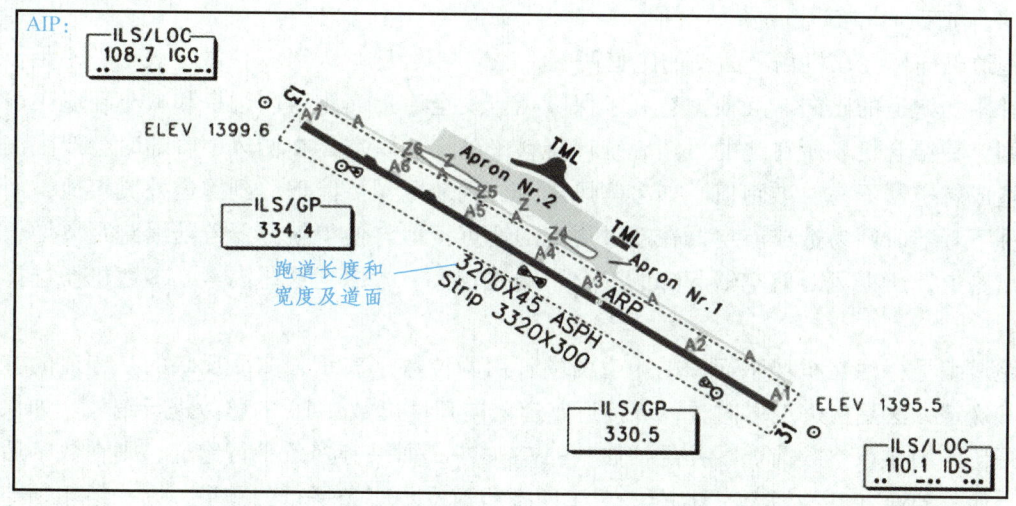

图 3.4.27　机场图平面图中的跑道长度和宽度标示(AIP)

当跑道端头未设置有联络滑行道或掉头滑行道时,应在跑道的两端设置掉头坪以方便航空器进行 180°转弯。对于较长的跑道则在中间适当位置增设掉头坪,以减小航空器滑行距离,其在平面图中的标绘如图 3.4.28 所示。

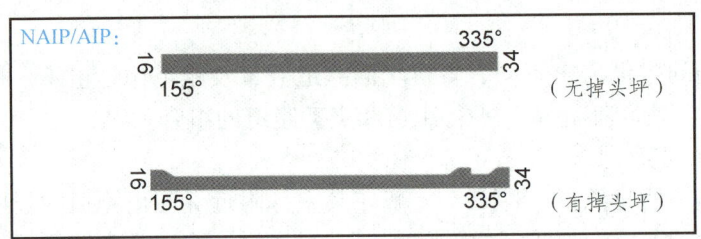

图 3.4.28 机场图平面图中的跑道掉头坪（AIP/NAIP）

在实际的地面标志中，跑道掉头坪标志从跑道中线弯出进入掉头坪，其转弯半径应与预计使用该跑道掉头坪的航空器的操纵性和正常滑行速度相匹配。跑道掉头坪标志与跑道中线标志的交角不大于30°，曲线部分的设计应保证航空器前轮转向角不超过45°，如图 3.4.29 所示。

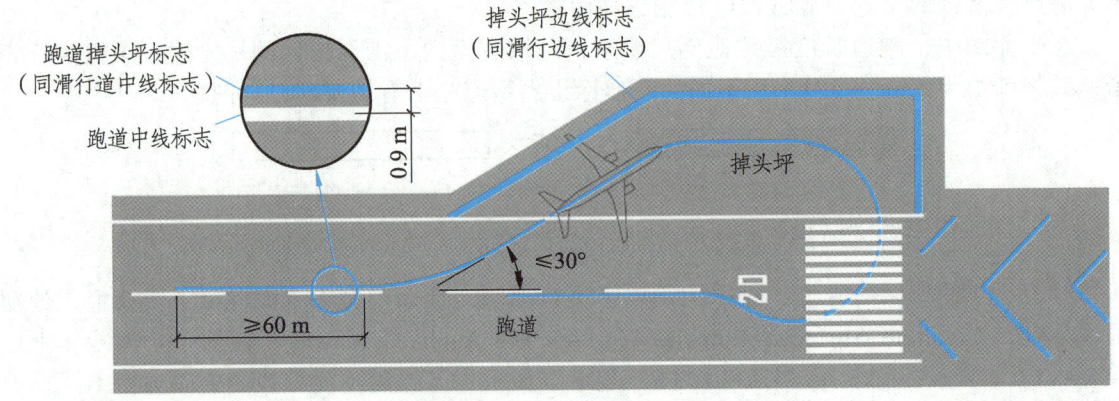

图 3.4.29 跑道掉头坪的地面标志示例

③ 跑道磁向和编号。

跑道磁向标注在机场平面图的跑道两端，磁向精度为1°，用3位数字表示，不足位数值前面补零。跑道的磁向一般根据有利于保障飞行安全、提高跑道利用率和减小环境噪声影响等原则，并结合机场所在地的风频率统计资料来确定。航空器在侧风中着陆时会产生侧风偏移，造成航空器不易对准跑道。如果侧风过大，则航空器可能偏移到跑道外侧接地，而在顺风条件下着陆时则易造成航空器在超过规定的地点接地，使得航空器着陆滑跑距离增长，甚至冲出跑道，所以风对航空器起降的安全影响比较大。考虑到这些因素，多数机场选择逆风起飞。

跑道编号标注在机场平面图的跑道两端，用两位数字表示，实质反映的是跑道的方位信息，其确定方法是从进近方向看，取接近跑道磁向角度度数 1/10 的整数进行编号。如果整数仅有一位，则在该整数前加零补足，如"RWY 07"。如果有多条平行跑道，则在数字后面加字母，如"RWY 07L""RWY 07R"。对于四条跑道或更多条平行跑道，则一组相邻跑道必须按最接近于跑道磁向度数的 1/10 进行编号，另一组跑道编号的两位数字为次一个最接近上述角度的 1/10 的整数，例如北京首都国际机场、广州白云国际机场、上海浦东国际机场等。跑道编号的确定方法如图 3.4.30 所示。

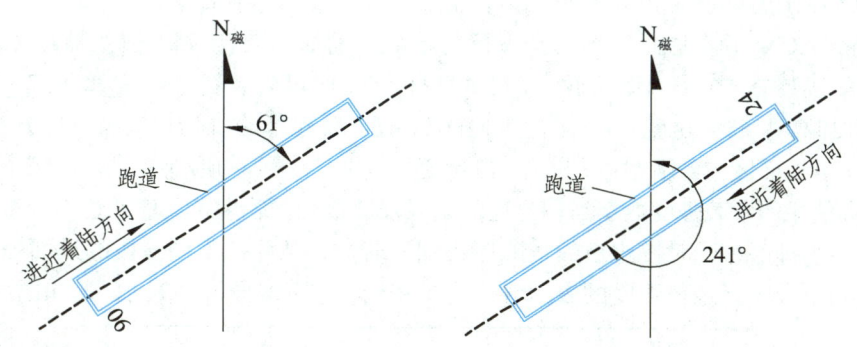

图 3.4.30　跑道编号的确定方法

注：跑道号码的确定方法：以航向角（即着陆方向）确定。左图航向角为 61°，取其 1/10 后再四舍五入，即为"06"；右图的航向角为 241°，取其 1/10 后再四舍五入，即为"24"。

多条平行跑道的编号字母选取顺序为：

两条平行跑道："L""R"。

三条平行跑道："L""C""R"。

四条平行跑道："L""R""L""R"。

五条平行跑道："L""C""R""L""R" 或 "L""R""L""C""R"。

六条平行跑道："L""C""R""L""C""R"。

④ 跑道强度。

机场内的跑道除要承受航空器的重量之外，还要承受航空器降落时的冲击力，所以机场内的跑道必须具有一定的强度。早期的航空器重量仅几百千克，只需夯实土地就能用作跑道。随着航空器重量和速度的增加，对跑道的要求也越来越高，相继出现了沙石道面、沥青道面、混凝土道面等各种跑道。目前，大中型机场的跑道基本上都采用钢筋混凝土结构建造。起降的航空器重量越大，钢筋混凝土的厚度越厚。中型机场跑道厚度在 20 cm 以上，可以起降波音 747 航空器的大型机场，其跑道厚度在 35 cm 以上。

跑道的强度主要取决于航空器轮胎对地面的压强及航空器起降的速度，而不单是航空器的总重量。压强是指在单位面积上所承受的力。如果航空器的轮胎接地面积大或者机轮数目多，航空器对地面的压强就小，就可以在强度相对低一些的跑道上起降。此外，起降速度小的航空器对地面的冲击和摩擦都较小，因此对跑道强度的要求也低。跑道强度参数为跑道道面等级序号（Pavement Classification Number，PCN）。PCN 指不受运行次数限制的道面承载强度数字，由机场建设部门提供。如果季节性气候对道面强度有明显影响，机场建设部门需要提供多个典型的 PCN 值。

航空器等级序号（Aircraft Classification Number，ACN）指航空器对具有规定土基强度道面的相对影响数字，由航空器制造厂提供。同一架航空器会有不同的 ACN 值，航空器制造厂在航空器交付时必须提供该航空器满载时的最大 ACN 值。

如果航空器的 ACN 值小于或等于跑道的 PCN 值，则航空器可以无限制地使用该跑道。当 ACN 大于 PCN 时，航空器使用该跑道就会对跑道造成损伤。如果 ACN 比 PCN 大得多，则航空器在起降时不仅会压坏跑道，甚至会危及飞行安全。这是一种跑道使用评估方法，基于此，航空器在使用跑道时相对比较灵活。假如航空器必须在 PCN 值低的跑道上起降，则可以通过减载使 ACN 下降从而达到安全飞行的目的。例如，波音 747 航空器最大起飞重量近 400 t，其起落架装有 16 个大型机轮，ACN 只有 55，而仅为波音 747 总重量 7/10 的 MD-11 客机 ACN 数却高达 68，这就意味着能供 MD-11 航空器起降的机场比波音 747 还少。

机场的所有道面区域包括跑道、机坪、滑行道均以 PCN 报告的形式提供该区域道面类型以及不受限制次数使用的承载强度数字，称为道面承载强度报告。若多条跑道的道面强度不同，则按 PCN 值从大到小排序，同时按跑道编号顺序排列。若同一条跑道不同分段的道面强度不同，则 PCN 值从大到小排序。跑道强度的表示方式为"RWY 跑道编号：PCN 值"，如图 3.4.31 所示。

```
AIP/NAIP：

          RWY15/33: PCN 72/R/B/W/T
```

图 3.4.31　机场图平面图中的跑道强度表示方式（AIP/NAIP）

对于相同的跑道，其强度与滑行道强度、停机坪强度、停机位强度、机坪滑行线强度可以合并表示，且多数位于平面图的左上角位置，少数位于平面图的右上角位置或平面图图廓内底部位置或平面图的其他空白位置，如图 3.4.32～图 3.4.34 所示。

```
AERODROME CHART                                                 D-ATIS 127
                                                                Delivery(DC

 RWY  | Direction |                Bearing strength(PCN)
-------+-----------+--------------------------------------------------------
       |           | PCN 110/R/B/W/T: 0-1000m inward THR16/34.
       |           | PCN 89/R/B/W/T: RWY16/34(other part).
       |           | PCN 72/R/B/W/T: RWY15/33.
       |           | PCN 110/R/B/W/T: TWY B3,C,C1-C2(FM 62.5m outward west of RWY15/33
 15/16 |  155°     |                  to TWY D),C3,C4-C9(104m outward west of RWY15/33),
       |           |                  C10,C11-C12(122m outward west of RWY15/33),D,D8-D11
       |           |                  (BTN C&D),D12,E,G(BTN E1&E2),G(BTN G5&E11),G5-G6
       |           |                  (BTN G&E),G8-G9(BTN E&G),Q,R,S,W,W1,W2.
       |           | PCN 90/F/B/W/T: TWYs A12(BTN A&B),L2(BTN A&B).
       |           | PCN 90/F/B/W/T: TWY D5,D6,F,G(BTN E2&G5),G1,G4,G5-G6(BTN G&J),J,
       |           |                  T2-T5,V1,V2.
       |           | PCN 84/R/B/W/T: TWY B(BTN K4&L2),L1.
 33/34 |  335°     | PCN 80/R/B/W/T: TWY E1-E7,E9-E11.
       |           | PCN 80/F/B/W/T: TWY C1-C2(0-62.5m inward west of RWY15/33),C11-C12
       |           |                  (0-122m inward west of RWY15/33),S(0-75m inward west
       |           |                  of RWY15/33).
       |           | PCN 78/F/B/W/T: TWY C4-C9(0-104m inward west of RWY15/33).
       |           | PCN 72/R/B/W/T: A,A1,A2,A4,A5,A8,A9,A12(west of A),B(FM north of B4 to
       |           |                  apron),B4,B7,K1-K4.
```

图 3.4.32　机场图平面图中的跑道道面承载强度报告示例一（AIP）

```
ATIS 126.4
TWR 118.2(130.0)
    118.875(118.425)                        ZBTJ TIANJIN/Binhai
GND 121.95(121.65)
    121.8 for delivery                      N39°07.4'E117°20.7'   ELEV 1.8m

 RWY  | Direction |       Bearing strength(PCN)
-------+-----------+------------------------------------------
       |           | TWY W5,W6,W8                         96/F/B/X/T
       |           | TWY M,Q,T5,T6,S,N1-N3,N5-N7          95/R/B/W/T
       |           | RWY16L/34R(0-1000m FM both end)      93/R/B/W/T
 16L/  |           | TWY N,N4,P,W,W1,W2,W9
 16R   |  160°     | TWY Y,Y9,Y10                         90/R/B/W/T
       |           | TWY A(BTN A10&A11),A11               88/R/B/W/T
       |           | RWY16R/34L                           86/F/B/W/T
       |           | TWY A1,A4,A5,A7,B1-B7
       |           | TWY A(BTN A1 & A10),T3,T4            85/R/B/W/T
       |           | TWY B,B8,C,C1-C6,D,T1,T2             83/R/B/W/T
       |           | TWY A10,J2,J3,J5-J8,K1(N of J2),K2   80/R/B/W/T
       |           | RWY16L/34R(middle part),TWY W3,W7    74/R/B/W/T
 34L/  |           | TWY A6                               64/F/B/W/T
 34R   |  340°     | TWY A(N of A11),A12                  62/R/B/W/T
       |           | TWY K                                60/R/B/W/T
       |           | TWY K1(S of J2)                      60/R/B/X/T
       |           | TWY A3                               59/R/B/W/T
       |           | TWY A2                               48/R/B/W/T
```

图 3.4.33　机场图平面图中的跑道道面承载强度报告示例二（AIP）

RWY	Direction	Bearing strength(PCN)
18L/36R	181°/001°	102/R/C/W/T: RWY 18L/36R
		79/F/B/W/T: RWY 18R/36L
		102/R/C/W/T: TWY C,C1-C5,C14-C17,C19 D(BTN D2&M),D(BTN D7&D9),D1,D2,D7-D9,M,N
		98/R/B/W/T: TWY T5(BTN T4&T7),T6-T8,T10-T12
		82/R/C/W/T: TWY C6,C7,C12,C13
36L/18R	181°/001°	81/F/B/W/T: TWY B,B1,B2,B7,B9
		74/R/B/W/T: TWY A(BTN A1&A5),A1-A4
		73/R/C/W/T: TWY C8-C11
		72/F/B/W/T: TWY B3-B6
		67/R/B/W/T: TWY T5(BTN T7&T9)
		64/R/C/W/T: TWY T4,T13
		53/R/B/W/T: TWY A(BTN A5&A7),A5-A7,T1-T3
		52/R/B/W/T: TWY T9

Changes: Boundary of APN.

2021-12-1 EFF2112291600 中国民用航空局

图 3.4.34 机场图平面图中的跑道道面承载强度报告示例三（AIP）

⑤ 跑道入口标高。

在机场图中，除了在标题栏部分标注机场标高外，还会在平面图中的跑道端标注跑道入口标高，其表示方式为“ELEV ××”，精度为 0.1 m，如图 3.4.35 所示。

（a）　　（b）

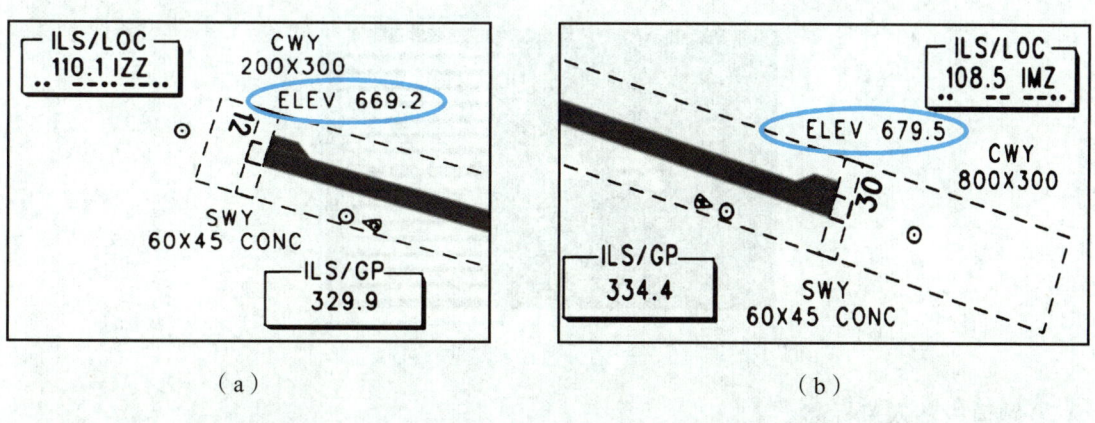

图 3.4.35 机场图平面图中的跑道入口标高（AIP/NAIP）

⑥ 跑道入口内移。

跑道入口内移指跑道入口不位于跑道铺筑面的开始端，而是距离跑道开始端有一定的距离。内移的这部分跑道不能用于航空器的着陆，只能用于起飞，或者是反向着陆的航空器利用该部分跑道滑出。大部分的跑道入口内移是因为需要满足航空器对下降梯度的要求，且需要对障碍物保持合适的超障余度，从而保障离场的航空器最大限度地利用跑道，或者是因为跑道开始端部分不能承受航空器着陆时的冲击，但是该部分仍然可以用于航空器正向起飞和反向着陆滑出。跑道入口内移的距离在平面图中按比例绘制，AIP 中表示方式为“THR 跑道编号 displaced ××m”；NAIP 中的表示方式为“跑道入口内移××m”，其在机场平面图中的标示如图 3.4.36 所示。

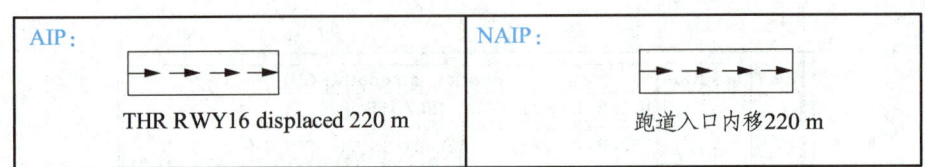

图 3.4.36 机场图平面图中的跑道入口内移标示（AIP/NAIP）

在机场实际的跑道入口内移地面标识中，跑道入口标志由一组尺寸相同、位置对称于跑道中线的纵向线段组成，入口标志的线段从距跑道入口 6 m 处开始，线段的总数由跑道宽度确定，具体见表 3.4.1。

表 3.4.1 跑道入口内移实际入口标志线段数量

跑道宽度/m	线段总数
18	4
23	6
30	8
45	12
60	16

机场道面跑道入口内移实际标识如图 3.4.37 所示。

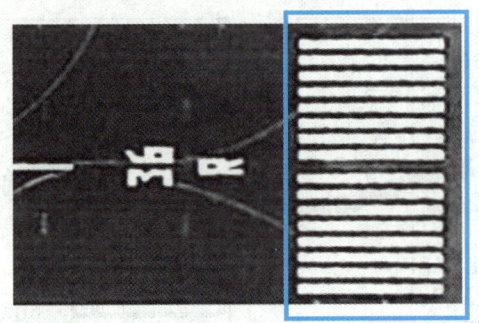

图 3.4.37 跑道入口内移实际地面标识

⑦ 跑道内移入口标高。

机场在内移的跑道入口处的标高称为跑道内移入口标高，其精度为 0.1 m，表示方式为"DTHR ELEV××"。根据 CAAC 飞行基本规则，如果机场内的跑道存在跑道入口内移的情况，则既需要公布跑道入口标高，还需要公布跑道内移入口标高，即这两个位置的标高需要同步公布，其示例如图 3.4.38 所示。

⑧ 停止道和净空道。

停止道（Stopway，SWY）指在紧靠跑道末端以外地面上，对称于跑道中心延长线划定的一块长方形区域。当航空器因故中断起飞时，可于其上减速，并停止于其上。当跑道长度不足，不能保证航空器中断起飞安全时，应设停止道。航空器起飞时，由于出现影响航行安全的因素，机长判断不能起飞，因中断起飞并减速，这时航空器的速度很高，需要较长距离停止，因此需要保证航空器中断起飞安全，也就是说停止道适用于跑道长度较短、不能确保航空器中断起飞安全时，用于弥补跑道长度的不足。

停止道一般与跑道相连，其宽度必须等于与其相连接的跑道宽度且为铺筑道面。停止道在航空器正常起飞着陆时不使用，只在中断起飞时使用，因此其强度可低于跑道强度，但应满足中断起飞航空器的承载强度要求，不使航空器发生结构损失。由于停止道用于航空器中断起飞，因此停止道的表面摩阻特性应等于或高于相邻跑道的摩阻特性。在平面图中，停止道按比例尺绘制其长度和宽度，没有编号，其表示方式为"SWY 长度×宽度 道面类型"，长度和宽度的精度均为 1 m，道面类型为水泥或沥青，分别用 CONC 或 ASPH 表示，如图 3.4.39 所示。

```
AIP/NAIP：
         ELEV 2.7
    DTHR ELEV 2.8
```

```
AIP/NAIP：
    ☐ SWY 60×60 ASPH
```

图 3.4.38　跑道入口标高与跑道内移入口标高（AIP/NAIP）　图 3.4.39　停止道符号及其表示方式（AIP/NAIP）

净空道（Clearway，CWY）指紧接跑道端头，在地面或水面上划定的一块由机场当局管理的长方形区域，航空器能在其上空进行一部分爬升达到某指定高度或安全高度，适用于长度较短的跑道。这是因为这种短跑道只能保证航空器起飞滑跑的安全，而不能确保航空器完成初始爬升的安全，目的也是弥补跑道长度的不足。也就是说，当跑道长度不够，只能保证航空器起飞滑跑安全，而不能保证航空器完成初始爬升阶段（离地 10.7 m，35 ft）安全时，应设净空道，以保证航空器起飞爬升的安全。

净空道的起点位于起飞滑跑距离的末端，对称于跑道中心线的延长线，宽度不小于 150 m，长度则由航空器起飞性能决定，但不超过可用起飞滑跑距离的一半。净空道上对航空器安全有影响的物体均应移除且要求安装在净空道上的设备或装置易折，安装高度尽可能地低。在平面图中，净空道按比例尺绘制其长度和宽度，没有编号，其表示方式为"CWY 长度×宽度"，长度和宽度的精度均为 1 m，如图 3.4.40 所示。

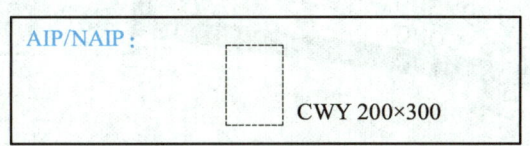

图 3.4.40　净空道符号及其表示方式（AIP/NAIP）

在机场平面图上，停止道和净空道的标示如图 3.4.41 所示。

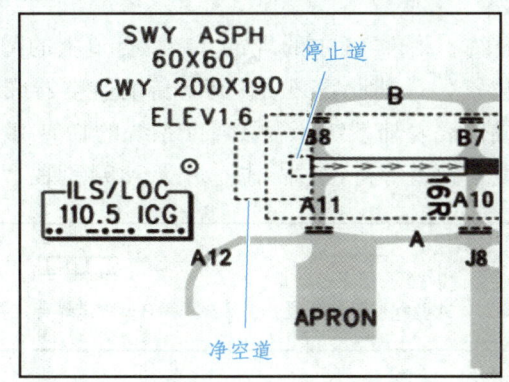

图 3.4.41　机场图平面图中的停止道和净空道（AIP）

⑨ 升降带。

升降带，也称"跑道地带"，是一块包括跑道和停止道（如果设置停止道）的划定场地。其用途为：①一旦航空器提早接地或起降冲出跑道时，可以减少遭受损失的危险。②保证航空器在起降过程中可从其上空安全飞过。飞行区必须设置升降带，其长度应为在跑道入口前、自跑道或停止道端向外延伸 30 m 或 60 m；宽度为在其全长上、自跑道中线或延长线每侧横向扩展到 30～150 m 不等。升降带对称于跑道中线，但其长度和宽度与跑道本身的长度及类型有关。升降带要经过平整，以保证有足够强度，供航空器冲出跑道时作为安全地区。不同级别的机场对升降带的长度、宽度和地面障碍物高度的要求也不同。位于升降带内可能对航空器活动构成危险的物体应看成是障碍物，应尽可能移走。升降带除去跑道和道肩以外的部分习惯上称为安全道。位于跑道两侧之外称侧安全道，而位于跑道两端之外称端安全道。在平面图中，升降带按比例尺绘制其长度和宽度，没有编号，其表示方式为"Strip 长度×宽度"，用细短虚线标绘，长度和宽度的精度均为 1 m，如图 3.4.42 所示。

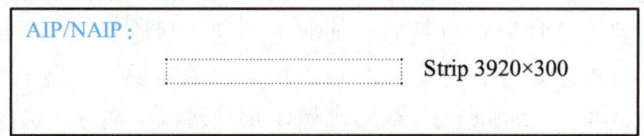

图 3.4.42　升降带符号及其表示方式（AIP/NAIP）

在机场平面图上，升降带的标示如图 3.4.43 所示。

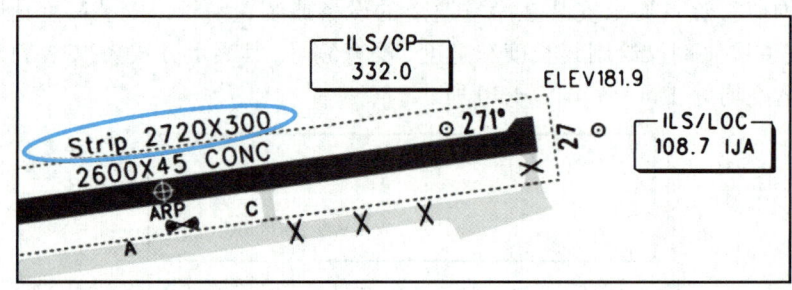

图 3.4.43　机场图平面图中的升降带（AIP）

⑩ 跑道等待位置标志。

根据《国际民用航空公约》附件 14 中的规定，在滑行道上的滑行道与跑道交接处，必须设立一个或多个跑道等待位置，且其设置必须使得等待的航空器或地面车辆不侵犯无障碍物区、进近面、起飞爬升面或仪表着陆系统、微波着陆系统的临界/敏感区或干扰无线电设备的运行。跑道等待位置处应设置跑道等待位置标志，分为 A 型和 B 型两种，如图 3.4.44 所示。

图 3.4.44　平面图中的跑道等待位置符号（AIP/NAIP）

在滑行道与非仪表跑道、非精密进近跑道或起飞跑道相交处，跑道等待位置标志应为 A 型。在滑行道与Ⅰ、Ⅱ或Ⅲ类精密进近跑道相交处，如仅设有一个跑道等待位置，则该处的跑道等待位置标志应为 A 型。在上述相交处如设有多个跑道等待位置，则最靠近跑道的跑道等待位置标志应采用 A 型，而其余离跑道较远的跑道等待位置标志应采用 B 型，如图 3.4.45 和图 3.4.46 所示。

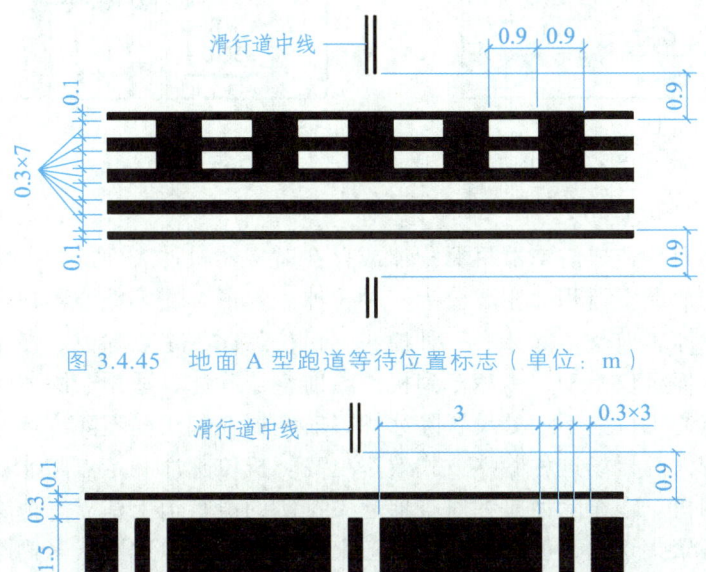

图 3.4.45　地面 A 型跑道等待位置标志（单位：m）

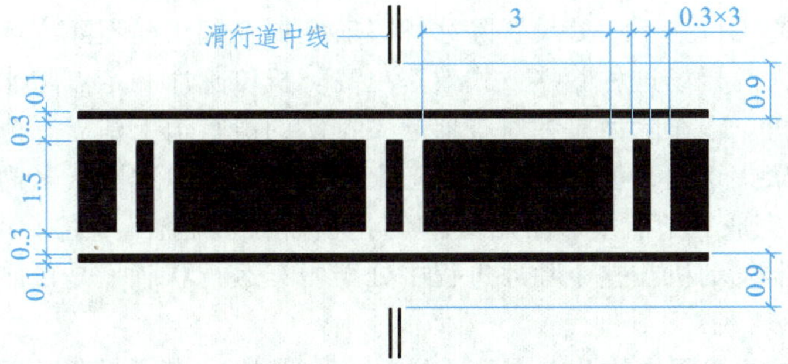

图 3.4.46　地面 B 型跑道等待位置标志（单位：m）

⑪ 等待点。

等待点（Holding Positions）指飞行员使用导航设施或目视地面可以识别的一个规定定位点，根据这个定位点建立等待程序，使航空器保持在以等待点为基准的保护空域内。机场图和停机位置图中必须公布等待点。若无停机位置图或停机位置图无法公布全部的等待点时，应在机场图中公布。不同类型等待点的具体用途可以用注释信息加以说明。等待点有编号，编号由字母或字母与数字的组合构成，如 HP、PB、AH1、EOT2、EOP3 等，其表示方式如图 3.4.47 所示。

图 3.4.47　平面图中的等待点表示方式（AIP/NAIP）

在机场平面图上，等待点的标示如图 3.4.48 所示。其中 HP1~HP9 均为等待点。

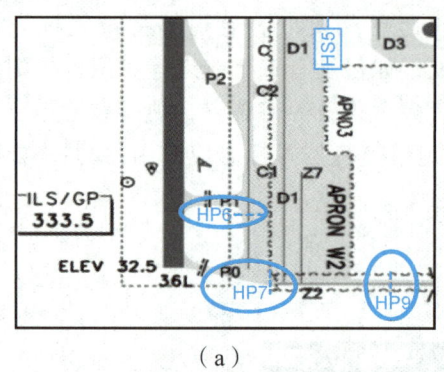
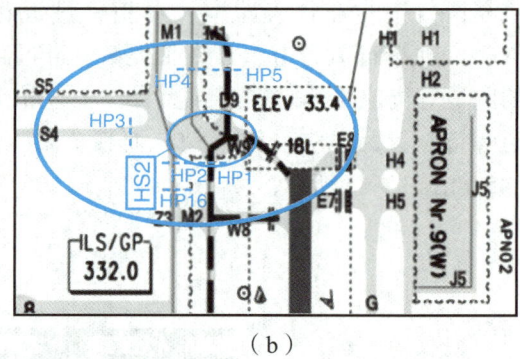

（a） （b）

图 3.4.48　机场图平面图中的等待点示例（AIP/NAIP）

⑫ 除冰位置（除冰点）。

如因天气条件不佳造成航空器机翼积冰或存在航空器机件表面的冰、雪附着现象，都会降低航空器的性能。航空器积冰主要分为三种：冰、雾凇、霜。航空器在这种情况下起飞、起飞之前都必须除冰。航空器除冰有三种模式：机位除冰、定点除冰、慢车除冰。其中，机位除冰时航空器在停机位不动，由冰车到机位给航空器除冰，适用于除冰频率较低的机场。定点除冰是在跑道起飞位置不远处设置除冰坪，航空器在起飞前至除冰坪除冰，除冰车不必移动，对于流量较大的机场这种除冰方式效率更高。机位除冰和定点除冰在除冰过程中都必须关闭航空器发动机。慢车除冰是在航空器起飞排队的滑行道上建立一个除冰区，多辆除冰车和其他除冰设备聚集于此，航空器在滑行道上排队时通过除冰区，多辆除冰车同时作业，只需 7~8 min 即可完成一架航空器的除冰，除冰完成后的航空器可直接滑入跑道起飞。此种除冰模式中，航空器发动机在整个除冰过程中处于慢车运行状态，是目前除冰效率最高的一种方式。

在机场图和停机位置图中均公布有除冰位置（除冰点）。若无停机位置图或停机位置图无法公布全部的除冰位置（除冰点），则在机场图中予以公布。除冰位置（除冰点）应标绘编号，相关的运行限制采用注释信息加以描述。在机场图的平面图中，除冰位置（除冰点）的表示方式如图 3.4.49 所示。

图 3.4.49　平面图中的除冰位置（除冰点）表示方式（AIP/NAIP）

6）滑行道信息

滑行道是滑行道系统的重要组成部分，也是机场的重要地面设施，是机场内供航空器滑行的规定通道。滑行道的主要功能是提供从跑道到停机位置或维修机库的路径，使已着陆的航空器迅速离开跑道，不与起飞滑跑的航空器相干扰，并尽量避免延误随即到来的航空器着陆。此外，滑行道还提供航空器由停机位置进入跑道的通道。滑行道可将功能不同的分区（飞行区、候机楼区、航空器停放区、维修区及供应区）连接起来，使机场最大限度地发挥其容量潜力并提高运行效率。一般来说，要求机场内的滑行道以实际可行的最短距离连接各功能分区。

（1）滑行道系统。

滑行道系统主要包括：主滑行道、进出滑行道、航空器机位滑行通道、机坪滑行道、辅助滑行道、滑行道道肩及滑行带。主滑行道又称干线滑行道，是航空器往返于跑道与机坪的主要通道，通常与跑道平行。进出（进口或出口）滑行道又称联络滑行道（俗称联络道），是沿跑道的若干处设计的滑行道，旨在使着陆航空器尽快脱离跑道。出口滑行道大多与跑道正交，快速出口滑行道与跑道的夹角为25°~45°，最佳为30°。航空器可以较高速度由快速出口滑行道离开跑道，不必减到最低速度。出口滑行道距跑道入口的距离取决于航空器进入跑道入口时的速度（称为进场速度）、接地速度、脱离跑道时的速度以及出口滑行道数量、跑道与机坪的相对位置。出口滑行道数量需考虑高峰时运行航空器的类型及每类航空器的数量。一般在跑道两端各设置一个进口滑行道。对于交通繁忙的机场，为防止前面航空器不能进入跑道而妨碍后面航空器的进入，则通过设置等待坪、双滑行道（或绕行滑行道）及双进口滑行道等方式解决，为确定起飞顺序提供了更大灵活性，也提高了机场的容量和效率。滑行道和跑道端处的等待坪用标志线在地面上标出，此区域是为了航空器在进入跑道前等待许可指令。等待坪与跑道端线保持一定的距离，以防止等待航空器的任何部分进入跑道，成为运行的障碍物或产生无线电干扰。

航空器机位滑行通道和机坪滑行道均为机坪上的滑行道。辅助滑行道供航空器通向维修坪或隔离坪等所用。为了保证航空器的滑行安全，通常在滑行道两侧对称地设置道肩，而且向两侧延伸一定距离，延伸部分连同滑行道（机位滑行道除外）统称为滑行带。

（2）滑行道长度和宽度。

大型机场的滑行道长度可以达到3 km及以上，宽度可达到60 m。由于滑行速度低于航空器在跑道上的速度，因此滑行道宽度比跑道宽度要小。滑行道的宽度由该机场内最大航空器的轮距宽度决定，要保证航空器在滑行道中心线上滑行时，其主起落轮的外侧距滑行道边线不少于1.5~4.5 m。在滑行道转弯处，其宽度应根据航空器的性能适当加宽。

在机场图的平面图中，滑行道长度按比例尺绘制且有编号，一般用字母、字母或数字的组合来表示，其表示方式如图3.4.50所示。

（3）滑行道桥。

有些机场会设置滑行道桥。滑行道桥是机场的桥梁，用于使航空器滑行道穿过高速公路、铁路或水路。滑行道桥必须能够承载最大尺寸航空器的重量，因为这些航空器可能会直接在桥上通过并停在桥上。在机场图的平面图中，滑行道桥的表示方式如图3.4.51所示。

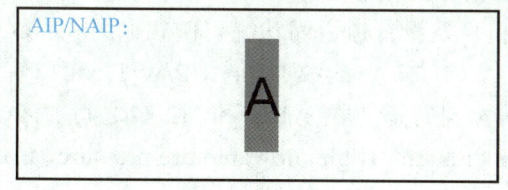 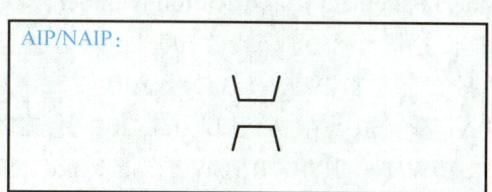

图3.4.50　平面图中的滑行道表示方式（AIP/NAIP）　图3.4.51　平面图中的滑行道桥表示方式（AIP/NAIP）

（4）滑行道强度。

一般情况下，滑行道所受载荷比跑道更重。滑行道比跑道窄，机轮几乎沿不变的轨迹滑行。在滑行道上滑行时，航空器速度很低，机翼几乎不产生升力，特别是在起飞时，航空器以全重作用在滑行道上。同时，滑行道上的航空器运行密度通常要高于跑道，航空器的总重量和低速滑行时的压强比跑道所承受的略高，因此滑行道道面强度要与配套使用的跑道两端的强度相等或更高。

机场内的每一条滑行道均需提供道面强度。若多条滑行道的道面强度不同，则按 PCN 值从大到小排序，同时按滑行道编号顺序排列。若同一条滑行道不同分段的道面强度不同，则 PCN 值从大到小排序。滑行道强度的表示方式为"TWY 跑道编号：PCN 值"，如图 3.4.52 所示。

```
AIP：
    TWY  L2（BTN  A&B），A12（BTN  A&B）  90/F/B/W/T

NAIP：
    TWY  L2（A 滑与B 滑之间），A12（A 滑与B 滑之间）  PCN 90/F/B/W/T
```

图 3.4.52 平面图中的滑行道强度表示方式（AIP/NAIP）

对于相同的滑行道，其强度与跑道强度、停机坪强度、停机位强度、机坪滑行线强度可以合并表示，且多数位于平面图的左上角位置，如图 3.4.53 所示。

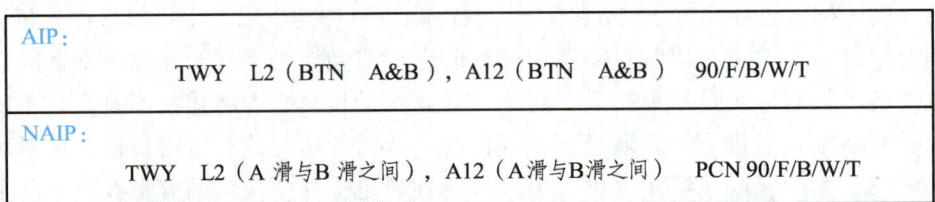

图 3.4.53 平面图中的滑行道道面承载强度报告（AIP）

图 3.4.53 中，滑行道强度信息采用 PCN 方式描述，即 ACN-PCN（Aircraft Classification Number -Pavement Classification Number，飞行器-道面分类编号）。该分类编号由 ICAO 于 1981 年制定，用于评估可承载 5 700 kg 以上航空器的机坪及滑行道道面状况。例如，图 3.4.53 中第一排文字"TWY A1（BTN A&RWY02L/20R），A（BTN A1&A2）106/R/B/W/T"可以解读为"A1 滑行道（在 A 滑和 02L/20R 跑道之间），A 滑行道（在 A1 滑和 A2 滑之间），PCN 106/R/B/W/T"。其中"R/B/W/T"指 Rigid、Medium strength、High allowable tire pressure、using technical evaluation（硬质道面、中等强度、胎压上限高、专业评估）。

7）停机坪信息

（1）停机坪图例。

停机坪指在陆地机场上划定的供航空器上下旅客、装卸货物以及对航空器进行各种地面服务的场地，包括机务维修、上水、餐配、加油、清洁等。机坪布局应根据机坪的类别、停放航空器的类型和数量、停放方式、航空器间的净距、航空器进出机位的方式等因素综合确定。有单线式、指廊式、卫星厅式和车辆运送式四种布局方式。停机坪如有编号，应标绘编号。编号方式一般采用字母、数字、字母和数字的组合。AIP 中的表示方式为"APRON Nr. 停机坪编号"；NAIP 中的表示方式为"停机坪编号停机坪"，如图 3.4.54 所示。

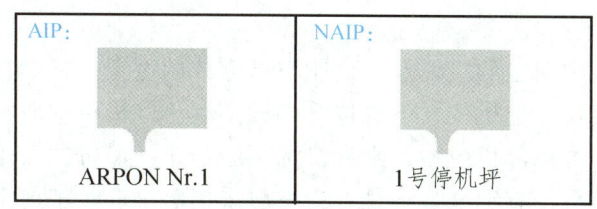

图 3.4.54　停机坪的表示方式（AIP/NAIP）

在机场平面图上，停机坪的标示如图 3.4.55 所示。

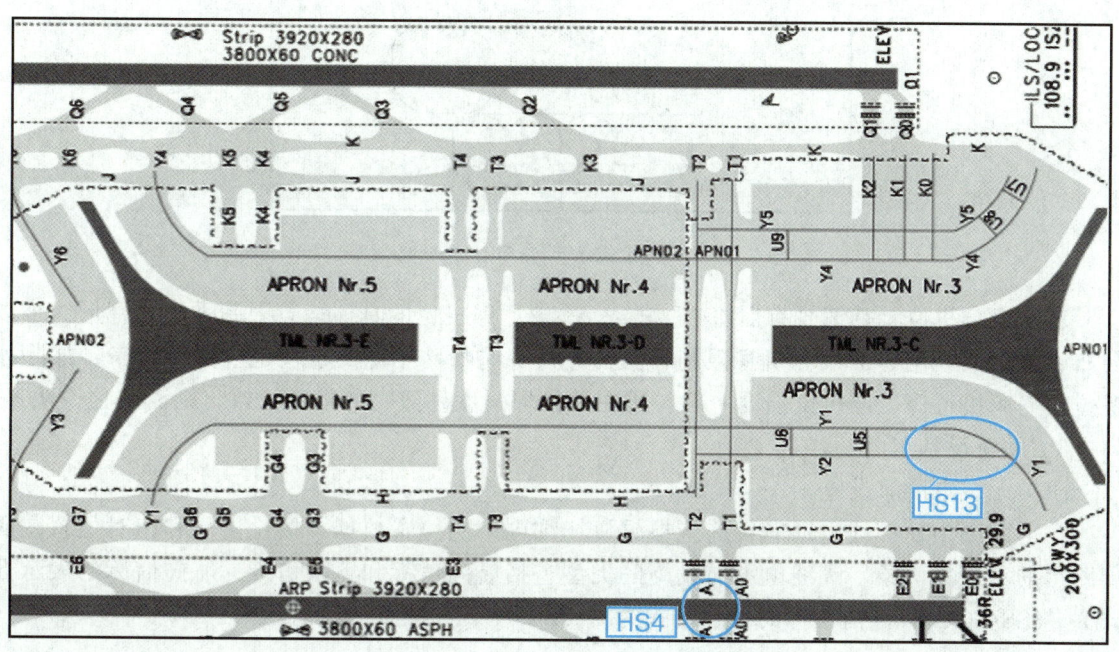

图 3.4.55　机场图平面图中的停机坪（AIP）

（2）停机坪强度。

机场内的每一个停机坪均需提供道面强度。若多个停机坪的道面强度不同，则按 PCN 值从大到小排序，同时按停机坪编号顺序排列。若一个停机坪不同区域的道面强度不同，则 PCN 值从大到小排序。若停机坪道面强度与跑道道面强度、滑行道道面强度等相同，则合并表示。AIP 中停机坪强度的表示方式为"APRON Nr. 停机坪编号：PCN 值"；NAIP 中停机坪强度的表示方式为"停机坪编号停机坪：PCN 值"，如图 3.4.56 所示。

AIP：	NAIP：
APRON Nr.T3：PCN 110/R/B/W/T	T3机坪：PCN 110/R/B/W/T

图 3.4.56　停机坪强度表示方式（AIP/NAIP）

（3）停机位。

机场停机位指机场中划定的一块专门供航空器停放的位置。根据具体用途不同，停机位可以分为远机位、近机位、上机位、下机位等多种类型。停机位一般不在机场图中公布，而是公布在停机位图中。若无停机位图，则在机场图中公布。停机位按比例尺绘制，一般需要绘制其滑入引导线。停机位有编号，编号方式一般采用字母、数字、字母和数字的组合，如图 3.4.57 所示。

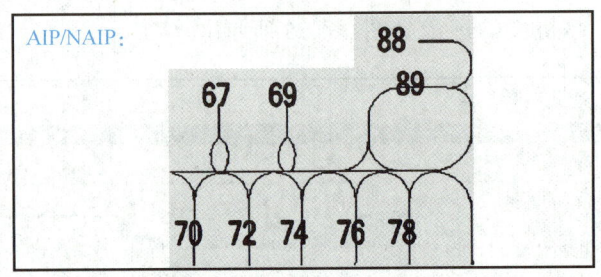

图 3.4.57　停机位表示方式（AIP/NAIP）

对于组合机位，其编号有后缀 L、R 或 A、B。停机位的具体运行限制采用注释形式加以公布，如机头朝向、翼展和机身限制等。另外，一些特殊用途的机位也应标注出来，如除冰机位、隔离机位等。停机位强度一般与所在停机坪强度一致，如果不一致，则需单独说明。

8）助航设备

（1）无线电助航设施。

在平面图中，无线电助航设施应根据机场细则中的位置数据，按比例尺和相对位置在所属跑道的对应处标绘。无线电助航设施的类型包括航向信标和下滑信标，航向信标的表示方式为"ILS/LOC"，下滑信标的表示方式为"ILS/GP"，如图 3.4.58 所示。

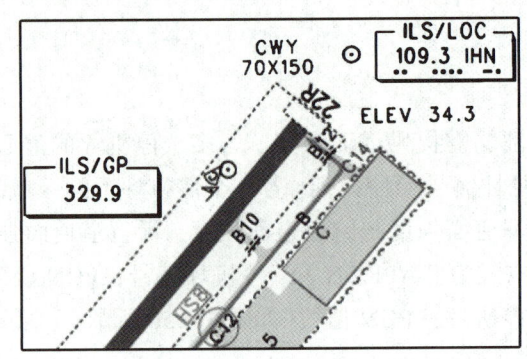

图 3.4.58　机场图平面图中的无线电助航设施（AIP）

（2）跑道视程设备。

在平面图中，跑道视程设备 RVR 应根据机场细则中的位置数据，按比例尺和相对位置在所属跑道的对应处标绘。RVR 设备应有编号，编号方式采用英文字母顺序排列，如图 3.4.59 所示。

（3）风向标/灯光。

在平面图中，风向标/灯光应根据机场细则中的位置数据，按比例尺和相对位置在所属跑道的对应处标绘。风向标/灯光不需要编号，如图 3.4.60 所示。

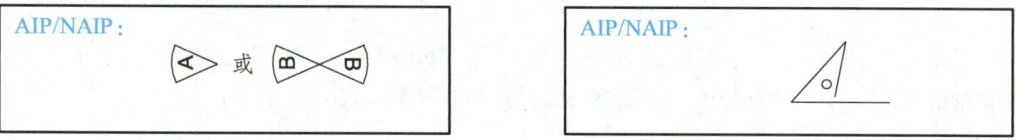

图 3.4.59　平面图中的跑道视程设备图例（AIP/NAIP）　图 3.4.60　平面图中的风向标/灯光（AIP/NAIP）

（4）着陆方向标/灯光。

在平面图中，着陆方向标/灯光应根据机场细则中的位置数据，按比例尺和相对位置在所属跑道的对应处标绘。着陆方向标/灯光不需要编号，如图 3.4.61 所示。

9）助航灯光

助航灯光主要指进近灯光系统。在平面图中，进近灯光主要以图形和文字两种形式公布，图形部分按比例尺在跑道的对应处标绘，文字部分则主要公布在灯光表格中。在平面图的注释信息中，有时也会包含必要的进近灯光信息文字描述。

机场图平面图中的主要进近灯光图例如图 3.4.62 ~ 图 3.4.65 所示。

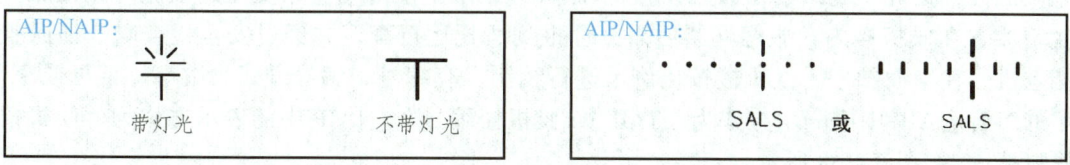

图 3.4.61　平面图中的着陆方向标/灯光（AIP/NAIP）　图 3.4.62　平面图中的简易进近灯光系统（AIP/NAIP）

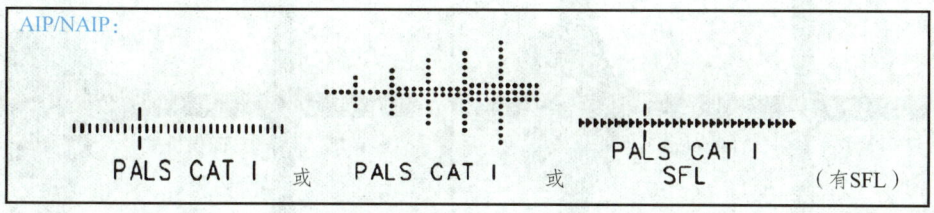

图 3.4.63　平面图中的一类进近灯光系统（AIP/NAIP）

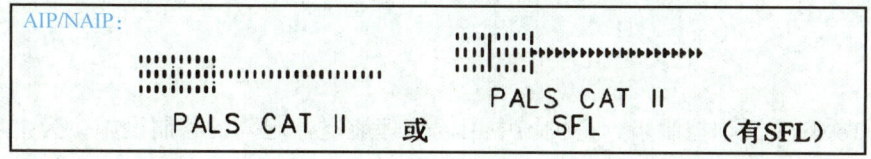

图 3.4.64　平面图中的二类进近灯光系统（AIP/NAIP）

有的机场配置有顺序闪光灯，则标注"SFL"，且与进近灯光组合绘制。对于机场内配置的精密进近航道指示器，根据机场细则中的位置数据，按比例尺和相对位置在所属跑道的对应处标注"PAPI"字样,其在平面图中的表示方式如图3.4.66所示。

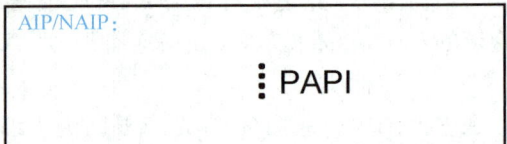

图3.4.65 平面图中的三类进近灯光系统(AIP/NAIP) 图3.4.66 平面图中的精密进近航道指示器(AIP/NAIP)

对于跑道灯光而言,跑道接地地带灯标注为"RTZL"。二类以上的进近灯光系统应设置跑道接地地带灯。在平面图中,跑道接地地带灯的图例如图3.4.67所示。

图3.4.67 平面图中的跑道接地地带灯(AIP/NAIP)

在平面图中,与跑道相关的跑道中线灯、跑道边灯、跑道末端灯均不公布其图形,而是单独以文字的形式在主要灯光表格中加以公布,并分别标注"RCLL""REDL""RENL"字样。

10)其他要素

(1)候机楼。

候机楼,又称"航站楼",是机场内供旅客转换陆上交通与空中交通的设施,方便旅客上下航空器。在候机楼内,旅客购票后需办理报到、托运行李,并经过安全检查哨及证照查验方能登机。在平面图中,候机楼按比例尺进行绘制,有编号,编号方式为数字、字母或字母、数字的组合。AIP中的表示方式为"TML Nr.候机楼编号",NAIP中的表示方式为"候机楼编号候机楼",如图3.4.68所示。

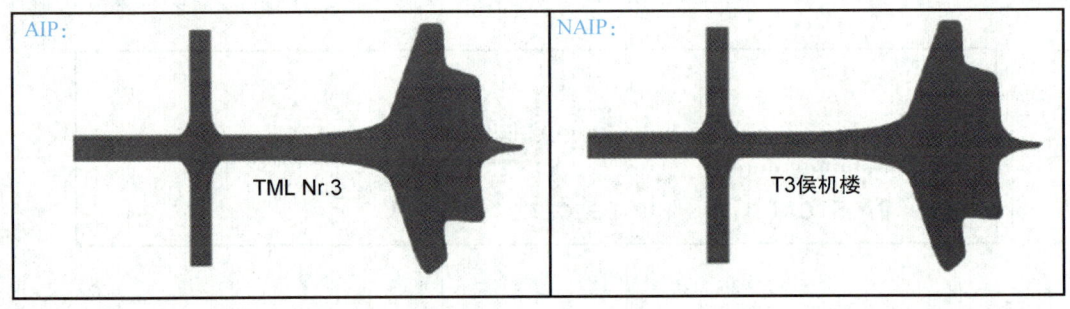

图3.4.68 平面图中的候机楼(AIP/NAIP)

(2)塔台。

塔台(Tower)又称控制塔,是机场中用于管理航空器起降的管制设施,为机场内最高的建筑物。其顶层是四面透明的窗户,可以保持360°的视野,便于在这里工作的空中交通管制员ATC能够看清机场四周的动态。在平面图中,塔台在AIP中的表示方式为"TWR",在NAIP中的表示方式为"塔台"。如果机场有多个塔台,则采用编号表示,如图3.4.69所示。

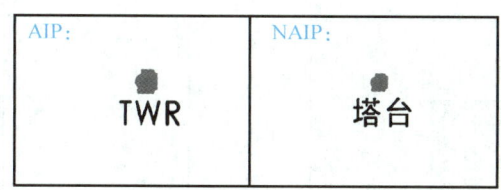

图 3.4.69 平面图中的塔台（AIP/NAIP）

（3）机动区冲突多发地带。

机场冲突多发地带（Hot Spot）指机场活动区内发生跑道入侵事件风险较大、需要地面车辆和人员高度注意的区域。冲突多发地带一般包括：① 曾发生过跑道入侵事件的区域；② 复杂的交叉点或者穿越跑道的区域；③ 塔台无法看到的跑道区域以及与跑道相连的滑行道；④ 其他可能导致地面车辆和人员跑道入侵风险增加的区域。

若机场存在冲突多发地带，则必须在机场图中予以公布。根据机场运行实际情况，机动区冲突多发地带可以设置在机场机动区的任何位置。机场冲突多发地带有编号，编号方式为数字、字母或数字、字母的组合，表示方式为"HS 编号"，如图 3.4.70 所示。机场冲突多发地带的图示和解释说明有时还会同步标注在平面图的图例框中或注释信息中。

（4）塔台目视盲区。

根据机场实际运行情况，塔台目视盲区可以设置在机场机动区的任何位置。在平面图中，塔台目视盲区的位置和范围按相对位置标绘，必要时在图例框和注释信息中公布其相关图示和解释说明。塔台目视盲区的示例如图 3.4.71 所示。

（5）施工区域。

根据机场实际运行情况，施工区域可设置在机场机动区的任何位置。在平面图中，施工区域的位置和范围按相对位置进行绘制，必要时在图例框和注释信息中公布其相关图示和解释说明。施工区域的示例如图 3.4.72 所示。

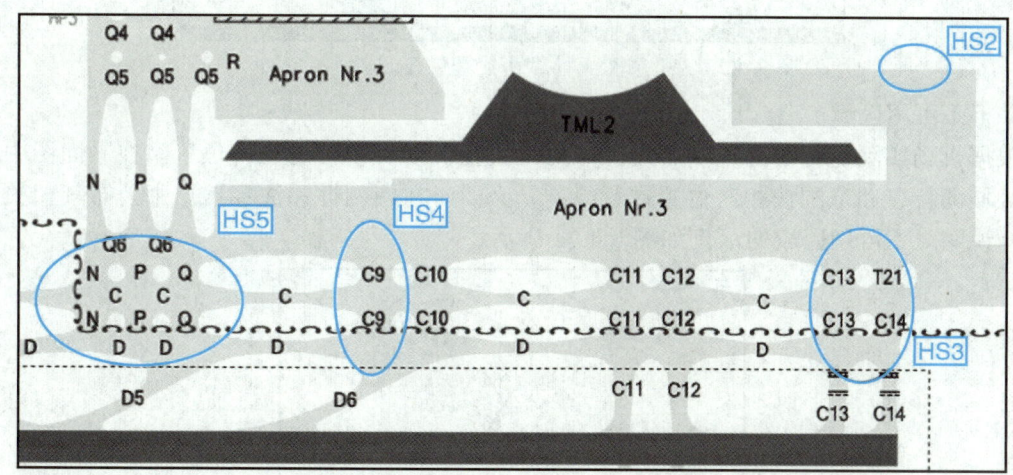

图 3.4.70 机场图平面图中的机场冲突多发地带（AIP/NAIP）

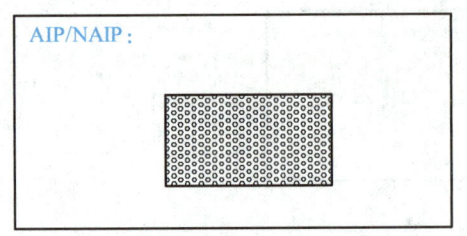 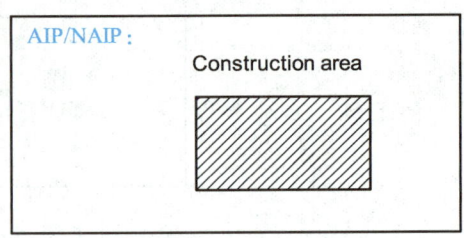

图 3.4.71 塔台目视盲区的图例（AIP/NAIP） 　　图 3.4.72 施工区域的图例（AIP/NAIP）

平面图中的施工区域示例如图 3.4.73 所示。

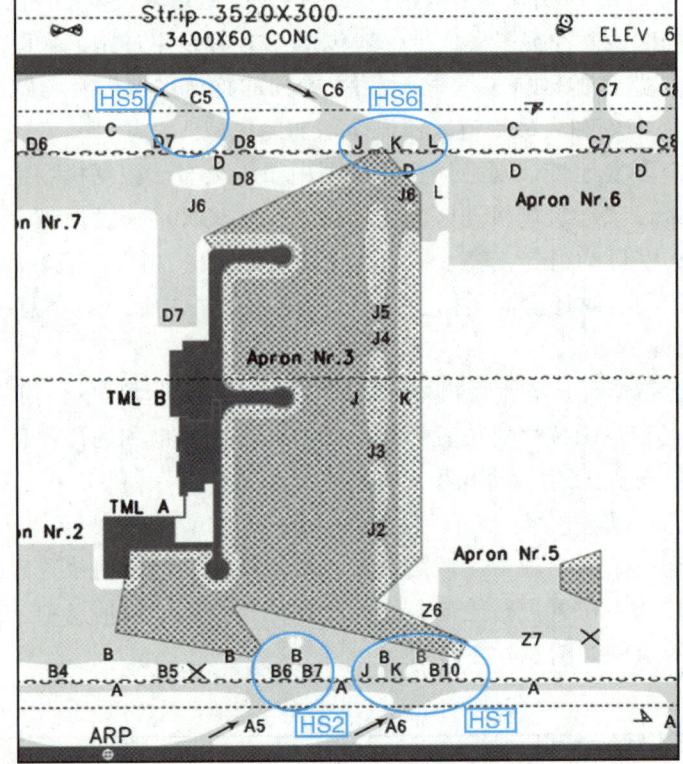

图 3.4.73 机场图平面图中的施工区域示例（AIP）

（6）不可用区域。

根据机场实际运行情况，不可用区域可设置在机场机动区的任何位置。在平面图中，不可用区域的位置和范围按相对位置进行绘制，必要时在图例框和注释信息中公布其相关图示和解释说明。不可用区域的示例如图 3.4.74 所示。

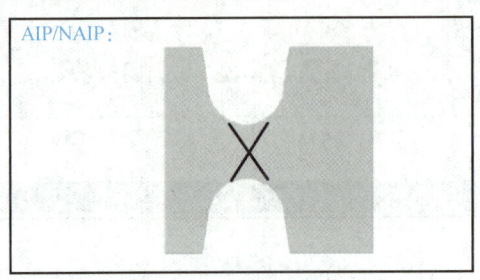

图 3.4.74 不可用区域的图例（AIP/NAIP）

（7）无线电通信频率管制边界。

在平面图中，需绘制无线电通信频率管制边界。无线电通信频率边界的具体适用范围由相应的无线电通信频率确定。如果无线电通信频率的管制边界过大或过于复杂，则采用单独的图幅进行公布。在平面图中，无线电通信频率的管制边界如图 3.4.75 所示。

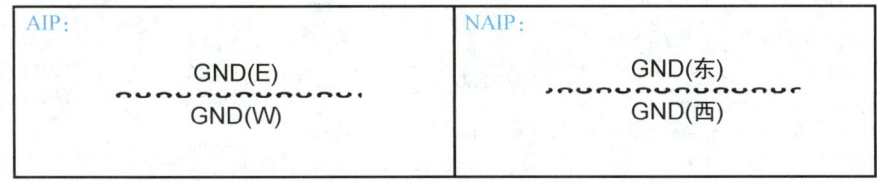

图 3.4.75　无线电通信频率管制边界（AIP/NAIP）

（8）直升机运行要素。

在平面中，针对直升机起降，通常会单独划设区域并用醒目的蓝色进行相应标注，见表 3.4.2。

表 3.4.2　平面图中的直升机运行要素（AIP/NAIP）

图例	含义
LP1	直升机起降区域编号，表示方式为"LP 编号"
↰	直升机穿越线
→	直升机进港航迹
←---	直升机离港航迹
H	直升机接地和离地区

4. 起飞最低标准及主要灯光要素

机场图的底部主要包含起飞最低标准表格和主要灯光系统表格两种表格。起飞最低标准表格一般位于底部左侧，主要灯光系统表格位于底部右侧。起飞最低标准是机场可用于起飞和进近着陆的运行限制，起飞最低标准根据跑道编号、航空器类别、跑道灯光、是否实施低能见度程序、是否有起飞备降场等因素分类公布。其中，航空器类别划分为两种，一种是按照航空器速度划分，另一种是按照航空器发动机数量划分。起飞最低标准一般采用跑道视程 RVR 或能见度 VIS 数值表示，是否公布 RVR 数值与是否设立 RVR 设备有关，有时还包括云底高。如果能够实施低能见度程序或能够执行 HUB 运行标准，则都需公布出来。其解读方法与杰普逊机场图完全相同。若执行起飞最低标准需满足相关要求，则采用注释加以说明。在主要灯光系统表格中，主要公布每条跑道所设立的相关灯光类型。按照实际情况，灯光类型可以包括 SALS、PALS CAT Ⅰ、PALS CAT Ⅱ、PALS CAT Ⅲ、SFL、PAPI、RTZL、REDL、RCLL 和 RENL 等，如图 3.4.76 所示。

AIP:

ACFT Type		TAKE-OFF MINIMA(WITH RELIABLE ALTN)(m)				主要灯光	
		RWY 15/33/16/34		LVP实施中 REDL RCLL		RWY15/33	RWY16/34
		REDL	NIL(Day only)	RWY 15/33/16/34	RWY 15/33		
2 TURB ENG or 3&4 ENG	A B C D	RVR400	RVR500	RVR200	RVR150	PALS CAT II SFL PAPI RTZL REDL RCLL RENL	PALS CAT I SFL PAPI REDL RCLL
				RVR250			
Other 1&2 ENG		VIS1600					
Note: RWY28 take-off climb gradient 5.5% or with no limits when VIS>5000m and ceiling>280m.							
修改：无							

NAIP:

飞机类别		起飞最低标准〔有起飞备降场〕（米）				主要灯光	
		RWY 15/33/16/34		LVP实施中 REDL RCLL		RWY15/33	RWY16/34
		跑道边灯	无灯（白天）	RWY 15/33/16/34	RWY 15/33		
3发、4发 及 2发 （涡轮）	A B C D	RVR400	RVR500	RVR200	需局方批准 RVR150	PALS CAT II SFL PAPI RTZL REDL RCLL RENL	PALS CAT I SFL PAPI REDL RCLL
				RVR250			
其他1发.2发		VIS1600					
注：RWY28起飞爬升梯度5.5%，当能见度大于5000m,云底高280m以上时，爬升梯度不受此限制							
修改：无							

图 3.4.76　机场图的起飞最低标准及主要灯光要素（AIP/NAIP）

机场用于起飞的最低标准不得低于该机场可用着陆方向着陆的最低标准。实施起飞最低标准时，跑道起飞方向的 RVR 或 VIS 低于规定的起飞最低标准的不得起飞。

3.5　CAAC 机场图综合样例

下面以广州白云国际机场的 AIP 系列机场图为例，对机场图进行详细解读。广州白云国际机场图有 2 张，分别如图 3.5.1 和图 3.5.2 所示。

图中各标注的含义如下：

标注 1：机场图标识。

标注 2：机场的通信频率列表。

标注 3：机场的 ICAO 四字代码。

标注 4：机场所在地名和机场名，地名和机场名中间用斜杠隔开。

标注 5：机场基准点坐标和机场标高。

标注 6：地面管制 GND 通信频率和机坪管制 APN 通信频率。频率后面括号中的 E、W、N 分别表示这是东区、西区或北区的通信频率。delivery 为放行许可通信频率，DCL AVBL 表示可以使用数字化放行。

标注 7：航图注释说明。本图中的注释说明是方位都是磁方向，高度、距离、标高，高的单位都是米。

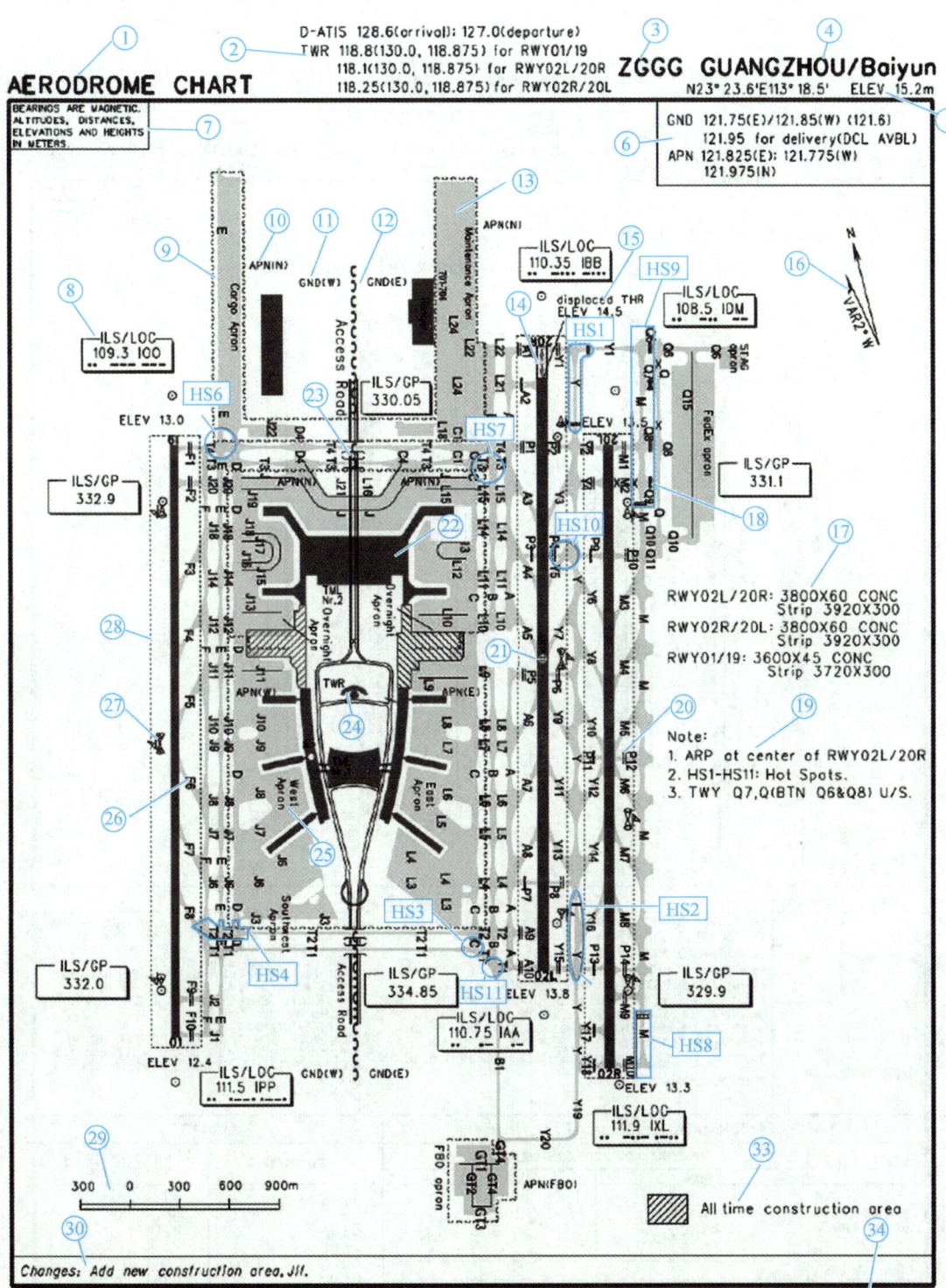

图 3.5.1 机场图综合样例——广州白云国际机场图（一）（AIP）

图 3.5.2　机场图综合样例——广州白云国际机场图（二）（AIP）

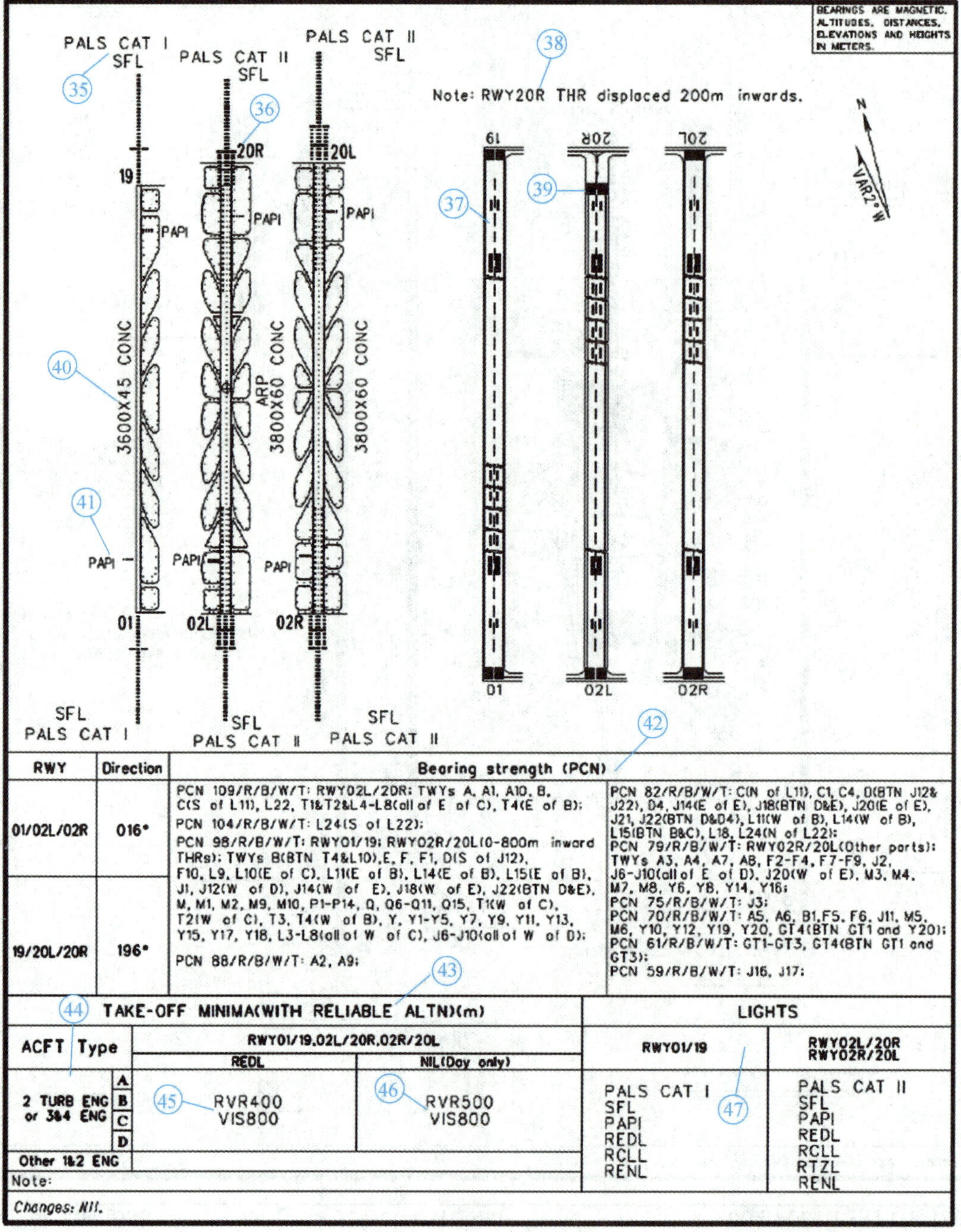

标注 8：仪表着陆系统 ILS 中的航向台信息，包括频率、识别代码和莫尔斯电码。
标注 9：货物区。
标注 10：北区机坪管制。
标注 11：西区地面管制。
标注 12：管制通信频率边界。
标注 13：维修区。
标注 14：跑道入口内移标志。
标注 15：跑道入口内移标高 14.5 m。
标注 16：磁差。
标注 17：跑道信息文字描述。包含各跑道的长度、宽度、道面，各升降带长度、宽度。
标注 18：机场冲突多发地带 HS（hot spot），编号为 2，包含 B 型跑道等待位置标志。
标注 19：注释信息。
标注 20：A 型跑道等待位置标志。
标注 21：机场基准点。
标注 22：航站楼。
标注 23：联络道桥。
标注 24：塔台。
标注 25：停机坪。
标注 26：跑道快速滑出道。
标注 27：跑道视程设备和风向标。
标注 28：升降带边界。
标注 29：比例尺。
标注 30：修订摘要。
标注 31：航图修订日期、生效日期和生效时间。
标注 32：航图绘制单位。
标注 33：图例说明。
标注 34：机场的 ICAO 代码和该图在 AIP 中的章节号。
标注 35：进近灯光信息。
标注 36：跑道编号。
标注 37：跑道道面标志简图。
标注 38：备注信息。20R 跑道入口内移 200 m。
标注 39：跑道入口标志。
标注 40：跑道长度、宽度及道面。
标注 41：精密进近航道指示器（Precision Approach Path Indicator，PAPI）。
标注 42：跑道方向信息，跑道和滑行道的 PCN 值。
标注 43：起飞最低标准，只有在具备可靠起飞备降机场时才可以使用这些标准。
标注 44：航空器类型。
标注 45：跑道边灯可用时的起飞最低标准。

标注 46：无跑道边灯时可以使用的起飞最低标准，仅限于白天。
标注 47：跑道的灯光系统信息。

复习思考题

1. 杰普逊机场图一般包含哪几个部分？
2. 杰普逊机场图的通信频率栏一般包含哪些通信频率？
3. 机场图的平面图中一般包含哪些机场设施图例符号？
4. 机场图的进近灯光有何作用？一般包含哪些类别的进近灯光系统？
5. 跑道附加信息一般包含哪些内容？
6. 机场图中的起飞备降最低标准一般包含哪些参数？又有哪些类别？
7. CAAC 机场图的布局有何特点？
8. 道面强度报告有何作用？
9. 滑行道系统包含哪些部分？各部分的功能是什么？
10. 机场图中的助航设施有哪些？

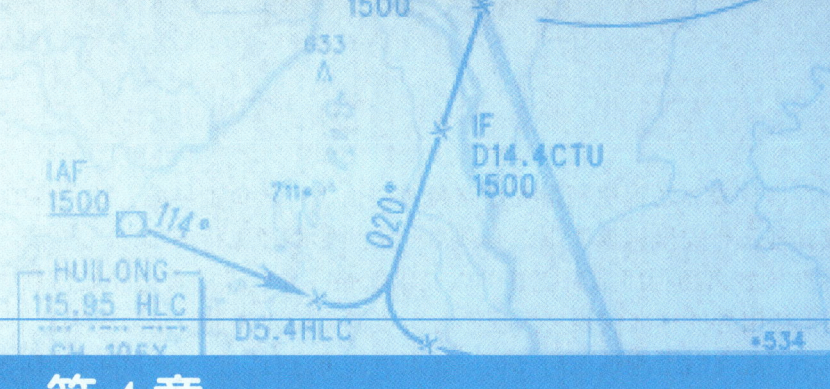

第4章
标准仪表离场图

在大中型机场，离场航空器很多，必须规定这些航空器各自的飞行路线，确保机场周围空域的空中交通秩序，同时减小管制员的工作量以及陆空通话时间。如果标准仪表离场航线不复杂，可以在区域图中加以公布，只有当区域图中无法描绘清楚时，需将其单独成图，这就是标准仪表离场图（Standard Instrument Departure，SID）。SID是为仪表飞行规则（IFR）条件下飞行的机组，提供使航空器从跑道起飞后过渡到航路飞行的资料。一条跑道通常会有多个离场程序，所有离场航路通常开始于离场跑道末端（Departure End of Runway，DER），结束于某个定位点或导航台。

标准仪表离场航线需满足：① 适合航空器的性能；② 适合通信失效程序；③ 上升和下降的限制减至最少；④ 使用的导航设备在数量上越少越好；⑤ 航线代号按统一规定。

当航空器从机场起飞时，必须选择该机场的一条离场程序。为保证飞行安全，飞行前准备时必须认真阅读离场图。

标准仪表离场程序是为了简化放行程序而为每个机场设计的带有编码的离场程序。所有标准仪表离场程序都需简洁易懂，而且尽量集中排版在一张航图上。

标准离场程序的设计是为优化航空管制，所以，其爬升梯度并不总是最小，通常程序的设计需要考虑地形与障碍物、噪声控制和空域管理。在美国，标准仪表离场程序是由军方或联邦航空管理局设计的。军方版本的标准仪表离场程序和民用版本的最大区别是，军方版本显示障碍物和越障爬升梯度，而民用版本只显示最小越障爬升梯度。

一个机场可以有多个不同的标准仪表离场程序，取决于飞机起飞使用的跑道方向和飞行计划中的目的地和航路。标准仪表离场程序中包括飞机飞离机场时的航向、高度、爬升信息、转弯点、时间等。管制员仅需控制飞机飞行的间隔，驾驶员按照这个程序就可以飞离机场进入航线。

4.1 杰普逊标准仪表离场程序的类型

标准仪表离场程序主要有两类：飞行员导航的标准仪表离场程序和雷达引导的标准仪表离场程序。

飞行员导航的标准仪表离场程序是指程序路径主要由飞行员负责导航。这种 SID 程序主要适用于因地形或其他飞行安全因素所限，必须沿一定投影路径飞行的机场。

雷达引导的标准仪表离场程序指当空管可以提供航路或导航点的雷达导航信息时使用的 SID 程序。在使用雷达引导的标准仪表离场程序时，可能会需要先进行越障离场程序，通常，越障离场程序会显示"起飞后沿跑道航向飞至××点后方可进行"。雷达引导的 SID 程序较飞行员导航的 SID 程序可以在航路流量控制上给空管制更多的空间。

4.2 杰普逊标准仪表离场程序的指派

在进行标准仪表离场程序前，飞行员必须得到空管的指令，SID 程序的指派由飞行的目的地、飞行计划中第一个定位点和使用的起飞跑道决定。

一个 SID 程序由很多定位点组成，这些定位点可以是地理坐标，或者无线电定位点，其中也包括爬升的剖面信息，指引飞行员按要求进行爬升。SID 程序的终点为航路上一点，至此飞行员将沿航路进行飞行。

4.3 杰普逊标准仪表离场图布局及信息

杰普逊标准仪表离场图包括标题栏和平面图。

4.3.1 标题栏

1. 航图索引号、航图标识和日期

在杰普逊航图中，标准仪表离场图的索引号是"*0-3?"。其中，"*"是数字，"?"是数字或字母。如图 4.3.1 和图 4.3.2 所示，离场图右上角用"SID""DEPARTURE（DP）"或"RNAV SID"等字样表明该图所属的离场图类型，即航图标识。SID 是标准仪表离场图（获得 ATC 许可），SID（R）表示该离场程序需要 ATC 提供雷达引导。DEPARTURE（DP）是离场时有超障要求的离场图。RNAV SID（Area Navigation SID）代表只有部署了区域导航设备的飞行器才可以使用该 SID 程序。日期表示和航路图内容相似，不做赘述。

ZUUU/CTU SHUANGLIU　　JEPPESEN　CHENGDU, PR OF CHINA
1 NOV 19　(10-3P)　Eff 6 Nov 1600Z　　SID

图 4.3.1　SID 图

ZUUU/CTU SHUANGLIU　　JEPPESEN　CHENGDU, PR OF CHINA
1 NOV 19　(10-3H)　Eff 6 Nov 1600Z　　RNAV SID

图 4.3.2　RNAV SID 图

2. 频率、标高、高度表拨正值和运行要求

标题栏下边的部分包含通信频率（部分航图不含）、机场标高（Apt Elev）、高度表拨正值和运行要求等信息。如图 4.3.3 所示，离场管制的频率是 124.3 MHz，机场标高是 128 ft。过渡高度 TA 是 18 000 ft。离场运行要求：①需要提供雷达引导；②这是一个雷达引导到 SXC

VOR 台的离场程序。描绘的离场航路仅用作通信失效程序。

如图 4.3.4 所示，机场标高为 1 681 ft，当该机场修正海压 QNH 不高于 979 hPa 时，过渡高度 TA 为 8 860 ft；当修正海压 QNH 不低于 1 031 hPa 时，过渡高度 TA 为 10 830 ft；其余情形，过渡高度 TA 为 9 580 ft。起飞时，飞机在到达过渡高度 TA 之后，要将高度表气压基准从修正海压 QNH 拨正为标准大气压 QNE，并在达到过渡高度层 TL 之前调整完毕。当雷达管制时，实际高度由 ATC 指定。

```
SOCAL          Apt Elev    Trans alt: 18000
Departure (R)  128         1. RADAR required.
124.3                      2. This is a RADAR vector departure to SXC VOR. Route depicted is a lost
                              communication procedure only.
```

图 4.3.3　频率信息和高度信息

```
Apt Elev    Trans alt: 9850
1681           10830 1031 hPa or above
               8860 979 hPa or below
            Under RADAR control, actual altitudes by ATC.
```

图 4.3.4　高度信息

3. 离场程序命名

频率等信息行的下方就是该离场程序图中所对应的一个或多个离场程序。离场程序的命名不统一。大部分离场程序使用该离场航线的终点来命名，飞机过了这个离场程序航线的终点后就按照航路图上的路线飞行。如果这个终点对应多条航线，则在这个终点名称后加数字或字母来区分。例如，2019 年 9 月 6 日更新的盖特威克机场的多佛（DOVER）离场程序就有 4 个：DVR 1M，DVR 1V，DVR 2P 和 DVR 2W。在美国，部分离场程序会通过过渡航路引导到航路上的某一点，该离场程序则以过渡程序的起点来命名。此外，部分离场程序会以其他定位点来命名。

一些离场程序会在离场程序名称后面紧跟一串带圆括号的文字，表示该离场程序的计算机代码，可以帮助更快地填写飞行计划。而离场程序名称后面方括号内的文字，则表示该离场程序的导航数据库识别代码。如图 4.3.5（a）所示，CATALINA 8 DEPARTURE 是洛杉矶国际机场 10-3 离场图中的一个离场程序，对应 6L/R，7 L/R 跑道离场，圆括号内的 SXC8.SXC 是计算机代码，用于填写飞行计划以及和 ATC 通信。如图 4.3.5（b）所示，BIVIP 12D 和 BIVIP 14D 是武汉天河机场 10-3L2 离场图中的两个离场程序，方括号内的 BIV 12D 和 BIV 14D 是其导航数据库识别代码。使用 BIVIP 12D 时需要请示 ATC。图 4.3.5（b）中的两个离场程序都是使用 22L 跑道离场。

CATALINA 8 DEPARTURE (SXC8.SXC)
(RWYS 6L/R, 7L/R)

（a）

```
BIVIP 12D [BIV12D], BIVIP 14D [BIV14D]
    BY ATC
    RWY 22L DEPARTURES
```

（b）

图 4.3.5　离场程序命名

4.3.2 平面图

在标准仪表离场图的平面图上可以找到指北箭头。此外,由于离场图一般不按比例尺绘制,因此,平面图上会有不按比例尺绘制的说明"NOT TO SCALE"。

平面图是离场图中最重要的部分,主要包含机场标识、导航台和定位点、飞行航迹、专用空域、高度限制和文本说明等。

1. 机场标识

大部分标准仪表离场图只用于一个机场,对于部分机场密集的区域,则需要区分主要机场和次要机场。主要机场用灰色阴影圆突出显示,并画出跑道的相对位置、方向和长度;次要机场则按照航路图的机场符号来标识,并写出机场名称和 ICAO 代码,如图 4.3.6 所示。

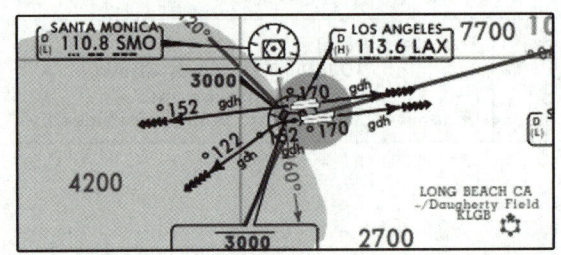

图 4.3.6 机场

2. 导航台和定位点

标准仪表离场图中使用了各种符号表示导航台和定位点,这些符号能帮助飞行员检查飞机的航迹是否正确。离场图中使用的导航台和定位点的符号及意义和航路图中的完全一致。各种导航台和定位点图例见表 4.3.1。

表 4.3.1 导航台和定位点图例

图例	说明	图例	说明
AARON 260 AJ	NDB 台	JERMYN (L) 117.9 KYL	VOR 台
·	DME 台	TAC-33 POPLASKI D(109.6) DJP	DME/TACAN 台
SHAFTER D(H) 115.4 EHF	VOR/TACAN 台(军用)	SANTA MONICA D(H) 110.8 SMO	VOR/DME

续表

图例	说明	图例	说明
△ ✦ ✕	非强制报告点	▲ ✦	强制报告点
◉ ◎ ✦	飞越空域报告点	BLAZEK 260 JB	LOM（带示位台的外指点标）

注：旁切航路点（Fly-by way-point）要求在到达该点之前转弯使航空器切入下一段航路或程序的航路点，飞越航路点（Fly-overway-point）为加入下一段航路或程序而飞越该点后开始转弯的航路点。

3. 飞行航迹

标准仪表离场图中的航线一般会以带箭头的直线或曲线构成，主要包括离场航线、DME 弧、过渡航线和雷达引导线。

1）离场航线

离场航线通常用一条带箭头的黑色粗实线来表示。当一张离场图中有多条离场航线时，需要在这些实线旁边标注其名称。如图 4.3.7 所示，该离场图中有两条离场航线 BIVIP 12D 和 BIVIP 14D。如果平面图中离场航线的一部分和航路图上的航线重合，则需要在离场航线上标注该航路的代号。

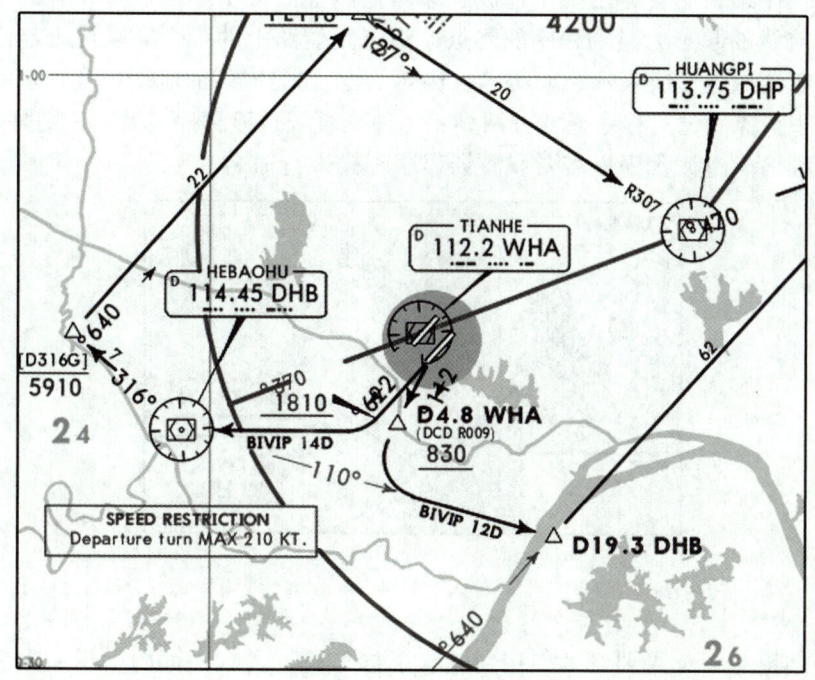

图 4.3.7 离场航线

部分平面图中会有大量 VOR 引导的径向线和 NDB 引导的方位线，这些线都会用带箭头的灰色实线表示。但是这些灰色线并不表示任何飞行路径，只用于确定定位点。如图 4.3.8 所示，灰色实线是 ELB VOR/DME 引导的径向线，表示定位点 DANAH 位于 ELB VOR/DME 台的 158°径向线上，且距该台 11.8 NM。

2）DME 弧

平面图中还会出现黑色的弧线，即 DME 距离弧，主要为飞行员提供和机场的情境意识。如图 4.3.9 所示，武汉天河机场离场平面图中有一条 DME 弧，代表该点距离 WHA DME 台 9.4 NM。

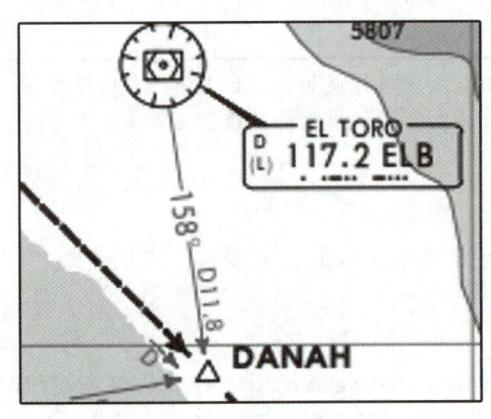
图 4.3.8　VOR 径向线

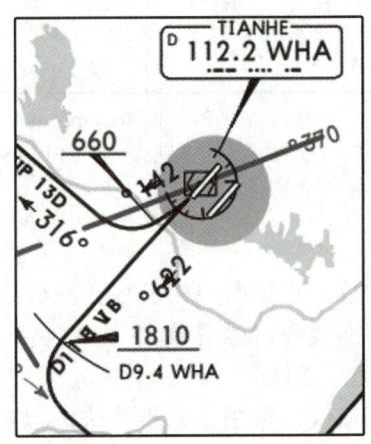
图 4.3.9　DME 弧

3）过渡航线

部分离场程序结束后会再由一个过渡程序与航路上的某个定位点和导航台相连，称为过渡航线。过渡航线的起点为离场程序的终点，终点是航路上的某个导航台或定位点。这类航线用带箭头的粗体黑色虚线表示，如图 4.3.10 所示。北美地区的航图包含较多的过渡程序，而其他地区则很少见。过渡程序通常分两种：一种是直线过渡程序，另一种则是沿着 DME 弧线进行过渡的程序。过渡程序也需要和离场程序一样进行命名。

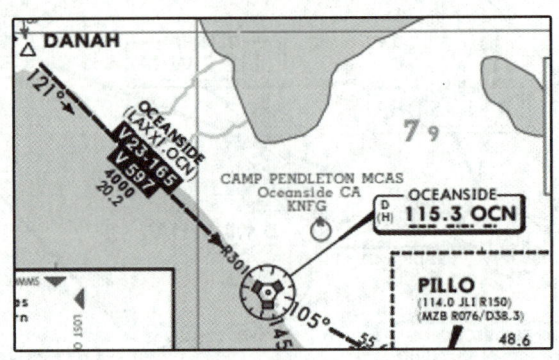
图 4.3.10　过渡航线

4）雷达引导线

离场程序结束后，如果要继续使用雷达来引导飞行，需在平面图中用一串黑色的箭头来表示，提示飞行员可以获得雷达引导，如图 4.3.11 所示。

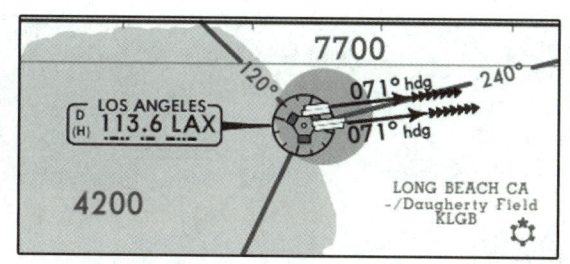

图 4.3.11　雷达引导线

4. 专用空域

禁区、限制区、危险区统称为专用空域。如果这些区域对离场程序产生影响，那么在离场图中需要将这些区域标注出来。这些区域的标注方式和航路图一样，如图 4.3.12 所示。

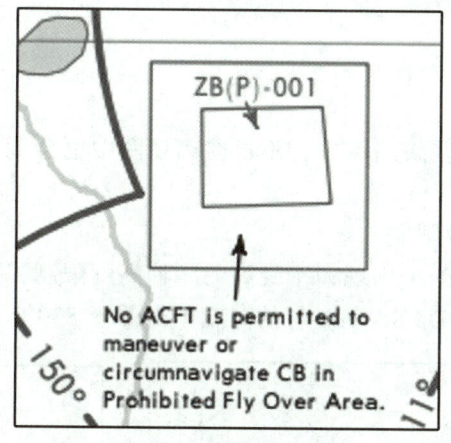

图 4.3.12　禁区

5. 高度限制

标准仪表离场图平面图中的高度信息对正确执行离场飞行十分重要，主要包括最低安全高度、航段高度限制、导航台或定位点高度限制。

1）MSA（Minimum Safe Altiutude），最低安全高度

一般而言，MSA 会绘制在杰普逊离场图标题栏高度表拨正值附近，有时也会将它直接标注在平面图中。MSA 为距离导航台一定距离范围内（通常为 25 NM），不管是山区还是平原都至少提供了 1 000 ft 的超障余度。根据向台磁方位（QDM）划分为几个扇区，每个扇区有各自的 MSA。MSA 通常可以算出来：最低扇区高度=该扇区内最高障碍物的标高+超障余度。大部分国家通常规定山区的超障余度为 2 000 ft（600 m），除山区以外的其他地区为 1 000 ft（300 m）。在我国，山区最小超障余度为 600 m，其他地区最小超障余度为 400 m。

MSA 只用于紧急情况或者目视飞行，每张图中的 MSA 仅适用于该图而与其他飞行程序无关，并且 MSA 不能保证导航和通信覆盖。

如图 4.3.13 所示，以洛杉矶国际机场标准仪表离场程序为例，扇区中心是 LAX VOR/DME 台，半径 25 NM。圆上三条磁方位线把该空域分成了三个扇区，其中扇区 QDM 010°～240°的 MSA 是 2 700 ft，扇区 QDM240°～120°内的 MSA 是 7 700 ft，扇区 QDM 120°～010°的 MSA 是 4 200 ft。

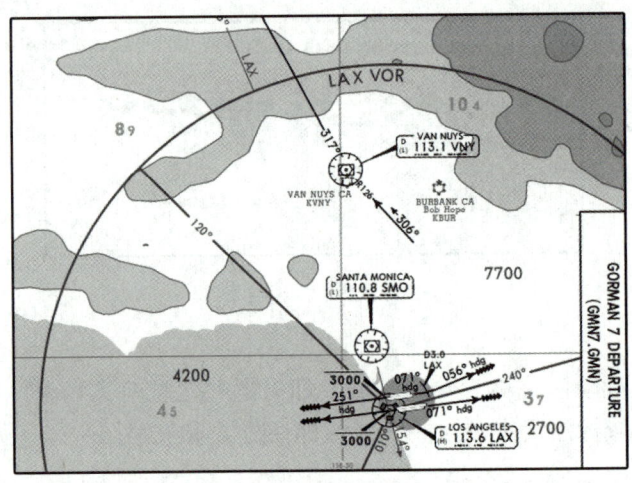

图 4.3.13　最低扇区高度

2）航段高度限制

航段高度限制通常出现在航路图中，不过在离场图中也会偶尔出现，如图 4.3.14 所示的最低航路高度是 4 400 ft。

3）导航台或定位点高度限制

这类高度是杰普逊离场图中出现频率最高的一种高度限制，用蓝色数字表示。如图 4.3.15 所示，表示飞机飞越定位点 D4.8 WHA 时的高度不得低于 830 ft。

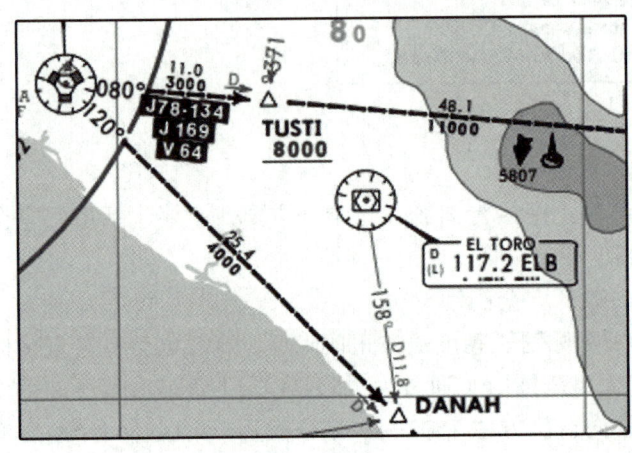

图 4.3.14　航段高度

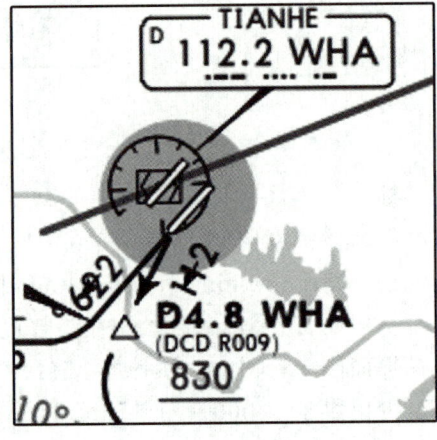

图 4.3.15　定位点限高

6. 文本说明

平面图除了图中的航线之外，还会通过小段文字来辅助描述离场程序的一些信息。

1）加入航路的离场程序

如图 4.3.16 所示，洛杉矶国际机场离场程序的相关描述：雷达引导飞机在不低于 14 000 ft 的高度穿过 SLI VOR 台，之后，沿 SLI VOR 台的 R-022°径向线在不低于 16 000 ft 的高度穿越 SEBBY。然后，沿着 DAG VOR 台的 R-214°径向线到达 DAG VOR 台。飞机离场 5 min 后，所有飞机期待进一步的管制指令爬升到计划的飞行高度层。

```
                        ROUTING
Then on RADAR vectors to cross SLI VOR at or above 14000, then on SLI R022 to cross SEBBY at or
above 16000. Then on DAG R214 to DAG VOR. All aircraft EXPECT further clearance to filed flight
level 5 minutes after departure.
```

图 4.3.16　离场程序说明

2）起始爬升

离场程序的起始爬升阶段可能在离场图平面图中用文字说明，或者在离场图底部用表格说明。起始爬升通常用"INITIAL CLIMB"来标注。如图 4.3.17 所示，24L/R 跑道离场，起始爬升阶段需要保持 251°的航向，在不高于 3 000 ft 的高度穿过 SMO VOR 台的 R160°径向线。

RWY	INITIAL CLIMB	TOP ALTITUDE
24L/R	Climb on heading 251° to cross SMO R160 at or below 3000.	Assigned by ATC
25L/R	Climb on heading 251°, at the SMO R160 turn LEFT heading 221°, cross SMO R160 at or below 3000.	

图 4.3.17　起始爬升

在有些离场图中，起飞阶段的说明还与所使用的跑道和机型有关。

有些 SID 程序非常复杂，必须用单独的图表来说明起飞爬升阶段的飞行程序（这样的情况非常少）。在使用这样的 SID 程序时，必须先按照相应的起飞爬升程序图表的说明飞行，在达到起飞阶段的最后一个定位点后，再按照 SID 程序飞行。

3）起飞障碍物备注

在标准仪表离场图中，通常会用"TAKEOFF OBSTACLE NOTES"来标注起飞飞越障碍物时的爬升梯度要求，如图 4.3.18 所示。爬升梯度对于恶劣天气时的离场非常重要，如果不按照上面的要求执行离场，飞行安全将受到影响。

```
This SID requires take-off minimums            TAKEOFF OBSTACLE NOTES
(for standard minimums, refer to airport chart):   See TAKEOFF OBSTACLE NOTES page (10-3OB1).
Rwys 6L/R, 7L/R: Not authorized - Operational.
Rwys 24L/R, 25L/R: Standard (or lower than
standard, if authorized).
```

图 4.3.18　起飞障碍物备注

图 4.3.19 所示为杰普逊标准仪表离场图中使用离场程序时不同爬升梯度和地速、爬升率的关系。

```
TAKEOFF OBSTACLE NOTES
See TAKEOFF OBSTACLE NOTES page (10-3OB1).

This SID requires takeoff minimums
(for standard minimums, refer to airport chart):
Rwys 6L/R, 7L/R: Not authorized - ATC.
Rwys 24L/R, 25L/R: Standard (or lower than
standard, if authorized) with a minimum climb of
500 per NM to 640.
```

Gnd speed-KT	75	100	150	200	250	300
500 per NM	625	833	1250	1667	2083	2500

图 4.3.19　地速-爬升梯度换算表格

爬升梯度和地速、爬升率的关系如下：

$$爬升率 = \frac{地速}{60} \times 爬升梯度$$

在杰普逊航图中，地速的单位为节（kt），爬升梯度的单位是英尺/海里（ft/NM），爬升率单位为英尺/分钟（ft/min，fpm），在计算时需要进行单位换算。

4）限制条件

（1）速度限制。

在标准仪表离场图上会标注出航空器沿离场程序飞行时的速度限制，这类限速可能会用在整个离场程序中，也有可能用于部分航段。一般用红色的字体标注。

如图4.3.20所示，除ATC特别要求外，该离场程序飞行时，最高速度不得超过250 kt。

图4.3.20　速度限制

（2）机型和机载设备限制。

对机型与机载设备的限制通常与离场图的标题放在一起。如图4.3.21所示，离场程序LAXX 1 DEPARTURE要求有机载雷达和DME接收机；而且该离场程序仅适用于涡轮喷气式飞机。

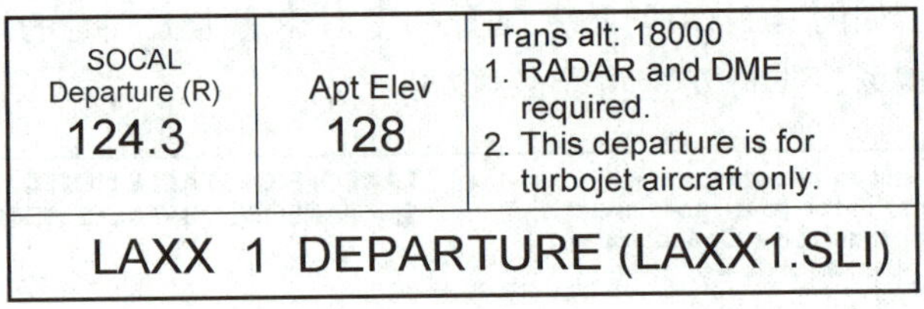

图4.3.21　机型和机载设备限制

5）导航设施失效

当机场导航设施失效时，可能会影响到程序的使用。此时离场图中应说明导航设施失效时的备份方案，如图4.3.22所示。有些离场程序只有在雷达可用时才有效，这种情况下会在SID程序名称下面注明必须要有雷达引导。

6）通信失效程序

以FAA为例，这种情况时，首先将应答机设置为7600；随后将会出现数个关于继续飞行的程序，此时需要根据实际情况作出选择：

（1）飞行规则改为VFR，尽快着陆并通知ATC。

（2）如果只能在IFR规则下飞行，以下程序二选一：

①执行标准通信失效程序，继续飞行；

②如图4.3.23所示，执行SID平面图中标注的通信失效程序（图中会用LOST COMMS边框进行标注），继续飞行。

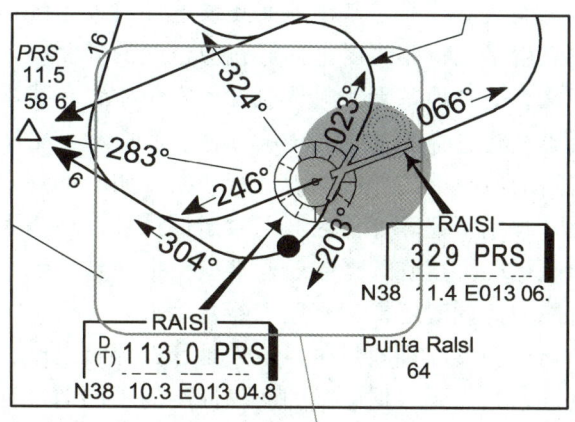

图 4.3.22　VOR 失效

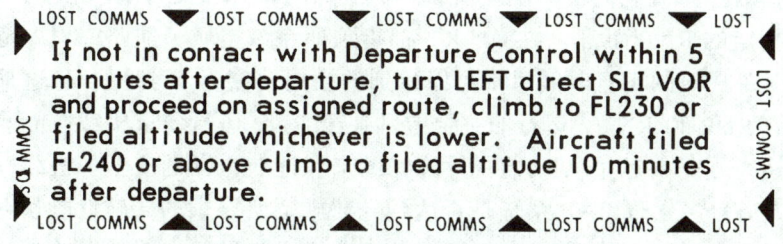

图 4.3.23　通信失效程序

4.4　PBN 介绍

基于性能导航（Performance-based Navigation，PBN）的导航方式是 ICAO 在整合各国区域导航（Area Navigation，RNAV）和所需导航性能（Required Navigation Performance，RNP）运行实践和技术标准的基础上，提出的一种新型运行概念。它将航空器先进的机载设备与卫星导航及其他先进技术结合起来，涵盖了从航路、终端区到进近着陆的所有飞行阶段，提供了更加精确、安全的飞行方法和更加高效的空中交通管理模式。PBN 的引入体现了航行方式从基于传感器导航到基于性能导航的转变。PBN 是一种导航方式，规定了区域导航系统内航空器沿 ATS 航路、仪表进近程序和空域飞行时的性能要求，通过空域运行所需的精度、完整性、连续性、可用性和功能性来确定性能要求。

在传统程序设计中，航空器导航是基于地面无线电导航设施的信号进行向、背台飞行。这种导航方式的最大缺点就是飞行路线受地面导航源位置的限制，常常导致飞行路线增长。如果要优化飞行程序，又会受到地基无线电导航设备安装位置和成本限制，并且保护区相对较大，导航系统误差会随着航空器距离导航设施的增大而增大。PBN 技术是一种基于性能的运行，对使用程序或航路的航空器的导航能力进行严格、明确的规定，确保了飞行轨迹的持续性、可靠性和预测性，减小了超障评估区域。对于设计者来说最大的变化是设计时不用依赖导航源，而只考虑导航标准。正确选择导航标准应根据空域情况、可用的导航设施类型、机载设备和航空器运行能力，同时还要考察航空器营运人、飞行员、空中交通服务提供各个方面的能力才能确定。当这些要求都满足时，不管是什么导航设施，都可以采用统一的设计准则来设计航路点和路线，只需要根据超障和间隔标准的不同而进行适当调整，大大简化了程序设计工作。

PBN 运行有两个核心要素：导航设施和导航规范。PBN 运行可以使用的导航设施有甚高频全向信标台/测距仪（VOR/DME）、测距仪/测距仪（DME/DME）、惯性导航系统/惯性基准系统（Inertial Navigation System，RNS/Inertial Reference System，IRS）及全球卫星导航系统（Global Navigation Satellite System，GNSS）。GNSS 主要包括美国的全球定位系统（Global Positioning System，GPS）、俄罗斯的全球轨道导航卫星系统（Global Orbiting Navigation Satellite System，GLONASS）、欧洲的伽利略（Galileo）卫星导航系统和我国的北斗导航系统（COMPASS）等星座。

导航规范是指为了在某一指定空域内支持 PBN 运行而对航空器和飞行机组提出的一系列要求。PBN 包括两种导航规范：RNAV 和 RNP，公布时使用 RNAV X 和 RNP X。无论对指定的 RNAV 还是指定的 RNP 而言，数字"X"都指预期在该空域、航路或程序范围内，所有运行的航空器至少在95%的飞行时间里都可以达到的横向精度为 X 海里，且这只表示精度的要求。同样精度的 RNP 和 RNAV 运行的主要差别在于 RNP 运行要求机载性能监视与告警的要求，而 RNAV 运行则需要运用 ATS 监视设施辅助来保证航空器的安全。机载性能监视和告警能使飞行机组人员自主发现 RNP 系统是否达到导航规范所要求的导航性能，它与侧向和纵向导航均相关。因此，RNP 运行可以自行发现航空器位置和导航性能的误差，并通过告警告知飞行员，在缺乏监视设施的区域可以提高空域系统的安全性。

如图 4.4.1 所示，目前出现的 RNP10 导航规范，实际上为 RNAV10，主要用于在洋区或偏远地区航路阶段运行；RNAV5 用于陆地空域的航路阶段运行；RNAV1 和 RNAV2 用于陆地空域的航路运行、离场阶段、进场阶段和进近程序中起始进近和中间进近阶段的设计，支持的导航设备有 GNSS、DME/DME、DME/DME/IRU。其中，RNAV1 应用较广泛，主要应用于有雷达环境的终端区运行。基本 RNP1 用于大陆地区空域航路、离场阶段、进场阶段、进近程序中起始进近和中间进近阶段的设计，此规范对 ATS 监视设施和交通密度无限制，因此可以在无雷达环境下使用；RNP APCH 用于最后进近航段使用精度 0.3 NM 的直线进近航段，可以配合使用 Baro-VNAV 功能；RNP AR APCH 用于进近程序的规范，可支持多种 RNP 规范，最后进近航段使用精度 0.3 ~ 0.1 NM 的直线或固定半径转弯航段的设计。支持 RNP 导航规范的导航设备只有 GNSS。程序的不同航段乃至同航段的不同阶段可使用不同的规范来设计。

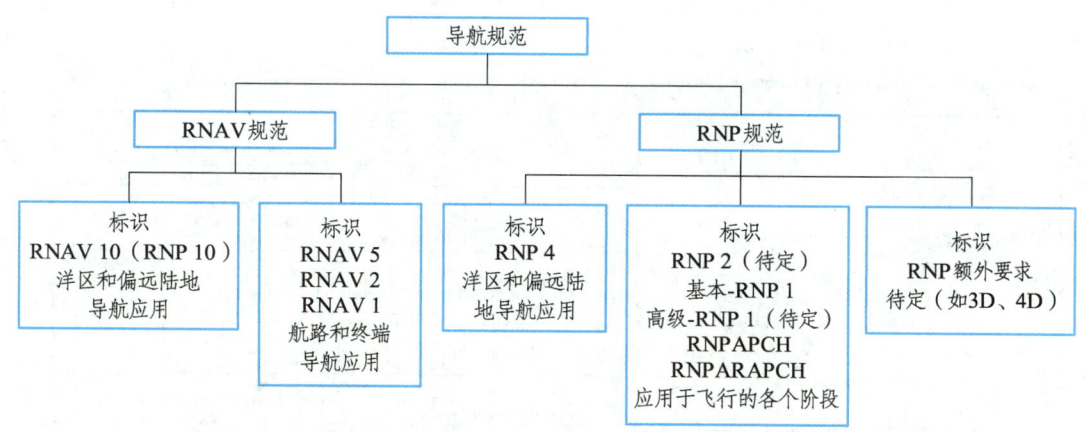

图 4.4.1　导航规范

4.5　杰普逊标准仪表离场图应用范例

4.5.1　基于传统导航的标准仪表离场图

飞行员在离场准备时，必须要掌握离场图中的关键信息。图 4.5.1 所示为洛杉矶国际机场的传统离场程序图，假设选择使用 AVENAL 离场过渡程序，图中的标注为执行该离场过程关键信息。

标注 1：离场过程中使用的通信频率。离场管制频率为 125.2 MHz，提供雷达引导。

标注 2：过渡高度。过渡高度为 18 000 ft。

标注 3：使用该离场程序的注意事项。① 使用该离场程序需要提供雷达引导；② 使用 6L/R 跑道离场并使用 AVENAL 过渡程序需要 DME 设备；③ 在当地时间 21:00 ~ 07:00 用 VENTURA 离场程序代替 GORMAN 离场程序。

标注 4：离场程序名称。离场程序名称为 GORMAN 7 DEPARTURE。圆括号中的 GMN7.GMN 是该离场程序的计算机代码。除非 ATC 批准，离场程序的最大速度不得超过 250 kt。

标注 5：离场程序的终点。该离场程序的终点为 GMN VOR/DME 台，过了该台之后进入离场过渡程序。

标注 6：导航频率转换点。该点距离后方台 GMN VOR 11 NM，距离前方台 ENF VOR 31 NM。

标注 7：最低安全高度。以 LAX VOR 台为中心，在 QDM 010°~240° 扇区内，MSA 是 2 700 ft；在 QDM 240°~120° 扇区内，MSA 是 7 700 ft；在 QDM 120°~010° 扇区内，MSA 是 4 200 ft。

标注 8：高度限制。飞机在该点穿越 LAX R-120° 径向线的高度不超过 3 000 ft。

标注 9：交叉定位点。交叉定位点 COREZ，在 GMN-R310° 径向线上，距离该台 54.5 NM。

标注 10：离场过渡航线信息。离场过渡程序名称为 AVENAL，计算机识别代码 GMN7.AVE，最低航路高度 4 000 ft，航段距离 24.8 NM。

标注 11：起始爬升。使用不同跑道爬升到离场程序终点的过程。使用 7L/R 跑道起飞离场，保持 71° 航向并通过雷达引导加入 VNY VOR 台的 R-126° 径向线到达 VNY 台，过台沿着 VNY R-317° 径向线背台（GMN R-136° 径向线向台）飞行，到达 GMN 台。

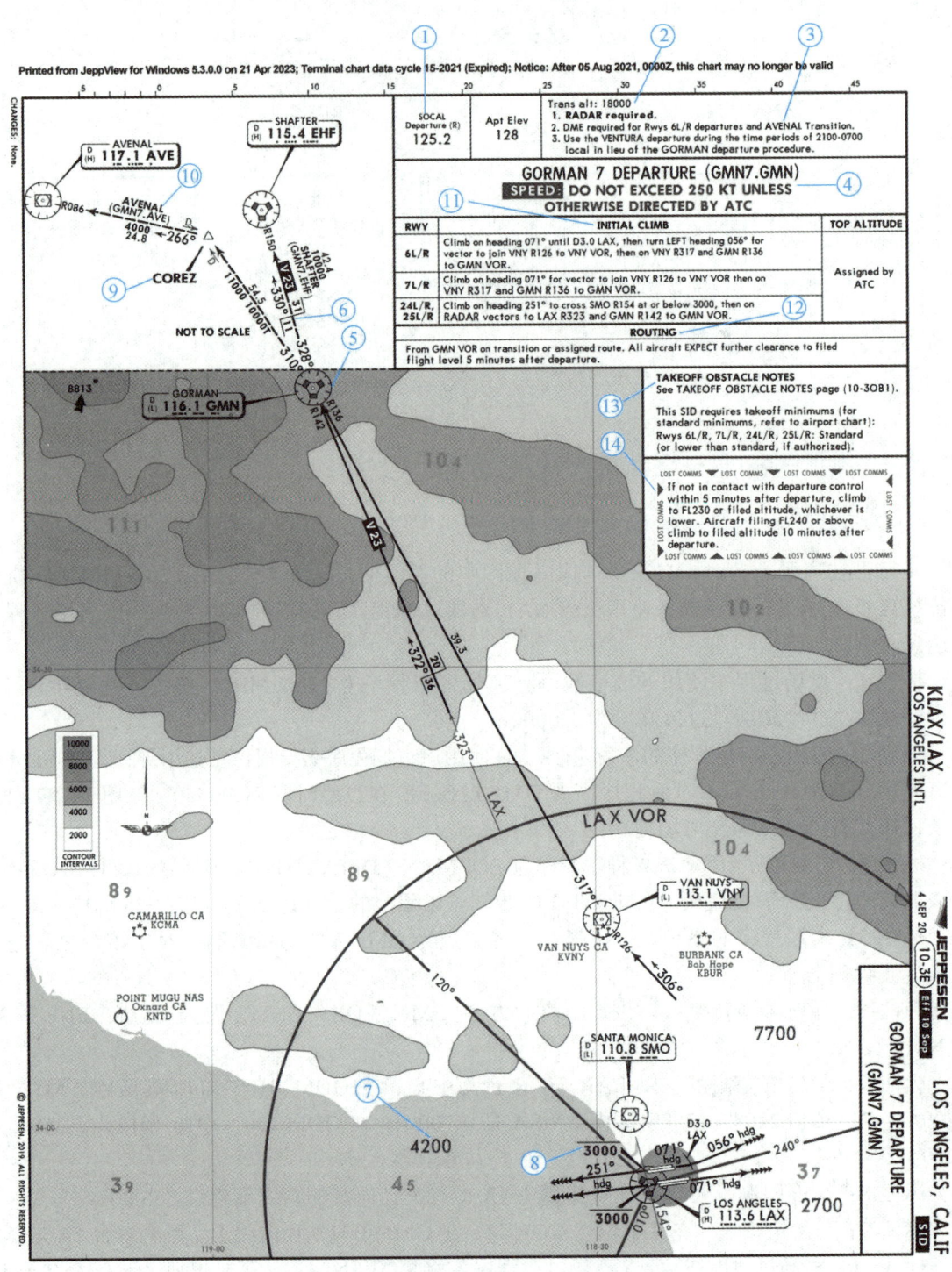

图 4.5.1 洛杉矶国际机场标准仪表离场图

标注 12：加入航路信息。从 GMN VOR 台加入过渡航线或指定航线。所有飞机在离场后 5 min 等待进一步的管制指令爬升到计划的飞行高度层。

标注 13：起飞障碍物备注。参考起飞障碍物备注页（10-3OB1）。该离场程序要求起飞最小爬升梯度（标准最小爬升梯度参见机场图）。使用图中所有跑道离场都要使用标准最小爬升梯度。如果被授权，也可以低于要求的标准梯度。

标注 14：通信失效程序。如果离场 5 min 后没有联系到管制，爬升到 FL230 或指定高度中较小的那个高度。如果计划高度大于或等于 FL240，那么在离场 10 min 后爬升到计划高度。

假设航空器从 7L 跑道离场，使用 AVENAL 离场过渡程序。该离场程序的实施方法为：在第一部 VOR 导航控制盒上调谐 VNY VOR 台的频率 113.1 MHz，飞机保持 071°航向并通过雷达引导，加入 VNY VOR 台的 R-126°径向线到达 VNY 台，过台后沿着 VNYR-317°径向线背台飞行。在第二部 VOR 导航控制盒上调谐 GMN VOR 台的频率 116.1 MHz，沿 GMN R-136°径向线向台飞行，到达 GMN 台，航段距离为 39.3 NM。到达 GMN VOR 台，离场程序结束，离场过渡程序开始，过渡程序名称为 AVENAL。沿着 GMN R-310°径向线背台飞行 54.5 NM，到达定位点 COREZ。最低航路高度 11 000 ft，最低超障高度 10 000 英尺。在到达定位点 COREZ 之前，第一部 VOR 导航控制盒调谐 AVE VOR 台的 117.1 MHz，以便在到达 COREZ 时，沿着 AVE R-086°径向线向台飞行。最低航路高度 4 000 ft，飞机飞行 24.8NM 到达 AVE VOR 台，过渡程序结束。之后飞机加入航路飞行，在离场 5 min 后，等待进一步的管制指令爬升到指定高度层。

飞机离场时，起飞最小爬升梯度参照 10-3OB1 的起飞障碍物备注页。

如果离场 5 min 后没有联系到管制，爬升到 FL230 或计划高度中较小的那个高度。如果计划高度大于或等于 FL240，那么在离场 10 min 后爬升到计划高度。

4.5.2 基于 PBN 的标准仪表离场图

如图 4.5.2 所示，南京禄口国际机场 6 号跑道的 PBN 离场程序图，标注为该离场图的关键信息。

标注 1：离场程序类型。表明该离场程序为 RNAV 离场。

标注 2：离场程序导航规范和导航源。离场程序的导航规范为 RNP1，导航源为 GNSS。

标注 3：过渡高度。当 QNH 不超过 979 hPa 时，过渡高度为 8 860 ft；当 QNH 不低于 1 031 hPa 时，过渡高度为 10 830 ft；其余情形，过渡高度均为 9 850 ft。

标注 4：离场程序名称。6 号跑道有 2 条离场程序，分别为 ESB-61X 和 TES-61X。

标注 5：最低安全高度。扇区划分以 NJL VOR 台为中心，MSA 为 3 000 ft。

标注 6：在航路点 NJ407 的速度和高度限制。离场时在该点的速度不得超过 210 kt，在该点的高度下限为 4 930 ft 或 ATC 指定的高度。

标注 7：通信失效程序。如遇到通信失效，请查看 10-1P。

标注 8：航路点，包括航路点符号、名称及过点高度要求。航路点的符号表示该航路点为飞越航路点，名称为 NJ501，过该点的最低高度为 990 ft，该高度为建议高度。在 PBN 程序中过点高度的要求会使用下划线或上划线，如果在过点高度处加下划线，表示航空器在该点的最低高度；如果在过点高度处加上划线，表示航空器在该点的最高高度；如果在过点高度处既加上划线又加下划线，表示过该点的强制高度。

标注 9：离场航线信息。离场航线名称 TES-61X，航线角为由 SNQ VOR 台引导的 R-148°径向线，航段里程为 36 NM，到达航路点 TESIG。

标注 10：高度单位英尺和米的换算表。

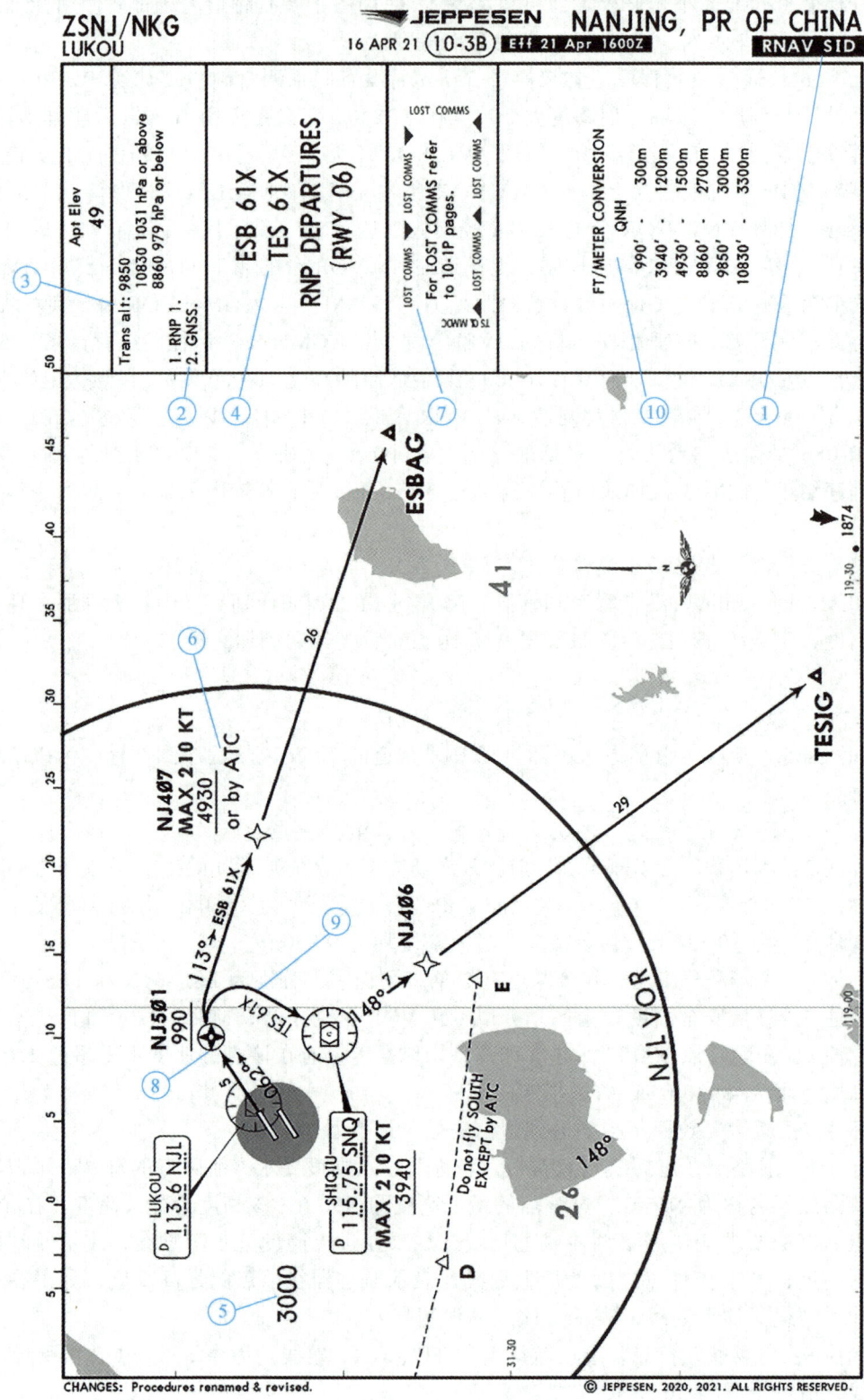

图 4.5.2 南京禄口国际机场 PBN 离场图

假设航空器沿离场程序 TES-61X 离场。该离场程序的实施方法为：航空器从 6 号跑道起飞后保持跑道磁向 62°飞行，飞行 5 NM，飞越航路点 NJ501。调谐 SNQ 台 115.75 MHz，右转飞行至导航台 SNQ 上空。然后沿 SNQ R-148°径向线背台飞行 7 NM 到达航路点 NJ406，继续飞行 29 NM 至航路点 TESIG。

4.6 CAAC 标准仪表离场图布局及信息

4.6.1 基本布局

CAAC 标准仪表离场图包括标题栏、图边信息和平面图三部分。

1. 标题栏

CAAC 标准仪表离场图标题栏中从左至右包含的信息有航图标识、磁差、通信频率、ICAO 代码、机场所在地名称、机场名称及使用的跑道编号。

如图 4.6.1 所示，STANDARD DEPARTURE CHART-INSTRUMENT 是该图的航图标识，表示这是一幅标准仪表离场图。VAR2°W 表示白云机场所在地为西磁差 2°。通信频率列表中一般会给出飞行员在离场过程中用到的各种通信频率。不同机场的离场图中给出的通信频率可能会不同，一般都会包括自动终端情报服务（ATIS）的频率、进近（APP）的频率和塔台（TWR）的频率。如果通信频率存在主用频率和备用频率，备用频率放在括号中进行标注。另外，有些机场根据不同的管制范围进一步划分管制扇区，比如塔台可以按跑道分为不同的扇区，进近也可以根据流量需求划分为不同的扇区。如果存在扇区划分，会分别列出每一个扇区的频率。当有些通信频率开放时间有时效性时，会在括号中给出时间限制。在图 4.6.1 中，广州白云国际机场的 D-ATIS（数字式自动终端情报服务）的频率为 127.0 MHz。广州进近分为 6 个扇区，AP01（APP01）表示第一扇区，进近时其主用频率为 126.55 MHz，备用频率为 127.75 MHz，其余类似。塔台的主用频率为 118.25 MHz，备用频率为 130.0 MHz，红色的 118.875 MHz 为该版修订的备用频率。ZGGG 是白云机场的 ICAO 四字代码，GUANGZHOU 是白云机场所在地，Baiyun 是机场名称，RWY02R 表示该离场程序使用 2 号右跑道。

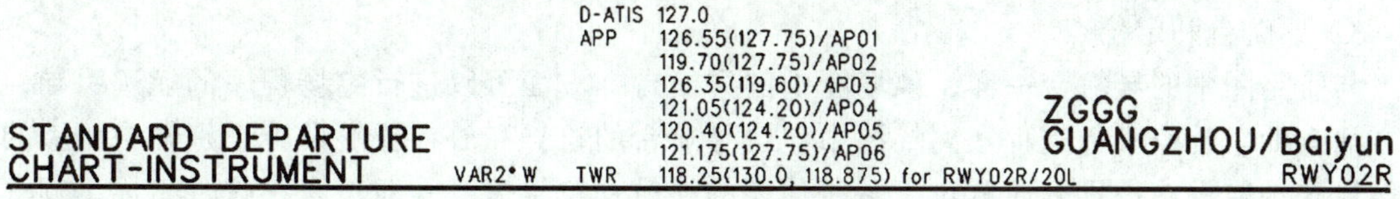

```
                    D-ATIS 127.0
                    APP   126.55(127.75)/AP01
                          119.70(127.75)/AP02
                          126.35(119.60)/AP03
                          121.05(124.20)/AP04                    ZGGG
STANDARD  DEPARTURE       120.40(124.20)/AP05            GUANGZHOU/Baiyun
CHART-INSTRUMENT  VAR2°W  TWR 121.175(127.75)/AP06
                              118.25(130.0, 118.875) for RWY02R/20L        RWY02R
```

图 4.6.1　广州白云国际机场离场图标题栏

2. 图边信息

图框的下方是图边信息，标注该航图的出版时间、生效时间、出版单位和图幅编号。如图 4.6.2 所示，该图的出版日期 2019 年 1 月 15 日，生效日期 2019 年 2 月 27 日 16:00。如果没有写生效期日期，则表明在收到这份航图资料时即生效。出版当局为中国民用航空局 CAAC，图幅编号为 ZGGG AD2.24-7E，后面字母从 A 开始进行排序，字母 E 代表这是白云机场的第五幅标准仪表离场图。在中国航行资料汇编中，离场图索引号为 AD2.24-7*（*是字母）。

3. 平面图

CAAC 标准仪表离场图的平面图中主要给出每条离场程序的命名、机场、导航台和定位点、飞行航线、高度、专用空域和限制条件等。飞行员可以从离场程序平面图中查找离场航线、高度和爬升梯度等信息，同时还以查找相关的速度限制、空域限制和减噪程序等信息。

1）离场程序命名

离场程序开始于离场跑道末端（DER），即公布适用于起飞区域的末端[跑道端或净空道端（如果跑道设有净空道）]，结束于加入航路的一个定位点或导航台。离场程序通常以离场程序结束的定位点或导航台的识别标志加上数字编号及英文字母 D 来表示。如图 4.6.3 所示，离场程序名称为 VIBOS-84D，其中 VIBOS 表示该离场程序的结束点，在这个点之后航空器就进入航路飞行，D 表示 Departure，即这是一条离场程序，数字 84 表示这是终止于 VIBOS 的第 84 条离场程序。by ATC 表示使用 SARUD-19D 离场时需要请示 ATC。

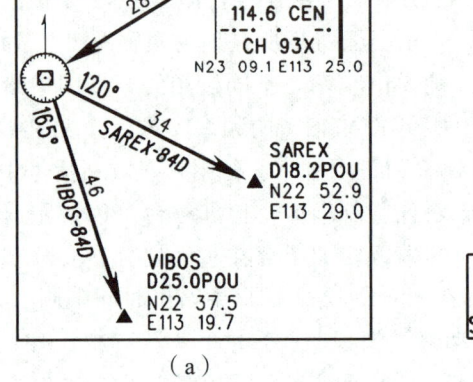
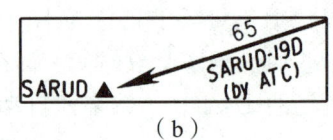

（a） （b）

图 4.6.3 离场程序命名

2）机 场

大部分离场图只用于一个机场。在平面图中，起飞机场用跑道表示，跑道不按比例尺绘制，但要显示其方向，如图 4.6.4 所示。

3）导航台和定位点

与航路图中的导航台一样，离场图中的导航台一方面可以进行离场程序的航迹引导，另一方面有助于检查飞行进程。离场图中包含导航台的符号和放在导航设施识别框中相应的识别信息。导航设施识别框通常位于它所代表的导航台符号旁，一般包含导航台名称、频率、识别代码及莫尔斯电码等。离场图中常见的导航台主要有 NDB、VOR 和 DME 等。通常，NDB 台没有磁北指示（图 4.6.5），而 VOR 台有磁北指示（图 4.6.6）。

离场航线上还设置了一些定位点，飞行员可以用这些定位点检查飞行路径是否正确。这些定位点用其相对于导航台的位置或者经纬度来定义，和航路图一样，主要包括三类：定位点、转弯点（里程分段点）和航路点。定位点用三角形符号表示，符号旁会标注其名称，一般用五个大写字母组成的五字代码表示。实心代表强制报告点，空心代表非强制报告点。如图 4.6.7 所示，ADBES 是强制报告点。转弯点（里程分段点）通常位于航线转弯处，表示下一航段要改变方向，用"×"表示，并标注其定位信息（如方位线、DME 距离、经纬度和高度限制等）。如图 4.6.8 所示，FL027°是转弯点，距离 SJW 台 10.5 NM，飞机在该点的高度不得低于 600 m。航路点是用于确定区域导航航路而规定的地理位置点，一般用"✦"表示，并标注其名称及定位信息（高度限制）。如图 4.6.9 所示，PD508 是航路点名称，飞机飞经该点的高度不得低于 2 500 m。

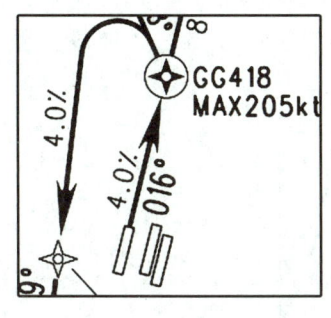

图 4.6.4　机场标志

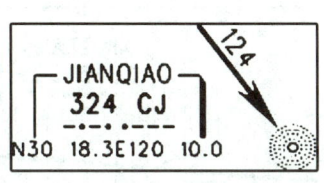

图 4.6.5　NDB 台

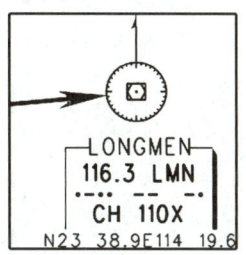

图 4.6.6　VOR 台

定位点符号旁会标注相应的定位方式，如图 4.6.10 所示，"R013°"表示该转弯点位于 DBL VOR 的 13°径向线上；"FC269°"表示该转弯点在 FC NDB 的 269°方位线上；"D8.0DBL"表示该转弯点距离 DBL VOR/DME 的 8.0 NM。如图 4.6.11 所示，转弯点 D39.6DCD 是由 DHP VOR/DME 台的 74°径向线和距其 20 NM 的 DME 弧确定的。

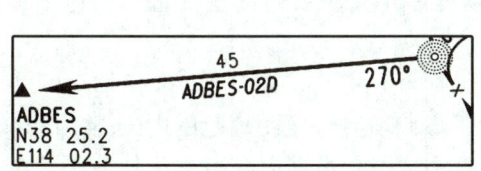

图 4.6.7　报告点

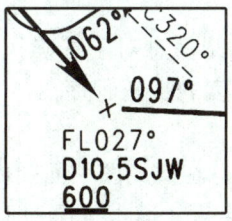

图 4.6.8　转弯点

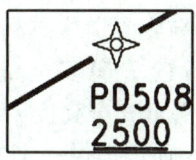

图 4.6.9　航路点

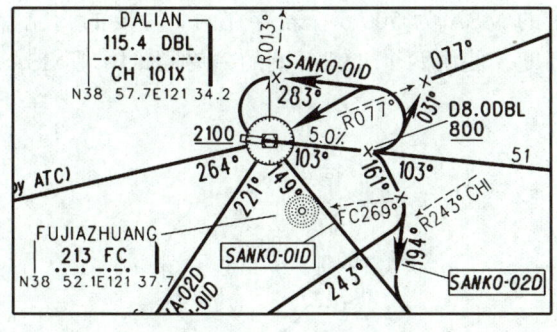

图 4.6.10　NDB 方位线

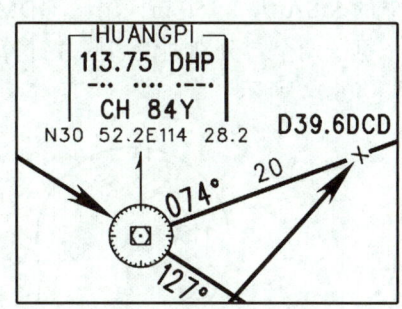

图 4.6.11　VOR 径向线

4）飞行航线

离场图平面图中使用各种图形来描述离场程序的飞行航线。离场图中的航线一般会以带箭头的直线或曲线构成。常见的有离场航线和等待航线。

（1）离场航线。

离场航线通常用一条带箭头的黑色粗实线来表示。当一张离场图中有多条离场线时，需要在这些实线旁边标注所属的离场程序，离场航线的相关信息包括航线角、航段里程和高度等。一般在离场航线的起始位置会注明磁航线角，在航线上会标注该航段以千米为单位的里程信息，在某些航段或定位点处会标注以米和英尺为单位的高度限制。如图 4.6.12 所示，该离场程序名称为 ADBES-02D，离场航线是由 OC NDB 台的 270°方位线引导的，航段里程为 45 km。

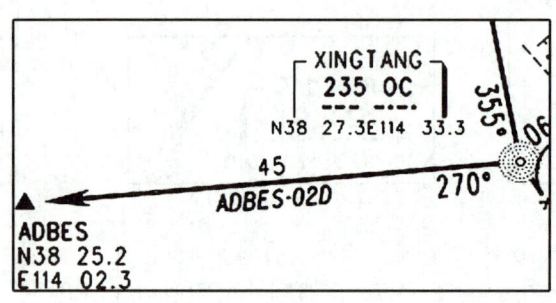

图 4.6.12　离场航线

（2）等待航线。

如图 4.6.10 所示，离场航线在 D 8.0 DBL 进行左等待。

5）高　度

离场平面图中的高度限制信息对于正确执行离场程序十分重要。高度信息主要包括最低安全高度、定位点高度和高度表拨正程序。

（1）最低安全高度。

最低安全高度（MSA）标在离场图平面图内，为距离归航台一定距离范围内[通常为 46 km（25 NM）]提供一定的超障余度。通常按照地形和障碍物情况，根据向台磁方位划分为几个扇区，每个扇区有各自的 MSA。图中标注归航台、扇区划分边界及每个扇区的最低安全高度。如图 4.6.13 所示，以石家庄正定机场的归航台 SJW 为中心，划分了两个扇区，扇区 QDM210°～355°的 MSA 为 1 150 m，扇区 QDM355°～210°的 MSA 为 500 m。若存在两个重要的归航台，可依据这两个台分别划设扇区并计算最低扇区高度，使用两个 46 km 圈的并集形式体现 MSA，如图 4.6.14 所示。

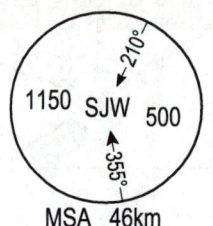
图 4.6.13　单台扇区 SMA

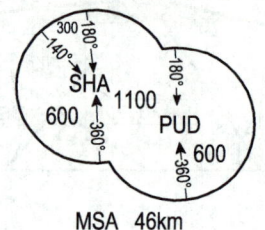
图 4.6.14　双台扇区 SMA

最低扇区高度等于扇区内最高障碍物标高加上至少 300 m 的超障余度。MSA 只用于紧急情况或目视飞行，并且 MSA 不能保证导航和通信覆盖。

（2）定位点高度。

如图 4.6.15 所示，飞机在定位点 OSVUL 的高度不得低于 2 100 m。

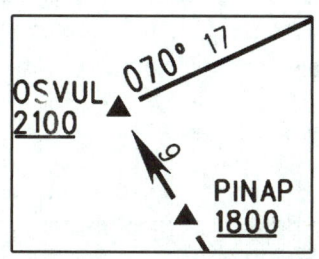

图 4.6.15　定位点高度

（3）高度表拨正程序。

航空器在不同飞行阶段，需要飞行员拨正高度表基准值，采用不同的基准面测量高度，叫作高度表拨正程序。基准面气压一般有机场场面气压（QFE）、修正海平面气压（QNH）和标准大气压（QNE）。仪表飞行程序规定，航空器在航路巡航时，气压高度表气压基准面设定为标准气压面（QNE）。当航空器进场下降到 TL 时，必须将气压基准面由 QNE 调到 QNH；起飞离场爬升到 TA 时，气压高度表气压基准则从 QNH 调到 QNE。

高度表拨正值的适用范围在水平方向上用 QNH 适用区域的侧向界限作为水平区域边界[图 4.6.16（a）]，在垂直方向上用过渡高度和过渡高度层作为垂直分界[图 4.6.16（b）]。因此，在离场图中会公布过渡高度层（TL）、过渡高度（TA）以及使用 QNH 区域水平边界。

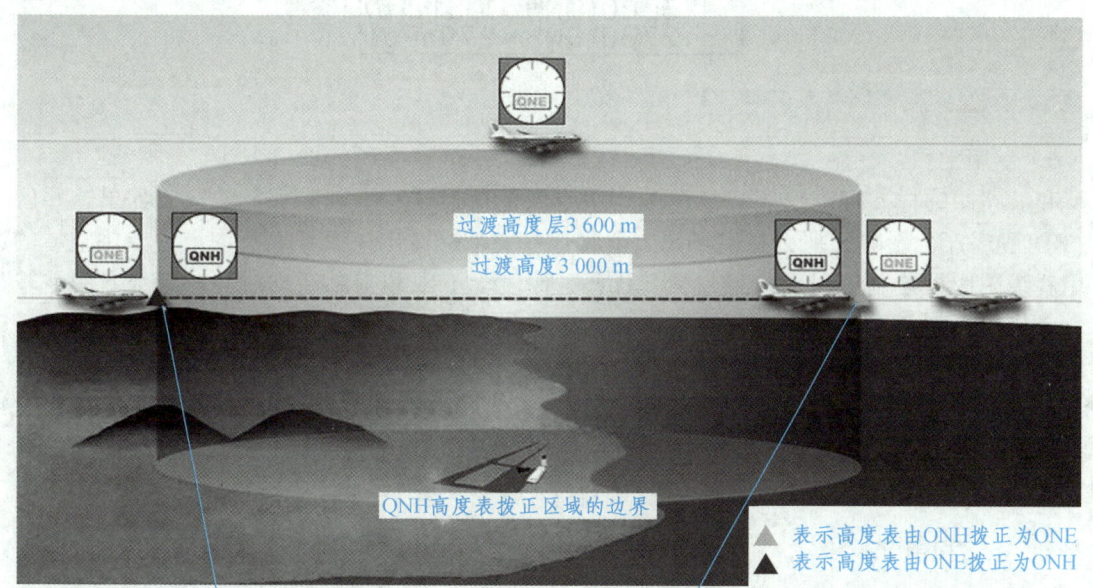

（a）水平气压高度表拨正

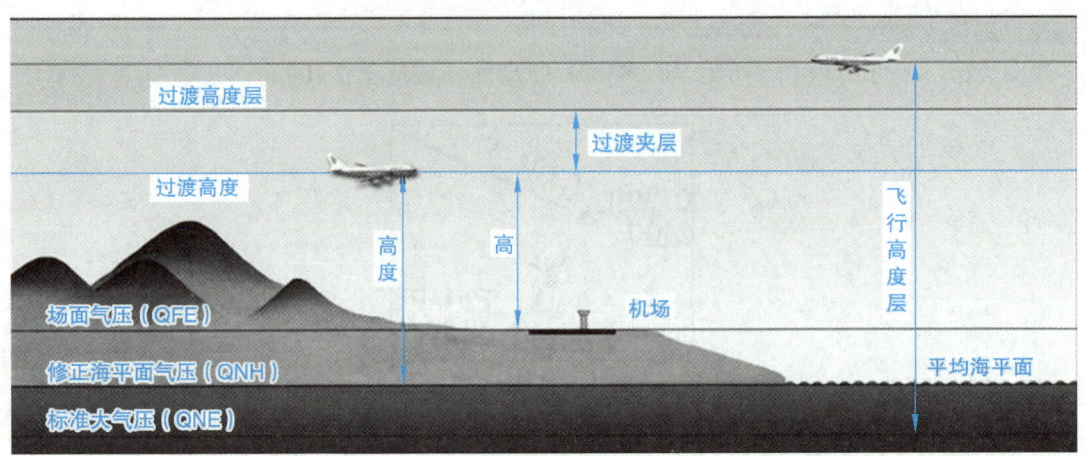

（b）垂直气压高度表拨正

图 4.6.16　高度表拨正

在离场图中，高度表拨正数据包括气压单位、过渡高度层（TL）和过渡高度（TA）。在图 4.6.17 中，气压单位毫巴（hPa），TL 为 3 600 m，根据本场 QNH 的不同，分别公布有两个或多个 TA 值，以确保过渡夹层厚度基本相同。当本场 QNH 不小于 1 031 hPa 时，TA 为 3 300 m；当 QNH 不大于 979 hPa 时，TA 为 2 700 m；其他情况时，TA 为 3 000 m。

```
TL 3600
TA 3000
   3300(QNH≥1031hPa)
   2700(QNH≤979hPa)
```

图 4.6.17　拨正数据

6）专用空域

和航路图一样，标准仪表离场图的专用空域包括禁区、限制区和危险区，如果这些区域对 SID 程序产生影响，那么在离场图上要将这些空域标注出来。在离场图上，专用空域的边界用斜线阴影框绘制，识别信息包括其代码、高度上下限和限制活动时间。每个专用空域都有一个代码，包括三部分内容：第一部分为区域代码，表示空域所属的情报区，用情报区四字地名代码的前两位表示；第二部分表示空域的类型，其中"P"代表禁区，"R"代表限制区，"D"代表危险区；第三部分表示空域的编号。如图 4.6.18（a）所示，ZB（P）001 代表北京情报区编号为 001 的禁区。有时也可用空白处文字的形式标注其限制条件，如图 4.6.18（b）所示。

Note:
1.Ⓔ No aircraft is permitted to maneuver or circumnavigate CB in Prohibited Fly Over Area.
2. Departure turn before DER is prohibited.

（a）　　　　　　　　　　　　　　　　　（b）

图 4.6.18　专用空域

7）运行限制

离场程序可能会因为地形、交通、导航设施和居民区等因素的影响而受到限制。这些限制会在离场图的平面图中注明，飞行员必须认真阅读与所选航路相关的限制信息，以确保航空器能满足这些限制；一旦发现不能满足要求，应立即与 ATC 联系。

（1）高度限制。

有时离场程序对航空器飞越定位点时有高度限制，通常在定位点附近标注最低高度或最大高度限制。如图 4.6.19 所示，飞越定位点 AREKU 的高度不低于 3 600 m。

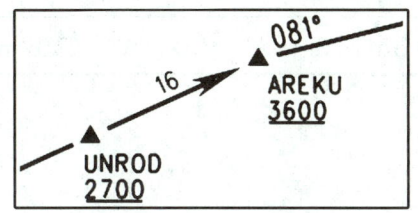

图 4.6.19　定位点高度

在标准仪表离场中，为了使航空器对障碍物保持一定的超障余度，飞行员必须遵守最小爬升梯度的限制。如果图中没有另外公布，最小爬升梯度规定为 3.3%，超过 3.3% 时应在该航段注明具体梯度，如图 4.6.20（a）所示，起始爬升梯度要求大于 3.8%，在达到 SID 程序所要求的高度之前必须保持这个爬升梯度。有些离场图上用文字给出爬升梯度，如图 4.6.20（b）所示。

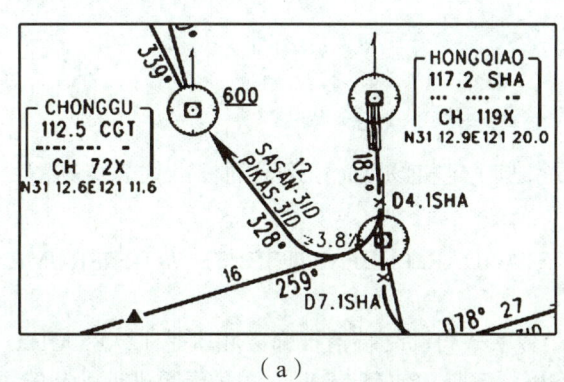

（a）

ESB-11D: Average departure climb gradient is 5%

（b）

图 4.6.20　爬升说明

（2）航空器类型限制、机载设备限制或速度限制。

如果离场程序中某些航段对航空器有类型限制、机载设备限制或速度限制等，则会注明。如图 4.6.21（a）所示，表示执行该离场程序时，要求飞机装备雷达和 GNSS 导航设备，满足 RNAV 1 运行要求；图 4.6.21（b）表示该离场程序在此航路点有速度限制。有时，会用文字描述这些限制条件，如图 4.6.21（c）所示。

1. RADAR REQUIRED
2. RNAV 1
3. GNSS REQUIRED

（a）

（b）

Departure turn MAX IAS 380kmH

（c）

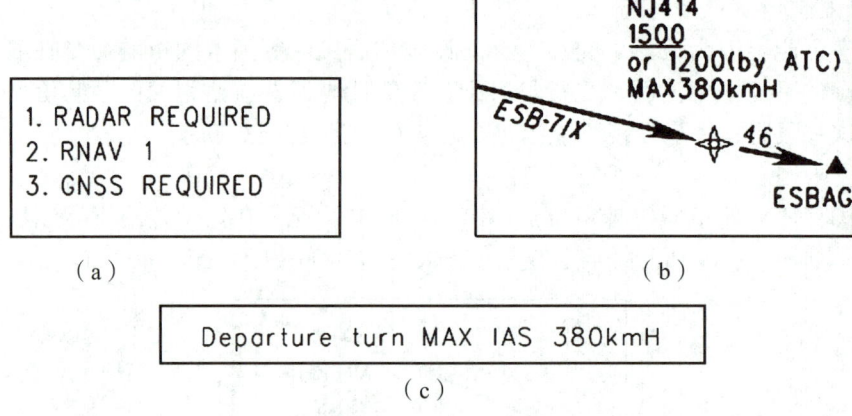

图 4.6.21　离场限制条件

8）离场程序注释

有关离场程序的注释应尽量放在一起，如注释条数较多，应进行编号，如图 4.6.22 所示。

Notes:
1.Turning is forbidden before DER.
2.Aircraft flying across south of restriction line is forbidden strictly without ATC clearance.

图 4.6.22　离场程序注释

4.7　CAAC 标准仪表离场图应用范例

4.7.1　基于传统导航的标准仪表离场图

如图 4.7.1 所示为石家庄正定机场 15 号跑道的标准仪表离场图，标注为该标准仪表离场图的关键信息。

标注 1：航图标识。STANDARD DEPARTURE CHART-INSRUMENT 表明该离场图为标准仪表离场图。

标注 2：通信频率表。数字式自动终端情报服务频率是 127.85 MHz；01 号扇区进近管制的主用频率是 120.45 MHz，备用频率是 124.75 MHz；02 号扇区进近管制的主用频率是 119.125 MHz，备用频率是 124.75 MHz；塔台管制的主用频率是 118.35 MHz，备用频率是 123.65 MHz。

标注 3：过渡高度层和过渡高度。过渡高度层是 3 600 m；当 QNH 不超过 979 hPa 时，过渡高度为 2 700 m；当 QNH 不少于 1 031 hPa 时，过渡高度为 3 300 m；其余情形，过渡高度均为 3 000 m。

标注 4：离场程序名称。该离场图上有三条离场程序，结束点为 BELAX 的离场程序名称为 BELAX-01D。结束点为 UKMIS 的离场程序有 2 条，分别为 UKMIS-01D 和 UKMIS-03D。

标注 5：最低安全高度。扇区划分以 SJW VOR 台为中心，QDM355°～210°的 MSA 为 1 150 m，QDM210°～350°的 MSA 为 500 m。

标注 6：使用该离场图的注意事项。离场转弯的最大指示空速为 380 km/h。

标注 7：离场程序注释。离场盘旋爬升程序：离场飞机将遵守盘旋爬升程序，然后遵照 ATC 的指示加入航线飞行。

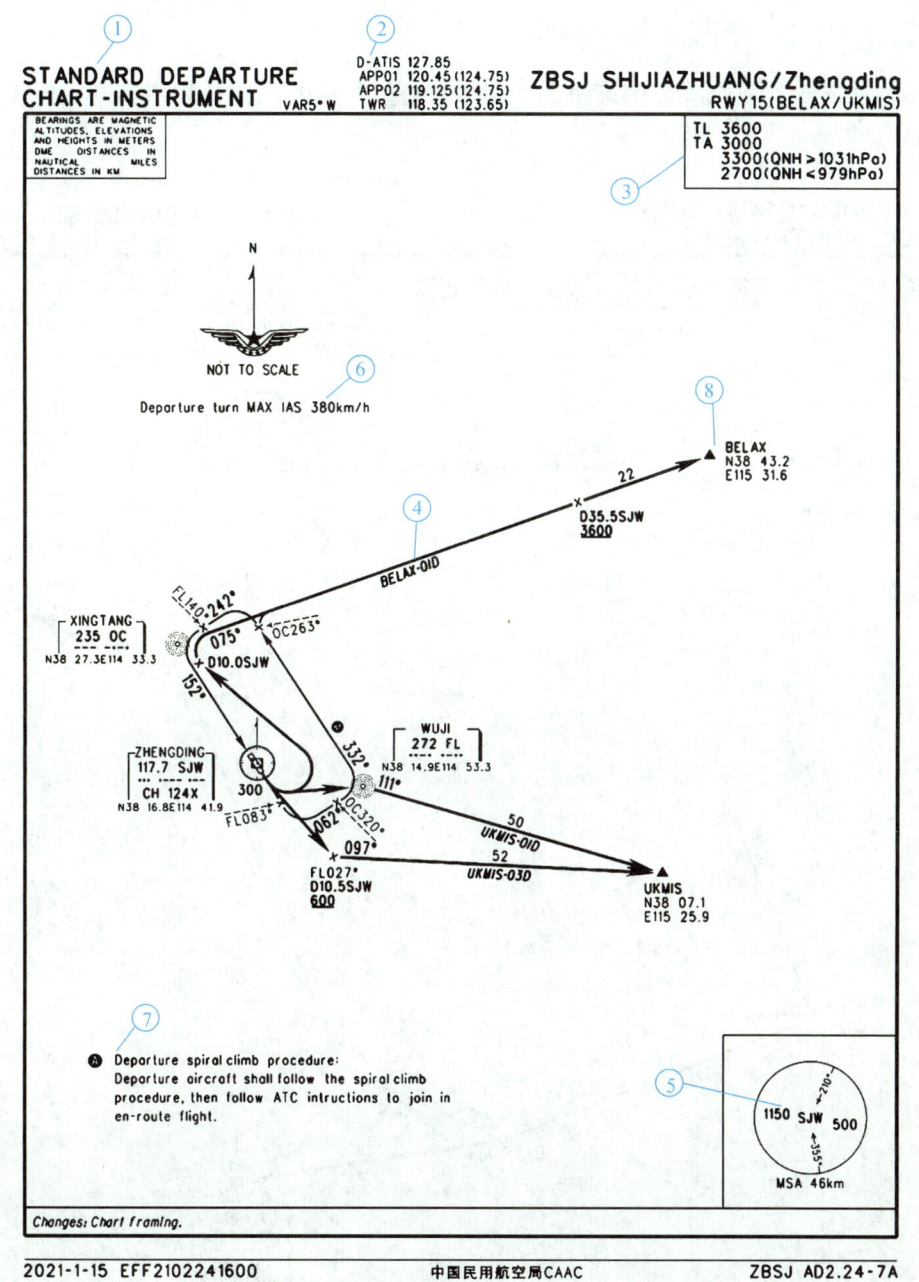

图 4.7.1　石家庄正定机场的标准仪表离场图

标注 8：离场航线结束点，飞机通过离场程序 BELAX-01D 到达离场结束点 BELAX，在该点之后加入航线飞行。

假设航空器从 15 跑道离场，使用 BELAX-01D 离场程序。该离场程序的实施方法为：在第一部 VOR 导航控制盒上调谐 SJW VOR 台的频率 117.7 MHz，在另一部 NDB 导航控制盒上调谐 OC NDB。起飞后 300 m，左转直飞 OC 台，到达转弯点 D10.0SJW，然后右转，沿着 OC 背台保持 075°航向直飞转弯点 D35.5SJW，在该点的高度不得低于 3600 m，再飞 22 NM 到达离场程序结束点 BELAX，之后飞机加入航线飞行。

4.7.2 基于 RNP 的标准仪表离场图

如图 4.7.2 所示，成都双流国际机场 20 号右跑道的 RNP 标准仪表离场图，标注为该离场图的关键信息。

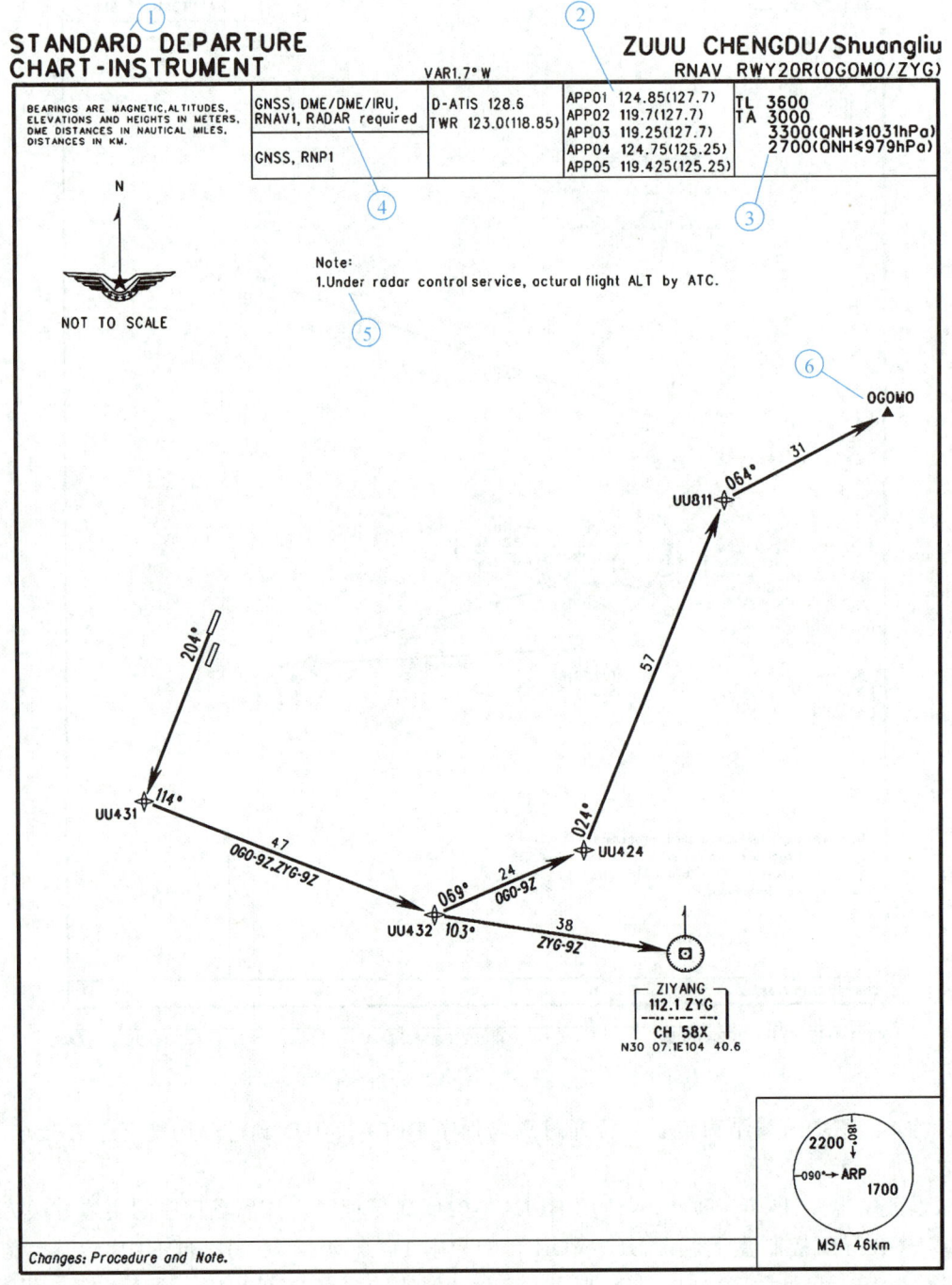

图 4.7.2 成都双流国际机场 RNP 离场航图

标注 1：航图标识。STANDARD DEPARTURE CHART-INSRUMENT 表明该离场图为标准仪表离场图。

标注 2：通信频率表。数字式自动终端情报服务的频率是 128.6 MHz；01 号扇区进近管制的主用频率是 124.85 MHz，备用频率是 127.7 MHz；其次是 02～05 扇区进近的主用频率和备用频率。塔台管制的主用频率是 123.0 MHz，备用频率是 118.85 MHz。

标注 3：过渡高度层和过渡高度。过渡高度层是 3 600 m；当 QNH 不超过 979 hPa 时，过渡高度为 2 700 m；当 QNH 不低于 1 031 hPa 时，过渡高度为 3 300 m；其余情形，过渡高度均为 3 000 m。

标注 4：离场程序导航规范和导航源。实施 RNP1 时，导航源是 GNSS。实施 RNAV 1 时，导航源是 GNSS，DME/DME/IRU，需要雷达引导。

标注 5：离场程序注释。在雷达管制条件下，实际飞行高度由 ATC 指定。

标注 6：离场程序的结束点。定位点 OGOMO 和导航台 ZIYANG 分别是两条离场程序的结束点。

假设航空器从 20 号跑道离场，使用 OGO-9Z 离场程序。飞机起飞保持跑道磁向 204°飞行，到达航路点 UU431。保持 114°航线角，飞行 47 km，到达航路点 UU432。保持 69°航线角，飞行 24 NM，到达航路点 UU424。之后，保持 24°航线角，飞行 57 NM，到达航路点 UU811，保持 64°航线角，飞行 31 NM，到达离场程序结束点 OGOMO。之后加入航路。

复习思考题

1. 杰普逊标准仪表离场程序和 CAAC 离场程序的命名和编号有何不同？
2. 杰普逊离场程序的飞行航迹有哪些？
3. 杰普逊离场程序要素包含什么？
4. 杰普逊离场程序有哪些限制条件？哪些限制高度？
5. PBN 运行的两个核心要素是什么？
6. 掌握图 4.3.23 中的通信失效程序。
7. 杰普逊标准仪表离场程序和 CAAC 离场程序有什么区别？

第 5 章
标准仪表进场图

标准仪表进场图（Standard Terminal Arrival Route，STAR）为机组提供从航路阶段过渡到进近阶段的航行资料，使其能遵守规定的标准仪表进场航路飞行，减少雷达引导的需要。和标准仪表离场图一样，当机场设立了标准仪表进场航线，而又无法在区域图上绘制清楚时，就需要使用标准仪表进场图。STAR 一方面可以清晰地展示出从航路过渡到终端区的航路结构，另一方面有助于 ATC 简化进场指令。

一般而言，STAR 以航路上某个导航台或定位点为起点，终止于仪表进近程序的起点（Initial Approach Fix point，IAF），可以认为进场程序是航路飞行和进近程序的过渡。进场图中包括执行该进场程序必须具备的机场、导航台和定位点、运行限制等信息。在程序实施过程中，飞行员要控制好飞行航迹、高度和速度等航行要素。

在杰普逊航图中（图 5.0.1），标准仪表进场图的索引号是 "*0-2?"（"*" 是数字，"?"是数字或字母）。大部分国家和地区，进场图标识都采用 "STAR"，也有个别进场图采用 ARRIVAL 进行标识。进场图的平面图既可以按垂直方向也可以按水平方向进行绘制，且都标注指北箭头。通常情况下，进场图的比例尺为 1 in=5 NM。如果进场程序中有难以按比例尺绘制的区域，就在图上指北箭头的下方标注不按比例尺绘制的说明 "NOT TO SCALE"。

图 5.0.1　指北和比例尺说明

5.1 杰普逊标准仪表进场图布局及信息

5.1.1 基本布局

和标准仪表离场图一样,杰普逊标准仪表进场图也包括标题栏和平面图两大部分,如图 5.1.1 所示。

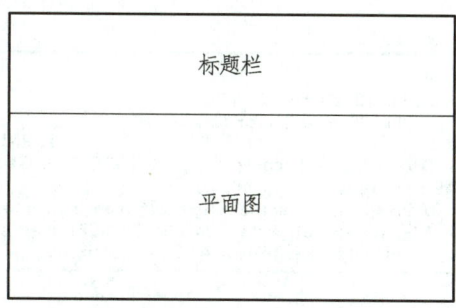

图 5.1.1　基本布局

5.1.2 标题栏

标准仪表进场图的标题栏部分包含了航图标识、机场地名、主要机场名称、航图索引号和航图日期等。

航图标识为 STAR,表示该图是标准仪表进场图(获得 ATC 许可)。ARRIVAL 只是进场图,用于特定跑道,图中没有可供用于填写飞行计划的标准进场航路代号。如图 5.1.2 所示,航图标识为"STAR",机场地名 GUANGZHOU,机场名称 BAIYUN,索引号 20-2N,修订日期是 2020 年 8 月 7 日,生效日期是 2020 年 8 月 12 日世界时 16:00。RNAV STAR 为具有 RNAV 设备的飞机使用的标准仪表进场图,如图 5.1.3 所示。

图 5.1.2　STAR 标题栏

图 5.1.3　RNAV STAR 标题栏

5.1.3 平面图

在平面图中,飞行员可以从各种离场程序中找到需要的通信频率、机场标高、高度表拨正值和运行要求、进场程序命名和编号、机场、导航台和定位点、飞行航线和文本说明等信息。

1. 通信频率、机场标高、高度表拨正值和运行要求

标题栏下边的部分包含通信频率、机场标高、高度表拨正值和运行要求等信息。

如图 5.1.4 所示,数字式自动终端情报服务的频率是 128.6 MHz,部分时段工作,机场标高 50 ft。气压的单位是百帕(hPa),有多个过渡高度层。当场压低于 980 hPa 时,过渡高度层 TL 是 FL118;当场压不低于 980 hPa 时,TL 为 FL108。过渡高度 TA 可以在该机场的进近图中找到相关信息。起飞时，飞机在达到 TA 之后，要将高度表气压基准从 QNH 调到 QNE，并在达到 TL 之前调整完毕。图中所示运行要求如下：一种情况是该进场程序满足 RNAV 1 规范，该程序要求飞机装备有 DME/DME/IRU，并同时需要接受雷达引导服务。另一种情况是该进场程序满足 RNP 1 规范，该程序要求飞机装备有 GNSS 的导航设备。在雷达管制下，实际飞行高度由 ATC 指定。警告：在 ZGGG 附近还有几个机场，飞机严格遵守 ATC 指定的航迹和高度。

```
*D-ATIS        Alt Set: hPa
128.6          Trans level: FL118 below 980 hPa
                            FL108  980 hPa or above
               1. RNAV 1.                              1. RNP 1.
               2. GNSS, DME/DME/IRU required.    OR    2. GNSS required.
               3. RADAR required.
Apt Elev       4. Under RADAR control, actual flight altitude instructed by ATC.
  50           5. WARNING: several airports near ZGGG. ACFT shall strictly adhere to flight
                  track and altitude and follow ATC instructions.
```

图 5.1.4　标题栏

2. 进场程序命名和编号

进场程序名称和离场程序一样。进场程序以它的起点来命名，这个点通常是航路图上的某个导航台或定位点。如果该点有多条进场航线，则以数字（如果该程序不含数字）或字母（如果该程序含数字不含字母）加以区分。部分航图会提供该程序的计算机代码，用圆括号标注，这些计算机代码可用来填写飞行计划。有些航图还会提供导航数据库程序识别码，用方括号标注，供航电系统在飞行中导航使用，不具有 ATC 功能，也不能用来填写飞行计划。

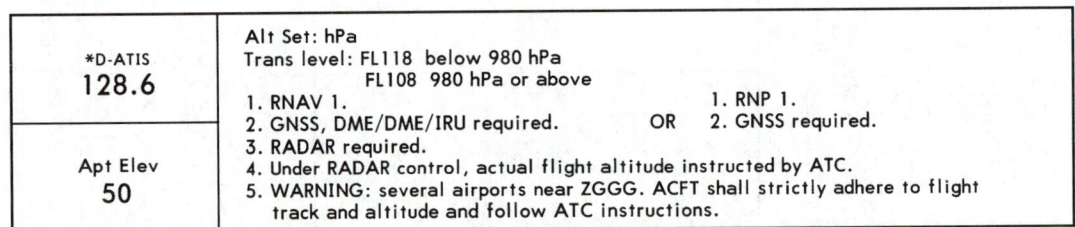

（a）　　　　　　　　　　　　　　　　　（b）

图 5.1.5　进场程序命名

如图 5.1.5（a）所示，一条进场程序的名称为 GYA 92A，导航数据库程序识别码为 [GYA92A]；如图 5.1.5（b）所示，进场程序的名称为 MOORPARK 4 ARRIVAL，计算机代码（FIM.MOOR4）可以用来填写飞行计划。如果对进场航路的高度、航路或导航设施等重要内容进行了修订，就必须对进场程序进行更名，更名时在定位点名称后附加字母或附加顺序号。"4" 表示该进场程序进行了第四次修订。

3. 机　　场

大部分进场图只用于一个机场，该主要机场用灰色阴影圆表示，并且画出跑道的大致走向及跑道间长度关系；次要机场用军用机场或民用机场的符号来表示，并写出机场名称和

ICAO 代码。如图 5.1.6 所示，洛杉矶国际机场 KLAX 是主要机场，范尼斯机场 KVNY 等是次要机场。

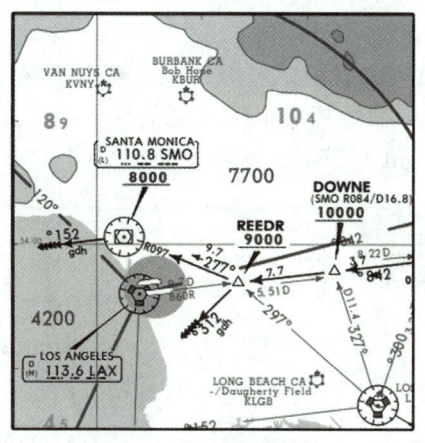

图 5.1.6　机场标识

4. 导航台和定位点

STAR 和 SID 一样也是由一系列的导航台和定位点构成，并在平面图中将其全部绘制出来。需要注意的是，航路图中的导航台有磁北标志，而标准进场图中没有。

根据 ICAO 的规定，VOR 台由三个大写英文字母组成识别码，可以与 DME 合装组成 VOR/DME，实现导航和测距功能。一般来讲，VOR 台以地名来命名。NDB 台由两个大写英文字母组成识别码，命名方式与 VOR 台类似，如图 5.1.7 所示。

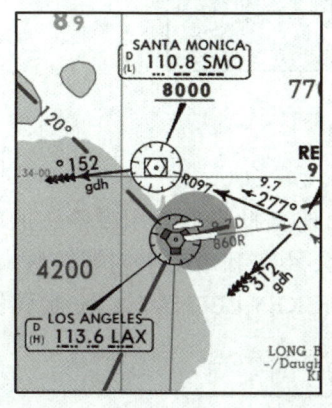

（a）VOR/DME 或 VOR/TACAN

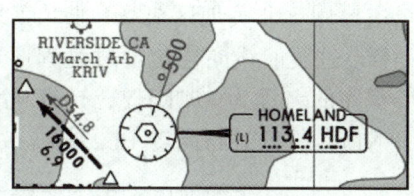

（b）VOR 台

（c）NDB 台

图 5.1.7　导航台

5. 飞行航线

标准仪表进场图上有主要有进场航线、过渡航线、雷达引导航迹和等待航线四种飞行航线。

1）进场航线

进场航线用带箭头的粗黑实线表示，一般情况下包含进场程序名称、磁航线角、距离和高度限制（如果没标出来，则应参照相关下降计划信息）等信息。如图 5.1.8 所示，从 BIGJO 到 SHILY 的进场航迹的磁航线角为 294°，航段距离为 34.7 NM，最低航路高度为 6 000 ft。

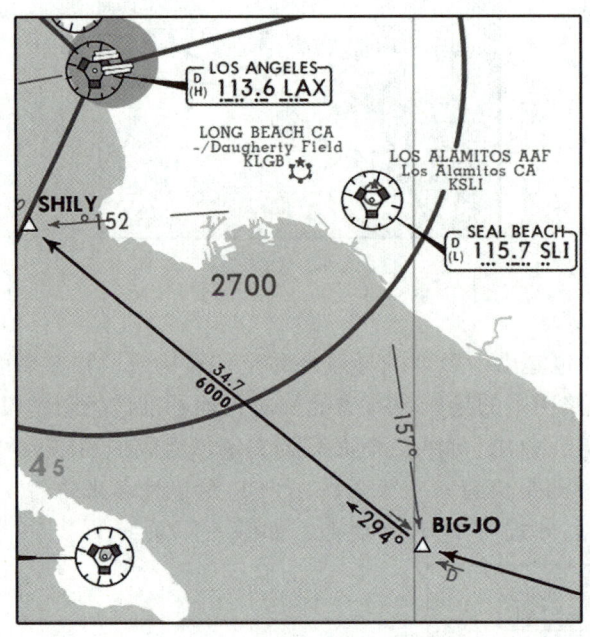

图 5.1.8　进场航线

2）过渡航线

过渡航线主要用于北美地区机场（非北美地区也会出现）。此类航线用带箭头的虚线表示。和进场航迹一样，过渡航线同样包含过渡程序名称、方位、距离和高度限制等信息。如图 5.1.9 所示，该进场程序的名称为 MCKEY，计算机代码为（MCKEY.LEENA7），磁航线角为 131°，航段距离 87.1 NM，最低航路高度 FL220。

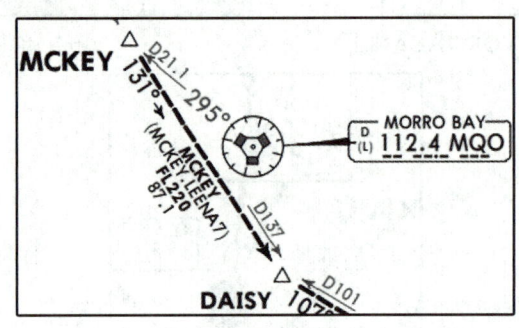

图 5.1.9　过渡航线

在 ICAO 的 PANS-OPS 进场程序设计标准中，进场程序直接从航路上某一个点延伸出去，有可能出现某部分航段被同时分给不同进场程序的情形；而在 FAA 的 TERPS 标准中，则通过设置过渡程序的方式来分离这些共用航段的进场程序，此时，飞机如果要脱离航路进入机场，就需要通过过渡程序引入进场程序的起点。

3）雷达引导航迹

在平面图中用一串黑色的箭头来表示，如图 5.1.10 所示，用以雷达引导并由 ATC 提供航迹引导。

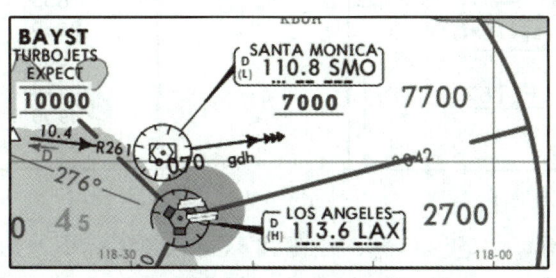

图 5.1.10　雷达引导航迹

4）等待航线

在进场图中会设置一个或多个等待程序，这些程序可以设置在进场程序或过渡程序起点、中间某个导航台或定位点，或者进场程序的结束点。设置等待程序的目的是便于 ATC 在机场流量管控时对空中交通的管理。有时，等待航线会单独绘制在平面图的空白部分，如图 5.1.11（a）所示，等待定位点为导航台 CGT VOR，左转弯（或称左等待），出航航迹 003°，入航航迹 183°，最大等待速度为 225kt，最低等待高度为 5 910 ft。等待航线有时也会标注在平面图上，如图 5.1.11（b）所示，等待定位点为 CWARD，右转弯，出航航迹为 148°，入航航迹 328°，最低等待高度为 5 000 ft。

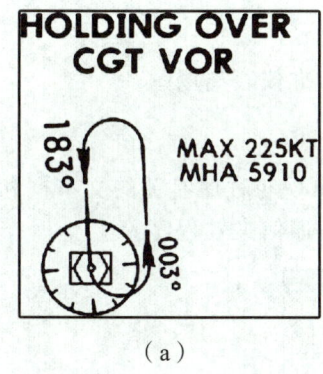
（a）

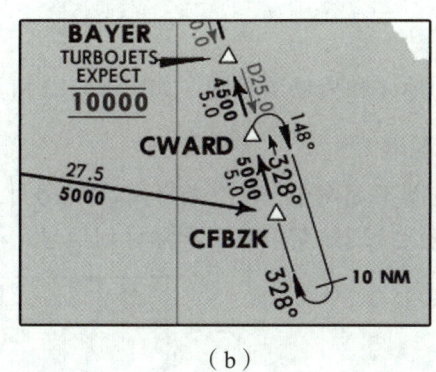
（b）

图 5.1.11　等待航线

6. 高　　度

和标准仪表离场程序一样，进场图平面图中也包括最低安全高度、航段限高以及定位点限高、高度表拨正数据，且它们标注方式和离场图相同，如图 5.1.12 所示。此外，标准仪表进场程序还标注有高度层和高度的转换，如图 5.1.13 所示。

图 5.1.12 航段限高

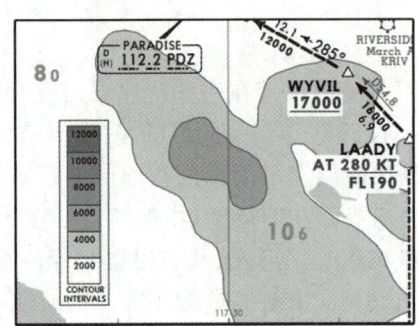

图 5.1.13 高度转换

进场图和离场图中都标注地形信息,用深浅不同的颜色标识地形的高低变化。同时,还标注了各种障碍物,如图 5.1.14 所示。

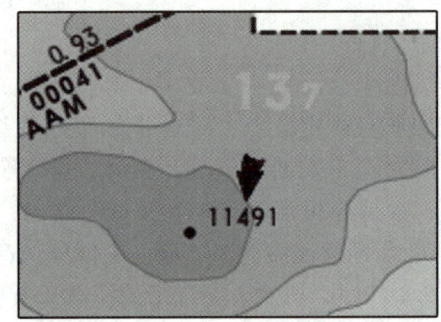

图 5.1.14 地形信息

7. 专用空域

它们的标注和离场图相同,如图 5.1.15 所示,参见标准仪表离场图。

8. 文本说明

在进场图平面图中,除了标识相关符号外,还经常出现与程序有关的文本框和列表信息等,主要包括计划航路信息、下降计划信息、限制条件和通信失效程序等。

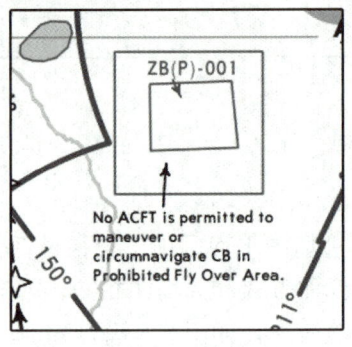

图 5.1.15 专用空域

1) 计划航路信息

该信息框详细描述了每一条进场程序或过渡程序的名称和具体航迹构成等。

如图 5.1.16 所示，该进场程序的计划航路为过 SXC VOR，沿着 SXC 的 R-084°径向线飞向 CFBZK，然后沿着 SLI 的 R-148°径向线飞向 CWARD，穿过 SLI VOR。雷达引导到 25L 跑道完成 ILS 进近。

```
              LEENA 7 ARRIVAL
               (SXC.LEENA7)
                  ROUTING
From over SXC VOR on SXC R084 to CFBZK, then on
SLI R148 to CWARD, then on SLI R148 to SLI VOR.
EXPECT RADAR vectors to ILS approach for Rwy 25L.
```

图 5.1.16 加入航路

如图 5.1.17 所示，列出从不同跑道加入航路的信息。比如离场程序 ROPAM 3B，从 ROPAM 出发，速度不得超过 250 kt，经过航路点 HK711、HK933，到达 LOHIG，速度不得超过 220 kt，在该点的高度下限为 2 300 ft。

STAR	ROUTING
ROPAM 3B	ROPAM (K250-) - HK711 - HK933 - LOHIG (K220-; 2300+).
VEPIN 3B	VEPIN (FL100+) - MAMOP (K250-) - HK807 - HK711 - HK933 - LOHIG (K220-; 2300+).

图 5.1.17 不同离场程序加入航路

2) 下降计划信息

在有些进场图上，列出了进场下降计划信息。没有专门列出下降计划的进场图，可以参考进场程序中各定位点处的高度限制信息。沿预定进场程序飞越航路定位点时，下降计划信息框提供高度、速度限制等信息。根据预定高度，飞行员可以参考预达时刻、耗油率、发动机性能等因素，在下降过程中，设置发动机参数，调整航空器外形、控制下降率等。

如图 5.1.18 所示，在香港 10-2A 进场图的平面图上标注的"DESCENT PLANNING"（下降计划）信息框。框内信息含义为"飞行员应该计划以 FL130 飞越 MANGO。如果 ATC 要求在 BAKER 等待，则飞行员可以预期以 FL260 飞越 ACORN 或 CHERY。每个飞行的动都将被单独指挥"。与此同时，框内还使用粗体字特别强调"实际下降指令应服 ATC 指挥"。

```
           DESCENT PLANNING
Pilots should plan to cross MANGO at   FL130.
If holding over BAKER is required, pilots can
expect to cross ACORN or CHERY (as appro-
priate) at FL260. Each flight will be instruc-
ted individually.
ACTUAL DESCENT CLEARANCE WILL BE AS
DIRECTED BY ATC.
```

图 5.1.18 下降计划信息

3) 限制条件

需要注意的是，在标准仪表进场图的运行限制部分中，包含机型限制、速度限制、机载设备限制、地面设备限制、噪声限制等。不是所有航图都会出现上述所有信息，因此，需要根据实际情况进行了解。

（1）速度限制：用红色字标出，在某些进场图中还会用黑色的方块标注限速点（SLP）。

如图 5.1.19 所示，进场程序结束后的起始进近程序的最大速度为 205 kt。

```
           PUD 31A
        RWYS 18L/R ARRIVAL
    SPEED: INITIAL APPROACH MAX 205 KT
```

图 5.1.19 速度限制

（2）机载设备限制。

如图 5.1.20 所示，该进场程序要求飞机配备 GNSS，DME/DME/IRU 设备，且满足 RNAV1 运行要求，还要求提供雷达引导。

```
Alt Set: hPa
Trans level: FL118
Above 2960 use SHANGHAI Pudong QNH,
at or below 2960 use SHANGHAI Hongqiao QNH.
1. GNSS, DME/DME/IRU required.
2. RNAV 1.
3. RADAR required.
```

图 5.1.20 机载设备限制

（3）机型限制：部分进场程序是针对某种特定的飞机设计的，如涡喷机、涡桨机等。

4）通信失效程序

有些进场程序仅在机载通信设备失效时使用。

如图 5.1.21 所示，执行该进场程序时，如遇到通信失效，请查阅 10-1P 航图。

图 5.1.21 通信失效

5.2 杰普逊标准仪表进场图应用范例

5.2.1 基于传统导航的标准仪表进场图

进场准备时，飞行员应首先掌握进场图中的关键信息，然后阅读其他信息。如图 5.2.1 所示的洛杉矶国际机场 10-2M 标准仪表进场图，如果选择使用 TULE 进场过渡程序，该进场图中的关键信息如下：

标注 1：进场时使用的数字式自动终端情报服务，频率为 133.8 MHz。

标注 2：机场标高。洛杉矶机场标高（128 ft）。

标注 3：过渡高度层和过渡高度说明。气压单位为英寸汞高。其中，过渡高度层为 FL180。

标注 4：使用该进场图的注意事项。①使用该进场程序需要雷达引导；②使用 TULE 过渡程序时，航空器需要装备 DME 接收器；③该进场程序仅适用于非涡喷式飞机。

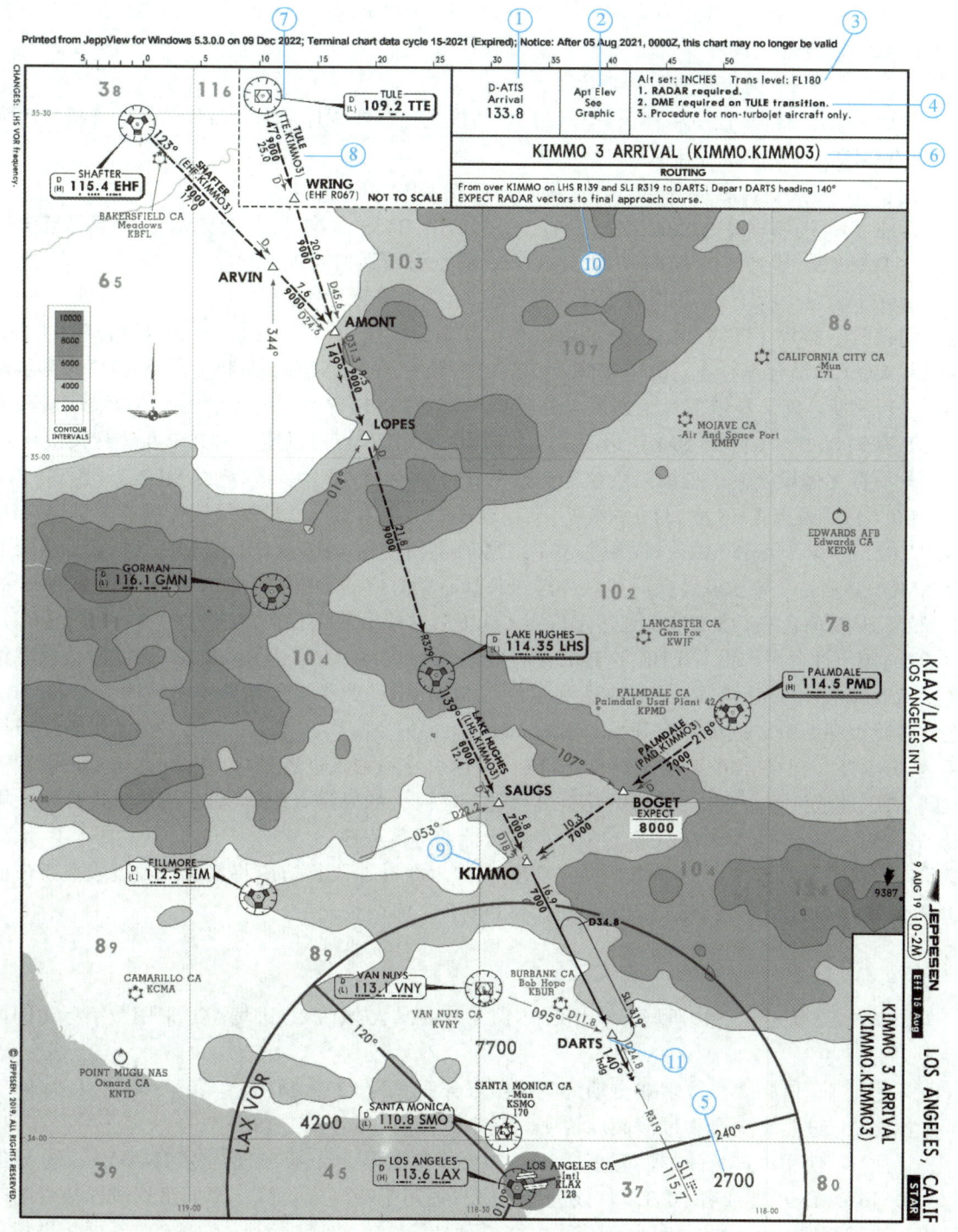

图 5.2.1 洛杉矶国际机场标准仪表进场图

标注 5：最低安全高度。扇区划分以 LAX VOR 台为中心，分为 3 个扇区，其中 QDM 010°～120°扇区的 MSA 为 4 200 ft，QDM 120°～024°扇区的 MSA 为 7 700 ft，QDM 240°～010°扇区 MSA 为 2 700 ft。

标注 6：进场程序名称。根据程序名称 KIMMO 3 ARRIVAL，说明该进场程序为第 3 次修改的版本。

标注 7：TULE 为进场过渡程序起始点。

标注 8：进场过渡程序名称及计算机代码。该进场过渡程序名称为 TULE，计算机代码为 TTE.KIMMO3。

标注 9：进场过渡程序终点，即进场程序起点 KIMMO。

标注 10：进场程序路径的文字说明。沿着 LHS R139°径向线过 KIMMO，继续沿着该航线到达 DARTS。保持 140°航向飞离 DART S，雷达引导到加入进近程序。

标注 11：进场程序终点 DARTS，从该点开始执行进近程序。

假设航空器从 TTE VOR/DME 开始进场，其实施方法为：首先执行进场过渡程序 TULE。在机载 VOR 导航控制盒上，调谐 TTE VOR/DME 频率 109.2 MHz，并利用代码 TTE 的莫尔斯电码进行辨听。确认导航信号无误后，沿 TTE VOR 的 R-147°径向线背台飞行。该航段最低航路高度为 9 000 ft，飞行 25 NM 到达定位点 WRING（此定位点可以使用 EHF R-067°交叉检查）。这一段不按比例尺绘制。继续沿着该径向线飞行 20.6 NM，到达转弯点 AMONT（距离 TTE 台 45.6 NM；距离 LHS 台 31.1 NM）。飞行过程中，在第二部 VOR 导航控制盒上调谐 LHS VOR/DME 频率 114.35 MHz，以便在过了 AMONT 后使用 LHS VOR 进行后续导航（从图上看 AMONT 是一个导航台转换时机，各自两头都有相对应的 DME 距离）。接下来沿着 LHS 的 R-329°径向线向台飞行 9.5 NM 到达定位点 LOPES，继续沿着该径向线飞行 21.8 NM 到达 LHS VOR/DME。过台后，沿着 LHS 的 R-139°径向线飞行 12.4NM 到达 SAUGS，该航段最低航路高度为 8 000 ft。过后再飞 5.8 NM 达到定位点 KIMMO，此段最低航路安全高度为 7 000 ft。进场过渡程序结束，进场程序开始。沿着 LHS R-139°径向线经过 KIMMO，继续沿着该航线到达 DARTS。保持 140°航向飞离 DARTS，雷达引导到加入进近程序。在到达该点之前，若收到 ATC 进近许可，则由 ATC 引导至最后进近航段；如果没有取得 ATC 继续进近许可，则以飞往该点的航迹作为入航航迹，在该点执行标准等待程序。

在飞机下降过程中，当下降至过渡高度层 FL180 时，飞行员应将气压式高度表拨正值由 QNE 调整为 QNH，并在到达修正海压高 18 000 ft 之前调整完毕。

5.2.2 基于 RNAV 的标准仪表进场图

如图 5.2.2 所示，洛杉矶国际机场 SNSTT 2 RNAV ARRIVAL 进场图，采用数字标注的内容为关键信息。

标注 1：通信频率。数字式自动终端情报服务频率为 133.8 MHz。

标注 2：过渡高度层和过渡高度说明。其中过渡高度层为 FL 180。

标注 3：使用该进场图的注意事项。①需要雷达引导；②导航规范为 RNAV 1；③导航源为 DME/DME/IRU 或者 GPS；④该进场程序只适用于喷气式飞机；⑤向洛杉矶西边着陆时使用该进场程序；⑥除非另外收到指令，飞机预计沿 25L 跑道进场；⑦SNSTT STAR 进场程序仅由 ATC 指定。如果使用这个进场程序，飞行员需要复查以上 7 点要求，如果条件不满足，需要和管制员说明，再更换进场方式。以上条件需要同时满足，各自独立，没有相互关系。

标注 4：进场程序名称和计算机代码。SNSTT 2 RNAV ARRIVAL 为进场程序名称，AMMOR.SNSTT2 为该程序的计算机代码。

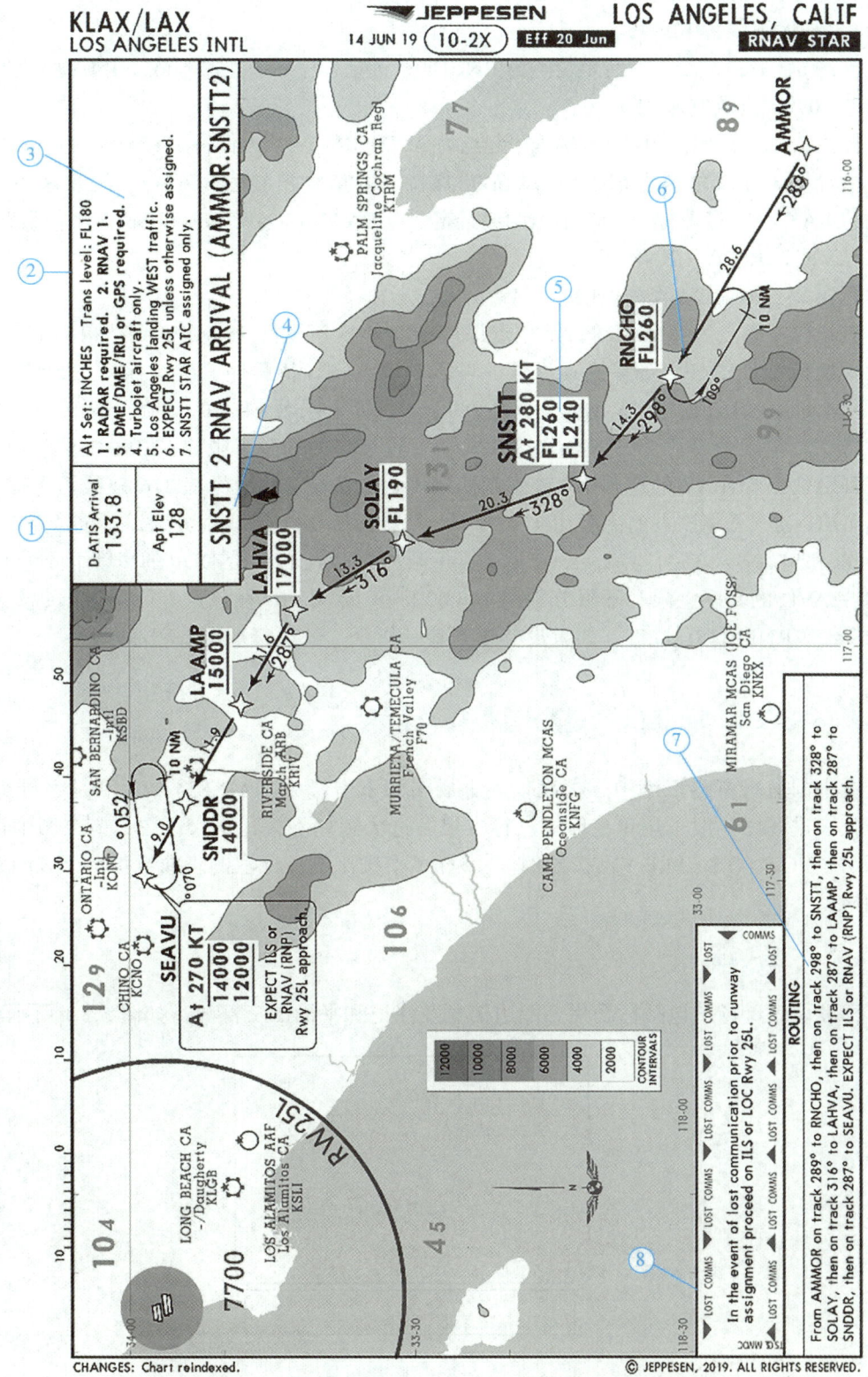

图 5.2.2 洛杉矶国际机场 RNAV 标准仪表进场图

标注 5：速度限制和高度限制。要求在航路点 SNSTT 处速度为 280 kt，高度上限为 FL260，高度下限为 FL240。

标注 6：等待航线。等待定位点为 RNCHO，进场程序在该点左等待，出航边长 10 NM，出航航迹 109°，入航航迹 289°。

标注 7：进场程序说明。进场程序起点为 AMMOR，从该点保持 289°航线角到达 RNCHO，然后沿着 298°航线角到达 SNSTT，然后再保持 328°航线角到达 SOLAY，继续保持 316°航线角到达 LAHVA，接着保持 287°航线角经过定位点 LAAMP，SNDDR 和 SEAVU。等待管制指令实施 ILS 或者 RNAV（RNP）25L 进近。

标注 8：通信失效程序说明。

进场程序起点为 AMMOR，从该点保持 289°航线角飞行 28.6 NM 到达 RNCHO，在该点高度不能低于 FL260。如果交通繁忙，可以在该点飞等待程序。继续保持 289°航线角飞行 14.3 NM 到达 SNSTT，在该点的速度为 280 kt，高度上限为 FL260，高度下限为 FL240。然后再保持 328°航线角飞行 20.3 NM 到达 SOLAY，过该点的高度上限为 FL190。从定位点 SNSTT 下降到定位点 SOLAY 的过程中，注意气压高度表的拨正。继续保持 316°航线角飞行 13.3 NM 到达 LAHVA，飞越该点的高度为 17 000 ft。接着保持 287°航线角分别经过定位点 LAAMP，SNDDR 和 SEAVU。在定位点 LAAMP 的高度下限为 15 000 ft，在 SNDDR 的高度下限为 14 000 ft，到达 SEAVU 的高度上限和下限分别是 14 000 ft 和 12 000 ft。在该点等待管制指令实施 ILS 或者 RNAV（RNP）25L 进近。如果没有收到管制指令，就执行左等待程序。

5.3 CAAC 标准仪表进场图布局及信息

在中国航行资料汇编中，标准仪表进场图的索引号为 "AD2.24-9?"（?是字母）。CAAC 标准仪表进场图一般采用单色印刷。标准仪表进场图如不按比例尺绘图，应在图中适当的位置标明 "NOT TO SCALE（不按比例）"字样。不按比例尺标注的正向也指示了该图布局的南北朝向。

5.3.1 基本布局

标准仪表进场图包括标题栏、图边信息及注记和平面图三部分，如图 5.3.1 所示。

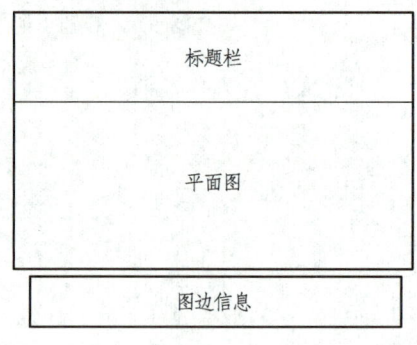

图 5.3.1　图幅布局

5.3.2 标题栏

标准仪表进场图标题栏中从左至右依次包含航图标识、磁差信息、通信频率、机场 ICAO 四字代码、机场所在地名称、机场名称及适用的跑道编号，如图 5.3.2 所示。PBN 进场图需在跑道编号前标注"RNAV"，传统导航进场则不需要。有些进场程序的执行需要获得管制许可，则会在跑道编号前标注"By ATC"。

进场图的通信频率包括自动终端情报服务频率（ATIS）或数字式自动终端情报服务频率（D-ATIS）、进近管制频率（APP）以及塔台频率（TWR）。根据实际情况，进近管制还会分设不同扇区。

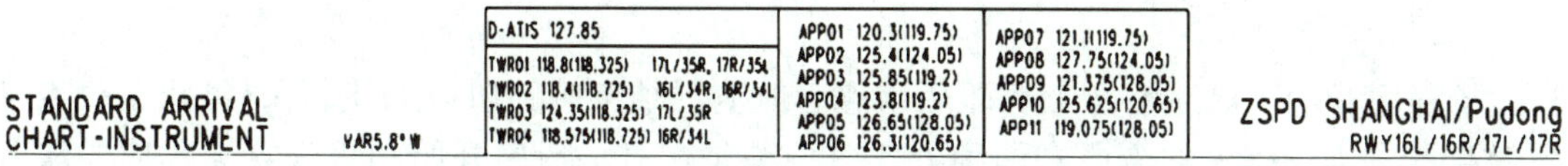

图 5.3.2 上海浦东国际机场标准仪表进场图标题栏

如图 5.3.2 所示，在上海浦东机场的标准仪表进场图中，STANDARD ARRIVAL CHART-INSTRUMENT 是航图标识，表示该图是一幅标准仪表进场图。VAR 5.8°W 表示浦东机场所在地的磁差为东磁差 5.8°。通信频率列表中一般会给出飞行员在进场过程中用到的各种通信频率，一般都会包括自动终端情报服务（ATIS）的频率、进近（APP）的频率和塔台（TWR）的频率。如果通信频率存在主用频率和备用频率，会把备用频率放在括号中进行标注。另外，有些机场根据不同的管制范围进一步划分了管制扇区，如塔台可以按跑道分为不同的扇区，进近也可以根据流量需求划分为不同的扇区。如果存在扇区划分，会分别列出每一个扇区的频率。当有些通信频率开放时间有时效性时，会在括号中给出时间限制。在图 5.3.2 中，上海浦东机场的 D-ATIS（数字式的自动终端情报服务）的频率为 127.85 MHz。11 个进近扇区，APP01 表示 1 号扇区，进近时其主用频率为 120.3 MHz，备用频率为 119.75 MHz，其余类似。向着 17L/35R 跑道进近时，3 号塔台管制扇区 TWR01 的主用频率为 124.35 MHz，备用频率为 118.325 MHz。如果频率是红色，为该版修订的频率。ZSPD 是浦东机场的 ICAO 四字代码，SHANGHAI 是浦东机场所在地，Pudong 是机场名称，RWY16L/R，17L/R 表示该进场程序使用的跑道。

5.3.3 图边信息及注记

图框的下方是图边信息，标注该航图的出版时间、生效时间、出版单位和图幅编号。如图 5.3.3 所示，该图的出版日期 2020 年 9 月 1 日，生效日期 2020 年 10 月 7 日 16:00。如果没有写生效期日期，则表明在收到这份航图资料时即生效。出版当局为中国民用航空局 CAAC。在中国航行资料汇编中，标准仪表离场图的航图索引号为"AD2.24-9?"（?是字母）。图幅编号为"ZWWW AD2.24-9"表示该图是标准仪表离场图，后面字母从 A 开始进行排序，字母 C 代表这是浦东国际机场第三幅标准仪表离场图。

图 5.3.3 图边信息

5.3.4 平面图

标准仪表进场图一般不按比例尺绘制，只示意性地标出进场航线及其距离，以便在平面图上合理地布局定位点的位置。即使平面图不按比例尺绘制，图上相关的地理位置和方位信息都是精确的。如果按比例尺绘制，图中会给出线段比例尺；如果不按比例尺绘制，会在图中注明"NOT TO SCALE"。

标准仪表进场图清楚地表示航路终点至起始进近定位点间的各航段情况。进场图的平面图中主要给出每条进场程序的名称、机场、导航台和定位点、飞行航线、高度、下降梯度等信息，同时还给出了有关的速度限制、空域限制等限制条件。

1. 进场程序命名

进场程序开始于航路终止点（即从该点起航空器结束航路阶段的飞行），终止于仪表进近程序的起点。进场程序的命名有两种方式，一种是用进场程序开始的报告点名称或导航台的识别标志加上数字编号及英文字母"A"来表示。如图 5.3.4 所示，就进场程序 SASAN-01A 而言，"SASAN"表示该进场程序的起始点，在这个点之后航空器就结束航路飞行；"A"表示 Arrival，即这是一条进场程序；数字 01 表示该进场程序的编号。在一些较小的机场采用以英文字母"A"加数字编号的形式作为进场程序的名称，如 A-01。如果在平面图上，几个进场程序都是根据同一个定位点来命名，进场程序则通过数字或者字母来加以区分。如图 5.3.4 所示，对应 SASAN，有"SAS-61A"和"SAS-62A"两条进场程序。

STAR	ROUTING
SAS-61A	SASAN-SS420-SS204
SAS-62A	SASAN-SS420-POMOK-SS201
SUP-61A	SUPAR-SS210-SS208-SS206-JTN-SS205-SS204
AND-61A	AND-DADAT-SS207-SS206-JTN-SS205-SS204
AND-62A	AND-SS213-SS211-JTN-SS205-SS204
PUD-61A	PUD-JTN-SS205-SS204

图 5.3.4 进场程序命名

2. 机 场

在平面图中，着陆机场以跑道轮廓表示，跑道轮廓不按比例尺绘制，但跑道轮廓可以显示跑道方向，如图 5.3.5 所示。进场图中其他机场的跑道也应绘制出其轮廓，但使用的符号应该与着陆机场跑道有明显差异。

3. 导航台和定位点

标准仪表进场图平面图中的导航台和定位点的描述方法和离场图相似。为进场程序（含等待程序）提供航迹引导的导航设施包括 VOR、NDB 和 DME，和离场程序一样，其导航设施识别框应包括导航设施名称、频率、识别代码、莫尔斯电码、DME 波道，地理坐标等信息。通常 NDB 台没有磁北指示，VOR 台有磁北指示。如图 5.3.6 所示，BK 是 NDB 台，AND 是 VOR 台。

定位点主要是用来帮助飞行员检查飞行进程和确定位置。和离场图一样，进场图平面图中的定位点也用三角形表示，名称为英文大写字母的五字代码，如图 5.3.7 所示，定位点名为 SASAN；航路点以四角星表示，如图 5.3.7 中的 SS420。实心的是强制报告点，空心的是非强制报告点。

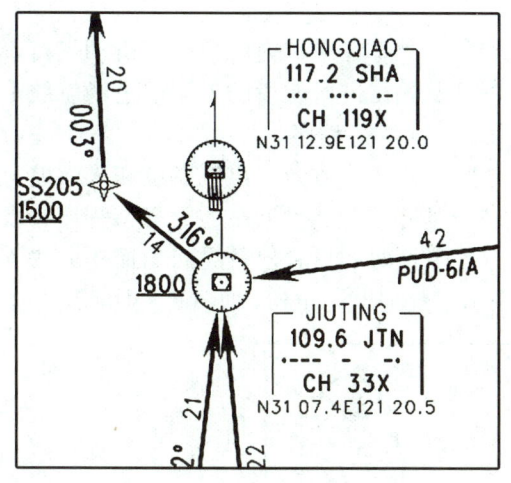

图 5.3.5　机场标志

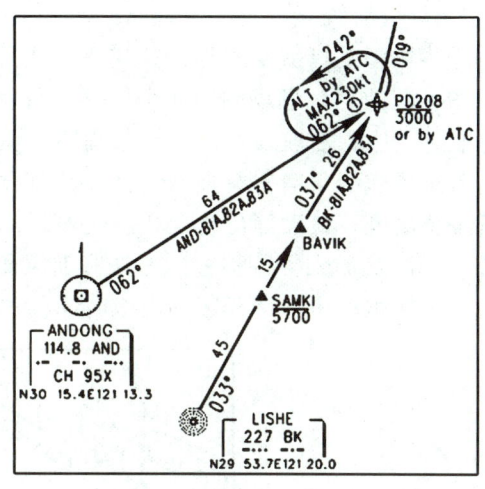

图 5.3.6　导航台

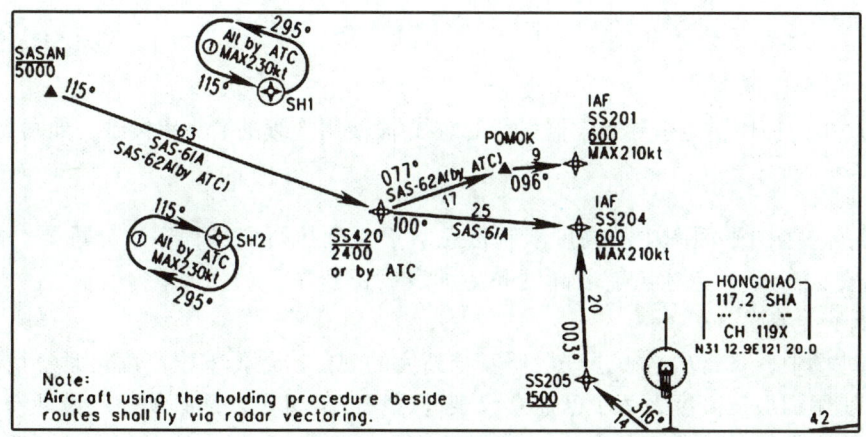

图 5.3.7　定位点

4．飞行航线

1）进场航线

进场航线通常用一条带箭头的黑色粗实线来表示。在该航线旁标注进场航线代号、磁线角、航段距离和高度要求。如图 5.3.8 所示，进场程序名称为 TONOV-9ZA，航线角为 58°，航段里程为 49 km，在定位点 TONOV 处的高度不得低于 3 000 英尺。

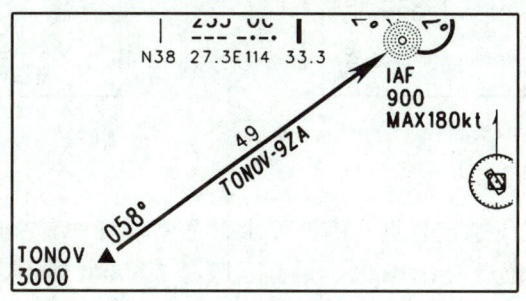

图 5.3.8　进场航线

2）等待航线

等待程序是指航空器为等待进一步放行而保持在一个规定空域内的预定的机动飞行。和离场图不同的是，进场图中还会描述等待程序，一般设置在进场航段的末端或进场航线上的某一点。其中，右航线为标准等待程序，左航线为非标准等待程序。

若进场航线设有等待航线，图中应注明等待定位点、转弯方向、出航航迹和入航航迹、最低等待高度、最大等待速度和出航限制，如图 5.3.9 所示。值得注意的是，等待程序各要素的描述方法及加入等待程序的方法和航路图中等待程序相似，只有出航时间的描述方法不太相同，进场程序中等待程序的出航时间以"①"表示出航时间 1 min，如图 5.3.9 所示。

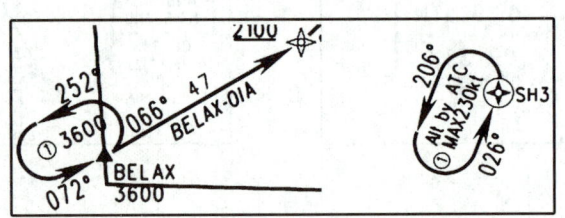

图 5.3.9　等待航线

3）雷达引导航迹

进场程序中，使用雷达引导航空器飞行的航线/段使用连续的箭头串标绘，如图 5.3.10 所示。

5. 高　度

标准仪表进场图平面图中的高度限制信息对于正确执行离场程序十分重要。高度信息主要包括最低安全高度、定位点/航段高度和高度表拨正程序。

1）最低安全高度

在仪表进场中，飞行员必须遵守最低安全高度的规定。最低安全高度是紧急情况下在规定的扇区可以使用的最低高度，每个已建立仪表进近程序的机场，都必须确定最低安全高度。最低安全高度的设定是通过本场台或 APR 点划设 46 km 区域，并根据地形条件与预期程序走向划设不同扇区，以该扇区内最高障碍物之上加上余度得到该扇区最低扇区高度，如图 5.3.11 所示。

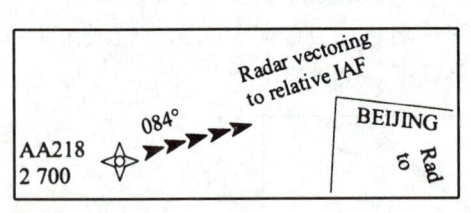

图 5.3.10　雷达引导航迹　　　　图 5.3.11　最低安全高度

2）定位点/航段高度

有些进场程序对飞机飞越定位点有高度要求，通常会标注其高度下限或高度上限，如图 5.3.12 所示，飞机飞越定位点 TANIB 时，最高下限是 3 600 ft 或由 ATC 指定。平面图上某些航段可能会有高度限制，具体标注方法与航路图相同。

3）高度表拨正数据

高度表拨正数据包括气压单位、过渡高度层（TL）和过渡高度（TA）。NAIP 进场图中还包括该区域 QNH 水平区域边界。当航空器进场下降到 TL 时，必须将气压面由 QNE 调为 QNH。在某些机场，根据本场 QNH 的大小分别公布两个或多个不同的 TA 值，以确保过渡夹层厚度基本相同。

如图 5.3.13 所示，TL 为 3 600 m；当本场 QNH 不小于 1 031 hPa 时，TA 为 3 300 m，当 QNH 不大于 979 hPa 时，TA 为 2 700 m；其他情况时，TA 均为 3 000 m。当飞机下降到 3 600 m 时，高度表气压基准面由 QNE 拨正为 QNH，在到达 TA 之前，拨正完毕。

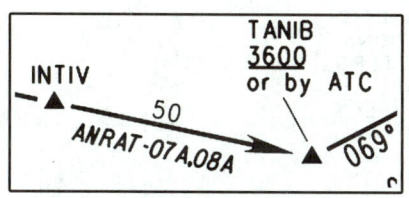

图 5.3.12　定位点高度

图 5.3.13　高度表拨正数据

6. 专用空域

所有专用空域均需描绘其空域边界，并标注其代码、高度下限和上限、限制时间，如图 5.3.14 所示。也可用空白处文字的形式标注其限制条件。

图 5.3.14　专用空域

7. 文本说明

进场图的平面图上通常用图文结合的方式来进一步描述进场程序，主要包括运行限制和航图注释等信息。

1）运行限制

如果进场程序中某些航段有对航空器的类型限制、机载设备限制或速度限制等，则会注明。图 5.3.15（a）表明要执行该进场程序，要求飞机装备 GNSS 导航设备，并能满足 RNAV 1 运行要求；图 5.3.15（b）表示飞机执行该进场程序时飞越起始进近定位点时的最大速度为 380 km/h，最大等待速度为 420 km/h。

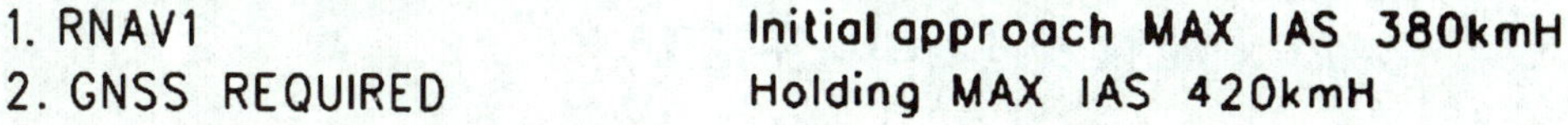

```
1. RNAV1                    Initial approach MAX IAS 380kmH
2. GNSS REQUIRED            Holding MAX IAS 420kmH

      （a）                              （b）
```

图 5.3.15　离场限制条件

2）进场程序注释

有关进场程序的注释应尽量放在一起。如注释条数较多，应进行编号，如图 5.3.16 所示。

```
Note:
1. Holding MAX IAS 230kt.
2. Join the HC110 holding pattern for radar vectoring.
3.Ⓐ Pay attention to keeping track, veering northerly is forbidden.
```

图 5.3.16 进场程序注释

3）单位注释

在进场图平面图左/右上角，一般会对图中使用数据的单位进行说明，如图 5.3.17 所示。方位角是磁方位角；高度、海拔和高的单位是米；DME 距离的单位是海里；距离的单位是千米。

```
BEARINGS ARE MAGNETIC
ALTITUDES, ELEVATIONS
AND HEIGHTS IN METERS
DME     DISTANCES    IN
NAUTICAL          MILES
DISTANCES IN KM
```

图 5.3.17 单位注释

4）本次修订内容

在平面图的左下方，一般会说明本次修订内容，如图 5.3.18 所示，表示航路点 SS211 处不再有高度要求。

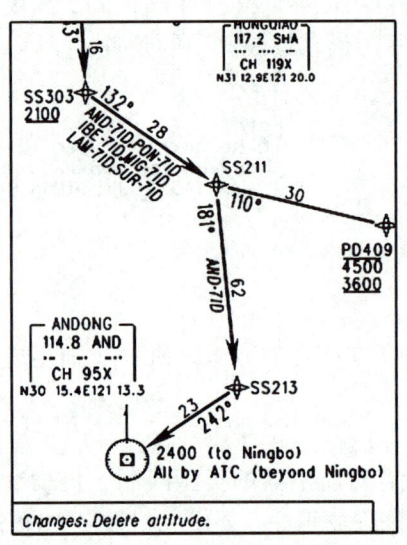

图 5.3.18 本次修订内容

5.4 CAAC 标准仪表进场图应用范例

5.4.1 基于传统导航的标准仪表进场图

进场准备时，飞行员应首先掌握进场图中的关键信息，然后阅读其他信息。如图 5.4.1 所示，广州白云国际机场 ZGGG AD2.24-9A 标准仪表进场图上，如果选择使用 IGONO-81A 程序进场，该进场图中用数字标注的内容为关键信息。

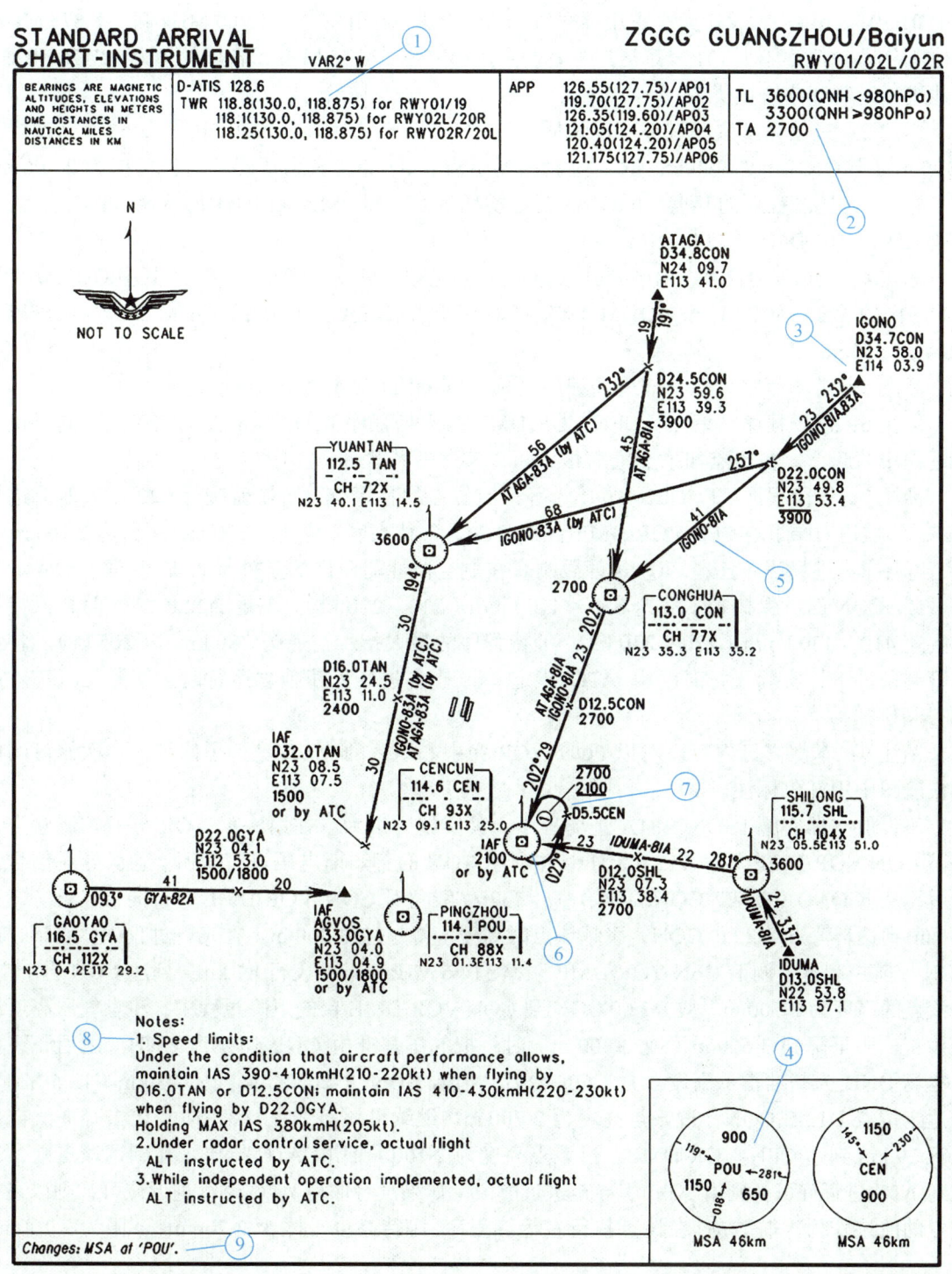

图 5.4.1 广州白云国际机场标准仪表进场图

标注 1：自动终端情报服务频率。该频率为 126.8 MHz，同时提供数字化的 ATIS 信息。对于 01/19 号跑道塔台管制频率主用频率为 118.8 MHz，备用频率为 130.0 MHz 和 118.875 MHz。其他塔台频率解读类似。01 号扇区进近管制主用频率为 126.55 MHz，备用频率为 127.75 MHz。其他进近管制频率解读类似。

标注 2：过渡高度层和过渡高度说明。其中，当 QNH 不小于 980 hPa 时，过渡高度层为 3 300 m；当 QNH 小于 980 hPa 时，过渡高度层为 3 600 m；其余情形，过渡高度为 2 700 m。

标注 3：进场程序的起点。IGONO 是进场程序 IGONO-81A 和 IGONO-83A 的起点，该点距离 CON VOR/DME 台 34.7 NM。

标注 4：最低安全高度。扇区划分以 POU VOR 台为中心，分为 3 个扇区，其中 QDM 018°~119°扇区的 MSA 为 1 150 m，QDM 119°~281°扇区的 MSA 为 900 m，QDM 281°~018°扇区 MSA 为 650 m。

标注 5：进场程序名称。该进场程序名称为 IGONO-81A。

标注 6：进场程序结束点。CEN VOR/DME 为进场程序 IGONO-81A 的结束点，同时也是进近程序的起点。在该点如果交通繁忙，可以实施等待程序。

标注 7：等待程序。以 CEN VOR 为等待定位点的左等待，出航航迹为 022°，入航航迹为 202°，出航边末端距离 CEN VOR/DME 台 5.5 NM，等待高度上限为 2 700 m，下限为 2 100 m。

标注 8：进场程序注释。① 速度限制。在航空器性能允许的条件下，飞越 D16.0TAN 或者 D12.5CON 时，保持指示空速 390~410 km/h（210~220 kt）；飞越 D22.0 GYA 时，保持指示空速 410~430 km/h（220~230 kt）。等待程序的最大指示空速为 380 km/h（205 kt）。② 雷达管制条件下，实际飞行高度由 ATC 指定。③ 当各进场程序独立运行时，实际飞行高度由 ATC 指定。

标注 9：本次修订内容。对以 POU VOR 为中心扇区的 MSA 进行了修订。本次修订的内容在航图中用红色标注。

假设航空器实施 IGONO-81A 进场程序，其实施方法为：在第一部 VOR 导航控制盒上，调谐 CON VOR/DME 频率 113.0 MHz，并利用 CON 的莫尔斯电码进行辨听。确认导航信号无误后，从 IGONO（D34.7 CON）开始，沿 232°航线角对 CON VOR/DME 进行向台飞行。飞行 23 km 到达转弯点 D22.0 CON，飞越该点时高度不得超过 3 900 m。在飞行过程中，在第二部 VOR 导航控制盒上调谐 CEN VOR/DME 频率 114.6 MHz。继续飞行 41 km，到达 CON 台上空，在该点的高度为 2 700 m。从 D22.0 CON 到 CON VOR/DME 台的下降过程中，注意气压高度表的拨正。当下降到 3 600 m（或 3 300 m）时，把气压基准由 QNE 切换到 QNH。之后，飞机以本场 QNH 为基准指示高度。过 CON 台后，沿着 CON R-202°径向线飞 23 km（12.5 NM）到达定位点 D12.5 CON，过该点高度为 2 700 m。继续沿该航线保持 CEN R-022°径向线向台飞行 29 km 到达 CEN VOR/DME，过该点高度为 2 100 m 或由 ATC 指定。在到达该点前，若收到 ATC 进近许可，则由 ATC 引导至进近航段，如果没有取得 ATC 继续进近许可，则以飞往该点的航迹作为入航航迹，在该点执行左等待程序，等待高度上限为 2 700 m，下限为 2 100 m。

5.4.2 基于 RNP 的标准仪表进场图

如图 5.4.2 所示，成都双流国际机场 RNP 标准仪表进场图中，采用数字标注的内容为关键信息。

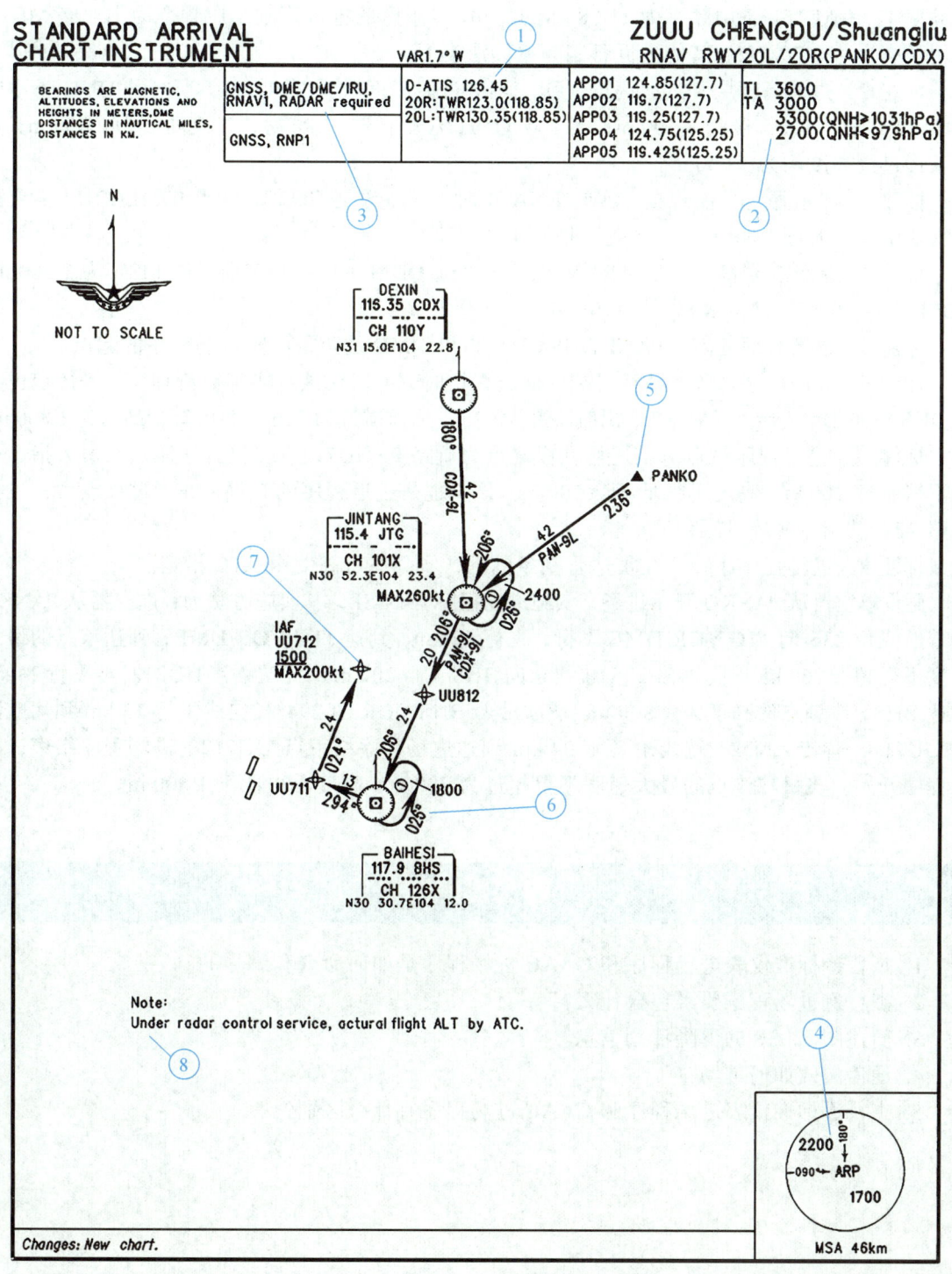

图 5.4.2 成都双流国际机场 RNP 进场图

标注 1：通信频率。其中自动终端情报服务频率为 126.45 MHz，20R 跑道的塔台管制主用频率 123.0 MHz，备用频率为 118.85 MHz。01 号扇区的进近管制主用频率为 124.85 MHz，备用频率为 127.7 MHz。其他进近管制频率读法类似。

标注 2：过渡高度层和过渡高度说明。其中过渡高度层为 3 600 m，当本场 QNH 不小于 1 031 hPa 时，过渡高度为 3 300 m；当本场 QNH 不大于 979 hPa 时，过渡高度为 2 700 m；其余情形过渡高度均为 3 000 m。

标注 3：导航源与导航规范。实施 RNAV1 时，导航源是 GNSS，DME/DME/IRU，需要提供雷达引导。实施 RNP 1 时，导航源是 GNSS。

标注 4：最低安全高度。以 ARP VOR 为中心，QDM 090°～180°扇区的 MSA 为 2 200 m，QDM 180°～090°扇区的 MSA 为 1 700 m。

标注 5：进场程序起点。PANKO 和 CDX VOR/DME 是两条不同进场程序的起点。

标注 6：等待程序。当进场时终端区交通繁忙时，可以在该点实施等待程序。等待定位点为 BHS VOR/DME 台，向左转弯，出航航迹为 026°，入航航迹为 206°，最低等待高度为 1 800 m。

标注 7：进场程序终点。该进场程序终点为航路点 UU712，飞机到达该点的最大指示速度不得超过 200 kt，高度不得低于 1 500 m。该点也是进近程序的起点 IAF。过该点后，飞机按照 ATC 的指令实施进近程序。

标注 8：进场程序注释。在雷达管制条件下，实际飞行高度由 ATC 指定。

假设航空器从 PANKO 开始进场，实施进场程序 PAN-SL，其实施方法为：航空器从 PANKO 沿着航线角 236°向 JTG VOR/DME 飞行，飞行 42 km，到达 JTG VOR/DME，到达该点的最大速度不得超过 260 kt。航空器沿 206°航线角向 BHS 飞行 20 km 到达航路点 UU812，再飞行 24 km 到达 BHS，在该点的高度为 1 800 m。然后沿着 BHS VOR 的 294°径向线飞行 13 km 到达航路点 UU711，右转保持 24°航线角飞行 24 km 到达进场程序结束点 UU712，进场程序结束，进近程序开始。飞机在该点的最大速度不得超过 200 kt，高度不得低于 1 500 m。

复习思考题

1. 杰普逊标准仪表进场程序和 CAAC 进场程序是如何命名和编号的？
2. 杰普逊进场程序要素包含什么？
3. 简述图 5.1.18 的下降计划信息。
4. 通信失效如何进场？
5. 杰普逊标准仪表进场程序和 CAAC 进场程序有什么区别？

第 6 章
仪表进近图

仪表进近图是仪表进近程序和复飞程序的直观图形表示。仪表进近程序（Instrument approach procedure）是飞行员利用地面导航设施和机载无线电导航设备所提供的导航数据，按照仪表指示并对障碍物保持规定的超障余度所进行的一系列预定的机动飞行。这种机动飞行是从规定的进场航路或起始进近定位点开始，到能够完成目视着陆的一点为止。如果不能完成着陆，则开始复飞，加入等待或重新开始航路飞行。

飞行员在实施仪表进近程序之前必须完整地预览仪表进近程序，通过着陆机场的 ATIS 广播了解有关着陆机场的天气、场面活动、通信、导航设施等情况，并通过管制员指定计划使用的进近程序。机组应在预览进近图的基础上通过进近简令确保调谐正确的无线电通信和导航频率，正确设置下降最低高度，明确仪表进近和复飞程序的执行方法。其中，进近简令可以起到三个方面的作用：① 使机组成员明白进近的计划以及各自的分工与责任；② 可以帮助补充进近计划中忽略的内容；③ 可以起到检查单的作用，确保输入正确的无线电通信、导航和各种限制数据。

世界各国的民用航空主管部门都将进近图预览推荐为驾驶舱标准操作程序之一，尤其是在航线运输等商用多人制机组运行中。

6.1 与进近图相关的进近程序概念

6.1.1 进近程序的航段划分

标准的仪表进近程序一般包含五个航段：进场航段、起始进近航段、中间进近航段、最后进近航段和复飞航段。

1. 进场航段

进场航段是航空器从航路飞行阶段下降过渡到起始进近定位点（Initial Approach Fix，IAF）的航段，通常指航空器从某个导航台或定位点脱离并飞往起始进近定位点的过程。在进场阶段，航空器沿航线下降到起始进近的高度，并在接近 IAF 时速度减至起始进近速度，选放起始襟翼。

2. 起始进近航段

起始进近航段是航空器从起始进近定位点到中间进近定位点（Intermediate Fix，IF）或者最后进近定位点（Final Approach Fix，FAF）的航段，如图 6.1.1 中四个粗箭头指向所示。在此航段，航空器主要是完成降低高度的过程，沿着进近航迹飞行并对准跑道。

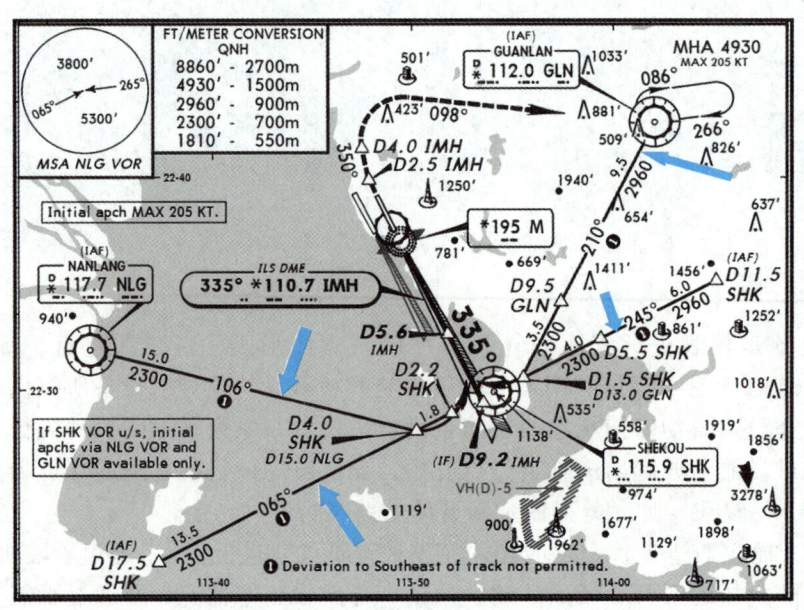

图 6.1.1　起始进近航段示意图（JEPP）

3. 中间进近航段

中间进近航段是航空器由中间进近定位点到最后进近定位点的航段。在此航段，航空器主要调整姿态，降低速度至预定的进近速度并对正跑道，而且不宜大幅度降低高度。如果航空器高度过高，则需要尽量下降到规定的高度，并在抵达 FAF 之前保持平飞。

4. 最后进近航段

最后进近航段是航空器对正跑道并下降到决断高度/决断高（Decision Altitude/Height，DA/DH）或者最低下降高度或高（Minimum Descent Altitude/Height，MDA/MDH）的过程，包含最后进近定位点到复飞点（Missed Approach Point，MAPt）的航段。此阶段在进近程序中最关键且最复杂。此时航空器需对正跑道，减速至最后进近速度，并跟随下滑道（Glideslope，GS）或者阶段下降高度。在这个过程中，飞行员不但要控制好航空器的航向和速率，还要完成降落前检查单，直到下降到规定高度并判断是否继续进近或者复飞。

5. 复飞和等待航段

当航空器下降到 MDA 或 DA 且无法满足继续进近时需要进行复飞，如图 6.1.2 所示。在此阶段，需要严格控制好航空器的速度和爬升率。当天气条件不允许目视飞行时，飞行员需严格按照标准复飞程序或 ATC 指令执行，爬升至复飞指定高度后进行等待，并核实复飞检查单。如果天气转好且机场条件允许，则航空器可以通过起落航线进行第二次着陆。

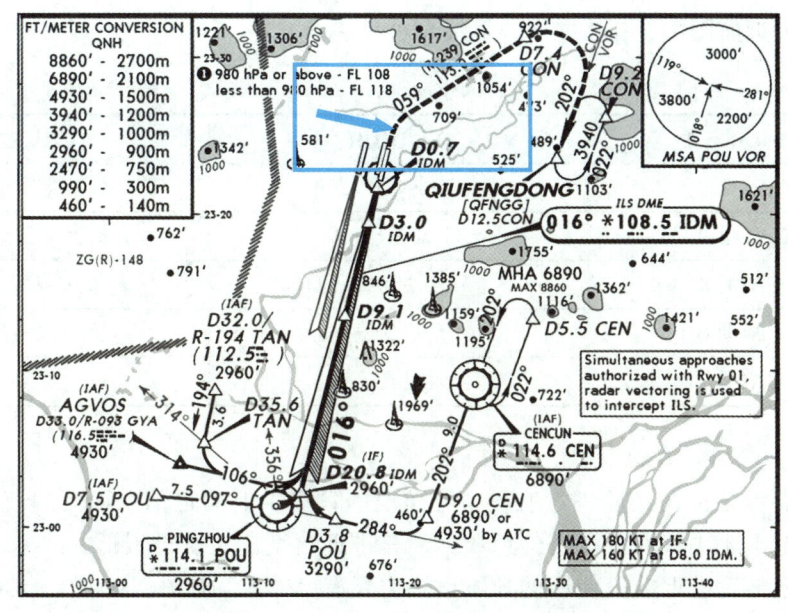

图 6.1.2　复飞航迹示意图（JEPP）

6.1.2　进近程序的分类

根据最后进近航段中导航设施是否能够提供下滑道信息，仪表进近程序可以分为精密进近程序（Precision Approach Procedure，PAP）和非精密进近程序（Non-precision Approach Procedure，NPAP）两个类别。

1. 精密进近程序

精密进近程序指在仪表进近的最后进近航段，导航设施能够同时为航空器提供航向道（Localizer，LOC）信息和下滑道（Glide Slop，GS）信息，引导航空器沿预定的下滑线进入着落的仪表进近程序。在该程序中，飞行员可以根据下滑道数据控制航空器的下滑速率，精度比较高，因此得名"精密"。

精密进近程序最后进近航段使用的导航设施主要有仪表着陆系统（Instrument Landing System，ILS）、微波着陆系统（Microwave Landing System，MLS）、精密进近雷达（Precision Approach Radar，PAR）和卫星着陆系统（GBAS Landing System，GLS）等，其中 ILS 的应用最为普遍。ICAO 将 ILS 精密进近按照着陆标准划分为三个等级，见表 6.1.1。

表 6.1.1　ILS 进近的 ICAO 等级划分

类别	能见度（VIS）/m	决断高度（DH）/m
Ⅰ	大于 800	60
Ⅱ	大于 400	30
Ⅲa	大于 200	0，看着着陆
Ⅲb	大于 50	0，看着滑行
Ⅲc	0	0，不用任何目视参考至停机位

在杰普逊进近航图中，ILS 进近的等级划分见表 6.1.2。

表 6.1.2　杰普逊进近航图中的 ILS 进近等级划分

等级（Category）	DA/DH/ft	RVR/ft
一类（CAT Ⅰ）	大于或等于 200	大于或等于 2 400
二类（CAT Ⅱ）	大于或等于 100	大于或等于 1 200
三类 A（CAT ⅢA）	无决断高	大于或等于 700
三类 B（CAT ⅢB）	无决断高	大于或等于 150
三类 C（CAT ⅢC）	无决断高	0

2. 非精密进近程序

非精密进近程序指在最后进近航段中导航设施只提供航向道信息而无法获得下滑道信息的进近程序。由于无法获取下滑道信息数据，其进近精度比精密进近低。

非精密进近最后进近航段使用的导航设施主要有 VOR、NDB、DME、LOC 等。当 ILS 的下滑台 GS 不工作或截获不到下滑道信息的情形下也应执行非精密进近程序。此外，还有 GPS 非精密进近程序类别。其中，GPS 进近根据 GPS 能否提供下滑道信息可以分为 GPS 精密进近和 GPS 非精密进近，有下滑道信息时称为 GPS 精密进近，无法提供下滑道信息时称为 GPS 非精密进近。

我国机场的非精密进近主要是 VOR 进近和 NDB 进近。非精密进近最大的缺点是航空器无法通过下滑道信息来控制下降速率，只能通过表速、油门设置和高度等来进行阶段下降至最低下降高度进而判断是继续进近还是复飞。

6.1.3　进近程序的进近模式

对于仪表进近程序而言，其进近模式直接关系到进近的效率和燃料的消耗。根据起始进近航段航空器机动飞行的形式可分为直线进近、反向程序进近、直角航线程序进近和推测航迹进近等几种不同的进近模式。

1. 直线进近模式

这种进近模式是所有进近模式中最简单、最省时、最省力的一种，既可以让飞行员安心，也可以减轻管制员的工作负荷，但是这种进近模式受机场周围的地形和管制空域分布影响，一般用于地形平坦、管制空域不密集的机场。其 IAF 和 IF 可以不在一条直线上，即起始进近航段和中间进近航段之间可以形成一段夹角，只要前者和后者延长线的夹角不大于 120°，都属于直线进近。如图 6.1.3 所示的西安咸阳国际机场 23L 跑道的 ILS/DME 进近程序中，起始进近段和中间进近段延长线夹角小于 120°，因此属于直线进近。

如果机场附近装有 DME（或 VOR/DME）台，则航空器可以以该 DME 为圆心，以一段 DME 距离为半径作圆弧进近，其 DME 距离通常标注在弧线上，如图 6.1.4 中的粗箭头指向所示。

沿 DME 弧进近属于直线进近的一种特殊形式，其最大优点是可以分离进离场的航空器，但缺点是操作比较复杂，并且在天气不好的情况下航空器很难保持好弧线飞行。

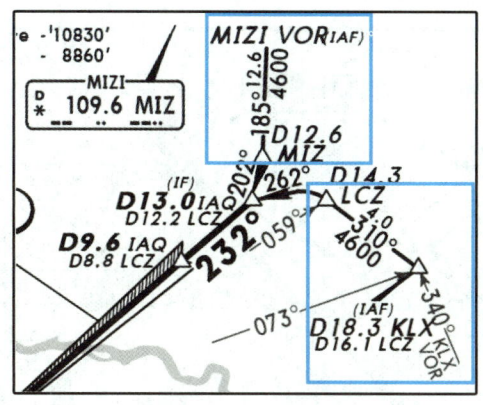

图 6.1.3　直线进近模式示意图（JEPP）

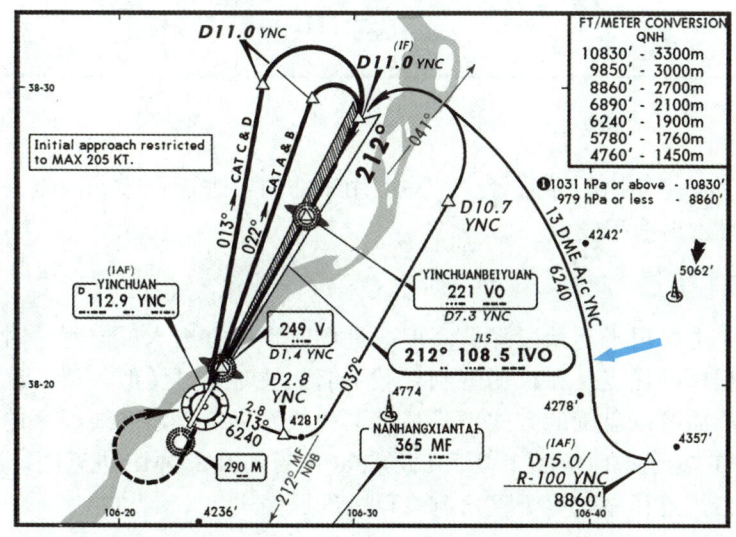

图 6.1.4　DME 弧进近模式（JEPP）

2. 反向程序进近模式

如果航空器进场方向与着陆方向接近相反，则需要使用反向程序。反向程序主要分为三类：基线转弯、45°/180°程序转弯和80°/260°程序转弯，如图 6.1.5 所示。

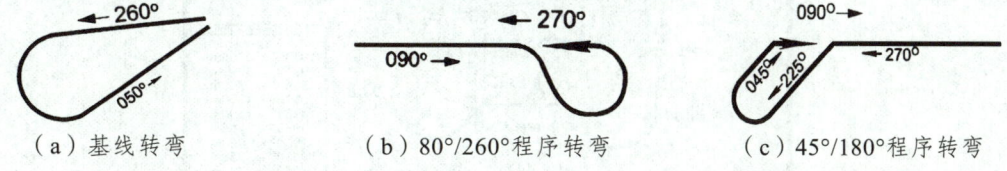

（a）基线转弯　　　　　（b）80°/260°程序转弯　　　　（c）45°/180°程序转弯

图 6.1.5　反向程序的三种形式

对于反向程序，航迹线相对较长，且起始进近定位点 IAF 与最后进近定位点 FAF 通常位于同一导航台上空，航空器通过转弯的方式来降低高度并完成进近。如图 6.1.6 所示的武汉天河国际机场 4 号跑道 ILS/DME 进近图，其中粗箭头所指向的就是以 VOR/DME 上空作为 IAF 的精密进近程序，属于基线转弯进近模式。

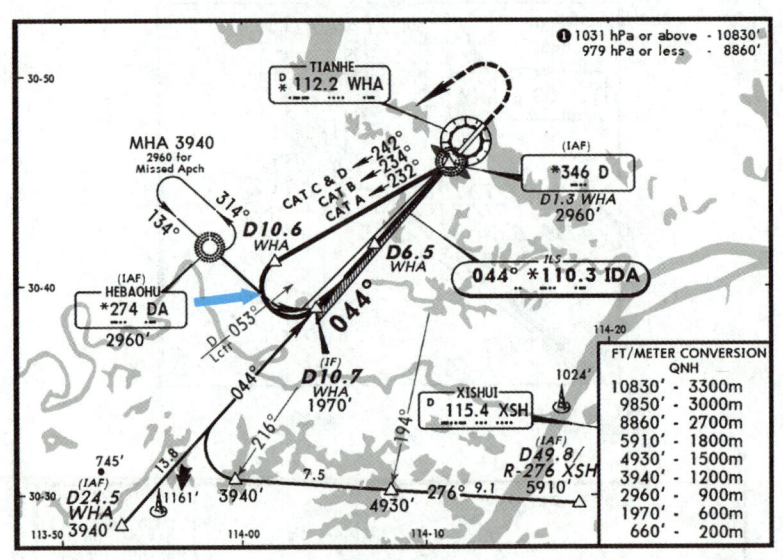

图 6.1.6 基线转弯反向程序示意图（JEPP）

反向程序的优点是使用的导航台少，一般用于非精密进近程序，缺点是飞行时间较长，燃油消耗量大，且占地面积较大。

3. 直角航线程序进近模式

直角航线程序主要用于起始段降低高度或进场时不适宜进入反向程序时使用，外形与等待航线类似。该程序的优点是在机场管制空域不够狭长时通过类似等待航线的程序来降低高度，缺点是飞行员需要以盘旋的方式下降高度。一般而言，直角航线程序的起始点是导航台或定位点，如图 6.1.7 所示的上海虹桥国际机场 36R 跑道的 ILS/DME 进近图，以 JTN VOR/DME 作为 IAF 的非精密进近程序就属于直角航线程序进近模式。

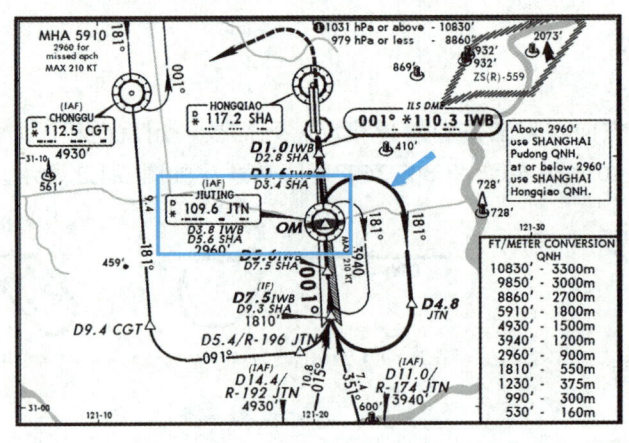

图 6.1.7 直角航线程序示意图（JEPP）

4. 推测航迹进近模式

推测航迹指在起始进近航段中有一小段没有导航台提供航迹引导的进近模式，这一段称为推测段。根据推测段之前的转弯方向以及切入 IF 时转弯方向的不同，推测航迹可以分为 S 型程序和 U 型程序，如图 6.1.8 所示。推测航迹的优点是占用空域面积小，可以替代反向程序，节省进近时间，缺点是需要的导航台比较多，并且要求合理布局。

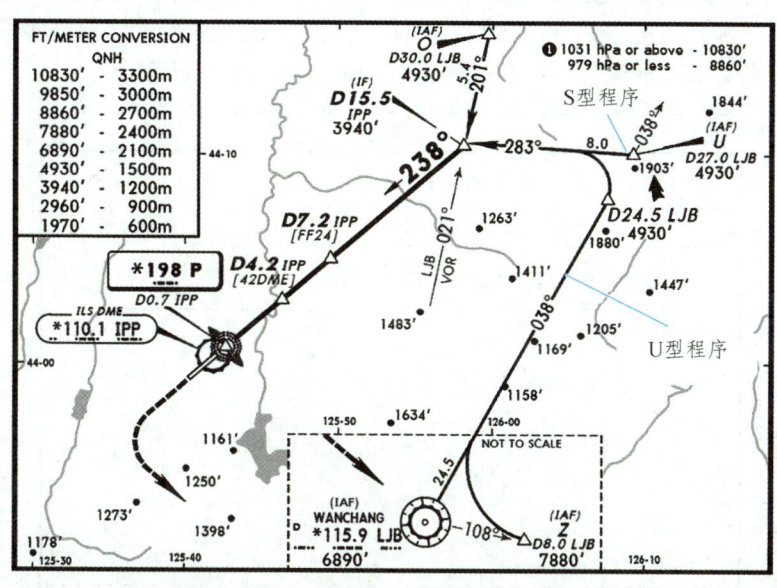

图 6.1.8 推测航迹示意图（JEPP）

6.1.4 复飞相关概念

1. 复飞情形判别

当航空器下降至复飞点，飞行员未能取得目视参考或航空器没有位于安全着陆位置时，必须执行进近图公布的复飞程序。目视盘旋进近中，如果飞行员失去对跑道环境的目视，也必须复飞。

常见的复飞原因有：① 最后进近时未对正跑道；② 跑道临时关闭；③ 低空风切变导致空速异常；④ 机载设备故障或地面导航设施故障；⑤ 因调配最后进近间隔 ATC 要求复飞。

2. 复飞决断

在精密进近程序中，主要以决断高度（Decision Altitude，DA）或决断高（Decision Height，DH）作为是否复飞的评判标准。具体为当航空器在 ILS 进近中下降到 DA/DH 时，如果不能建立目视参考，或不是处于能够正常着陆的位置，应当立即复飞。

在非精密进近程序中，主要以最低下降高度（Minimum Descent Altitude，MDA）或最低下降高（Minimum Descent Height，MDH）作为是否复飞的评判标准。具体为当航空器在最后进近中下降到 MDA/MDH 时，如果不能建立目视参考，或不能处于能够正常进入着陆位置，不应继续下降，应保持这一高度至复飞点复飞。其中 MDA 和 DA 都以平均海平面（Mean Sea Level，MSL）为基准，MDH 和 DH 均以机场所在平面为基准。

6.2 杰普逊仪表进近图布局及信息

杰普逊仪表进近图主要包括标题栏、通信资料表、复飞简令、过渡高度与过渡高度层说明及限制条件、扇区最低安全高度 MSA、平面图、剖面图、地速-下降率换算表格、进近灯光及复飞图标以及着陆最低标准共 10 个部分，其分布如图 6.2.1 所示。

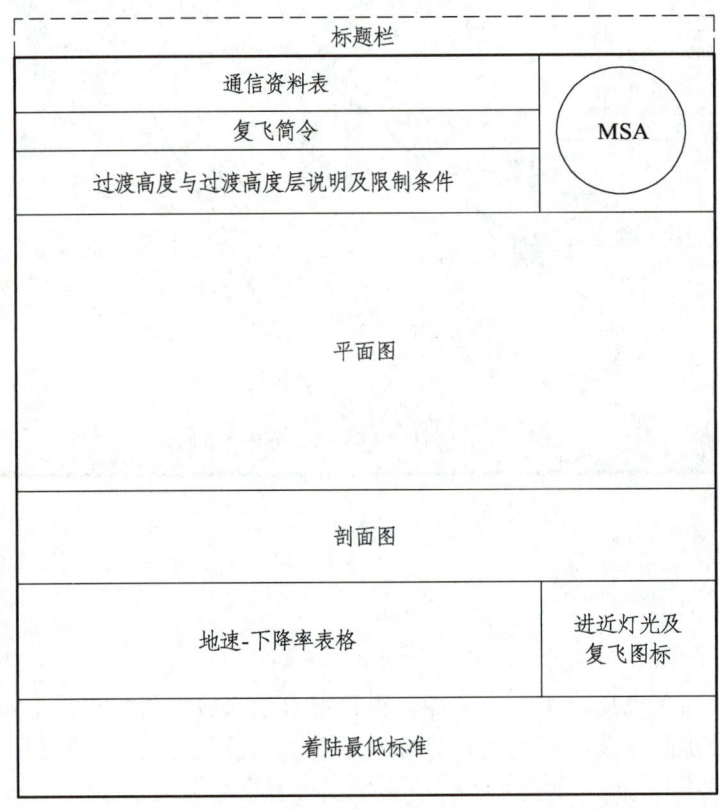

图 6.2.1　仪表进近图整体布局（JEPP）

标题栏按照进近简令的顺序列出主要的进近信息，包括程序名称、修订日期等图边信息以及无线电通信频率和进近简令条、最低安全高度、复飞程序等内容。平面图展示民用航空主管部门设计的仪表进近程序总体概况。剖面图以剖面的形式给出下滑航迹和各种导航设施，以及地速-下降率换算表格、灯光信息与复飞图标。着陆最低标准部分列出在不同机载设备和地面设施组合情况下的着陆最低能见度和最低下降高度，如图 6.2.2 所示。

6.2.1　杰普逊仪表进近图解读

1. 标题栏

杰普逊仪表进近图的标题栏包含图边信息、通信频率、进近简令和最低安全高度 MSA 等内容，按照固定顺序提供进近准备时的基本信息，采用进近简令条格式，用粗体字标绘进近关键信息。通常，关键信息包括通信频率、最后进近主要导航设施的频率、最后进近磁航道、下滑航迹高度检查、仪表进近最低高度、机场标高或跑道入口标高以及复飞程序的相关限制。

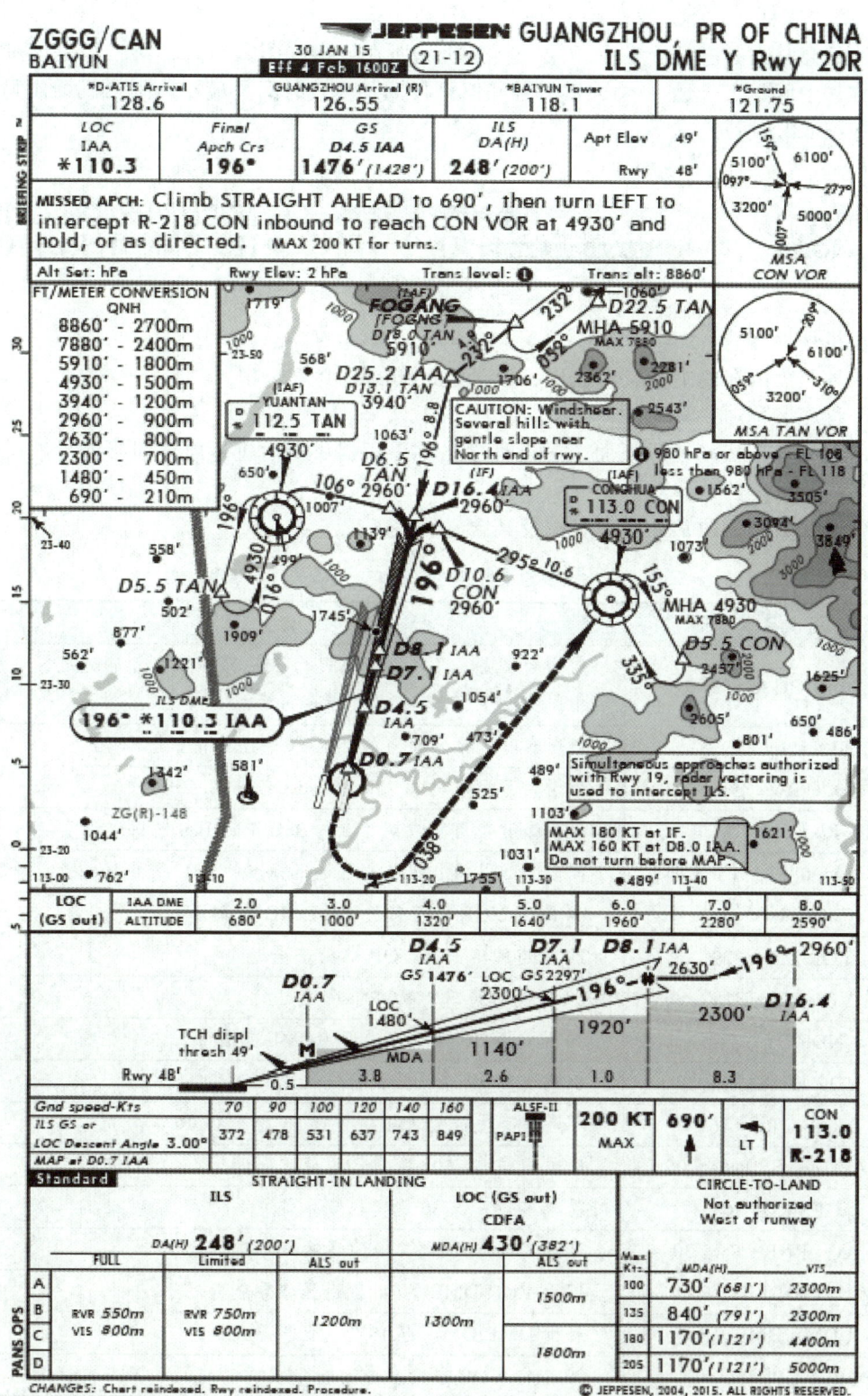

图 6.2.2　杰普逊仪表进近图布局

1）图边信息

图边信息从右往左读。右上角第一行是机场所在城市和国家地区，第二行是该进近图的程序名称，中间是杰普逊 logo、索引号和修订日期及生效时间，最左边则是机场代码和机场名称，如图 6.2.3 所示。

图 6.2.3 进近图机场地名和程序名称（JEPP）

（1）机场地名。

机场地名为所在的主要城市名称，位于进近图的右上角。

（2）程序名称。

程序名称位于机场名称下面。进近程序名称采用提供最后进近航迹引导的导航设施名称进行命名。

杰普逊仪表进近图常见程序名称及其含义见表 6.2.1。

表 6.2.1 仪表进近图程序名称及其含义（JEPP）

程序名称	含义
ILS or LOC Rwy 25R	航向台必备。下滑台可用时为 25R 跑道 ILS 精密进近，下滑台不可用时为 25R 跑道 LOC 非精密进近
ILS Rwy 25R	航向台和下滑台必备的 25R 跑道 ILS 精密进近
LOC Rwy 25R	下滑台不可用时的 25R 跑道 LOC 非精密进近
ILS Rwy 08L CAT Ⅱ	仅公布Ⅱ类着陆最低标准的 08L 跑道 ILS 精密进近
ILS Rwy 08L CAT Ⅱ & Ⅲ	同时公布Ⅱ类和Ⅲ类着陆最低标准的 08L 跑道 ILS 精密进近
VOR Rwy 04	04 跑道 VOR 非精密进近（DME 必备）
VOR Z Rwy 29	29 跑道的第一个 VOR 非精密进近
VOR Y Rwy 29	29 跑道的第二个 VOR 非精密进近
NDB Rwy 29	29 跑道 NDB 非精密进近（DME 必备）
VOR Rwy 26L/R	双跑道 VOR 直线非精密进近
VOR-A Rwy 16	不满足直线进近着陆标准的 16 跑道 VOR 非精密进近
RNAV（GNSS）Rwy 05	广域增强系统 05 跑道区域导航进近
GLS Rwy 30	局域增强系统 30 跑道区域导航进近
RNAV（RNP）Rwy 30	未限定导航设备的 30 跑道区域导航进近
RNAV（VOR/DME）Rwy 06	基于 VOR/DME 的 06 跑道区域导航进近
RNAV（DME/DME）Rwy 06	基于 DME/DME 的 06 跑道区域导航进近
VOR or GPS Rwy 09	09 跑道 VOR 非精密进近或 GPS 覆加进近（限美国使用）

进近程序注释中常见导航设备要求及其含义见表 6.2.2。

表 6.2.2　仪表进近图导航设备名称及其含义（JEPP）

导航设备要求	含义
DME required	DME 必备
Radar or DME required	雷达或 DME 必备
VOR and Localizer required	VOR 和航向台必备
Dual VOR or VOR and DME required	双 VOR 或 VOR/DME 必备
Dual ADF required	双 ADF 必备
ADF required for missed approach	ADF 必备，复飞时使用
When inhound from XXX NDB change over to YYY NDB at midpoint	从 XXX NDB 归航，在中点转换为 YYY NDB
XXX VOR transition	经过 XXX VOR 过渡
Special aircraft and aircrew certification required	要求特殊机型和机组认证
Dual VHF communications required	要求双向 VHF 通信
Caution：Simultaneous close parallel operations	注意：同时近距离平行运行
CPS or RNP-0.3 required	GPS 或 RNP-0.3 必备
GPS or RNP-0.3 required. DME/DME RNP-0.3 not authorized	GPS 或 RNP-0.3 必备，不许可 DME/DME RNP-0.3

对于采用 RNAV 进近方式的进近航图，其进近程序名称的标识如图 6.2.4 所示。其中，图 6.2.4（a）表示该进近程序为利用 15 号跑道实施基于 VOR DME 的 RNAV 进近。图 6.2.4（b）表示该进近程序为利用 2L 跑道实施基于 VOR 的非精密进近或利用 2L 跑道实施基于 GPS 的非精密进近。图 6.2.4（c）表示利用 27R 跑道实施基于 GPS 的 RNAV 进近，可以是精密进近程序，也可以是非精密进近程序。

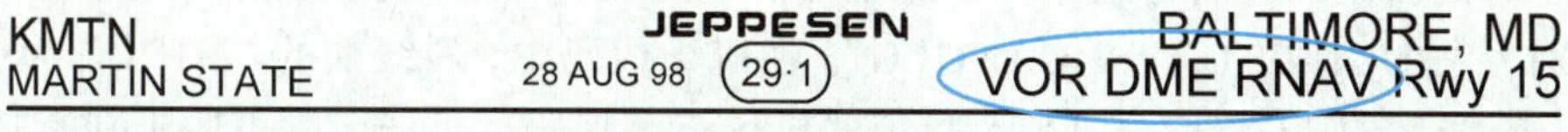

KMTN　　　　　　JEPPESEN　　　　　BALTIMORE, MD
MARTIN STATE　　28 AUG 98　(29-1)　VOR DME RNAV Rwy 15

（a）

KDPA/DPA　　　　JEPPESEN　　　　　CHICAGO, ILL
DU PAGE　　　　 27 JUL 07　(53-1)　VOR or GPS Rwy 2L

（b）

KSFB/SFB　　　　 JEPPESEN　　　　　ORLANDO, FLA
ORLANDO SANFORD INTL　27 MAY 15　(42-5)　RNAV (GPS) Rwy 27R

（c）

图 6.2.4　区域导航进近程序名称（JEPP）

在有些进近程序名称中，GPS 仅作为辅助设备进行声明，如图 6.2.5 所示。该图的进近程序名称表明在向 25 号跑道最后进近过程中，必须开放并使用的导航设备为 VOR DME，A、B 类航空器在利用 25 号跑道实施基于 VOR DME 的非精密进近程序时，可以将 GPS 作为辅助设备。

图 6.2.5　GPS 辅助下的区域导航进近程序名称（JEPP）

（3）进近图索引号。

进近图索引号位于进近图正上方的椭圆中，便于航路手册归档和飞行员查找使用，如图 6.2.6 所示。

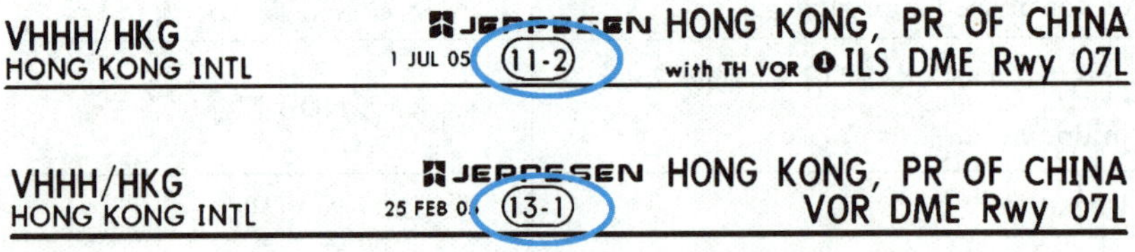

图 6.2.6　进近图索引号（JEPP）

（4）进近图日期。

有修订日期和生效日期之分。进近图的修订日期通常位于索引号左侧，格式为"日 月 年"，索引号右侧用黑底白字矩形框标注的是进近航图的生效日期，通常带有"EFF"字样。如果没有明确指明生效日期，则默认为收到时生效，如图 6.2.7 所示。

图 6.2.7　进近图日期（JEPP）

（5）机场代码和名称。

进近图的机场代码和名称通常位于左上端。例图 6.2.8 中，成都双流国际机场的机场代码和名称分别为"2UUU/CTU""SHUANGLU"。在机场代码中，斜线前的"2UUU"为机场 ICAO 四字代码，斜线后的"CTU"为 IATA 指定的机场三字代码。机场名称可用于判断是否使用了正确的进近航图，可以使用明语简缩字作为前缀或后缀。

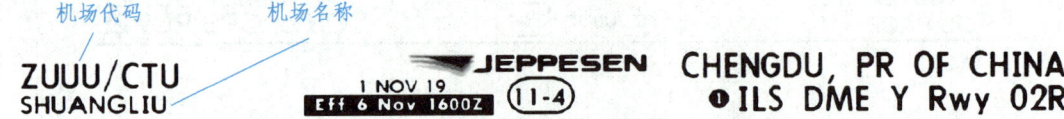

图 6.2.8　机场代码和名称（JEPP）

2）通信频率栏

通信频率栏位于标题栏图边信息正下方，按照进近时使用顺序列出，有前缀或后缀。图 6.2.9 所示的通信频率栏说明，当向机场进近时，飞行员首先通过调谐 ATIS 频率 128.2 MHz 了解着陆机场的机场信息和气象信息，然后在不同进近阶段分别调谐数据栏中从左至右的进近管制通信频率 119.1 MHz、塔台管制通信频率 118.2 MHz 和地面管制通信频率 121.6 MHz，以便依次联系机场进近管制、塔台管制和地面管制。

D-ATIS Arrival	HONG KONG Approach (R)	HONG KONG Tower	Ground
128.2	119.1	118.2	121.6

图 6.2.9　通信频率栏（JEPP）

当通信频率栏中某一数据框有多个频率时，表示从不同管制扇区进近的航空器可以调谐不同的通信频率联系管制员或提供多个管制席位供联系。如图 6.2.10（a）所示的 SOCAL 进近管制共划分三个管制席位：在不同的扇区内使用不同的通信频率，从 225°～044°扇区进近的航空器调谐 124.5 MHz，045°～089°扇区调谐 128.5 MHz，而 090°～224°扇区调谐 124.9 MHz。图 6.2.10（b）所示的成都进近管制共提供了 5 个进近管制席位，航空器在进近时，飞行员可以选择其中任意一个管制席位的通信频率与 ATC 取得联系。在美国的部分机场进近航图通信频率栏中，可能会标注有 CTAF（Common Traffic Advisory Frequency），为共用交通咨询频率。该频率可以是塔台管制频率，也可以是 FSS 通信频率，还可以是 UNICOM 通信频率。

D-ATIS Arrival	SOCAL Approach (R) 225°-044°	045°-089°	090°-224°	LOS ANGELES Tower North Complex	South Complex	Ground North Complex	South Complex	Helicopter
133.8	124.5	128.5	124.9	133.9	120.95	121.65	121.75	119.8

（a）

D-ATIS Arrival	AP01	*AP02	CHENGDU Approach *AP03	*AP04	*AP05	*CHENGDU Tower	*Ground
126.45	124.85	119.7	119.25	124.75	119.425	130.35	121.75

（b）

图 6.2.10　不同扇区或片区进近管制通信频率（JEPP）

3）进近简令条和扇区最低安全高度

进近简令条和扇区最低安全高度通常位于通信频率栏下方，如图 6.2.11 所示。主要信息包括：

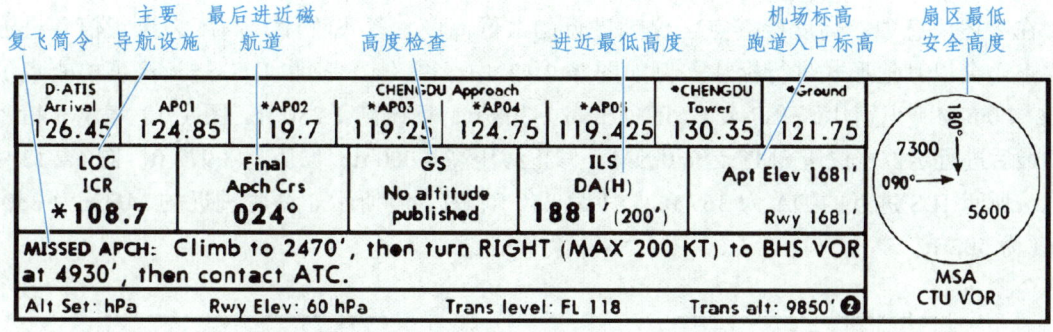

图 6.2.11　进近简令条和扇区最低安全高度（JEPP）

（1）最后进近主要导航设施。
（2）最后进近磁航道。
（3）高度检查数据。
（4）仪表进近最低高度，决断高度（高）或最低下降高度（高）。

（5）机场标高、接地地带标高或跑道入口标高。
（6）扇区最低安全高度。
（7）复飞程序说明。
（8）高度表拨正值和附加要求。

第 1 个框列出最后进近主要导航设施的类型、识别代码和通信频率。进近导航设施的类型主要包括 LOC、VOR、NDB、DME、RNAV 和 GPS 等。

第 2 个框列出最后进近磁航道，也称磁航迹。

第 3 个框列出下滑航径高度检查数据。精密进近一般标出下滑道在外指点标或某一 DME 定位点的高度，用于飞行员检查航空器高度是否正常以及航空器是否截获正确的下滑道信号。非精密进近标出最后进近定位点的高度，最后进近定位点和复飞点之间存在梯级下降定位点时，应参考平面图和剖面图作进一步判断。

第 4 个框列出在对跑道建立目视参考之前仪表进近可以下降的最低高度。有决断高度 DA 和最低下降高度 MDA 两类，均以 MSL 为基准。当以机场标高、跑道入口标高或接地地带标高为基准时，仪表进近最低高度分别为 DH 和 MDH，列于 DA 和 MDA 之后的括号中。

第 5 个框中的数据为机场标高、跑道入口标高或接地地带标高，均以 MSL 为基准。

第 6 个框标绘的是以某一定位点或导航台为中心，一定半径（未标数据时为 25 NM）区域范围内至少提供 1 000 ft 超障余度的扇区最低安全高度 MSA。MSA 的中心视进近类别而定，NDB 进近的中心为 NDB 台，ILS 和 ILS DME 进近的中心为航向台，VOR 和 VOR DME 进近的中心为 VOR 台，GPS 进近的中心为着陆跑道的入口，有些国家和地区取机场 ARP 为扇区中心。具体扇区中心可以从扇区圆弧下面的文字说明进行判断。

第 7 个框为复飞程序说明。复飞程序以文字说明的形式给出进近失败时复飞的方法。

第 8 个框为高度表拨正值。包括高度表拨正的单位、过渡高度层和过渡高度数值。有时还包含有进近的其他附加要求，包括机载设备、地面设备、机组训练和其他与进近程序有关的要求等。

在上述信息中，高度检查点、仪表进近的最低高度、复飞程序、高度表拨正值和进近附加要求还会以其他形式进行标注。例如图 6.2.12 中，图（a）表明 ILS 进近高度检查点位于 DME 4.0 NM（识别代码 ISR），修正海压高 1 308 ft，场压高 1 280 ft；图（b）表示非精密进近的最后进近定位点位于 SMT 台 8.0 NM，修正海压高 4 000 ft，场压高 3 972 ft。图 6.2.13 中，图（a）所示 ILS 进近的 DA 为 367 ft，DH 为 250 ft；图（b）所示非精密进近的 MDA 为 830 ft，MDH 为 502 ft。

```
    GS                          Minimum Alt
  D4.0 ISR                        D8.0 SMT
  1308′(1280′)                  4000′(3972′)
     (a)                            (b)
```

图 6.2.12 高度检查点（JEPP）

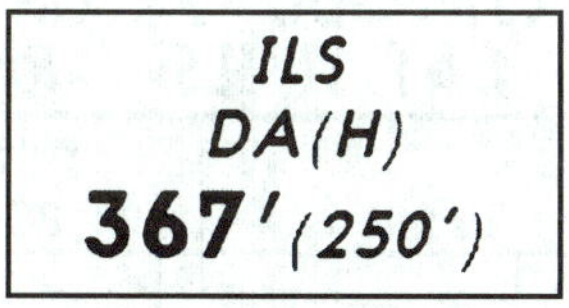

```
        ILS                          MDA(H)
       DA(H)                        830'(502')
      367'(250')
```

　　　　　（a） 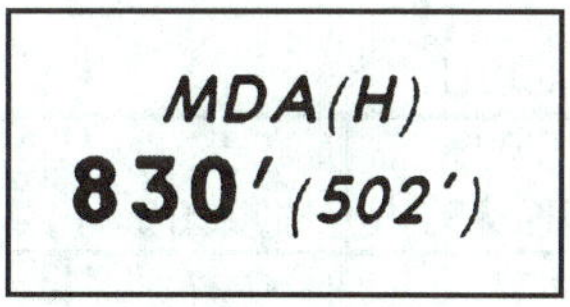　　　　　　　　　　　　　　（b）

　　　　　　　　图 6.2.13　仪表进近最低高度（JEPP）

　　当所有导航设备都正常工作时，航空器才能直线进近至航图公布的 DA（H），并且在满足能见度要求和取得足够目视参考的情况下下降至 DA（H）之下。非精密进近中，只有当飞行员判断能够完成进近着陆时才能下降到 MDA（H）。

　　当不能直线进近着陆且同一仪表进近程序服务于多条跑道或同一程序的复飞爬升梯度不同时，进近最低高度框用注释"Refer to Minimums"提醒飞行员应参考进近图的着陆最低标准部分，以了解使用细节。如图 6.2.14 所示，由于最小复飞爬升梯度 4.0%和 2.5%所对应的 ILS 进近 DA 分别为 239 ft 和 679 ft（A、B 类航空器）以及 695 ft（C、D 类航空器），因此在进近简令条中用"Refer to Minimums"提示飞行员参考着陆最低标准。

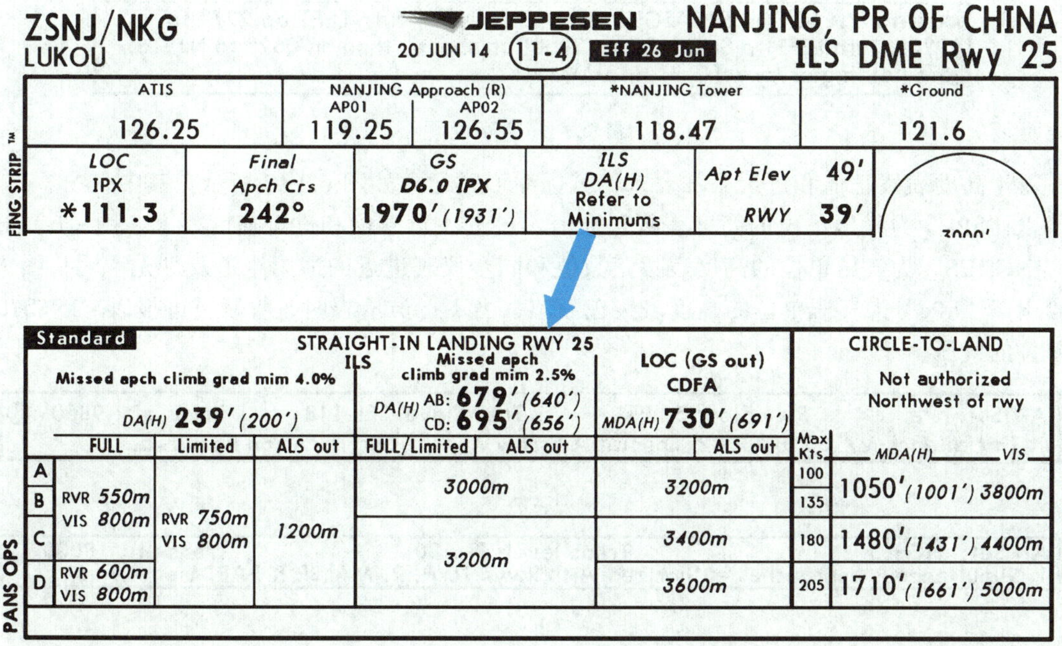

图 6.2.14　最低下降高度说明（JEPP）

　　在Ⅱ类或Ⅲ类精密进近的进近简令条中通常会增加相应的高度数据。例如图 6.2.15 中，Ⅱ类精密进近除公布 DA（H）外，还公布有下降到最低高度时的无线电高度（Radio Altitude，RA）数据。

　　在复飞程序简令部分，通常还会以文字的形式给出复飞时的注意事项以及通信失效时应参考的进近图等内容，如图 6.2.16 所示。

ZUUU/CTU SHUANGLIU			JEPPESEN 1 AUG 14 (11-1A)				CHENGDU, PR OF CHINA CAT II ILS Z Rwy 02L		
D-ATIS Arrival	CHENGDU Approach				CHENGDU Tower		Ground		
126.45	AP01 124.85	*AP02 119.7	*AP03 119.25	*AP04 124.75	123.0		121.85	121.75	
LOC IZW *111.1	Final Apch Crs 024°		GS D7.7 CTU 3940' (2323')	CAT II ILS RA/DA(H) Refer to Minimums	Apt Elev 1681' RWY 1617'		7300'		

Standard — STRAIGHT-IN LANDING RWY 02L
CAT II ILS

Missed apch climb gradient mim 3.0%			Missed apch climb gradient mim 2.5%			
AB	CD	A	B	C	D	
RA 105'	RA 105'	RA 105'	RA 121'	RA 138'	RA 154'	
DA(H) 1717' (100')	DA(H) 1717' (100')	DA(H) 1717' (100')	DA(H) 1732' (115')	DA(H) 1749' (132')	DA(H) 1765' (148')	
RVR 300m	RVR 300m	RVR 350m ❶	RVR 300m	RVR 400m	RVR 400m	RVR 450m

❶ Manual operation below DH.

图 6.2.15　II 类 ILS 进近的最低下降高度说明（JEPP）

MISSED APCH: Climb STRAIGHT AHEAD to NDB, turn LEFT on 227° to 1970', turn LEFT to SNQ VOR at 2960' or above, then on 062° to NJ216, join holding or by ATC. Turns MAX 200 KT.

图 6.2.16　复飞程序文字说明（JEPP）

对于高度表拨正值和进近附加要求，其标注形式通常如图 6.2.17 所示。其中，图（a）给出了以"hPa"为气压单位的高度表拨正数值、进近注意事项和进近速度要求；图（b）给出用"INCHES"为气压单位的高度表拨正数值和同步仪表进近的适用跑道及灯光说明；图（c）仅给出以"hPa"为气压单位的高度表拨正数值，当飞行员请求时，管制员可报以"INCHES"为单位的气压。

Alt Set: hPa　　　　Rwy Elev: 3 hPa　　　　Trans level: FL 118　　　　Trans alt: 9850' ❶
1. Initial apch MAX 210 KT.　2. Special Aircrew & Acft Certification Required.

（a）

Alt Set: INCHES　　　　Trans level: FL 180　　　　Trans alt: 18000'
1. Simultaneous approaches authorized with Rwys 7L/R. 2. MALSR & PAPI-L on Rwy 6R.

（b）

Alt Set: hPa(IN on req)　　Rwy Elev: 12 hPa　　Trans level: By ATC　　Trans alt: 5000'

（c）

图 6.2.17　几种不同形式的高度表拨正值和进近附加要求（JEPP）

下面对图 6.2.11 中的信息作如下解读：
（1）通信频率栏部分。

使用时，先收听进场通播 126.45 MHz，再联系进近管制 AP01～05 其中任意一个，随后联系塔台管制 130.35 MHz，着陆脱离跑道后联系地面管制 121.75 MHz。

（2）进近简令部分。

LOC ICR *108.7 表明最后进近主要导航设备为 LOC，识别代码为 ICR，通信频率为 108.7 MHz，星号表示部分时段工作。

Final Apch Crs 024°表明最后进近时的磁航道为 24°。

GS No altitude published 表明下滑航迹高度检查数据未公布。如果有高度数据，格式一般为"GS+某个定位点+XXXX′（YYYY′）"，意思是 ILS 精密进近的高度检查点位于某定位点，修正海压高 XXXX 英尺，场压高 YYYY 英尺。

ILS DA（H）1881′（200′）表明 ILS 进近的最低下降高度为决断高度 1 881 ft，决断高 200 ft。

Apt Elev 1681′ Rwy 1681′表明机场标高为 1 681 ft，跑道入口标高为 1 681 ft，均以平均海平面为基准面。

（3）扇区最低安全高度 MSA 部分。

以 CTU VOR 导航台为中心，径向线 090°～180°构成的扇区内 MSA 为 7 300 ft，径向线 180°～90°构成的扇区内 MSA 为 5 600 ft。

（4）复飞程序说明 MISSED APCH 部分。

航空器爬升至 2 470 ft，然后以最大指示空速不超过 200 kt 右转飞至 BHS VOR 导航台上空，高度应在 4 930 ft，随后联系 ATC。

（5）高度表拨正值和附加进近要求部分。

高度表气压单位符号为 hPa，机场高度对应的气压等量为 60 hPa（用修正海压 QNH 减去该气压等量，即为该机场的场压 QFE），过渡高度层 FL118，过渡高度 9 850 ft，注意后面的黑底白字②需要查找相应注释，其对应的注释在平面图部分，如图 6.2.18 所示。

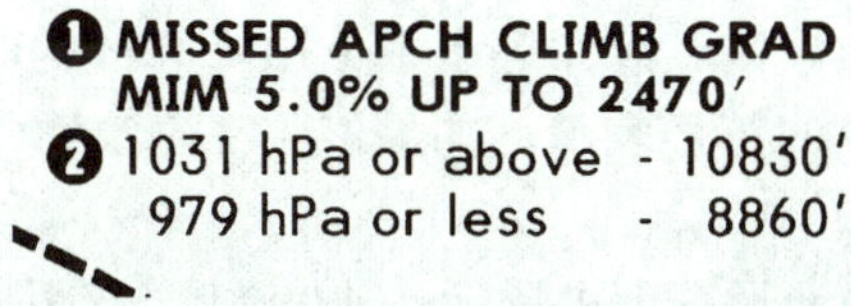

❶ MISSED APCH CLIMB GRAD
  MIM 5.0% UP TO 2470′
❷ 1031 hPa or above - 10830′
   979 hPa or less   - 8860′

图 6.2.18　高度表拨正值及附加进近要求的注释在平面图中的截图（JEPP）

2. 平面图

平面图是仪表进近图的核心部分，位于标题栏进近简令的下方，提供仪表进近程序各航段的直观描述，其主要信息包含以下几类，如图 6.2.19 所示。

（1）比例尺、地形地貌和标高符号。包括不同地物的位置关系、等高线、标高点和人工建筑物等。

（2）导航设施符号。包括导航台、导航设施识别框和指点标。

（3）飞行航迹符号。包括进近航迹、进近过渡航迹、反向程序航迹、等待程序航迹和复飞航迹。

（4）各种空域定位点。包括无线电定位点、报告点、航路点和计算机导航定位点。

（5）各种注释信息。

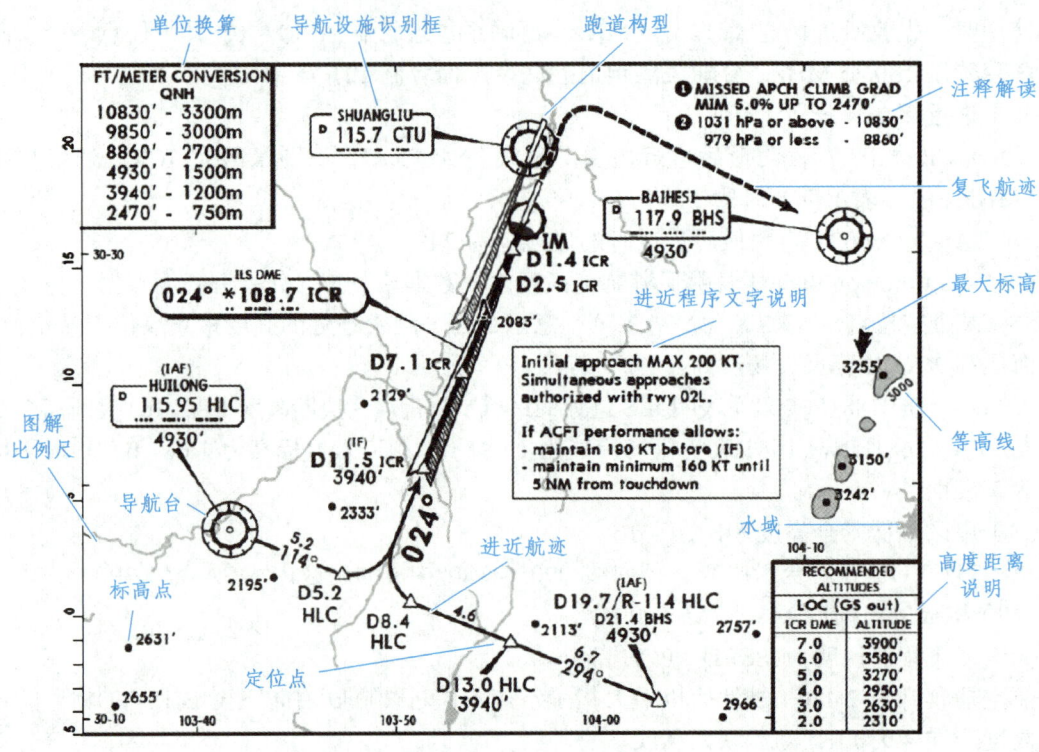

图 6.2.19　进近图平面图中的各类符号和文字概图（JEPP）

1）比例尺、地形标高和人工建筑物

仪表进近图一般以"1 in=5 NM"的比例尺绘制，并将线段比例尺（也称图解比例尺）标注在平面图的左侧外围，如上图左侧带刻度的几个数字。同时，在内围标出经纬网，以10′为基本单位，用于对航空器位置进行判断。

平面图中还会标绘河流、湖泊、海洋等水系、山峰等自然地形以及塔等人工建筑物。对于确定的人工建筑物，用相应的符号表示。如果该人工建筑物未判明，则使用尖角加点的方法标注出来。

当进近图平面图范围内的地形高出机场标高 4 000 ft，或距离机场基准点 ARP 6 NM 范围内的地形高出机场标高达到 2 000 ft 时，则在平面图上标绘出褐色的等高线及其标高数值。等高线间隔为 1 000 ft，用深浅不同的褐色表示高度变化梯度，颜色越深，标高越高。标高的单位统一为英尺，以 MSL 为基准，如图 6.2.20 所示。

进近图平面图内的着陆机场一般直接按照比例尺标绘跑道，而平面图内的其他机场则分别采用不同的符号加以绘制，其图例符号及其含义见表 6.2.3。

表 6.2.3　仪表进近图平面图中的机场图例符号及其含义（JEPP）

机场图例符号	含义	机场图例符号	含义
✵	有灯标的机场	Ⓗ	民用直升机机场
○	军用机场	H	军用直升机机场

机场图例符号	含义	机场图例符号	含义
⚙	民用或军民合用机场	⚓	民用水上航空器基地
⊗	废弃或关闭机场	⚓	军用水上航空器基地

2）导航设施及其识别框

仪表进近程序所使用的导航设施如 VOR/DME、TACAN、NDB 等，通常也会标注在平面图上，其图例符号与航路图上的导航设施相同。除了标记这些设施的符号之外，还会标记其识别信息，包括名称、识别代码、是否具有 DME 功能、通信频率、莫尔斯电码等。与航路图上导航设施标注不同的是进近图的 VOR 和 NDB 导航台图例符号中不含磁北箭头。

此外，在导航设施识别框附近可能会有额外的信息，如图 6.2.21 所示。

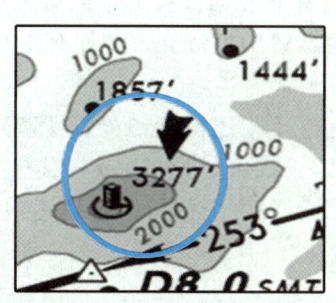 

图 6.2.20　平面图中的标高与地形（JEPP）　　图 6.2.21　导航设施识别框附近的额外信息（JEPP）

图中，在导航设施识别框上方的"IAF"字样表明该 HUILONG VOR 导航台所确定的定位点为仪表进近程序的起始进近定位点，识别框下方的 4 930 ft 则为最低航路高度 MEA。

在仪表进近程序中，还有一类比较核心的导航设施是 ILS、LOC、LDA、SDF 和 MLS，这类导航设施的识别信息通常包含进近的磁航道、通信频率、识别代码、莫尔斯电码等。其中，LOC 航道分为前航道和后航道两种，前航道用顺着进近方向右侧带阴影的箭头表示，后航道则用顺着进近方向左侧为实心的箭头表示，如图 6.2.22 所示。

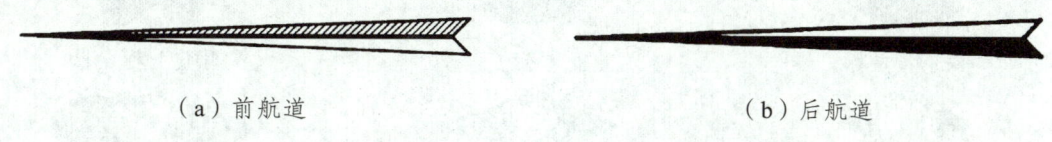

（a）前航道　　　　　　　　　　　　　　（b）后航道

图 6.2.22　前航道与后航道图例符号（JEPP）

图 6.2.23 所示为典型的带前航道 LOC 的 ILS 导航台图例符号及其识别信息，圆角框中的 358°为进近的磁航道，111.9 为该 ILS 的通信频率，单位为 MHz，IJMP 为其识别代码，并在下方附有对应的莫尔斯电码。如果 ILS 同步配置有 DME，则圆角框上标示为"ILS DME"。

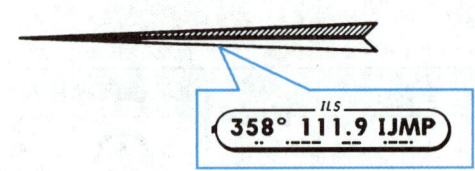

图 6.2.23　前航道识别框（JEPP）

此外，指点标可以为飞行员提供进近时至跑道入口的距离信息，并且可以与其他导航设施、定位点或报告点组合在一起。通常，与Ⅰ类 ILS 进近相关的是外指点标（Outer Marker，OM）和中指点标（Middle marker，MM），当这两种指点标和 NDB 安装在一起时，分别在进近图上缩写为 LOM 和 LMM。对于获得Ⅱ类或Ⅲ类 ILS 运行许可的机场，则安装内指点标（Inner Marker，IM）。

OM 一般安装在跑道中心延长线上，或偏离跑道中心延长线不超过 75 m，为航空提供进近高度、距离和设备工作情况检查的位置信息，距离跑道入口 7.2 km 左右，或因地形与航行因素，设置在 6.5～11 km。当航空器飞越 OM 或 LOM 上空时，驾驶舱仪表板会闪烁蓝色灯光并伴有 400 Hz 的音频信号。

MM 一般距离跑道入口（1 050±150）m 处，且位于跑道中心延长线上，或偏离跑道中心延长线不超过 75 m。当航空器飞越 MM 或 LMM 上空时闪烁琥珀色灯光，并伴有 1 300 Hz 的音频信号，用于提醒飞行员注意航空器已接近决断高度。

IM 通常要求安装在Ⅱ类精密进近的决断高 30 m 与标准下滑道的交点处，距离跑道入口 75～450 m，且位于跑道中心延长线上，或偏离跑道中心延长线不超过 30 m。当航空器飞越 IM 上空时闪烁白色灯光，并伴有 3 000 Hz 的音频信号，用于警告飞行员即将到达跑道入口。

OM、MM 和 IM 的机场地面配置图如图 6.2.24 所示。

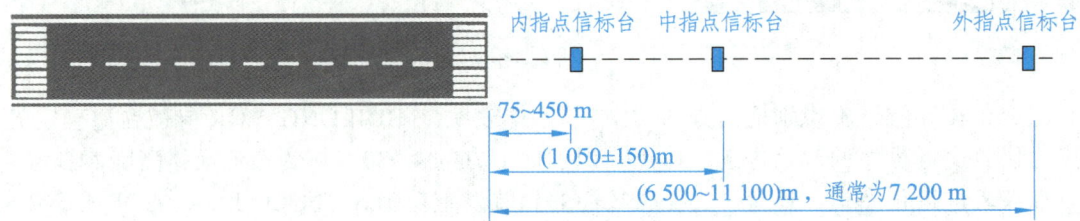

图 6.2.24　指点标的机场地面配置图（JEPP）

指点标在进近图平面图上的图例符号为透镜状或骨状，如图 6.2.25 所示。

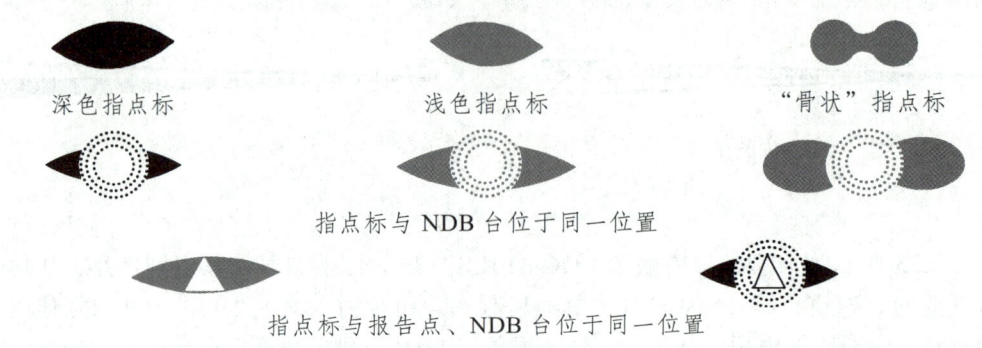

图 6.2.25　进近图平面图上的指点标图例及其组合（JEPP）

3）飞行航迹

进近图平面图上的飞行航迹主要分为两类：进近航迹和复飞航迹，其中进近航迹用黑色粗实线表示，复飞航迹用黑色粗虚线表示，箭头表示飞行的方向。航迹上的角度一般是磁航迹角（指以磁北为基准顺时针量取的航线去向的角度）。如果角度出现在航迹末端，则说明该航迹缺乏导航设备引导，进近时需要保持这一磁航迹飞行。

进近图平面图上通常会有两种径向方位标注：交叉定位径向方位和引导径向方位，用浅色细实线箭头表示。交叉定位径向方位用于确定定位点位置。引导径向方位通常会用 VOR 或 NDB 导航台来引导，以帮助控制航空器沿着某一径向线飞行的航迹，同时也帮助确定转向最后进近航段的时机。例如，图 6.2.26 中从双流 VOR 导航台引出的两条背台径向线即为引导径向方位。

进近过渡航迹用于提供从航路到仪表进近的过渡引导，即进场航段，用带箭头的粗线表示，同时在航迹上标注磁航迹角、航段里程和高度限制等信息，如图 6.2.27 所示。当采用 DME 弧过渡时，在 DME 弧的外围标注距离导航台的里程数，内侧标注最低安全高度，如图 6.2.28 所示。RNAV 进近过渡时，则专门划定一个区域用于过渡，没有特殊说明时，RNAV 进近过渡区的范围为 30 NM。

进近图平面图中的等待程序航迹可以用于起始进近等待或者复飞等待。等待程序航迹用带箭头的粗实线表示，并标注出航航迹角、入航航迹角、等待时间、等待距离、最低等待高度、等待速度限制等信息，如图 6.2.29 所示。

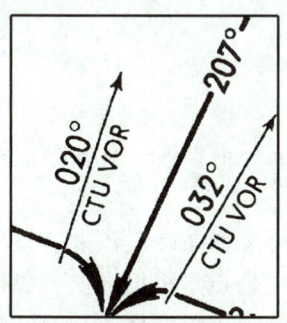 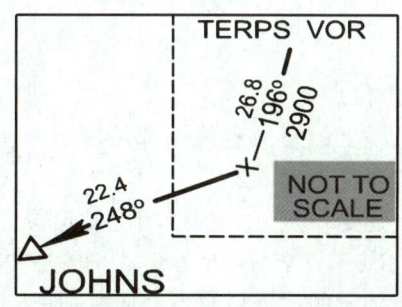

图 6.2.26　引导径向方位示意图（JEPP）　　图 6.2.27　不按比例尺绘制的进近过渡航迹（JEPP）

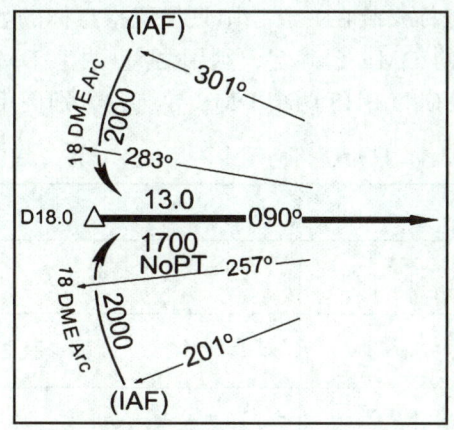

图 6.2.28　DME 弧进近过渡航迹（JEPP）

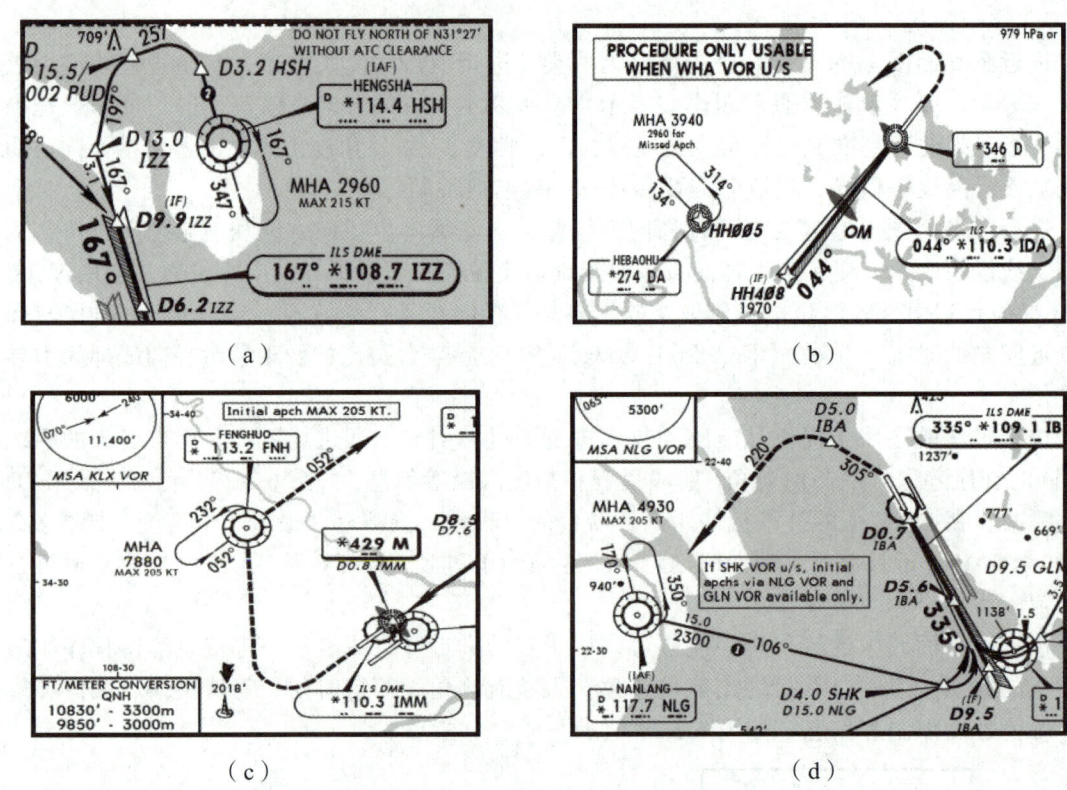

图 6.2.29　进近图平面图中的等待程序航迹（JEPP）

4）定位点

进近图上的空域定位点都是用于导航的地理位置点，也称报告点，其在平面图上的图例符号及其含义见表 6.2.4。

除上述定位点外，进近图上的定位点还包含两种：一种是用来确定各进近航段的起点，如 IAF、IF、FAF、MAPt 等；另一种是 DME 定位点，这类定位点是根据导航台提供的磁方位角和距离确定的地理位置点。其中，磁方位角包括径向方位、电台磁方位、ILS 航向台方位等。如果平面图内不止一个 DME 台提供距离信息，则在 DME 距离数字后面加上识别代码加以区分。如果 DME 定位点和指点标安装在一起，则只保留指点标的名称，如图 6.2.30（a）所示。如果一个定位点由两个不同的 DME 台确定，则用距离+两个 DME 识别代码分别表示。如图 6.2.30（b）中，定位点由 HLC 和 BHS 两个 DME 导航台分别确定，因此分别标示。

表 6.2.4　进近图平面图中的空域定位点（JEPP）

报告点图例符号	含义
△　×　◇	非强制报告点、里程分段点、航路点
▲　◆	强制报告点、航路点
⊖　⊗　⊕	飞越报告点、飞越里程分段点、飞越航路点

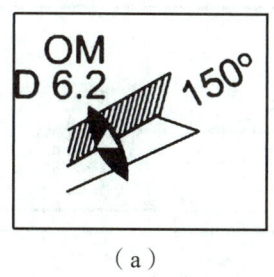 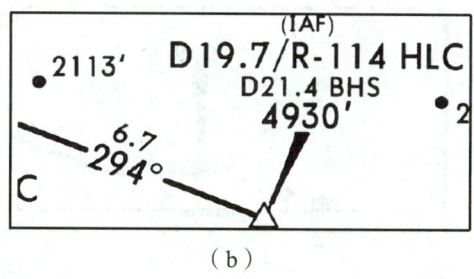

(a) （b）

图 6.2.30　DME 定位点的表示方式（JEPP）

航路点是用于确定区域导航进近程序的地理位置点，通常用经纬度坐标表示。当导航台作为航路点时，导航台的识别代码即为航路点的代码，如图 6.2.31 所示。

计算机导航定位点（Computer Navigation Fix，CNF）包括 DME 定位点、DME 弧线的起点和终点、GPS 进近图的 FAF。在图中用浅色斜体方括号标出，且方括号内标注字母加数字组合的斜体五字代码，如图 6.2.32 所示。CNF 由机载导航数据库生成并显示在电子显示屏上。

 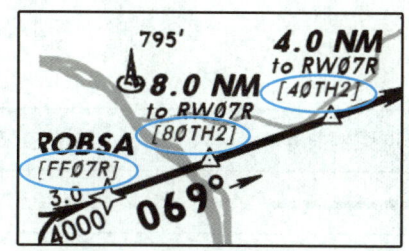

图 6.2.31　航路点（JEPP）　　　图 6.2.32　计算机导航定位点及其代码（JEPP）

3. 剖面图

仪表进近图的剖面图位于平面图的正下方，用于描述进近程序的飞行航迹和高度的下降过程。剖面图不按比例绘制，主要包含下降航迹、空域定位点、推荐的下降高度或下降高、地速-下降率转换表、灯光和复飞图标等。

1）下降航迹

下降航迹指的是仪表进近程序的最后进近航迹，从中间进近航段开始，一直到接地点，最后进近磁航迹角用大号粗体字标注在最后进近航迹上。剖面图中的下降航迹主要涉及仪表进近程序最后进近航迹、修正角航线程序的出航边限制以及直角航线程序的出航边限制。

对于出航边的限制，通常采用 DME 距离或者出航时间两种方式进行标注。例如，图 6.2.33 所示的 "10 NM from DOKEY" 即为距离限制的一种标注方式，表示沿出航航迹 95°下降，出航边长度 10 NM，水平线上的数值 "1600" 表示开始入航转弯的高度为修正海压高 1 600 ft。图 6.2.34 中的圆圈所示数据为时间限制的一种标注方式。图中出航航迹为 119°，入航航迹为 299°，出航边飞行时间 1 min，高度下降至修压海压高 5 500 ft，场压高 2 169 ft。

剖面图上的各种下降航迹图例符号及其含义见表 6.2.5。

2）空域定位点

剖面图用指点标、定位点、航路点和导航台来定义中间进近和最后进近航迹，如图 6.2.35 所示。

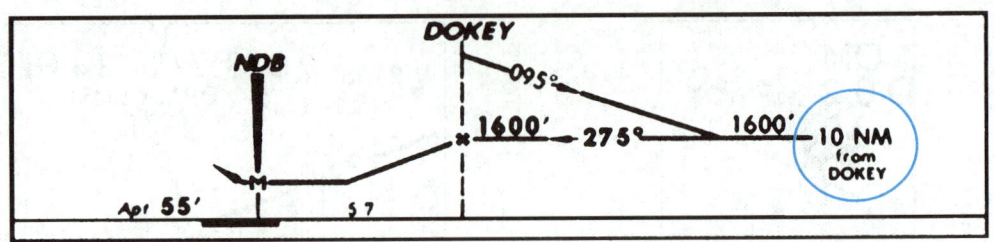

图 6.2.33 用 DME 距离限制出航边（JEPP）

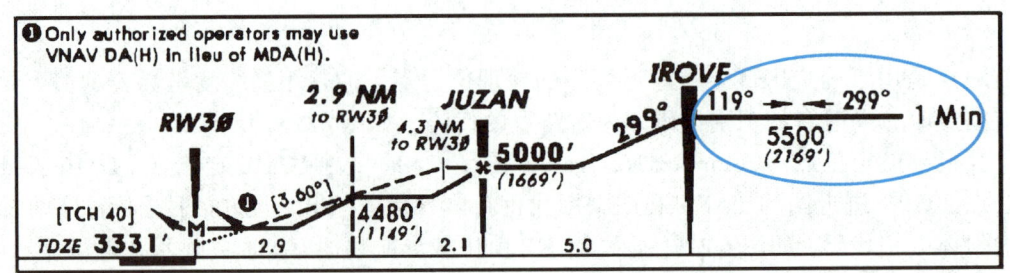

图 6.2.34 用出航时间限制出航边（JEPP）

表 6.2.5 进近图剖面图中的下降航迹（JEPP）

报告点图例符号	航迹描述	含义
	粗实线	精密进近、非精密进近航迹
	粗虚线	与精密进近同时绘制的非精密进近航迹
	细虚线	高高度进近航迹
	实线箭头包围的航迹线	ILS 进近航迹
	虚线箭头包围的航迹线	MLS 进近航迹
	细箭头串	目视进近航迹

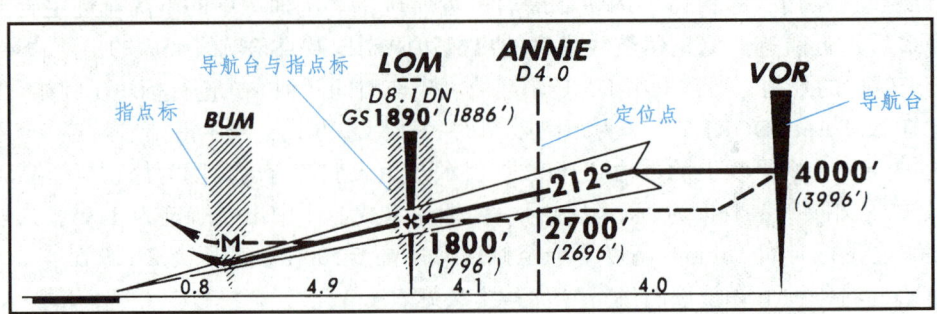

图 6.2.35 剖面图中的导航台和定位点（JEPP）

非精密进近程序的 FAF 用马耳他叉"✣"表示，标注在最后进近航段的起点。精密进近程序最后进近航段的起点 FAF 不用符号表示。

剖面图最底端的数字表示距离。跑道水平线下方标注的是定位点至跑道入口的距离，跑道水平线上方的数字指的是两个定位点之间或定位点与导航台之间或导航台与导航台之间的距离。

剖面图的最后进近航段通常标注有一个或多个梯级下降定位点（Step-down Fix，SDF）。该 SDF 只能用于非精密进近，一般用 DME 距离提供定位信息。在 SDF 之前，航空器的高度不得低于 SDF 的高度。飞过 SDF 后，航空器可以进一步下降至最低下降高度。例如图 6.2.36 所示的"CORTY"即为梯级下降定位点，此定位点之前，航空器高度不得低于 580 ft。

复飞点为执行仪表进近程序时未取得目视参考而必须开始执行复飞程序的位置点。精密进近程序的复飞点直接用上翘的粗体箭头表示，代表复飞动作。非精密进近程序的复飞点用粗体大写字母 M 表示。如图 6.2.37 所示，非精密进近的复飞点位于定位点 D1.4 ICR 处，即为距离 ICR 导航台 1.4 NM 的空域定位点。

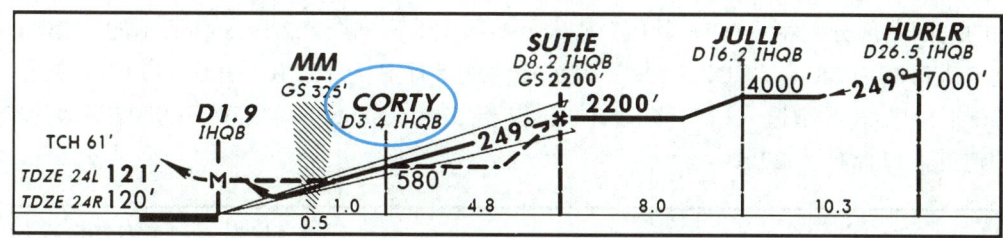

图 6.2.36　梯级下降定位点（JEPP）

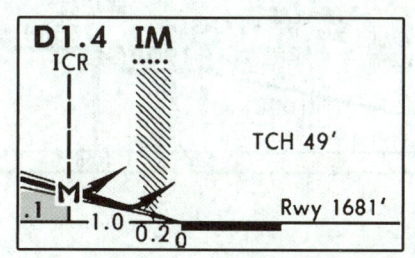

图 6.2.37　非精密进近程序的复飞点（JEPP）

目视下降点（Visual Descent Point，VDP）指航空器下降到 MDA 时且当飞行员可见跑道末端时能进一步正常目视下降着陆的位置，在剖面图上用大写字母 V 表示。在 VDP 之前，如果航空器已经下降到最低下降高度，那么即使在能见到跑道的情况下仍不能继续下降，此时需平飞至 VDP 然后再保持相应下滑角下降至跑道入口，如图 6.2.38 所示。

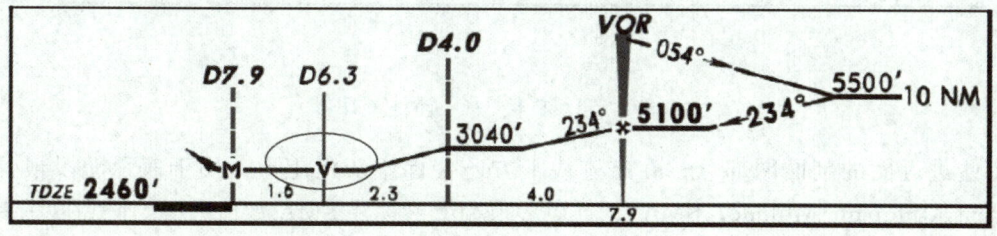

图 6.2.38　目视下降点（JEPP）

3）高　度

剖面图中沿着下降航迹标出航空器在飞越各个定位点时的最低高度，以平均海平面为基准。有的图中会标注特殊的高度限制，如强制高度、最大高度、推荐高度等。强制高度是指飞越定位点或切入下滑道必须保持的高度，在进近图上标注"MADATORY"字样。最大高度是当要求与更高高度的航空器保持必要的垂直间隔时所规定的高度，在进近图上标注"MAXIMUM"字样或缩写为"MAX"。推荐高度指进近图推荐的飞越定位点的高度，标注"RECOMMENDED"字样。

此外，在剖面图的跑道末端延长线的水平线上方一般会标注接地地带标高（Touchdown Zone Elevation, TDZE）、跑道入口标高或跑道入口高（Threshold Crossing Height, TCH）。TDZE 指跑道入口以后 3 000 ft 内接地地带的最大标高，当标注为跑道入口标高时，用字母"RWY + 标高值"加以注释。跑道入口高（TCH，Threshold Crossing Height）为航空器沿下滑道下降至跑道入口时应该保持的高，TCH 标注在 TDZE 或者跑道入口标高的上方。

一般来说，精密进近图的剖面图部分直接用"TCH+数值"标注跑道入口高的值，非精密进近图的剖面图部分则将"TCH+数值"放入方括号中，例如图 6.2.39（a）所示的"[TCH 58']"，表示跑道入口高为 58 ft。"TDZE 102'"表示接地地带标高为 102 ft。图 6.2.39（b）中的"TCH displ thresh 51'"表示跑道入口内移 51 ft（displ 指 displacement）。"RWY 07L 22'"表示 7 号左跑道的跑道入口标高为 22 ft。

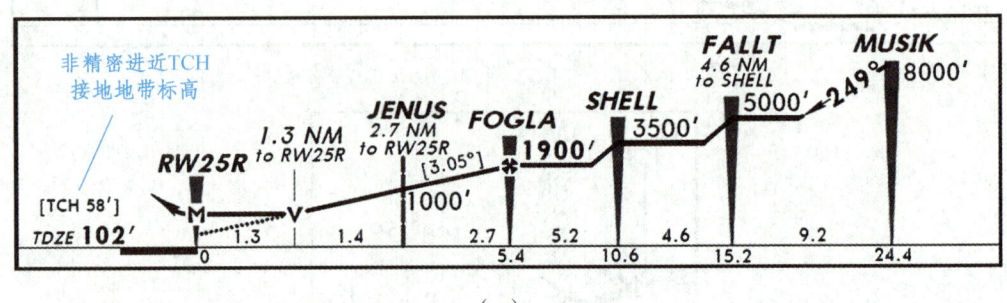

(a)

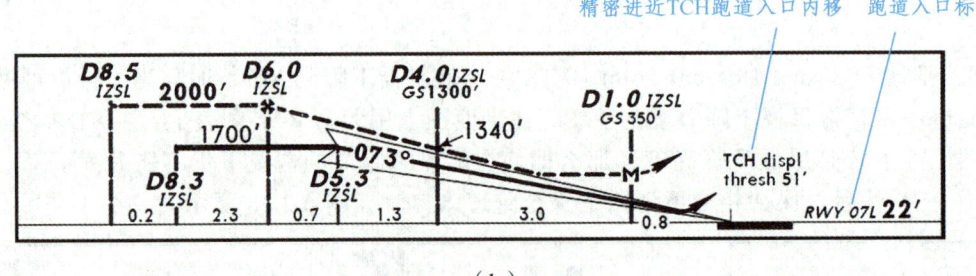

(b)

图 6.2.39　TDZE 与 TCH 标注（JEPP）

有些进近图的剖面图部分，在航迹线下方还会标绘灰色矩形，用于表示航段最低高度（Segment Minimum Altitude，SMA），且矩形顶端下沿标注 SMA 数值大小。该高度主要用于非精密进近程序，是为保证在非精密进近的每个航段都有足够的超障余度而设定的最低高度，即"不能再下降的高度"。SMA 有可能低于程序高度。这是因为程序高度是在保证越障的基础上还要确保有持续稳定的下降率，而 SMA 仅是为了确保能够安全越障。例如图 6.2.40 中，航空器飞越 D11.5 ICR 和 D7.1 ICR 时，最低高度应为 3 290 ft。

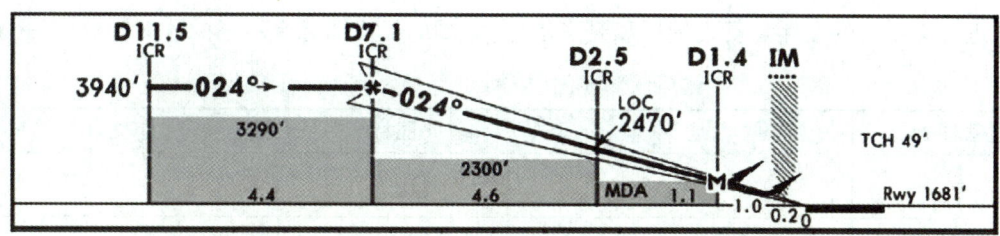

图 6.2.40　剖面图中的航段最低高度（JEPP）

4）地速-下降率换算表

地速-下降率换算表往往会根据进近程序的类别分别给出不同地速所对应的下降率（Rate of Descend，RD）。精密进近程序的换算表根据程序的下滑角分别给出不同地速对应的 RD。非精密进近程序的换算表则根据最后进近航迹的下降梯度分别给出不同地速对应的 RD。对于杰普逊仪表进近图的地速-下降率换算表，其中的地速（GS，Ground Speed）单位为海里/小时（KT 或 kts 或 Kts 或 kn，节），RD 的单位则为 ft/min。

当机场安装有 DME 导航台时，还会同步列出复飞点与 DME 导航台之间的距离。如果没有 DME 导航台，则列出最后进近航段的距离及其不同地速下相对应的飞行时间。例如图 6.2.41 中，下滑道的下滑角是 3°（对应的下降梯度 Gr 为 5.2%，因为 $\tan 3° \approx 0.052\,407\,7$），当地速 GS 为 140 kt 时，对应的下降率 RD 为 753 ft/min。同时标注出了定位点 QUIST 距离复飞点的距离为 5.3 NM，且当地速为 140 kt 时，航空器从定位点 QUIST 至复飞点飞行 5.3 NM 需要的时间为 2 分 16 秒。

Gnd speed-Kts		70	90	100	120	140	160
GS	3.00°	377	484	538	646	753	861
QUIST to MAP	5.3	4:33	3:32	3:11	2:39	2:16	1:59

图 6.2.41　地速-下降率换算表（JEPP）

5）灯光和复飞图标

在剖面图上，灯光部分用各种图标来表示直线进近着陆的进近灯光系统（Approach Light System，ALS）、目视进近坡度指示器（Visual Approach Slope Indicator，VASI）、精密进近坡度指示器（Precision Approach Path Indicator，PAPI）以及跑道末端识别灯（Runway End Identifier Lights，REIL）等。ALS 的具体类别及其布局参见机场图部分。图 6.2.42 所示的图标表示平面图中的主跑道配备了二类高强度 ALS 和 PAPI 灯。

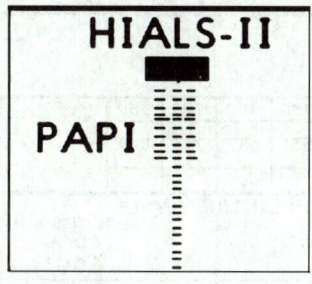

图 6.2.42　剖面图中的进近灯光图标（JEPP）

进近灯光系统的右侧是复飞图标和复飞信息。不同的复飞图标有不同的含义,具体见表 6.2.6。

表 6.2.6　进近图剖面图中的复飞图标及其含义(JEPP)

复飞图标	含义	复飞图标	含义
↑	爬升	-D→	直线飞行
2470' ↑	爬升至指定高度 2 470 ft	D15.0 NJL ↑	爬升至 NJL 导航台 15.0 NM 处
LF ← ↱ RT	大于 45°左转和右转	OKETE	至定位点 OKETE
LT ↰ ↱ RT	小于 45°左转和右转	ANY 117.9	至通信频率为 117.9 MHz 的 ANY 导航台上空
090° ↱RT	右转至指定磁航迹 90°	270° hdg	磁航向 270°
200 KT MAX ↱RT	右转时最大指示空速不超过 200 kt	285 kts max	最大指示空速不超过 285 kt
7000' ↰LF	左转至指定高度 7 000 ft	4930' BHS 117.9	飞至通信频率为 117.9 MHz 的 BHS VOR 导航台上空 4 930 ft 高度
↱RT within ANY 9.0 DME	在 ANY 导航台的 9.0 NM 内右转	ANY 117.9 R-270	切入通信频率为 117.9 MHz 的 ANY 导航台 270°径向线

需要注意的是,复飞图标仅提供初始复飞的方法,具体的复飞过程说明需结合平面图并参考进近简令条中的复飞程序文字说明。有时会通过注释的方式在复飞图标栏加以说明,如图 6.2.43 所示。

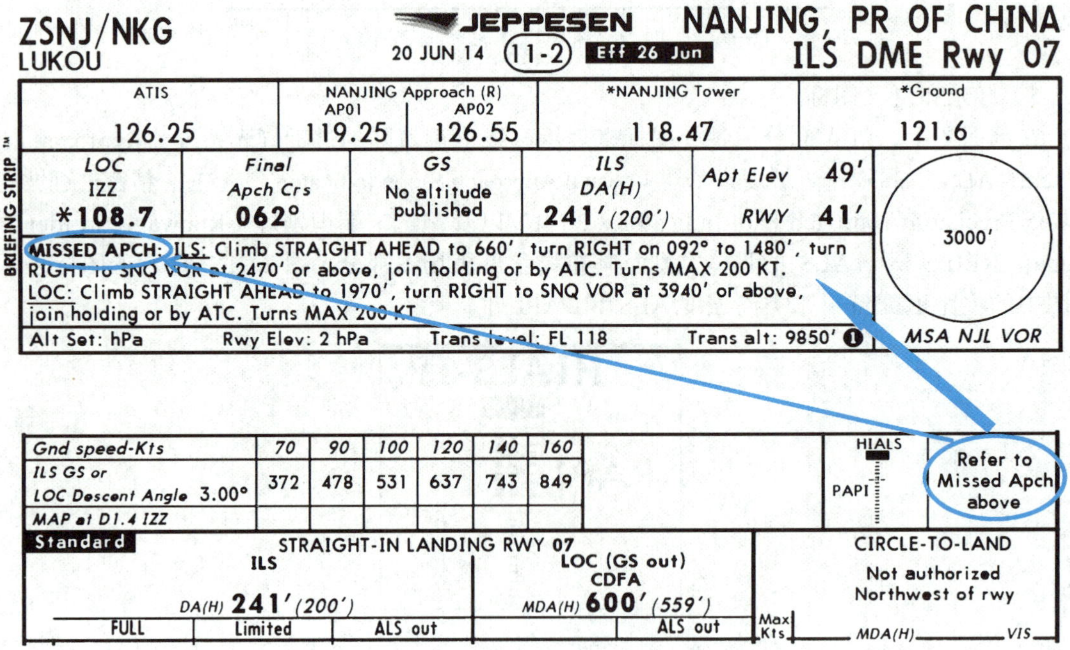

图 6.2.43　剖面图中的复飞说明(JEPP)

4. 着陆最低标准

着陆最低标准位于仪表进近图的最下方，为航空器进近时必须达到的最低着陆标准。作为转入目视进近着陆的最低标准，着陆最低标准包括仪表进近的最低高度和最低能见度或者跑道视程 RVR。仪表进近的最低高度与进近的类型相关：非精密进近程序的最低高度为最低下降高度/最低下降高（MDA/MDH），精密进近程序的最低高度为决断高度/决断高（DA/DH）。有些国家的着陆最低标准还包括着陆云底高。进近最低着陆标准与程序类别、进近类别、航空器分类、无线电导航及目视助航是否失效、机场运行规范等有关。

1）程序类别

程序类别即航空器着陆机动飞行形式，主要分为直线进近（Straight-in Landing）和目视盘旋着陆（Circle-to-land）两种，如图 6.2.44 所示。

Standard	STRAIGHT-IN LANDING RWY 24 CDFA MDA(H) 530′(492′)			CIRCLE-TO-LAND Not authorized Northwest of rwy	
		ALS out	Max Kts	MDA(H)	VIS
A	2000m		100	1050′ (1001′)	3800m
B			135		
C	2200m	2300m	180	1480′ (1431′)	4400m
D	2400m		205	1710′ (1661′)	5000m

PANS OPS

图 6.2.44　进近着陆的程序类别（JEPP）

其中，直线进近适用于最后进近航迹与跑道中心线的夹角在 30°以内时。如果有雷达引导，飞行员从 ATC 发出的切入最后进近航段引导方向开始直线进近。如果没有雷达引导，一般从 IAF 开始直线进近，通过起始进近航段和中间进近航段的飞行，使航空器进入最后进近航段。

目视盘旋进近适用于航空器向一条跑道实施进近，然后通过盘旋飞行方式加入起落航线，之后在另一条跑道上着陆的进近程序。通常有以下 4 种情形需要进行目视盘旋进近：

（1）最后进近航迹与跑道中心线交角大于 30°，有些国家规定为 15°。

（2）航空器在跑道入口的最后进近航向与跑道中心线交角太大，航空器无法对正跑道。

（3）下降梯度过大，航空器不能正常着陆。

（4）顺风分量超过着陆标准，航空器飞行高度过低。

2）进近类别

分为精密进近和非精密进近两个类别，如图 6.2.45 所示。其中，ILS 下的进近着陆最低标准属于精密进近程序系列，主要包含决断高度/决断高、能见度或跑道视程。航空器下降到精密进近的决断高度时，由于飞行员决断的过程中航空器仍在继续下降，因此复飞时航空器的实际最低高度往往略低于进近图上公布的数据。图 6.2.45（a）中又分别绘出了两种不同复飞爬升梯度下的进近着陆最低标准。LOC（GS out）下的进近着陆最低标准属于非精密进近程序系列，主要包含最低下降高度/最低下降高、能见度或跑道视程。最低下降高度/最低下降高是航空器在执行非精密进近程序时可以下降直至取得所需目视参考并处于正常着陆位置的最低高度。

STRAIGHT-IN LANDING RWY 07R									
	ILS Missed apch climb gradient mim 4.0% ■ DA(H) 228′(200′)			Missed apch climb gradient mim 2.5% DA(H) 348′(320′)		LOC (GS out) MDA(H) 430′(402′)			CIRCLE-TO-LAND
	FULL	TDZ or CL out	ALS out	FULL	ALS out		ALS out		
A B C/D	RVR 550m VIS 800m	RVR 720m VIS 800m	1200m	900m	RVR 1500m VIS 1600m	2000m		A B C/D	PROHIBITED

■ Climb gradient up to 1300′.

（a）

Standard	STRAIGHT-IN LANDING RWY 07							
	ILS DA(H) 241′(200′)			LOC (GS out) CDFA MDA(H) 600′(559′)		CIRCLE-TO-LAND Not authorized Northwest of rwy		
	FULL	Limited	ALS out		ALS out	Max Kts	MDA(H)	VIS
A	RVR 550m VIS 800m	RVR 750m VIS 800m	1200m	2400m		100	1050′ (1001′)	3800m
B						135		
C				2600m		180	1480′ (1431′)	4400m
D	RVR 600m VIS 800m			2800m		205	1710′ (1661′)	5000m

（b）

STRAIGHT-IN LANDING RWY 31								
	ILS DA(H) 976′(200′)		LOC (GS out) MDA(H) 1200′(424′)		NDB MDA(H) 1260′(484′)		CIRCLE-TO-LAND	
	FULL	ALS out		ALS out		ALS out	Max Kts	MDA(H)
A	RVR 26 or 1/2	RVR 40 or 3/4	1 1/4		1 1/2		90	1300′ (517′)-1 1/2
B							120	
C							140	1300′ (517′)-2
D							165	1400′ (617′)-2

（c）

图 6.2.45　精密进近与非精密进近类别（JEPP）

有时，为了便于飞行员更加准确地进行复飞决断，一些进近航图的着陆最低标准部分还会同步标绘出航空器下降到决断高度/决断高时的无线电高度（Radio Altitude，RA）数据，如图 6.2.46 所示。

STRAIGHT-IN LANDING RWY 07R CAT II ILS Missed apch climb gradient mim 4.0% ■ RA 99′ DA(H) 128′(100′)
RVR 350m

■ Climb gradient up to 1300′.

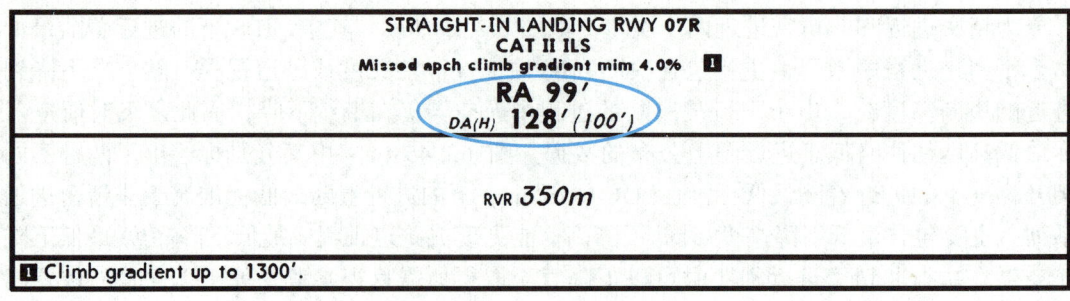

图 6.2.46　精密进近的无线电高度数据（JEPP）

3）航空器分类

在进近程序的着陆最低标准部分，无论是精密进近程序，还是非精密进近程序，或者是目视盘旋进近，通常会按照航空器的分类给出不同的着陆最低标准。例如图 6.2.45 左侧的 A、B、C、D 即为航空器的分类，它以航空器的跑道入口速度 Vat 为分类依据。所谓 Vat 是航空器以最大许可着陆重量在着陆形态下失速速度的 1.3 倍。参照 ICAO 标准，航空器的分类见表 6.2.7。

表 6.2.7 航空器的分类（ICAO）

级别	A	B	C	D	E
跑道入口速度 Vat/kt	（0，91）	（91，121）	（121，141）	（141，166）	（166，211）
起始进近速度/kt	90～150（110*）	120～180（140*）	160～240	185～250	185～250
最后进近速度/kt	70～100	85～130	115～160	130～185	155～230
最大目视盘旋速度/kt	100	135	180	205	240
最大复飞速度（中间段）/kt	100	130	160	185	230
最大复飞速度（末尾段）/kt	110	150	240	265	275

*代表反向程序和直角航线程序时的最高速度

4）无线电导航设备或目视助航设施失效

对于直线进近，通常分为下滑台（Glide Slope，GS）正常工作和下滑台失效两种情况，而这两种下滑道情况还可以根据灯光系统工作状况细分成多个小类，如图 6.2.47 所示。

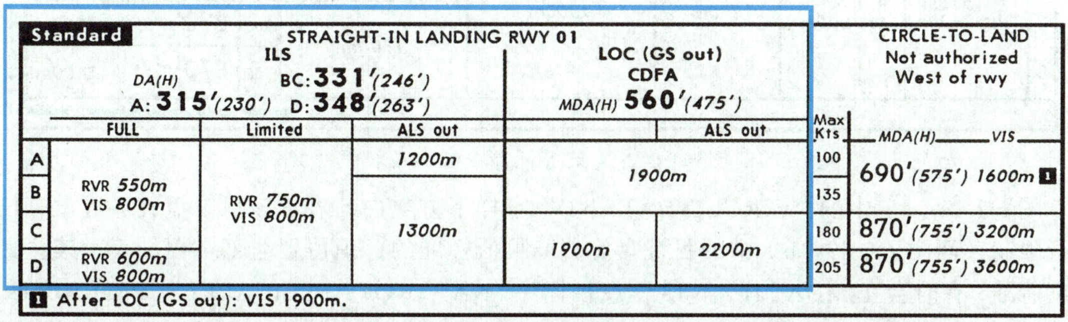

图 6.2.47 下滑台工作与否的着陆最低标准（JEPP）

在图 6.2.47 所示的着陆最低标准中，当下滑台 GS 工作时，A 类航空器的决断高度 DA 和决断高 DH 分别为 315 ft 和 230 ft；B、C 类航空器的决断高度 DA 和决断高 DH 分别为 331 ft 和 246 ft；D 类航空器的决断高度 DA 和决断高 DH 分别为 348 ft 和 263 ft。此情形下，当接地地带灯 TDZ、跑道中线灯 CL、进近灯光系统 ALS 全部正常工作时，A、B、C 三类航空器的着陆最低标准是跑道视程 RVR 均为 550 m，能见度 VIS 均为 800 m。D 类航空器的着陆最低标准是跑道视程 RVR 为 600 m，能见度 VIS 均为 800 m。

当下滑台 GS 正常工作，但 TDZ 或 CL 失效时，A、B、C、D 四类航空器的着陆最低标准是跑道视程 RVR 均为 750 m，能见度 VIS 均为 800 m。当下滑台 GS 正常工作，但 ALS 失效时，A 类航空器的着陆最低标准是能见度 VIS 为 1 200 m，B、C、D 四类航空器的着陆最低标准是能见度 VIS 均为 1 300 m。

当下滑台 GS 不工作且利用航向台 LOC 实施非精密进近时需执行连续下降最后进近 CDFA，最低下降高度和最低下降高分别为 560 ft 和 475 ft。此情形下，对于 A、B 类航空器而言，无论 TDZ、CL、ALS 失效与否，其着陆最低标准是能见度 VIS 均为 1 900 m。对于 C、D 类航空器，当 ALS 正常工作时，其着陆最低标准是能见度 VIS 为 1 900 m；当 ALS 失效时，其着陆最低标准是能见度 VIS 为 2 200 m。

5）目视盘旋进近

目视盘旋进近的着陆最低标准通常与仪表直线进近着陆最低标准一并公布在进近图的着陆标准部分，包括 MDA（H）、VIS 和各种目视盘旋机动飞行的运行限制，如图 6.2.48 ~ 图 6.2.53 所示。其中，图 6.2.48 所示的目视盘旋着陆最低标准为跑道东侧禁止目视盘旋着陆，机场其他区域目视盘旋着陆时，A、B 类航空器的最低下降高度和最低下降高分别为 690 ft 和 575 ft，能见度均为 1 600 m，且 A 类航空器最大指示空速不超过 100 kt，B 类航空器最大指示空速不超过 135 kt。C 类航空器的最低下降高度和最低下降高分别为 870 ft 和 755 ft，能见度为 3 200 m，且 C 类航空器目视盘旋着陆时最大指示空速不超过 180 kt。D 类航空器的最低下降高度和最低下降高分别为 870 ft 和 755 ft，能见度为 3 600 m，且 D 类航空器目视盘旋着陆时最大指示空速不超过 205 kt。

<table>
<tr><th>Standard</th><th colspan="6">STRAIGHT-IN LANDING RWY 18R</th><th colspan="3">CIRCLE-TO-LAND
Not authorized
East of rwy</th></tr>
<tr><th rowspan="2"></th><th colspan="3">ILS
DA(H) AB:315'(200') CD:328'(213')</th><th colspan="2">LOC (GS out)
CDFA
MDA(H) 500'(385')</th><th rowspan="2">Max Kts</th><th rowspan="2">MDA(H)</th><th rowspan="2">VIS</th></tr>
<tr><th>FULL</th><th>Limited</th><th>ALS out</th><th></th><th>ALS out</th></tr>
<tr><td>A</td><td rowspan="4">RVR 550m
VIS 800m</td><td rowspan="4">RVR 750m
VIS 800m</td><td rowspan="4">1200m</td><td rowspan="4">1300m</td><td rowspan="2">1500m</td><td>100</td><td rowspan="2">690'(575')</td><td rowspan="2">1600m</td></tr>
<tr><td>B</td><td>135</td></tr>
<tr><td>C</td><td rowspan="2">1800m</td><td>180</td><td>870'(755')</td><td>3200m</td></tr>
<tr><td>D</td><td>205</td><td>870'(755')</td><td>3600m</td></tr>
</table>

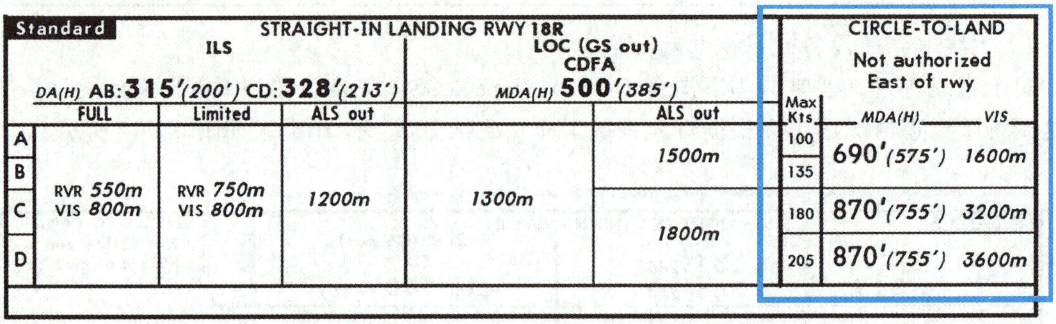

图 6.2.48　目视盘旋着陆最低标准的标示位置（JEPP）

图 6.2.49（a）中的“CIRCLE-TO-LAND”字样下方空白，表示该目视盘旋进近没有任何运行限制，而图 6.2.49（b）中的目视盘旋着陆最低标准的标识位置全部空白，表示禁止目视盘旋着陆，有时会在 MDA（H）、VIS 信息栏标注“NA”“NOT APPLICABLE”“PROHIBITED”字样直观表明禁止目视盘旋着陆。对于Ⅱ类和Ⅲ类 ILS 进近，其着陆最低标准部分没有目视盘旋类别，这两种进近程序默认为只能执行直线进近着陆。

<table>
<tr><th colspan="2">CIRCLE-TO-LAND</th></tr>
<tr><th>Max Kts</th><th>MDA(H)</th></tr>
<tr><td>90</td><td rowspan="2">1300'(517')-1½</td></tr>
<tr><td>120</td></tr>
<tr><td>140</td><td>1300'(517')-2</td></tr>
<tr><td>165</td><td>1400'(617')-2</td></tr>
</table>

（a）　　　　　　　　　　　　（b）

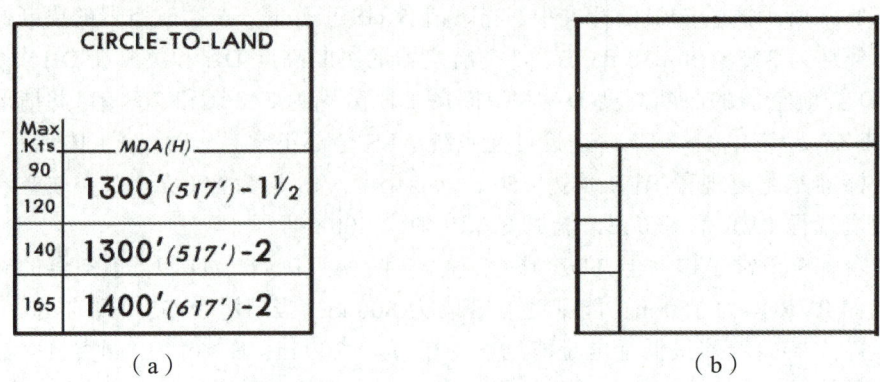

图 6.2.49　目视盘旋着陆最低标准的标示示例（一）（JEPP）

图 6.2.50 所示为目视盘旋进近的空域使用限制。图（a）的“CIRCLE-TO-LAND”字样下方的文字表示在跑道西北侧空域内禁止目视盘旋着陆。图（b）“CIRCLE-TO-LAND”字样下方的文字表示机场西片区禁止目视盘旋着陆。

图 6.2.51 所示为目视盘旋进近时对导航台的使用要求。图（a）左列要求在 VOR/DME 的引导下进行目视盘旋着陆，右列则要求目视盘旋进近时使用 VOR 导航台。图（b）左列公布的是在 JFK 导航台 22.2 NM 范围内目视盘旋着陆的最低标准，右列则要求目视盘旋进近在 JFK 导航台的 22.2 NM 范围之外执行。

图 6.2.52（a）为目视盘旋进近时对高度表设置的使用要求。图 6.2.52（b）采用保护区限制的方式禁止 C/D 类航空器在 03-21 跑道东侧以及 06-24 跑道东侧、距离 PH 导航台 4 NM 以外的区域目视盘旋着陆。

CIRCLE-TO-LAND
Not authorized Northwest of rwy

Max Kts	MDA(H)	VIS
100 135	1050′ (1001′)	3800m
180	1480′ (1431′)	4400m
205	1710′ (1661′)	5000m

（a）

CIRCLE-TO-LAND
Not Authorized West Sector

Max Kts	MDA(H)	CEIL-VIS
100 135	880′(588′)	600′-1600m
180	1090′(798′)	800′-3600m
205	1170′(878′)	900′-4500m

（b）

图 6.2.50　目视盘旋着陆最低标准的标示例（二）（JEPP）

CIRCLE-TO-LAND

Max Kts	VOR DME MDA(H)	VOR MDA(H)
90 120	1300′(517′)-1½	1540′(757′)-2¼
140	1300′(517′)-2	
165	1400′(617′)-2	

（a）

CIRCLE-TO-LAND

Max Kts	With D22.2 JFK MDA(H)	Without D22.2 JFK MDA(H)
90	860′(842′)-1	1180′(1162′)-1¼
120	860′(842′)-1¼	1180′(1162′)-1½
140	860′(842′)-2½	1180′(1162′)-3
165	900′(882′)-3	

（b）

图 6.2.51　目视盘旋着陆最低标准的标示例（三）（JEPP）

CIRCLE-TO-LAND

Max Kts	With Local Altimeter Setting MDA(H)	With Cairns Altimeter Setting MDA(H)
90 120	880′(479′)-1	940′(539′)-1
140	880′(479′)-1½	940′(539′)-1½
165	960′(559′)-2	1020′(619′)-2

（a）

CIRCLE-TO-LAND

Max Kts	MDA(H)
100 135	760′(693′)-2.4 km
180	1440′(1373′)-4.0 km
205	1440′(1373′)-5.0 km

NO CIRCLING
Cat C & D aircraft beyond 4NM PH East of Rwy 03-21 and 06-24.

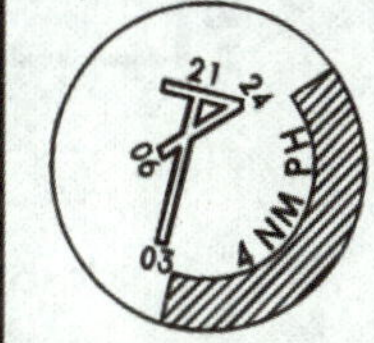

（b）

图 6.2.52　目视盘旋着陆最低标准的标示例（四）（JEPP）

图 6.2.53 为目视盘旋进近时的时间和天气条件的限制要求。图（a）表示禁止白天在 2/20 跑道东侧目视盘旋着陆。图（b）为当航空器向 02 跑道盘旋进近时，只有在昼间目视气象条件下才能执行，不允许航空器在机场的东南方位盘旋进近。

CIRCLE-TO-LAND TO RWY 02/20 Prohibited East of runway Day only		
Max Kts.	MDA(H)	VIS
110	1490′ (1472′)	1500m
135	1490′ (1472′)	1600m
180	2280′ (2262′)	2400m
205	3070′ (3052′)	3600m

（a）

CIRCLE-TO-LAND WARNING: To rwy 02 at day and during VMC only. Not authorized Southeast of airport.		
Max Kts.	MDA(H)	VIS
100	1000′ (936′)	1500m
135	1000′ (936′)	1600m
180	1000′ (936′)	2400m
205	1000′ (936′)	3600m

（b）

图 6.2.53　目视盘旋着陆最低标准的标示示例（五）（JEPP）

目视盘旋着陆的 MDA 通常高于仪表直线进近着陆的 MDA 值。目视盘旋着陆最低标准括号中的数据以机场标高为基准，而不是以跑道入口标高或接地地带标高为基准。

此外，因低能见度、山区复杂地形和夜间运行等限制因素，只有经过特殊训练的机组才能实施目视盘旋进近。由于目视盘旋进近是在低高度情况下的低速机动飞行，目视盘旋时，飞行员需注意：

（1）不能随意下降到 MDA 以下。

（2）不能飞出保护空域。

（3）必须始终保持对跑道环境的目视。

6）机场运行规范

世界各国分别以 PANS OPS、TERPS、JAR OPS 甚至自己国家的特有标准为依据确定着陆最低标准。"PANS OPS" 标准对应 ICAO DOC 8168 第Ⅱ卷第 1 版或第 2 版；"TERPS" 标准为 FAA 的终端区仪表进近程序标准；"JAR OPS" 标准为欧洲联合航空组织（JAA）各国的仪表进近图着陆最低标准。PANS OPS 与 TERPS 标准的主要区别在于跑道视程或能见度的数值单位不一样，PANS OPS 用米，TERPS 用百英尺或英里，如图 6.2.54 所示。

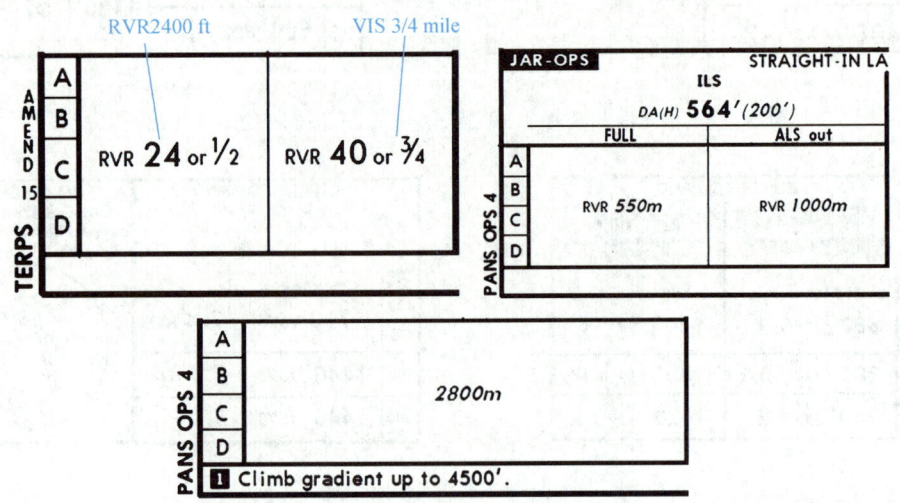

图 6.2.54　着陆最低标准中的机场运行规范（JEPP）

6.3 杰普逊仪表进近图应用范例

6.3.1 杰普逊精密进近图应用范例

对于精密进近程序而言，飞行员在作进近准备时，应首先掌握 ILS 进近图中的关键信息，然后再阅读其他信息。如图 6.3.1 所示，上海浦东国际机场 17L 跑道 ILS 进近图中标注的内容为阅读进近图的主要信息。

标注 1：机场的 ICAO 四字代码及 IATA 三字代码。四字代码为"ZSPD"，三字代码为"PVG"。

标注 2：机场名称，为浦东机场。

标注 3：航图修订日期。修订日期"14 FEB 14"表示此进近航图于 2014 年 2 月 14 日发布，且收到时生效。

标注 4：航图制作机构名称，为杰普逊公司。

标注 5：进近图索引号。"21-3"表示此航图为浦东国际机场的第 3 张 ILS 进近航图。

标注 6：机场所在的城市名称和所属国家。

标注 7：航图标识，即程序名称。程序名称为 ILS DME Rwy 17L，表示利用 17L 跑道实施 ILS DME 精密进近程序。

标注 8：数字式自动终端情报服务 ATIS 的通信频率，为 127.85 MHz。

标注 9：进近管制通信频率，为 120.3 MHz 和 125.4 MHz。进近管制机构名称为"上海进近管制"，提供雷达引导服务。如需获取区域管制信息请参照编号为 10-1 的上海区域图。

标注 10：塔台管制通信频率 118.8 MHz，为浦东 1 号塔台。

标注 11：地面管制通信频率。分西片区和东片区，西片区为 121.65 MHz，东片区为 121.8 MHz。

标注 12：最后进近的主要导航设施。提供的主要导航设施是识别代码（也称呼号）为 IPD、通信频率为 110.7 MHz 的 LOC 航向台，且该频率部分时段可用。

标注 13：最后进近的磁航道，为 167°。

标注 14：下滑航迹高度检查数据。高度检查点为下滑道上距离 IPD DME 导航台 4.1 NM 的定位点，其在下滑道上的高度是修正海压高 1 312 ft 或场压高 1 302 ft，用于飞行员检查航空器高度是否正常以及航空器是否截获正确的下滑道信号。

标注 15：ILS 进近可以下降的最低高度。提供的决断高度 DA 或决断高 DH 参照着陆最低标准。

标注 16：机场标高和跑道入口标高。提供的机场标高为 13 ft，跑道入口标高为 10 ft。

标注 17：扇区最低安全高度。以 PUD VOR 导航台为中心，共划分为两个扇区，0°~180° 和 180°~360°，其 MSA 分别为 3 700 ft 和 2 000 ft。

标注 18：复飞简令。向前直线爬升至修正海压高 460 ft，然后右转保持 197°磁航迹方向继续爬升至修正海压高 990 ft。右转到达 PDL VOR DME 导航台上空修正海压高 2 960 ft 或雷达引导至此。其中复飞转弯过程中的最大指示空速不超过 205 kt。

标注 19：过渡高度层 TL 与过渡高度 TA 说明。高度设置以百帕（hPa）为气压单位，跑道入口标高处的气压为 0 hPa。过渡高度层 TL 为标准大气压高 11 800 ft，过渡高度 TA 为修正海压高 9 850 ft，带有注释。该注释表明本场气压大于或等于 1 031 hPa 时，TA 为修正海压高

10 830 ft，本场气压小于或等于 979 hPa 时，TA 为修正海压高 8 860 ft，TA 以 MSL 为气压基准面。

标注 20：其他特殊要求。起始进近航段最大指示空速不超过 205 kt，中间进近航段的速度限制为 170～180 kt。

标注 21：起始进近定位点 IAF。标有带括号的"IAF"字样，表示从此定位点开始实施进近程序。该定位点由 PUD VOR/DME 导航台的 316°径向线和 19.0 NM 距离弧定义。

标注 22：起始进近航段中的定位点。该定位点位于 PUD VOR/DME 导航台的 327°径向线上，同时距离 PUD VOR/DME 导航台 18.2 NM。

标注 23：起始进近航段中用于转弯的定位点。该定位点距离 PUD VOR/DME 导航台 17.8 NM，位于 IPD DME 导航台的 332°径向线上。

标注 24：中间进近定位点 IF。该点距离 IPD DME 导航台 11.5 NM。

标注 25：起始进近航段中用于转弯的定位点。该定位点距离 PUD VOR/DME 导航台 15.3 NM，位于 PUD VOR/DME 导航台的 359°径向线上。

标注 26：进近程序执行过程中的注意事项。除非 ATC 指令，否则不允许在北纬 31°27′以北飞行。

标注 27：起始进近定位点 IAF。该点位于 HSH VOR/DME 导航台上空，此台的通信频率为 114.4 MHz，部分时段可用，该台的识别代码为 HSH，名称为"HENGSHA"。限于数据拥挤，由此导航台飞至距离此台 3.2 NM 的定位点的飞行航迹上有一注释标注。该注释表明飞经此起始进近航段的磁航迹方向为 347°方向，飞行距离为 3.2 NM，安全高度为 2 960 ft。

标注 28：注释具体内容说明，位于图中的空白位置。

标注 29：本幅航图的最大标高，用"▼"表示，其标高值为 2 073 ft。

标注 30：起始进近定位点。该定位点的名称为 TOSAS，且为强制报告点。

标注 31：注释标号。该注释表明，航空器从 TOSAS IAF 飞至前方定位点的过程中，飞行航迹为 84°，飞行距离为 1.9 NM，安全高度为修正海压高 4 930 ft。前方定位点位于 HSH 台的 264°径向线上，且距离 HSH VOR/DME 导航台 14.8 NM，用于起始进近航段转弯时定位。

标注 32：人工参考点障碍物，其标高为 804 ft。

标注 33：飞经此段的安全高度。此段的磁航迹方向为 138°，安全高度为修正海压高 2 960 ft。

标注 34：最后进近航段的磁航迹，在平面图中用醒目的粗体"167°"进行标注。

标注 35：飞行航迹磁方向，此为起始进近航段的 347°磁航迹方向。

标注 36：航段里程和安全高度。航段里程标注在飞行航迹去向的上方，下方标注的是安全高度。从 PDL VOR/DME 导航台至距离 PDL VOR/DME 导航台 16.0 NM 的定位点构成的航段，其里程为 16.0 NM，航空器飞经此段的安全高度为修正海压高 4 930 ft。

标注 37：中间进近航段中的定位点，该定位点距离 IPD DME 导航台 9.3 NM。

标注 38：中间进近航段中的定位点，该定位点距离 IPD DME 导航台 4.1 NM。

标注 39：非本幅航图主用的 ILS 或航向台 LOC。

标注 40：最后进近磁航迹及主用导航设施的圆角识别框。最后进近磁航迹为 167°，主用的导航设备为具有 DME 功能的 ILS，其 LOC 台的识别代码为 IPD，通信频率为 110.7 MHz，且该通信频率部分时段可用。

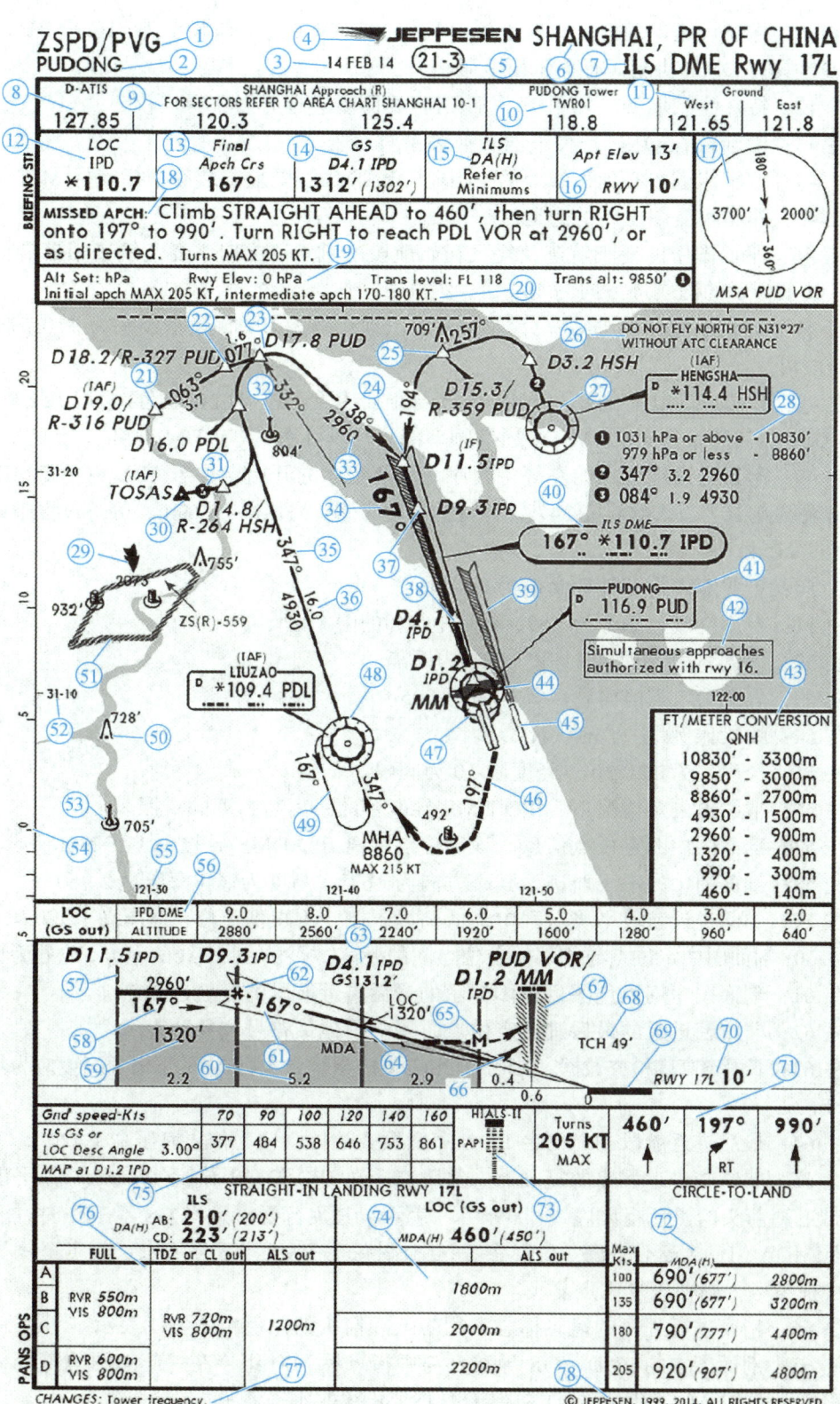

图 6.3.1 ILS 精密进近航图样例（JEPP）

标注 41：导航设施识别框。导航设施名称为 PUDONG，通信频率为 116.9 MHz，识别代码为 PUD，具有 DME 功能，有莫尔斯电码。

标注 42：特殊注意事项。利用 16 号跑道实施同步进近时需获得授权。

标注 43：ft 与 m 在 QNH 条件下的转换关系对照表。

标注 44：位于跑道中心延长线上的 PUD VOR/DME，同址安装有中指点标 MM。

标注 45：非本幅航图主用的跑道。

标注 46：平面图中的复飞航迹及复飞初始航段的磁航迹方向。复飞航迹用带箭头的粗虚线表示，其上标示的磁航迹方向为 197°。

标注 47：与 ILS 配套的 DME。该 DME 的识别代码为 IPD，通信频率为 110.7 MHz，频率部分时段可用。

标注 48：起始进近定位点 IAF，该点位于导航台上空。该导航台的名称为 LIUZAO，识别代码为 PDL，通信频率为 109.4 MHz，通信频率部分时段可用，具有 DME 功能，有莫尔斯电码。

标注 49：起始进近定位点的左等待程序，等待程序的开始点位于 PDL VOR/DME 导航台上空，出航航迹 167°，入航航迹 347°，等待的高度为修正海压高 8 860 ft，等待过程中最大指示空速不超过 215 kt。

标注 50：不明障碍物，其标高值为 728 ft。

标注 51：专用空域，编号为 559、代码为 ZS 的限制区。

标注 52：纬度，为 31°10′。纬度以 10′为间隔。

标注 53：人工参考点障碍物，其标高为 705 ft。

标注 54：线段比例尺。1 in=5 NM。

标注 55：经度，为 121°30′。经度以 10′为间隔。

标注 56：下滑道失效情况下，IPD DME 导航台的距离与高度的对照表。

标注 57：剖面图中的定位点信息。该定位点距离 IPD DME 导航台 11.5 NM。

标注 58：剖面图中的平飞航迹，其磁方向为 167°，高度为修正海压高 2 960 ft。

标注 59：中间进近航段平飞过程中最低高度限制，不得低于修正海压高 1 320 ft。

标注 60：剖面图中定位点与相邻的定位点间的距离，标注在水平线的上方，此处为 5.2 NM。

标注 61：剖面图中用黑色醒目粗体标示的最后进近航段的磁航迹 167°。

标注 62：非精密进近的最后进近定位点，用马耳他叉符号"✠"表示。

标注 63：下滑道高度检查数据。在距离 IPD DME 导航台 4.1 NM 的下滑道高度应为修正海压高 1 312 ft。

标注 64：最后进近航段的航向台 LOC 高度检查数据，应为修正海压高 1 320 ft。

标注 65：非精密进近程序的复飞点。复飞点距离 IPD DME 导航台 1.2 NM，用粗体字母 M 连接带上翘箭头的黑色粗体虚线"-M-↗"表示。其飞行要求是当 GS 不工作时，沿下滑航迹下降至 MDA（H），若不能建立目视参考，则保持这一高度飞至复飞点，若飞至复飞点仍不能建立目视参考，则在该复飞点复飞。

标注 66：精密进近程序的复飞标志。用带上翘箭头的黑色粗体实线表示。

标注 67：剖面图中的 PUD VOR 导航台与中指点标 MM 组装在一起的图例符号，该导航台距离跑道头 0.6 NM，该距离标注在跑道中心延长线的水平线下方。

标注 68：跑道入口高 TCH，为场压高 49 ft。

标注 69：剖面图中的跑道图例。

标注 70：17L 跑道入口标高，为 10 ft。

标注 71：初始复飞的程序和要求。直线爬升至修正海压高 460 ft，右转入 197°磁航迹方向，继续爬升至修正海压高 990 ft。复飞转弯过程中最大指示空速不超过 205 kt。

标注 72：目视盘旋着陆的最低标准，包括速度限制、最低下降高度（高）、能见度。

标注 73：进近灯光系统，为带精密进近航道指示器的高强度Ⅱ类辅助进近灯光系统。

标注 74：利用 17L 跑道直线着陆实施精密进近程序时，在下滑道失效的情况下，利用航向台 LOC 实施非精密进近的着陆最低标准，包括最低下降高度（高）和能见度，公布有辅助进近灯光系统失效与不失效两种情况下的着陆最低标准。

标注 75：最后进近航段 ILS 进近或 LOC 进近在不同地速条件下相对应的下降率换算表，两种进近的下滑角均为 3°。航空器在下滑航迹上飞行时，若地速是 100 kt，下降率为 538 ft/min，复飞点 MAPt 距离 IPD DME 导航台 1.2 NM。

标注 76：最后进近航段在 ILS 的引导下，利用 17 号左跑道直线着陆实施精密进近程序时的着陆最低标准。其中，A、B 类航空器的决断高度为 210 ft，决断高为 200 ft；C、D 类航空器的决断高度为 223 ft，决断高为 213 ft。对于 A、B、C 类航空器，所有灯光系统都正常的情况下，跑道视程 RVR 为 550 m，能见度 VIS 为 800 m；对于 D 类航空器，其跑道视程 RVR 和能见度 VIS 则分别为 600 m 和 800 m。当接地地带灯 TDZ 或跑道中线灯 CL 失效时，A、B、C、D 类航空器的跑道视程 RVR 均为 720 m，能见度 VIS 均为 800 m。当进近灯光系统失效时，所有航空器的能见度均为 1 200 m。

标注 77：本幅航图中发生变化的内容说明。表明塔台通信频率发生了改变。

标注 78：版权声明。

该 ILS DME 精密进近程序的实施过程为：

假设航空器已执行完进场程序且已完成气压式高度表的拨正，准备实施以 PDL VOR/DME 导航台作为起始进近定位点的 U 型精密进近程序。区域管制中心指令飞行员调谐 120.3 MHz 或 125.4 MHz 联系上海进近管制。飞行员收到指令后完成对应进近航图关键信息的浏览。

飞行员获得上海进近管制的 ILS DME 进近许可后，提前调谐 PDL VOR/DME 导航台的通信频率 109.4 MHz，并下降高度至 PDL VOR/DME 导航台上空准备开始起始进近航段的飞行。航空器首先在 PDL VOR/DME 导航台上空按图上公布的等待程序数据作起始进近左等待。等待程序结束后沿 PDL VOR/DME 导航台的 347°径向线背台飞行 16.0 NM 到达前方定位点。在此起始进近航段的飞行过程中，安全高度为修正海压高 4 930 ft。然后右转切入 PUD VOR/DME 导航台的 332°径向线，且飞至距离 PUD VOR/DME 导航台 17.8 NM 的定位点。继续右转至 138°磁航迹方向飞行至距离 IPD VOR/DME 导航台 11.5 NM 的中间进近定位点且下降高度至修正海压高 2 960 ft。同时，在 VOR 导航控制盒上调谐 LOC 通信频率 110.7 MHz，设定最后进近磁航道为 167°。当 VOR 导航指示器指示航空器切入 ILS 航向道时，适当提前改出切入，保持高度为修正海压高 2 960 ft 平飞，进一步调整航空器速度至机型最后进近速度，修正航迹偏差使航空器对正最后进近航道。当收到进近管制要求联系塔台的指令后，调谐 118.8 MHz 联系塔台获得着陆许可和条件，同时在备用频率上调谐地面管制通信频率。

当 DME 指示距离 IPD DME 导航台 9.3 NM，VOR 导航指示器指示航空器切入 ILS 下滑道时，操纵航空器由平飞改下滑，到达最后进近定位点，开始最后进近航段的飞行，完成着陆前项目并检查。根据地速-下降率表格，选择合适的下降率并保持 167°磁航迹方向沿 3°下滑道下降高度至距离 IPD DME 导航台 4.1 NM 的定位点进行高度数据检查。此时，下滑道高度应为修正海压高 1 312 ft，航向台 LOC 高度检查数据应为修正海压高 1 320 ft。同时根据自动终端情报服务系统 ATIS 获取进近着陆条件。

当航空器下降至决断高度 DA 或决断高 DH 之前的 3 s，操纵航空器的飞行员根据不操纵航空器飞行员的跑道位置喊话，若能见并确定跑道准确位置之后可以转为目视飞行，操纵航空器着陆。航空器着陆后，按指令脱离跑道。

若航空器下降至决断高度 DA 或决断高 DH 之前的 3 s 达不到着陆最低标准，则立即复飞。复飞时航空器向前直线爬升至修正海压高 460 ft，然后右转保持 197°磁航迹方向继续爬升至修正海压高 990 ft。右转到达 PDL VOR/DME 导航台上空修正海压高 2 960 ft 或雷达引导至此。其中复飞转弯过程中的最大指示空速不超过 205 kt。

航空器在最后进近航段，如果截获不到下滑道信息，则立即转为按非精密进近程序执行。当下降至最低下降高度 MDA（最低下降高 MDH）时，若不能建立目视参考，则保持这一高度或高飞至复飞点。至复飞点时，若具备着陆条件，可以转为目视着陆；若不能，则立即复飞。

6.3.2 非精密进近图应用范例

对于非精密进近程序而言，由于只有水平航迹引导而没有下滑引导，飞行员在进近过程中通常需要采用不同的导航频率。因此，飞行员在飞行过程中调谐导航频率后，还应通过判断莫尔斯电码音调是否与进近图中的识别代码一致，以确保调谐正确的导航台。

在实施非精密进近程序之前，飞行员首先应掌握非精密进近图中的关键信息，然后再阅读其他信息。如图 6.3.2 所示，上海浦东国际机场 35R 跑道 VOR DME 进近图中标注的内容为阅读进近图的关键信息。

标注 1：数字式自动终端情报服务 ATIS 的通信频率，为 127.85 MHz。

标注 2：进近管制通信频率，为 120.3 MHz 和 125.4 MHz。进近管制机构名称为"上海进近管制"，提供雷达引导服务。如需获取区域管制信息，请参照编号为 10-1 的上海区域图。

标注 3：塔台管制通信频率 118.8 MHz，为浦东 1 号塔台。

标注 4：航图标识，即程序名称。程序名称为 VOR DME Rwy 35R，表示利用 35R 跑道实施 VOR DME 非精密进近程序。

标注 5：地面管制通信频率。分西片区和东片区，西片区为 121.65 MHz，东片区为 121.8 MHz。

标注 6：最后进近的主要导航设施。提供的主要导航设施是识别代码为 PUD、通信频率为 116.9 MHz 的 PUD VOR 导航台。

标注 7：最后进近的磁航道 347°。另外，在平面图的最后进近航迹旁和剖面图的下滑航迹线上都用粗体标出最后进近磁航道 347°。

标注 8：高度检查数据。该高度为修正海压高 2 960 ft 或场压高 2 950 ft 且距离 PUD VOR 导航台 11.9 NM。要求飞行员在中间进近过程中注意用 DME 距离 11.9 NM 及相应高度修正海压高 2 960 ft 检查航空器是否满足中间进近航段的超障要求。

标注 9：VOR DME 进近可以下降的最低高度。提供的最低下降高度 MDA 为修正海压高 500 ft、最低下降高 DH 为场压高 490 ft。

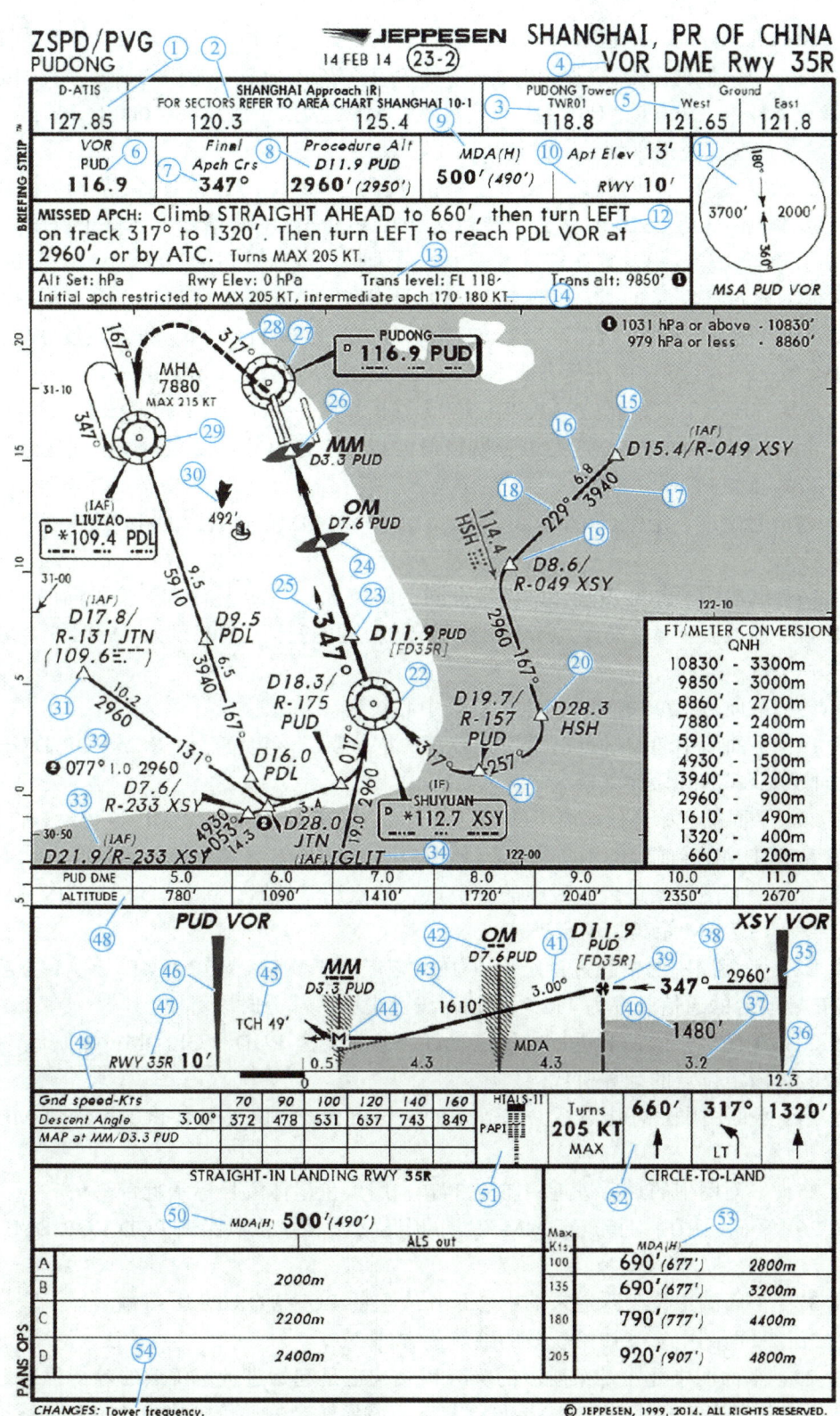

图 6.3.2 非精密进近航图样例（JEPP）

标注 10：机场标高和跑道入口标高。提供的机场标高为 13 ft，跑道入口标高为 10 ft。

标注 11：扇区最低安全高度。扇区划分以 PUD VOR 导航台为中心，0°～180°扇区内，MSA 为修正海压高 3 700 ft；180°～360°扇区内，MSA 为修正海压高 2 000 ft。扇区最低安全高度是在紧急情况或目视盘旋着陆时使用。

标注 12：复飞简令。向前直线爬升至修正海压高 660 ft，然后左转保持 317°磁航迹方向继续爬升至修正海压高 1 320 ft。然后左转到达 PDL VOR/DME 导航台上空修正海压高 2 960 ft 或由 ATC 引导至此。其中，复飞转弯过程中的最大指示空速不超过 205 kt。

标注 13：过渡高度层 TL 与过渡高度 TA 说明。高度设置以百帕（hPa）为气压单位，跑道入口标高处的气压为 0 hPa。过渡高度层 TL 为标准大气压高 11 800 ft，过渡高度 TA 为修正海压高 9 850 ft，带有注释。该注释表明本场气压大于或等于 1 031 hPa 时，TA 为修正海压高 10 830 ft；本场气压小于或等于 979 hPa 时，TA 为修正海压高 8 860 ft。TA 以 MSL 为气压基准面。

标注 14：其他特殊要求。起始进近航段最大指示空速不超过 205 kt，中间进近航段的速度限制为 170～180 kt。

标注 15：起始进近定位点 IAF。该点由 XSY VOR/DME 导航台的 49°径向线和 15.4 NM 距离弧确定。

标注 16：航段距离。此为相邻两定位点间的距离 6.8 NM，标注在航迹去向的上方。

标注 17：航段安全飞行高度。此为相邻两定位点间的安全飞行高度为 3 940 ft，标注在航迹去向的下方。

标注 18：磁航迹 229°方向，标注在航迹中心线上。

标注 19：平面图中起始进近航段用于转弯的定位点。该定位点由 XSY VOR/DME 导航台的 49°径向线和 8.6 NM 距离弧确定。

标注 20：平面图起始进近航段中的定位点。该点距离 HSH VOR/DME 导航台 28.3 NM，且位于 HSH VOR/DME 导航台的 167°径向线上，HSH VOR/DME 导航台的通信频率为 114.4 MHz。

标注 21：平面图起始进近航段中的定位点，该点用于转弯，由 PUD VOR/DME 导航台的 157°径向线和 19.7 NM 距离弧确定。

标注 22：平面图中的中间进近定位点 IF。该点位于 XSY VOR/DME 导航台上空，XSY VOR/DME 导航台的通信频率为 112.7 MHz，该通信频率部分时段可用。

标注 23：平面图中的最后进近定位点 FAF。该点距离 PUD VOR/DME 导航台 11.9 NM，"[FD35R]"为该定位点的计算机代码。

标注 24：平面图中由外指点标 OM 确定的定位点，该定位点距离 PUD VOR/DME 导航台 7.6 NM。

标注 25：平面图中的最后进近磁航迹 347°，用黑色粗体醒目标示且带箭头。

标注 26：平面图中由中指点标 MM 确定的定位点，该定位点距离 PUD VOR/DME 导航台 3.3 NM。

标注 27：平面图中位于跑道末端中心延长线上的 PUD VOR/DME 导航台。

标注 28：平面图中复飞初始航段的磁航迹方向 317°。

标注 29：平面图中复飞结束航段的等待程序，也是起始进近定位点的等待程序。该等待程序的开始点位于 PDL VOR/DME 导航台上空，该导航台的通信频率为 109.4 MHz，名称为 LIUZAO。为标准的右等待，等待的最低高度为修正海压高 7 880 ft，等待的出航航迹为 347°，入航航迹为 167°。等待程序执行过程中最大指示空速不超过 215 kt。同时，PDL VOR/DME 导航台上空修正海压高 7 880 ft 处也是进近程序的起始进近定位点 IAF。

标注 30：本幅航图中的最大标高，为人工建筑物，其标高为 492 ft。

标注 31：起始进近定位点 IAF。该点由 JTN VOR/DME 导航台的 131°径向线和 17.8 NM 距离弧确定。JTN VOR/DME 导航台的通信频率为 109.6 MHz，由于 JTN VOR/DME 导航台不在本幅航图中，因此同步给出其通信频率和莫尔斯电码。

标注 32：注释标号。由于该注释标号❷所述内容数据拥挤，因此采用注释的方式在平面图的空白部分进行说明。该注释表明此相邻两定位点确定的航段，其飞行磁航迹为 77°，航段距离为 1.0 NM。

标注 33：限于篇幅，尚未在此附近标示出来的起始进近定位点 IAF，该点由 XSY VOR/DME 导航台的 233°径向线和 21.9 NM 距离弧确定。

标注 34：限于篇幅，尚未在此附近标示出来的起始进近定位点 IAF，此定位点的名称为 IGLIT。

标注 35：剖面图上的 XSY VOR 导航台图例符号。

标注 36：XSY VOR 导航台距离跑道头的距离为 12.3 NM，标注在跑道中心延长线的水平线下方。

标注 37：剖面图中导航台与定位点间的距离为 3.2 NM，标注在跑道中心延长线的水平线上方。

标注 38：中间进近航段的平飞航迹，其磁航迹方向为 347°，用带箭头的实线标绘在飞行航迹的中心线上，其上方的修正海压高 2 960 ft 为平飞的高度。

标注 39：剖面图中的最后进近定位点，用马耳他叉符号表示。该点距离 PUD VOR/DME 导航台 11.9 NM，其计算机代码为 "[FD35R]"。

标注 40：中间进近航段的最低高度限制，为修正海压高 1 480 ft。

标注 41：下滑道角度 3°。

标注 42：剖面图中的中指点标 OM，该指点标距离 PUD VOR/DME 导航台 7.6 NM。

标注 43：最后进近航段的高度检查数据，检查的高度为修正海压高 1 610 ft，检查点位于 OM 台上空。

标注 44：非精密进近的复飞点。用 "" 表示，其飞行要求为：沿下滑航迹下降至高度 MDA（H），若不能建立目视参考，保持这一高度飞至复飞点。若飞至复飞点仍不能建立目视参考，则在该点复飞；若在复飞点能建立目视参考，则转为目视着陆。

标注 45：非精密进近跑道入口高 TCH，为场压高 49 ft。

标注 46：剖面图中位于跑道末端中心延长线上的 PUD VOR 导航台。

标注 47：跑道入口标高。指 35R 跑道入口以后 3 000 ft 内接地地带的最大标高，为 10 ft。

标注 48：PUD DME 导航台的 DME 距离与高度的对照表。

标注 49：最后进近航段的地速-下降率换算表格。例如最后进近航段，当地速 GS 为 120 kt 时，航空器的下降率应为 637 ft/min，且应当保持 3°的下滑角下降高度。

标注 50：利用 35R 跑道直线着陆实施 VOR DME 非精密进近的着陆最低标准，包括最低下降高度（高）和能见度。最低下降高度为修正海压高 500 ft，最低下降高为场压高 490 ft。无论进近灯光失效与否，对于 A、B 类航空器，其能见度 VIS 均为 2 000 m，C 类航空器的能见度 VIS 为 2 200 m，D 类航空器的能见度 VIS 为 2 400 m。

标注 51：进近灯光系统，为带精密进近航道指示器的高强度 II 类辅助进近灯光系统。

标注 52：复飞图标，给出复飞初始阶段的程序和要求。直线爬升至修正海压高 660 ft，左转进入 317°磁航迹方向，继续爬升至修正海压高 1 320 ft。复飞转弯过程中最大指示空速不超过 205 kt。

标注 53：目视盘旋着陆的最低标准，包括速度限制、最低下降高度（高）、能见度。

标注 54：本幅航图中发生变化的内容说明。表明塔台通信频率发生了改变。

该 VOR DME 非精密进近程序的实施过程为：

假设航空器已执行完进场程序且已完成气压式高度表的拨正，准备实施以距离 XSY VOR/DME 导航台 15.4 NM 且位于 XSY VOR/DME 导航台 49°径向线上的定位点作为起始进近定位点的 S 型进近程序。区域管制中心指令飞行员调谐 120.3 MHz 或 125.4 MHz 联系上海进近管制。飞行员收到指令后完成对应进近航图关键信息的浏览。

飞行员获得上海进近管制的 VOR DME 进近许可后，提前调谐 XSY VOR/DME 导航台的通信频率 112.7 MHz，并下降高度至由 XSY VOR/DME 确定的定位点开始起始进近航段的飞行。该定位点由 XSY VOR/DME 导航台的 15.4 NM 距离弧和 49°径向线确定。保持 229°磁航迹方向、修正海压高 3 940 ft 安全高度飞行 6.8 NM 到达前方定位点，该定位点距离 XSY VOR/DME 导航台 8.6 NM 且位于 XSY VOR/DME 导航台的 49°径向线上。在到达该定位点之前，提前切换导航台频率为 HSH VOR/DME 导航台的通信频率 114.4 MHz，并引导航空器到达定位点之后向左切入 HSH VOR/DME 导航台的 167°径向线，保持修正海压高 2 960 ft 的安全高度平飞至距离 HSH VOR/DME 导航台 28.3 NM 的定位点。切换导航台通信频率为 PUD VOR/DME 导航台的通信频率 109.4 MHz，右转进入 257°磁航迹方向平飞至距离 PUD VOR/DME 导航台 19.7 NM 且位于 PUD VOR/DME 导航台 157°径向线上的定位点。继续平飞右转进入 317°磁航迹方向，提前切换导航台通信频率为 XSY VOR/DME 导航台的通信频率 112.7 MHz，平飞至位于 XSY VOR/DME 导航台上空的中间进近定位点 IF，再次切换导航台通信频率为 PUD VOR/DME 导航台的通信频率 116.9 MHz，然后保持修正海压高 2 960 ft 平飞。同时调整航空器速度至机型最后进近速度，修正航迹偏差使航空器对正最后进近航道。当收到进近管制要求联系塔台的指令后，调谐 118.8 MHz 联系塔台获得着陆许可和条件，同时在备用频率上调谐地面管制通信频率。

当 DME 指示距离 PUD VOR/DME 导航台 11.9 NM，VOR 导航指示器指示航空器进入下滑道时，操纵航空器由平飞改下滑，到达最后进近定位点，开始最后进近航段的飞行，完成着陆前项目并检查。根据地速-下降率表格，选择合适的下降率并保持 347°磁航迹方向沿 3° 下滑角下降高度至距离 PUD VOR/DME 导航台 7.6 NM 的外指点标 OM 导航台上空进行高度数据检查。此时，下滑道高度应为修正海压高 1 610 ft。同时根据自动终端情报服务系统 ATIS 获取着陆条件。

当航空器下降至最低下降高度 MDA 或最低下降高 MDH 之前的 3 s，操纵航空器的飞行员根据不操纵航空器飞行员的跑道位置喊话，若能见并确定跑道准确位置之后可以转为目视飞行，操纵航空器着陆。航空器着陆后，按指令脱离跑道。

若航空器下降至最低下降高度 MDA 或最低下降高 MDH 之前的 3 s 达不到最低着陆标准，则平飞至距离 PUD VOR/DME 导航台 3.3 NM 且位于中指点标 MM 上空的复飞点。此时，若具备着陆条件,可以转为目视着陆;若不能,则立即复飞。

6.3.3 区域导航进近图应用范例

区域导航(Area Navigation,RNAV)系统通过计算航空器位置、航迹角和地速,提供相对于航路点和航路的距离、待飞时间、相对方位和偏航距离等信息。可用于实施 RNAV 进近的导航设备包括陆基 VOR、NDB、DME、ILS 和星基 GPS 等。它是一种进近方式,没有限定采用的导航设备或导航设备组合,但 RNAV 要求航空器达到特定的所需导航性能(Required Navigation Performance,RNP)。RNAV 进近程序的定位点不依赖于地面导航设施,可用经纬度坐标表示地理位置。

如图 6.3.3 所示,该图为 2015 年 1 月 30 日修订,并于当年 2 月 4 日 UTC 16:00 生效的广州白云国际机场 20L 跑道 RNAV ILS DME 精密进近图。其航图标识方式与 ILS DME 精密进近图几乎相同,唯一不同的是程序中起始进近航段和中间进近航段涉及的重要位置点称为航路点,如起始进近航路点、中间进近航路点,转弯点或需要特别关注的位置点,且每一个航路点均有由字母加数字组合构成的五字代码名称。区域导航进近的最后进近航段以及复飞航段,其航图标识方式和程序执行过程与 ILS DME 精密进近图完全相同,这里不再赘述。

6.4 CAAC 进近图相关概念

CAAC 进近程序在航段的构成以及起始进近航段的机动飞行模式方面,包括复飞航段等方面与杰普逊仪表进近程序完全相同,但在进近程序的类别以及着陆等级划分方面略有不同。在进近程序类别方面,除了与杰普逊仪表进近程序中的精密进近和非精密进近的分类相同之外,还有另外一种进近程序类别,称为类精密进近。

我国民用航空运输系统中非精密进近的主要导航设备是 VOR 和 NDB,如果机场安装有 DME 台,则用 DME 台配合实施,或者采用全球定位系统(Global Positioning System,GPS)或全球卫星导航系统(Global Navigation Satellite System,GNSS)来实施非精密进近,即我国非精密进近程序的主要进近方式为 VOR 进近、VOR/DME 进近、NDB 进近、NDB/DME 进近、RNAV(GNSS)(RNP APCH)进近和 RNP(AR)进近。

由于 RNAV(GNSS)(RNP APCH)进近和 RNP(AR)进近比传统的 VOR、NDB 进近精度要高,但又低于精密进近的精度,所以称为类精密进近。类精密进近在实施的过程中,通常配合 ILS 和 DME 共同完成。我国多数机场都公布有类精密进近程序。

在我国的进近程序中,传统的精密进近程序仅使用 ILS 来实施。在实际飞行中,如果机场安装有 DME 台,则利用 ILS 结合 DME 来实施精密进近,即 ILS/DME 精密进近。目前,我国大部分机场都安装有 ILS,而且通常与 DME 台配合一起使用,用来确定航空器与机场之间的距离,其着陆等级参照表 6.1.1 的 ICAO 等级,见表 6.4.1。其中,Ⅰ类(CAT Ⅰ)ILS 的应用最为常见。

对于精密进近雷达 PAR,由于需要通过 ATC 的指挥来控制下滑速率,我国不将其单独分为一种进近方式,仅作为辅助方式,而微波着陆系统由于造价高昂、维护费用高、普及程度低等原因几乎不用。

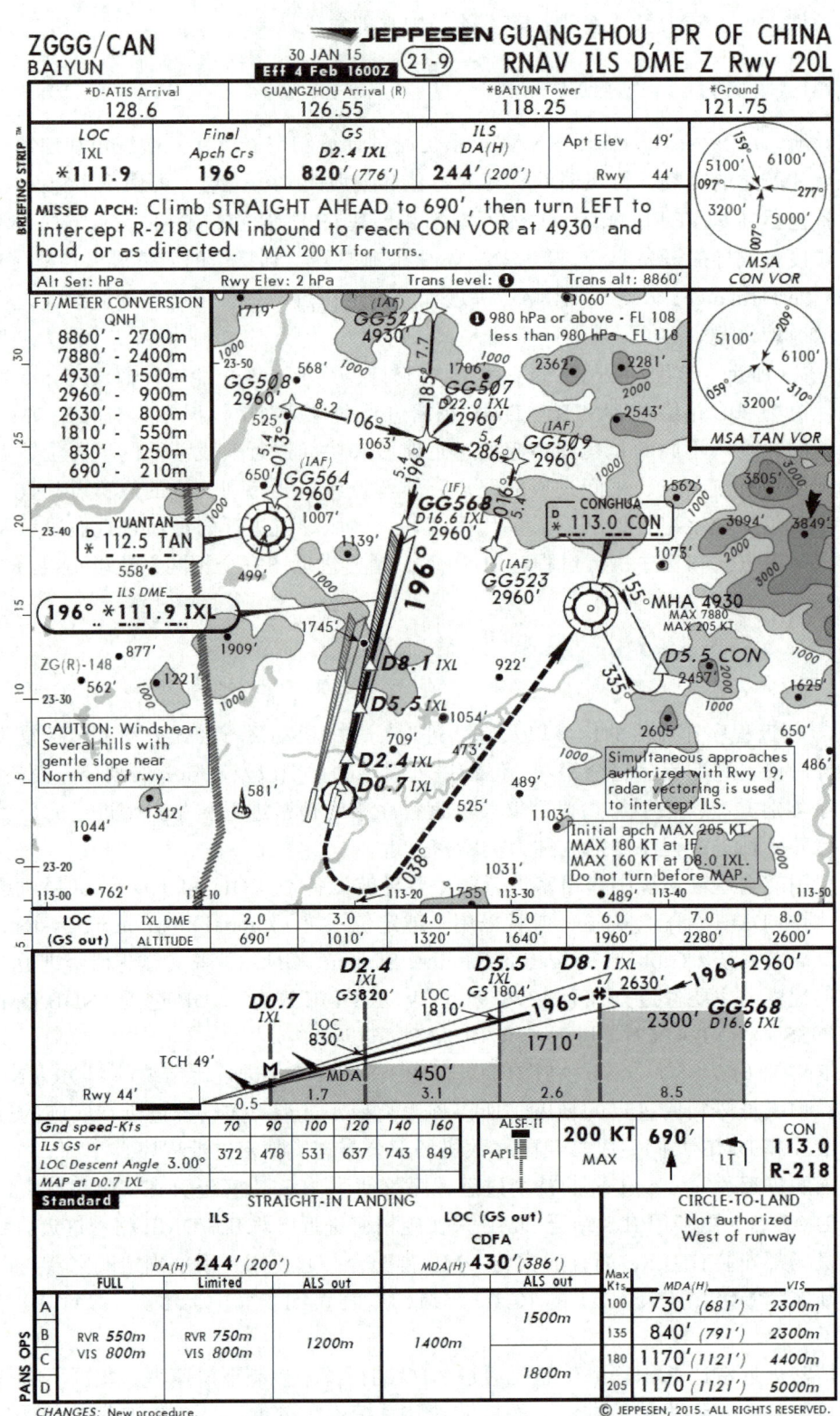

图 6.3.3 区域导航进近航图样例（JEPP）

表 6.4.1 我国 ILS 进近的等级划分

等级（Category）	DH/ft	RVR/m
一类（CAT Ⅰ）	大于 200（大于 60 m）	大于 550（大于 800 m 能见度）
二类（CAT Ⅱ）	100～200（30～60 m）	大于 350
三类 A（CAT ⅢA）	小于 100（30 m）或无决断高	大于 175
三类 B（CAT ⅢB）	小于 50（15m）或无决断高	50～175
三类 C（CAT ⅢC）	无	无

6.5 CAAC 进近图布局及信息

CAAC 仪表进近图主要包括标题栏、图边信息、平面图、DME 距离与飞行高度对照表、剖面图、着陆最低标准、地速-下降率表格、补充资料和修订说明等 8 个部分，其分布如图 6.5.1 所示。

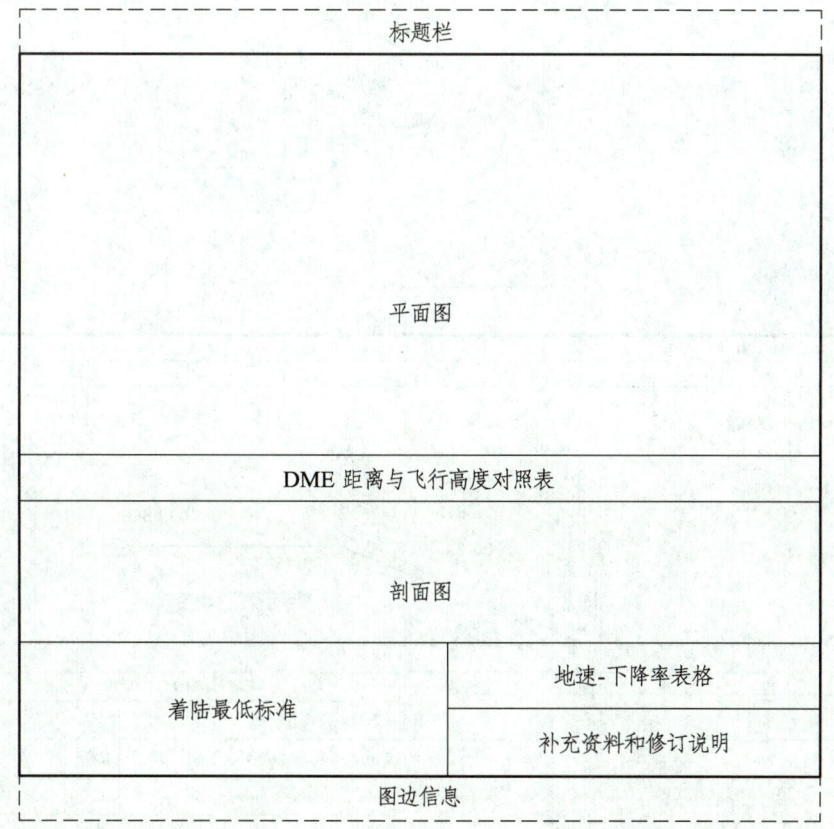

图 6.5.1 CAAC 进近图整体布局（AIP）

CAAC 仪表进近图一般采用彩色印刷，使用蓝色表示水系，使用绿色表示区域最低高度，使用灰色表示地形、地物，使用黑色表示航行要素，如图 6.5.2 和图 6.5.3 所示。

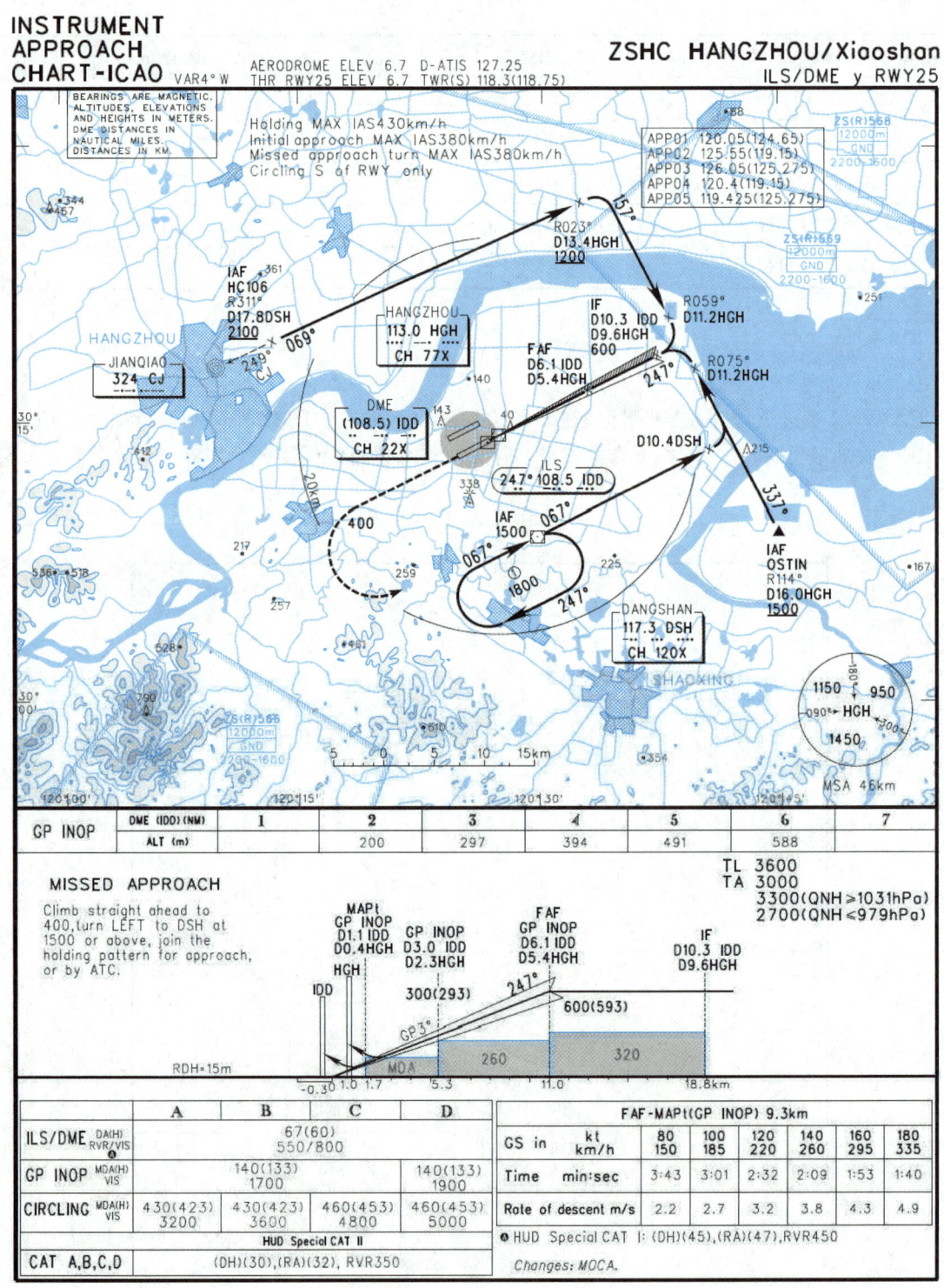

图 6.5.2 CAAC 仪表进近图示例（一）（AIP）

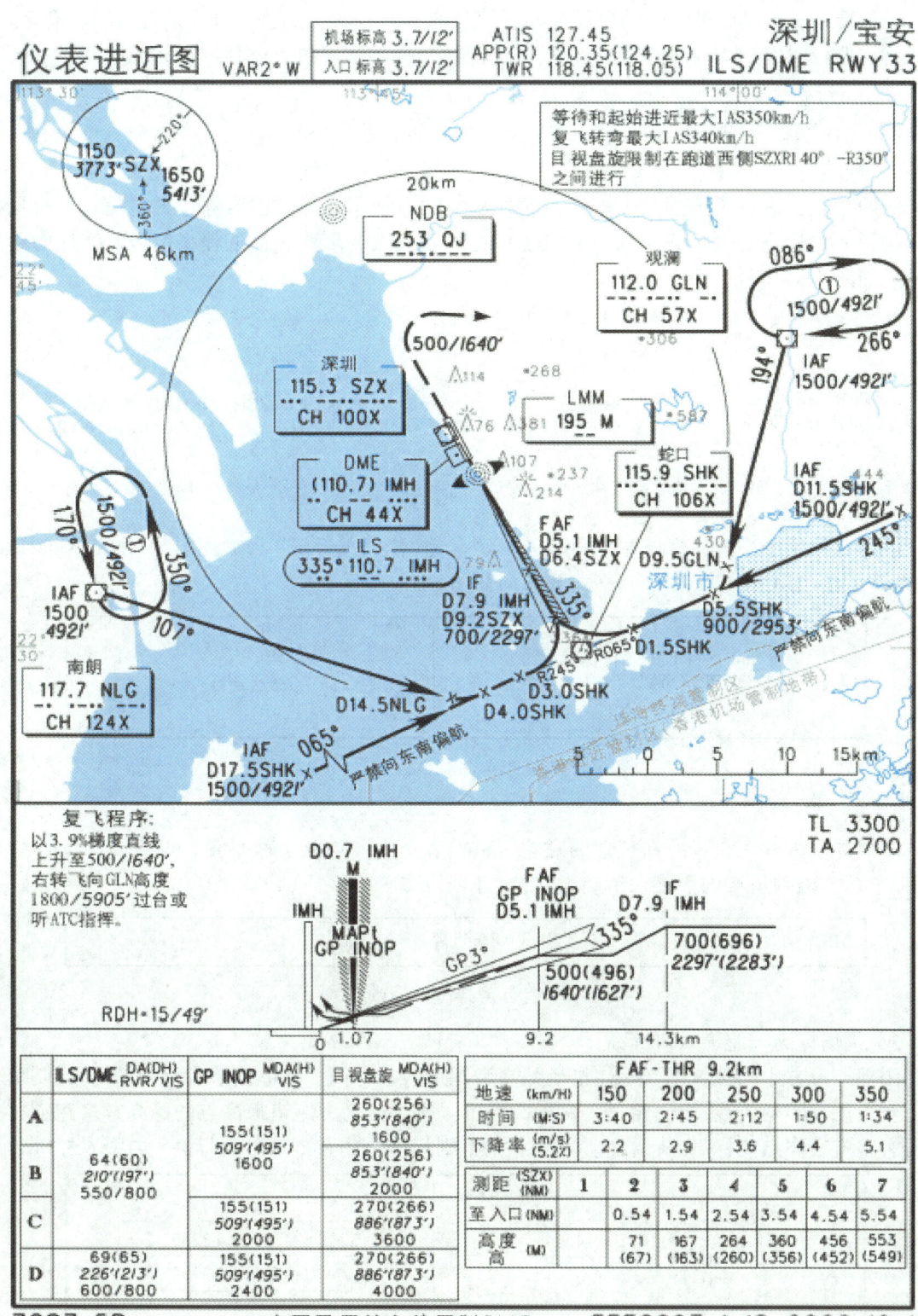

图 6.5.3 CAAC 仪表进近图示例（二）(NAIP)

可以看出，CAAC 进近图的布局及相关信息的标示方法与杰普逊仪表进近航图略有区别。下面将主要针对 CAAC 系列航图中 AIP 进近图的布局和程序执行过程进行详细解读。

6.5.1 CAAC 进近图解读

1. 标题栏

标题栏在仪表进近图的最上端。标题栏从左往右依次包含航图名称、磁差信息、机场标高和跑道入口标高、通信频率列表、机场所在地名、机场名称、进近程序标识及适用的跑道编号，如图 6.5.4 所示。

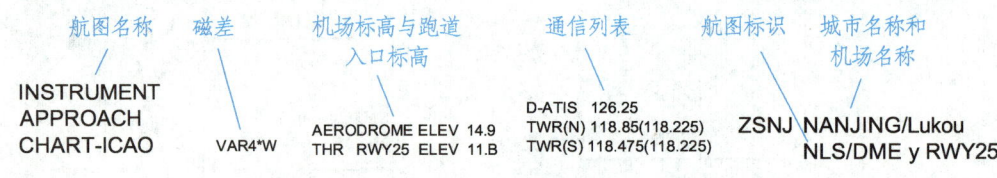

图 6.5.4 标题栏（AIP）

1）航图名称

航图名称位于进近图框外左上角。NAIP 图名为"仪表进近图"；AIP 图名为"INSTRUMENT APPROACH CHART-ICAO"，其格式及布局如图 6.5.5 所示。

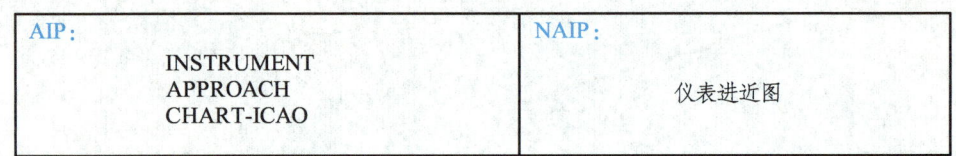

图 6.5.5 进近图名称（AIP/NAIP）

2）磁　差

图框外上方标注机场所在位置的磁差。磁差表示为"VAR{磁差值}°W"或"VAR{磁差值}°E"，磁差值按四舍五入精确至 0.1°，如图 6.5.6 所示。

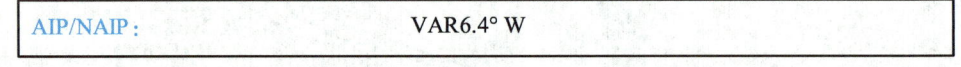

图 6.5.6 进近图磁差（AIP/NAIP）

3）机场标高与跑道入口标高

图框外上方中间位置用于标注机场标高和跑道入口标高，其单位精确至 0.1 m，英制单位精确至 1 ft，机场标高在上，跑道入口标高在下。机场标高为跑道最高点的标高，多跑道机场为所有跑道最高点的标高。如果跑道入口内移，则标注为内移入口处的标高，如图 6.5.7 所示。

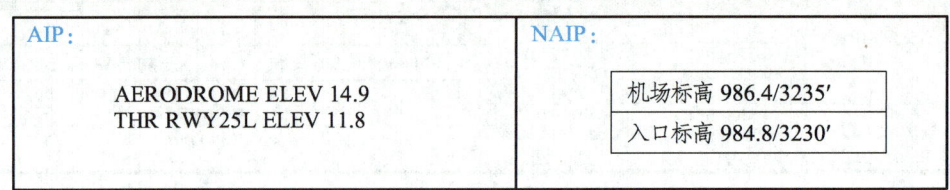

图 6.5.7 机场标高与跑道入口标高（AIP/NAIP）

4）通信频率

图框外上方中部位置标注进近、复飞或等待飞行过程中使用的无线电通信频率。一般按自动终端情报服务通信频率、进近管制通信频率和塔台管制通信频率的顺序分列进行标注。当进近管制划分为不同的管制区域时，分多行标注出与本图进近程序相关的扇区进近管制通信频率。当塔台管制划分为不同的管制区域时，分多行标注出与该进近图使用的跑道所对应的塔台管制通信频率，如图 6.5.8 所示。其中，括号内为备用通信频率，通常以 MHz 为单位。

AIP：	NAIP：
	D-ATIS 126.4(APP)
ATIS 127.05	APP01 125.3(118.6)
APP01 119.05(121.4)	APP02 119.05(121.4)
APP02 119.225(121.4)	APP03 119.225(121.4)
TWR 118.55(123.6)	TWR01 118.55(123.6)
	TWR02 118.375(125.65)

图 6.5.8　通信频率（AIP/NAIP）

当有多个塔台管制通信频率或多个进近管制通信频率时，受图框外上方中部位置限制，则将进近管制通信频率标注在平面图的上方空白位置，且通常靠近标题栏下部，如图 6.5.9 所示。

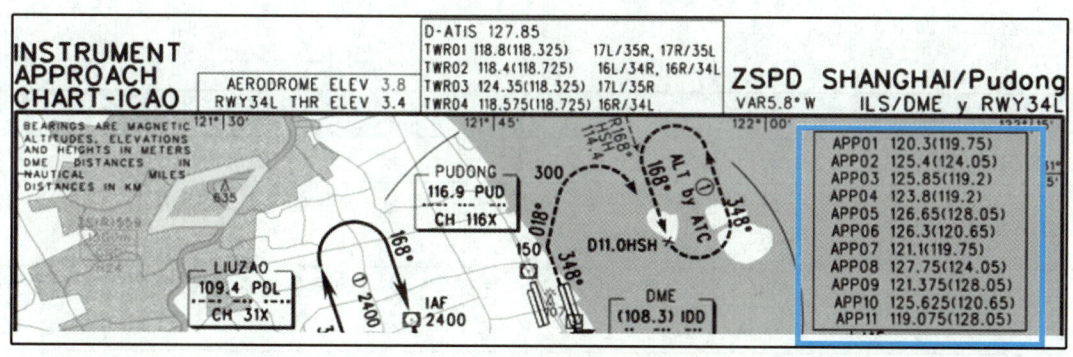

(a)

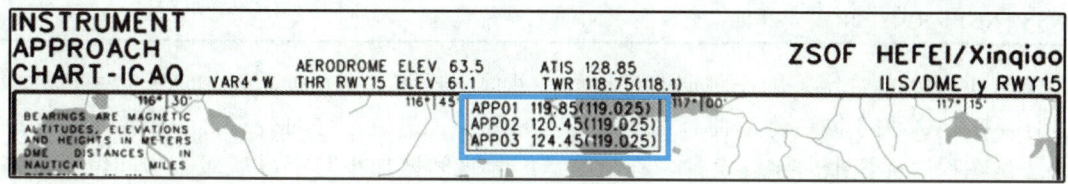

(b)

(c)

图 6.5.9　管制通信频率（AIP）

243

5）进近程序标识

进近程序标识位于图框外右侧上方，分两列或三列给出。第一列为机场的 ICAO 四字代码、机场所在的城市或地区名称/机场名称，第二列或第三列为进近程序类别与进近程序主用导航设备及跑道编号，其列写格式如图 6.5.10 所示。

AIP：	NAIP：
ZSOF HEFEI/Xinqiao ILS/DME y RWY15	锡林浩特 RNP ILS/DME Z RWY22

图 6.5.10 进近程序标识（AIP/NAIP）

由于导航方式的不同，我国进近程序分为传统程序和基于性能的导航程序（Performance Based Navigation，PBN）两大类。传统仪表进近程序在最后进近航段通常使用 ILS/DME、VOR/DME 或 NDB/DME 等。PBN 进近程序采用的导航规范一般为 RNP APCH 或 RNP AR APCH 进近程序。其中，执行 PBN 进近程序时需要获得中国民航局的特殊授权批准。

在我国 AIP 进近图中，航图标识主要用于区分该仪表进近图所采用的导航类型和导航方式，其具体差异与杰普逊进近航图的航图标识相同。我国 AIP 中常用的仪表进近程序航图标识及其含义见表 6.5.1。

表 6.5.1 进近程序航图标识及其含义（AIP/NAIP）

程序名称	含义
NDB RWY 07R	07R 跑道非精密进近，最后进近航段使用的导航设备为 NDB 导航台
NDB/DME RWY 18	18 跑道非精密进近，最后进近航段使用的导航设备为 NDB 导航台和 DME 测距仪
VOR/DME RWY 08L	08L 跑道非精密进近，最后进近航段使用的导航设备为 VOR 导航台和 DME 测距仪
ILS RWY 18	18 跑道精密进近，最后进近航段使用的导航设备为 ILS
ILS/DME RWY 06R	06R 跑道精密进近，最后进近航段使用的导航设备为 ILS 和 DME 测距仪
CAT Ⅱ ILS RWY 04L	04L 跑道Ⅱ类精密进近，最后进近航段使用的导航设备为 ILS
CAT Ⅰ/Ⅱ ILS RWY 02L	02L 跑道Ⅰ类和Ⅱ类精密进近，最后进近航段使用的导航设备为 ILS
RNAV ILS/DME RWY 07R	适用于 RNAV 进场，起始进近航段执行 RNAV1 规范，后实施 ILS/DME 精密进近；或适用于 RNP 进场，起始进近航段执行 RNP1 规范，后实施 ILS/DME 精密进近，跑道编号 07R
GNSS（RNAV）RWY27	27 跑道执行 RNP APCH 导航规范
GNSS（RNP）RWY20R	20R 跑道执行 RNP AR 导航规范

根据 ICAO 的规定，同一跑道的进近程序若标识相同，则在标识中增加一个字母后缀加以区分。CAAC 关于同一跑道拥有两个或以上相同标识进近程序时，在标识中增加后缀的实施办法是在程序标识中的导航设备名称与跑道编号之间增加小写字母后缀，中间留一空格，后缀从字母 z 开始编起，程序标识相同的第一个程序增加后缀 z，第二个程序增加后缀 y，以此类推。例如，ILS/DME z RWY02、ILS y RWY05、RNAV ILS/DME x RWY02L、VOR/DME y

RWY26 等，再如 ILS/DME z RWY 20、ILS/DME y RWY 20、ILS/DME x RWY 20、ILS/DME w RWY 20、VOR z RWY20、VOR y RWY20 等。

目前，我国多数机场同一跑道拥有两个以上使用相同导航设备类型提供最后进近引导的进近程序，这些程序往往采用不同的标识来加以区分。例如，深圳宝安国际机场 33 号跑道有三个 ILS 进近程序：一个是起始进近为 PBN 的 ILS 程序，标识是 ILS/DME z RWY33；另一个是起始进近为传统程序的 ILS 程序，标识是 ILS/DME y RWY33；还有一个是供蛇口 VOR/DME 台不工作时使用的起始进近程序，为传统程序的备用程序，标识为 ILS/DME x RWY33。再如，西安咸阳国际机场 05L 跑道曾公布有 6 个 ILS 进近程序，其中 3 个程序的起始进近为传统导航，另外 3 个程序的起始进近为 PBN。编排这些进近航图顺序时，结合程序设计与使用单位意见，根据进近程序的重要等级，将标识相同的程序中较常用、较重要的程序放于前面，不常用的或备用的程序放于后面，即加标识的原则是按照常用的和重要程度从高到低依次用 z、y、x……来进行编号。若同一条跑道既有 ILS/DME 程序又有 ILS 程序，或同一条跑道既有 ILS/DME 进近程序又有 RNAV ILS/DME 进近程序，则在程序标识中增加后缀加以区分。对于公布为 CAT Ⅱ ILS 进近程序的跑道，若 CAT Ⅱ ILS 进近程序航迹与Ⅰ类 ILS 程序完全一致，则认为是相同的进近程序，不增加后缀。反之，若Ⅱ类航迹与Ⅰ类不一致，则标识中增加后缀加以区分。

2. 图边信息

仪表进近航图的最下方是图边信息，标注该进近图的出版日期、生效时间、出版单位和图幅编号。如图 6.5.11 所示，该图的出版日期 2021 年 11 月 1 日，生效日期 2021 年 12 月 1 日 16:00。如果没有标明生效期日期，则为收到时生效。出版当局为中国民用航空局 CAAC，图幅编号为 ZSNJ AD2.24-10A。

| 2021-11-1 EFF 2112011600 | 中国民用航空局CAAC | ZSNJ AD2.24-10A |

图 6.5.11　进近图图边信息（AIP）

在我国的 AIP 仪表进近图中，其图幅编号按传统仪表进近图和区域导航仪表进近图分别进行标识，分别为 AD2.24-10 和 AD2.24-20，并在编号前加注本机场的 ICAO 四字代码。如果该机场有多张仪表进近图，则编号最后加字母 A、B……以示区别，如图 6.5.12 所示。

| AIP 仪表进近图（传统）： | AIP 仪表进近图（区域导航）： |
| ZSNJ　AD2.24-10C | ZSNJ　AD2.24-20D |

图 6.5.12　进近图图幅编号（AIP）

在我国的 NAIP 仪表进近图中，其图幅编号也是按传统仪表进近图和区域导航仪表进近图分别进行标识，其编号方式为"{机场代码}-{进近程序类型}{序号}"。例如，其中 ZXXX-5 代表 ILS 或 ILS/DME 进近，ZXXX-6 代表 VOR 或 VOR/DME 进近，ZXXX-7 代表 NDB 或 NDB/DME 进近，ZXXX-8 代表目视进近，ZXXX-9 代表 PBN 进近或 RNP APCH 进近。如果该机场只有一个进近程序类型，则只公布一张进近航图。如果同一进近程序类型中，有多张图，则用顺序号加以区分，其顺序号采用大写英文字母从"A"开始顺序编号，且按跑道号由小到大排列。如果同一跑道有两张以上相同进近程序类型的图，则常使用的图幅编号在前，如图 6.5.13 所示。

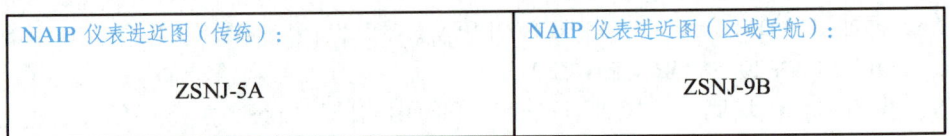

图 6.5.13 进近图图幅编号（NAIP）

3. 平面图

平面图位于标题栏的下方，提供仪表进近程序各航段的直观描述。该部分包括比例尺、单位使用说明、经纬度坐标、进近的跑道、导航台、定位点、飞行航迹、扇区最低安全高度、障碍物、地形地物、国境线（如有）以及各种限制条件和一些特殊规定等。

1）比例尺

在 AIP/NAIP 仪表进近图的平面图部分，主要使用线段比例尺进行绘制，其单位设定为 1 cm，包含的比例尺主要有三种：1∶500 000、1∶750 000 和 1∶1 000 000。其中，比例尺 1∶500 000 最为常见，1∶750 000 偶尔使用，如北京大兴国际机场，1∶1 000 000 使用频次较少。比例尺一般标绘在平面图的下方空白位置，其形式如图 6.5.14 所示。

图 6.5.14 进近图比例尺（AIP/NAIP）

2）单位使用说明

在平面图的上部，一般都附有本幅航图的单位使用说明，这一说明为 CAAC 终端区航图的单位使用惯例。常见的使用惯例为：

（1）方位信息以磁北为基准。

（2）高度、高、标高均以米为单位。

（3）DME 距离以海里为单位。

（4）距离以千米为单位。

其在平面图上的标示形式如图 6.5.15 所示。

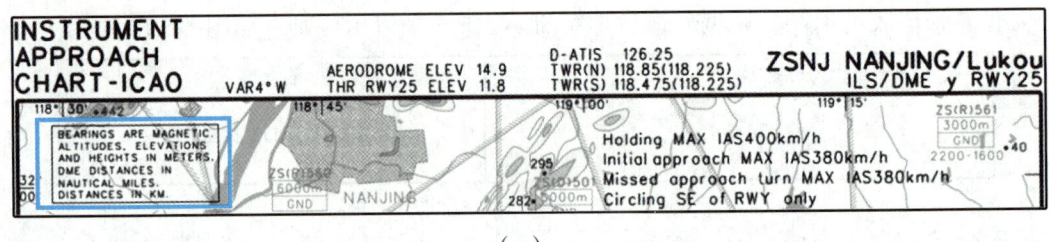

（a）

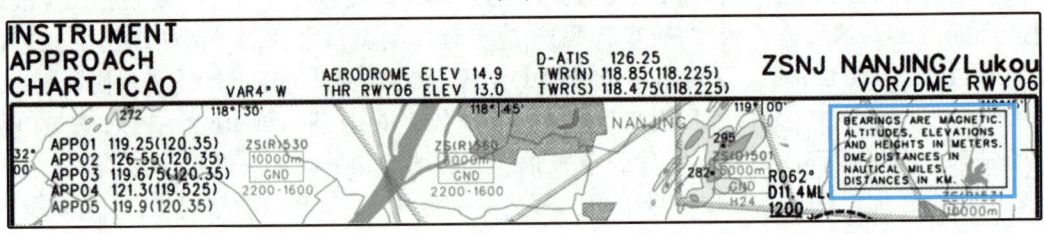

（b）

图 6.5.15 进近图的单位使用说明（AIP）

3）经纬度坐标

在平面图的图廓线上边沿里侧和左边沿里侧分别用刻度标注有以 15′ 为间隔的经度坐标值和纬度坐标值。经、纬度值的度数用三位数字表示，不足三位的，首位补"0"，如图 6.5.16 所示。

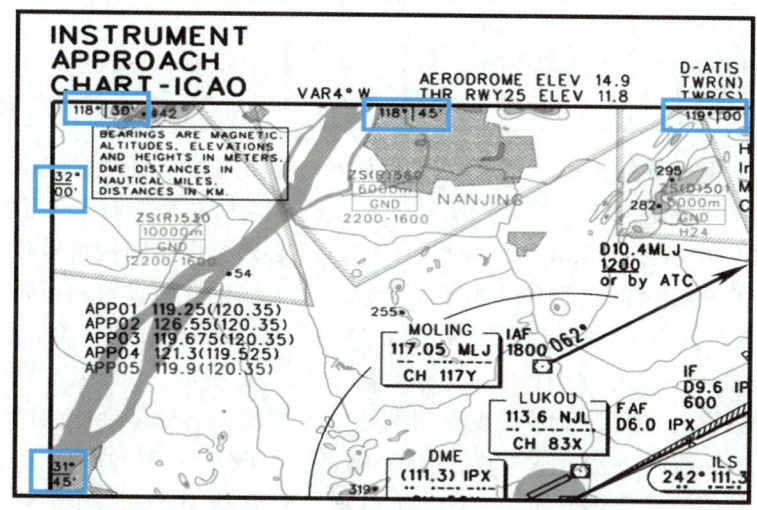

图 6.5.16　进近图经纬度坐标（AIP/NAIP）

4）跑　道

在平面图中，进近着陆机场的跑道轮廓用空心长方形表示，长度依据跑道的实际长度及其磁方向，按比例尺用黑色实线标绘，如图 6.5.17 所示。对于多条跑道，其相关位置按比例尺绘制。

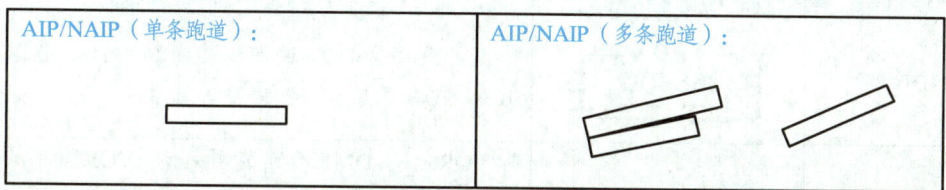

图 6.5.17　进近图平面图中的跑道（AIP/NAIP）

5）导航台

在仪表进近图的平面图中，所有进近程序所需要的导航设施均应标出其图例符号和识别信息，包括提供航迹引导的导航设施、提供定位的导航设施以及作为 MSA 中心的导航设施。常见的仪表进近图平面图中导航设施图例符号见表 6.5.2。

表 6.5.2　进近图平面图中的导航设施图例符号（AIP/NAIP）

序号	导航设施名称	图例符号	序号	导航设施名称	图例符号
1	VOR	⬡	3	NDB	◉
2	DME	▫	4	VOR/DME	⬢

续表

序号	导航设施名称	图例符号	序号	导航设施名称	图例符号
5	MKR		7	VOR/DME/MKR	
6	NDB/MKR		8	ILS or LOC	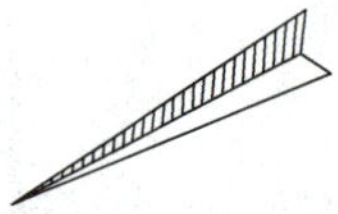

与终端区航图上的导航设施一样，如果平面图中提供定位信息的导航设施不在本幅航图之内，则其图例符号不必标出，但需注明其识别代码和通信频率。对于位于跑道中心延长线上的远近台 NDB、中指点标 MM 和外指点标 OM，则必须标出其图例符号和识别信息。对于采用 GNSS 定位的 RNP APCH 程序，由于不涉及地面无线电导航设施的引导，其平面图中无须标注导航设施信息。除无线电指点标 MKR 外，所有导航设施都必须有导航设施识别框信息，包括导航设施名称、频率、识别代码、莫尔斯电码、DME 波道，ILS 航向台的识别框中还必须包含航向道的磁方向。每一个导航设施图例符号旁侧或不远处都会标注该导航台的识别框信息。不同类型的导航设施公布不同的通信频率。对于 DME 的波道而言，如果是单个 DME，则公布其传送信号的波道信息。如果 DME 与 VOR、NDB 或 ILS 三者中的任意一个导航台组装在一起，则公布与之合装台的频率所对应的波道信息。如果 DME 与下滑道（Glide Path，GP）合装在一起，除公布 DME 的波道外，还需公布 ILS 的通信频率，且该频率加括号。

仪表进近图平面图中导航设施识别框信息标注及其含义见表 6.5.3。

表 6.5.3　平面图中的导航设施识别框认读（AIP）

识别框名称	识别框样例	识别框含义
NDB	 YAOJI 266 DO	识别代码为 DO，通信频率为 266 kHz，名称为 YAO JI 的 NDB 导航台，点画线为莫尔斯代码
VOR/DME	 XUZHOU 114.3 XUZ CH 90X	VOR 台与 DME 台组装在一起。VOR 导航台的识别代码为 XUZ，通信频率为 114.3 MHz，名称为 XU ZHOU；DME 导航台的识别代码为 CH，通信频率为 114.3 MHz，名称为 XU ZHOU，采用 90 号波道传送信号，点画线为莫尔斯代码
DME 与 GP 组合	 DME (108.9) IXG CH 26X	DME 测距仪与 GP 组装在一起。下滑道 GP 识别代码为 IXG，通信频率为 108.9 MHz；DME 导航台的识别代码为 CH，通信频率为 108.9 MHz，采用 26 号波道传送信号，点画线为莫尔斯代码
ILS 或 LOC	 ILS 288° 110.3 IRB	识别代码为 IRB，通信频率为 110.3 MHz 的 ILS 或 LOC，其磁航迹为 288°，点画线为莫尔斯代码

续表

识别框名称	识别框样例	识别框含义
NDB 与 MM 组合	 LMM 369 D - - -	NDB 导航台与带示位台功能的中指点标 MM 组装在一起。NDB 导航台的识别代码为 D，通信频率为 369 kHz，点画线为莫尔斯代码
NDB 与 DME 组合	 QIQIHAR 112.9 NDG - - · - · CH 76X	NDB 台与 DME 台组装在一起。NDB 导航台的识别代码为 NDG，通信频率为 112.9 MHz，名称为 QIQIHAR；DME 导航台的识别代码为 CH，通信频率为 112.9 MHz，名称为 QIQIHAR，采用 76 号波道传送信号，点画线为莫尔斯代码
NDB 与 OM 组合	 LOM 332 JA - - -	NDB 导航台与带示位台功能的外指点标 OM 组装在一起。NDB 导航台的识别代码为 JA，通信频率为 332 kHz，点画线为莫尔斯代码

通常，VOR 和 DME 组合安装在一起，且共用天线收发信号。进近图平面图中导航台的地理坐标信息不在导航设施识别框中予以公布。我国 NAIP 仪表进近航图中，除 NDB 导航台、VOR/DME 导航台或 NDB 与 VOR/DME 导航台的组合中，其识别框中的名称用中文进行标注外，其余导航台的识别框信息标注方式与 AIP 进近航图中相同，见表 6.5.4。

表 6.5.4 平面图中导航设施识别信息标注对比（AIP/NAIP）

	AIP	NAIP
VOR/DME	JIANGBEI 116.1 CKG - - - - CH 108X	JIANGBEI 116.1 CKG - - - - CH 108X
NDB	TONGJINGCHANG 241 OS - - - · · ·	统景场 241 OS - - - · · ·
VOR/DME/NDB	PINGZHOU 114.1 POU CH 108X 353 XK	平洲 114.1 POU CH 88X 353 XK

6）定位点

仪表进近程序中的定位点按功能划分主要包括 IAF、IF、FAF、MAPt 以及转弯点、高度控制点和等待定位点等。定位点使用与其类型相一致的符号来表示，如定位点用空心或实心三角形符号标出，其中空心三角形符号为非强制报告点，实心三角形符号为强制报告点。不需要报告的定位点采用叉形符号"×"标出。

定位点符号只在需要定位的位置点标绘。对于采用计时方法确定出航航段距离的基线转弯程序和直角航线程序，在其出航航段末端不标注定位点符号。当航空器切入五边向台航迹时，如果没有定位需要，则不标注定位点符号。对于复飞航段，在指定高度转弯处也不需要标注定位点符号。如果导航台上空设置有定位点，则不用标注定位点符号，但需有导航台图例符号。

一般来说，定位点信息标注在定位点旁侧，包括定位点功能、定位点名称、定位点方位信息、DME 定位距离、坐标、高度限制等，如图 6.5.18 所示。

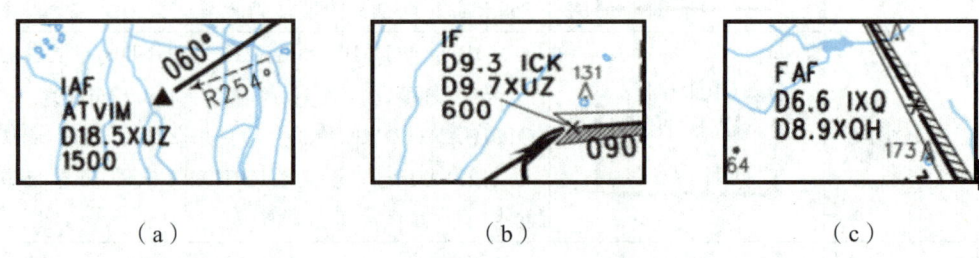

图 6.5.18　进近图平面图中的定位点（AIP）

对于交叉定位点，其定位信息包括导航台的识别代码以及定位点与导航台的方位关系或距离信息。如图 6.5.19 所示，其中图（a）标示出了同一个定位点的多个方位信息，该交叉定位点同时位于识别代码为 NJL 的 VOR 导航台 262°径向线上和识别代码为 SNQ 的 VOR 导航台 273°径向线上。图（b）既给出了定位点的方位信息，又给出了定位点的距离信息，该交叉定位点位于某导航台的 284°径向线上且距离识别代码为 CZO 的 DME 导航台 11.6 NM。图（c）仅标示出了定位点的距离信息，该 FAF 点距离识别代码为 CZO 的 DME 导航台 8.0 NM。图（d）仅标示出了定位点的方位信息，该交叉定位点位于某导航台的 302°径向线上。（e）图标示出该交叉定位点位于识别代码为 V 的 NDB 导航台的 25°方位线上。

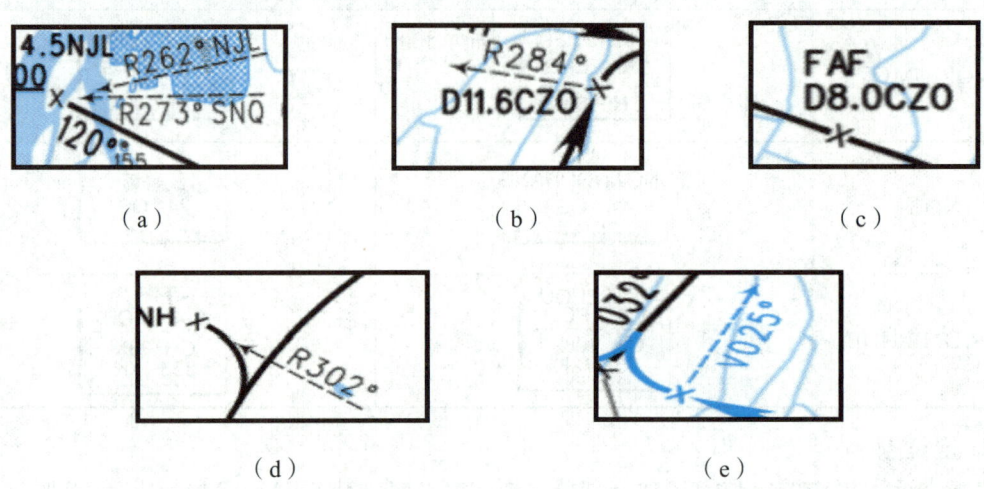

图 6.5.19　进近图平面图中的交叉定位点（AIP）

在平面图中，用于确定区域导航定位点地理位置信息的点称为航路点。区域导航进近程序的航路点应注明其地理坐标。对于采用 GNSS 导航方式确定的航路点，则可以省略其航路点坐标。对于 PBN 进近程序，平面图中的航路点标识有飞越点和报告点两种，见表 6.5.5。其中报告点又分为强制报告点和非强制报告点。如果导航台上空设置有航路点，则该航路点图例符号不用标出，仅保留导航台图例符号。

表 6.5.5 进近图平面图中的航路点（AIP/NAIP）

航路点图例	含义	航路点图例	含义
▲	强制报告点	✧	旁切航路点
△	非强制报告点	✦	飞越航路点

同样，航路点按功能划分主要包括 IAF、IF、FAF、MAPt 以及转弯点、高度控制点和等待定位点等，其信息通常包括航路点名称、航路点功能、高度限制和速度限制，如图 6.5.20 所示。

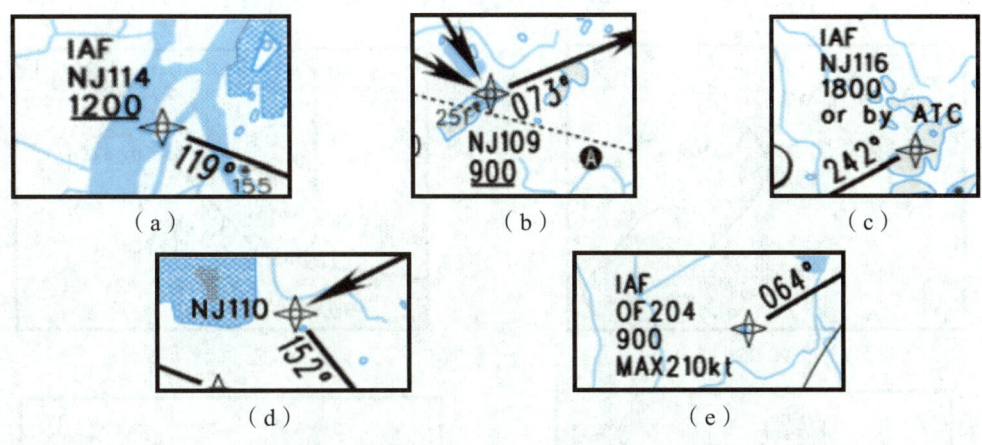

图 6.5.20 进近图平面图中的航路点（AIP）

图中，图（a）表示该航路的名称为 NJ114，其高度下限为 1 200 m，为 IAF 点。图（b）仅给出了该航路点的名称和高度下限，分别为 NJ109 和 900 m。图（c）表示该航路点的名称为 NJ116，其高度值为 1 800 m 或由 ATC 指定，为 IAF 点。图（d）仅给出了该航路点的名称，为 NJ110，位于转弯处。图（e）表示该航路点的名称为 OF204，高度值为 900 m，为 IAF 点，飞经该航路点时最大指示空速不超过 210 kt。

7）飞行航迹

仪表进近航图的平面图包含的飞行航迹主要有径向线、方位线、起始进近航迹、中间进近航迹、最后进近航迹、复飞航迹以及与复飞程序有关的复飞等待航迹。这些航迹均以磁北为基准，除复飞航迹用黑色虚线标绘外，其余航迹均用末端带箭头的黑色实线进行标绘，如图 6.5.21 所示。

起始进近航段主要有四种机动飞行模式：直线航线程序、基线转弯程序（也叫修正角航线程序）、直角航线程序和推测航迹程序，其进近图平面图中的飞行航迹如图 6.5.22 所示。

另外，还有两种特殊规定的仪表进近航迹：

（1）如果起始进近航段或复飞航段的一部分超出图幅以外，经评估认为没有必要缩小平面图的比例尺或扩大图幅，则针对相关航段采取不按比例尺的方式绘制，并将不按比例尺的部分用边线为细实线的长方形或矩形框框起来。框内不标绘地形、水系、城市轮廓等地理信息，且 AIP 图中针对此部分标注"NO TO SCALE"字样，如图 6.5.23（a）所示。NAIP 中则用中文字样"此区域内不按比例尺"进行标注。

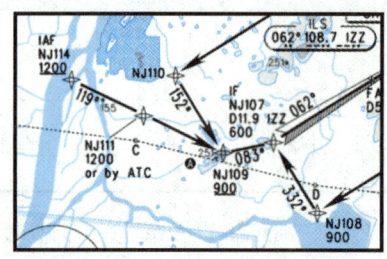
（a）进近航迹

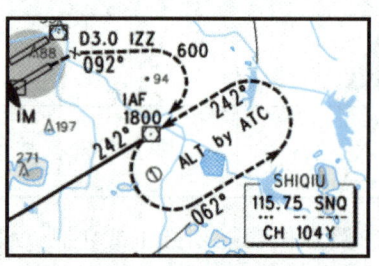
（b）复飞航迹

图 6.5.21　进近图平面图中的飞行航迹（AIP）

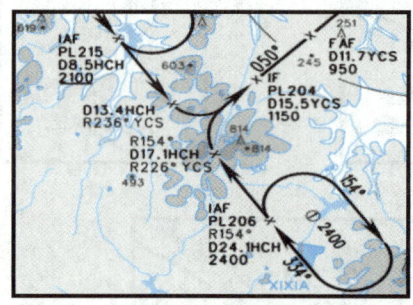
（a）直线航线程序

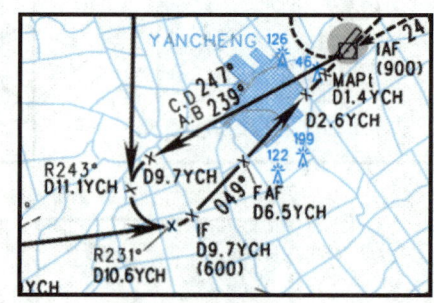
（b）基线转弯程序

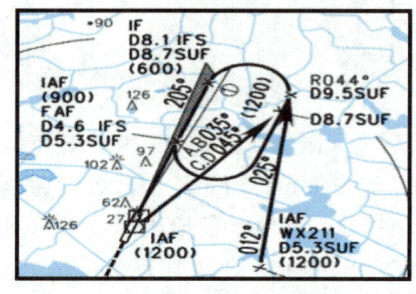
（c）直角航线程序

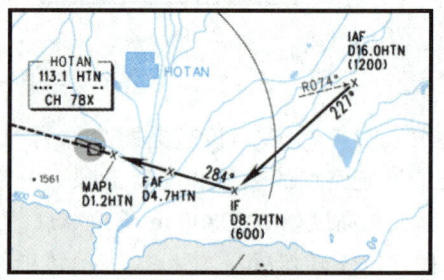
（d）推测航迹程序

图 6.5.22　进近图平面图中的起始进近航段机动飞行航迹（AIP）

（2）如果复飞起始航段航迹方向与最后进近航迹方向不一致，即复飞偏置，则在复飞起始航段的航迹线上标注起始复飞航迹方向，如图 6.5.23（b）所示。NAIP 图中针对此部分的标注方式与 AIP 图相同。

在平面图中，等待程序一般只涉及 IAF 处的等待和复飞航迹中的等待，且需注明出航航段的飞行时间和最低等待高度，并在出航航段和入航航段的末端标注箭头。有时还会公布等待的高度限制（如高度的上限、下限）或等待的速度要求。如果 IAF 处的等待航线已在进场图中公布，且与复飞航迹无关，则进近图的平面图中不予公布。如果没有在进场图中予以公布，则在 IAF 进行标绘，如图 6.5.24 所示。对于复飞航迹中的等待，如果与进场等待相同，则其等待航迹用粗实线标绘，如图 6.5.25 所示。如果与进场等待不一致，则用粗虚线进行标绘，如图 6.5.26 所示。

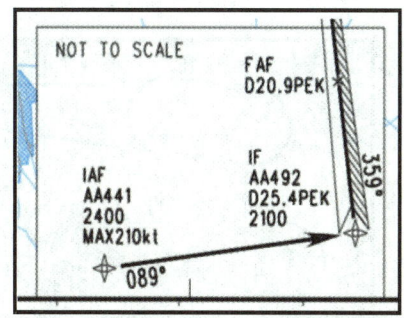 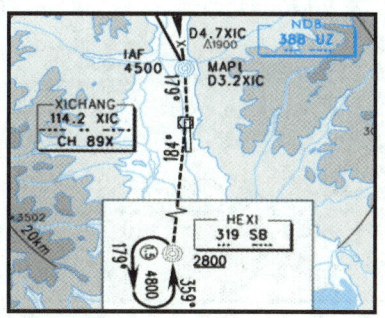

（a）起始进近航段超出图幅的标注　　　　（b）复飞航迹偏置

图 6.5.23　进近图平面图中的特殊航迹（AIP）

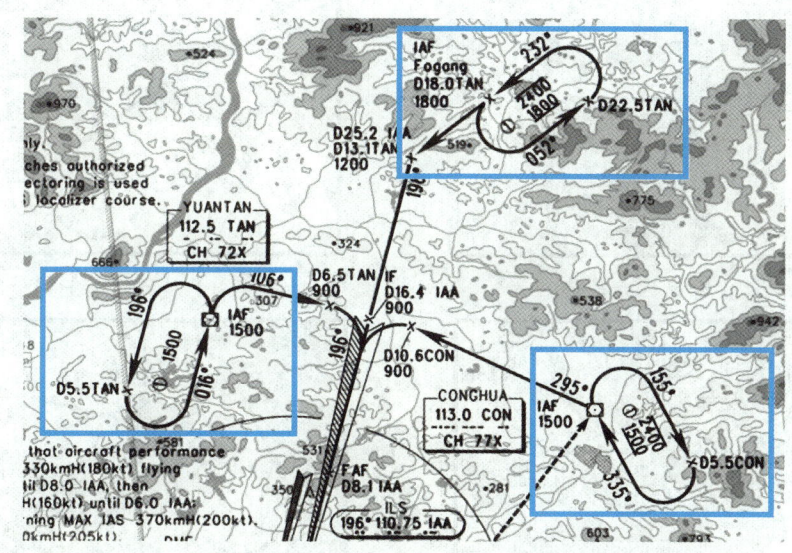

图 6.5.24　进近图平面图中 IAF 处的等待程序（AIP）

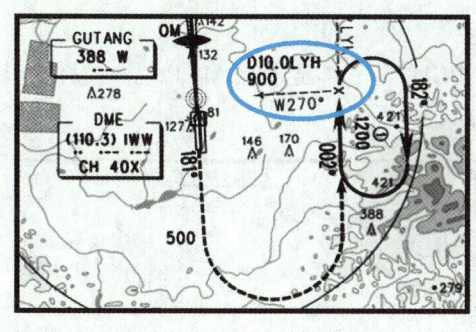 

（a）复飞至定位点等待　　　　　　　　（b）复飞至 IAF 等待

（c）复飞至航路点等待

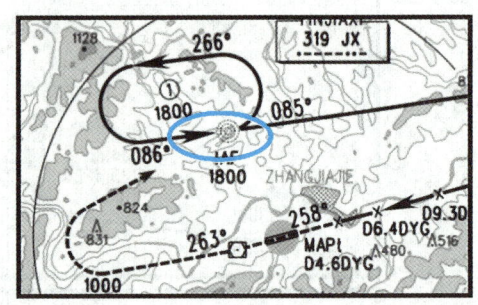
（d）复飞至导航台上空

图 6.5.25　粗实线标绘的复飞等待航迹（AIP）

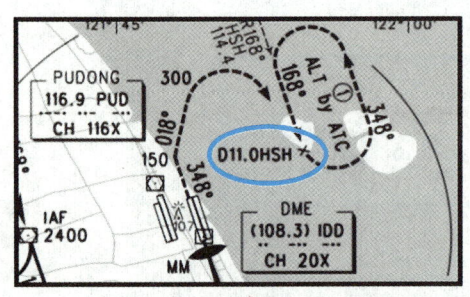
（a）复飞至定位点等待

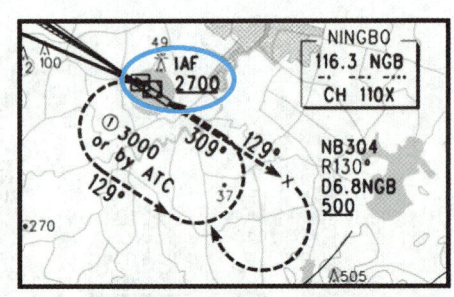
（b）复飞至 IAF 等待

（c）复飞至航路点等待

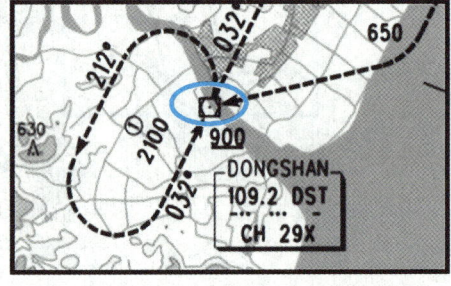
（d）复飞至导航台上空等待

图 6.5.26　粗虚线标绘的复飞等待航迹（AIP）

复飞航迹应从复飞点 MAPt 画起。对于 RNP APCH 程序，复飞点 MAPt 点一般位于跑道入口处，其复飞航迹从跑道末端开始画起，如图 6.5.27 所示。

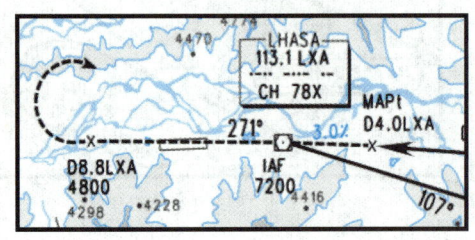
（a）常规复飞航迹起点

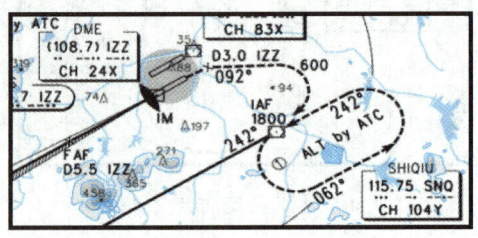
（b）RNP APCH 程序复飞航迹起点

图 6.5.27　进近图平面图中的复飞航迹起点（AIP）

在进近程序中,如果部分航段对航空器的类型有限制,则在平面图对应的航迹上注明使用的航空器类型,如图 6.5.28 所示。

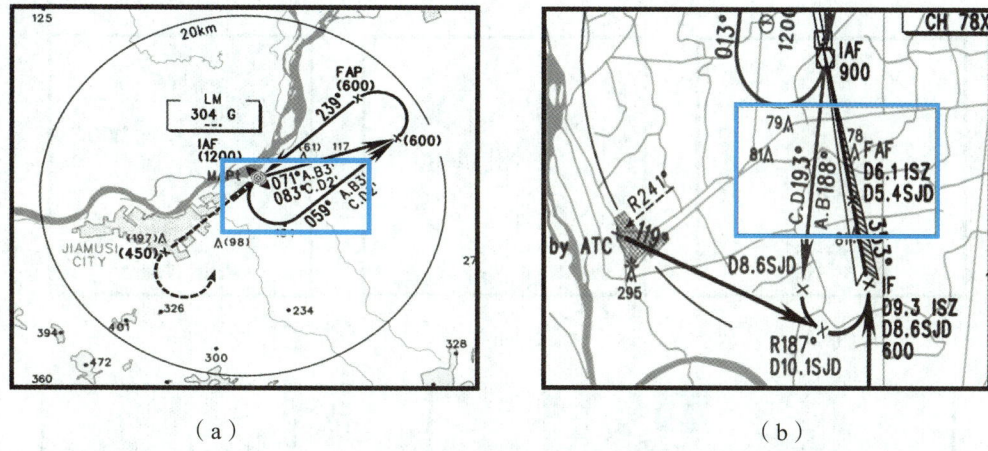

(a)　　　　　　　　　　　　　(b)

图 6.5.28　进近图平面图中飞行航迹上的航空器类型标注(AIP/NAIP)

如果有雷达引导航迹,则在平面图中用连续的三角形箭头串进行标绘,如图 6.5.29 所示。

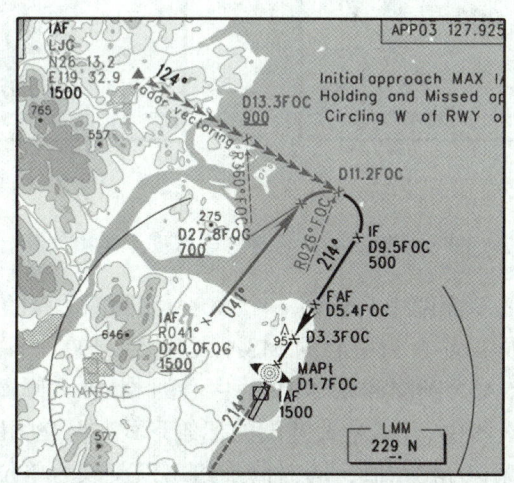

图 6.5.29　进近图平面图中的雷达引导航迹(AIP)

8)扇区最低安全高度

在仪表进近程序中,飞行员必须遵守扇区最低安全高度 MSA 的规定。扇区最低安全高度 MSA 是紧急情况下在规定的扇区内可以使用的最低高度。对于每一个设置有进近程序的机场,都必须在仪表进近图的平面图中公布扇区最低安全高度 MSA,大多数情况下该高度标注在平面图图廓范围内的左下方或右下方。MSA 通常以本机场的某个导航台或机场基准点 ARP 为中心,形成半径 46 km 以内的大圆圈区域,并根据地形条件划设不同扇区,如图 6.5.30(a)~(c)所示。或以毗邻的两个导航台为中心,各自半径 46 km 范围形成两个大圆圈小部分交叠的类"8"字大圆圈,然后根据地形条件划设不同扇区,如图 6.5.30(d)(e)所示。其标识方法为:以所选定的导航台识别代码为中心,用带箭头的细实线表示方位线,箭头指向中心,方位线中间位置标注方位角,该方位角为指向中心的磁方位角,按度取整并在各扇区内以米为单位标注其扇区 MSA 值，同时在大圆圈外正下方标注 MSA 值，或在磁方位角形成的扇区基础上再划设 DME 距离弧形成新的扇区，并在类"8"字大圆圈旁侧标注"MSA"字样。在 AIP 进近航图中，大圆圈或类"8"字大圆圈外的 MSA 值一般为 46 km。

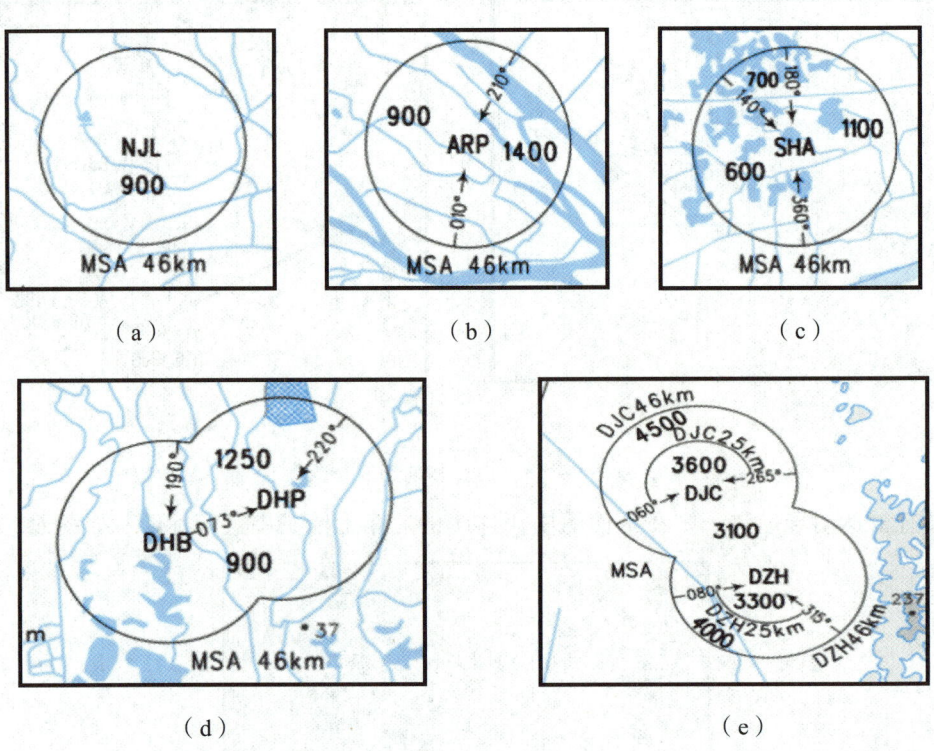

图 6.5.30　进近图平面图中的扇区最低安全高度 MSA（AIP）

通常，在仪表进近图的平面图中只标注一个 MSA 大圆圈。有的机场可能同时标绘有两个甚至多个各自独立的以不同导航台为中心的 MSA 大圆圈，或在平面图的空白部分同时分别标绘有以导航台为中心的 MSA 大圆圈和以 ARP 为中心的 MSA 大圆圈。

在 NAIP 进近航图平面图中，MSA 大圆圈的标绘形式与 AIP 相同，唯一不同的是在各分扇区内给出以米为单位的扇区 MSA 值，同时同步给出以英尺为单位的扇区 MSA 值。

有时，在区域导航进近图中公布的是终端进场高度（Terminal Arrival Altitude，TAA）。终端进场高度 TAA 是以起始进近定位点 IAF 或中间进近定位点 IF 为圆心，46 km（25 NM）为半径的圆弧内所有物体之上提供 300 m（1 000 ft）最小超障余度的最低高度。TAA 在平面图中不与 MSA 同时标绘，其呈现形式有两种：① 以单一 TAA 形式公布，其标识方法同 MSA；② 以联合 TAA 形式公布，其标识方法为以 IF 为中心的 360°区域，如图 6.5.31 所示。

9）障碍物和地形地物

障碍物包括自然地物和人工障碍物两种。在平面图中，主要包括机场范围内指定的障碍物、决定各个航段最低超障高度的障碍物、对进近程序执行有重要影响的障碍物以及高于跑道入口标高 150 m 以上的障碍物。这些重要障碍物均应标注出来，且需注明其标高值，标注在图例上方、下方或旁侧，标高值均需向上 1 m 取整。如果标高值加有括号，则代表场压高。主要的障碍物类别见表 6.5.6。

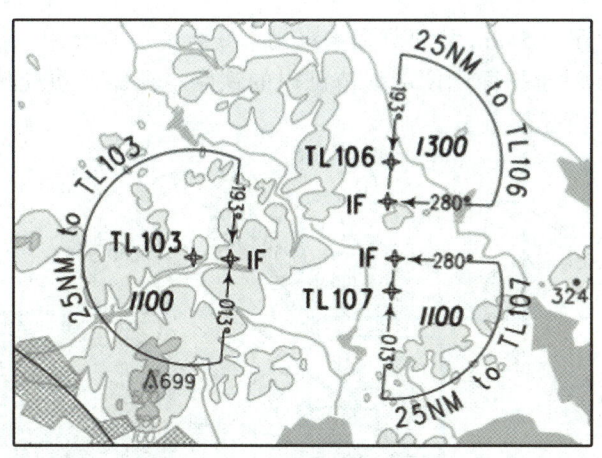

图 6.5.31 联合终端进场高度 TAA（AIP）

表 6.5.6 进近图平面图中的障碍物（AIP/NAIP）

障碍物图例	释义	障碍物图例	释义
144	标高为 144 m 的自然地物	545	标高为 545 m 的自然地物
20	标高为 20 m 的自然地物	1065	标高为 1 065 m 的人工障碍物
725	标高为 725 m 的人工障碍物	106	标高为 106 m 的人工障碍物
1220	标高为 1 220 m 的人工障碍物	1019	标高为 1 019 m 且有灯光的人工障碍物
	烟囱	192	标高为 192 m 且有灯光的人工障碍物
	铁塔	214	标高为 214 m 且有灯光的人工障碍物
	城墙	500 (350)	标高为 500 m 且场压高为 350 m 的人工障碍物

此外，机场所在的城市在平面图中应标绘出其轮廓和名称。机场周围相接壤的县级以上的城市或地区，应标注出其轮廓和名称。对于平面图图廓范围内的主要居民点，应标注出其轮廓，但没有名称。一般来说，AIP 进近图的平面图中，城市或地区名称为英文，而 NAIP 中的名称为中文，如图 6.5.32 所示。

对于地形而言，在平面图中，机场周围高于跑道入口标高 150 m 或以上的地形，用等高线进行标绘。一般来说，相邻两条等高线的数值相差 150 m、300 m 或 600 m，且第一个标高值为 300 m 的倍数。

对于平面图中的水系，发达地区，若河流、沟渠图上长度超过 10 cm 则应标出，或图上有面积大于 25 mm² 的湖泊、水库，也应标出。水系不发达地区，若河流、沟渠图上长度超过 5 cm 则应标出。若沟渠过密，则选择干渠标出。机场跑道两侧和导航台附近的河流、沟渠应详细标出。图上宽度不足 0.5 mm 的河流和沟渠用单线标绘，其余用双线标绘。若有运河，则必须标绘在平面图中。对于平面图图廓线范围内的铁路、公路，也应标出其分布情况。平面图中的等高线和水系图例见表 6.5.7。

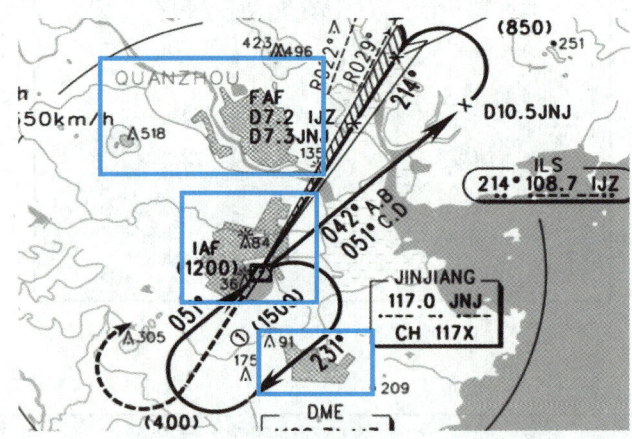

图 6.5.32 进近图平面图中的城市或居民区（AIP）

表 6.5.7 进近图平面图中的等高线及水系（AIP/NAIP）

图例	释义	图例	释义
	地形等高线		面状水系
	季节性河流和湖泊		线状水系

10）国境线

针对部分机场所在的城市和地区与邻国接壤的，则在平面图中标绘出国境线，例如我国的延吉朝阳川国际机场[见图 6.5.33（a）]、满洲里西郊国际机场[见图 6.5.33（b）]、西双版纳嘎洒国际机场[见图 6.5.33（c）]。

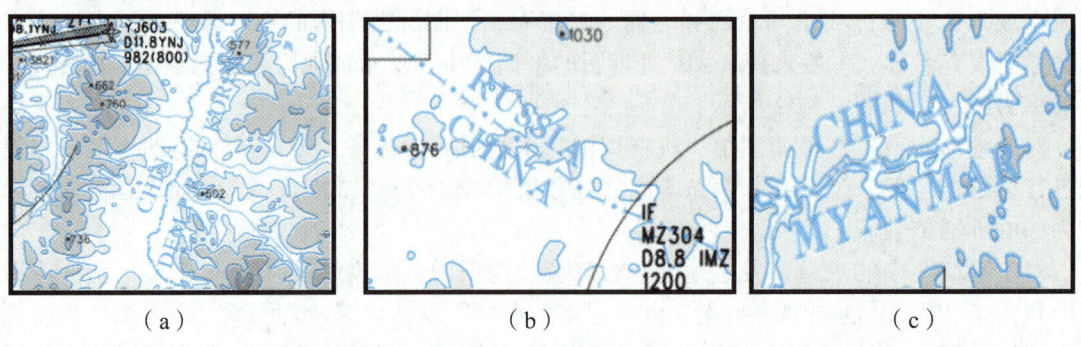

（a）　　　　　　　　　　（b）　　　　　　　　　　（c）

图 6.5.33 进近图平面图中的国境线（AIP）

11）各种限制条件和一些特殊规定

（1）高度限制。

在平面图中，所有航段及航段中的定位点附近均需公布其对飞行高度的限制，但不包括最后进近航段的高度限制（该高度限制公布在剖面图中）。平面图中的高度限制公布形式为"米制单位高度/相应的 ft 高度（NAIP）"或"米制单位（AIP）"，或分两行纵向对齐标出，主要有表 6.5.8 所示的几种形式。

表 6.5.8　进近图平面图中的高度限制（AIP）

高度限制图例	高度限制类别	高度限制图例	高度限制类别
IAF 2400	建议高度	D10.0NDG (600)	建议的场压高度
D8.0LCZ 900	最低高度	CK704 750	最高高度
IF AM103 800 / AM121 1100	最低高度	IF D16.0 IZL 3000	强制高度

（2）速度限制。

对于仪表进近，通常在起始进近航段、复飞转弯航段以及等待程序阶段或定位点会对指示空速作出限制规定，如图 6.5.34 所示和图 6.5.35 所示。其中，速度限制的文字描述标示在平面图的空白部分。

对于类似于图 6.5.35 中的速度限制文字描述，在 NAIP 进近图的平面图部分则采用中文进行描述。

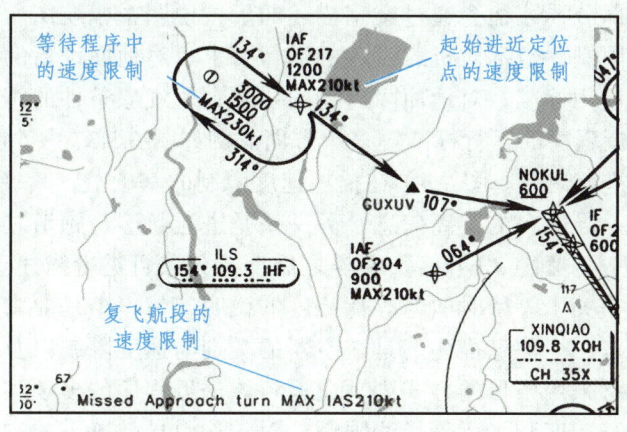

图 6.5.34　进近图平面图中的速度限制（AIP/NAIP）

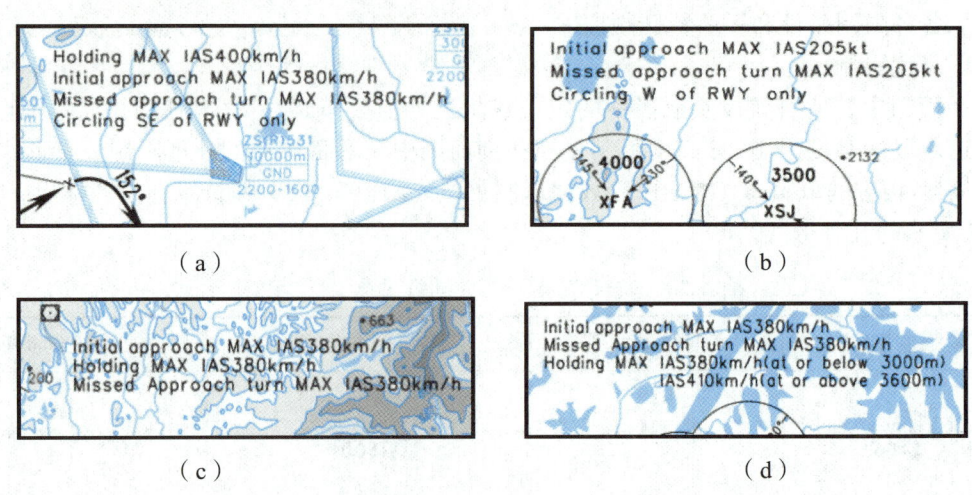

图 6.5.35　进近图平面图中的速度限制文字描述（AIP）

（3）空域限制。

在平面图中，图廓范围内的所有限制空域均需要标注出来，包括其代码、高度上限和高度下限，限制时间。注记方式为：{所属情报区四字代码的首两位字母}{（空域属性）}{序号}。空域属性分别用大写字母 P、R、D 代表禁区、限制区、危险区，序号为三位数的阿拉伯数字，如图 6.5.36 所示。

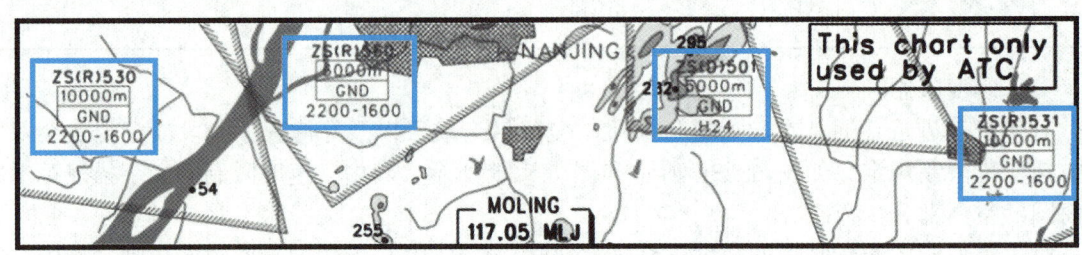

图 6.5.36　进近图平面图中的限制空域（AIP）

（4）运行限制及特殊规定。

在平面图的空白部分，往往会通过文字描述的形式说明本幅航图所涉及的进近程序在使用过程中的一些运行限制，包括对机载设备的运行要求、对地面设备的使用要求、对空域的运行限制、对跑道的使用标准、对地面障碍物的要求、对气象条件的符合性要求、对助航设备的要求以及声明进近程序的运行标准等多个方面。例如图 6.5.37 中，图（a）是对进近程序类别的分类执行情况进行说明。图（b）在描述速度限制的基础上，紧接着描述了 2 条注意事项，一条是关于跑道、导航台的距离信息，另一条是进近航迹与跑道之间的夹角信息。对于注意事项的说明，一般都紧随"Note:"字样之后换行分条目进行描述。图（c）共描述了三个方面的信息，一个是关于等待时间与等待高度的说明，另一个是要求航空器在到达复飞点之前不允许转弯，还有一个信息描述的是航空器的类别与速度限制以及飞行路径的说明。图（d）为特殊规定，通常采用条目的方式列写出运行该进近程序的多项注意事项，包括对航空器性能的要求、对飞行速度和飞行路径的限制、对雷达引导航迹下的进近类别要求、对执行目视盘旋进近的要求以及发生其他特殊情况下的程序执行说明等。

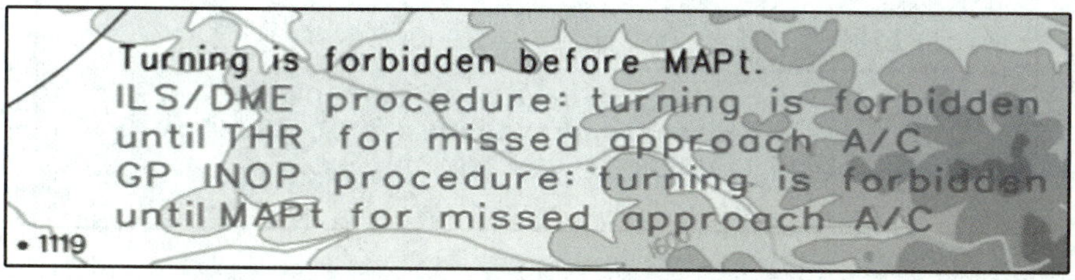

```
Turning is forbidden before MAPt.
ILS/DME procedure: turning is forbidden
until THR for missed approach A/C
GP INOP procedure: turning is forbidden
until MAPt for missed approach A/C
• 1119
```

(a)

```
                        1080
Holding MAX IAS 430km/h
Initial approach MAX IAS 380km/h
Missed approach turn MAX IAS 370km/h
Circling W of RWY only
Note:
1.'XMN' is 220m N from RCL of RWY05/23,
  1760m from DTHR RWY05.
2.4° angle between approach track and RWY.
                                        775
```

(b)

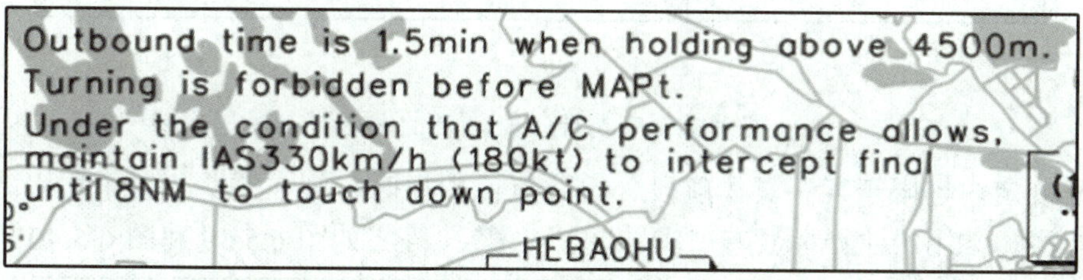

```
Outbound time is 1.5min when holding above 4500m.
Turning is forbidden before MAPt.
Under the condition that A/C performance allows,
maintain IAS330km/h (180kt) to intercept final
until 8NM to touch down point.
            ─HEBAOHU─
```

(c)

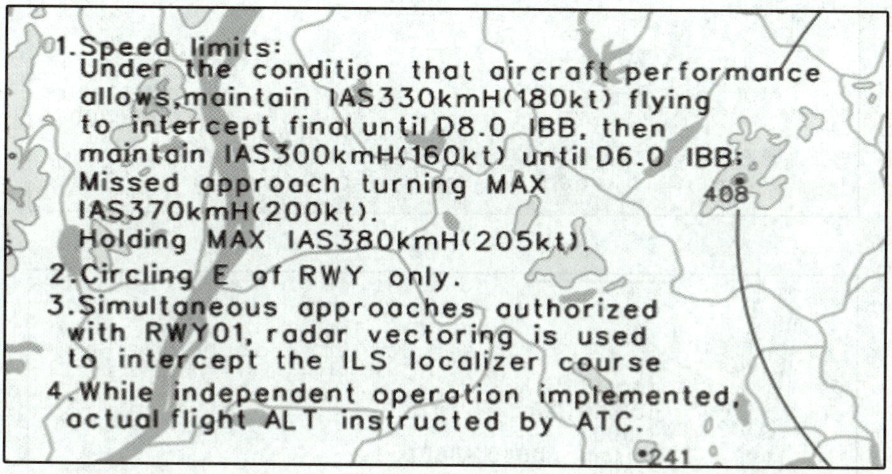

```
1.Speed limits:
  Under the condition that aircraft performance
  allows, maintain IAS330kmH(180kt) flying
  to intercept final until D8.0 IBB, then
  maintain IAS300kmH(160kt) until D6.0 IBB;
  Missed approach turning MAX
  IAS370kmH(200kt).
  Holding MAX IAS380kmH(205kt).
2.Circling E of RWY only.
3.Simultaneous approaches authorized
  with RWY01, radar vectoring is used
  to intercept the ILS localizer course
4.While independent operation implemented,
  actual flight ALT instructed by ATC.
                                    •241
```

(d)

图 6.5.37　进近图平面图中的运行限制文字描述（AIP）

倘若某条特殊规定是使用本幅进近航图需要格外注意的事项，则用加大号字体和加粗字体，以醒目的方式将该条规定框起来并标绘于平面图的左上角位置，便于飞行员查阅时引起重视，其标绘形式如图 6.5.38 所示。

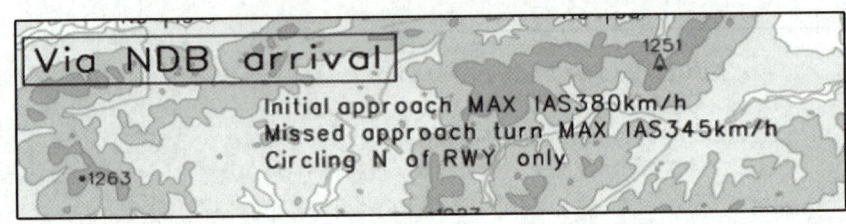

（a）

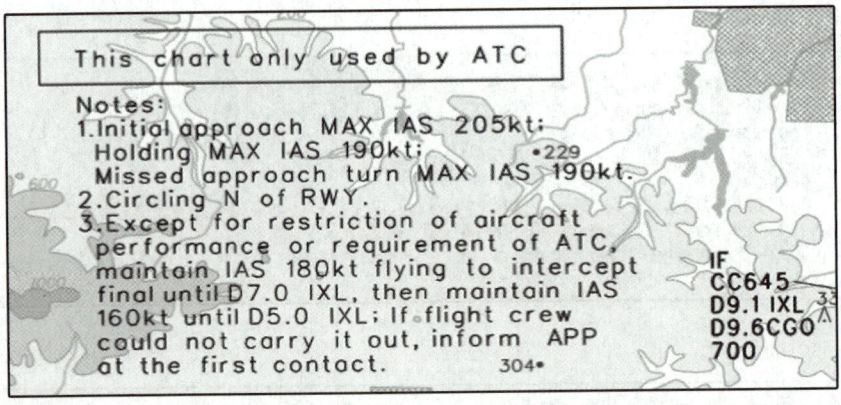

（b）

图 6.5.38　进近图平面图中需要特别注意的运行限制标注（AIP）

当特殊规定内容限于某一具体航段、定位点或数据时，则在这些位置采用引线或注释的形式进行标注。常用的注释标号有"①""②""Ⓐ"等。如图 6.5.39 和图 6.5.40 所示。

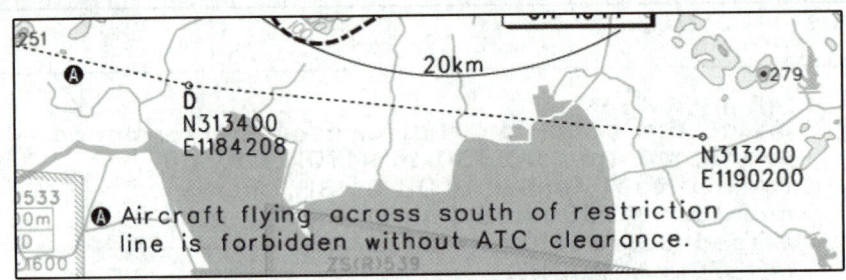

图 6.5.39　进近图平面图中特殊规定的注释标注形式（AIP）

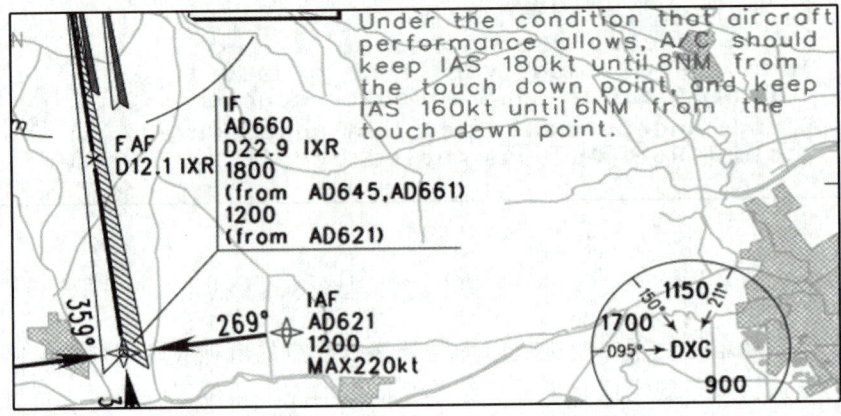

图 6.5.40　进近图平面图中特殊规定的引线标注形式（AIP）

4. DME 距离与飞行高度对照表

在平面图下方图廓外紧挨着的是进近程序的 DME 距离与飞行高度对照表，主要用于进近过程中当航空器只有水平引导而没有垂直方向上的下滑引导时，便于航空器在最后进近航段建立高度参考，其标绘形式如图 6.5.41 和图 6.5.42 所示。

GP INOP	DME (IJC) (NM)	10	8	6	4	2		
	ALT (m)	1381	1186	992	798	604		

（a）

GP INOP	DME (IPD) (NM)	9	8	7	6	5	4	3	2
	ALT (m)	875	778	680	583	486	389	292	195

（b）

GP INOP	DME (IPR) (NM)	1	2	3	4	5	6	7
	ALT (m)		196	293	390	487	584	

（c）

图 6.5.41　精密进近程序的 DME 距离与飞行高度对照表（AIP）

DME () (NM)	1	2	3	4	5	6	7	8
HGT (m)								

（a）

DME (MDJ) (NM)	9	8	7	6	5	4	3	2
HGT (m)	(888)	(790)	(693)	(596)	(499)	(402)		

（b）

DME (HSN) (NM)	8	7	6	5	4	3	2	1
ALT (m)			550	446	344	242		

（c）

DME (PUD) (NM)	8	7	6	5	4	3	2	1
ALT (m)	843	747	651	555	459	363	267	170

（d）

图 6.5.42　非精密进近程序的 DME 距离与飞行高度对照表（AIP）

5. 剖面图

DME 距离与飞行高度对照表的下方紧接着的是剖面图。剖面图一般包括跑道、无线电导航设备、定位点及定位信息、飞行航迹及下降/下滑剖面、复飞程序文字描述、过渡高度与过渡高度层文字说明等。

1）跑　道

在剖面图中，跑道按其长度依比例用黑色实线按水平方向标出。在 AIP 进近图的剖面图部分，常见的跑道标示有如图 6.5.43 所示的三种。

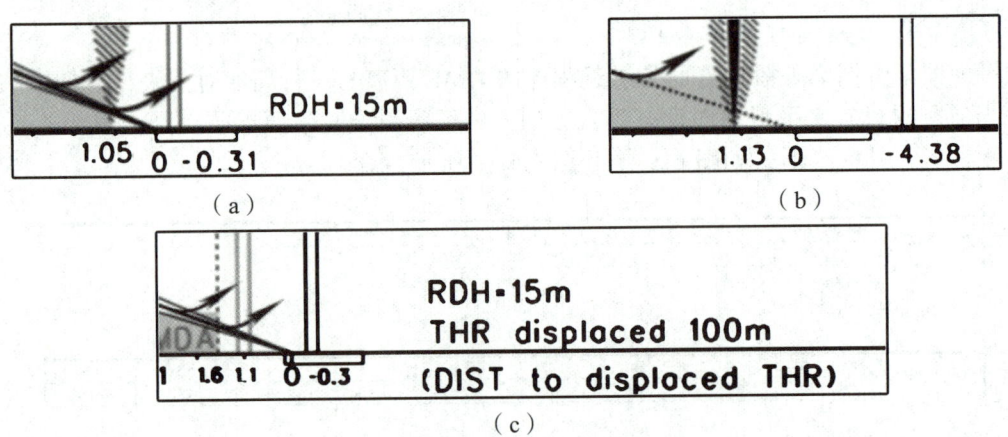

图 6.5.43 进近图剖面图中的跑道标识（AIP）

在图 6.5.43 中，图（a）为带参考基准点高（Reference Datum Height，RDH）的跑道，通常在 ILS 精密进近图上采用这种标示方法，其中 RDH 也叫 ILS 基准高，其标准值是 15 m。图（b）通常为非精密进近的跑道标示形式。图（c）为带跑道入口内移的跑道标示形式，其中的"THR displaced 100m"字样表示跑道入口内移 100 m，水平线下方带括号的"DIST to displaced THR"字样同样代表跑道入口内移。

2）无线电导航设备

进近程序在起始进近航段、中间进近航段、最后进近航段以及复飞航段都需要有导航台提供航迹引导和定位服务，这些导航台与进近图平面图中的导航台相一致，且在剖面图中标示出来，其在剖面图中的图例符号见表 6.5.9。

表 6.5.9 进近图剖面图中的导航设施图例符号（AIP/NAIP）

序号	导航设施名称	图例符号	序号	导航设施名称	图例符号
1	VOR		5	MKR	MM
2	DME		6	NDB/MKR	
3	NDB	PK	7	VOR/DME/MKR	
4	VOR/DME	SHA IHQ 0	8	ILS or LOC	181° GP3°

3）定位点及定位信息

在剖面图上，所有位于跑道中心延长线上的定位点都用细断线标绘，并在细断线的上方标注该定位点的功能、测距信息或高度信息，通常包括 IF、FAF、MAPt 以及一些重要的点，如图 6.5.44 所示。

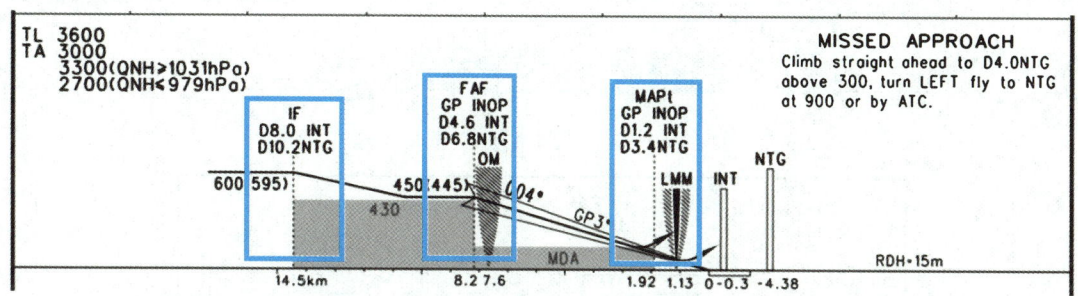

图 6.5.44　进近图剖面图中的定位信息（AIP）

对于采用梯级下降的航空器，在剖面图中标绘出其梯级下降定位点，如图 6.5.45 所示。

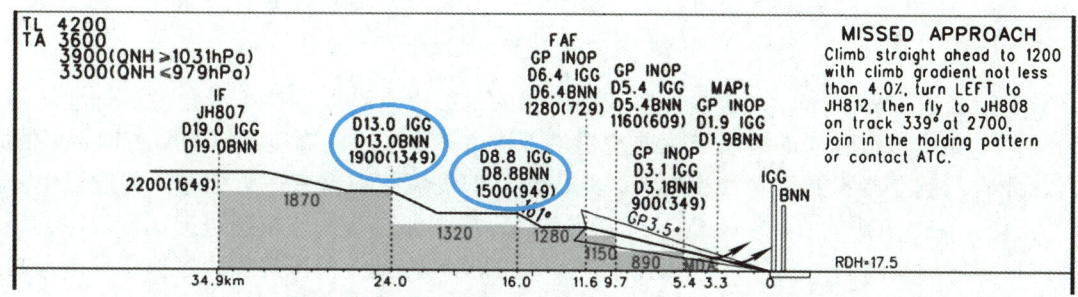

图 6.5.45　进近图剖面图中的梯级下降定位点（AIP）

4）飞行航迹及下降/下滑剖面

在剖面图中，中间进近定位点 IF 至复飞的航迹用黑色实线标绘，其中直线飞行航迹的起始位置通常会注明飞行的磁航迹方向。若有高度限制，则在黑色实线的下方标注该高度限制信息，如图 6.5.46 所示。

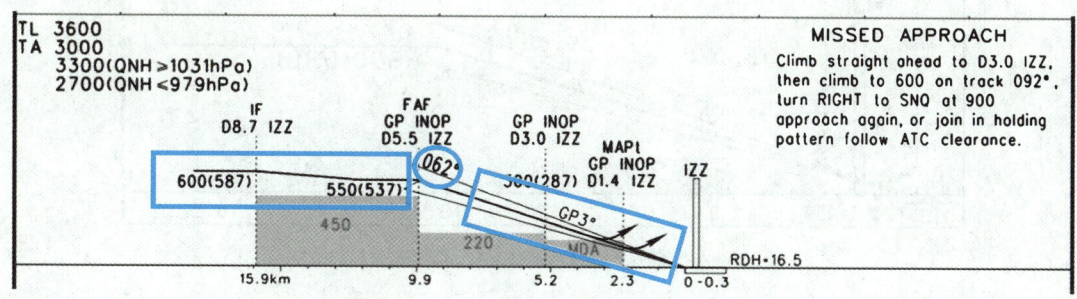

图 6.5.46　进近图剖面图中的飞行航迹（AIP）

此外，采用长方形灰色阴影来表示最低超障高度 OCA，如图 6.5.47 所示。

对于非精密进近程序而言，通常会在其最后进近航迹上标注下降梯度。一般来说，最后进近航段的最佳下降梯度为 5.2%。非精密进近的复飞点为"MAPt"点，该点在剖面图中会明确标注出来，且通常位于跑道中心延长线上的导航设施上空，其剖面图形式如图 6.5.48 所示。

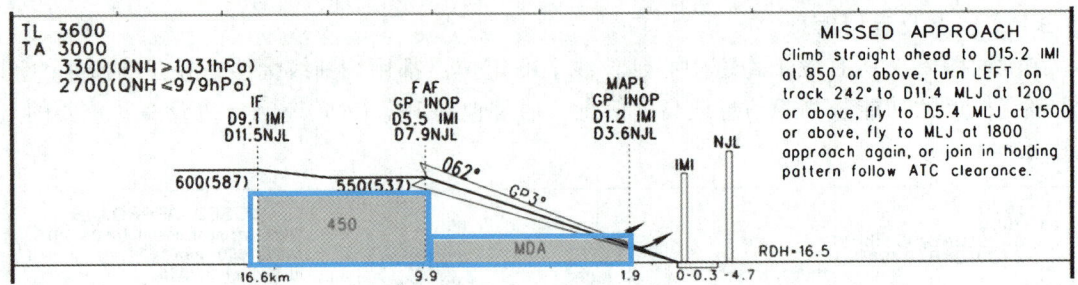

图 6.5.47　进近图剖面图中的最低超障高度（AIP）

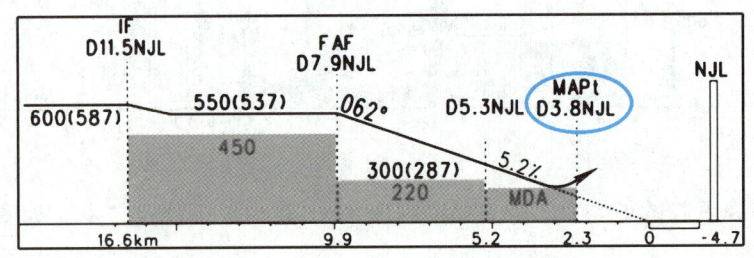

图 6.5.48　非精密进近的下降剖面航迹（AIP）

对于精密进近程序而言，通常会在其剖面图的最后进近航段标注下滑角度。标准的下滑角为"3°"。精密进近程序的复飞点为航空器沿下滑道下降至决断高度/高（DA/DH）所在的位置点，此时若航空器不能建立目视参考，则应当立即复飞。在精密进近程序执行过程中，当 GP 不工作（GP INOP）或截获不到下滑道信息时，应立即转为按非精密进近执行程序，因此精密进近程序的剖面图中会公布"MAPt"点，目的就是为该类情况提供程序执行参考。当最低下降高度（高）与决断高度（高）相差大于 50 m 时，则需分别在 MDA（H）和 DA（H）所在的位置标绘复飞航迹箭头，如图 6.5.49 所示。

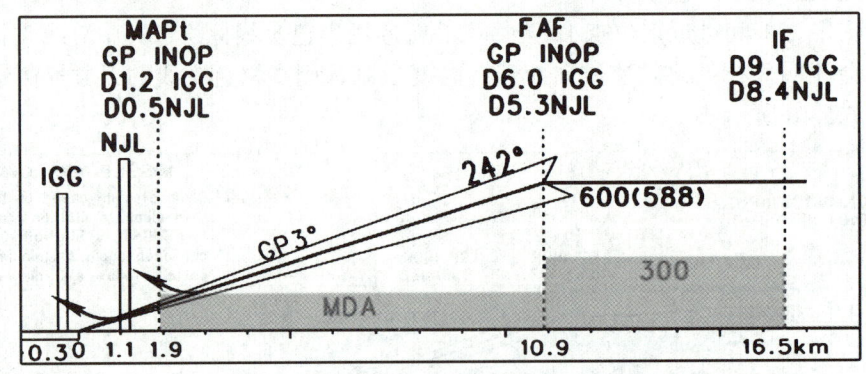

图 6.5.49　精密进近的下降剖面航迹（AIP）

5）复飞程序文字描述

在剖面图中，复飞航迹在复飞点采用上扬的黑色实线箭头表示。在复飞航段，标准的复飞爬升梯度为 2.5%，如果复飞航段不采用此标准爬升梯度爬升，则需在复飞航迹爬升段标注对应的爬升梯度。复飞程序的航迹描述文字通常靠近复飞点公布，并带有粗体"MISSED APPROACH"字样，其复飞内容与平面图中公布的复飞程序相一致，其在剖面图中的标示形式如图 6.5.50 所示。

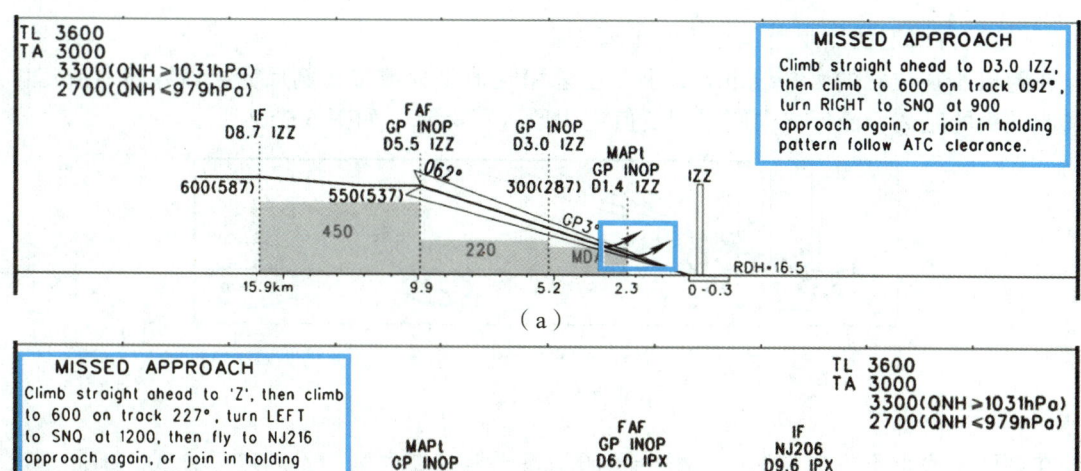

图 6.5.50 进近图剖面图中的复飞程序文字描述（AIP）

与 AIP 进近图的剖面图不同的是，NAIP 剖面图中的复飞程序文字描述采用中文。

6）过渡高度与过渡高度层文字说明

CAAC 仪表进近图采用文字描述的形式在剖面图的适当位置标注本机场所使用的过渡高度与过渡高度层，如图 6.5.51 所示。

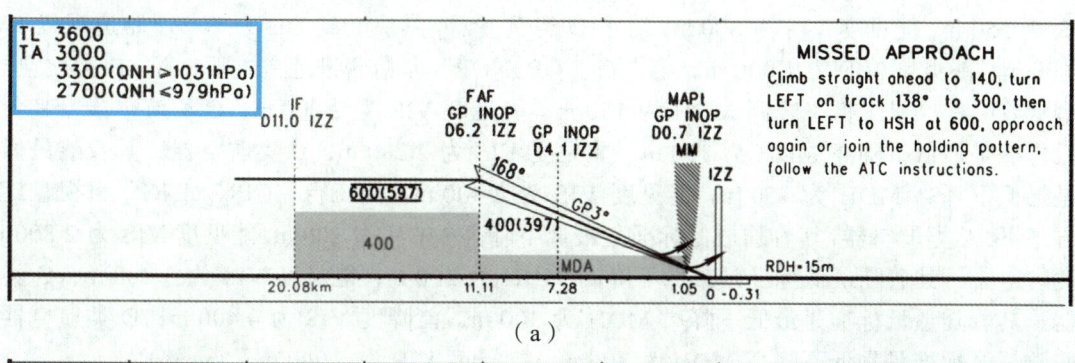

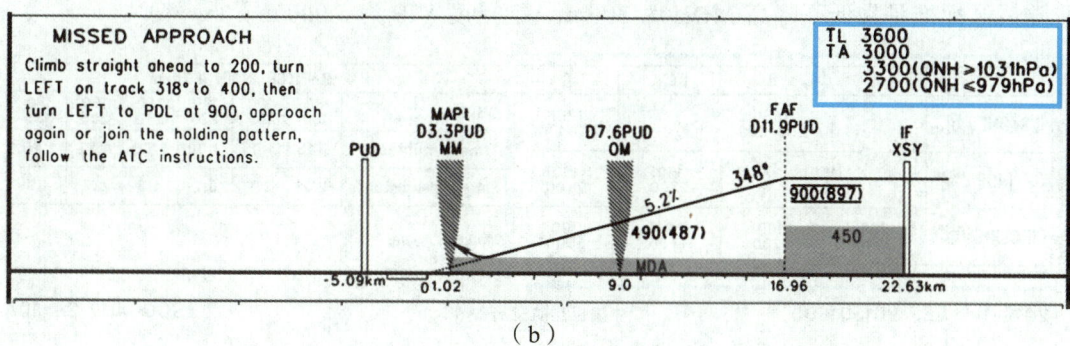

图 6.5.51 进近图剖面图中的过渡高度与过渡高度层文字说明（AIP）

7）导航台或定位点距离跑道头的距离

在跑道所在位置的水平线下方，通常会采用正值里程数按比例尺标绘出导航台或定位点距离跑道头的距离，而反方向则采用负值里程数进行标示，如图 6.5.52 所示。

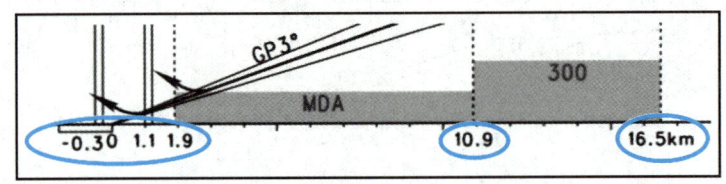

图 6.5.52　进近图剖面图中导航台或定位点距离跑道头的距离（AIP）

6. 着陆最低标准

在剖面图底部下方的左侧，一般公布的是不同航空器类别、不同进近方式、不同进近类别下的着陆最低标准。航空器类别主要分为 A、B、C、D 类，进近方式主要分为直线进近和目视盘旋进近，进近类别主要分为精密进近和非精密进近。其中，直线进近包含精密进近和非精密进近两种不同的情况。由于目视盘旋进近的主要目的是用于仪表进近过程中不能实施直线进近时，航空器通过在机场上空目视对正跑道完成着陆的机动飞行过程。实施目视盘旋时，航空器使用相邻跑道的导航设施引导航空器进入目视盘旋区域并下降到最低下降高，然后通过目视机动完成对正跑道并着陆。目视盘旋只发生在最后进近航段，其余大部分进近仍然依靠仪表进近程序，因此目视盘旋进近的着陆最低标准通常也会同步标注在仪表进近图上。

对于公布的着陆最低标准，包含的主要参数为 DA（H）、MDA（H）、RVR、VIS 等，其解读方法与杰普逊仪表进近航图的解读方法完全一致。例如图 6.5.53 所示的第一行"ILS/DME"精密进近方式下，对于 A、B、C 类航空器，其着陆最低标准是决断高 DH 为 65 m，跑道视程 RVR 为 550 m，能见度 VIS 为 800 m；对于 D 类航空器，其决断高 DH 为 70 m，跑道视程 RVR 为 600 m，能见度 VIS 为 1 000 m。第二行"GP INOP"非精密进近方式下，A、B 类航空器，其最低着陆标准是最低下降高 MDH 为 150 m，能见度 VIS 为 2 000 m；C 类航空器，其着陆最低标准是最低下降高 MDH 为 150 m，能见度 VIS 为 2 200 m；D 类航空器，其着陆最低标准是最低下降高 MDH 为 150 m，能见度 VIS 为 2 400 m。第三行"CIRCLING"目视盘旋进近方式下，A 类航空器，其着陆最低标准是最低下降高 MDH 为 200 m，能见度 VIS 为 2 800 m；B 类航空器，其着陆最低标准是最低下降高 MDH 为 200 m，能见度 VIS 为 3 200 m；C 类航空器，其着陆最低标准是最低下降高 MDH 为 300 m，能降度 VIS 为 4 400 m；D 类航空器，其着陆最低标准是最低下降高 MDH 为 300 m，能见度 VIS 为 5 000 m。

		A	B	C	D
ILS/DME	(DH) RVR/VIS	(65) 550/800			(70) 600/1000
GP INOP	(MDH) VIS	(150) 2000		(150) 2200	(150) 2400
CIRCLING	(MDH) VIS	(200) 2800	(200) 3200	(300) 4400	(300) 5000

FAF-MAPt(GP INOP) 9.25km						
GS in	kt kmH	80 150	100 185	120 220	140 260	160 295	180 335
Time	min:sec	3:45	3:00	2:30	2:08	1:52	1:40
Rate of descent m/s		2.2	2.7	3.2	3.8	4.3	4.9

Changes: Angle.

图 6.5.53　进近图着陆最低标准的标示位置（AIP）

通常来说，进近图的着陆最低标准有如图 6.5.54 和图 6.5.55 所示的几种标注形式。

	A	B	C	D
VOR/DME (MDH) VIS	(150) 2000		(150) 2200	(150) 2400
CIRCLING (MDH) VIS	(200) 2800	(200) 3200	(300) 4400	(300) 5000

（a）普通型非精密进近着陆最低标准

	A	B	C	D
VOR/DME MDA(H) VIS >4.0% ❶	180(167) 2400		180(167) 2600	180(167) 2800
CIRCLING MDA(H) VIS	320(305) 3800		450(435) 4400	520(505) 5000

FAF-MAPt 7.6km

GS in	kt km/h	80 150	100 185	120 220	140 260	160 295	180 335
Time	min:sec	3:04	2:28	2:03	1:45	1:32	1:22
Rate of descent m/s		2.2	2.7	3.2	3.8	4.3	4.9

❶ Missed approach climb gradient

Changes: Add APP05 frequency.

（b）带注释的非精密进近着陆最低标准

图 6.5.54　非精密进近的着陆最低标准（AIP）

	A	B	C	D
ILS/DME (DH) RVR/VIS	(65) 550/800			(70) 600/1000
GP INOP (MDH) VIS	(150) 2000		(150) 2200	(150) 2400
CIRCLING (MDH) VIS	(200) 2800	(200) 3200	(300) 4400	(300) 5000

（a）普通型精密进近着陆最低标准

	A	B	C	D
ILS/DME DA(H) RVR/VIS >4.0% ❶	73(60) 550/800			
GP INOP MDA(H) VIS >4.0% ❶	160(147) 2000		160(147) 2200	160(147) 2400
CIRCLING MDA(H) VIS	320(305) 3800		450(435) 4400	520(505) 5000

FAF-MAPt(GP INOP) 8.0km

GS in	kt km/h	80 150	100 185	120 220	140 260	160 295	180 335
Time	min:sec	3:14	2:35	2:09	1:51	1:37	1:26
Rate of descent m/s		2.2	2.7	3.2	3.8	4.3	4.9

❶ Missed approach climb gradient

Changes: Add APP05 frequency.

（b）带注释的精密进近着陆最低标准

图 6.5.55　精密进近的着陆最低标准（AIP）

对于Ⅱ/Ⅲ类 ILS 精密进近，其着陆最低标准的公布形式要复杂一些。除常见的 DA（H）、MDA（H）、RVR、VIS 等参数外，还包括 RA、HUB、自动驾驶仪、手动操作等方面的特殊要求。通常有如图 6.5.56 所示的几种标示形式。

在上述着陆最低标准中，凡是带有“HUD”字样的数据，代表该进近程序带有平视显示器（HUD）功能。平视显示器是一种可以把飞行数据投射到飞行员正前方的透明显示组件上的显示器，它可以帮助飞行员在平视状态下获取所有的飞行信息，主要用于实施Ⅱ类和/Ⅲa 类进近，且需要获得局方授权。

(a)

(b)

(c)

(d)

图 6.5.56　Ⅱ/Ⅲ类 ILS 精密进近着陆最低标准

7. 地速-下降率换算表格

在剖面图底部下方的右侧，公布的是地速-下降率换算表格。该表格提供最后进近点 FAF 到复飞点 MAPt 的距离，以及不同地速条件下航空器从最后进近点 FAF 到复飞点 MAPt 的飞行时间和应使用的下降率，分精密进近和非精密进近两种形式，如图 6.5.57 和图 6.5.58 所示。

图 6.5.57　精密进近的地速-下降率表格（AIP）

图 6.5.58　非精密进近的地速-下降率表格（AIP）

8. 补充说明与修订说明

在地速-下降率换算表格的下方，一般带有补充说明与修订说明文字框，包含对着陆最低标准的注释解读以及本幅进近航图需要附加说明的内容，其标注位置及形式如图 6.5.59 所示。

(a)

(b)

(c)

图 6.5.59　补充说明与修订说明（AIP）

6.5.2　CAAC 目视进近图

在国内，少数机场在提供精密进近图与非精密进近图的同时，还会公布目视进近图，主要用于目视进近程序。目视进近（Visual Approach）指在仪表飞行规则（IFR）下，飞行机组人员通过目视参照地标实施的进近。在此过程中，机组必须始终保持对着陆机场或者前机的持续可见，并且由机组负责超障和间隔。

目视进近属于 IFR 飞行类别，可以是整个进近阶段，也可以是进近程序中的某一阶段，其程序相对简单。目前，我国仅拉萨贡嘎机场和乌鲁木齐地窝堡机场各公布有一张单独的目视进近图。其布局相对简单，其中标题栏与图边信息同 CAAC 仪表进近图，主体部分为平面图，用于公布目视飞行的航迹、目视进近的着陆最低标准和过渡高度层与过渡高度，不包含剖面图以及地速-下降率表格等独立的部分，而是将该部分内容以文字描述的形式公布在平面图的合适位置，以拉萨贡嘎国际机场的目视进近图为例，如图 6.5.60 所示。

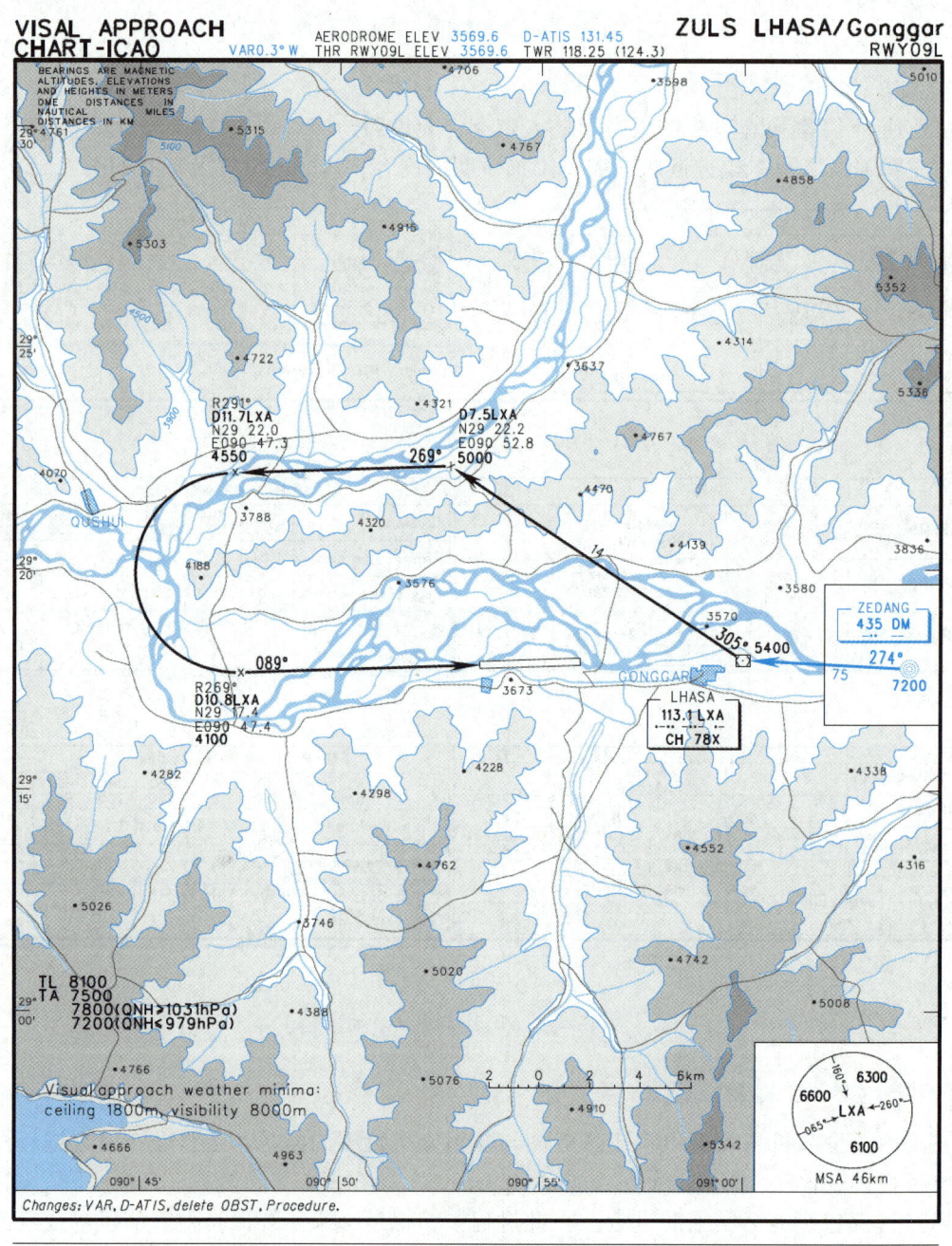

图 6.5.60 拉萨贡嘎国际机场目视进近图（AIP）

6.6 CAAC 进近图应用范例

6.6.1 非精密进近图应用范例

在实施 CAAC 非精密进近程序之前，飞行员首先应掌握 CAAC 非精密进近图中的关键信息，然后再阅读其他信息。如图 6.6.1 所示，无锡硕放国际机场 03 跑道 VOR/DME 进近图中标注的内容为阅读进近图的主要信息。

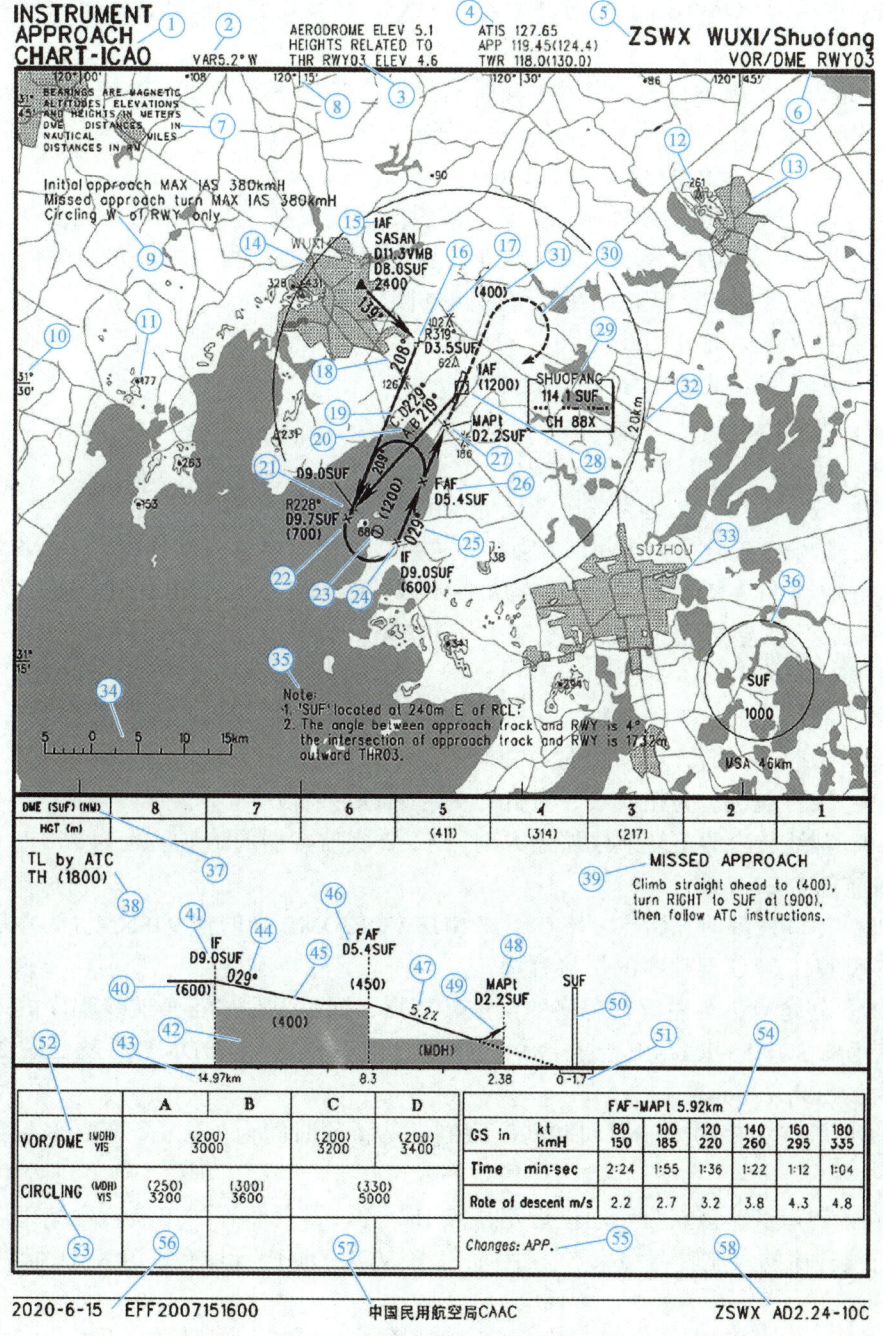

图 6.6.1 非精密进近图（AIP）

标注 1：航图名称。表示此为仪表进近图。
标注 2：磁差。本幅进近图的磁差为-5.2°，西磁差。
标注 3：机场标高为 5.1 m，跑道入口标高为 4.6 m。
标注 4：通信频率。自动终端情报服务的通信频率为 127.65 MHz。进近管制通信频率为 119.45 MHz，124.4 MHz 为其备用通信频率。塔台管制通信频率为 118.0 MHz，其备用通信频率为 113.0 MHz。
标注 5：机场的 ICAO 四字代码，为"ZSWX"，机场所在的地名为无锡，机场名称为硕放。
标注 6：进近图的航图标识。表示本幅航图公布的是 03 跑道 VOR/DME 非精密进近程序。
标注 7：单位使用说明。
标注 8：经度值，此处的经度值为 120°15′。
标注 9：起始进近航段的速度限制、复飞航段的速度限制以及目视盘旋进近的要求。起始进近航段最大指示空速 IAS 不超过 380 km/h，复飞航段转弯过程中的最大指示空速 IAS 不超过 380 km/h，目视盘旋进近只允许在跑道西侧执行。
标注 10：纬度值，此处的纬度值为 31°30′。
标注 11：标高点。此处标高为 77 m。
标注 12：人工障碍物，其标高为 261 m。
标注 13：居民区。
标注 14：城市轮廓。此处为按比例尺标示的无锡市所在位置。
标注 15：起始进近定位点 IAF，为强制报告点。定位点名称五字代码为"SASAN"，距离 VMB DME 导航台 11.3 NM，距离 SUF VOR/DME 导航台 8.0 NM，IAF 的建议高度为 2 400 m。
标注 16："×"为转弯点。该点距离 SUF VOR/DME 导航台 3.5 NM 且位于 SUF VOR/DME 导航台的 319°径向线上。
标注 17：有灯光的人工障碍物，其标高为 102 m。
标注 18：磁航迹方向，箭头指向为 208°。
标注 19：飞行航迹。为粗实线，且此段为起始进近航段。
标注 20：基线转弯的出航航段航迹方向。A、B 类航空器的出航航迹为 219°，C、D 类航空器的出航航迹为 229°。
标注 21：等待程序的开始点。该点距离 SUF VOR/DME 导航台 9.0 NM，为左等待。此等待程序为 S 型程序和 U 型程序的衔接程序。
标注 22：转弯点。为左等待程序的出航转弯点，同时也是修正角航线程序的入航转弯开始点。该点距离 SUF VOR/DME 导航台 9.7 NM，且位于 SUF VOR/DME 导航台的 228°径向线上，高度为场压高 700 m。
标注 23：等待程序的出航时间和高度限制。等待的时间为 1 min，等待的高度为场压高 1 200 m。
标注 24：转弯点。该点为中间进近定位点 IF，是左等待程序的出航转弯结束点，同时也是修正角航线程序的入航转弯结束点。距离 SUF VOR/DME 导航台 9.0 NM，高度为场压高 600 m。
标注 25：中间进近航段的飞行航迹，为磁航迹 29°方向。

标注 26：最后进近定位点 FAF。该点距离 SUF VOR/DME 导航台 5.4 NM。

标注 27：复飞点 MAPt。该点距离 SUF VOR/DME 导航台 2.2 NM。

标注 28：跑道及跑道旁侧的 VOR/DME 台。该导航台上空为修正角航线程序的起始进近定位点 IAF，同时也是修正角航线程序的出航航段开始点，飞行高度为场压高 1 200 m。

标注 29：导航设施识别框。该 VOR/DME 导航台的名称为"SHUOFANG"，通信频率为 114.1 MHz，识别代码为 SUF，有莫尔斯电码，DME 的波道编号为 88。

标注 30：平面图中的复飞航迹，为右转。

标准 31：复飞转弯中的高度限制，要求在场压高 400 m 处转弯。

标注 32：SUF VOR/DME 导航台的 DME 距离弧 20 km 边界。

标注 33：城市轮廓。此为苏州所在位置。

标注 34：线段比例尺。本幅航图的比例尺为 1∶500 000。

标注 35：平面图中备注的程序执行注意事项。

标注 36：扇区最低安全高度 MSA。以 SUF VOR/DME 导航台为中心，半径 46 km 范围内，0°～360°整个扇区内 MSA 为 1 000 m。

标注 37：SUF VOR/DME 导航台的 DME 距离与高度对照图。

标注 38：过渡高与过渡高度层说明。过渡高度层由 ATC 指定，过渡高为场压高 1 800 m。

标注 39：剖面图中的复飞程序文字说明。向前直线爬升至场压高 400 m，右转至 SUF VOR/DME 导航台上空场压高 900 m 处，然后听从 ATC 指令。

标注 40：剖面图平飞航迹中的高度限制，为场压高 600 m。

标注 41：剖面图中的中间进近定位点 IF 及其定位信息。该点距离 SUF VOR/DME 导航台 9.0 NM。

标注 42：进近航段的最低高度。此为中间进近航段的高度限制，要求不超过 400 m。

标注 43：中间进近定位点 IF 距离跑道头的距离，为 14.97 km。

标注 44：剖面图中的中间进近航段磁航迹方向，为 29°。

标注 45：剖面图中的飞行航迹，此段为中间进近航段。

标注 46：剖面图中最后进近定位点 FAF 及其定位信息和高度数据。FAF 点距离 SUF VOR/DME 导航台 0.54 NM，高度为场压高 450 m。

标注 47：最后进近航段的下降梯度，为 5.2%。

标注 48：剖面图中复飞点 MAPt 及其定位信息。MAPt 点距离 SUF VOR/DME 导航台 2.2 NM。

标注 49：复飞航迹的开始点，在剖面图中用黑色实线带上翘箭头标示。

标注 50：剖面图中 SUF VOR/DME 导航台的图例符号。

标注 51：剖面图中 SUF VOR/DME 导航台的位置标示。位于跑道头以内旁侧 1.7 NM 处。

标注 52：VOR/DME 非精密进近的着陆最低标准。其中 A、B 类航空器的着陆最低标准是最低下降高 200 m，能见度 3 000 m；C 类航空器的着陆最低标准是最低下降高 200 m，能见度 3 200 m；D 类航空器的着陆最低标准是最低下降高 200 m，能见度 3 400 m。

标注 53：目视盘旋进近的着陆最低标准。A 类航空器目视盘旋进近的着陆最低标准是最低下降高 250 m，能见度 3 200 m；B 类航空器目视盘旋进近的着陆最低标准是最低下降高

300 m，能见度 3 600 m；C、D 类航空器目视盘旋进近的着陆最低标准是最低下降高 330 m，能见度 5 000 m。

标注 54：地速-下降率换算表格。最后进近定位点 FAF 至复飞点 MAPt 的距离为 5.92 km。表格分别给出了航空器在不同的地速条件下以及不同的下降梯度条件下，从 FAF 飞至 MAPt 所需要的时间，供飞行员参照。

标注 55：修订说明。此条表示进近程序发生了变化，属于提示性语句。

标注 56：进近图的修订日期和生效日期。本幅航图的修订日期为 2020 年 6 月 15 日，生效日期为 2020 年 7 月 15 日 UTC 的 16:00。

标注 57：航图出版单位说明。

标注 58：进近图的图幅编号。

该 VOR/DME 非精密进近程序的执行过程为：

飞行员完成进场程序，在通信控制盒上调谐 119.45 MHz 联系无锡硕放国际机场的进近管制，获得 03 跑道 VOR/DME 进近许可，机组根据进近图完成进近前的检查。

（1）假设本次选择推测航迹先 S 型程序后 U 型程序相结合的方式实施进近。根据进近管制许可，在 VOR 导航控制盒上调谐 SUF VOR/DME 导航台频率 114.1 MHz，下降高度至 SASAN 定位点（该点为起始进近定位点 IAF）准备开始进近，且高度控制在标准大气压高 2 400 m。保持 139°磁航迹方向飞行至距离 SUF VOR/DME 导航台 3.5 NM 处的转弯点右转，保持 208°磁航迹方向飞行至距离 SUF VOR/DME 导航台 9.0 NM 的定位点上空且高度下降至场压高 1 200 m 处执行左等待。在此阶段，由 ATC 指定气压式高度表开始拨正的时刻。当航空器下降至场压高 1 800 m 时，必须拨正完毕。

执行等待程序时，首先左转至距离 SUF VOR/DME 导航台 9.7 NM 的转弯点上空开始出航转弯。至距离 SUF VOR/DME 导航台 9.0 NM 的转弯点上空出航转弯结束，然后开始出航航段的飞行。出航航迹 29°方向，等待的时间是 1 min，等待的高度是场压高 1 200 m。在距离 SUF VOR/DME 导航台 5.45 NM 的转弯点上空结束出航航段的飞行，然后开始入航转弯，至入航航迹 209°方向。保持入航航迹 209°飞行至距离 SUF VOR/DME 导航台 9.0 NM 的定位点，等待程序执行完毕。然后保持 209°磁航迹方向飞行，下降高度至场压高 700 m 且距离 SUF VOR/DME 导航台 9.7 NM 的定位点上空，左转并下降高度至场压高 600 m 且距离 SUF VOR/DME 导航台 9.0 NM 的中间进近定位点 IF。然后保持 29°磁航迹方向开始中间进近航段的飞行，至距离 SUF VOR/DME 导航台 5.4 NM 的最后进近定位点 FAF。然后参照地速-下降率表格保持 5.2%的下降梯度完成最后进近航段的飞行。在此阶段，可以利用 DME 距离与高度对照表进行高度与距离的控制和检查。

当气压式高度表的指示接近 MDH 200 m 时，不操纵航空器的飞行员注意搜索跑道，操作航空器的飞行员根据不操纵航空器飞行员的跑道位置喊话，若能见并确定跑道准确位置后转为目视飞行，操纵航空器着陆。航空器着陆后，根据指令脱离跑道，沿指定的滑行道滑行至停机坪。

若最后进近至距离 SUF VOR/DME 导航台 2.25 NM 的复飞点 MAPt 仍不能见跑道，则机组实施复飞程序。复飞时，首先向前直线爬升至场压高 400 m 处右转，继续爬升至场压高 900 m，然后听从 ATC 的指令。

2）假设本次选择修正角航线程序的方式实施进近。根据进近管制许可，首先完成气压式高度表的拨正，并在 VOR 导航控制盒上调谐 SUF VOR/DME 导航台频率 114.1 MHz，下降高度至 SUF VOR/DME 导航台上空准备开始进近。该台上空为起始进近定位点 IAF，且要求高度控制在场压高 1 200 m 处，然后执行修正角航线程序。A、B 类航空器出航航迹 219°，C、D 类航空器出航航迹 229°，至距离 SUF VOR/DME 导航台 9.0 NM 的定位点。保持 208°的磁航迹方向飞行至距离 SUF VOR/DME 导航台 9.7 NM 且高度下降至场压高 700 m 处的转弯点，开始入航转弯，至距离 SUF VOR/DME 导航台 9.0 NM 且高度下降至场压高 600 m 的转弯点，入航转弯结束。此点为中间进近定位点。然后保持 29°磁航迹方向开始中间进近航段的飞行，之后的进近过程同前述的推测航迹后部分，直至目视下降着陆或复飞。

6.6.2 精密进近图应用范例

实施 I 类 ILS 进近，要求飞行人员必须具有仪表等级，且航空器具备合适的机载设备。II/III 类 ILS 进近要求承运人、飞行员、航空器、机载设备和地面设施都必须获得相应的认证。

同样，在实施 CAAC 精密进近程序之前，飞行员首先应掌握 CAAC 精密进近图中的关键信息，然后再阅读其他信息。如图 6.6.2 所示，上海浦东国际机场 35R 跑道 I/II 类 ILS 进近图中标注的内容为阅读进近图的主要信息。

标注 1：航图名称。表示此为仪表进近图。

标注 2：机场标高为 3.8 m，35R 跑道的跑道入口标高为 3.1 m。

标注 3：通信频率，其中塔台管制通信频率分扇区给出。数字式自动终端情报服务的通信频率为 127.85 MHz。1 号扇区塔台管制的通信频率为 118.8 MHz，备用频率 118.325 MHz，服务于 17L/35R 跑道和 17R/35L 跑道；2 号扇区塔台管制的通信频率为 118.4 MHz，备用频率 118.725 MHz，服务于 16L/34R 跑道和 16R/34L 跑道；3 号扇区塔台管制的通信频率为 124.35 MHz，备用频率 118.325 MHz，服务于 17L/35R 跑道；4 号扇区塔台管制的通信频率为 118.575 MHz，备用频率 118.725 MHz，服务于 16R/34L 跑道。

标注 4：磁差。本幅进近图的磁差为-5.8°，西磁差。

标注 5：机场的 ICAO 四字代码，为"ZSPD"，机场所在的地名，为城市上海，机场名称为浦东。

标注 6：进近图的航图标识。表示本幅航图公布的是 35R 跑道 CAT I/II 类 ILS 精密进近程序。

标注 7：分扇区给出的不同进近管制通信频率。共 11 个进近管制扇区，每一扇区除主用进近管制通信频率外，均提供了备用通信频率。

标注 8：PUD VOR/DME 导航台的识别框信息。

标注 9：S 型程序的起始进近定位点 IAF。该点为交叉定位点，位于 XSY VOR/DME 导航台的 50°径向线上且距离 XSY VOR/DME 导航台 15.4 NM。航空器到达此 IAF 点时，建议高度为修正海压高 1 500 m。

标注 10：起始进近航段的航迹，其磁航迹方向为 230°。

标注 11：用于转弯的交叉定位点。该点位于 XSY VOR/DME 导航台的 50°径向线上且距离 XSY VOR/DME 导航台 8.6 NM，航空器到达此交叉定位点时，建议高度应为修正海压高 1 200 m。同时，该交叉定位点位于较远的 HSH VOR/DME 导航台的 168°径向线上，HSH VOR/DME 导航台的通信频率为 114.4 MHz，且该台未在本幅航图上标绘出，用浅灰色径向线标绘。

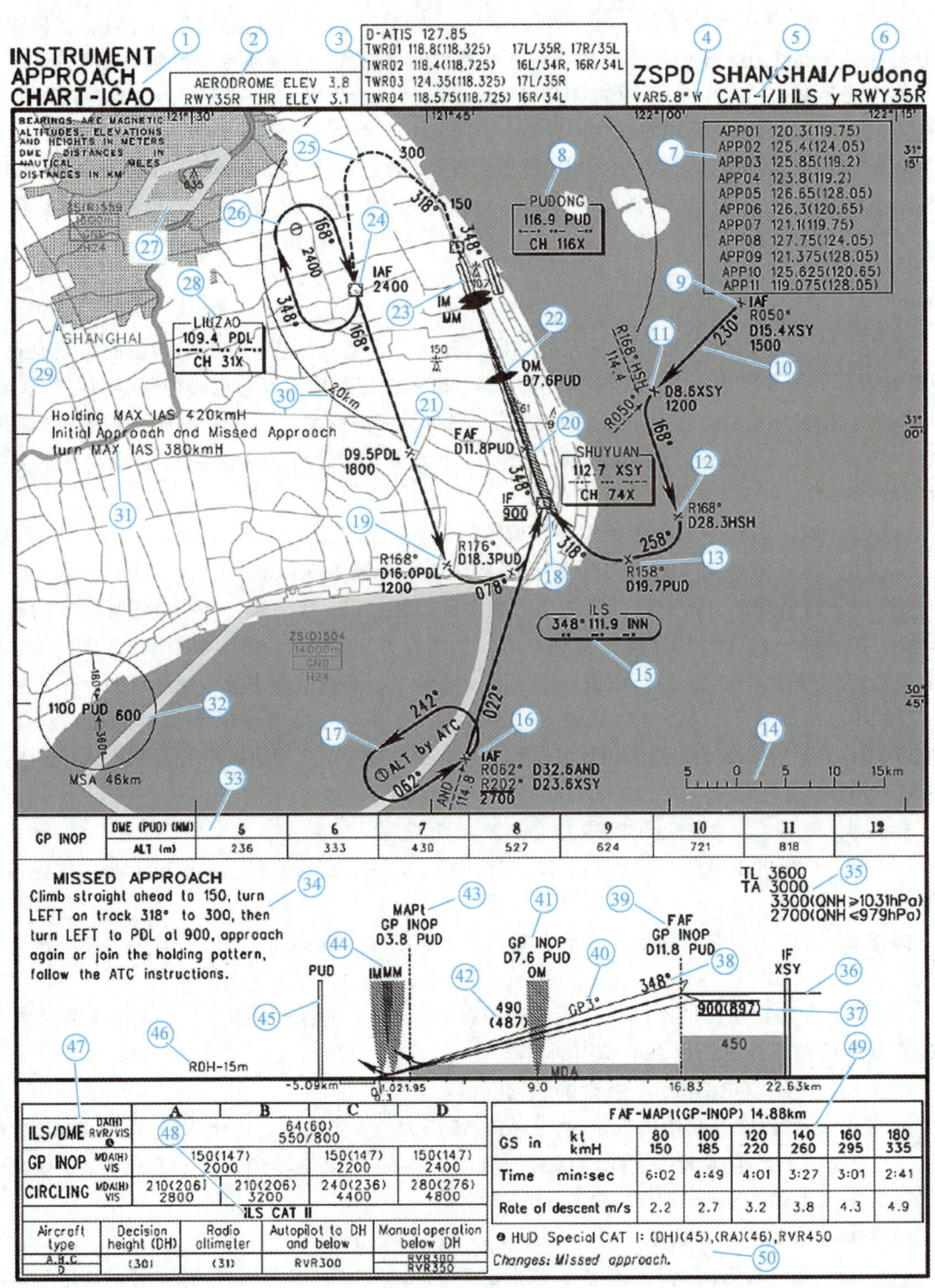

图 6.6.2 精密进近图（AIP）

标注 12：转弯点。该点位于 HSH VOR/DME 导航台的 168°径向线上且距离 HSH VOR/DME 导航台 28.3 NM。

标注 13：转弯点。该点位于 PUD VOR/DME 导航台的 158°径向线上且距离 PUD VOR/DME 导航台 19.7 NM。

标注 14：图解比例尺。为 1∶500 000。

标注 15：ILS 的识别信息圆角框。其识别代码为 INN，通信频率为 111.9 MHz，磁航道方向为 348°，有莫尔斯电码。

标注 16：直线进近的起始进近定位点 IAF，为交叉定位点。该交叉定位点位于 AND VOR/DME 导航台的 62°径向线上且距离 AND VOR/DME 导航台 32.6 NM。AND VOR/DME 导航台不在本幅航图上，其通信频率为 114.8 MHz。同时，该交叉定位点位于 XSY VOR/DME 导航台的 202°径向线上且距离 XSY VOR/DME 导航台 23.6 NM。航空器到达此 IAF 点时高度不超过修正海压高 2 700 m。

标注 17：起始进近定位点处的左等待程序。出航航迹 242°，入航航迹 62°，等待时间 1 min，等待高度由 ATC 指定。

标注 18：中间进近定位点 IF。该点位于 XSY VOR/DME 导航台上空且要求高度为修正海压高 900 m。

标注 19：转弯点。该点位于 PDL VOR/DME 导航台的 168°径向线上且距离 PDL VOR/DME 导航台 16.0 NM。航空器到达此定位点时，建议高度为修正海压高 1 200 m。

标注 20：最后进近定位点 FAF。该点距离 PUD VOR/ DME 导航台 11.8 NM。

标注 21：里程分段点。该点距离 PDL VOR/DME 导航台 9.5 NM。航空器到达此点时，建议高度为修正海压高 1 800 m。

标注 22：外指点标 OM。该指点标距离 PUD VOR/DME 导航台 7.6 NM。

标注 23：跑道及跑道中心延长线上的中指点标 MM 和内指点标 IM。

标注 24：起始进近定位点 IAF。该点位于 PDL VOR/DME 台上空。航空器到达此 IAF 点时建议高度为修正海压高 2 400 m。

标注 25：平面图中的复飞航迹。复飞转弯的建议高度为修正海压高 300 m。

标注 26：起始进近定位点的右等待程序。出航航迹 348°，入航航迹 168°，等待时间 1 min，等待高度为修正海压高 2 400 m。

标注 27：专用空域。旁侧给出了此专用空域的代码、编号、性质、范围及使用时间要求。

标注 28：PDL VOR/DME 导航台识别框信息。

标注 29：城市轮廓及城市名称，为上海。

标注 30：PUD VOR/DME 导航台的 20 km 距离弧边界线。

标注 31：速度限制文字说明。本幅航图公布的进近程序在执行过程中，等待的最大指示空速不超过 420 km/h；起始进近航段和复飞航段的转弯过程中最大指示空速不超过 380 km/h。

标注 32：以 PUD VOR/DME 导航台为中心的扇区最低安全高度。共划分为 2 个扇区。

标注 33：下滑道不工作条件下 PUD VOR/DME 导航台的 DME 距离与高度的对照表。

标注 34：剖面图中的复飞程序文字说明。向前直线爬升至修正海压高 150 m，左转保持 318°的磁航迹方向继续爬升至修正海压高 300 m，然后左转至 PDL VOR/DME 导航台上空并保持建议高度修正海压高 900 m，再次进近或加入等待程序需听从 ATC 的指令。

标注 35：过渡高度层 TL 和过渡高度层 TA 文字说明。过渡高度层 TL 为标准大气压高 3 600 m，过渡高度 TA 为修正海压高 3 000 m。当 QNH 大于或等于 1 031 hPa 时，过渡高度 TA 为修正海压高 3 300 m；当 QNH 小于或等于 979 hPa 时，过渡高度 TA 为修正海压高 2 700 m。

标注 36：剖面图中的平飞航迹。

标注 37：强制高度。为修正海压高 900 m，场压高 897 m。

标注 38：最后进近航段的磁航迹方向，为 348°。

标注 39：剖面图中非精密进近程序的最后进近定位点 FAF。此点距离 PUD VOR/DME 导航台 11.8 NM。航空器到达此点时，需检查下滑道 GP 是否工作。

标注 40：下滑道角度，为 3°。

标注 41：剖面图中的外指点标 OM。该指点标距离 PUD VOR/DME 导航台 7.6 NM。航空器到达此点时，需检查下滑道 GP 是否工作。

标 42：最后进近航段的高度检查数据。为修正海压高 490 m，场压高 487 m（QFE）。

标注 43：剖面图中的复飞点 MAPt。此点距离 PUD VOR/DME 导航台 3.8 NM。航空器到达此点时，需检查下滑道 GP 是否工作。

标注 44：中指点标 MM 和内指点标 IM。

标注 45：剖面图中的 PUD VOR/DME 图例及其位置信息。

标注 46：跑道入口处的参考基准点高 RDH，为 15 m。

标注 47：着陆最低标准。结合航空器分类分别按 ILS/DME 精密进近、下滑道 GP 不工作下的非精密进近，以及目视盘旋进近公布其对应的着陆最低标准。

标注 48：单独公布的 CAT Ⅱ 类 ILS 精密进近的着陆最低标准。

标注 49：地速-下降率换算表格。最后进近定位点 FAF 至复飞点 MAPt 的距离为 14.88 km。表格分别给出了航空器在不同的地速条件下以及不同的下降梯度条件下，从 FAF 飞至 MAPt 所需要的时间，供飞行员参照。

标注 50：注释和修订说明。对 ILS/DME 精密进近着陆最低标准中的注释进行解读，具体为有平视显示器 HUD 时，CAT Ⅰ类 ILS 精密进近的着陆最低标准是决断高 DH 45m，无线电高度表 RA 46 m，跑道视程 RVR 450 m。同时说明本幅进近航图中复飞程序发生了变化，为提示性语句。

本幅精密进近航图根据航空器进场的方向，共公布了 3 个不同方向的仪表进近程序，分别为以 PDL VOR/DME 导航台作为起始进近点 IAF 的 U 型程序、以距离 XSY VOR/DME 导航台 23.6 NM 的交叉定位点作为起始进近点 IAF 的直线航线程序和以距离 XSY VOR/DME 导航台 15.4 NM 的定位点作为起始进近点 IAF 的 S 型程序。

下面针对以 PDL VOR/DME 导航台作为起始进近点 IAF 的 U 型程序作详细的进近程序执行过程描述：

飞行员在完成进场程序以及高度表拨正程序之后，首先在通信控制盒上调谐频率联系上海浦东国际机场该扇区的进近管制，获得 35R 跑道Ⅰ/Ⅱ类 ILS 进近许可，机组根据进近图完成进近前的检查。

根据进近管制指令，提前调谐 PDL VOR/DME 导航台的通信频率 109.4 MHz，下降高度至以 PDL VOR/DME 导航台作为起始进近点 IAF 的修正海压高 2 400 m，并在此作起始进近右等待，出航航迹 348°，入航航迹 168°，等待时间 1 min，等待高度修正海压高 2 400 m。等待程序结束之后开始起始进近航段的飞行。保持好 PDL VOR/DME 导航台背台航迹 168°继续下降高度至修正海压高 1 800 m，并到达距离 PDL VOR/DME 导航台 9.5 NM 的里程分段点，继续保持磁航迹 168°方向下降高度至修正海压高 1 200 m，并到达距离 PDL VOR/DME 导航台 16.0 NM 的转弯点。该交叉定位点由 PDL VOR/DME 导航台的 168°径向线确定。然后左转至 78°磁航迹方向，并到达由 PUD VOR/DME 导航台 176°径向线和 PUD VOR/DME 导航台 18.3 NM 距离确定的交叉定位点。提前调谐 XSY VOR/DME 导航台的通信频率 112.7 MHz，左转切入 XSY VOR/DME 导航台的 22°径向线并沿该径向线向台飞行至中间进近定位点 IF。该 IF 位于 XSY VOR/DME 导航台上空且高度控制在修正海压高 900 m。然后航空器调整着陆形态平飞 5.8 km 到达距离 PUD VOR/DME 导航台 11.8 NM 的最后进近定位点 FAF，并检查下滑信标系统 GP 是否正常工作，开始最后进近航段的飞行。若此时截获不到下滑道信息，则改为按非精密进近程序执行。

在开始最后进近航段的飞行之前，飞行员应适当提前改出，并提前调谐识别代码为 INN 的 ILS 通信频率 111.9 MHz，完成着陆前项目并根据 PUD VOR/DME 导航台 DME 距离与高度的对照表进行高度检查，做好沿下滑道飞行的准备。航空器根据当前的速度参照地速-下降率表格选择合适的下降梯度，将航空器稳定在 3°下滑道上并下降高度至跑道中心延长线上的 OM 台上空，此时的建议高度为修正海压高 490 m（场压高 487 m）。该 OM 台距离 PUD VOR/DME 导航台 7.6 NM，距离跑道头 9.0 km。同时检查下滑信标系统 GP 是否正常工作，若此时截获不到下滑道信息，则改为按非精密进近程序执行。若下滑信标系统 GP 工作正常，则保持 348°的最后进近磁航道方向下降高度，并利用距离跑道头 1.02 km 的中指点标和距离跑道头 0.3 km 的内指点标进行高度-距离检查，直至参照着陆最低标准进行复飞决断。在到达决断高度 DA 或决断高 DH 之前的 3 s，操纵航空器的飞行员根据不操纵航空器飞行员的跑道位置喊话，若能见并确定跑道准确位置之后可以转为目视飞行，操纵航空器着陆，航空器着陆后，按指令脱离跑道。

若航空器下降至 DA（DH）之前的 3 s 达不到着陆最低标准，则立即复飞。复飞时航空器向前直线爬升至修正海压高 150 m，左转保持 318°的磁航迹方向继续爬升至修正海压高 300 m，然后左转至 PDL VOR/DME 导航台上空并保持建议高度修正海压高 900 m，再次进近或加入等待程序需听从 ATC 的指令。

6.6.3 RNAV 进近图应用范例

采用 RNAV 导航方法的 CAAC 进近程序，主要采用航路点实现航迹引导，每一个航路点都有字母和数字组合的五字代码。起始进近航段和中间进近航段采用 RNAV 规范引导航空器至最后进近定位点，然后按精密进近程序或非精密进近程序执行方法执行完毕。我国大多数机场的 RNAV 进近图在其最后进近航段采用 ILS/DME 作为主用导航设备。

CAAC RNAV 进近程序的执行过程与传统进近程序的执行过程完全相同。在实施 CAAC RNAV 进近程序之前，飞行员首先应掌握 RNAV 进近图中的关键信息，然后再阅读其他信息。如图 6.6.3 所示，合肥新桥国际机场 15 跑道 RNAV ILS/DME 进近图中标注的内容为阅读进近图的主要信息。

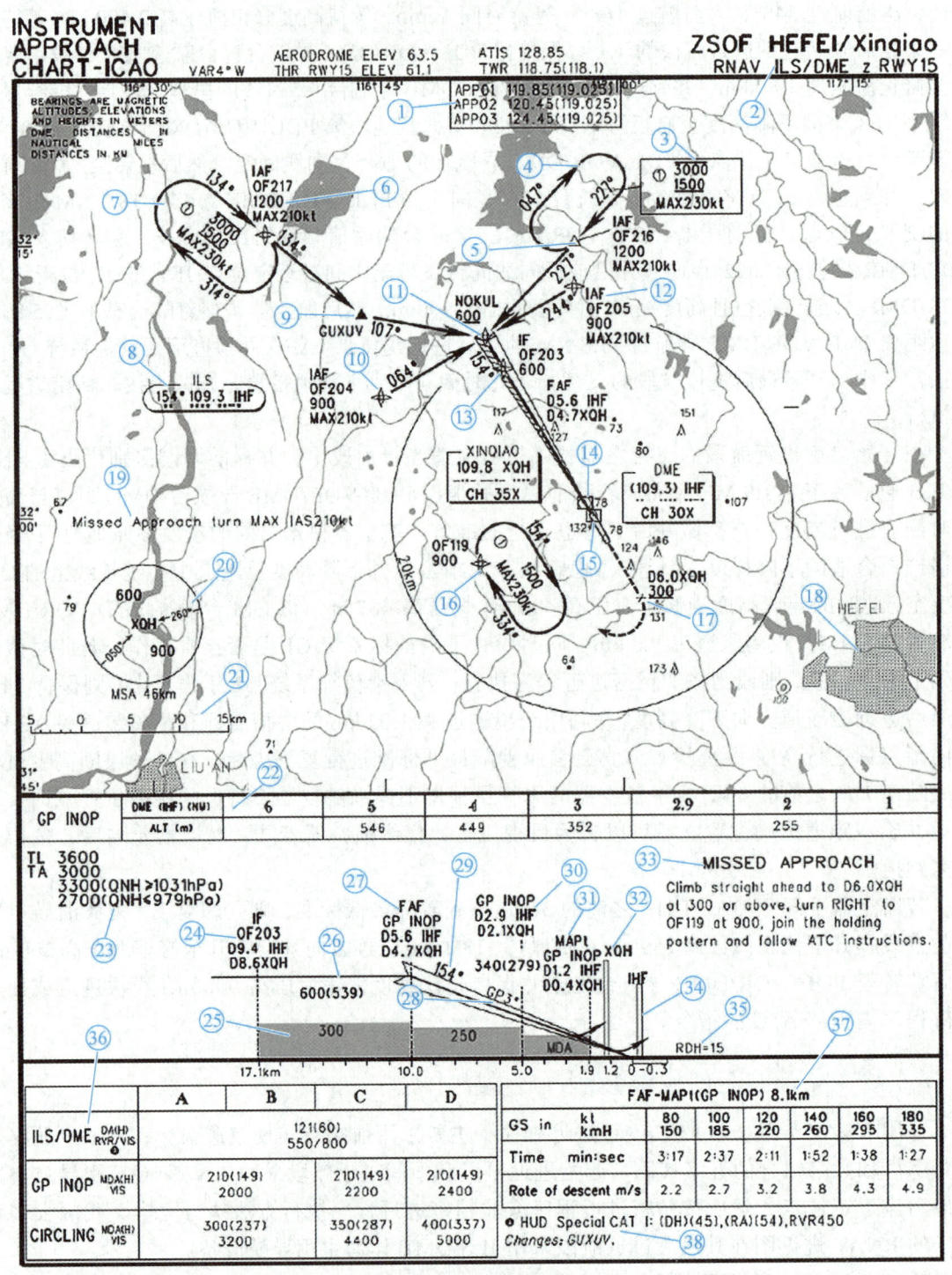

图 6.6.3 RNAV 进近图（AIP）

标注 1：分扇区给出了 3 个不同的进近管制席位的通信频率。

标注 2：航图标识。本幅航图公布的是 15 跑道的 RNAV ILS/DME 精密进近程序。

标注 3：等待程序的相关信息。等待时间为 1 min，等待高度最高不超过修正海压高 3 000 m，最低不低于修正海压高 1 500 m，等待程序执行过程中最大指示空速不超过 230 kt。

标注 4：起始进近航路点的右等待程序。出航航迹 47°，入航航迹 227°。

标注 5：非强制报告点 OF216，同时也是起始进近定位点 IAF、右等待程序的开始点。航空器到达此定位点时建议高度为修正海压高 1 200 m，最大指示空速不超过 210 kt。

标注 6：航路点 OF217，同时也是起始进近航路点 IAF、右等待程序的开始点。航空器到达此航路点时建议高度为修正海压高 1 200 m，最大指示空速不超过 210 kt。

标 7：起始进近航路点的右等待程序。出航航迹 314°，入航航迹 134°，等待时间为 1 min，等待高度最高不超过修正海压高 3 000 m，最低不低于修正海压高 1 500 m，等待程序执行过程中最大指示空速不超过 230 kt。

标注 8：ILS 识别框信息。识别代码为 IHF，通信频率为 109.3 MHz，该频率部分时段工作。信道编码 154，有莫尔斯电码。

标注 9：强制报告点。报告点名称为五个大写字母"GUXUV"，且用红色进行标注，用于提醒飞行员飞经此报告点时需格外关注。

标注 10：航路点 OF204，同时也是起始进近航路点 IAF。航空器到达此航路点时建议高度为修正海压高 900 m，最大指示空速不超过 210 kt。

标注 11：航路点 NOKUL，航空器到达此航路点时最低不低于修正海压高 600 m。

标注 12：航路点 OF205，同时也是起始进近航路点 IAF。航空器到达此航路点时建议高度为修正海压高 900 m，最大指示空速不超过 210 kt。

标注 13：航路点 OF203，同时也是中间进近航路点 IF。航空器到达此航路点时建议高度为修正海压高 600 m。

标注 14：跑道中心延长线上的 VOR/DME 导航台。该导航台的识别代码是 XQH，通信频率为 109.8 MHz，名称为"XINQIAO"，具有 DME 功能，采用 35 号波道传送信号。

标注 15：跑道旁侧的 DME 导航台。该导航台的识别代码是 IHF，通信频率为 109.3 MHz，采用 30 号波道传送信号。

标注 16：不在飞行航迹上的等待程序。该等待程序以航路点 OF119 作为开始点执行右等待，等待时间 1 min，出航航迹 154°，入航航迹 334°，等待的建议高度为修正海压高 1500 m，等待过程中最大指示空速不超过 230 kt。

标注 17：复飞航迹中的转弯点。该点距离 XQH VOR/DME 导航台 6.0 NM，复飞转弯中高度不低于修正海压高 300 m。

标注 18：按比例尺缩小后的城市所在位置及其轮廓，此处为合肥市。

标注 19：复飞速度限制。要求复飞转弯时最大指示空速不超过 210 kt。

标注 20：以 XQH VOR/DME 导航台为中心，半径 46 km 范围内的扇区最低安全高度，共分为 2 个扇区。

标注 21：线段比例尺，为 1∶500 000。

标注 22：下滑道不工作时，IHF DME 导航台与高度的对照表。

标注 23：过渡高度层 TL 与过渡高度 TA 数据。

标注 24：剖面图中的中间进近航路点信息。该点距离 IHF DME 导航台 9.4 NM，距离 XQH VOR/DME 导航台 8.6 NM。

标注 25：下降过程中的最低高度限制。

标注 26：中间进近航段的平飞高度数据，为修正海压高 600 m（场压高 539 m）。

标注 27：剖面图中的最后进近航路点 FAF。该点距离 IHF DME 导航台 5.6 NM，距离 XQH VOR/DME 导航台 4.7 NM。

标注 28：下滑道角度，为标准的下滑道"3°"。

标注 29：最后进近的磁航道，为 154°，用黑色粗体标出。

标注 30：剖面图中的航路点。该点距离跑道头 5.0 km，距离 IHF DME 导航台 2.9 NM，距离 XQH VOR/DME 导航台 2.1 NM。该点在下滑台不工作时需进行高度检查。高度检查数据为修正海压高 340 m，场压高 279 m。

标注 31：下滑道不工作情况下执行非精密进近程序时的复飞点 MAPt。该点距离 IHF DME 导航台 1.2 NM，距离 XQH VOR/DME 导航台 0.4 NM。

标注 32：剖面图中的 XQH VOR/DME 导航台。可以看出，该导航台位于跑道中心延长线上，距离跑道头 1.2 km。

标注 33：复飞程序文字说明。复飞时，向前直线爬升至距离 XQH VOR/DME 导航导航台 6.0 NM 的修正海压高 300 m 及以上，然后右转并爬升至航路点 OF119 所在的高度为修正海压高 900 m，加入等待程序并听从 ATC 的指令。

标注 34：剖面图中的 IHF DME 导航台。可以看出，该导航台位于跑道旁侧。

标注 35：跑道入口参考基准标高，为 15 m。

标注 36：最低着陆标准。第一行给出了不同航空器类型下的 ILS/DME 精密进近的着陆最低标准，包括决断高度 DA（决断高 DH）、跑道视程 RVR 和能见度 VIS，并带有注释标注。第二行给出了下滑道不工作时的着陆最低标准，包括最低下降高度 MDA（最低下降高 MDH）和能见度 VIS。第三行为目视盘旋进近的着陆最低标准，包括最低下降高度 MDA（最低下降高 MDH）和能见度 VIS。

标准 37：地速-下降率换算表格。下滑道 GP 不工作的条件下，最后进近航路点 FAF 至复飞点 MAPt 的距离为 8.1 km。表格分别给出了航空器在不同的地速条件下以及不同的下降梯度条件下，从 FAF 飞至 MAPt 所需要的时间，供飞行员参照。

标注 38：注释解读及本幅航图中的重要修订说明。表示在有平视显示系统 HUD 辅助的情况下，CAT I 类最低着陆标准为决断高 DH 45 m，无线电高度 RA 54 m，RVR450 m。本幅航图中定位点 GUXUV 为变化的内容。

6.6.4 RNP 进近图应用范例

对于 CAAC RNP 进近程序，除起始进近航段和中间进近航段采用的运行规范与 RNAV 不相同外，其程序的实施方法与 RNAV 进近程序完全相同。

我国大多数机场在 RNP 进近程序的最后进近航段主用的导航设备为 ILS/DME。在实施 CAAC RNP 进近程序之前，飞行员首先应掌握 RNP 进近图中的关键信息，然后再阅读其他信息。如图 6.6.4 所示，南京禄口国际机场 24 跑道 RNP ILS/DME 进近图中标注的内容为阅读进近图的关键信息。

标注 1：航图标识。本幅航图公布的是 24 跑道的 RNP ILS/DME 精密进近程序。

标注 2：起始进近航路点 IAF。该航路点的名称为 NJ209，航空器飞经此航路点时高度不得低于修正海压高 1 200 m 或由 ATC 指定。

标注 3：起始进近航段中用于转弯的航路点 NJ207。航空器飞经此航路点时高度不得低于修正海压高 900 m。

标注 4：起始进近航路点 IAF。该航路点的名称为 NJ210，航空器飞经此航路点的建议高度为修正海压高 1 200 m。

标注 5：中间进近航路点 IF。该航路点的名称为 NJ205，距离 IGG DME 导航台 9.1 NM，距离 NJL VOR/DME 导航台 8.4 NM，航空器飞经此航路点的建议高度为修正海压高 600 m。

标注 6：最后进近航路点 FAF。该航路点距离 IGG DME 导航台 6.0 NM，距离 NJL VOR/DME 导航台 5.3 NM。

标注 7：NJL VOR/DME 导航台，距离跑道头 1.1 km。

标注 8：IGG DME 导航台，位于跑道旁侧。

标注 9：主机场内的其他跑道。其中主机场用圆形阴影突出显示。

标注 10：复飞初始航段的磁航迹方向。

标注 11：复飞转弯点。该点距离 NJL VOR/DME 导航台 15.0 NM，航空器飞经此点时高度不得低于修正海压高 800 m。

标注 12：复飞磁航迹方向，为 62°。

标注 13：里程分段点。该点距离 MLJ VOR/DME 导航台 8.2 NM，航空器飞经此点时高度不得低于修正海压高 1 500 m。

标注 14：复飞等待程序。为右等待，等待时间 1 min，出航航迹 242°，入航航迹 62°，等待的高度由 ATC 指定。

标注 15：MLJ VOR/DME 导航台，此导航台上空为复飞右等待程序的开始点，航空器复飞至该导航台上空时的建议高度为修正海压高 1 800 m。

标注 16：速度限制文字说明及目视盘旋的要求。等待的最大指示空速不超过 215 kt，起始进近航段的最大指示空速不超过 205 kt，复飞转弯过程中的最大指示空速不超过 205 kt，目视盘旋进近仅适用于跑道的东南方位。

标注 17：注释标注。该注释表示禁止航空器穿越限制边界线南侧，除非 ATC 指令。

标注 18：复飞程序文字说明。向前直线爬升至距离 NJl VOR/DME 导航台 15.0 NM 的修正海压高 800 m 及以上高度，右转保持 62°磁航迹方向爬升至距离 MLJ VOR/DME 导航台 8.2 NM 的修正海压高 1 500 m 及以上高度。爬升至 MLJ VOR/DME 导航台上空修正海压高 1 800 m 处再次实施进近或听从 ATC 指令加入等待程序。

标注 19：过渡高度层与过渡高度文字说明。

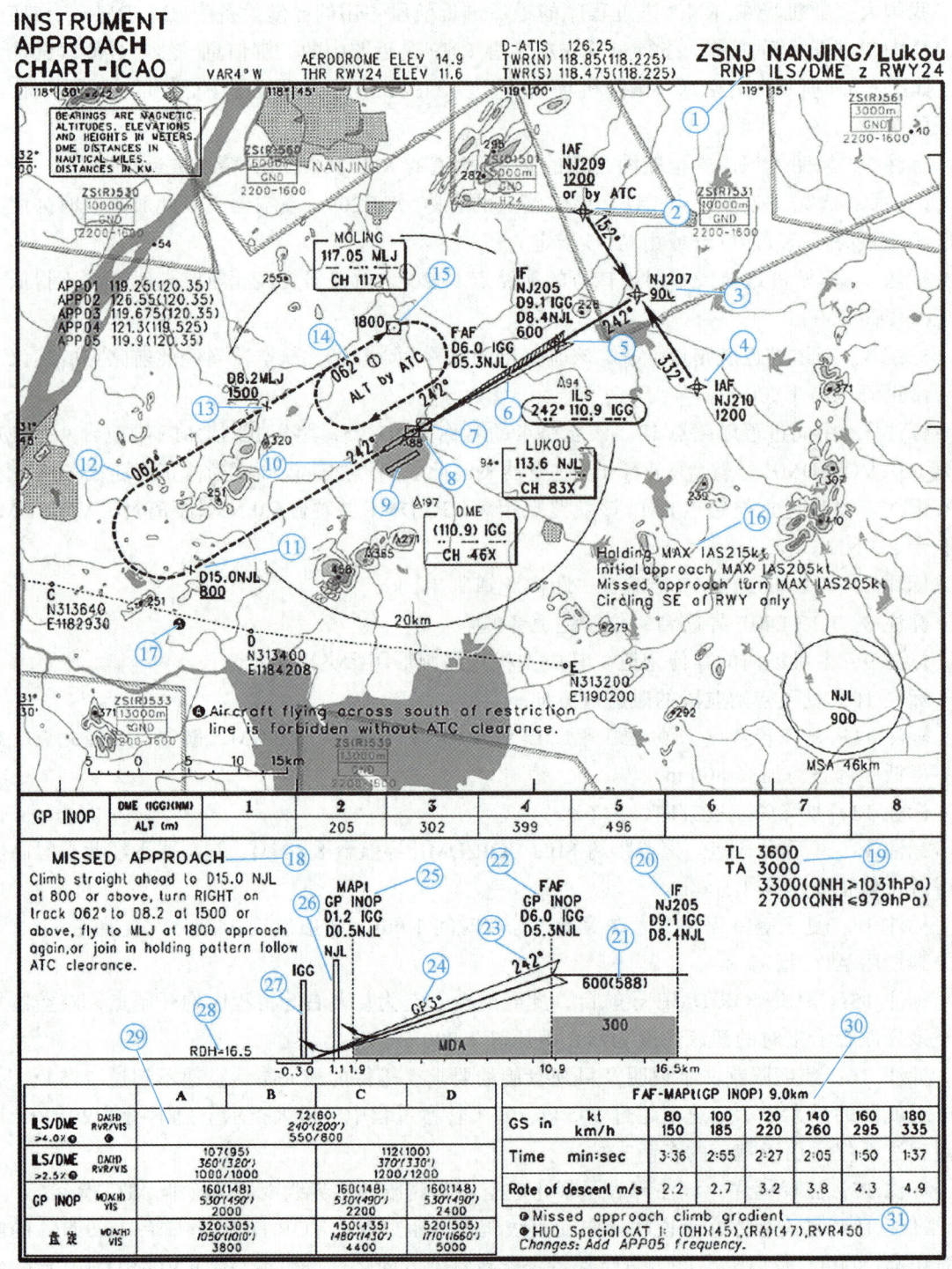

图 6.6.4 RNP 进近图（AIP）

标注 20：剖面图中的中间进近航路点。

标注 21：中间进近航段的平飞高度，为修正海压高 600 m（场压高 588 m）。

标注 22：剖面图中的最后进近航路点 FAF。该点水平方向上距离跑道头 10.9 km。

标注 23：最后进近的磁航迹，为 242°。

标注 24：下滑道角度，为 3°。

标注 25：剖面图中的复飞点 MAPt。该点水平方向上距离跑道头 1.9 km。

标注 26：剖面图中的 NJL VOR/DME 导航台图例及其位置，位于跑道中心延长线上，距离跑道头 1.1 km。

标注 27：剖面图中的 IGG DME 导航台，位于跑道旁侧。

标注 28：跑道入口处的参考基准点高，为 16.5 m。

标注 29：着陆最低标准。根据航空器类型、最后进近航段的下降梯度、下滑道是否工作分别给出了不同的着陆最低标准。同步公布了目视盘旋进近的着陆最低标准。值得注意的是同步给出了以英尺为单位的高度值。

标注 30：地速-下降率换算表格。下滑道 GP 不工作的条件下，最后进近定位点 FAF 至复飞点 MAPt 的距离为 9.0 km。表格分别给出了航空器在不同的地速条件下以及不同的下降梯度条件下，从 FAF 飞至 MAPt 所需要的时间，供飞行员参照。

标注 31：注释解读及本幅航图中的重要修订说明。

复习思考题

1. 杰普逊进近图与 CAAC 进近图在布局上有何区别？
2. 在杰普逊进近航图中，不同的进近程序类别如何在进近航图中进行标注？
3. 在杰普逊进近航图的地速-下降率换算表格中，当航空器的地速与表中所列地速不一致，该如何计算下降率？
4. 在杰普逊进近航图中，最后进近的磁航迹如何在进近航图中进行标注？
5. 在 CAAC 进近航图中，以 AIP 系列航图为例，如何进行等待程序的标注？
6. 在 CAAC 进近航图中，通常会标注哪些运行限制？
7. 仪表进近航图中公布的着陆最低标准通常包含哪些参数？
8. 目视盘旋进近着陆最低标准一般包含哪些参数？
9. 目视进近航图与 CAAC 的标准仪表进近航图在航图数据的标示上有何区别？
10. 请描述图 6.6.4 的 RNP 进近程序执行过程。

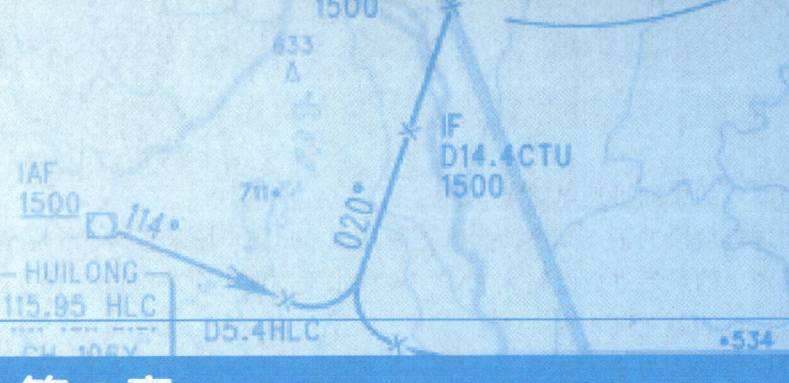

第 7 章
其他终端区航图

前面章节针对终端区涉及的主要航图例如机场图、仪表离场图、仪表进场图以及进近航图进了全面的介绍，下面将主要围绕终端区其他附属航图及其航图要素加以解读。

7.1 机场停机位图

7.1.1 机场停机位图概念

机场停机位图（Airport Parking Chart，APC）是机场图的补充用航图。当航站设施复杂，机场图无法将机场的地面活动信息资料完全标绘清楚时要求提供停机位图，以便向飞行机组提供便于航空器在滑行道和停机位以及停放/停靠之间进行地面活动的详细资料。机场停机位图主要提供停机坪和滑行道的详细信息，以及滑行道连接到停机坪的引导信息。飞行员通过机场停机位图了解机场跑道与机坪、滑行道之间的位置关系，以及机动区冲突多发地带热点（Hot Spot，HS）。其中，HS 是飞行员在滑行过程中需要重点关注的信息。

机场停机位图一般包括停机坪、停机位以及和停机坪相连接的滑行道信息，甚至还包括与之相关的部分跑道。大部分机场都公布有 1 张单独的停机位图，大型机场根据停机位的分布甚至会包含 2 张以上的停机位图，少数机场将停机位图同步公布于机场图的平面图中，并在平面图中用小窗口显示，如图 7.1.1 所示的新疆和田机场。还有少量的机场只公布有机场图，没有公布停机位信息，如乌鲁木齐地窝堡国际机场、齐齐哈尔三家子国际机场、牡丹江海浪国际机场等。

7.1.2 杰普逊机场停机位图布局

杰普逊系列的机场停机位置图一般由标题栏、平面图以及图边注记等构成，其布局如图 7.1.2 和图 7.1.3 所示。标题栏和图边注记的解读方法与机场图一样。平面图主要包含跑道、旅客终端区（候机楼）、停机坪、停机位、滑行道、塔台、机场冲突多发地带 Hot Spot、除冰位置点以及图例说明。其中，停机位信息是重点，一般根据机场实际的停机位数量按比例尺和相对位置逐一标绘，并带有编号。

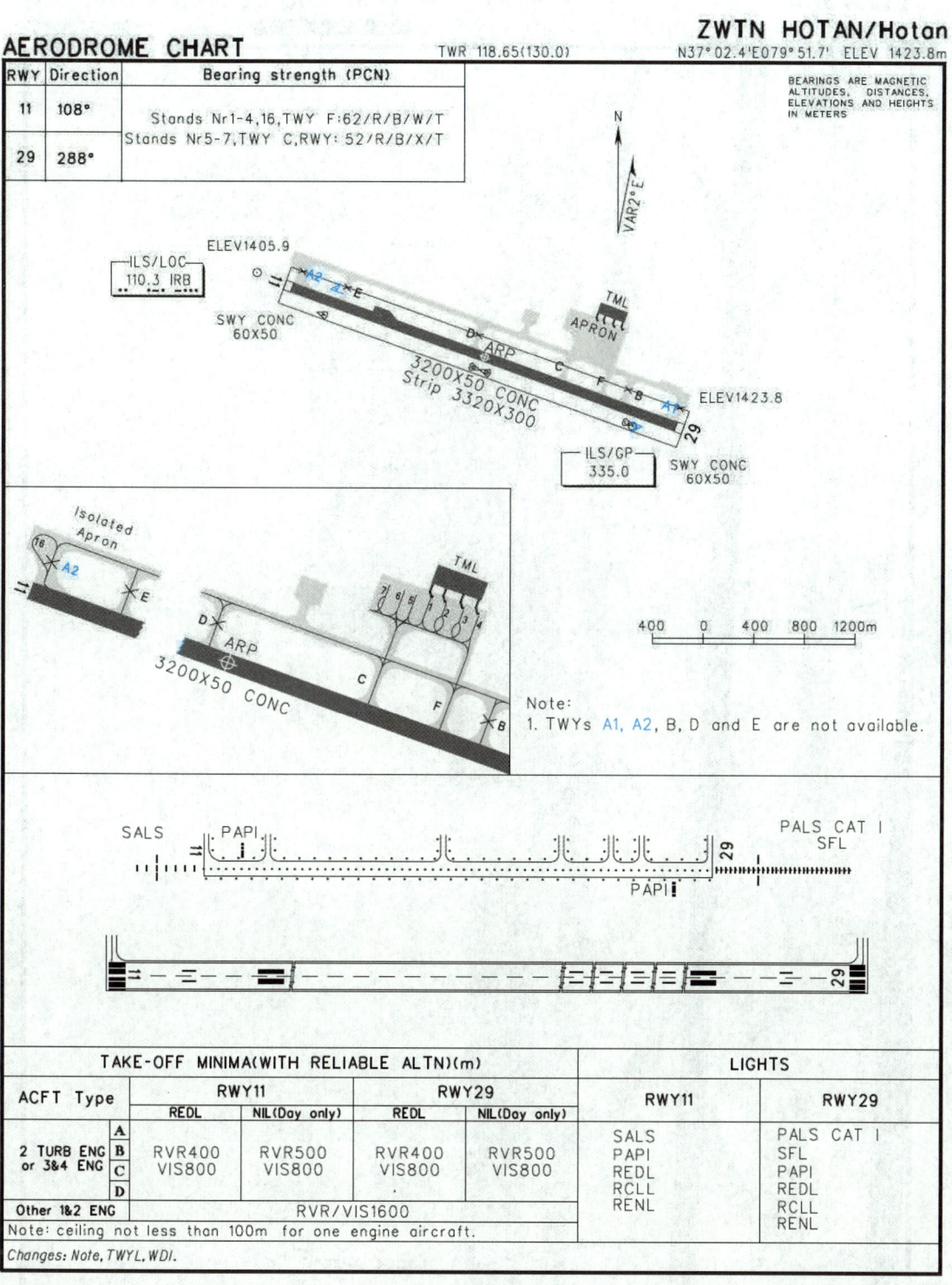

图 7.1.1 机场停机位信息同步公布于机场平面图示例

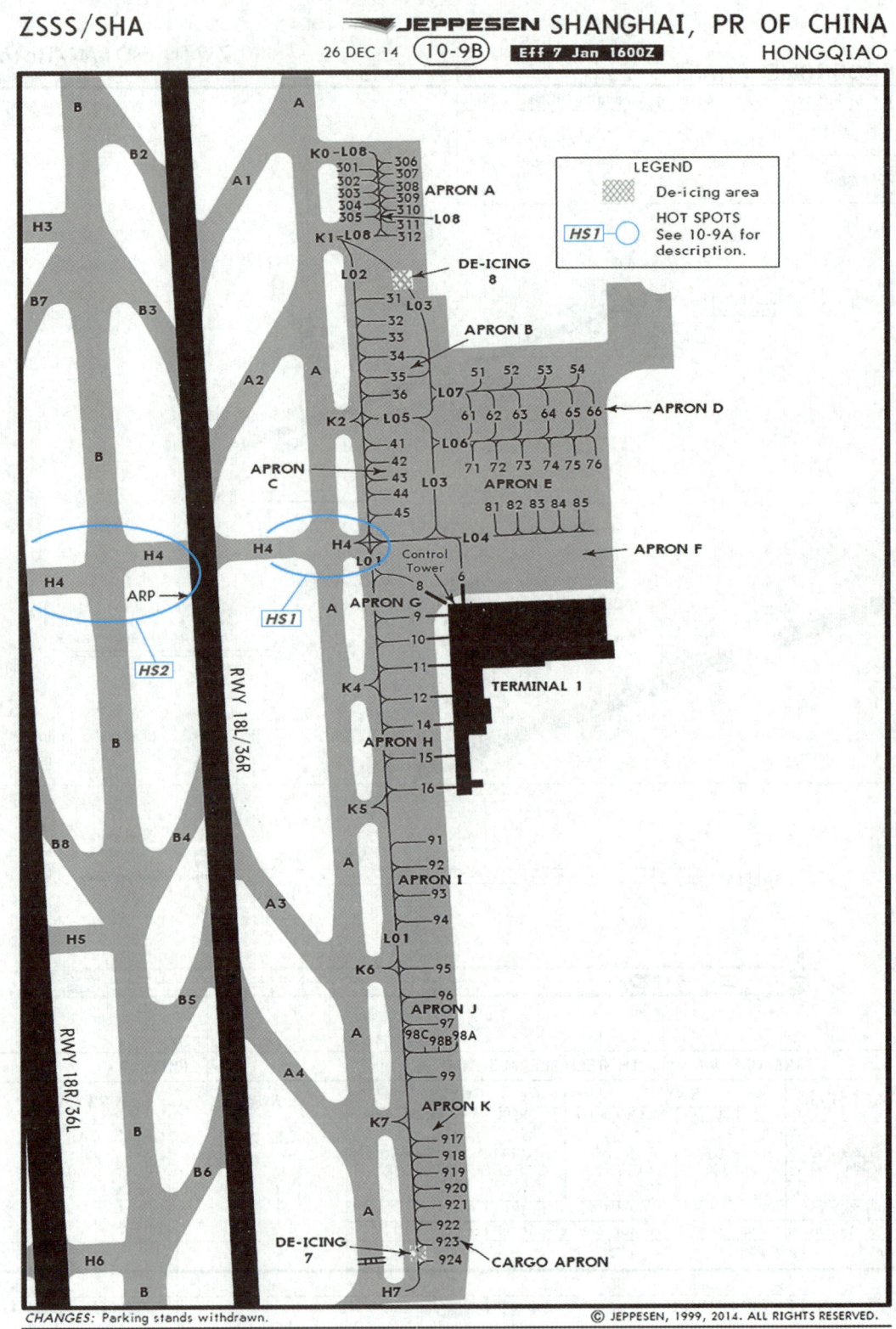

图 7.1.2 上海虹桥国际机场停机位图（一）（JEPP）

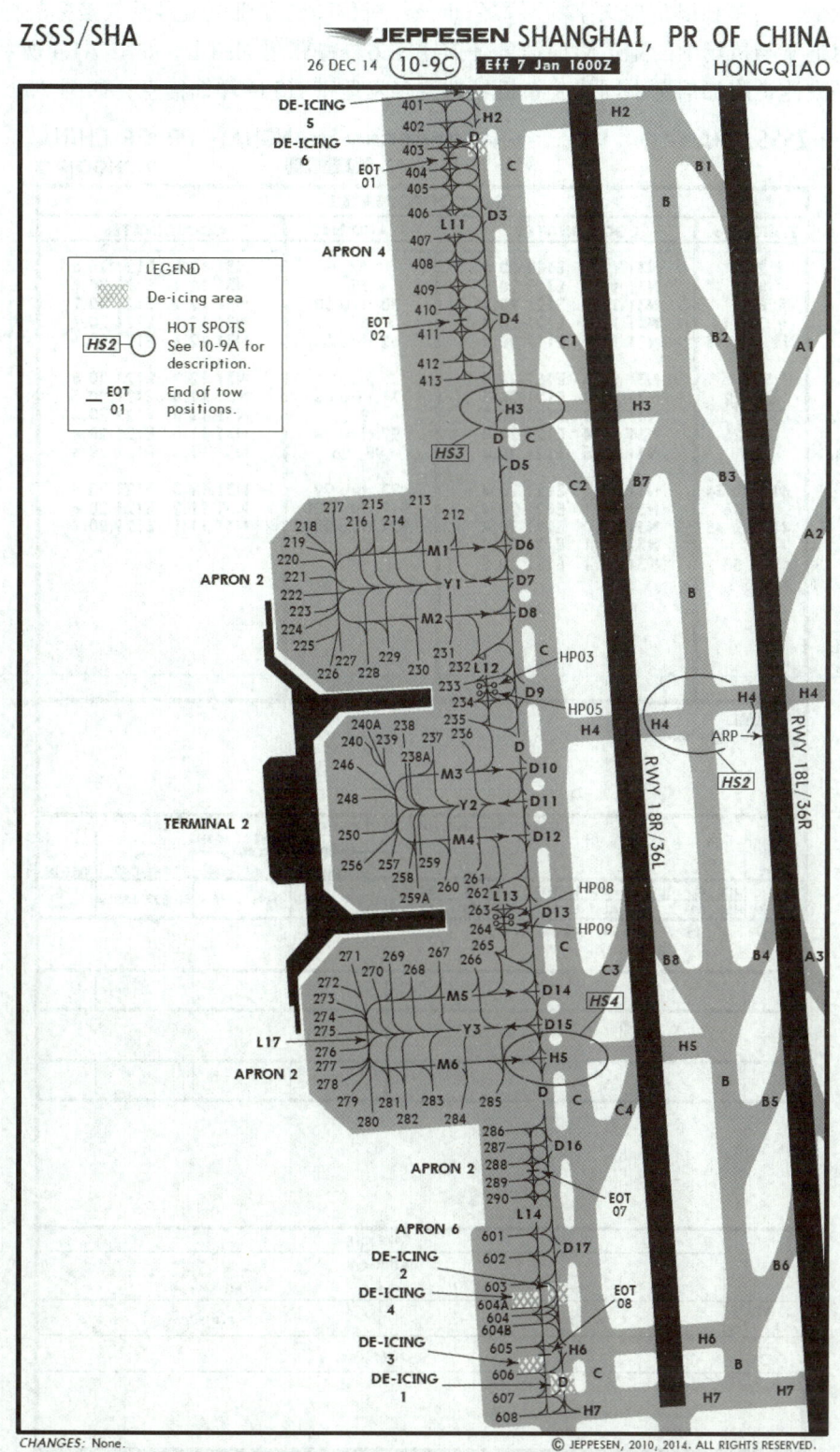

图 7.1.3 上海虹桥国际机场停机位图（二）（JEPP）

有的机场还会单独以附加文字的形式公布该停机位图的停机位编号及其坐标的详细信息。该文字信息通常与机场图的跑道附加信息等描述在另外一张附加图上,如图 7.1.4 所示。部分停机位图会还在跑道附加信息中同步公布机场冲突多发地带 HS 的详细信息,如图 7.1.5 所示。

ZSSS/SHA		JEPPESEN SHANGHAI, PR OF CHINA	
29 JUN 07 10-9A Eff 5 Jul			HONGQIAO
INS COORDINATES			
STAND No.	COORDINATES	STAND No.	COORDINATES
2, 3	N31 11.9 E121 20.6	54	N31 12.1 E121 20.6
4, 5	N31 11.9 E121 20.5	57	N31 12.1 E121 20.7
6, 8	N31 11.9 E121 20.4	58 thru 60	N31 12.2 E121 20.7
9 thru 11	N31 11.8 E121 20.4	61	N31 12.1 E121 20.4
12, 14, 15	N31 11.7 E121 20.4	62 thru 64	N31 12.1 E121 20.5
16	N31 11.6 E121 20.4	65	N31 12.1 E121 20.6
21, 22	N31 12.4 E121 20.3	71 thru 85	N31 12.0 E121 20.5
23	N31 12.3 E121 20.3	91	N31 11.6 E121 20.4
24, 25	N31 12.4 E121 20.4	92 thru 94	N31 11.5 E121 20.4
26	N31 12.3 E121 20.4	95, 96	N31 11.4 E121 20.4
31 thru 34	N31 12.2 E121 20.4	97 thru 99	N31 11.3 E121 20.4
35, 36	N31 12.1 E121 20.4	917 thru 920	N31 11.2 E121 20.4
41 thru 45	N31 12.0 E121 20.4	921 thru 924	N31 11.1 E121 20.4
51	N31 12.1 E121 20.4		
52, 53	N31 12.1 E121 20.5		

GENERAL
Rwy 18 right hand circuit.

ADDITIONAL RUNWAY INFORMATION

RWY		USABLE LENGTHS LANDING BEYOND		TAKE-OFF	WIDTH
		Threshold	Glide Slope		
18	HIRL(50m) CL(30m) ALSF-II TDZ PAPI-L ❶ ❸ RVR	10,499' 3200m	9498' 2895m	10,827' 3300m	190' 58m
36	HIRL(50m) CL(30m) ALSF-II TDZ PAPI-L ❶ ❸ RVR				
❶ angle 3.0° ❷ HST-E3 & E4 ❸ HST-E2 & E1					

	TAKE-OFF	
	All Rwys	
	AL	NIL DA's only
2 TURB Eng or 3 & 4 Eng	R.R 100m	R.R 500m
Other	.IS 1600m	

图 7.1.4　机场停机位图的附加信息一（JEPP）

ZGSZ/SZX   JEPPESEN   **SHENZHEN, PR OF CHINA**
5 SEP 14   (10-9A)   Eff 17 Sep 1600Z   BAOAN

RWY	ADDITIONAL RUNWAY INFORMATION	USABLE LENGTHS — LANDING BEYOND Threshold	Glide Slope	TAKE-OFF	WIDTH
15 / 33	HIRL❶ CL❷ ALSF-II TDZ PAPI-L (3.0°) RVR		10,131' 3088m / 10,145' 3092m	❸	148' / 45m

❶ spacing 60m
❷ spacing 30m
❸ TAKE-OFF RUN AVAILABLE
    RWY 15:   RWY 33:
     From rwy head   11,155' (3400m)   From rwy head   11,155' (3400m)
     Twy A2, C2 int   10,745' (3275m)   Twy C11 int   10,725' (3269m)

RWY					
16 / 34	HIRL (60m) CL (30m) HIALS SFL PAPI-L (3.0°) RVR		11,443' 3488m / 11,440' 3487m	❹	197' / 60m

❹ TAKE-OFF RUN AVAILABLE
    RWY 16:   RWY 34:
     From rwy head   12,467' (3800m)   From rwy head   12,467' (3800m)
     Twy E2 int   11,706' (3568m)   Twy E10 int   11,706' (3568m)

HOT SPOTS
(For information only, not to be construed as ATC instructions.)

HS1   INTERSECTION OF TWYS G, R:
Acft in this area shall observe cautiously, then operate according to ATC clearance and "see and avoidance" rules.

HS2   INTERSECTION OF TWYS D, R:
Acft in this area shall observe cautiously, then operate according to ATC clearance and "see and avoidance" rules.

HS3   INTERSECTION OF TWYS C, C6:
When acft taxiing to TWY C from TWY S or R, pilot shall avoid taxiing into RWY 15/33 via TWY C6 by mistake.

HS4   INTERSECTION OF TWYS E11, E and RWY 34:
When acft taxiing from TWY G to TWY E via TWY E11, pilot shall avoid taxiing into RWY 34 via TWY E11 by mistake.

HS5   INTERSECTION OF TWYS C1, C2 and TWY C, RWY 15:
When acft taxiing from TWY D to RWY 15 via TWY C1 or C2, pilot shall avoid mistaking TWY C as RWY 15.

TAKE-OFF	
All Rwys	
RL	NIL (DAY only)
A B C D RVR *400m* VIS *800m*	RVR *500m* VIS *800m*

CHANGES: Usable lengths.   © JEPPESEN, 2012, 2014. ALL RIGHTS RESERVED.

图 7.1.5   机场停机位图的附加信息二（JEPP）

对于大型机场，通常还会以附加图的形式公布目视停靠引导系统的详细信息，包含 1~5 张图幅不等。例如，南京禄口国际机场专门公布了 2 幅单独的文字型航图用于解读目视停靠引导系统的详细信息，如图 7.1.6 和图 7.1.7 所示。

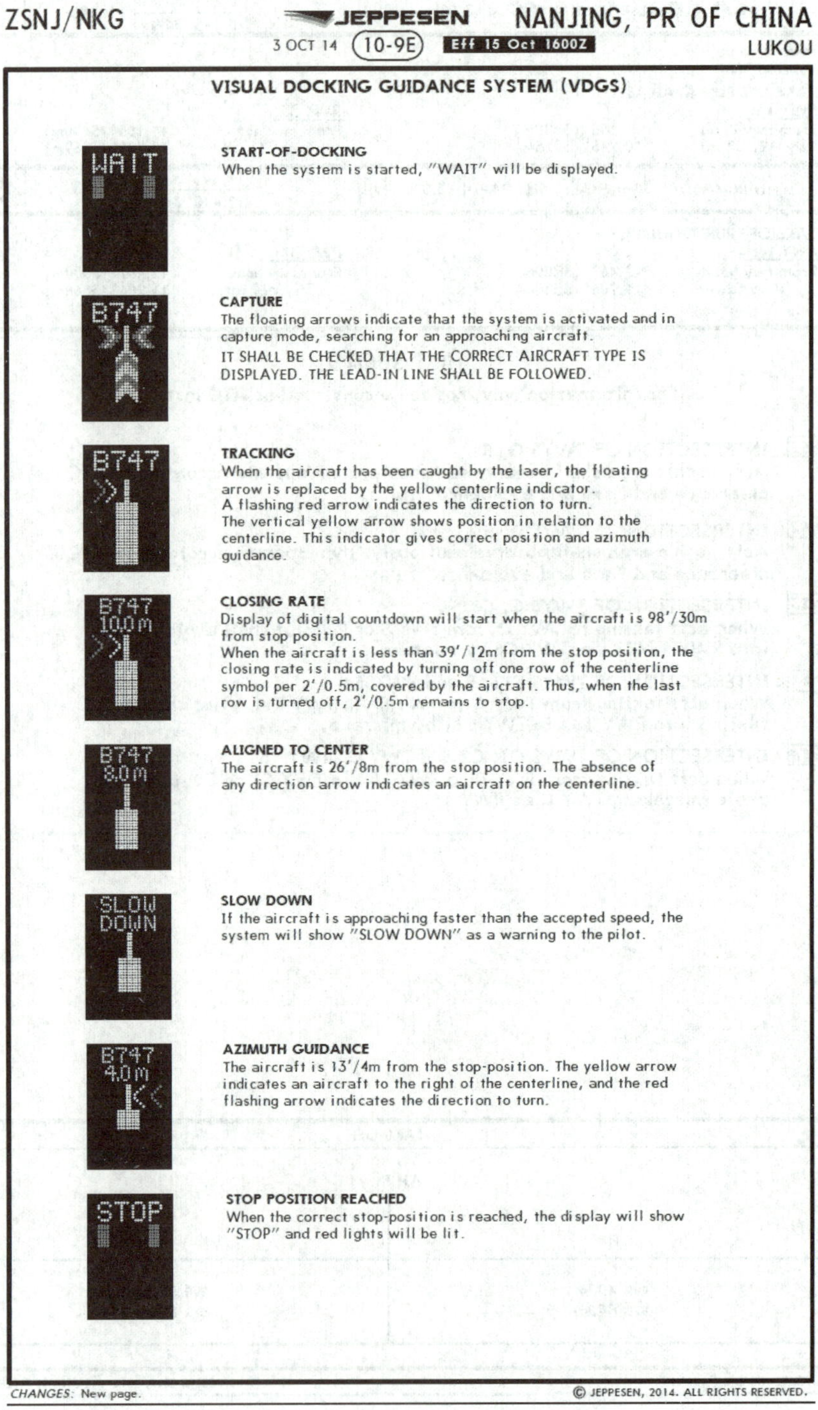

图 7.1.6　南京禄口国际机场的目视停靠引导系统信息一（JEPP）

ZSNJ/NKG　　　JEPPESEN　　NANJING, PR OF CHINA
3 OCT 14　(10-9F)　Eff 15 Oct 1600Z　　　　　LUKOU

VISUAL DOCKING GUIDANCE SYSTEM (VDGS)

DOCKING COMPLETED
When the aircraft has parked, "OK" will be displayed.

OVERSHOOT
If the aircraft has overshot the stop-position, "TOO FAR" will be displayed.

WAIT
If some object is blocking the view toward the approaching aircraft or the detected aircraft is lost during docking close to STOP, the display will show "WAIT". The docking will continue as soon as the blocking object has disappeared or the system detects the aircraft again.
THE PILOT MUST NOT PROCEED BEYOND THE BRIDGE, UNLESS THE "WAIT" MESSAGE HAS BEEN SUPERSEDED BY THE CLOSING RATE BAR.

SLOW
The display will show "SLOW" when the DGS lose the aircraft very near the STOP position or visibility for DGS is reduced.
THE PILOT MUST NOT PROCEED BEYOND THE BRIDGE, UNLESS THE CLOSING-RATE BAR IS SHOWN.

AIRCRAFT VERIFICATION FAILURE
During entry into the stand, the aircraft geometry is being checked. If, for any reason, aircraft verification is not made 39'/12m before the stop-position, the display will first show "WAIT" and make a second verification check. If this fails "STOP" and "ID FAIL" will be displayed. The text will be alternating on the upper two rows of the display.
THE PILOT MUST NOT PROCEED BEYOND THE BRIDGE WITHOUT MANUAL GUIDANCE, UNLESS THE WAIT MESSAGE HAS BEEN SUPERSEDED BY THE CLOSING RATE BAR

GATE BLOCKED
If an object is found blocking the view from the DGS to the planned stop position for the aircraft, the docking procedure will be halted with a "WAIT" and "GATE BLOCK" message. The docking procedure will resume as soon as the blocking object has been removed.
THE PILOT MUST NOT PROCEED BEYOND THE BRIDGE WITHOUT MANUAL GUIDANCE, UNLESS THE "WAIT" MESSAGE HAS BEEN SUPERSEDED BY THE CLOSING RATE BAR.

VIEW BLOCKED
If the view towards the approaching aircraft is hindered, for instance by dirt on the window, the DGS will report a view blocked condition. Once the system is able to see the aircraft through the dirt, the message will be replaced with a closing rate display.
THE PILOT MUST NOT PROCEED BEYOND THE BRIDGE WITHOUT MANUAL GUIDANCE, UNLESS THE "WAIT" MESSAGE HAS BEEN SUPERSEDED BY THE CLOSING RATE BAR.

SBU-STOP
Any unrecoverable error during the docking procedure will generate an "SBU (safety back-up)" condition. The display will show red stop bar and the text "STOP", "SBU".
A MANUAL BACKUP PROCEDURE MUST BE USED FOR DOCKING GUIDANCE.

TOO FAST
If the aircraft approaches with a speed higher than the docking system can handle, the message "STOP (with red squares)" and "TOO FAST" will be displayed.
THE DOCKING SYSTEM MUST BE RE-STARTED OR THE DOCKING PROCEDURE COMPLETED BY MANUAL GUIDANCE.

EMERGENCY STOP
When the Emergency "Stop" button is pressed, "STOP" is displayed.

CHOCKS ON
"CHOCK ON" will be displayed, when the ground staff has put the chocks in front of the nose wheel and pressed the "Chocks On" button on the operator panel.

ERROR
If a system error occurs, the message "ERROR" is displayed with an error code. The code is used for maintenance purposes.

SYSTEM BREAKDOWN
In case of a severe system failure, the display will go black, except for a red stop indicator. A manual backup procedure must be used for docking guidance.

POWER FAILURE
In case of a power failure, the display will be completely black. A manual backup procedure must be used for docking guidance.

CHANGES: New page.　　　　© JEPPESEN, 2014. ALL RIGHTS RESERVED.

图 7.1.7　南京禄口国际机场的目视停靠引导系统信息二（JEPP）

7.1.3 CAAC 机场停机位图布局

我国将机场停机位图作为机场图的补充图，为飞行机组提供航空器在滑行道和停机位以及航空器停放/停靠之间的地面活动的详细资料。CAAC 系列机场停机位图与杰普逊系列所描述的内容相当。

机场停机位图一般采用 1∶50 000 的比例尺进行绘制，可以视为机场图的局部放大。停机位图上标示的大部分航图要素与机场图上的航图要素相同，只是会重点标示停机位置及其编号。一般最上端为标题信息，中间为平面图，下端是本次修订内容说明和图边信息，如图 7.1.8 所示。

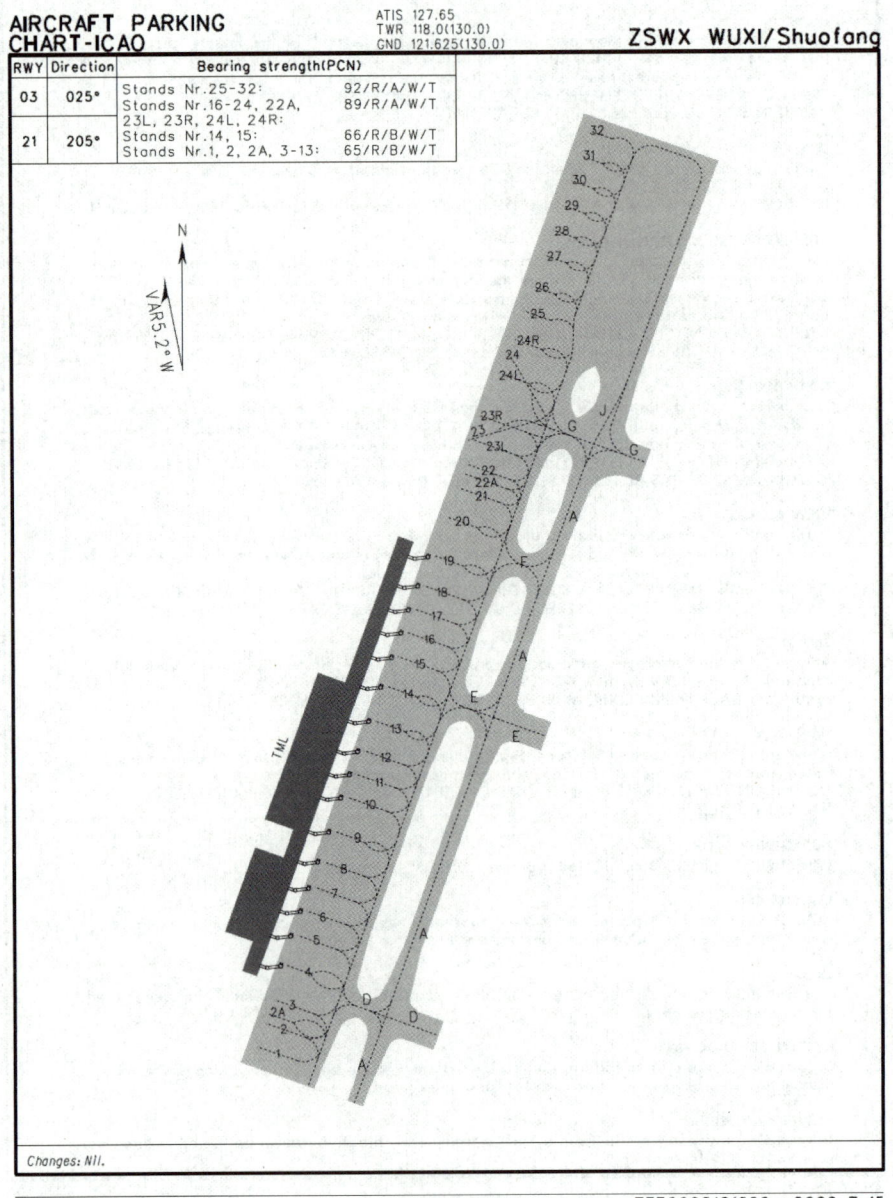

图 7.1.8　无锡硕放国际机场的停机位图（AIP）

标题信息部分左上角为图幅声明,表明为停机位图,中间则为通信列表,涉及的通信主要有 ATIS、塔台管制、地面管制等,右上角则为机场名称和机场所在地名。

平面图主要包含磁差、候机楼、滑行路线、滑行道、停机位以及停机位道面强度报告、注释信息、图例说明等内容。

本次修订内容说明以修订摘要的形式给出本停机位图中发生变化的内容。

图边信息主要标注该机场停机位图的机场 ICAO 代码、图幅编号、出版单位、生效时间和出版日期。

对于大型机场,可能会根据不同跑道公布出多幅停机位图用于详细描绘停机位的信息,如北京首都国际机场。同时,还会以附加图的形式公布目视停靠引导系统的详细信息或停机位运行限制要求,包含 1~5 张图幅不等,如南京禄口国际机场专门公布了 2 幅单独的文字型航图,用于解读机动区冲突多发地带运行要求的详细信息,如图 7.1.9 和图 7.1.10 所示。

图 7.1.9 南京禄口国际机场的停机位附加图一(AIP)

AERODROME CHART　　　　　　　　　　ZSNJ NANJING/Lukou

机动区冲突多发地带运行要求
HOT SPOT PROCEDURE

机动区冲突多发地带位置见ZSNJ AD2.24-1A, AD2.24-2：
Refer to ZSNJ AD2.24-1A, AD2.24-2 for Hot Spots location.

为减少运行差错，降低地面冲突和跑道入侵事件的发生概率，在机场机动区内运行的航空器需严格按照下述的要求运行。

For the purpose of reducing errors that lead to ground conflicts and runway incursions, aircraft operating within the maneuvering area of Nanjing airport must follow the requirements below:

HS4：C9区域

D滑转向C9滑的航空器，应当尽快穿越C滑行道；C滑上向西滑行的航空器，穿越C9滑前，注意观察右侧C9上航空器位置，确认无影响后，方可穿越C9滑。

HS4: C9

After taxi to TWY C9 from TWY D, aircraft shall taxi across TWY C as soon as possible, then taxi into apron.
Before taxi across TWY C9, aircraft taxiing to west on TWY C shall pay attention to aircraft txiing on TWY C9, then make safty and continue to taxi across TWY C9.

HS5：Q6与C之间的N，P，Q

Q6滑上向西滑行的航空器，穿越Q滑前，注意观察左侧Q滑上航空器位置，确认无影响后，方可穿越Q滑；
Q6滑上向西滑行的航空器，加入P滑前，注意观察左侧P滑上航空器位置，确认无影响后，方可加入P滑；
P、Q滑上向北滑行的航空器，穿越C、Q6滑前，注意观察右侧航空器位置，确认无影响后，方可穿越；
N滑上向南滑行的航空器，穿越C、Q6滑前，注意观察附近航空器的位置，确认无影响后，方可穿越。

HS5: TWY N,P,Q(BTN Q6&C)

Before taxi across TWY Q, aircraft taxiing to west on TWY Q6 shall pay attention to aircraft taxiing on TWY Q, then make safty and continue to taxi across TWY Q.
Before enter TWY P, aircraft taxiing to west on TWY Q6 shall pay attention to aircraft taxiing on TWY P, then make safty and continue to taxi across TWY P.
Before taxi across TWY C and Q6, aircraft taxiing to north on TWY P and Q shall pay attention to aircraft taxiing on TWY, then make safty and continue to taxi across.
Before taxi across TWY C and Q6, aircraft taxiing to north on TWY N shall pay attention to aircraft taxiing on TWY, then make safty and continue to taxi across.

Changes: page number.

ZSNJ AD2.24-2C　　　中国民用航空局CAAC　　　EFF1708161600　　　2017-7-15

图 7.1.10　南京禄口国际机场的停机位附加图二（AIP）

在机场停机位图中，平面图是重点。以广州白云国际机场 T2 航站楼为例，如图 7.1.11 所示，其解读及其使用如下：

从图 7.1.11 可以看出，各个近机位登机口对应相应的停机位位置。T2 航站楼登机口的命名与机位编号一一对应，登机口的后三位数字直接等于机位编号，这样便于使用。例如，登机口 B168 代表该航班的停机位为 168，乘坐该航班时，只需知道登机口编号便可知道机位位置，方便旅客更快确定航空器的方位，寻找捷径，快速找到将要搭乘的飞机。机位中的 147、149、154、155 可供空客 A380 停靠，编号中含 L/R 的为可转换机位。151、152、158、160、165～168、173、254、255、271、272、277～279 可供波音 777 停靠。波音 777 为宽体客机，乘坐该宽体客机的旅客只需在这几个机位寻找当班飞机停靠的位置，从而缩小寻找登机口的范围。

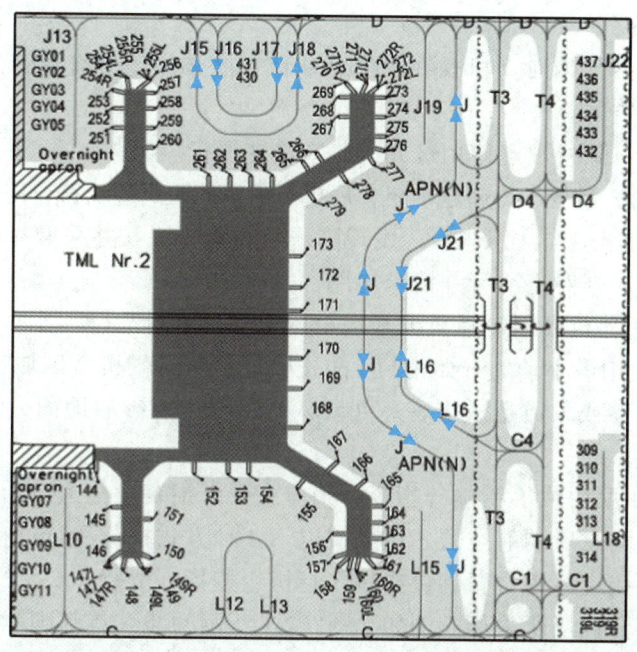

图 7.1.11　广州白云国际机场的机场停机位图平面图（AIP）

7.2　滑行路线图

7.2.1　滑行的相关概念

滑行指航空器起飞前和降落后的滑动过程。航空器在机场需要滑行是因为停机位和起飞跑道位置之间通常会有一段距离，特别是大型机场，停机位可能距离跑道很远，航空器往往需要转几个弯滑行过去。航空器在跑道上的滑行是一个直线加速到起飞速度，然后脱离地面进行后续爬升加入航线的过程。

航空器在机场范围内滑行时必须遵守以下滑行基本规则：

（1）航空器的地面滑行只允许该型飞机的驾驶员操作执行，并且操作滑行的驾驶员应满足：① 对驾机滑行完全胜任；② 有资格使用无线电通信；③ 曾接受过关于机场布局、路线、标记、标志、灯光、空中交通管制信号与指令、术语与程序等方面的指导，并能够遵守机场航空器活动安全运行标准的要求。

（2）航空器起动滑行时必须获得塔台空中交通管制员许可，服从管制员的滑行指挥，按飞行规则主动避让有滑行冲突的航空器。

（3）滑行时，飞行机组有责任与前机保持安全距离。

（4）应当按照指定路线滑行，在安排滑行路线时航空器不得对头滑行。

（5）除快速脱离外，航空器滑行速度不得超过 50 km/h，机坪拥挤区飞行机组应保持要求的滑行速度（最大 15 kt），直线滑行速度应不大于该机型《机组操作手册》所规定的最大滑行速度。

（6）滑行时不得用大速度转弯或者完全刹住一个（组）机轮转弯。

（7）除特殊机型、特殊情况并经局方在《运行规范》中批准外，不允许使用航空器反推力倒退滑行。

（8）需要通过着陆地带时，机长在滑进着陆地带前必须经过塔台管制员许可并判断确认没有起飞、降落的航空器。

（9）夜间滑行时，除按规定使用灯光外，应慢速滑行。

（10）跟进滑行时，后机不得超越前机，后机与前机的距离应当符合尾流安全间隔规定。

（11）滑行中，机组应当注意观察，发现障碍及时报告机长并采取有效措施。如果对与障碍物的间隔有怀疑，应当停止滑行并请求协助。

（12）不允许超过停机坪限制重量或最大机型松刹车重量滑行。

（13）应尽可能使用最小动力开始滑行，防止喷气尾流对候机楼区域造成伤害。加油门时，注意不得对其他航空器或人员造成伤害。如果认为滑行可能影响地面人员和附属设施安全，可申请牵引航空器。

（14）如果遇到不明白或不明确的指令，则应当要求指令发出人员给予解释。

对于完成进近着陆之后的航空器，主要按以下 3 种方式执行滑行过程：

（1）航空器脱离跑道后塔台管制员指示飞行机组按指令滑行。

此种方式为大部分机场所采用。例如，图 7.2.1 所示的北京首都国际机场滑行路线图，字母和数字的组合 E6 为滑行道代码，三位数字 536 为停机位。航空器落地后管制员告知飞行员滑行路线代码和停机位，例如"E6、H、Y1、536"，则飞行员按照滑行路线图操纵飞机滑行到停机位 536。其中，滑行道代码在机场地面上有标志牌，飞行机组人员可以根据地面标志牌完成滑行过程。

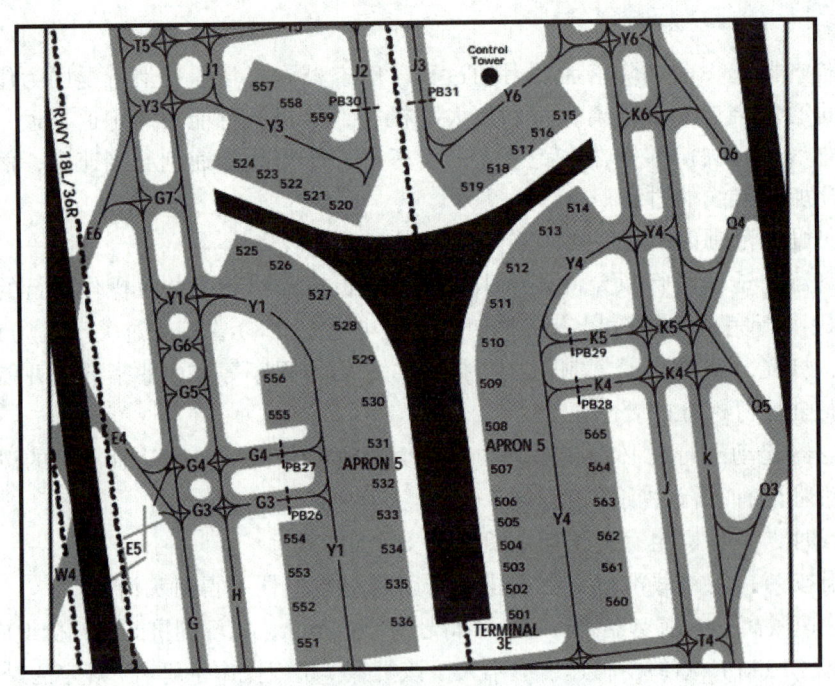

图 7.2.1 北京首都国际机场的滑行路线图（AIP）

（2）航空器滑出跑道后飞行员根据滑行平面图指示自行滑行至停机位。

此种方式适用于公布有滑行路线图的机场，如图 7.2.2 所示的杭州萧山国际机场的滑行路线图，飞行机组完全可以根据"ROUTE"标识和箭头指向操纵飞机滑行至停机位。

（3）航空器接地脱离跑道后由引导车引导到位。

此种方式在中大型机场比较常见。航空器由一辆机动车进行前方引导直到到达停机位。例如，我国大连周水子国际机场、青岛流亭国际机场等。这些机场的停机位通常有几十个，都需要采用橙黄色的小汽车作为引导车到达停机位。该引导车车身后部标有醒目的"FOLLOW ME"或顶端用液晶屏显示"FOLLOW ME"，如图 7.2.3 所示。

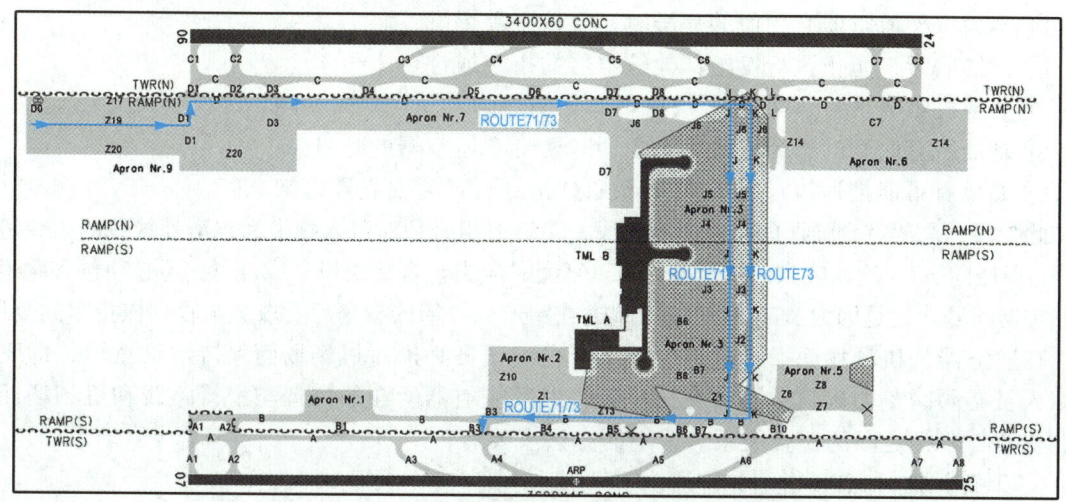

图 7.2.2　杭州萧山国际机场的滑行路线图（AIP）

图 7.2.3　黄色滑行路线引导车（AIP）

7.2.2　滑行程序执行过程

飞机机组在做地面领航准备时需要制定滑行程序，全面周密的滑行程序对于保障滑行安全至关重要。对于飞机机组人员而言，滑行程序涉及的主要内容有：

（1）根据自动终端情报服务 ATIS、航空情报 NOTAMS、机场图以及有关机场的最新运行经验预测滑行路线。

（2）离场时，在滑行前制订滑行计划；进场时，在着陆前制订滑行计划。

（3）机组人员需在离港前和进港前着重研究所选定机场的平面图。

（4）滑行过程中需要随身携带相应的机场图，以便制作滑行计划和滑行过程中随时查阅。

（5）对照机场图或滑行路线图，检查预测滑行路线是否正确，尤其要注意复杂的交叉口，如滑行路线上有2条以上的交叉道口。

（6）明确滑行过程中应该注意"抬头"观察的时刻，如在复杂的交叉处转弯时或穿越交叉跑道时。

（7）飞行机组人员在收到地面管制的滑行指令后需尽快核实指定的滑行路线。

当机组人员收到滑行指令时，应当：

① 记录滑行指令，特别是复杂的指令，以防止忘记指令。
② 监听发给其他航空器的ATC指令或许可。
③ 当另一架航空器有相似的呼号时，要特别警惕。
④ 仔细监听，防止执行发给其他航空器的指令或许可。
⑤ 如果机组人员对ATC指令或许可有任何疑问，应当立即询问。
⑥ 复诵所有收到的指令或许可，复诵时要带有航空器的呼号。
⑦ 如果有可能推迟执行或不能执行ATC指令时，需要立即告知ATC。

此阶段，需要特别强调的是在滑行阶段，飞行机组必须对进入跑道和跑道外等待的指令进行复诵，以便向ATC确认收到的指令或许可。复诵时应当包含整条指令或许可，还必须包含跑道号和航空器呼号。这是因为ATC发出进入跑道或跑道外等待的指令后要求必须收到该指令的复诵。

在航空器的机场场面滑行过程中，飞行机组人员必须对机场场面保持情景意识，即飞行机组人员必须时刻明确航空器所在的位置，以及航空器所在的位置与滑行路线和机场场面其他航空器与车辆之间的位置关系。采用的方法主要有：

① 理解并执行ATC指令和许可。
② 使用机场图。
③ 了解机场目视助航设施的含义，如机场标志、标记牌和灯光。
④ 监听无线电通话，使用机场图帮助确定机场其他航空器和车辆的位置。
⑤ 避免分散注意力。
⑥ 使用航空器灯光来指示位置和意图。
⑦ 当航空器滑行时，将"低头"活动减少到最低限度。

如果在滑行过程中，飞机机组无法确认航空器在机场活动区内的位置，则应保证不停留在任何跑道上，而应当立即停止滑行，并立即告知ATC，请求进一步的滑行指令。

当夜间和低能见度情况下，在跑道上滑行时应当格外小心，并尽量利用机场图、机场标志、标记牌、机场灯光、航向仪等确保航空器沿指定滑行路线滑行。

当接近使用跑道的进入点时，需要确定是执行跑道外等待的指令还是进入或穿越跑道的指令。

对于接地的航空器，即使在收到滑行许可的情形下，也需要在进入跑道或穿越跑道前扫视整个跑道和进近区，以避免滑行冲突。

航空器着陆后，飞机机组人员在脱离滑行道并与其跑道口交叉时应当尽可能地集中注意力。在没有ATC许可的情况下，脱离着陆跑道后不得滑行进其他跑道，也不接受塔台临时改变滑行方向的指令，且在着陆后完全脱离跑道前不允许进行不必要的通话或操作。

对于离场的航空器，由于交通流量或其他原因不能立即发布起飞许可时，ATC使用"进入跑道等待"指令。该指令中应当告知推迟起飞的原因，如有离场航空器、尾流或交叉跑道上的冲突情况等。如因有前机着陆未脱离跑道而推迟起飞，ATC必须告知机组人员该跑道上的实时交通情况，包括是否许可其他航空器在该跑道上着陆、连续起飞、全停然后起飞或进行无限制的低高度进近等，同时需要告知下一着陆航空器当前着陆跑道上的等待情况。

飞行机组人员收到"进入跑道等待"指令时应当格外小心，特别是在夜间或低能见度情形下。在进入跑道前应当：

① 扫视整个跑道。

② 仔细观察是否有航空器进行最后进近或着陆滑跑。

进入跑道等待时，飞行机组人员还应当注意其他交通状况和相关航空器的位置并计时，以免在跑道上久留。

如果飞行机组被告知或看到推迟起飞的原因不存在，则会收到起飞许可的指令。如果在收到"进跑道等待"指令后，在合理时间内没有收到起飞许可，则应当立即联系 ATC。

当 ATC 发出在联络道"进入跑道等待"，则使用联络道编号执行部分跑道起飞许可。如果在同一时间段内，航空器需要既使用全跑道起飞又使用部分跑道起飞，则在 ATC 的起飞许可指令中使用"full-length"短语。

7.2.3　滑行路线图应用实例

滑行道以字母或字母加数字的形式进行命名。对于有滑行道的机场，滑行道边上一般都配置有滑行道标志灯箱。机组接地之后通过无线电联系地面管制获取滑行信息，包括滑行道、是否穿越跑道、是否等待避让其他航空器以及停机位信息。机组根据地面管制的信息，结合机场滑行路线图和滑行道边上的灯箱标识来确认滑行路线，或跟随"Follow Me"引导车滑行入位。

由于杰普逊系列航图中一般不公布滑行路线图，但我国大型机场几乎都会在公布停机位图的同时至少公布 1 幅标准滑行路线图，且标准滑行路线图以机场图为基础绘制。本小节以上海虹桥国际机场为例进行滑行路线的实施过程解读。

上海虹桥国际机场的机场图和停机位图分别如图 7.2.4 和图 7.2.5 所示。图 7.2.6～图 7.2.10 列出了上海虹桥国际机场的标准滑行路线图，其中包含 3 幅低能见度条件下的标准滑行路线图。

正常情况下，飞行机组人员可以以上述公布的标准滑行路线图为参考基准完成滑行过程，其他情况下则根据管制指令完成相应的滑行过程。

以上海虹桥国际机场的机场图 7.2.4 为基础，假设东机坪的停机位航空器使用 36L 跑道起飞，该航空器在停机位上推出并启动发动机后，塔台管制员根据机坪上的航空器交通状况规划出地面滑行路线。例如，出港航班全部在推开后滑到主滑 C 后一起滑向 36L 跑道头的 H7 联络道排队等待进跑道起飞。

当 H7 联络道上的航空器出现故障或者比如有特殊原因无法及时起飞，则跟进的航空器从与 H7 平行的 H6 联络道进入 36L 跑道起飞，此为减距离起飞（intersection departure）。

如果使用 H6 联络道进入 36L 跑道起飞，ATC 需提前告知机组从 H6 进入跑道后的可用滑跑距离 TORA，以便机组计算航空器的起飞性能和 V1。

当航空器在使用 36L 跑道起飞过程中遭遇中断起飞等事件时，若航空器滑行停止得早，则利用 C4、C3 脱离跑道。若滑行停止得晚，则利用 C2、C1 脱离跑道。其中，编号 C4、C3、C2、C1 称为快速脱离道。

当使用 36L 跑道降落时，航空器减速停下来后一般使用 C1、C2 脱离跑道。同理，C3、C4 为利用 18R 跑道供中断起飞和落地的航空器快速脱离。

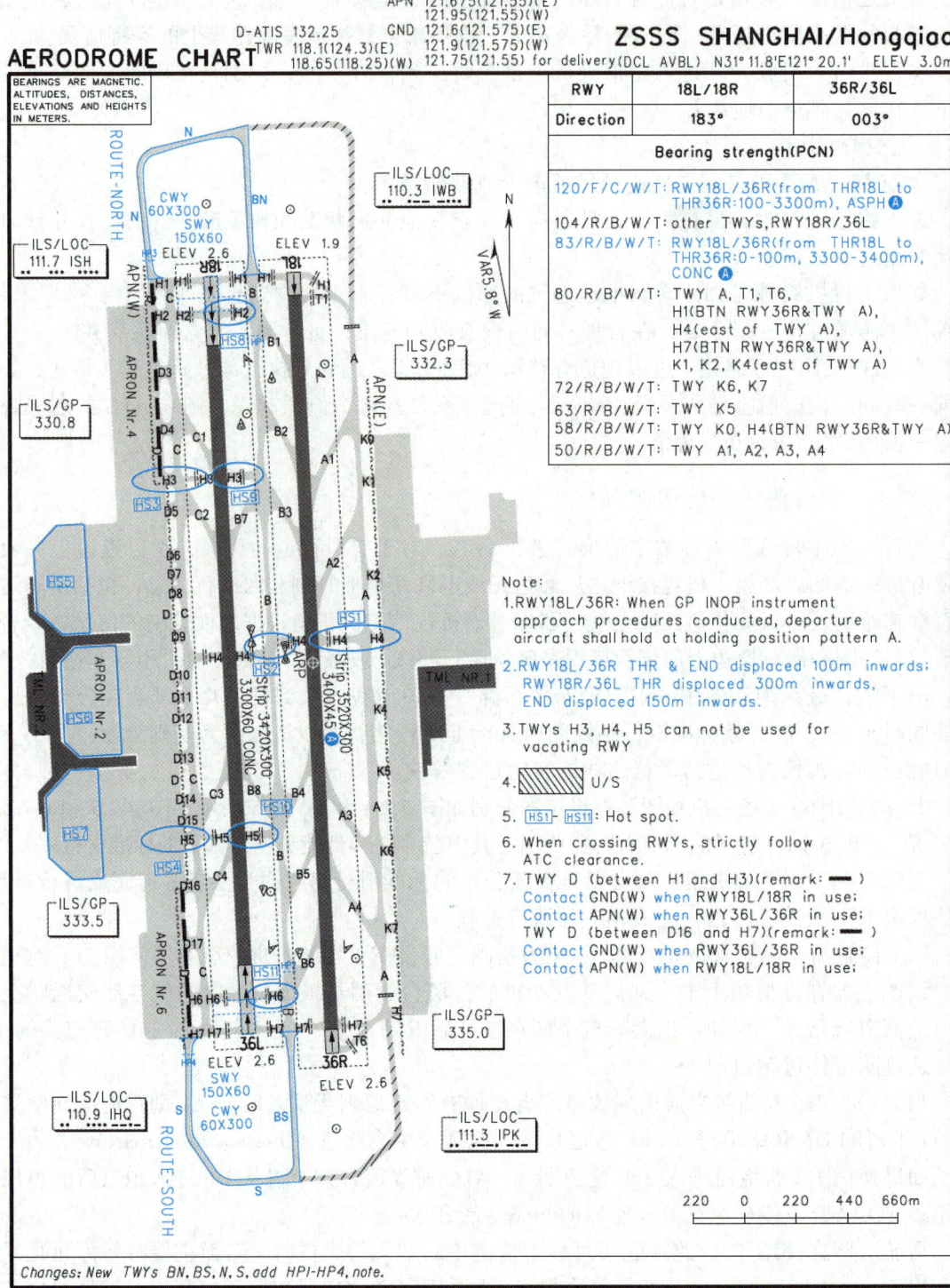

图 7.2.4 上海虹桥国际机场的机场图(AIP)

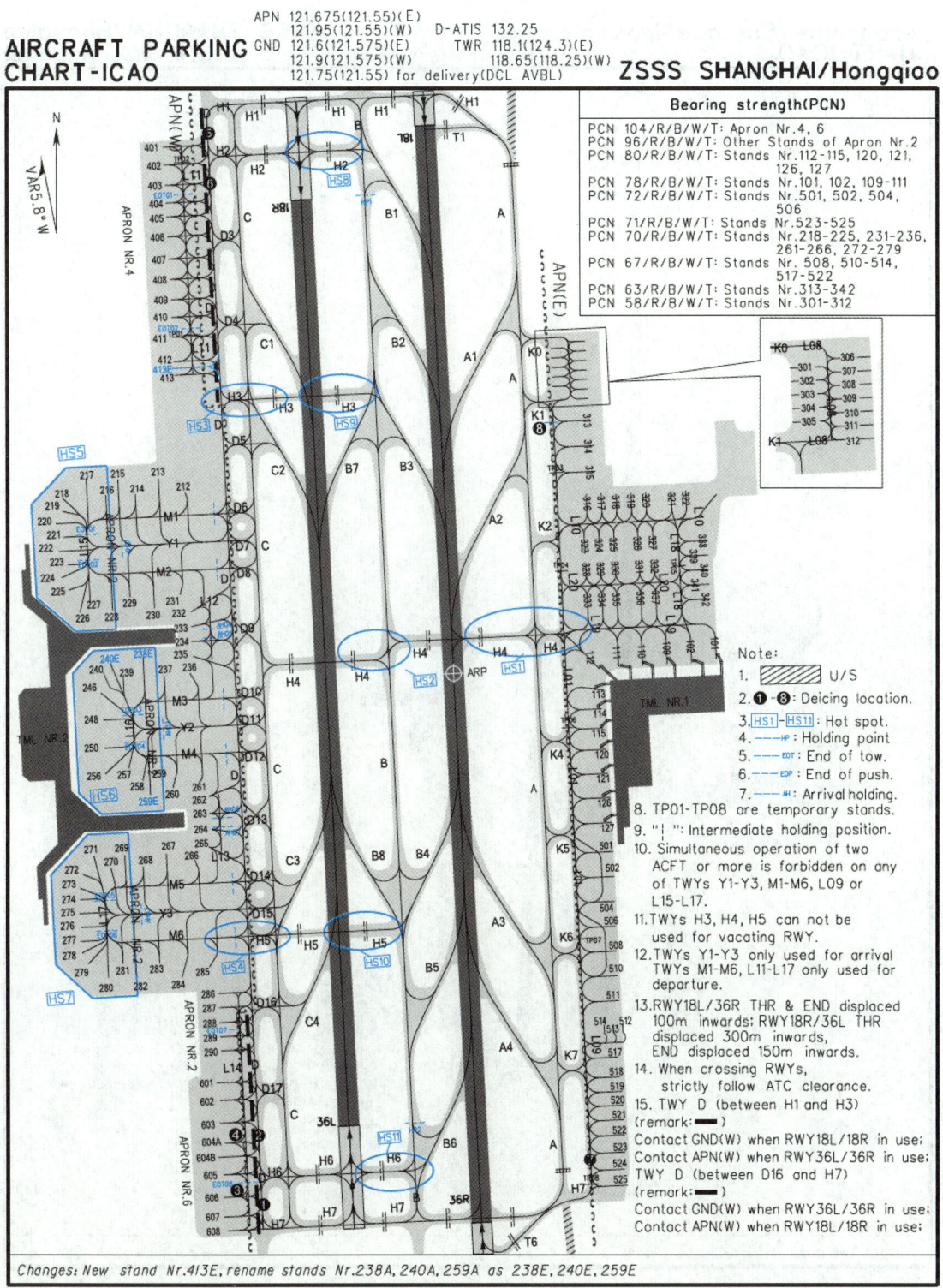

图 7.2.5 上海虹桥国际机场的停机位图（AIP）

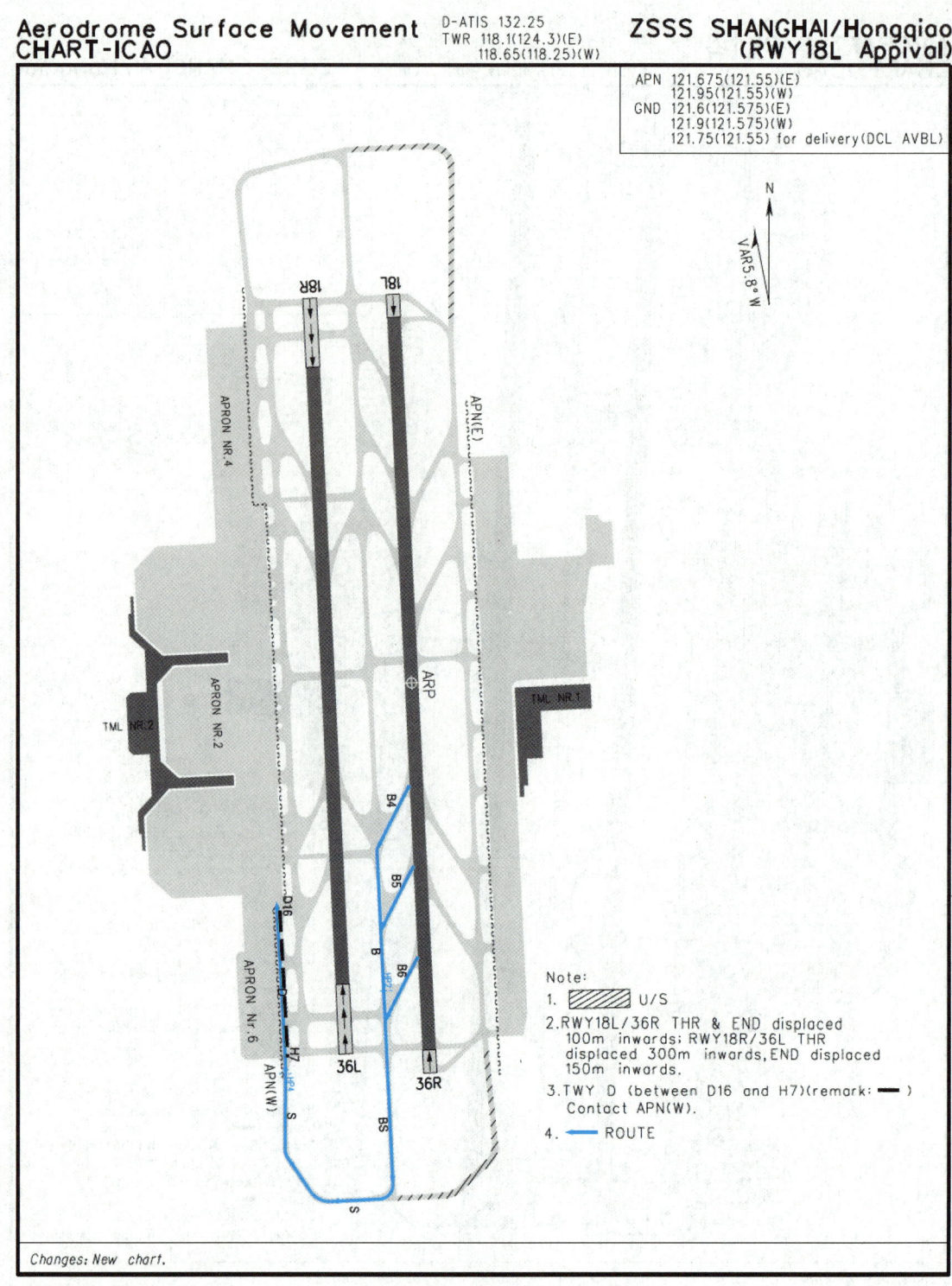

图 7.2.6 上海虹桥国际机场的滑行路线图（一）(AIP)

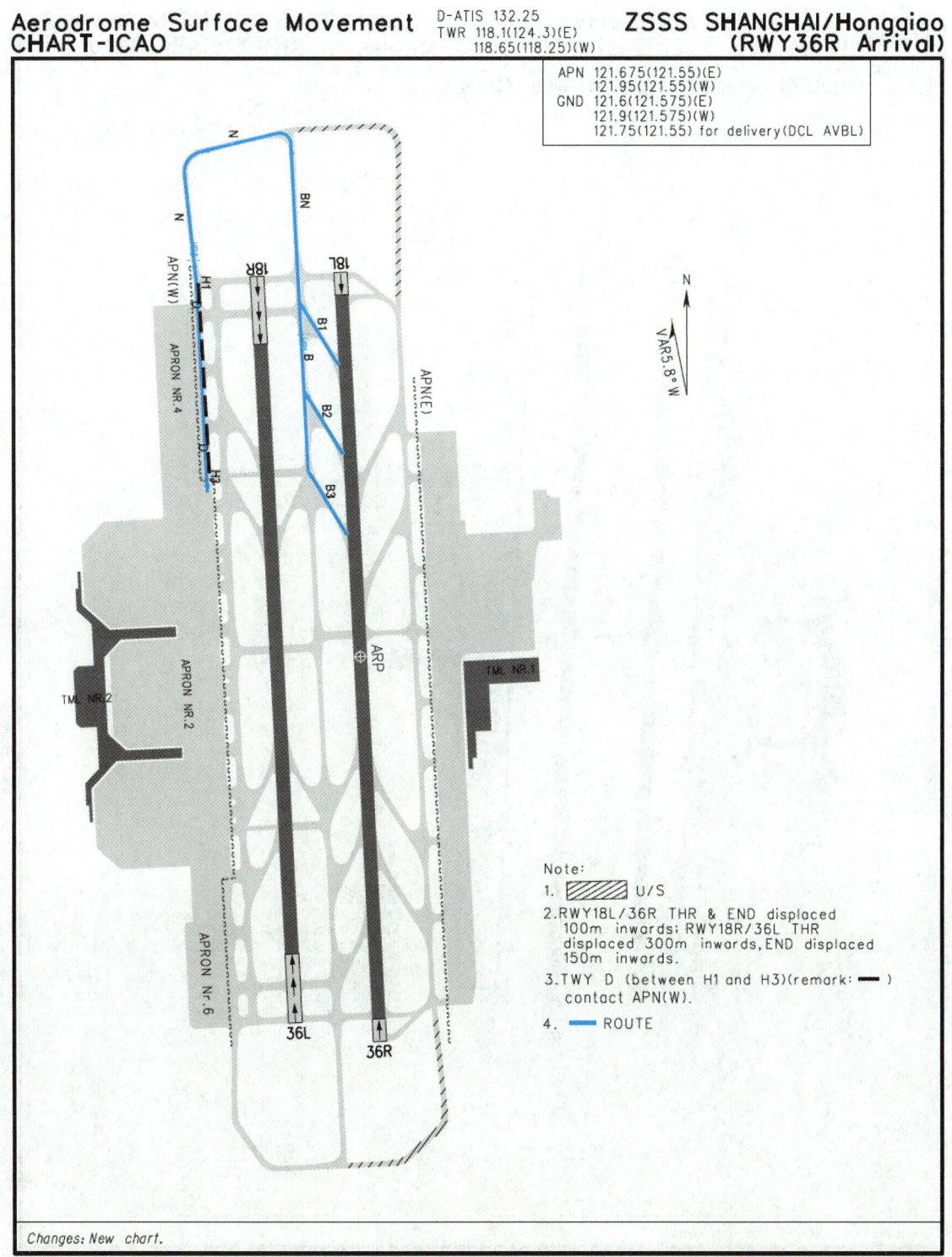

图 7.2.7 上海虹桥国际机场的滑行路线图（二）（AIP）

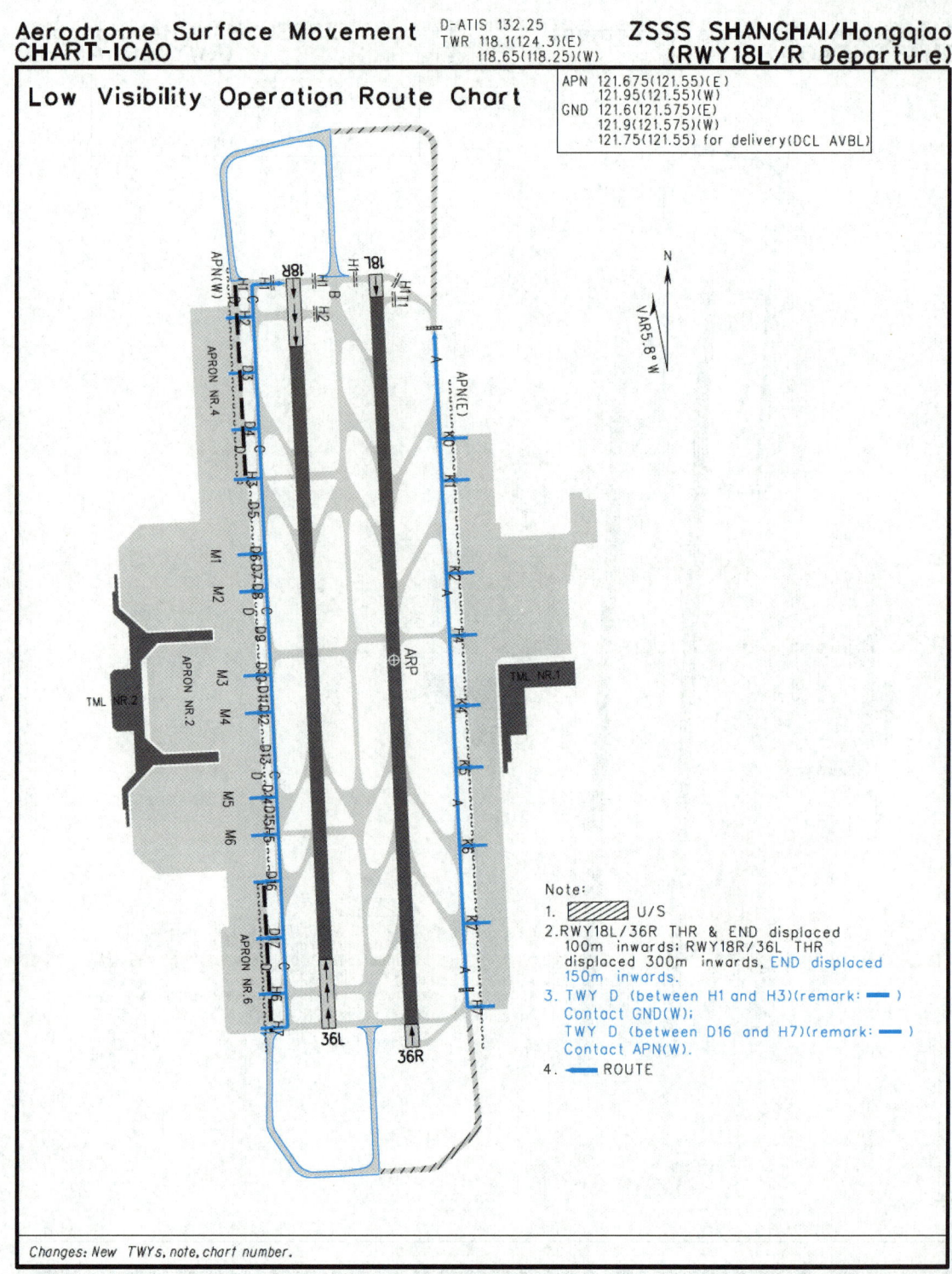

图 7.2.8 上海虹桥国际机场的滑行路线图（三）（AIP）

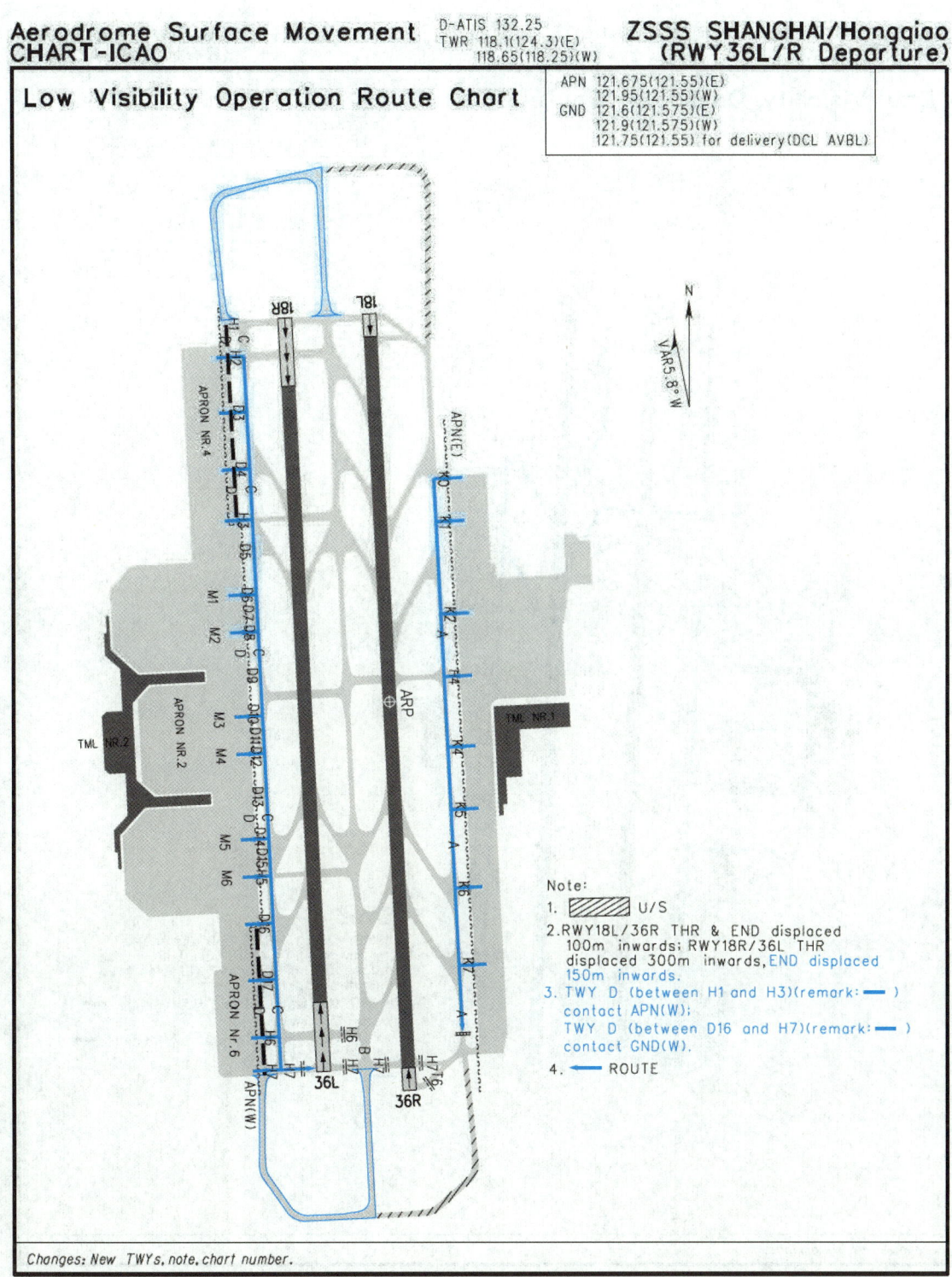

图 7.2.9 上海虹桥国际机场的滑行路线图（四）（AIP）

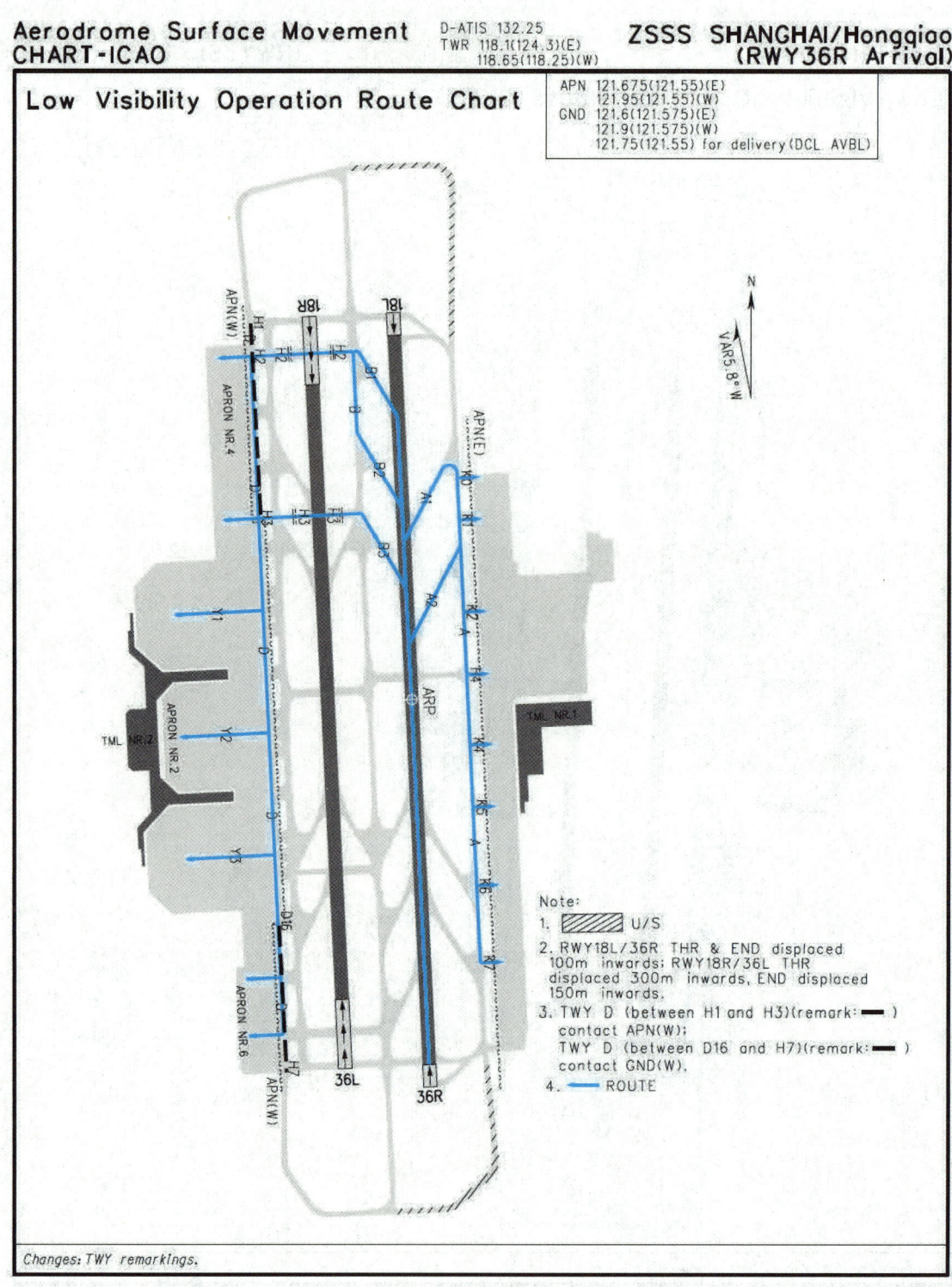

图 7.2.10 上海虹桥国际机场的滑行路线图（五）（AIP）

若航空器降落时因拉飘冲出跑道太远而错过了 C1、C2，则使用跑道末端的 H1、H2 联络道进行脱离。

若航空器需要从一个航站楼移动至另外一个航站楼，则可以利用如图 7.2.4 所示的 H4 滑行路线横穿两条跑道，而不必绕机场一大圈从跑道末端穿过。

在上海虹桥国际机场的机场图 7.2.4 中，位于两条平行跑道中间的滑行道以及与跑道平行的长联络道，可由塔台管制员根据机坪上实时的交通状况随时变更滑行计划而进行航空器之间的滑行调配。

7.3 机场障碍物图

7.3.1 机场障碍物图的相关概念

机场障碍物图（Aerodrome Obstruction Chart，AOC），分为 A 型图和 B 型图。在 ICAO 的附件 4《航图》中 A 型图称为运行限制图，如果起飞航径区内有重要障碍物，则要求绘制 A 型图。如果起飞航径区内没有重要障碍物，则不要求绘制 A 型图。所谓起飞航经区是指位于起飞航经下方地球表面、对称地位于起飞航经两侧的区域。我国规定：当不绘制机场障碍物 A 型图时，应当在《中华人民共和国航空资料汇编》和《中国民航国内航空资料汇编》中予以说明。B 型图称为综合图，是建议绘制。

杰普逊系列航图中没有公布机场障碍物图，因此本书对此不作介绍。本书主要介绍我国的机场障碍物 A 型图。A 型图主要为有关人员确定航空器的最大允许起飞重要提供必要的机场资料。每次飞行前，都必须计算航空器的最大允许起飞重量以保证航空器在起飞过程中的任一点发生临界发动机失效时，或由于其他原因，航空器必须中断起飞并在可用加速停止距离内停住，或能够继续起飞并以规定的超障高度高于沿航迹的所有障碍物直至爬升到规定高度。确定该最大允许起飞重量时，需要根据机场的跑道、停止道、净空道长度、起飞航径区内障碍物的标高以及实际的大气温度、风速、气压等数据进行航空器的飞行性能计算获取。因此，机场障碍物图（运行限制图）是机场的重要航图之一。

绘制机场障碍物 A 型图主要遵从以下两个原则：一是在起飞航径区有重要障碍物时绘制；二是一般情况下一条物理跑道绘制一张 A 型图，但如果地形复杂，重要障碍物比较多，则可以按不同的起飞方向分别绘制 A 型图。

7.3.2 机场障碍物图 A 型图的认读

机场障碍物 A 型图提供机场起飞航径区内障碍物的详细资料，并以平面图和剖面图的形式表示，如图 7.3.1 所示。这些障碍物资料向航空器经营人提供遵守运行限制所必要的数据。下面以常州奔牛国际机场的机场障碍物 A 型图为例进行详细解读。

1. 标题栏信息

标题栏信息位于障碍物图上端，如图 7.3.2 所示。各标注的含义如下：

标注 1：计量单位说明。本图中长度和高度数据以米为单位，方位信息为磁方位。

标注 2：磁差，为西磁差 4°。

标注 3：航图名称，表明为机场障碍物图。

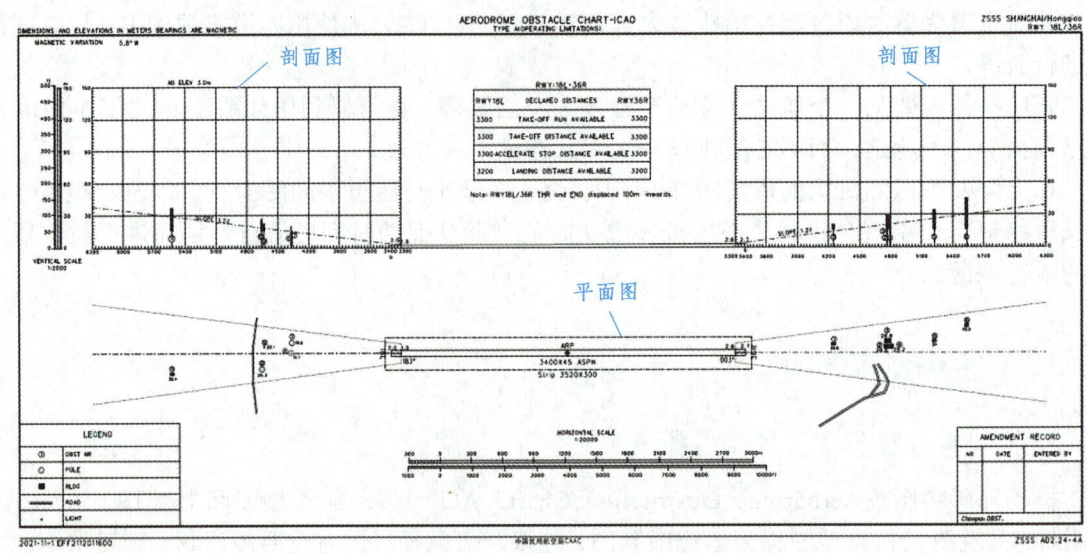

图 7.3.1 机场障碍物 A 型图的布局（AIP）

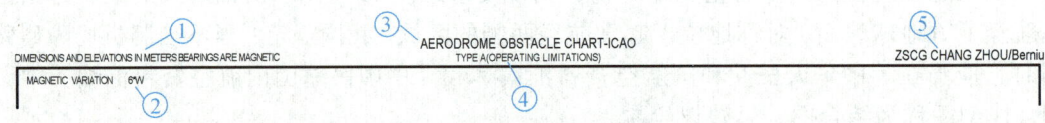

图 7.3.2 机场障碍物 A 型图的标题栏（AIP）

标注 4：机场障碍物图类型，本图为 A 型图（运行限制图）。

标注 5：机场的 ICAO 四字代码 ZSCG、机场所在地名和机场名称。

2. 图边信息

图边信息通常位于最下端，如图 7.3.3 所示。各标注的含义如下：

标注 1：航图修订日期和生效日期。

标注 2：航图制作机构。

标注 3：机场 ICAO 四字代码和该图的 AIP 编码。

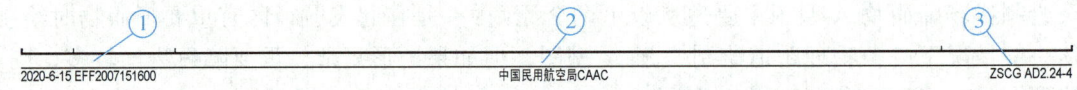

图 7.3.3 机场障碍物 A 型图的图边信息（AIP）

3. 平面图

平面图位于机场障碍物图的中间位置，常州奔牛国际机场的机场障碍物图如图 7.3.4 所示。各标注的含义如下：

标注 1：垂直线段比例尺。本图中垂直比例尺为 1∶2 000，并且绘制了米和英尺两种计量单位的线段比例尺。在机场障碍物图制图规则中，垂直比例尺为水平比例尺的 10 倍。

标注 2：机场标高数据，机场标高为 7.3 m。

标注 3：剖面图中用虚线标出 1.2%坡度面。

标注 4：跑道入口标高，11 跑道入口标高为 6.6 m。

标注 5：距离对面跑道入口的距离以及本跑道入口的起点。图中到对面跑道入口的距离为 3 400 m，即跑道长度，下面的 0 表示本跑道入口的起点。

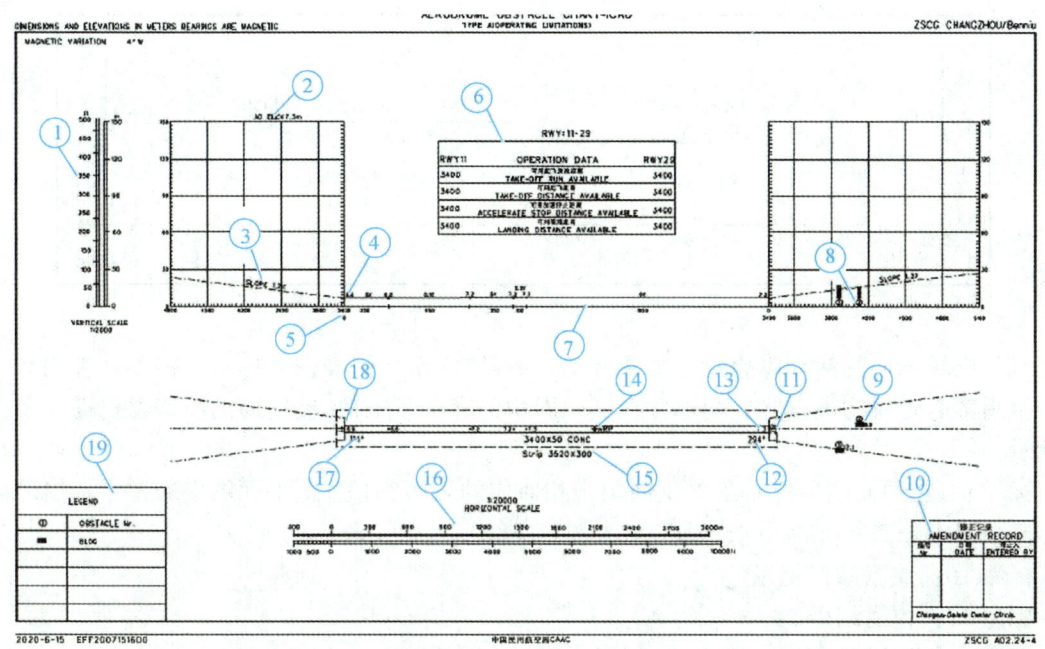

图 7.3.4　机场障碍物 A 型图的平面图信息（AIP）

标注 6：跑道距离信息。在机场障碍物图中标绘出跑道的各种距离信息，包括可用起飞滑跑距离（TORA）、可用起飞距离（TODA）、可用加速停止距离（ASDA）和可用着陆距离（LDA），这些跑道距离的位置示意图如图 7.3.5 所示。

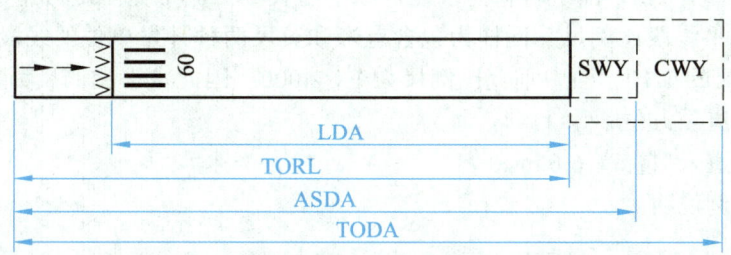

图 7.3.5　跑道距离的位置示意图

标注 7：跑道中线的剖面，用实线表示。在平面图中用虚线标示出与跑道相连的停止道以及净空道。

如果跑道和停止道坡度变化比较大，则需要标示，并且注明重要点的标高。常州奔牛国际机场的跑道相对比较平缓，因此标示出的重要点不多，而昆明长水国际机场的跑道相对比较崎岖，重要点标示相对多一些，如图 7.3.6 所示。

图 7.3.6 中，跑道中变化比较大的各点的标高和坡度标示出，还同步标识出其在跑道中的相对位置。

标注 8：当起飞航径区内的障碍物穿透 1.2% 的坡度面时标示出并且编号，同时在起飞航径区的平面图上对应位置也应标记出，如图 7.3.4 中的标注 9。

如果障碍物较远，则用适当的符号和箭头表示，无须增加图幅，但必须注明该障碍物到跑道远端的距离和方位以及障碍物的标高。由于固定障碍物会产生阴影，如果后面的障碍物在前面障碍物的阴影之内，则无须标示。

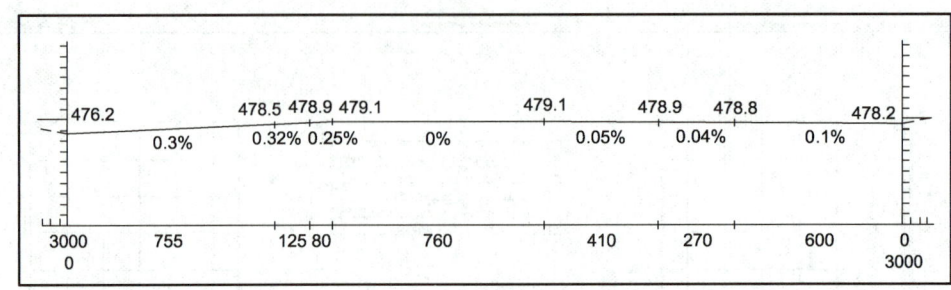

图 7.3.6　昆明长水国际机场的停止道与净空道上的重要点标示

对于机场场面的活动障碍物，如果穿透 1.2%坡度面，同样需要标示，但不产生阴影。如果产生阴影的障碍物被拆除，则那些在其阴影中但穿透了 1.2%坡度面的障碍物仍需在图中重新标示。

标注 9：在平面图中标示出与剖面图中相对应的障碍物信息，平面图中通常标示出障碍物的标高，图中障碍物标高为 15.9 m。

标注 10：航图修订记录。

标注 11：跑道编号 29。

标注 12：跑道磁方位，为 294°。

标注 13：跑道入口标高 7.3 m。

标注 14：机场基准点 ARP。

标注 15：跑道和净空道信息，包括跑道的长、宽、铺筑材料以及净空道的长和宽。图中跑道长 3 400 m，宽 50 m，铺筑材料为水泥。净空道长 3 520 m，宽 300 m。

标注 16：水平线段比例尺，同样为包含有米和英尺两种计量单位的线段比例尺。水平比例尺是垂直比例尺的 1/10，图中垂直比例尺为 1∶2 000，因此水平比例尺为 1∶20 000。

标注 17：跑道磁方位，为 114°。

标注 18：跑道入口标高 6.6 m。

标注 19：图例说明。

7.4　空中走廊图

空中走廊（Aircorridors）即空中飞行通道，是为航空器进出特定地区划定的空中通道，具体指划设在机场密集的大、中城市附近地区上空，宽度为 10 km（走廊中心线两侧各 5 km）左右的空中飞行通道，供航空器在走廊内实施点与点的飞行。设置空中走廊的目的，是使航空器严格按照走廊进行飞行，避免航空器进入走廊之外的限制区域。

空中走廊通常划设在飞行频繁的城市附近地区、国际航路通过的国境地带上空，并与航路、航线相连接，用于限制飞行范围，便于飞行管制，维护飞行秩序，保证飞行安全。空中走廊分为单向空中走廊和双向空中走廊。单向空中走廊是指飞进、飞出的航空器在不同的空中走廊内飞行。双向空中走廊是指飞进、飞出的航空器在相同的空中走廊内飞行。空中走廊的宽度通常为 8～10 km，长度 100 km 左右。设有内口和外口，在外口划有等待空域，配置有通信导航设备，航空管制雷达能够覆盖，以保证对航空器的飞行活动实施严密监视和指挥。空中走廊配备规定的飞行高度和垂直间隔，在空中走廊内飞行的航空器不得偏离走廊边界，在空中走廊外飞行的航空器距离走廊边界不得少于 10 km。

空中走廊的走向，通常以机场跑道一端的远距导航台和走廊外口导航台为基准，其宽度为左右两侧各 5 km。如果受条件限制，宽度可以缩减，但不得小于左右两侧 4 km。北京、上海、广州、成都、西安、沈阳、武汉等大城市都设有空中走廊。航空器进入这些大城市的机场，都不可随意飞越城市上空直接去机场，而必须严格按照相关规定和要求先飞向指定的地点（即走廊口），再根据 ATC 的指挥，保持规定的航线和高度，沿着空中走廊，飞向机场降落。

对空中走廊的管理一般交由交通管制单位来实施，即塔台空中交通管制室、空中交通服务报告室、进近管制室（终端管制室）、区域管制室（区域管制中心）、民航地区管理局调度室、民航局空中交通管理局总调度室。

空中走廊只有在终端区航图中才会标绘，而且一般用于空域比较繁忙的机场，其制图方法与航路图基本一致。不同之处在于空中走廊所在的位置会加上走廊编号、走廊宽度、进出走廊外口限制等信息。由于空中走廊的周围一般都是比较密集的限制性空域，在进入走廊口时需严格执行高度限制，在走廊口内飞行时，也必须严格遵守高度限制和走廊口宽度限制。

若航空器在规定的管制空域内使用同一空中走廊起飞，则需要遵循以下规定：

（1）不考虑起飞尾流安全间隔影响时。

① 同速航空器之间，在不同航迹上飞行时航迹差大于45°，并在起飞后立即实行侧向间隔，前一架航空器起飞 2 min 后可允许后一架航空器起飞；但如若在同一空中走廊飞出时，则不得小于 5 min。

② 不同速航空器之间，在不同航迹上飞行时航迹差大于45°，并在起飞后立即实行侧向间隔，则速度较快的航空器起飞 1 min 后可允许后一架速度较慢的航空器起飞。

（2）考虑起飞尾流安全间隔影响时。

① 使用同一跑道起飞的航空器之间间隔 2 min。

② 使用同一跑道的一部分起飞时，航空器之间间隔 3 min。

7.5 放油区图

航空器在起飞时，通常携带有满足预期飞行全程的油量以及一定的备份油量，重量通常高达几十吨。当航空器按飞行计划飞抵目的地机场时，其所携带的燃油基本消耗得差不多，航空器的重量也因此大幅降低，通常是符合着陆标准的。但是，如果航空器遭遇以下几种情况，则只能选择空中放油。

（1）航空器在起飞后不久需要着陆，由于其携带的燃油并没有被消耗。此时的机身重量往往超过规章中规定的标准着陆重量。在这种情形下，为了安全降落，航空器只能选择空中放油。

（2）航空器在飞行过程中由于飞行状态、发动机工作状态等原因造成左右机翼油箱不平衡，或因燃油系统故障打乱了正常的耗油顺序，则可能导致航空器的重心移动超过限定值而出现不平衡过载等情形，这就需要航空器进行空中放油以维持平衡。

（3）航空器在飞行过程中出现起落架或发动机故障需要紧急迫降，考虑到迫降时机腹、起落架等部位容易出现摩擦、碰撞等情况，由此引发的火星可能会引燃燃料和机油而导致火灾甚至爆炸，此种情形下也必须空中放油。

空中放油需要在 ATC 的指挥下按照标准放油程序执行。ATC 指挥航空器在空中放油时应遵守预见性原则，即提前考虑航空器放油后其准备降落的机场是否还适合降落，因此空中放油往往不能一次性完成。按照惯例，航空器必须在达到着陆标准后留有备份油量。这是因为一旦准备着陆的机场上空遭遇雷雨、大雾等天气而不适合着陆时，ATC 就必须为该航班安排其他备降机场，这就必然会增加该航空器的飞行时间。

目前，绝大多数机场附近都设有专门的放油区。一旦出现放油需求，ATC 就指挥该航空器避开城市、机场、森林上空和近地低空，进入专门的机场放油区进行放油，目的是保证该航空器不影响其他航空器的正常飞行。一般来说，放油区设置在 16 km 以上范围的保护区，而其他航空器不允许闯入该区域。对于没有设置放油区的机场，ATC 需要与周边的管制单位进行协调，寻求有放油区的管制单位帮助指挥该航空器进行放油。

飞行机组在执行空中放油时，不仅要严格听从 ATC 的指挥，还需要严格按照标准放油程序进行操作并确定放油量的多少。按照规章，当航空器紧急着陆时，为了降低航空器的重量，需要放油到航空器的重量低于最大允许着陆重量，没有固定值。当航空器因故障实施着陆时，需将燃油量放至低油面告警油量，也就是保证 45 min 飞行的油量。当航空器迫降时，需要将燃油放至紧急告警油量，也就是保证 15 min 飞行的油量。

放油空域下方大多为无人区或其他非人口稠密区，且有高度规定，一般在 3 000 m 以上。沿海机场的放油区域一般设置在海上，内陆机场如北京首都国际机场的放油空域设置在怀柔以北的山区上空。放油时，燃油经航空器机翼后缘的放油管直接放出来。

图 7.5.1 中不规则的四边形区域为上海浦东国际机场的放油区。

图 7.5.2 和图 7.5.3 所示为广州白云国际机场的放油区图，分为主放油区和备用放油区。

复习思考题

1. 停机位图一般包含哪些信息？
2. 什么是机场冲突多发地带？如何标注？
3. 滑行道的功能是什么？
4. 什么是机场障碍物图？
5. 跑道距离信息包含哪些？
6. 设置空中走廊的目的是什么？
7. 放油区图的设置有何特点？

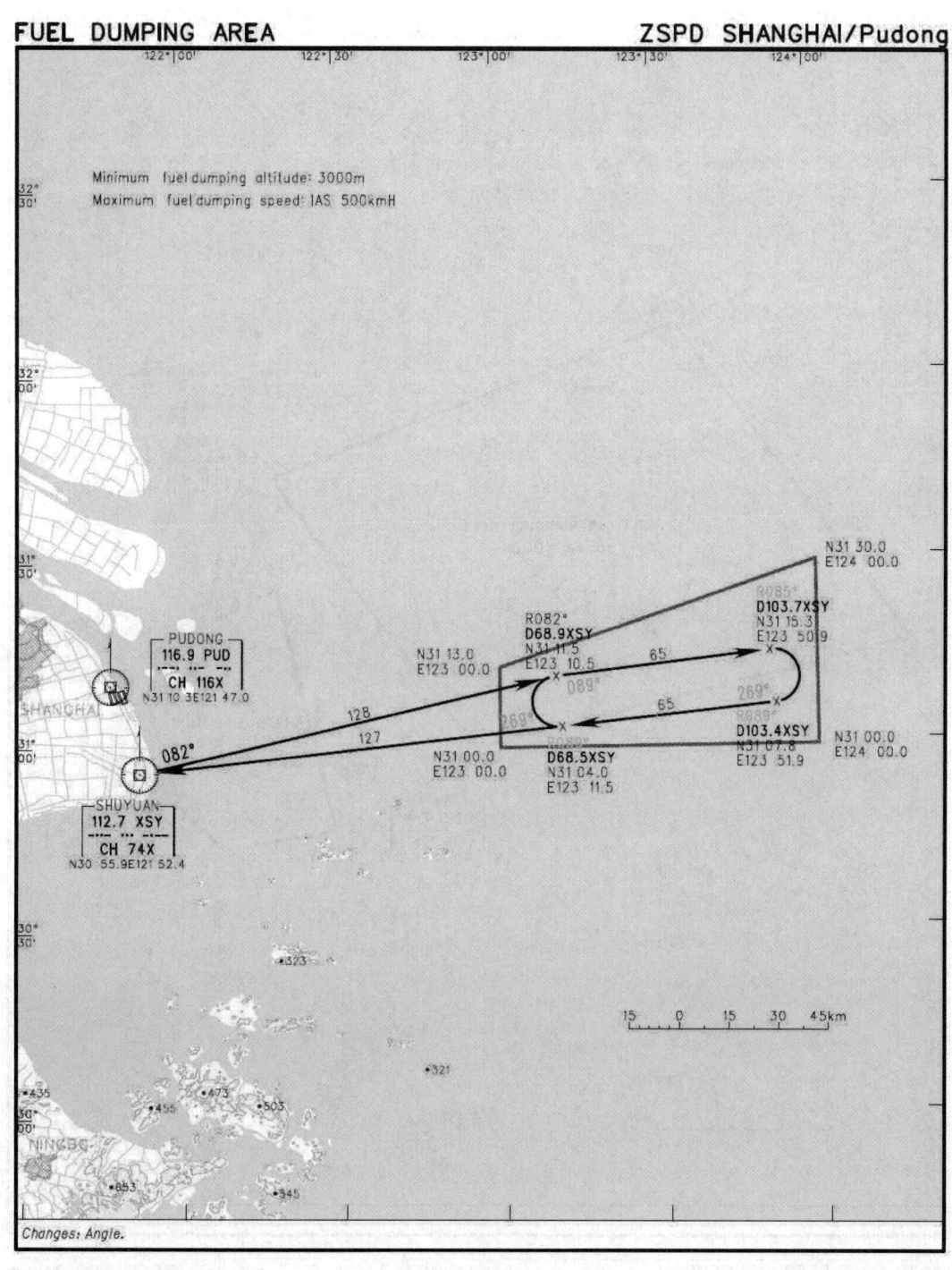

图 7.5.1 上海浦东国际机场的放油区图（AIP）

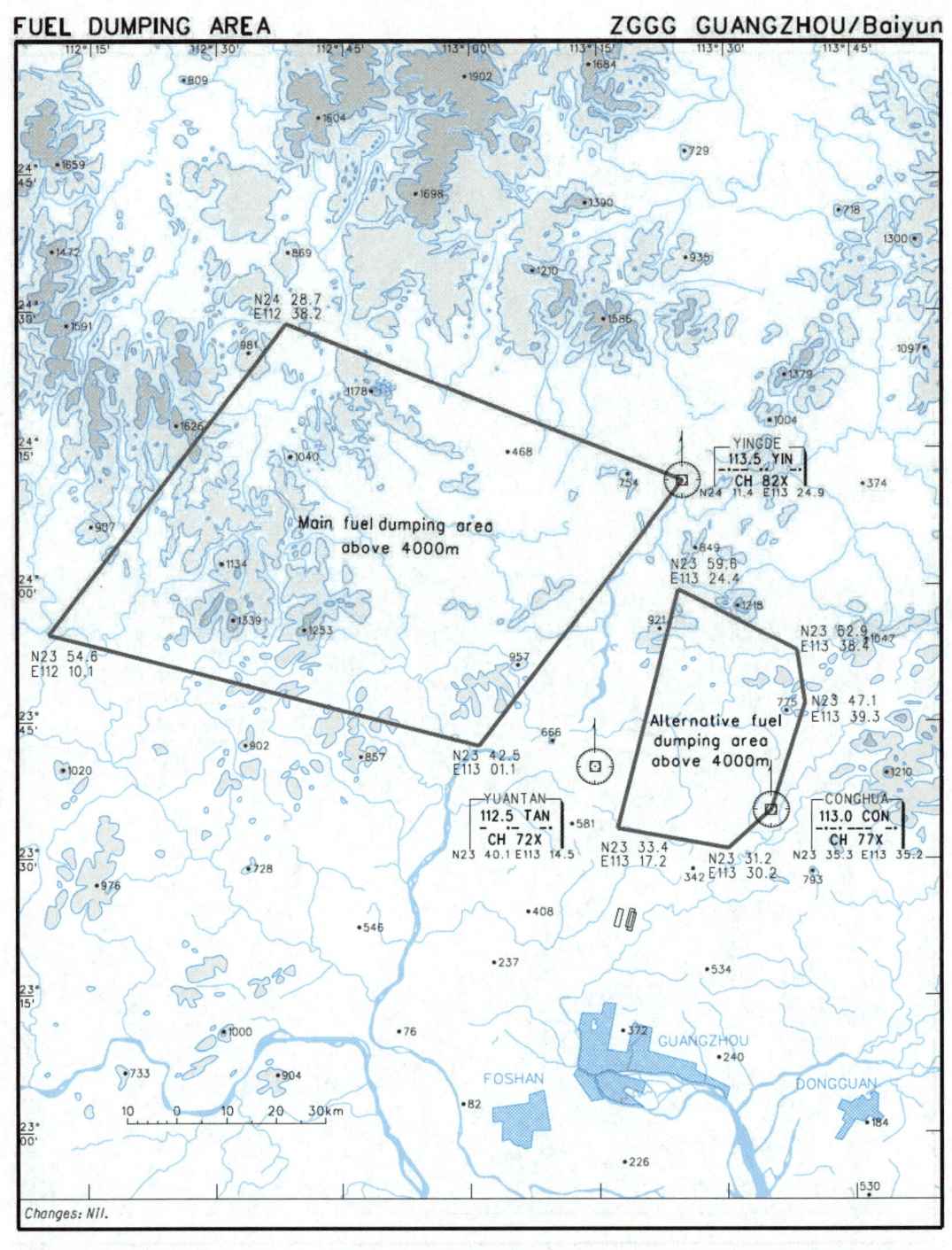

图 7.5.2 广州白云国际机场的放油区图（AIP）

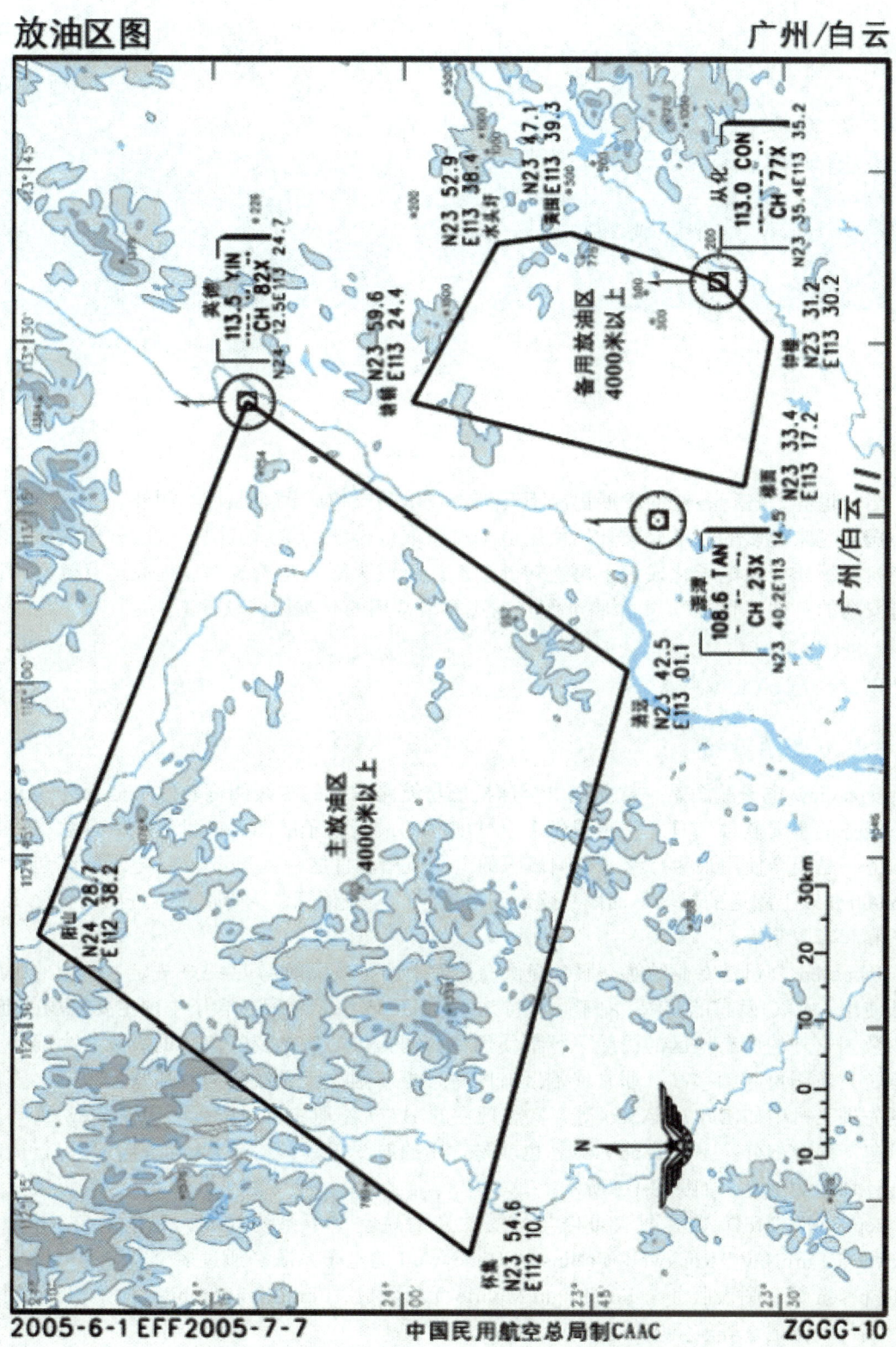

图 7.5.3 广州白云国际机场的放油区图（NAIP）

第 8 章
航图软件介绍

当今世界，各行各业的发展都离不开信息技术的支撑，民航业也不例外。在这样的背景下，国内越来越多的航空公司开始使用电子航图取代传统的纸质航图。航图软件的应用和推广使机载纸质资料电子化成为不可逆转的潮流，更成为降低运营成本、提高运营效率和提升飞行安全的一件"利器"。本章将介绍目前飞行员常用的几类航图软件。

8.1 JeppView

8.1.1 软件介绍

JeppView 电子航图是一款能提供全球机场与航路数据的在线阅览软件，是 Jeppesen 公司旗下服务的重要软件工具之一，提供了全球实时的最新电子航图，向世界绝大多数飞行员提供服务，是当今使用最为广泛、影响最深的电子航图软件之一。JeppView 电子航图包括区域内 6 000 ft 以上跑道的机场平面图、跑道图与资料、导航信息、空管信息、进离场程序图、进近图和起降限制等。

Jeppesen 公司是专业的航空服务提供商，除中国（按民航局 CAAC 规定，中国的民航飞行须使用 CAAC 发布的航图，由于一些特殊原因，JeppView 中只包含了中国主要机场的航图）等少数国家外的所有地区的民航飞行都使用该公司提供的航图及气象数据服务。为确保飞行安全，其航图更新频率高，通常终端区航图每月更新两次，导航数据库每月更新一次。在未来的先进飞机中如 B787、A380 等，甚至现在的 B777 座舱中都已配置了 JeppView 工具。该工具包括两个部分：一是 JeppView，也就是常用的航图工具；二是 FliteDeck，是飞行员制作飞行计划用的工具，如图 8.1.1 所示。

JeppView MFD 数字图表可以与最受欢迎的航空电子系统集成，包括来自 Garmin、Avidyne、EuroNav、Rockwell Collins 和 Honeywell 的电子系统。通过多个安装许可证，可以将 Jeppesen 数字图表服务与 ForeFlight Mobile 无缝集成，ForeFlight Mobile 是领先的规划、天气、飞行日志记录等航空应用程序。

图 8.1.1　软件主页面

Jeppesen NavData 提供航线、SID、STAR 和进近信息，跑道特征，通信信息，机场功能，Waypoint 功能，受控和受限空域边界。除了核心的 Jeppesen NavData 数据库外，它还提供一些全球数据库，以支持其他航空电子功能。比如，世界上最完整和最值得信赖的与航空地形相关的自然和人为障碍数据库，用于地形避免和预警系统、飞行规划系统、移动地图显示等。此外，还有机场测绘数据库，为当今的机场移动地图应用程序提供动力，以提高态势感知和更有效的地面移动协调。

8.1.2　使用方法

安装该软件的 CD-ROM 时，可由以下全球各区自由选择单一区域：① 太平洋区；② 中国、中东、俄罗斯、东欧；③ 美东；④ 美中；⑤ 美西；⑥ 加拿大阿拉斯加；⑦ 中南美洲；⑧ 欧洲；⑨ 非洲。

JeppView 软件打开后主要分为三个区块，分别为占据屏幕上方的标准菜单栏，左下方的机场查询清单，右下方的航图展示区，如图 8.1.2 和图 8.1.3 所示。

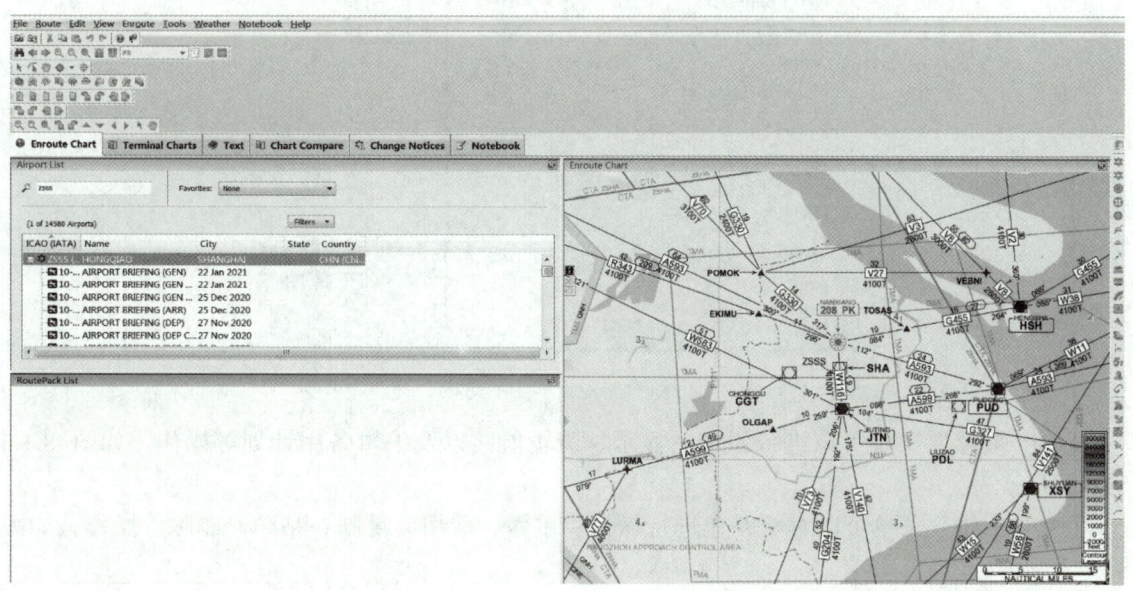

图 8.1.2　航路图页面

321

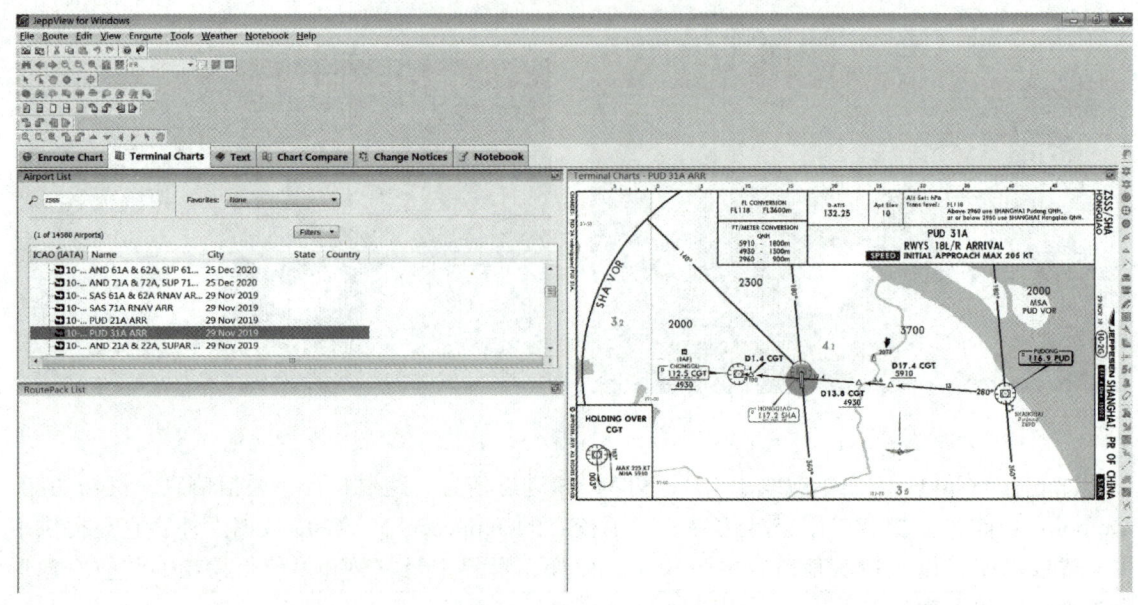

图 8.1.3 终端区航图页面

屏幕最上方一行是标准菜单栏，包括文件、航路、编辑、查看、航图、工具、天气、笔记和帮助九大部分，如图 8.1.4 所示，可以用它们对显示的内容进行编辑处理。

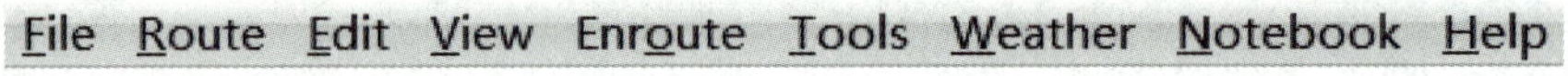

File Route Edit View Enroute Tools Weather Notebook Help

图 8.1.4 标准菜单栏

（1）"文件"菜单可以进行加载航路包、检查以及更新数据、打印选中的图表、退出程序等操作，如图 8.1.5 所示。

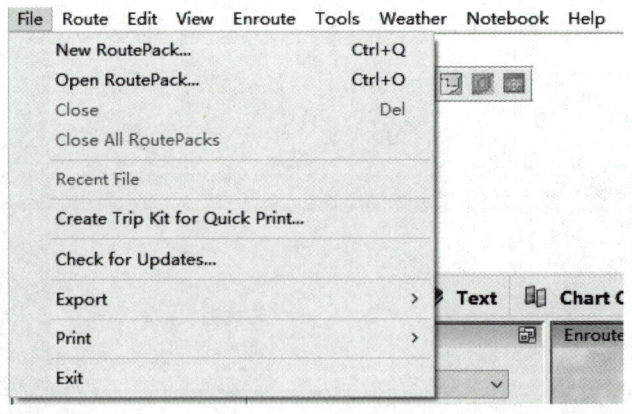

图 8.1.5 文件菜单

（2）"航路"菜单可以进行添加、显示、编辑航路以及编辑备用计划等操作，如图 8.1.6 所示。

（3）"编辑"菜单可以对航路包进行撤销、重做、剪切、复制、粘贴、删除等操作，如图 8.1.7 所示。

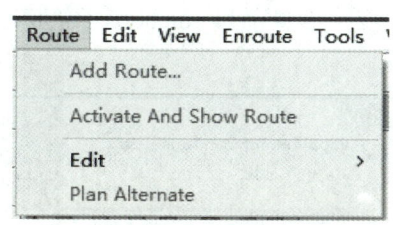
图 8.1.6 航路菜单

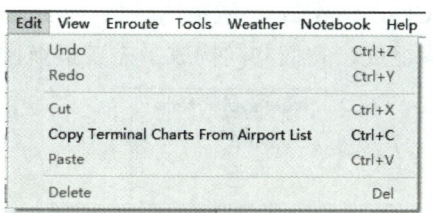
图 8.1.7 编辑菜单

（4）"查看"菜单可以对界面中的窗口单独进行显示、隐藏等操作，如图 8.1.8 所示。

（5）"航图"菜单可以对航路图进行放大、缩小、视图切换、保存以及重置主题、定义航路点、搜索航路数据等操作，如图 8.1.9 所示。

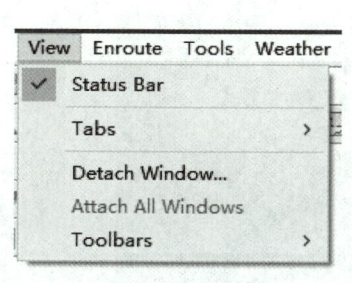
图 8.1.8 查看菜单

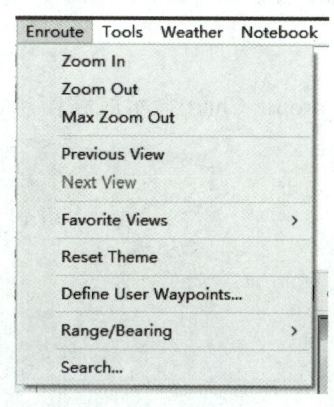
图 8.1.9 航图菜单

（6）"工具"菜单可以更新地形数据、打开机场收藏夹、单位转换以及查看更多选项，如图 8.1.10 所示。

（7）"天气"菜单可以选择是否显示天气和天气的类型、图例等天气方面的操作，如图 8.1.11 所示。

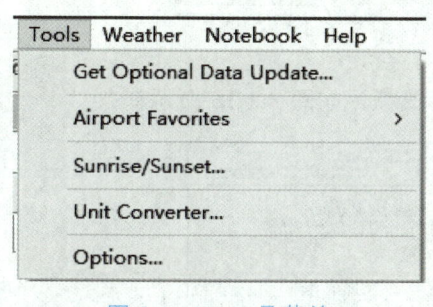
图 8.1.10 工具菜单

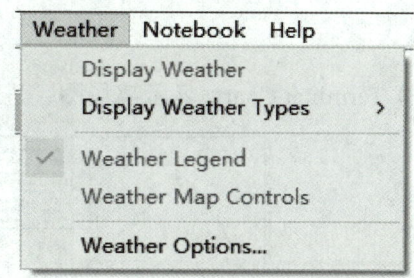
图 8.1.11 天气菜单

（8）"笔记本"菜单可以添加新的笔记，打开、更改、打印已有的笔记，如图 8.1.12 所示。

（9）"帮助"菜单可以打开、搜索已编入的索引、获取杰普逊的技术支持、检测数据的时效性等重要操作，如图 8.1.13 所示。

在标准菜单栏和机场查询清单中间有一横排是航图分类菜单，如图 8.1.14 所示，字体黑色加粗，从左向右依次是 Enroute chart（航路图）、Terminal charts（终端区图）、Text（文本材料）、Chart compare（航图比较）、Change notices（航图变更信息）和 notebook（笔记本）等 6 个模块组成，它们共同构成了杰普逊航图的主要内容。

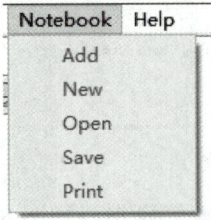
图 8.1.12　笔记菜单

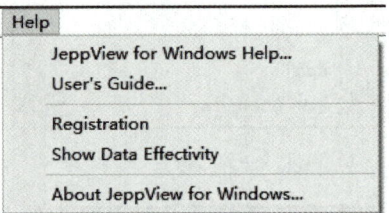
图 8.1.13　帮助菜单

图 8.1.14　航图分类菜单

（1）Enroute Chart 显示航路信息，如图 8.1.15 所示。

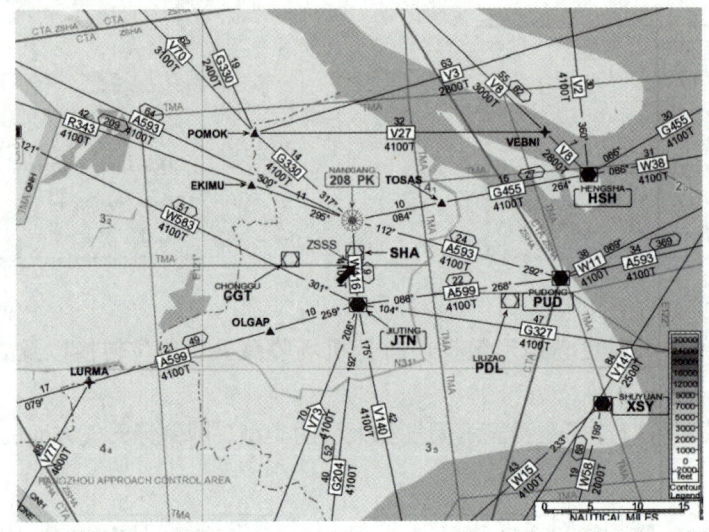
图 8.1.15　航路图

（2）Terminal Charts 显示离场图、进场图和进近图等，如图 8.1.16 所示。

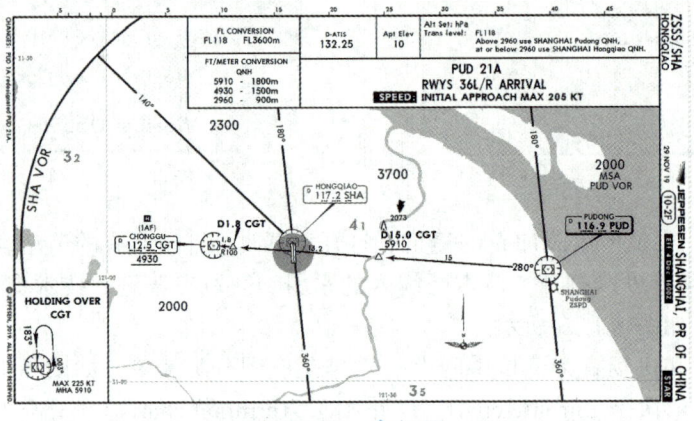
图 8.1.16　离场图

（3）Text 模块会提供软件内置的航路手册和目视飞行手册，使用搜索工具可以通过检索关键词检索所需的航路手册或目视飞行手册，如图 8.1.17 所示。

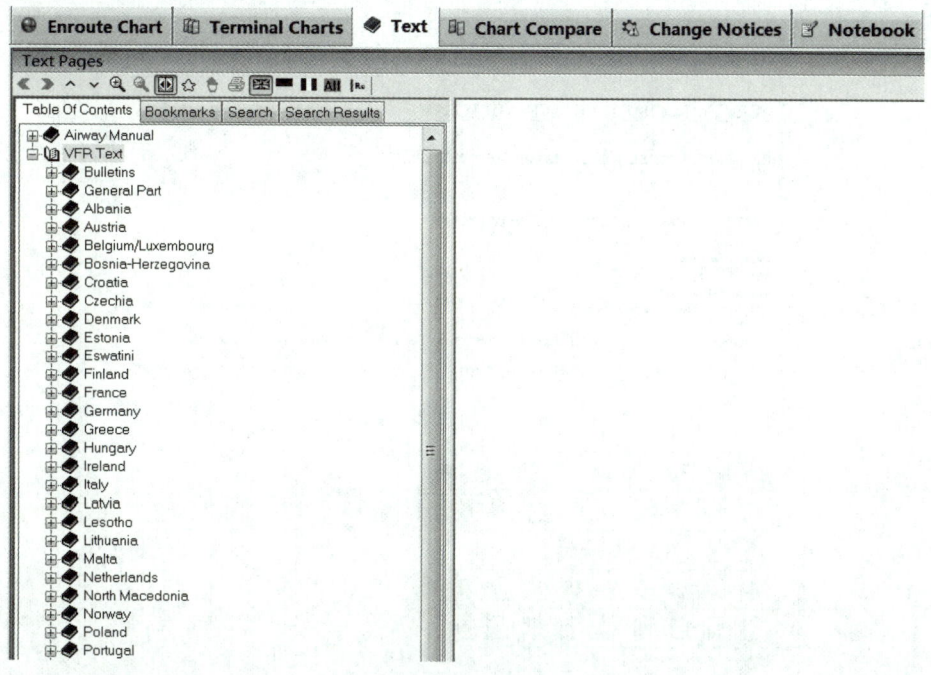

图 8.1.17　文本信息

（4）Chart Compare 的图表比较功能允许用户将最新数据更新中已更改的图表与其相应旧版本进行比较，如图 8.1.18 所示。图表比较可帮助准确查看哪些详细信息已更改。图表比较中的机场列表将进行筛选，以仅显示已更改的图表。

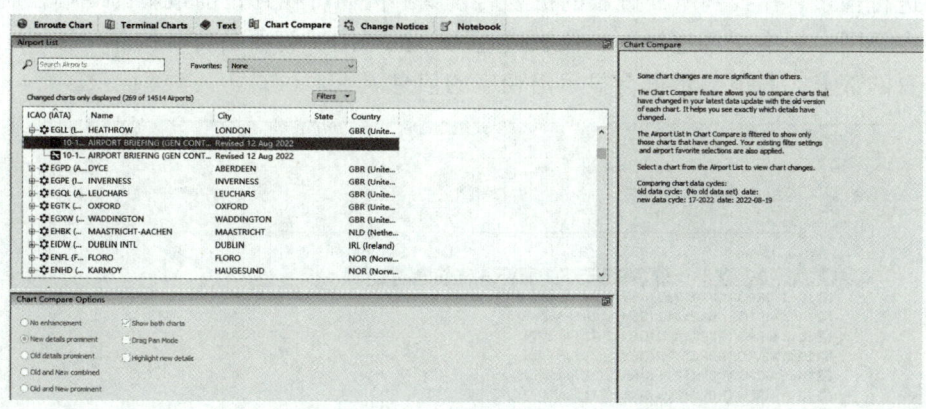

图 8.1.18　航图比较

（5）Change Notices 要查看图表变更通告，单击变更通告选项卡，然后在机场列表或航路包列表中选择一个机场，如图 8.1.19 所示。

（6）Notebook 使用此模块可以在笔记中添加新的文本，当前打开的文本名称会显示在底部状态栏。

如图 8.1.20 所示的工具菜单可以用来截取航图部分来制作飞行计划，也可通过各菜单来放大缩小航图，切换 IFR、VFR 等不同飞行规则的航图。第二行可以改变浏览航路图的方式，第四行则为航图中天气内容，有闪电、雾、风、雨、雷达等相关信息，第五行为飞行计划的相关内容。

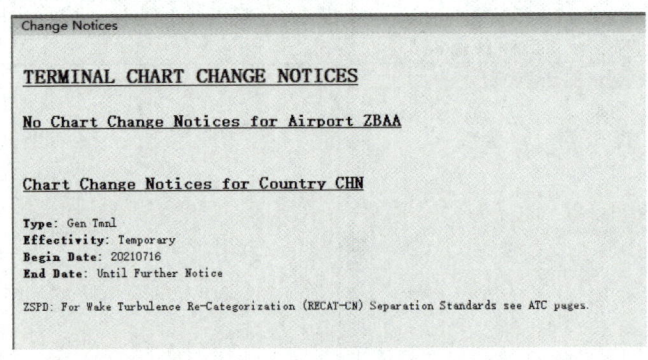

图 8.1.19　航图变更信息

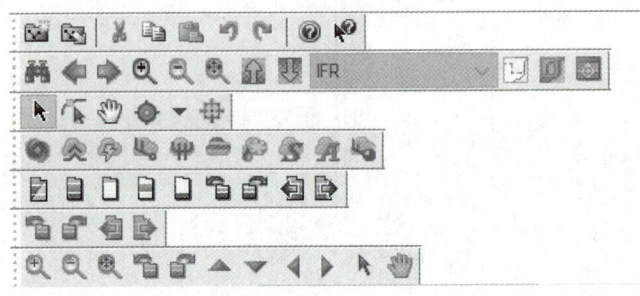

图 8.1.20　工具菜单

左下方的机场清单可以通过机场 IATA（ICAO）代码、所在城市名称、机场名称等方式在搜索栏中进行检索，在找到所需查看的机场后，双击机场可找到目前最新的终端区航图简介、标准仪表离场图、标准机场进场图、仪表进近图、机场图、简要公告等信息（图 8.1.21），点击所需查看的部分，右下显示框会显示出相应的信息。

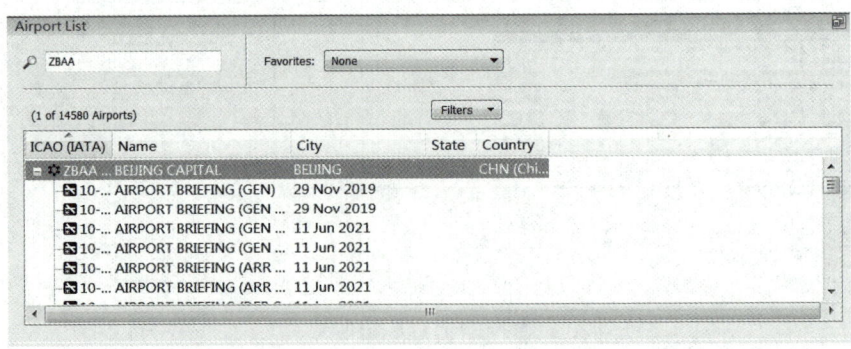

图 8.1.21　机场清单

8.1.3　使用范例

航路包是一个文件，可以认为是一个电子公文包，其中包含一条或多条路线及其相关机场的航班信息，可以保存、关闭和打开航路包文件。

1. 创建航路

举例：创建一个 RoutePack，从位于华盛顿州的西雅图—塔科马国际机场 KSEA 出发点 POD 到位于科罗拉多州丹佛国际机场 KDEN 的到达点 POA，如图 8.1.22 和图 8.1.23 所示。

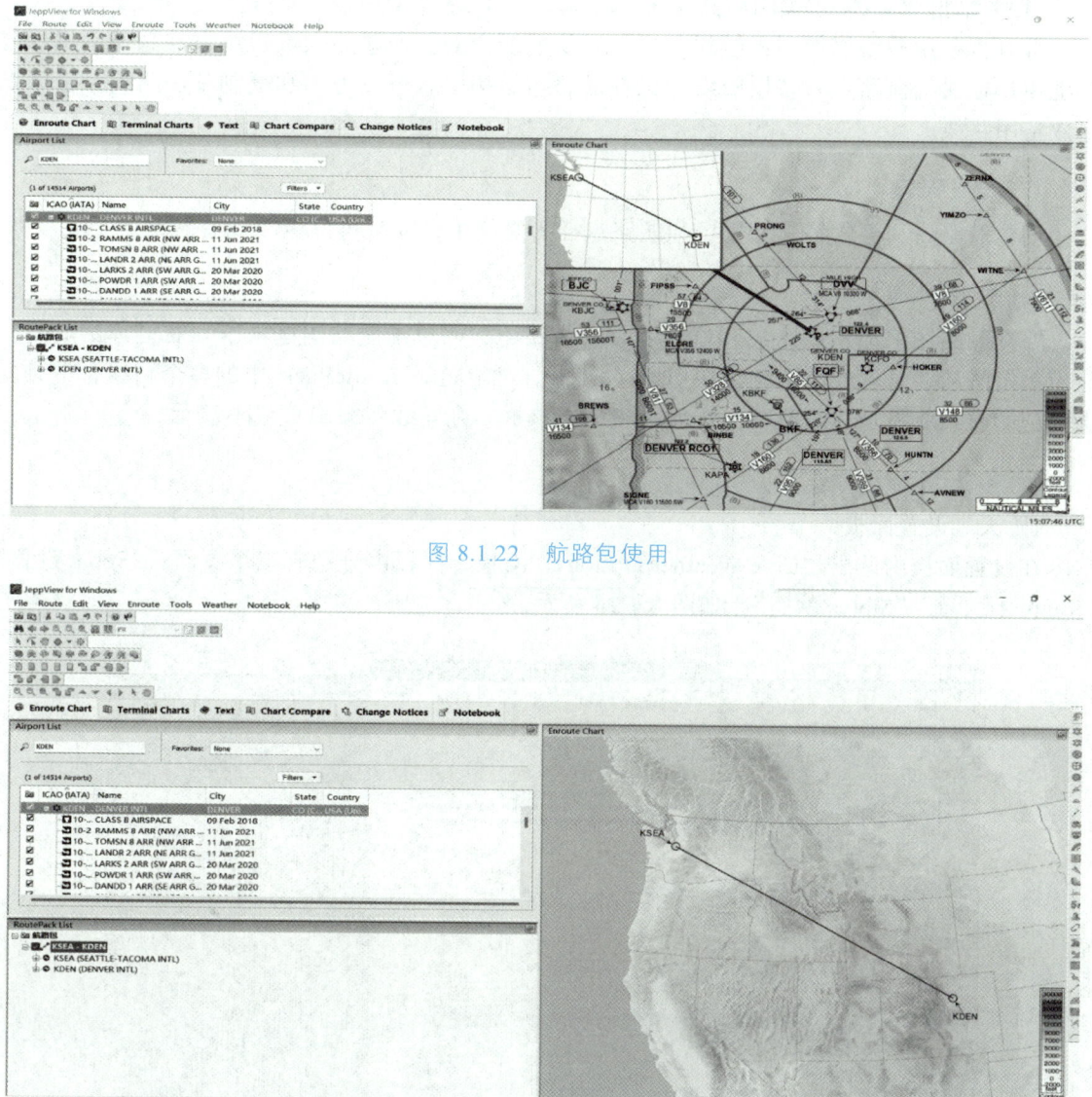

图 8.1.22　航路包使用

图 8.1.23　航线处理

（1）单击"文件""新建航路包"或使用键盘快捷键 Ctrl+Q。

（2）输入航路包的名称，然后单击"保存"。

（3）在"新建航路包"对话框中，单击"添加航路—指向并单击"。

（4）在机场列表中输入出发机场 KSEA。

（5）在机场列表中双击机场图标。

（6）在航路图上单击 KSEA 以将其选为 POD。

（7）从列表中选择目的地机场，在机场列表中双击 KDEN 图标。

（8）在航路图上单击 KDEN 以将其选为 POA。

（9）还可以右键单击航路图的任何区域以创建新的航路点。这些航路点在航路图上被指定为 WP1、WP2 等。

（10）单击"文件""关闭航路包"。

可以将备用航线添加到主航线，也可以从航线中的任何航路点或机场添加到备用机场或其他用户定义的航路点。备用航线存储在航路包结构中，可以剪切和复制备用路线，也可以拖放备用路线。

2. 修改航线

创建航路后，可以将其他机场和航路点插入航线中，并且可以更改现有航路点。

3. 显示航线

要在航路图上显示航路包和航线，打开航路包，并单击航路图选项卡。右键单击航路，然后单击激活并显示或使用键盘快捷键 Ctrl+R。对于同一 RoutePack 中的多个路线，带有复选标记的航线将显示在航路图上。如果未选中该框，则航线将被隐藏或不显示。

4. 气　象

1）天气设置面板

在设置面板内调出"Live Weather Options"面板，面板内分别有三个页面："Setup 设置""Regions 区域""Status 状态"，如图 8.1.24 所示。

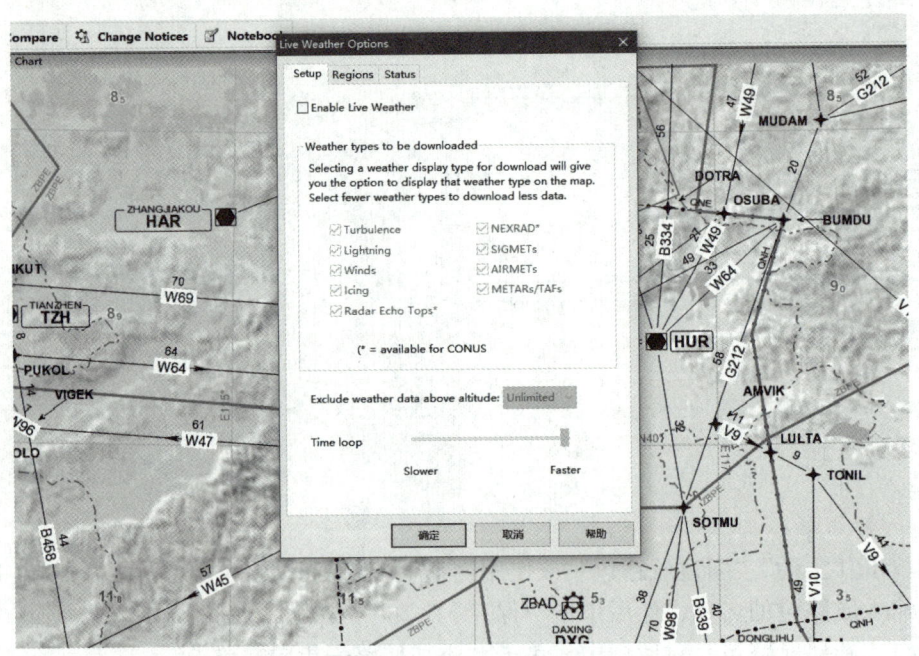

图 8.1.24　天气页面

（1）Setup 设置面板。

设置面板内有：

显示实时天气-开启或关闭实时天气显示；下载天气类型，勾选以确定需要下载的天气数据类型，可下载项有紊流、雷电、风、冰冻、回波顶部、雷达、下一代气象雷达、重大危险天气通知、飞行气象信息和机场气象报告。

（2）Regions 区域面板。

面板内可以选择需要下载的区域范围，以下载所选需要范围内的天气气象信息，减少或增加下载的数据量。

（3）Status 状态面板。

状态面板可以显示软件从云端下载气象数据的进度，共有三种图表展示天气数据的下载进度，旋转的下载指示器显示数据正在下载，静止的绿色对钩表示数据在后台下载或表示数据下载完成，灰色图标表示数据下载失败或已丢失，如图 8.1.25 所示。

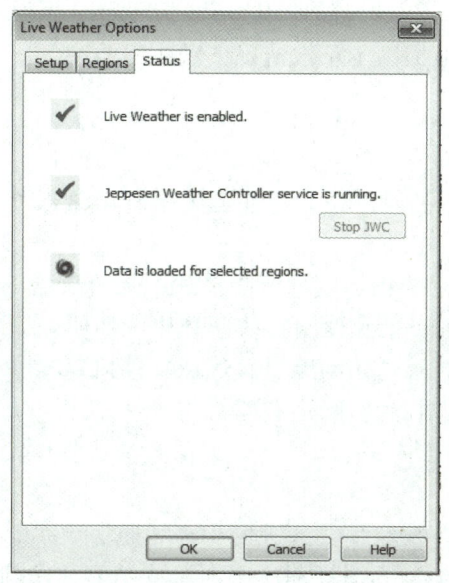

图 8.1.25　Status 状态页面

2）气象地图控件

天气地图控件可以选择显示图上的数据，共分为三类——天气数据、海拔高度和时间，如图 8.1.26 所示。

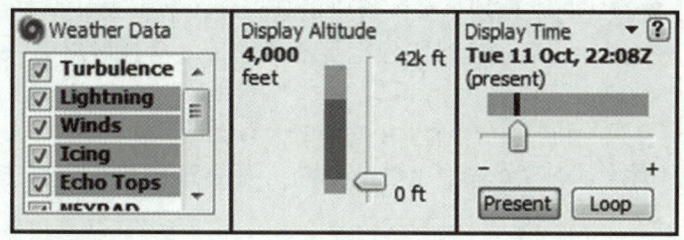

图 8.1.26　天气地图控件

（1）天气数据。

天气数据面板内包含紊流、雷电、风、冰冻、回波顶部雷达、下一代气象雷达、重大危险天气通知、飞行气象信息和机场气象报告 9 项数据类型选择，单击鼠标勾选或取消勾选以显示或不显示选择的气象信息。

（2）海拔高度。

显示海拔高度面板可以选择天气数据显示的海拔高度范围，通过垂直滑块选择范围，深绿色区域表示气象数据全部可以显示出来的海拔高度范围，浅绿色区域表示此海拔高度范围仅显示部分选定的气象数据。

（3）时间。

显示时间面板可以通过时间滑块调整显示气象数据的时间范围，present 表示显示当前时间的气象数据，可以通过滑块观看前后时间的气象数据。

8.1.4 FliteDeck 使用方法

FliteDeck 是航空运输业领先的导航应用程序，为飞行员提供无纸化飞行需要的所有航图、手册和文件，可以最大限度地提高不正常情况下的决策效率。

1. 功能介绍

1）杰普逊机场图

利用"机场移动地图"改善情景意识；在近千个机场动态图中提供本机场和 ADS-B 的交通描绘。

利用基于实际能见度条件的机场信息智能描述，支持安全的地面活动，其中包括基于所选跑道和跑道视程（RVR）的低能见度滑行线路和中线照明。

通过触摸地图上的目标，可以访问跑道、热点、停机口、除冰坪和停机位等信息。

通过简单的搜索功能立即找到滑行道和停机位。

标识所分配的跑道和停机位等机场目标，为滑行流程提供便利，或者在起飞和着陆之前选择所分配的跑道。

使用快速接入"Comms"按钮，找到进场和离场通信频率。

通过容易识别的、基于类型的图标和应用内过滤功能，访问源于特定国家的应用内机场航行通告，这些航行通告与它们选择的终端图或地图有关。

2）杰普逊航路图

杰普逊 SmartNotes 能帮助删减不相关的数据，显示基于时间和地理空间数据的相关飞行信息，并最大限度地减少飞行员与移动设备之间的互动。

定制航路信息，能让飞行员使用本公司特定的运营相关数据来补充杰普逊动态航路数据。

可过滤的航路天气图层，通过让机组根据更准确的天气信息做出更好的决策，促进提升飞行安全和运营效率。

在航路图上查看显示飞机位置、ADS-B 交通和 ADSB 天气。

通过轻击航路图创建一个点来标记飞机的位置，FliteDeck 将自动记录当前的飞机位置和时间。

在每个标记点添加相关注释，并在航后查看标记点列表。

通过点击航路图来添加决断点（即延程运行标记等时点，ETP）。关联各个机场，并为决断点添加任何其他相关注释，以帮助回忆。

2. 页面介绍

未选定机场时，最上边一条白色菜单栏从左往右分别是：手册、亮度和夜间模式、搜索

（航路点、VOR、NDB 等）、锁定软件。最左边一条，从上往下分别是：地图航图切换按钮、高低空航路显示切换按钮、定位当前位置（用这个软件最好关掉 GPS，否则会自动定位到当前位置）、笔记。APTS 是机场选择器，可以选择机场来看航图（第一页是搜索机场，第二页是选择在地图页面输入的机场）。下边依次是机场信息、公司数据、标准仪表进场图、进近图、滑行道图、标准仪表离场程序。最下边是机场实时天气，第一页是 METAR，第二页是解码后的天气信息。右下角的第一个按钮是荧光笔，按一下是激活状态，再按一下可以缩放，可以撤销或清除全部。第二个按钮是向右旋转 90°。整个布局如图 8.1.27 所示。

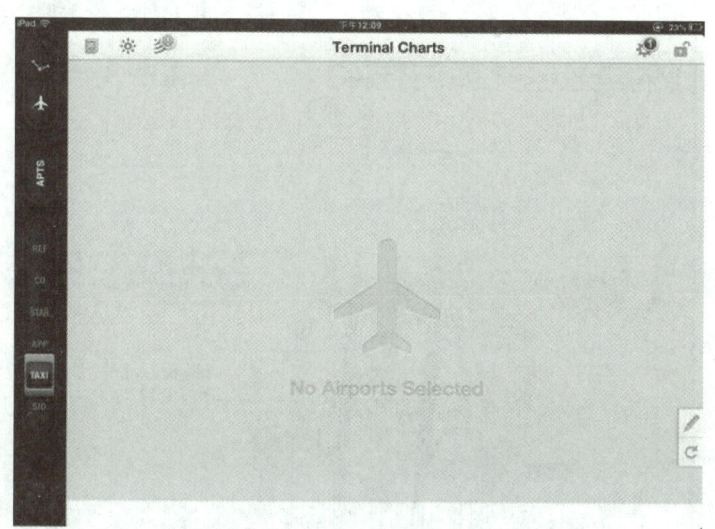

图 8.1.27　未选定机场页面

选定机场后，页面最左下方是等高线地形图比例尺。页面上方一行从左到右分别是新航班、保存航班和飞行距离。下面是始发机场、终点机场、备降机场。右边可以输入从各种渠道拿来的航路。右下从上到下分别是机场、航路、定位点、导航台、空域、地形。最下面是距离尺，如图 8.1.28 所示。

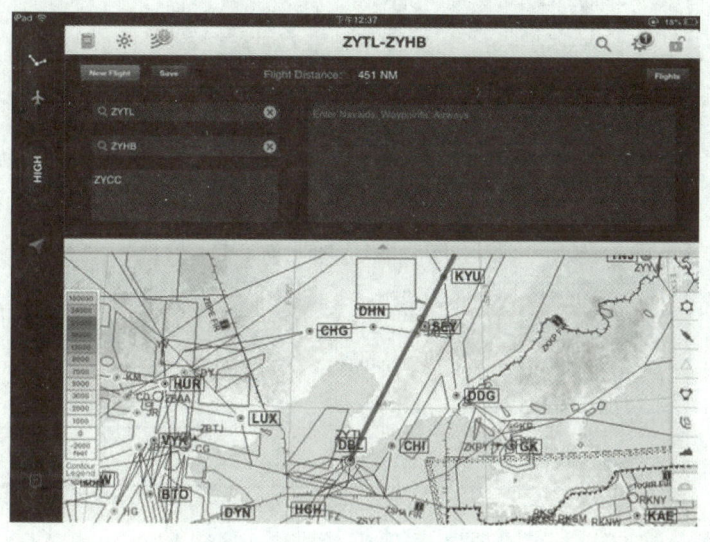

图 8.1.28　选定机场页面

接下来，显示各类页面，如图 8.1.29～图 8.1.33 所示。

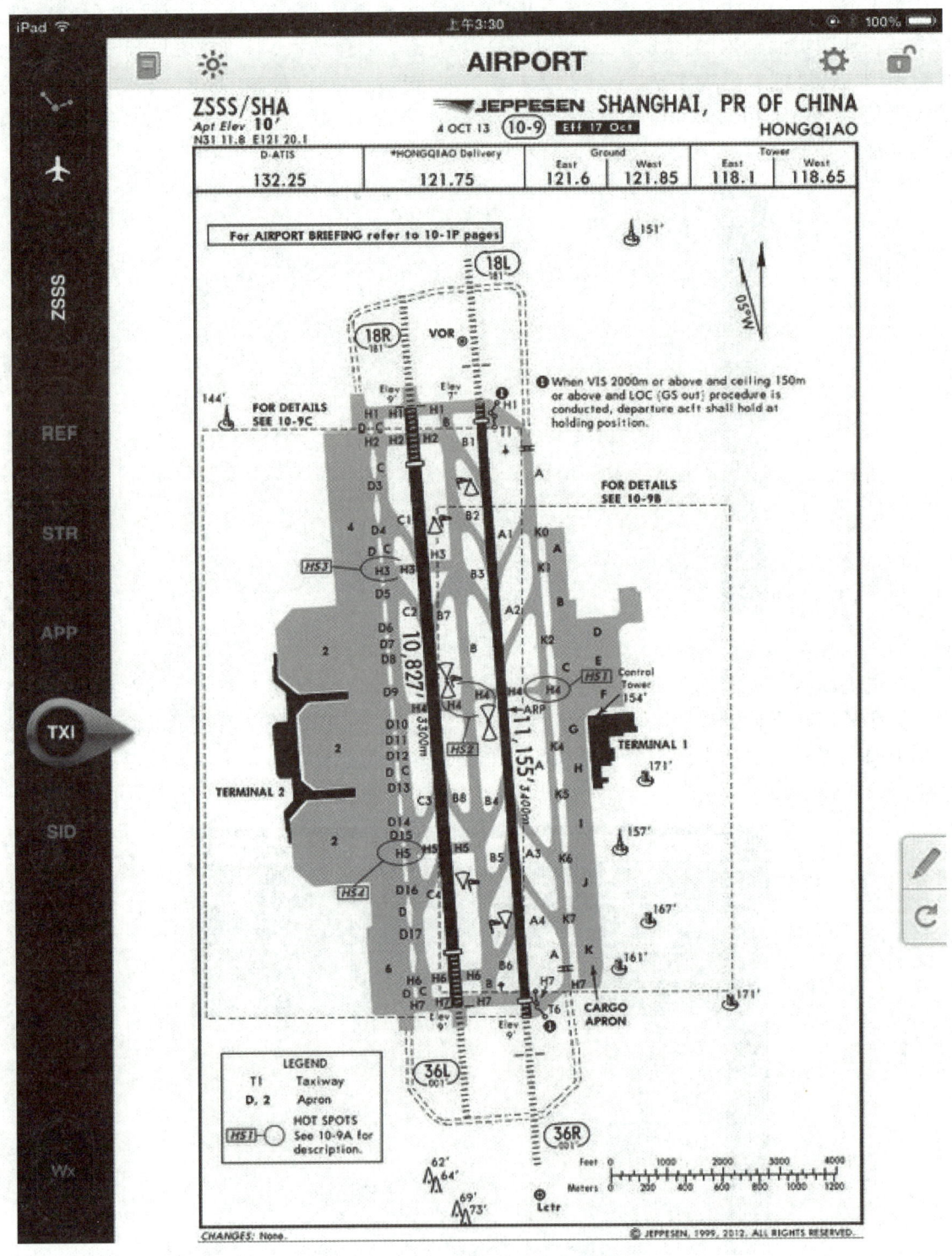

图 8.1.29　滑行道图（白天模式）

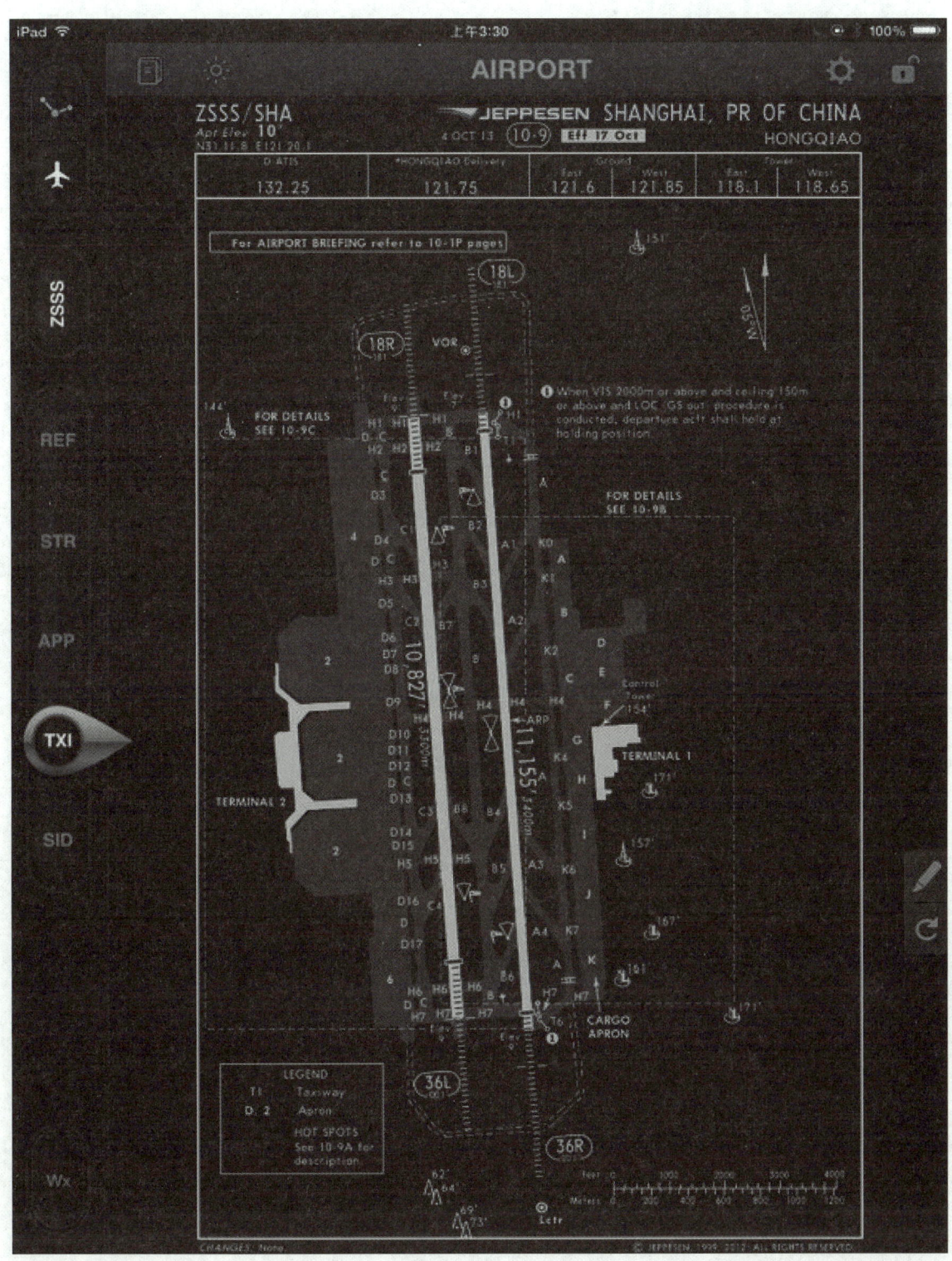

图 8.1.30 滑行道图（夜间模式）

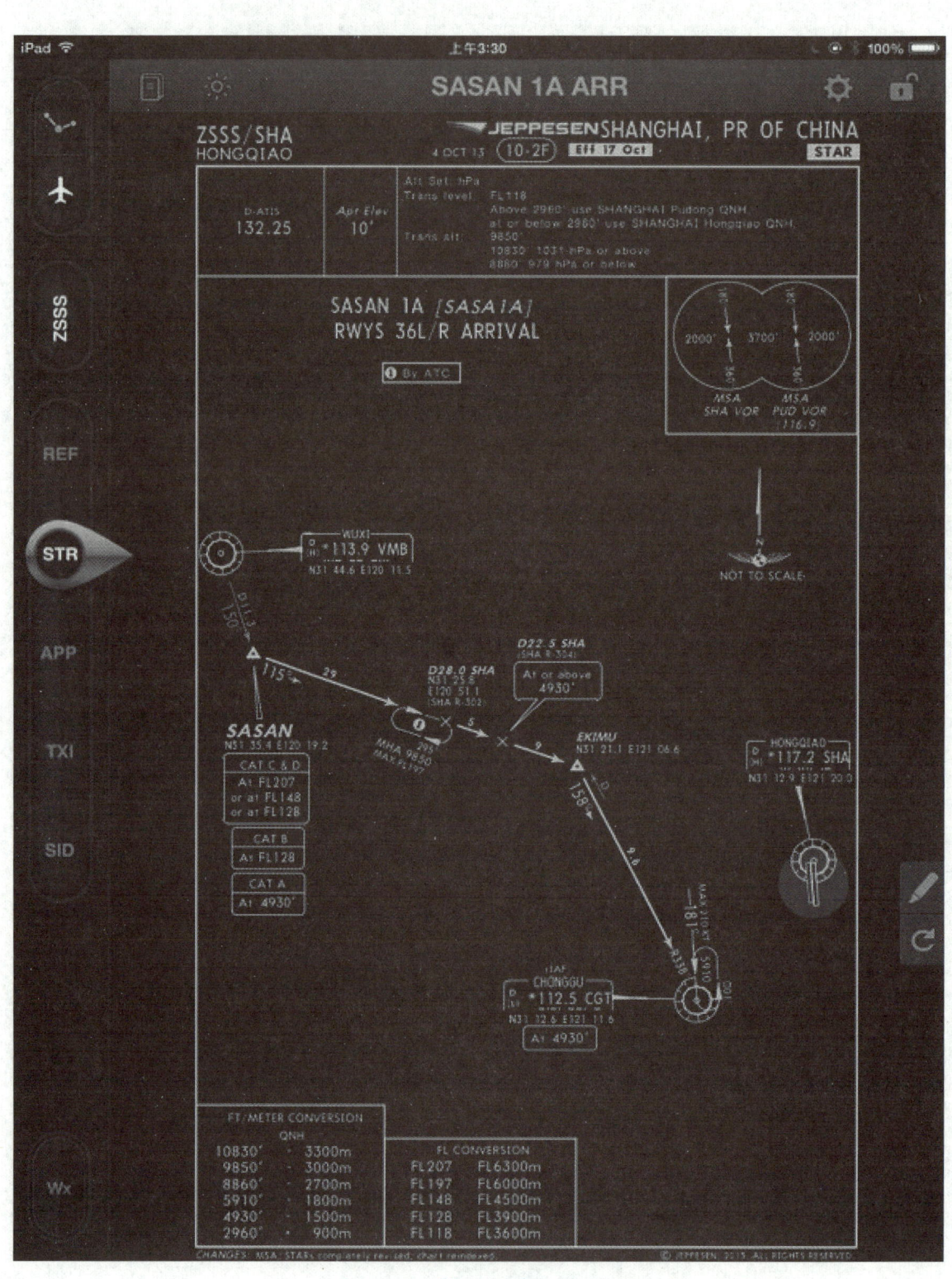

图 8.1.31 进场图（夜间模式）

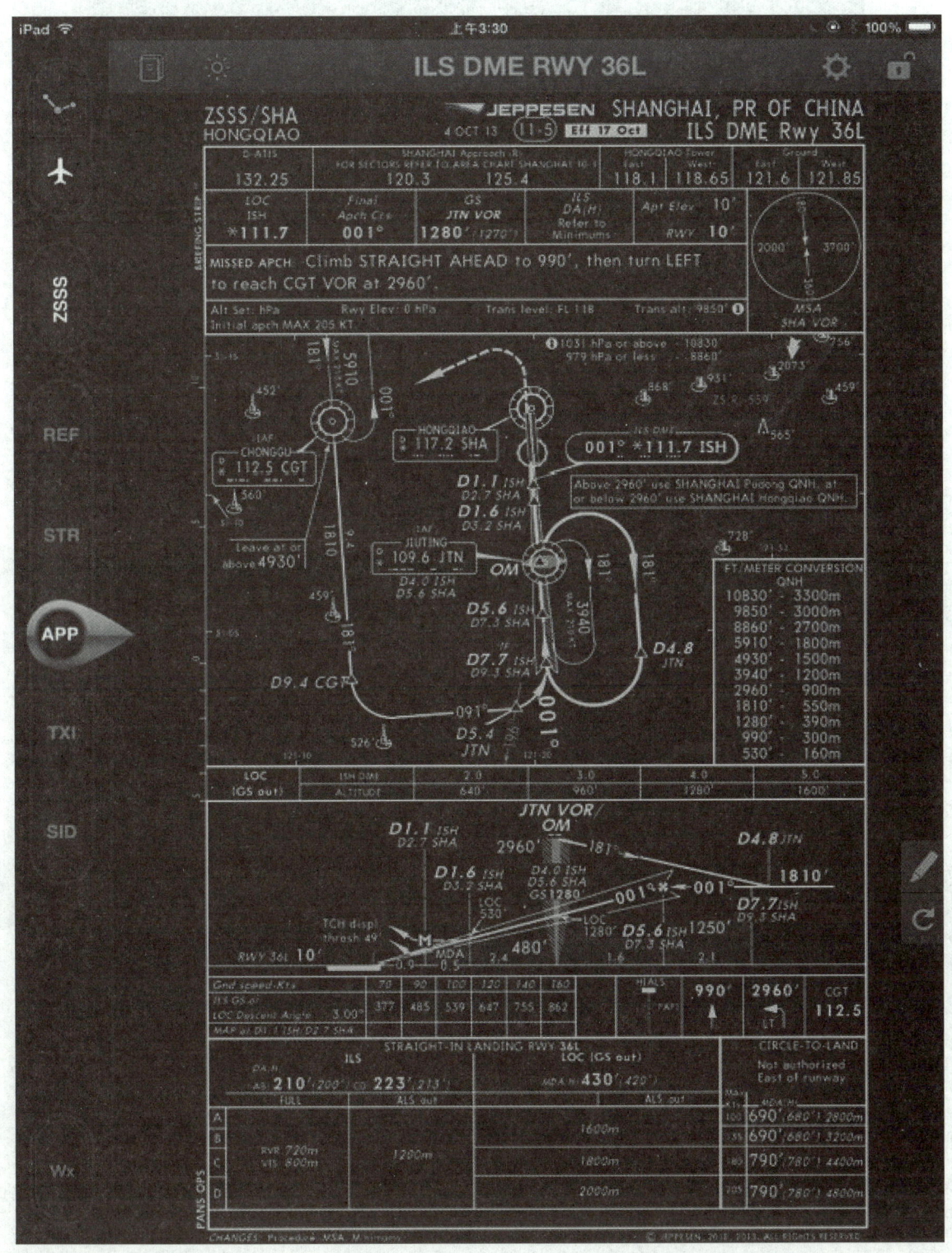

图 8.1.32 进近图（夜间模式）

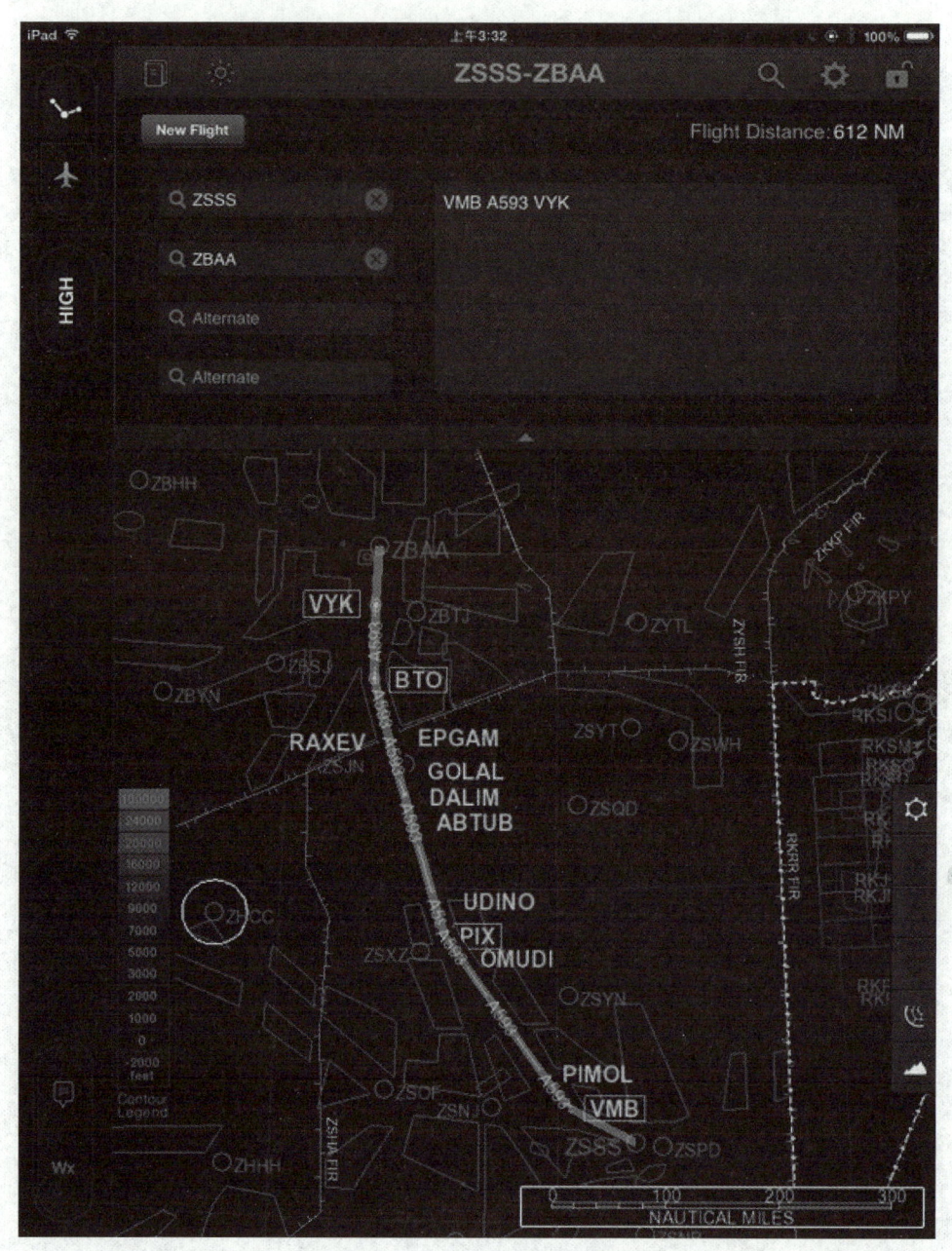

图 8.1.33 计划航路图

3. 案例分析

要在 FSX 里飞大连—哈尔滨。

首先，在地图页面输入起飞机场、降落机场和备降机场。接着，在起飞机场的 SID 里找往东北方向的离场程序，离场程序的第一个点就是 CHI。再看降落机场的 STAR。找到从南边来的 STAR，进场程序的第一个点是 LJB。然后，试图用航路和航电把这两个点连接起来，这两个点正好在 A588 上，所以在中间打上 A588。至此，地图页面录入工作已经完成。涉及的各类页面如图 8.1.34～图 8.1.37。

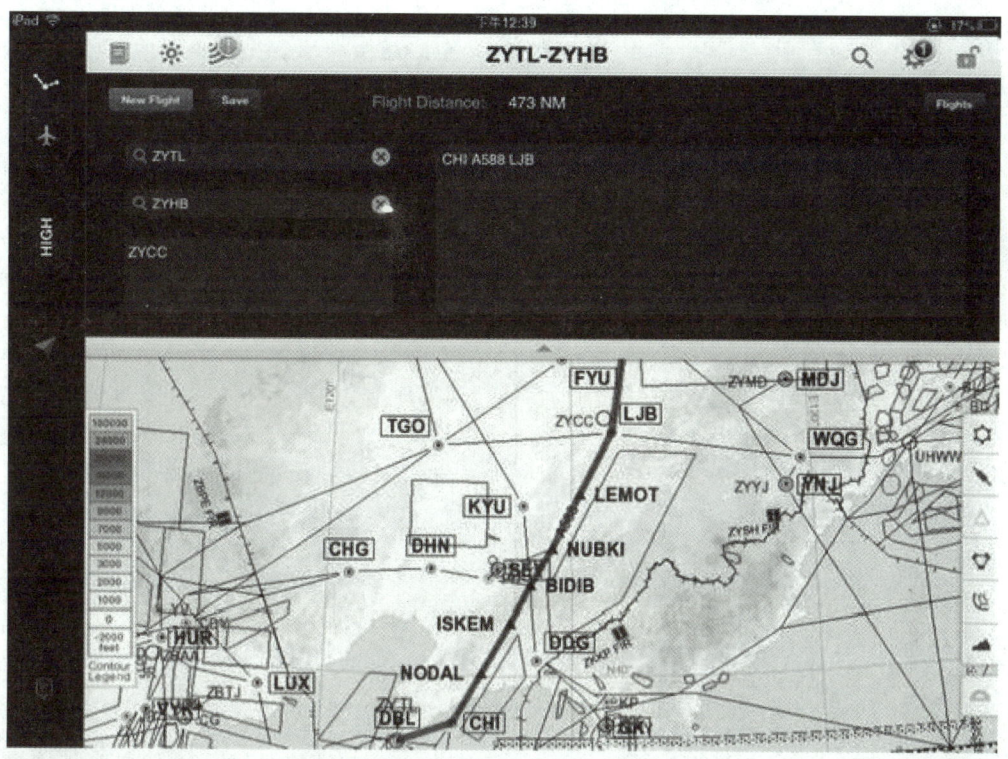

图 8.1.34　航路设计

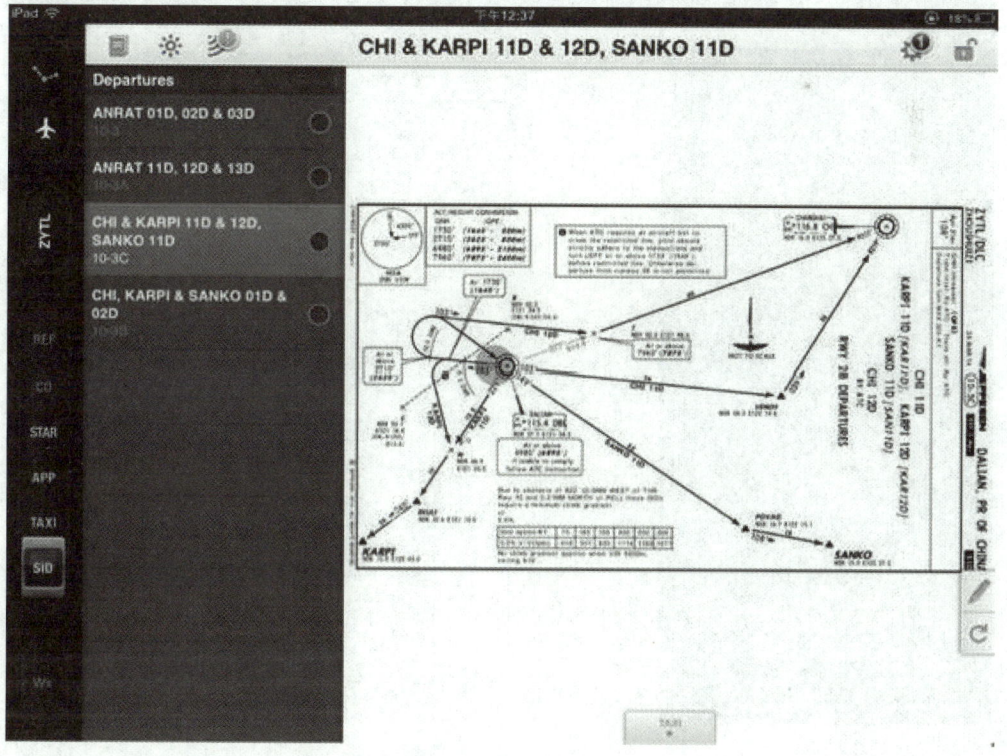

图 8.1.35　离场图

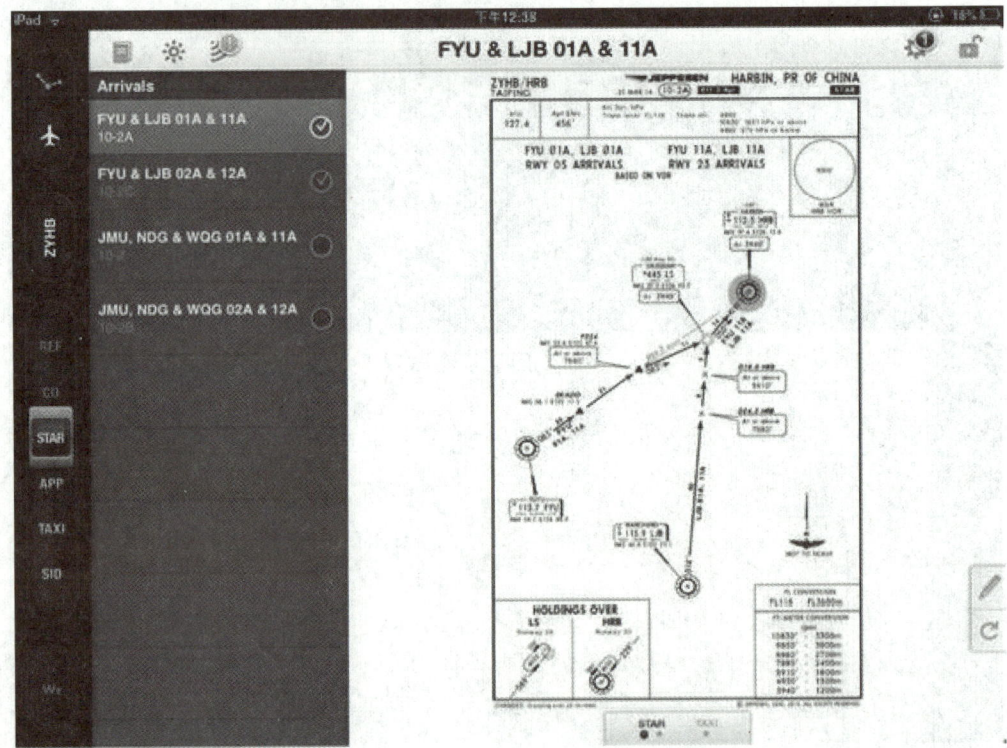

图 8.1.36 进场图

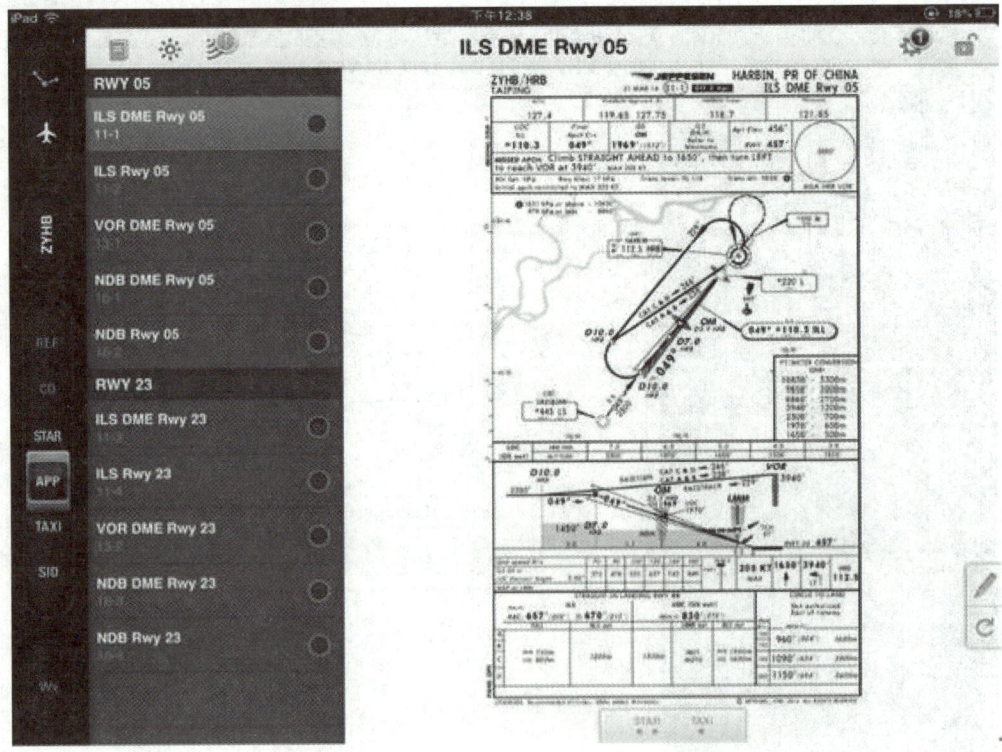

图 8.1.37 进近图

8.2 ForeFlight

8.2.1 软件介绍

ForeFlight 由飞行员们于 2007 年创立，旨在构建高性能软件产品，使飞行计划更容易。该软件基于 GPS，且与杰普逊的航空数据产品相结合，使其功能更加强大。ForeFlight 彻底改变了飞行员的飞行包，并为将移动飞行计划应用程序纳入基本飞行操作奠定了基础。

ForeFlight 软件界面人性化，操作容易，直观易懂，使用方便；使用了高分辨率的技术；具有地图注释功能，可以直接在地图上书写和绘制。用户在使用前可以连接网络下载航路飞行所需的航图、机场图、天气等数据信息，在无网络的情况下可以使用离线导航数据来进行导航。ForeFlight 不仅简化了飞行计划中的复杂计算，使飞行计划制订变得简单易行，而且可以辅助飞行员进行气象条件的观测、目的地机场和备降机场的状况分析，在飞行中尤其是飞行训练中具有非常大的实用价值。

进入软件下方菜单栏，选择需要的查询、记录、编辑功能，根据政府以及民航管理部门提供的数据，实现飞行中显示航图、提供实时气象雷达信息、制订飞行计划、查看飞行资料、查看机场地图和机场设施等功能，广泛应用于飞行中。

1. 机场模块

打开 ForeFlight，首先显示的是机场（Airport）模块，如图 8.2.1 所示。在页面左半部分，可以查看自己"最喜欢的机场""最近浏览的机场""来自地图或航班的机场""A 到 Z 为首字母的机场列表"。

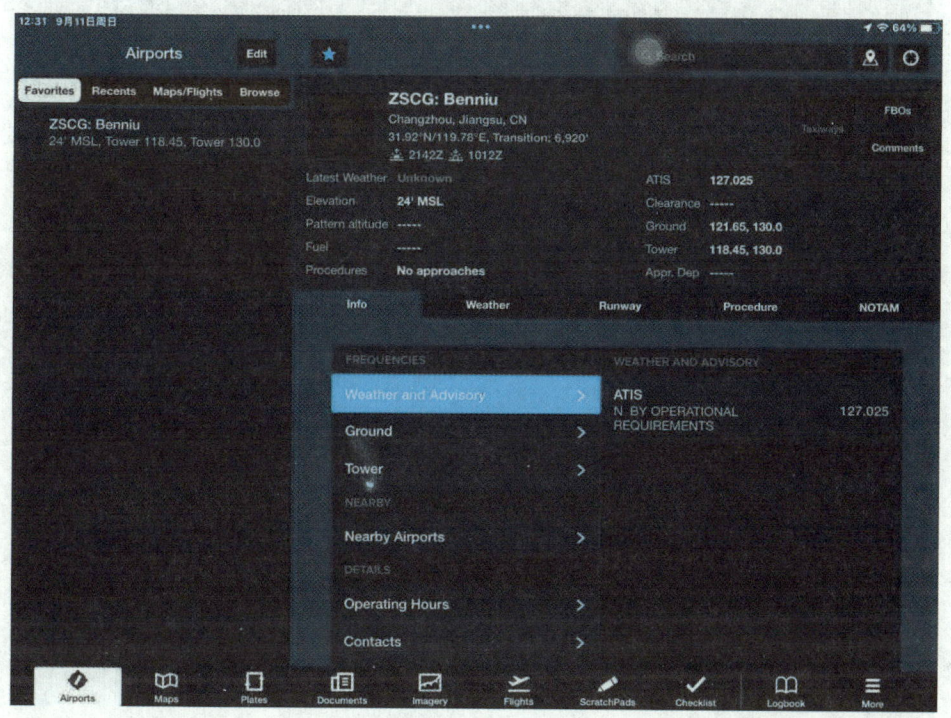

图 8.2.1　机场模块

点击某一机场后，在页面右上部分，可以了解该机场的基本信息，如机场名称、机场所在地、机场经纬度位置、机场日出日落时间、机场最新天气、机场海拔高度、机场程序、自动终端情况服务频率、许可、地面塔台频率、滑行道等。

在页面右下部分，可以了解这个机场更加具体的信息。在"InFo"（信息）这一栏中，可以查询机场频率（包括"天气与公告""地面频率""塔台频率"），附近（包括"附近机场""周边天气"），细节信息（包括"机场运行时长""机场运行周期""联系""机场特征"，如在地图中的显示、维基百科、入境机场、海关可用、机场标高、经纬度位置、磁场变化、所在时区、过渡高度、种类），飞行轨迹（包括"进近时间表""离场时间表""飞行途中"）。如图 8.2.2 所示，在"Weather"（天气）这一栏中，可以查询到航空例行天气报告、终端机场天气预报，日常天气（包括最近 11 天的天气状况、时间、温度、湿度、日落日出时间），风（包括不同高度下风的温度、风速、风向）。在"Runway"（跑道）这一栏中，可以查询到跑道的长度、宽度、材质、每个跑道上的风向。具体的也可以查询到每个跑道的坡度、表面尺寸、表面类型、跑道方向、跑道边缘灯光信息、跑道入口标高。在"Procedure"一栏中，可以查询到有关跑道的相关程序。如图 8.2.3 所示，在"NOTAM"（航情通报）这一栏中，可以查询到有关机场的信息（包括最近 30 天的跑道和滑行道关停施工信息以及开始和截止的时间，通过哪一滑行道进入某一跑道的相关信息以及开始和截止时间，以及更长时间之前的施工位置和面积信息），越障信息，飞行信息区（包括未来和以前的一些航情通报信息）。

在实际飞行中或飞行前，飞行员可以通过这个模块，了解到机场的各类信息，对飞行前计划和具体飞行以及起飞着陆都有很好的帮助。

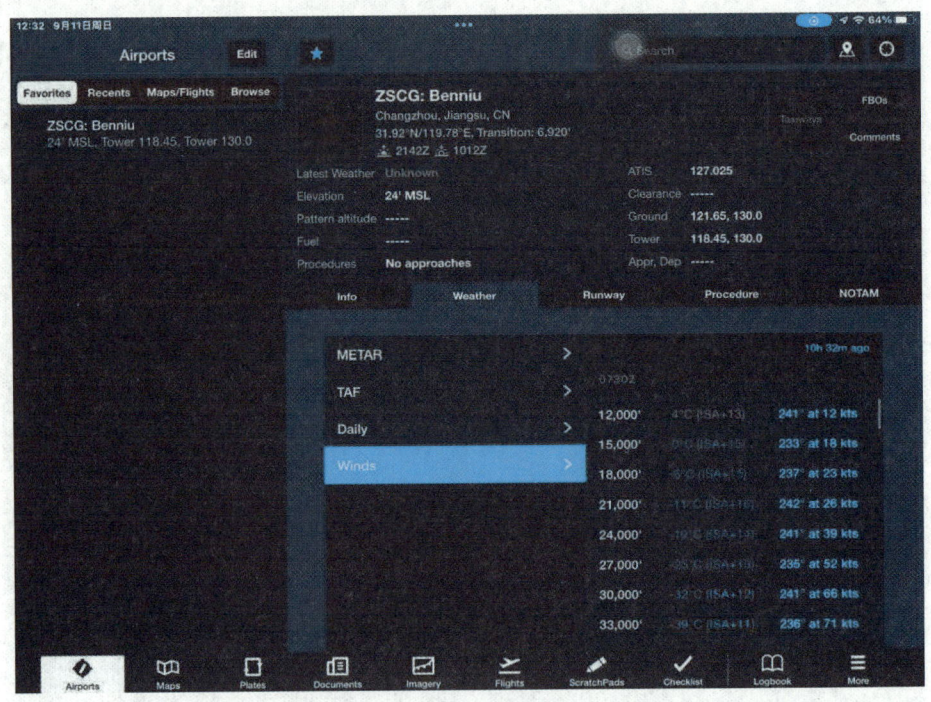

图 8.2.2　天气模块

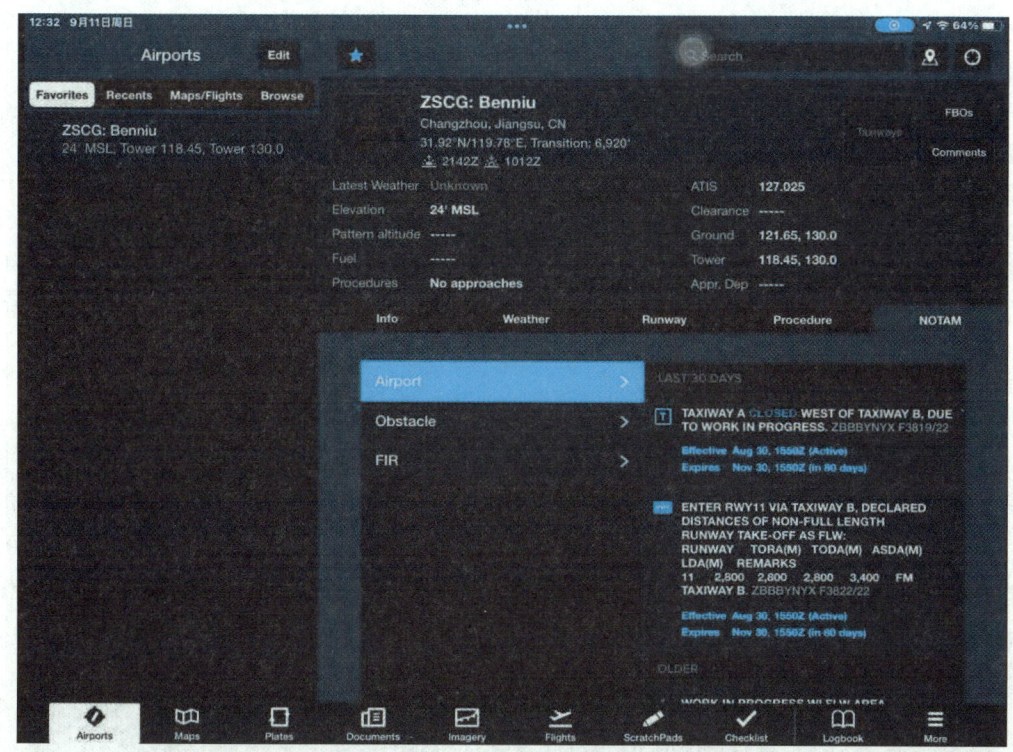

图 8.2.3　机场信息

2. 地图模块

地图（Map）界面作为 ForeFlight 的主界面，地图（Map）界面上方最左可选择街道图、卫星图或两色地图为底叠加美国、加拿大、欧洲地区的目视、高/低空航图中的一张航图，在此基础之上还可叠加包括以下六类内容中的一类或多类：①雷达、卫星云图和危害警告中的一项。②（通过与 FlightAware 合作实现的）实时空中流量。③航空器报告（AIR）/非正常气象预测信息（SIGMET）/中心气象警告（CWA）（该功能可显示最久未来 7 小时内的报文，但不可与第①类叠加播放）；航行通播（NOTAM）；临时飞行限制区域（TFR）；通用航空预报（GAFOR，限于德国、瑞士、奥地利、斯洛文尼亚使用）中的一项或多项。④飞行条件：地面风、高空风、露点温度、温度、能见度、云高、云量信息中的一项。⑤飞行员报告（PIREP）的一项或多项。⑥障碍物、航路点、燃油油价中的一项或多项。

此外，在航图（Aeronautic）被选中时放大可直接显示机场图，并可选择叠加显示机场、空域、航路点、导航台、航路、情报区边界、地形、公路网信息中的一项或多项。点击上方的"FPL"后可在上方"Edit"子界面中央输入飞行计划中的航路及程序并将其显示在地图中，输入完成后还可设置执飞飞机、性能参数、巡航高度、程序、路线及离场时间；"NavLog"子界面会根据已输入的飞行计划显示每两航路点间的磁航向、飞行总里程、各航段里程、剩余里程以及预计到达时间，"ProFile"子界面会显示飞行路径剖面图（该功能需要订阅）。

通过设置按钮调整屏幕亮度、地图主题等项目。飞行数据显示于地图底部，包含到下一航路点的距离、预计在航路中的时间、地速、GPS 高度、航向、定位精度、垂直速度以及当前坐标。通过点击机场/航路点/航路可显示其详细信息，长按某一点可显示该点的经纬度坐标，所属空域及临近航路点/导航台/机场。此外地图界面还支持标注及屏幕录制。

3. 图版模块

在"Plates"模块中，可在活页插入并记录多个机场平面图，里面包含各机场名称、所在地名、经纬度位置、磁差、飞行区、航站区的布局、编号和等内容，可供飞行员熟悉目标机场的平面结构。屏幕上方的不同按键代表不同操作，从左往右"Binders"打开活页，用来编辑图片记录；"设置"调整亮度和反色；"时钟"按钮查询历史记录；"编辑"可在图中做出标识等。

4. 文件模块

"Documents"模块可显示和下载许多航空局的飞行文件，如"Europe""FAA""ForeFlight""NAV CANADA"等方面。上方控制栏点击"Catalog"打开文件目录，分类查询不同航空局文件，也可以自定义添加活页，保存、编辑个人内容，同步云盘等；"排列方式"按键可切换文件的方阵排列或者竖式排列；右上方可按推荐格式搜索相关文件。需要注意的是该部分不能提供 CAAC 的文件，如图 8.2.4 所示。

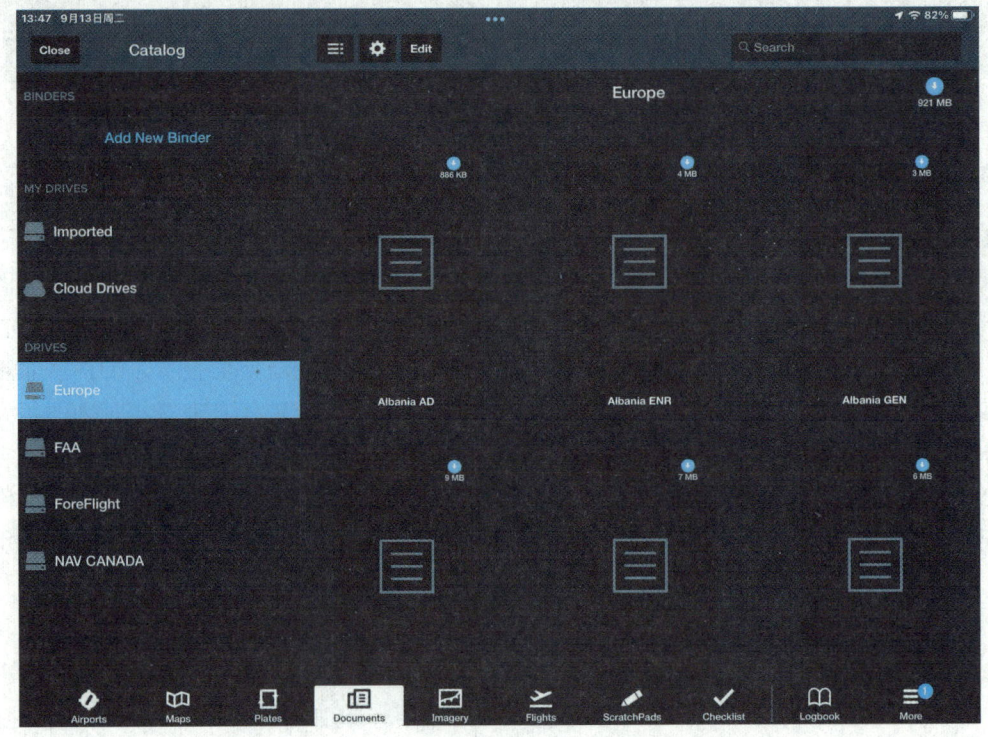

图 8.2.4　文件模块

5. 图像模块

"Imagery"模块用于查询世界不同地区当天（自更新 24 小时内有效）的低空气象、不同飞行高度上的风向风速等信息，可在上方"Regions"内选择地区，"时钟"栏查看查看历史和收藏内容，如图 8.2.5 所示。

图 8.2.5 图像模块

6. 飞行模块

飞行计划对于每一个飞行员都是十分重要的，在每一次飞行前都应制订一个周密的飞行计划。在 ForeFlight 中，Flights 板块就是专门为了制订飞行计划而设计的，如图 8.2.6 所示。在制订飞行计划的过程中，用户可以选择起飞、降落以及备降的机场，从而选择飞行的路径并且设定飞行高度，并且它会结合不同地区的实时气象条件计算出飞行的修正航向以及修正空速，帮助飞行员快速得到飞行时间以及燃油消耗等数据，从而减小飞行员的工作量。除了这些最基本的信息之外，用户同时可以在制订飞行计划时选择飞机的信息，包括飞机型号，甚至飞机的颜色，为用户提供了全方位的服务。

7. 便签本模块

在 ScratchPads 中包含了多个表单，包含了 ATIS 表、起飞数据表、着陆数据表、等待许可表等。在 ATIS 表单中可以对 ATIS（自动终端情报服务）所给予的信息进行记录，包括了机场、时间、风、能见度、云、温度、露点、高度、期望跑道、备注等信息；在起飞数据表中可对起飞决断速度、抬轮速度、起飞安全速度以及许可信息（包含升降舵、跑道、自动终端情报服务、风、能见度、升限、温度、高度等）做好记录；在着陆数据表中对着陆基准速度、进近速度、需求跑道以及许可单做好记录（包含升降舵、跑道、自动终端情报服务、风、能见度、升限、温度、高度等）；在等待许可表单中可记录等待航道的高度、无线电、转向等信息。

图 8.2.6　飞行模块

8. 检查单模块

同时，ForeFlight 还提供了检查单功能，如图 8.2.7 所示。它为用户提供了简单、便捷的检查单，使得所有数据只需要通过在应用内点击即可获得所有的安全程序，这不仅使获得数据更加便利，同时保证数据更加直观，从而有助于保证飞行员的飞行安全。

9. 更多模块

在 More 中还可选择多个功能模块进行使用，包含了 logbook、Mass&Balance、AircraFt、Custom Content、Track Logs、Devices、Passenger、Account、Jeppesen、Support、About、计时工具等。其中，logbook、Mass&Balance、Devices、Passenger 等模块需付费使用，在此不做阐述。在图 8.2.8 中，在 AircraFt 模块中可以对当前飞机编号、机型、飞机乘客量、飞机颜色、性能、下滑性能、默认巡航高度、最大升限、油的型号、油的单位、油量，以及 FAA 设备、ICAO 设备、ICAO 监视等进行记录；在 Account 模块中可对个人信息（包含姓名、手机号、邮箱等）进行记录和修改，还可查看可购买的服务；在 Jeppesen 模块中可导入 Jeppesen 航图进行查看。

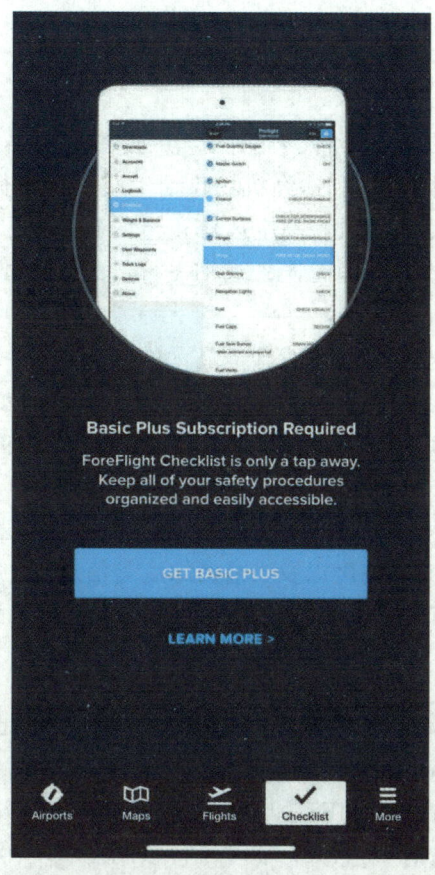

图 8.2.7　检查单模块

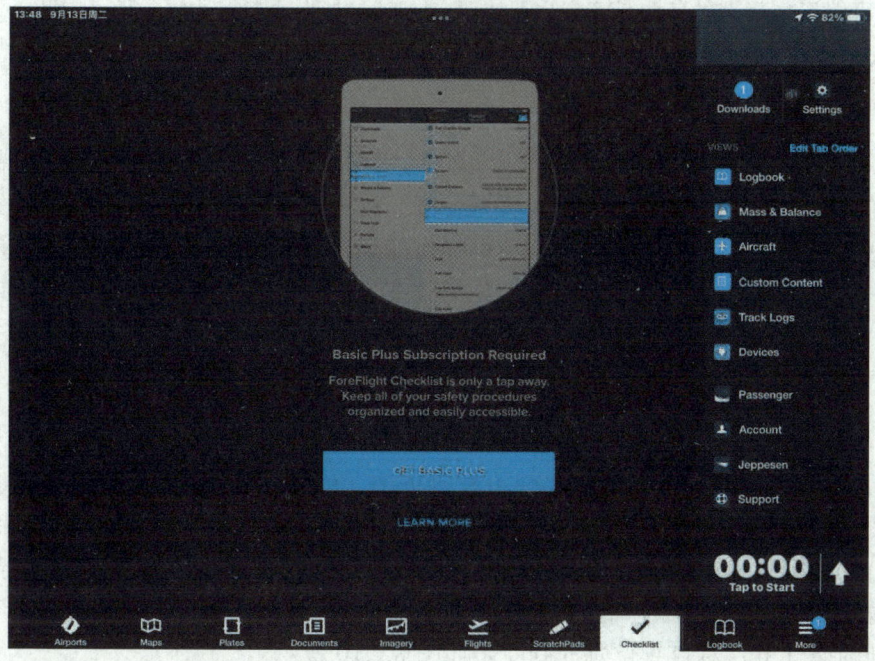

图 8.2.8　其他模块

8.2.2 使用

1. 航图导航

软件内部可以存储已有的目视和仪表航图，并会在有网络的条件下进行数据的更新。ForeFlight 根据用户选择的起降机场和途经机场自动生成一个飞行计划，飞行计划中显示了每一段航线的起点、终点、按照地面风和高空风修正过的磁航向、空速。进而细化每一段所需飞行时间和燃油的消耗量，数据准确无误，减小飞行员的工作量。同时，根据飞机偏离的航向和空速，ForeFlight 进行修正并提示。

软件界面根据用户需求选择相应的信息，显示的内容包括目视航图、仪表航图、杰普逊航图、机场图、气象雷达和能见度等，界面顶部的选项栏可以选择姿态仪表和飞行数据仪表，左侧为飞行姿态仪、高度仪和航向仪，这些数据是通过 iPad 设备本身的陀螺仪和加速计测量的，稍有误差，但是在飞行中会根据相对位置进行不断的修正。

界面的底部是与机载仪表相对应的飞行数据，包括预计到达时间、飞行地速、卫星定位高度、航迹线方向、精度垂直升降高度以及当前经纬度等信息。在空中飞行时，高度测量精度可以达到 5～10 m，仪表数据与机载仪表的差距很小，基本上可以作为飞机的第二套备用仪表。

2. 气象信息

通过用户的选择，软件界面上可以显示指定机场的机场信息，该信息结合了多个权威网站，包括 www.AviationWeather.gov 提供的航空气象信息、METAR/TAF（机场气象实况信息/机场气象预报信息）、AIRMET/SIGMET（非正常气象预测信息）、www.Faa.gov 美国民航总局网站提供的 NOTAM（航行通播）、TFR（临时飞行限制区域）等重要数据信息。

ForeFlight 软件有多种监视气象条件的方法。最简单、直观的方法是在软件界面上气象雷达数据，既可以呈现静态的气象信息，也可以显示 1 h 之内的动态雷达气象信息。此外，ForeFlight 中的卫星云图也可以观察云的走向，从而推算出天气的变化情况。

3. 机场信息

图 8.2.9 所示为软件界面显示机场气象信息的实例。界面上方为所选机场的全部信息，包括机场设施方面，即机场图、滑行道的位置地图，附近的机场服务点、加油点及公共设施；机场的信息有机场高度、本场飞行高度、可提供的燃油类型，该机场的陆空通话频率包括机场通播频率、地面许可频率、塔台频率、离场频率、区调频率以及附近服务站的频率。下方的显示框中可以查询详细的气象信息、机场跑道信息、进近程序数据信息、进近灯光等十分详细的信息服务。

4. 进近参考

ForeFlight 软件可以下载所选机场的 ILS 进近图、NDB 进近图、VOR 进近图、RNAV 进近图以及离场图。这些地图有网络连接时会自动更新，具有实效性；进近图与航图上的定位点相关联，可以实现从航图到进近图的转换。用户可以按照图上的高度提示来进行进近引导，也可以在复飞点对飞机的位置判断是否需要复飞。进近时参考适用于在气象条件不允许的仪表飞行规则的条件下，对自身位置的判断，如图 8.2.10 所示。

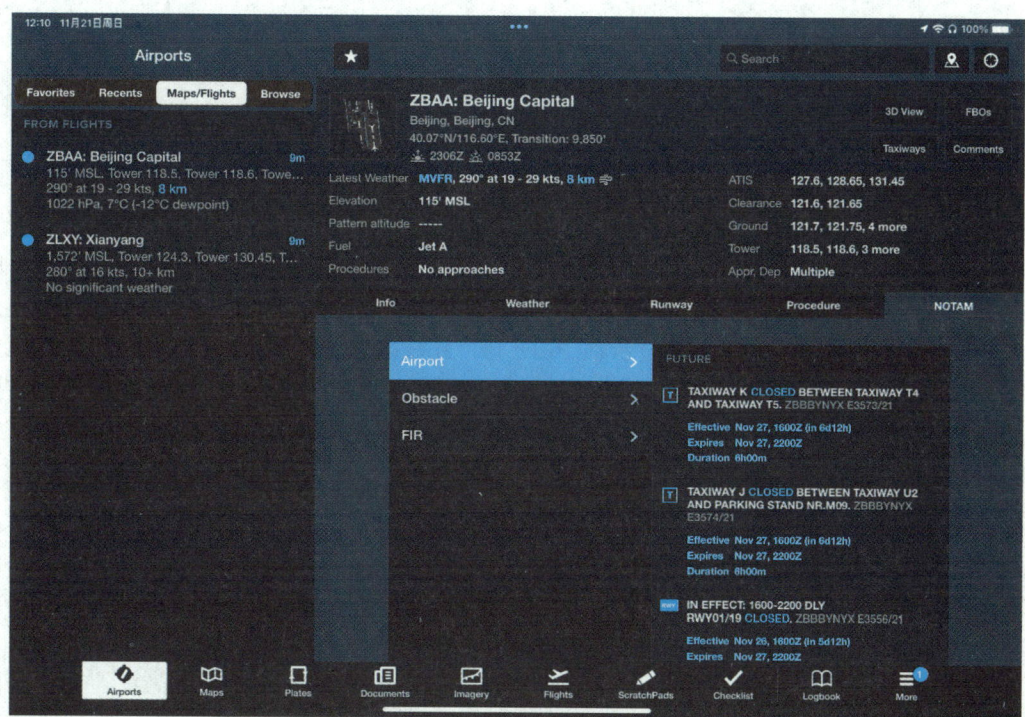

图 8.2.9 机场信息

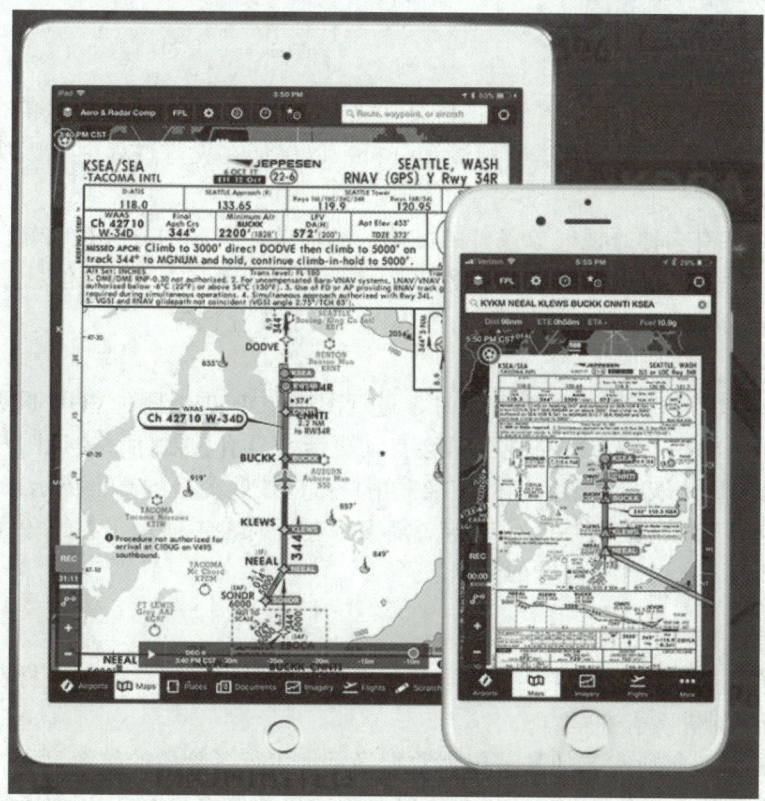

图 8.2.10 进近界面

8.2.3 其他功能

1. 为飞行模拟软件提供数据支持

1）飞行数据参考

飞机上有 6 个重要的仪表，分别是空速表、姿态仪、高度表、转弯侧滑仪、航向仪和垂直升降速度表。它们能保证飞行员的正常飞行驾驶。正常情况下，这些仪表有两套或者多套互不影响的数据来源，以希瑞 SR-20 为例，主要仪表盘（Premier Function Display）显示的飞行数据来源于右翼下方的六轴陀螺仪设备。陀螺仪从外界测量风速和飞机的真实空速，并且经过内部精密计算最终将所得数据显示在 PFD 上，此数据来源不依赖传统的以皮托管为主的动静压系统。此外，SR-20 的备用仪表的数据来源于传统的惯性导航系统和以皮托管为支撑的动静压系统，可以保证在六轴陀螺仪设备故障或者 PFD 显示故障的情况下也可以根据仪表显示安全飞行。

2）制订飞行计划

飞行员在每一次飞行之前，尤其是转场飞行之前，都应该制订一个周密的飞行计划，飞行计划的制订包括计算航向、飞行距离、飞行时间和燃油的消耗量。飞行员和签派员在制订飞行计划时必须保证数据的准确无误，否则会酿成飞行事故。

用 Foreflight 制订飞行计划简单易行，它会根据用户选择的路径和飞行高度，结合不同地区的实时高空风气象数据，计算出飞行的修正航向和修正空速，进而细化每一段所需飞行时间和燃油的消耗量，数据准确无误，减小飞行员的工作量。同时，根据飞机偏离的航向和空速，Foreflight 进行修正并提示。

3）监视气象条件

天气是影响飞行安全的重要因素。飞行员在飞行之前 2 h 内进行飞行准备时一定要对始发地和目的地以及沿路的气象条件进行观测和分析，以保证在飞行过程中可以从容地应对各种气象的突发情况。

Foreflight 软件有多种监视气象条件的方法。最简单、直观的方法是在软件界面上气象雷达数据，既可以呈现静态的气象信息，也可以显示 1 h 之内的动态雷达气象信息。此外，Foreflight 中的卫星云图也可以观察云的走向，从而推算出天气的变化情况。

4）进近参考

ForeFlight 软件可以下载所选机场的 ILS 进近图、NDB 进近图、VOR 进近图、RNAV 进近图以及离场图。这些地图有网络连接时会自动更新，具有实效性；进近图与航图上的定位点相关联，可以实现从航图到进近图的转换。用户可以按照图上的高度提示来进行进近引导，也可以在复飞点对飞机的位置判断是否需要复飞。进近时参考适用于在气象条件不允许的仪表飞行规则的条件下，对自身位置的判断。

2. Foreflight 数据分析

Foreflight 在飞行结束后的数据分析与安全问题上也提供了可靠的参考材料与真实数据。

1）Foreflight 促进飞行安全

Foreflight 提供飞行所需要的各种仪表数据显示，飞行各阶段的航图显示，气象雷达的动态和静态气象资料显示。小型飞机几乎可以完全脱离机载仪表，依靠 Foreflight 完成各种飞行任务，更加快速便捷。Foreflight 对于保证飞行安全和降低飞行员工作量有重要的指导意义。

2）Foreflight 数据实效性和真实性

Foreflight 的电子航图是杰普逊公司认证并授权的，电子航图的更新时间与纸质的航图更新时间是同步的，每 180 d 更新一次网，而且如果在这期间有任何改动，Foreflight 也会下载一份改动页，使用者可自行参考改动对照航图进行修改。气象数据也是与航空气象中心网站（www.AviationWeather.gov）的数据实时同步的，有网络时会实时更新，无网络的情况下不会更新气象信息，但会标有最后更新的时间。

ForeFlight 目前仅限于北美地区杰普逊航图的支持，没有亚洲和欧洲地区的航图的下载和使用。该软件目前只支持 iPad 和 iPhone 等 iOS 系统设备的支持，并不支持广泛使用的安卓系统和 Windows Phone 系统的支持，使用用户群就存在一定的限制性。ForeFlight 对加强飞行安全具有一定的促进作用，但是数据仅供参考，飞行数据还是应该以机载仪表设备为主要参考。

8.3 eAIP-China

8.3.1 软件介绍

2014 年，中国民航正式发布电子版航行资料汇编（eAIP），提供了 AIP、AIP AMDT、AIC、SUP 的查阅和 AIP AMDT 下载功能，提供详细的中国 AIP 数据，涵盖国内所有国际机场，数据更新及时，航图质量高。

eAIP-China 提供《中华人民共和国航空资料汇编》（简称《中国航空资料汇编》），由中国民用航空局负责出版发行，中华人民共和国香港特别行政区、澳门特别行政区和台湾地区分别负责出版发行所在地区的航空资料汇编。中国航空资料汇编依据国际民用航空组织公约附件 15、空中航行服务程序-航空情报管理（国际民用航空组织 10066 文件）和航行情报服务手册（国际民用航空组织 8126 文件）所载的标准和建议措施编写。《中华人民共和国航空资料汇编》中的航图依据国际民用航空组织公约附件 4 和航图手册（国际民用航空组织 8697 文件）绘制。中国航空资料汇编由三部分组成，即总则（GEN）、航路（ENR）和机场（AD）。每一部分根据需要分成若干章节，分别包含各种不同的航空情报资料。

2016 年，eAIP 改变了开放的政策，开始转为实行注册制，新用户注册需提交工商营业执照复印件和民航地区管理局下发的筹建（经营、运行）许可证复印件等资料才能使用。

公开的国内航图可以在 eAIP（图 8.3.1）下载。上面可以查起降机场的仪表离场图、仪表进近图、机场平面图、停机位图等，如图 8.3.2 和图 8.3.3 所示。还可以根据 NAIP 或 AIRAC 数据生成航路，将每个航路点的经纬度数据、航线、航路点之间距离等这些数据制成图表。

eAIP 提供的资料包括：

（1）国家法规和要求——指定当局；航空器的入境、过境和出境；旅客和机组人员的入境、过境和出境；货物的入境、过境和出境；航空器仪表、设备和飞行文件；国家法规和国际协议/公约的摘要；与国际民用航空组织标准、建议措施和程序的差异。

（2）表格和代码——计量制、航空器标志和节假日；航空情报产品中使用的简缩字；航图符号；地名代码；无线电导航设施表；计量单位换算表；日出/日没时刻表。

（3）服务——航空情报服务；航图；空中交通服务；通信和导航服务；气象服务；搜寻和援救。

（4）机场/直升机场和空中航行服务收费——机场/直升机场收费；空中航行服务收费。

图 8.3.1　eAIP 界面

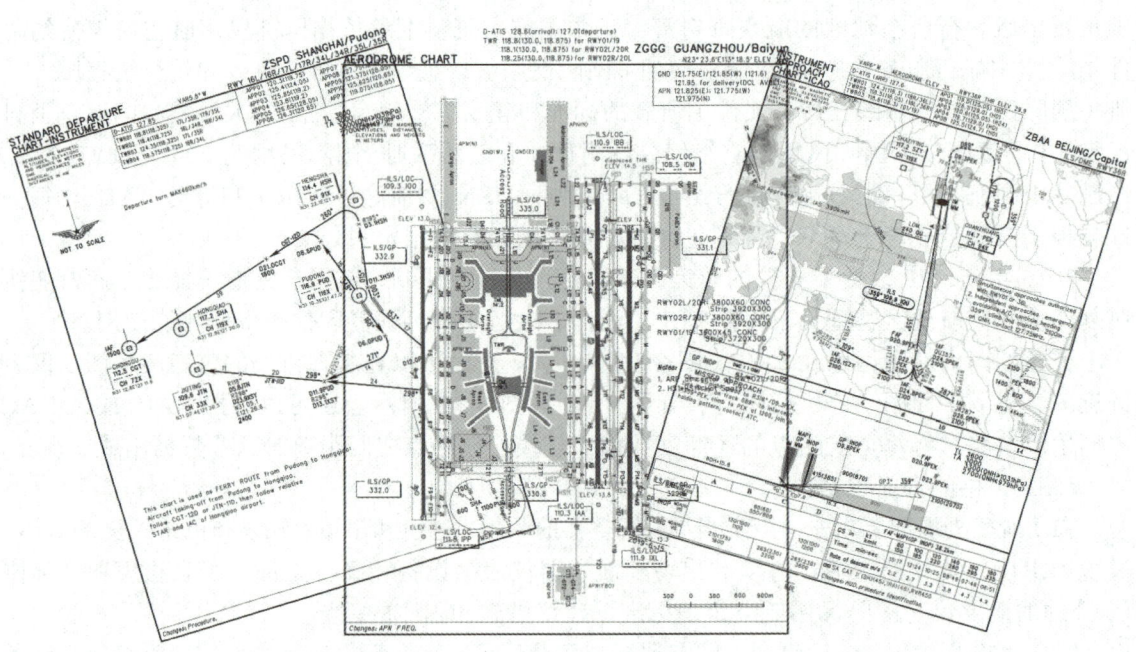

图 8.3.2　eAIP 终端区航图

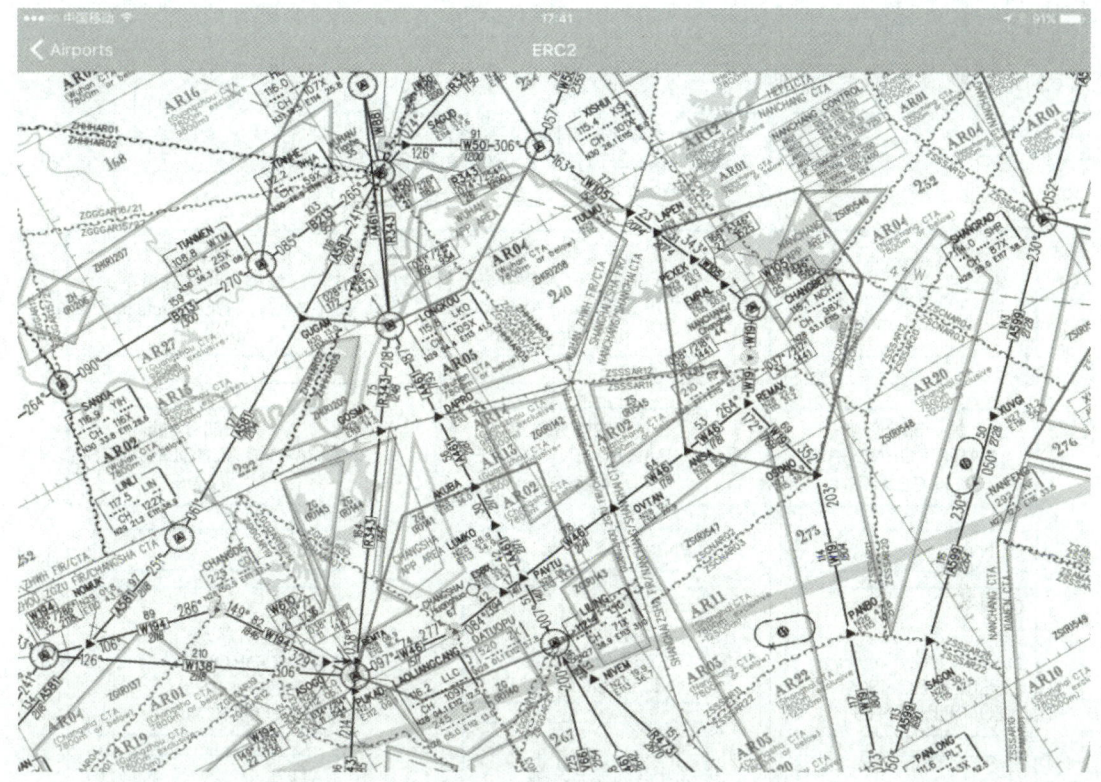

图 8.3.3 eAIP 航路图

（5）总则和程序——总则；目视飞行规则；仪表飞行规则；空中交通服务空域分类；等待、进近和离场程序；雷达服务和程序；高度表拨正程序；地区补充程序；空中交通流量管理；飞行计划；飞行计划报收电地址；民用航空器的拦截；非法干扰；空中交通事件。

（6）空中交通服务空域——飞行情报区和管制区；终端管制区和进近管制区以及其他规定空域的详细描述。

（7）空中交通服务航路——总则；国际航路；区域导航航路；直升机航路；其他航路以及航路等待的详细描述。

（8）无线电导航设施/系统——航路无线电导航设施；特殊导航系统；重要点的名称代码和航路航行地面灯光。

（9）航行警告——禁区、危险区和限制区；军事演习和训练区；其他危险性活动；航路上的航行障碍物；航空运动和航空俱乐部活动；鸟类的迁徙和敏感动物区。

（10）航路图。

eAIP 的功能主要包括：

（1）可以方便地查阅中国大陆地区所有航图资料、追踪航路信息与航班轨迹等。

（2）可以在地图中生成飞行中使用的航班轨迹。

（3）可以查起降机场的仪表离场图、仪表进近图、机场平面图、机位图以及离场进场程序等方便飞行员使用。

（4）可以根据 NAIP 或 AIRAC 数据生成航路，并且将每个航路点的经纬度数据、航线、航路点之间的距离等制成表格，方便飞行员在飞行前做航空资料准备工作。

8.3.2 构 成

eAIP 的构成如图 8.3.4 所示。

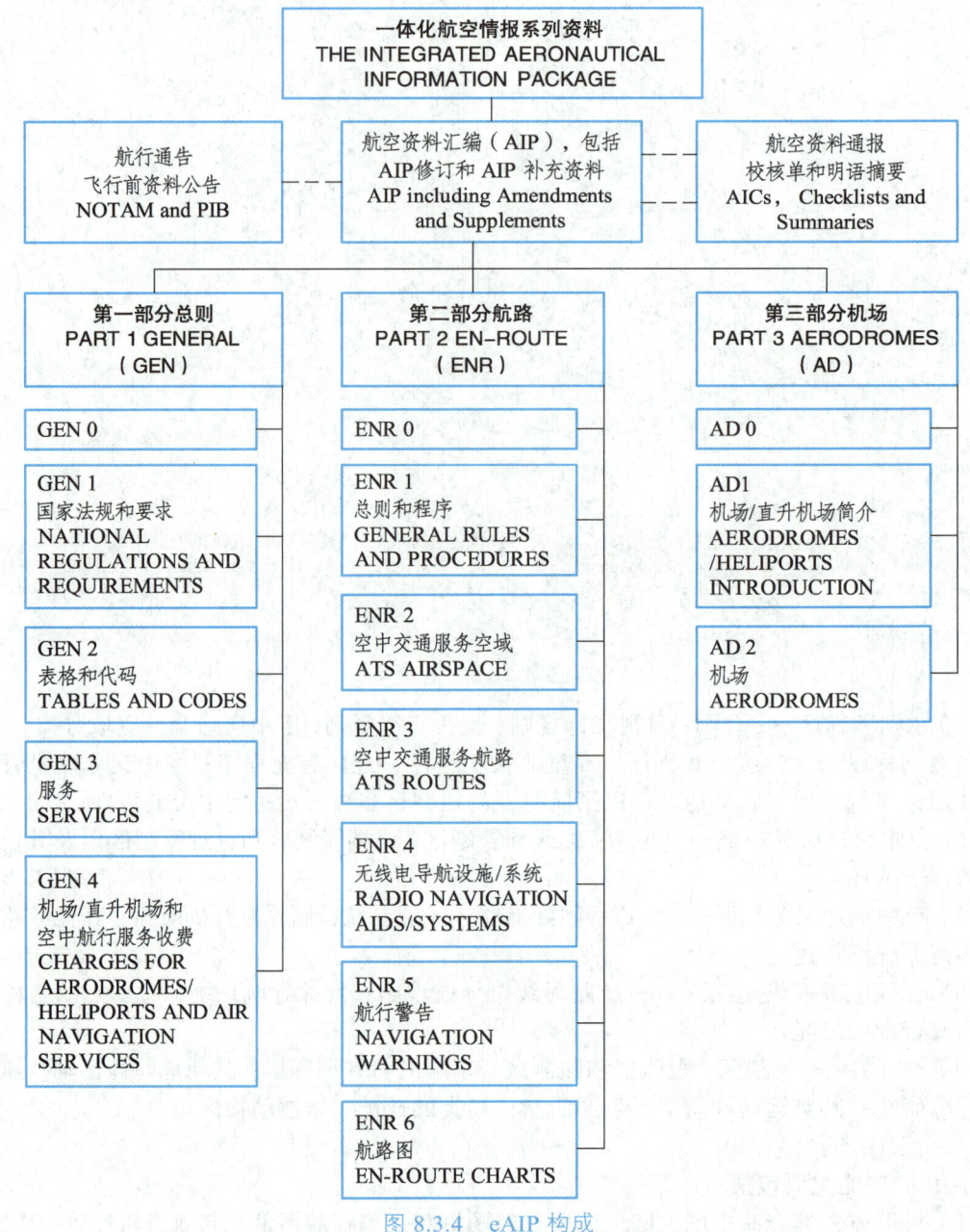

图 8.3.4 eAIP 构成

1. 机 场

1）机场（Aerodrome，AD）

机场，亦称飞机场、空港，较正式的名称是航空站。机场有不同的大小，除了跑道之外，机场通常还设有塔台、停机坪、航空客运站、维修厂等设施（见表 8.3.1），并提供机场管制服务、空中交通管制等其他服务。

表 8.3.1　AD 内容

ZBAAAD 2.5 旅客设施 Passenger facilities

1	宾馆 Hotels	Adjacent to AD
2	餐馆 Restaurants	At AD
3	交通工具 Transportarion	Passenger's coaches, taxis, airport express
4	医疗设施 Medical facilities	First-aid equipment at AD, comprehensive hospital adjacent to AD（4 ambulances on duty）
5	银行和邮局 Bank and Post Office	At AD
6	旅行社 Tourist Office	At AD
7	备注 Remarks	Nil

2）机场图（Aerodrome Chart，ADC）

航空器在地面滑行时，除了遵从 ATC 地面（GND）部门的指示之外，还需要自主导航，此时机场图将会变得非常重要。设计机场图的目的是帮助飞行员正确地按照地面的指示滑行，将航空器停靠在指定的停机位或者进入指定的跑道准备起飞。

机场平面图会按照比例尺进行制作，绘制出整体的轮廓、跑道、滑行道、停机坪及标线、灯光等内容，如图 8.3.5 所示。

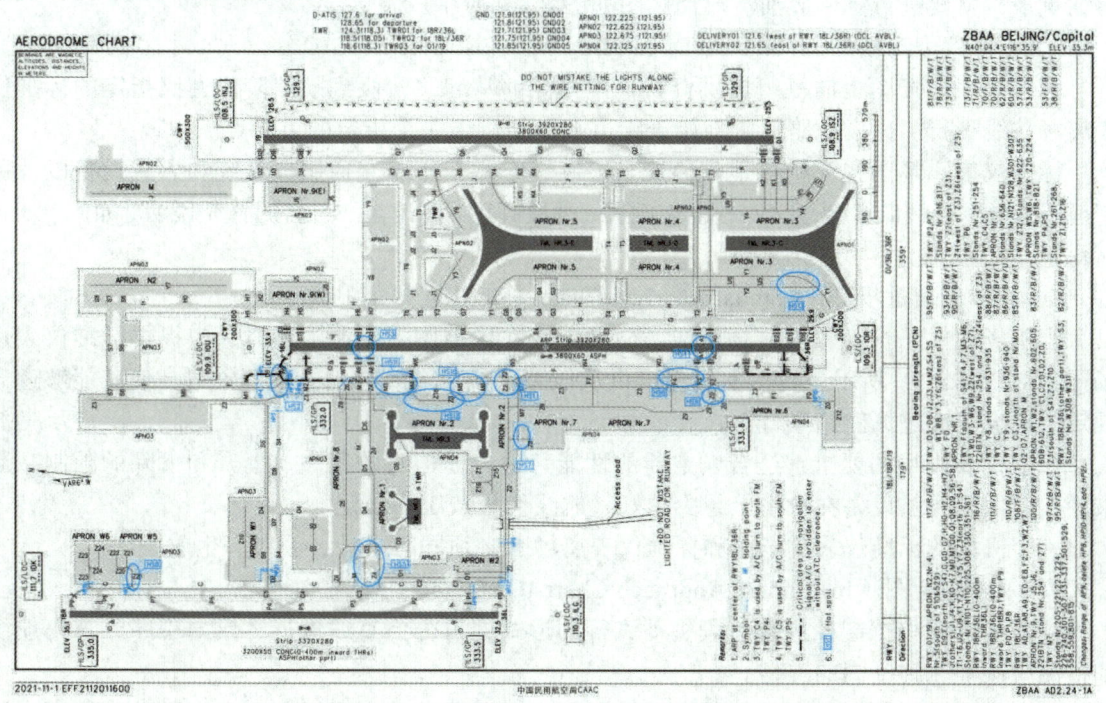

图 8.3.5　机场图

平面图的比例尺、经纬网和磁差尤为重要，其中比例尺提供了图上距离和实际距离的相对关系，而经纬网可以帮助飞行员确定机场内某个点的坐标。

机场平面图中的跑道信息为飞行员提供了跑道的轮廓、长度、道面情况和标高等信息。

3）停机位置图（Aircraft Parking Chart，APDC）

当航站设施复杂，机场图或机场地面活动图无法把资料标绘得十分清楚，应提供航空器停放/停靠图，以便向飞行员提供便于航空器在滑行道和停机位置之间进行地面运行的详细资料，如图 8.3.6 所示。停机位置图要求：比例尺大于机场图和机场地面运行图。

4）机场障碍物图（Aerodrome Obstacle Chart，AOC）

当需要机场障碍物图时，可以去搜索 AOC 航图，它可以帮助我们确定航空器的最大允许起飞质量和提供必要的机场障碍物信息等重要资料。所有民用机场，在起飞航径区内有重要障碍物时，都应制作出版本图，如图 8.3.7 所示。在有多条跑道的机场，要求每条跑道绘制一张机场障碍物 A 型图。在一些地形较复杂，重要障碍物较多的机场，为将重要障碍物绘于图上，可以按起飞方向分别绘制单张图。选定的比例尺，必须保证每幅图的范围包括所有重要障碍物。一般水平比例尺应在 1∶15 000～1∶10 000。垂直比例尺必须是水平比例尺的 10 倍。

5）精密进近地形图（Precision Approach Terrain Chart，PATC）

该图通过平面图和剖面图的形式表示机场跑道走向的地势起伏情况，并且通过图例等高线和比例尺让使用者了解机场进近的准确情况，如图 8.3.8 所示。

6）放油区（Fuel Dumping Area，FDA）

空中放油在军事和非军事领域都有重要意义，多数情况下是如果飞机在起飞后因故障要求立即着陆，此时的着陆重量会超过飞机的最大着陆重量。为了减轻飞机重量，达到安全降落的重量，就要进行空中放油。放油区图如图 8.3.9 所示。

7）标准仪表离场图（Standard Departure Chart-Instrument，SID）

标准仪表离场图是向机组提供资料，使其能够从起飞阶段到航路阶段遵照指定的标准仪表离场航线飞行。离场航路通常开始于跑道端，结束于一个指定的重要点。

标准仪表离场图包含机场地理位置、限制性空域、空中交通服务系统和导航设备以及关于航线和地形、最低管制扇区高度、比例尺、过渡高度、高度层、图名的补充说明，如图 8.3.10 所示。

8）标准仪表进场图（Standard Arrival Chart，STAR）

当机场设立了标准仪表进场航线，而又无法在区域图上绘制清楚时，应提供标准仪表进场图，如图 8.3.11 所示。机场向机组提供从航路阶段过渡到进近阶段的资料，使其能够遵守规定的标准仪表进场航路飞行。

标准仪表进场图要求：适合航空器的性能、适合通信失效程序、上升和下降的限制减至最少、使用的导航设备在数量上越少越好、航线代号按统一规定。

一个机场的标准仪表进场图和标准仪表离场图必须同时设计、公布、生效。

9）仪表进近图（Instrument Approach Chart-ICAO，IAC）

仪表进近图根据起始进近航段机动飞行的形式，可分为直线进近、反向程序、直角航线和推测航迹等几种不同的类型。

根据最后进近航段是否提供下滑引导，仪表进近分为精密进近和非精密进近。精密进近引导的导航设施主要有仪表着陆系统、微波着陆系统和精密进近雷达，非精密进近引导的导航设施有 VOR、NDB、LOC 和 GPS 等。

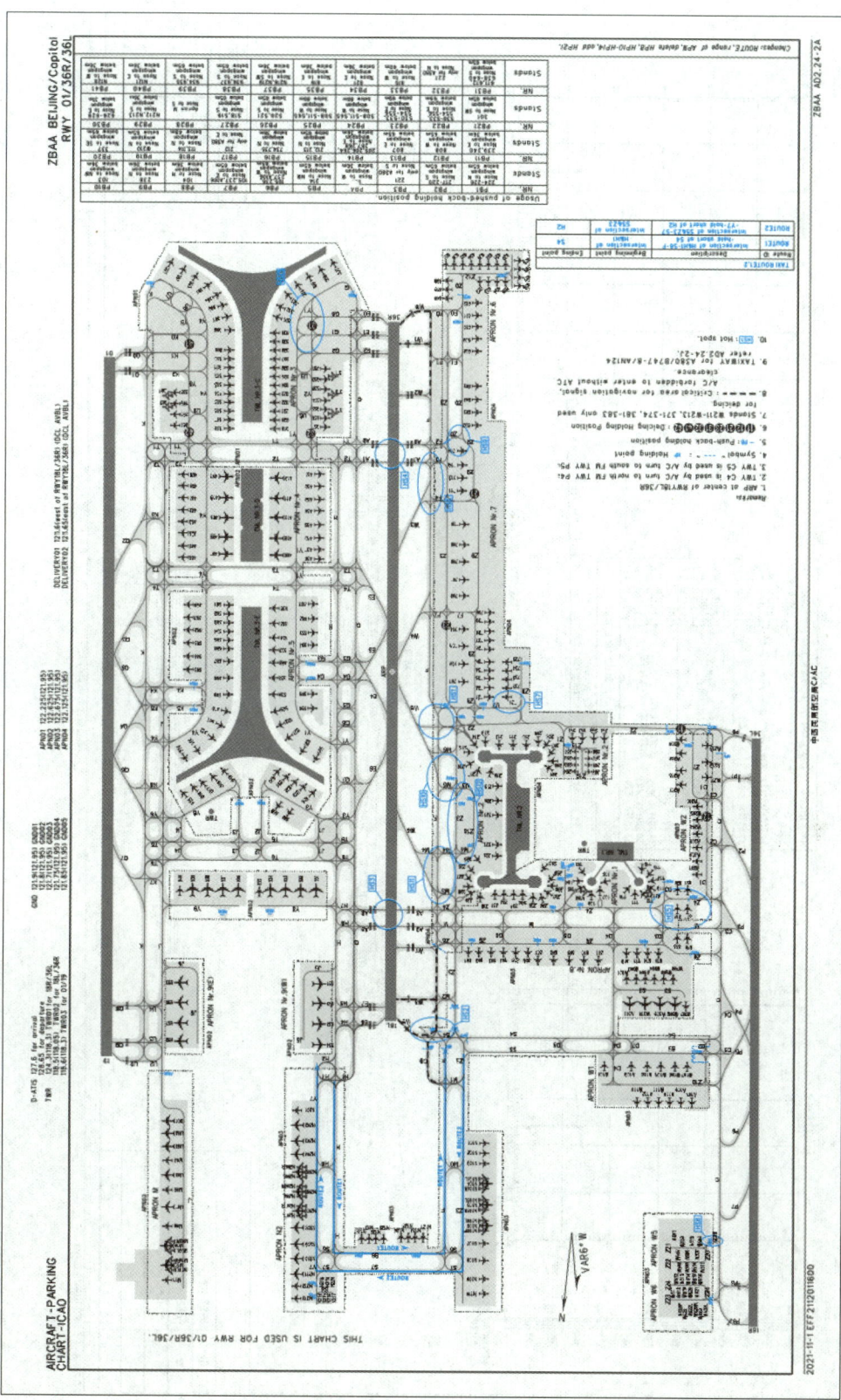

图 8.3.6 停机位置图

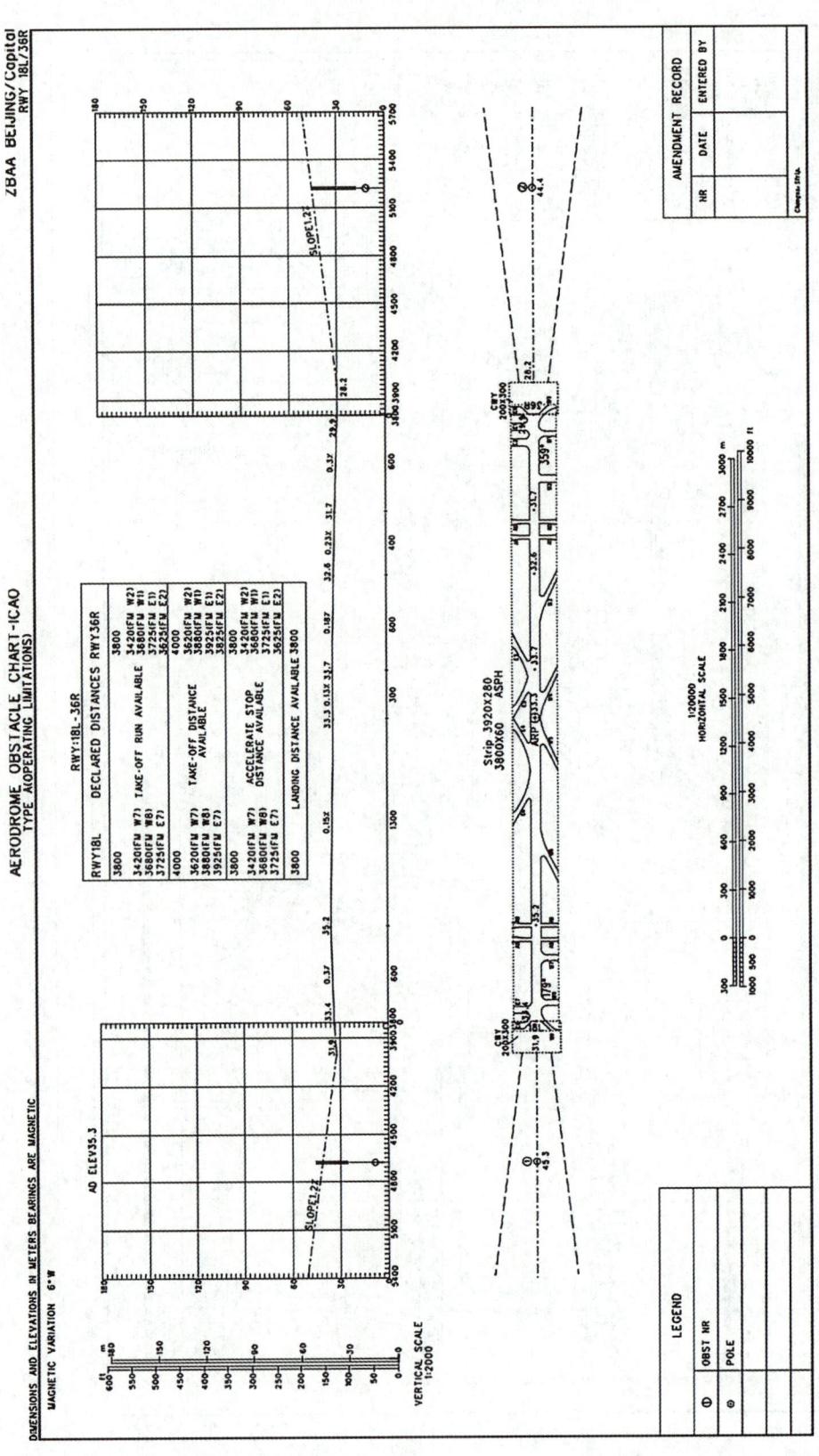

图 8.3.7 机场障碍物图

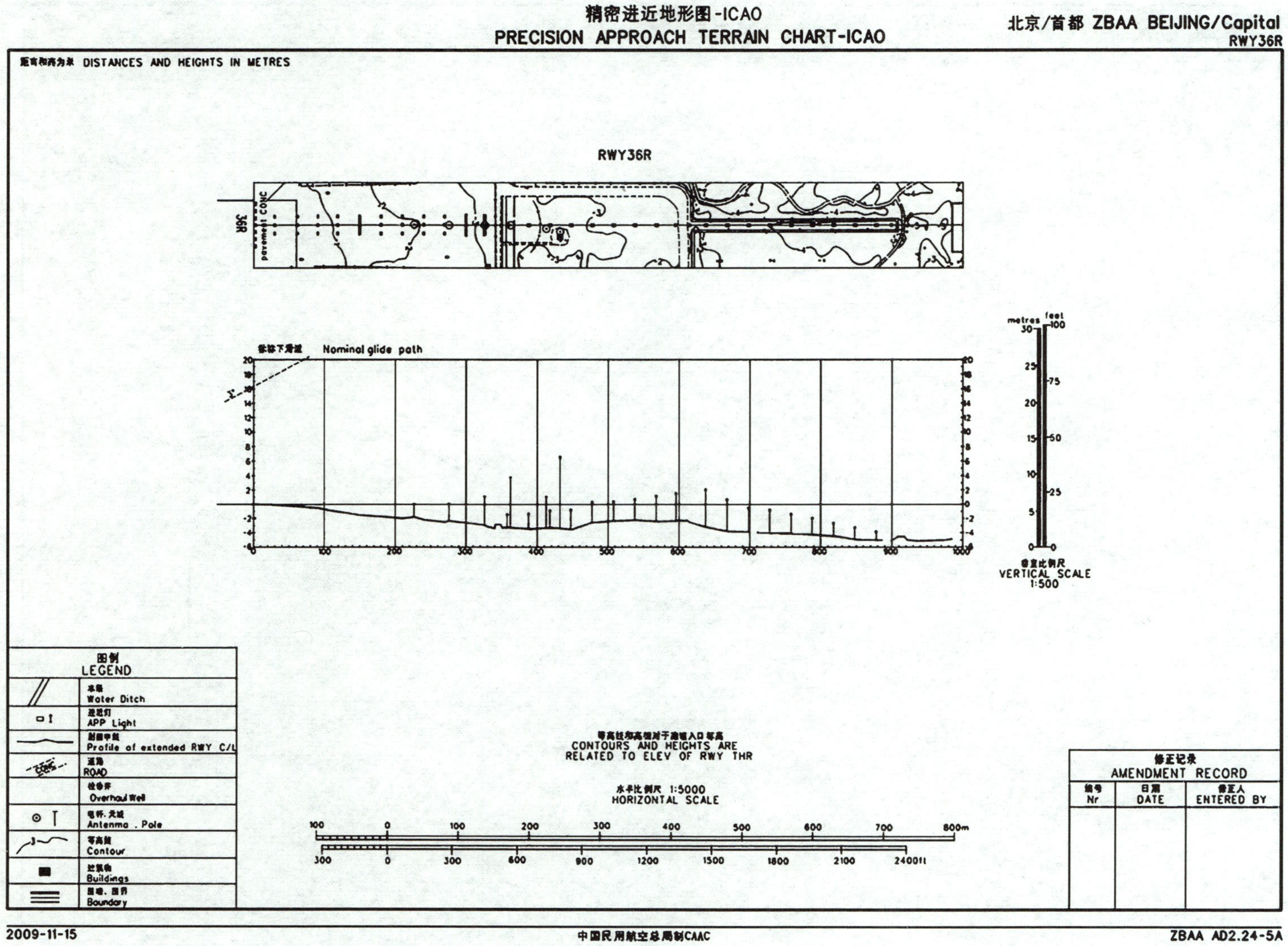

图 8.3.8 精密进近地形图

FUEL DUMPING AREA ZBAA BEIJING/Capital

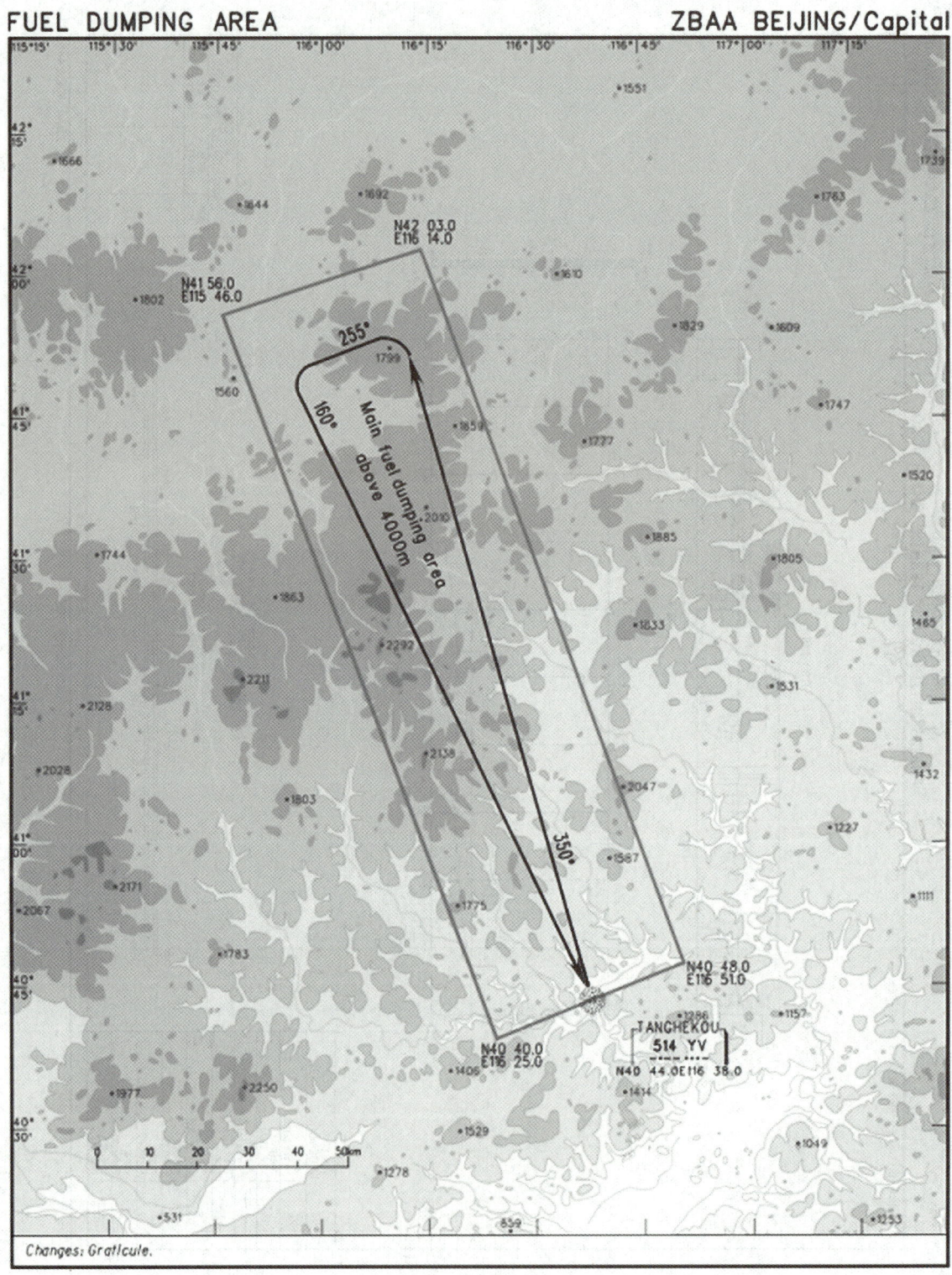

图 8.3.9 放油区图

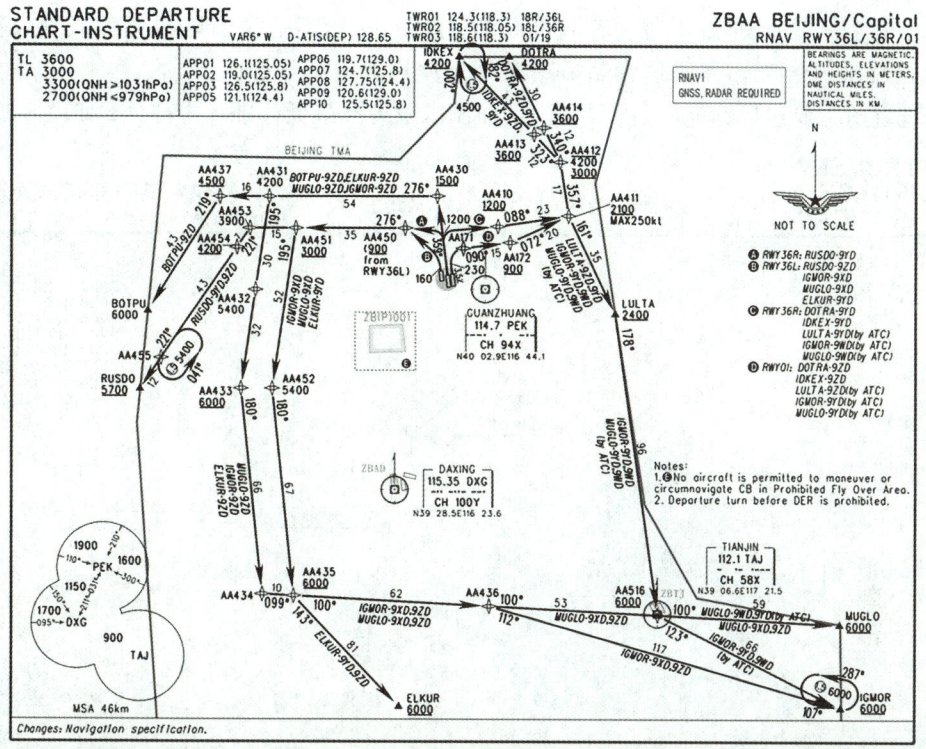

图 8.3.10　标准仪表离场图

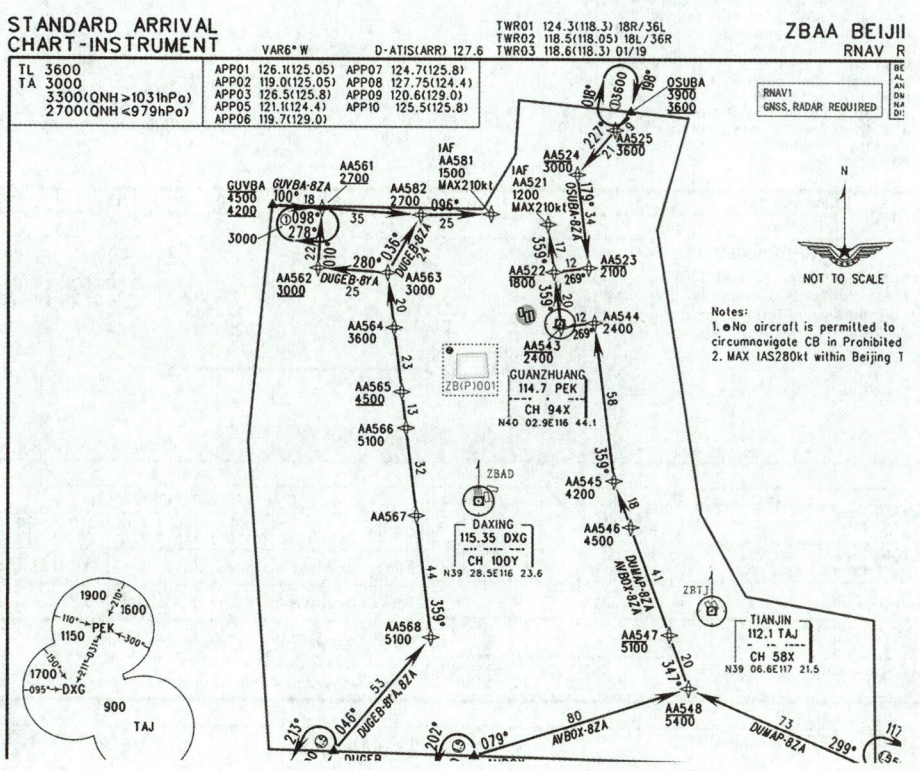

图 8.3.11　标准仪表进场图

飞行员在仪表进近前必须通过着陆机场的 ATIS 广播了解有关着陆机场的天气、场面活动、通信、导航设施等情况，并通过管制员指定计划使用的进近程序。

仪表进近图主要包括标题栏、平面图、剖面图以及着陆最低标准 4 个部分，如图 8.3.12 所示。

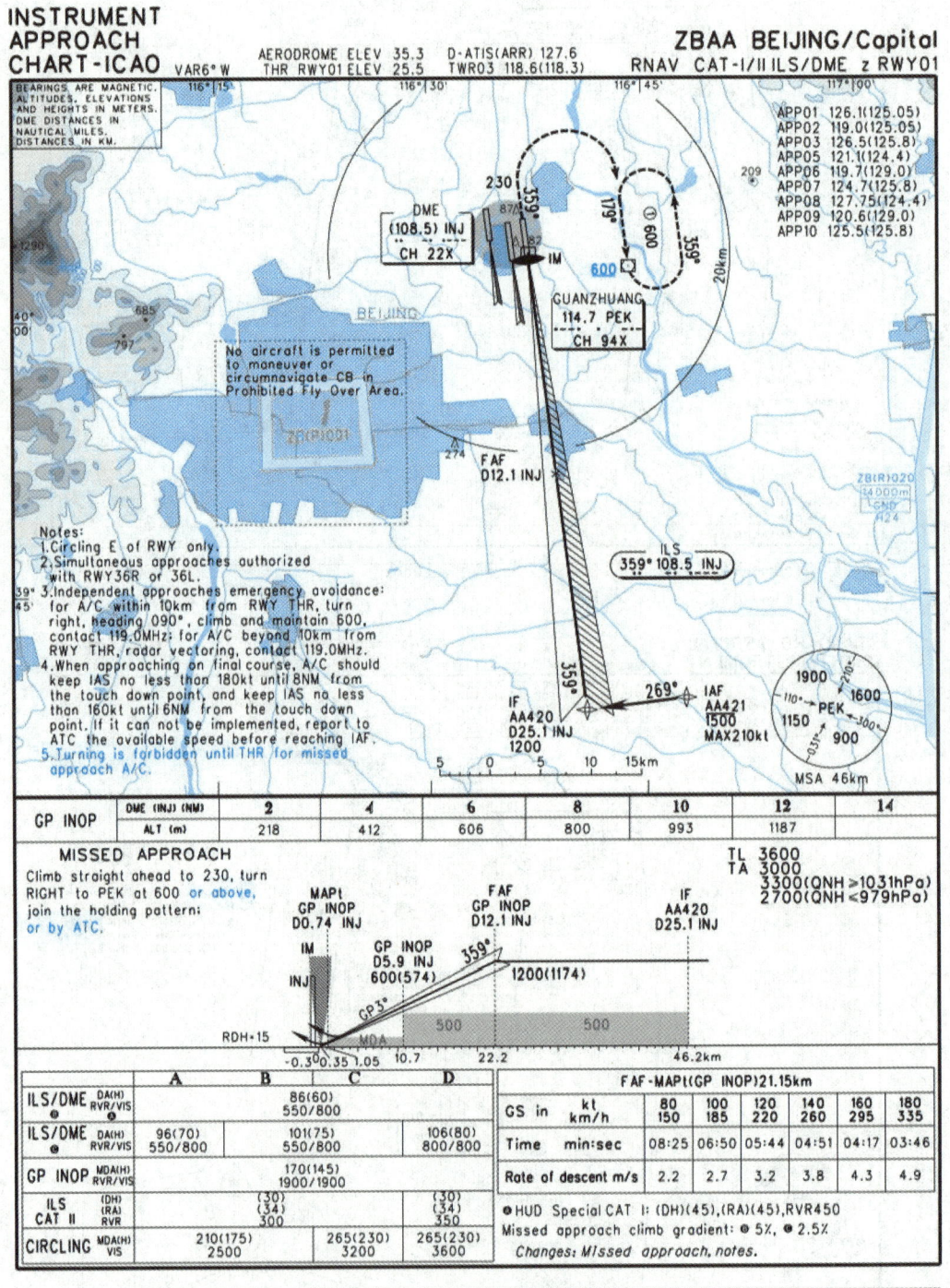

图 8.3.12　仪表进近图

标题栏按照进近简令的顺序列出主要的进近信息，包括程序名称、修订日期等图边信息以及无线电通信频率和进近简令条、最低安全高度、复飞程序等内容。

平面图展示民用航空主管部门设计的仪表进近程序总体概况。

剖面图以剖面的形式给出下滑航迹和各种导航设施，以及地速-下降率换算表格、灯光信息与复飞图标。

着陆最低标准部分列出在不同机载设备和地面设施组合情况下的着陆最低能见度和最低下降高度。

2. 其他

eAIP 其余部分共分为总则和航路两个部分。

总则部分包括：航空资料汇编修订记录、补充资料及航空资料通报记录、页码校核单以及手改记录；航空器、旅客和机组人员、货物的入境、过境和出境；航空器仪表、设备和飞行文件；国家法规和国际协议/公约的摘要；航空情报产品中使用的简缩字；航图符号；地名代码等信息。如图 8.3.13 所示。

中华人民共和国航空资料汇编 AIP CHINA	GEN 0.1-1

GEN 0.1

前言

Preface

1. 出版当局	1. Name of the publishing authority
《中华人民共和国航空资料汇编》（简称中国航空资料汇编）由中国民用航空局负责出版发行，中华人民共和国香港特别行政区、澳门特别行政区和台湾省分别负责出版发行所在地区的航空资料汇编。	The Aeronautical Information Publication of the People's Republic of China (abbreviated as AIP China) is published by the Civil Aviation Administration of China. Hong Kong Special Administrative Region, Macao Special Administrative Region and Taiwan Province of the People's Republic of China are separately responsible for publishing the AIPs of the regions within their jurisdiction.
2. 采用的国际民航组织文件	2. Applicable ICAO documents
中国航空资料汇编依据国际民用航空组织公约附件15、空中航行服务程序-航空情报管理（国际民用航	The AIP China is prepared in accordance with the Standards and Recommended Practices (SARPS) of

图 8.3.13　准则部分

航路部分包括：目视飞行规则；仪表飞行规则；空中交通服务空域分类；等待、进近和离场程序；雷达服务和程序；高度表拨正程序；地区补充程序；空中交通流量管理；飞行计划；飞行计划报收电地址；民用航空器的拦截等信息。如图 8.3.14 所示。

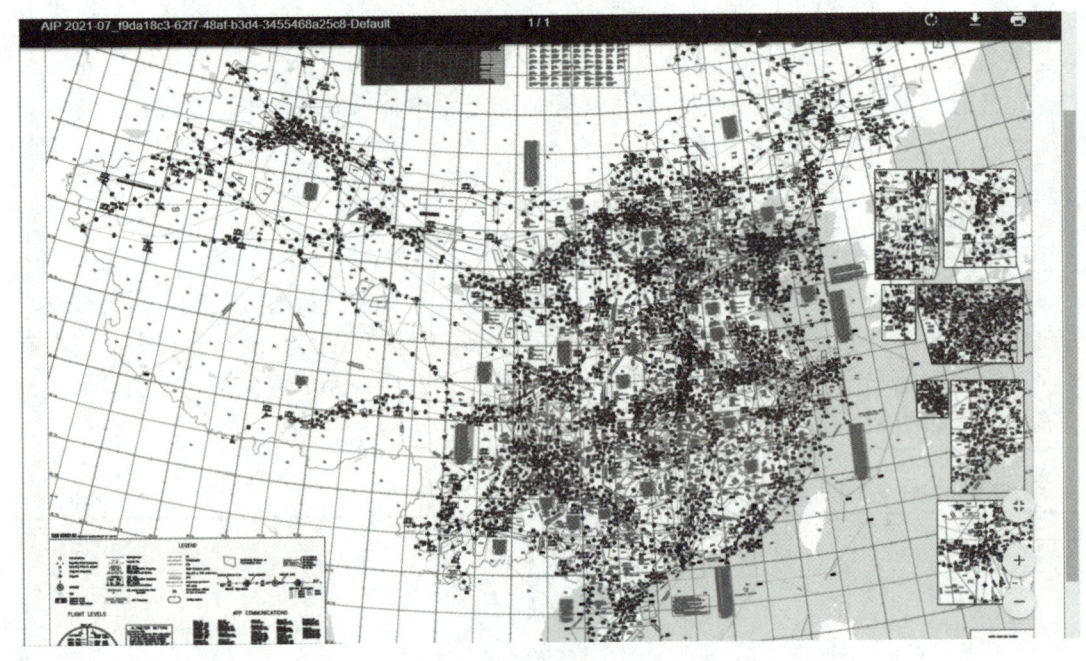

图 8.3.14　航路图

8.3.3　使用

通过飞行者联盟航图查询系统（eAIP-China）可以快捷、方便地找到所需要查看的航图，如图 8.3.15 所示。

飞行者联盟航图查询系统的使用界面简洁明了，在系统的左侧罗列了按照中国各个地区分类的各个选项。通过点击相应的地区，就列出相应地区的所有机场的航图。如图 8.3.16 所示，当用鼠标点击"石家庄/正定"这个选项时，就可以检索该机场的各类航图。

8.3.4　eAIP 存在的问题

1. 通用航空目视飞行航图不成熟

我国空域结构复杂，低空飞行已成为制约通用航空潜在需求释放的关键，低空飞行服务保障体系还未建立。而目视飞行航图是影响低空飞行安全的重要因素，是低空飞行的保护伞和指南针。目视飞行航图是通用航空作业的基本依据，是推动通航发展的重要抓手，对保证通航飞行安全具有基础作用。数字化目视飞行航图作为民航局空管局在提升低空飞行服务保障能力的重要创新成果，需要进一步优化。

2. 航图样式复杂

繁忙机场和多跑道运行的机场，程序设计通常比较复杂，进离场程序过多过密，航图编排拥挤不堪，部分图示及编码烦冗，飞行员在使用中容易"看错图、飞错点、认错线"。过多的飞行程序还可能造成机载导航数据库溢出或出错。

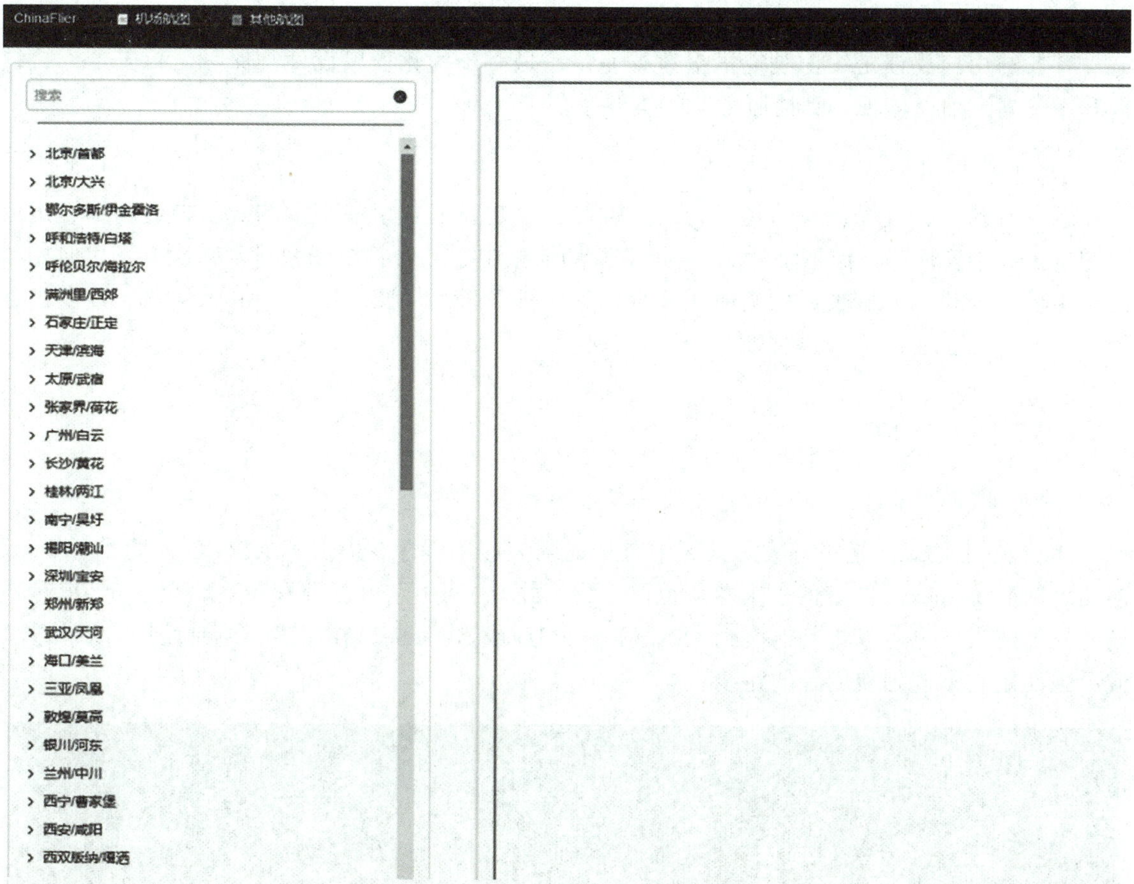

图 8.3.15 查询系统界面

图 8.3.16 按机场查询

3. 用户反馈机制不够完善

有效的用户反馈是纠正航空情报数据差错，进一步优化程序设计，保障运行安全，持续提升用户满意度，体现"真情服务"的重要手段。

4. 严把航图数据源头

航空器起飞，进场及着陆是飞行的关键阶段，也是安全事故多发的阶段，进离场，进近图的重要性不言而喻。但据统计 2018 年空管局情报中心共修订机场数量 573 次，发出原始数据核实单 106 份，原始数据核实项 378 个，其中涉及进离场图 155 个，占比 41%，涉及进近图 67 个，占比 18%，原始数据质量不容乐观。

8.4 Navigraph

8.4.1 软件介绍

Navigraph Charts 是飞行模拟社区中首选的图表应用程序，提供了 AIRAC 周期后每 28 天连续更新的 Jeppesen 图表的最大覆盖范围（图 8.4.1）。利用它可以查看和整理全球 6 800 个机场的机场图表，也可以将其连接到 FSX、Prepar3D 或 X-Plane，在图表上绘制使用者的位置，或单独使用它来规划使用者的路线。

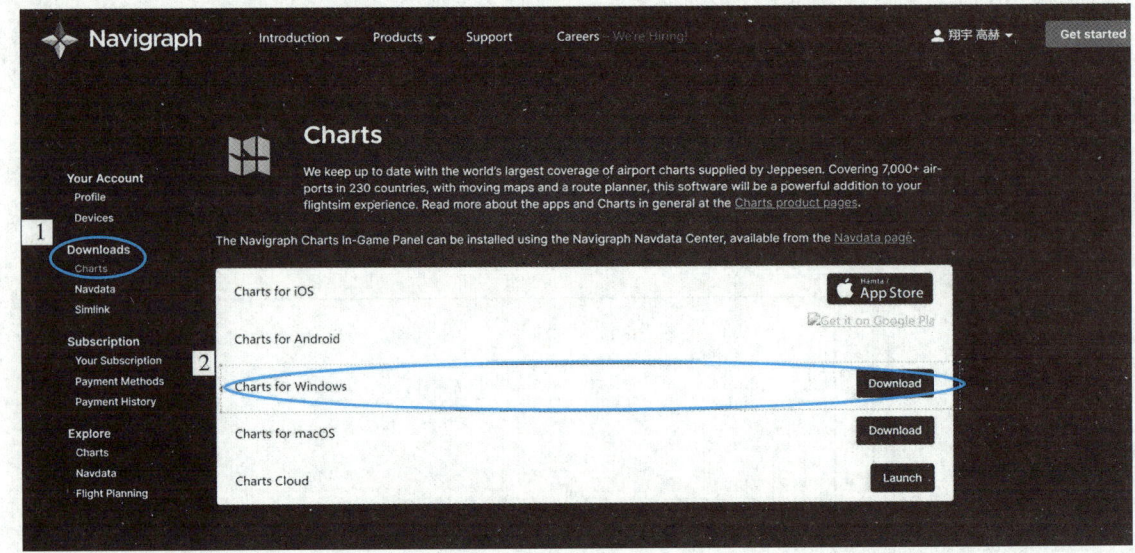

图 8.4.1　Navigraph 软件

Navigraph Charts 包含以下功能：

（1）全球和当前 Jeppesen IFR 图表：涵盖 6 800 多个机场。

（2）移动地图：连接到 FSX、Prepar3D 或 X-Plane 以实时显示飞机的位置（需要在模拟器计算机上使用 Navigraph Simlink）。

（3）夜间模式：以黑暗模式展现主题版图表。

（4）路线计算：直接在应用程序中自动计算任何机场对之间的路线。

（5）SID 和 STAR 视觉概述：查看覆盖机场附近的离场和进场程序，以便更好地了解空域和制订飞行计划。

（6）飞行组织：在航路图上交互显示航班的路线，并在一个地方收集出发、目的地和候补的图表。

（7）图表叠加：在航路图上叠加 SID、STAR 和进近图表，以便更轻松地在航班的不同航段之间进行过渡，并提高态势感知能力。

（8）图表颜色编码和图板：轻松过滤特定的图表类型和图表，以便快速访问。

（9）交互式航线图：点击并搜索机场、航路点、导航设备、航空公司、空域、FIR/UIR、控制模式等。

（10）飞行计划导入：从 SimBrief 和其他外部路线计算器工具导入飞行计划。

此产品仅供家庭飞行模拟使用，不得用于现实世界导航。

8.4.2 使 用

在 Navigraph 的主界面中首先可以查看全球范围的所有航路，在右上角有 High/low 高低空航路切换 或世界地图，Day/Night 为白天夜间模式切换项，小箭头显示飞机当前位置，如图 8.4.2 所示。

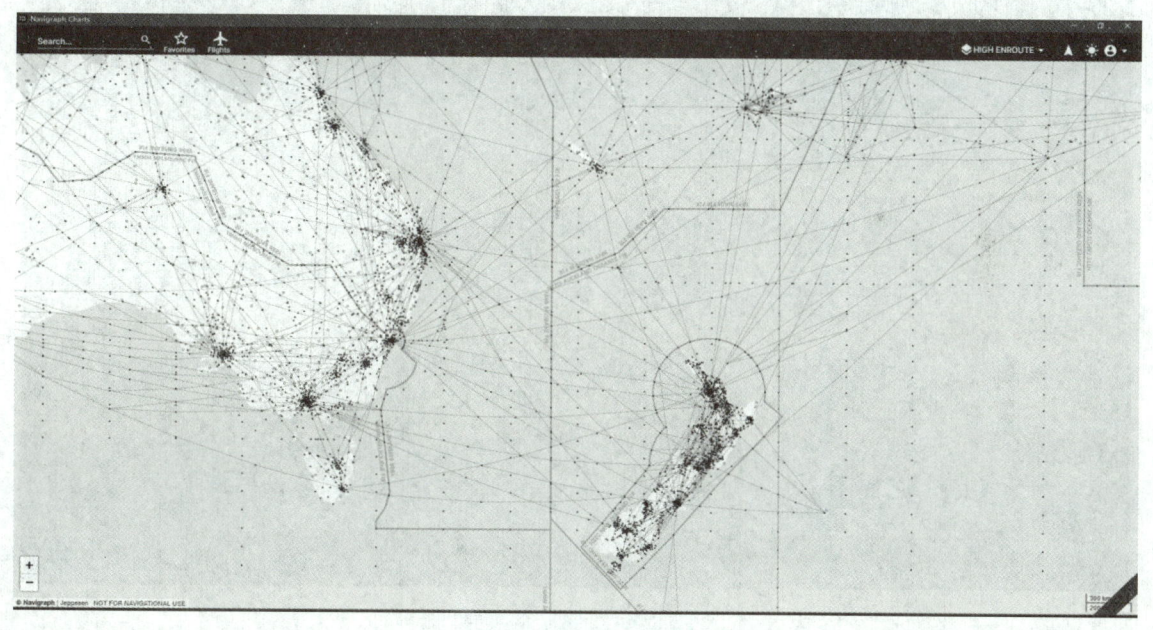

图 8.4.2　全球范围航路

航路图中可以查看空域、航路、定位点、导航台和机场等相关信息，同时在图底部附有经纬度网格便于定位。

左上角的搜索栏可以通过输入名称搜索航路、导航台和机场等，如图 8.4.3 和图 8.4.4 所示。

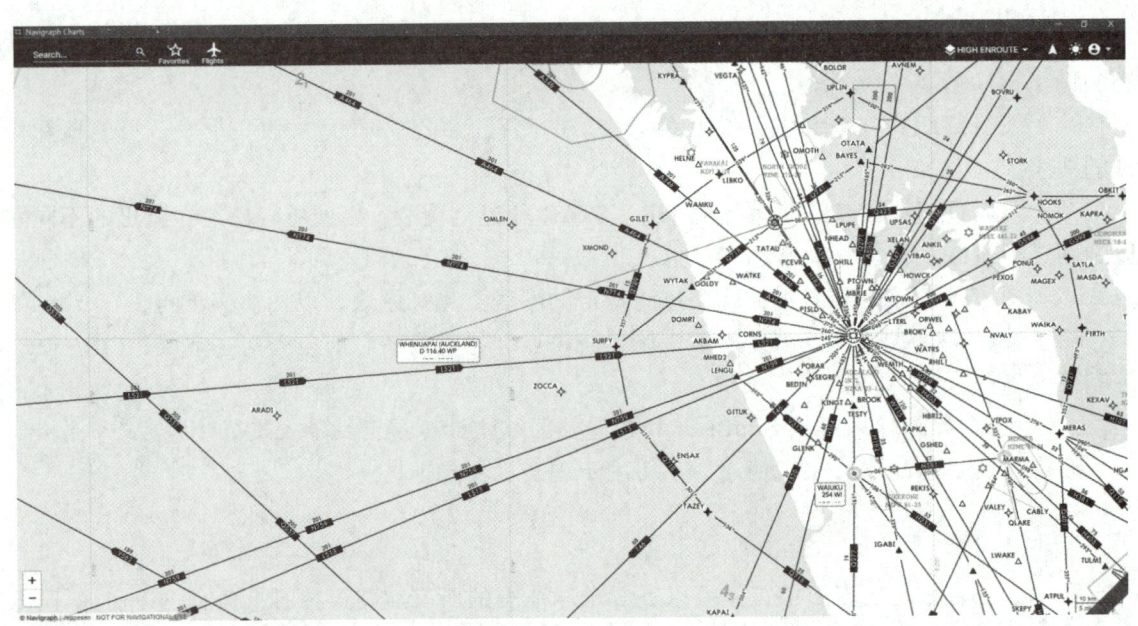

图 8.4.3　航路搜索

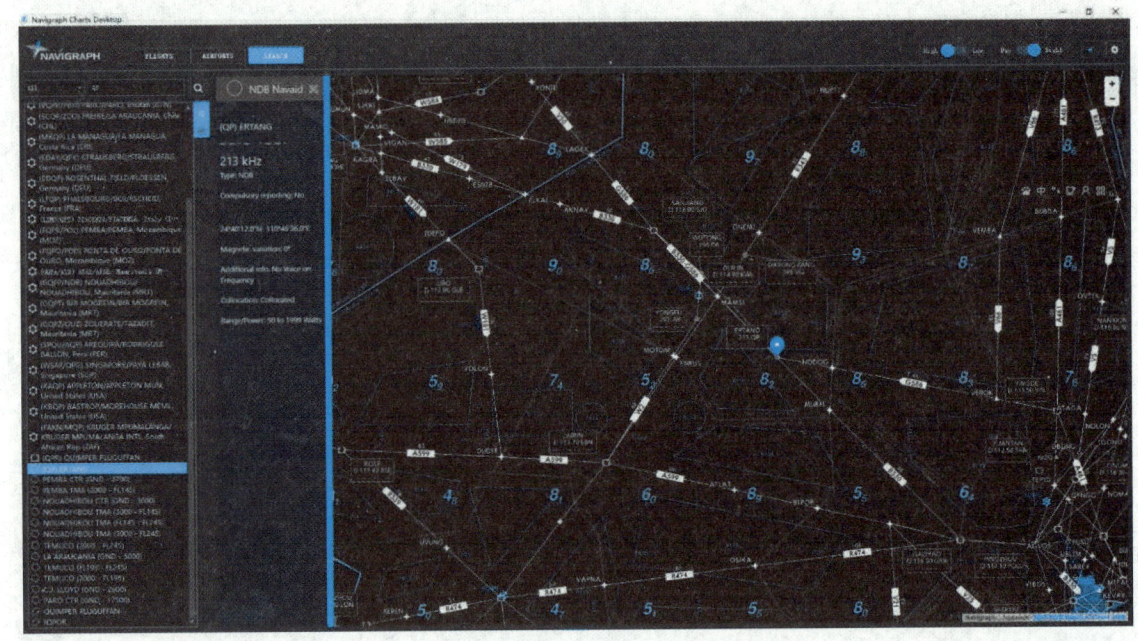

图 8.4.4　导航台搜索

航线设置界面可以通过人工输入或文件导入等形式编辑航线信息。

打开电脑版的航图程序 Charts Desktop，首先会看到 FLIGHT 界面，这是飞行计划界面。如图 8.4.5 所示，点击有个加号的按钮可以计划飞行，1 处输入飞行名称，旁边的小铅笔点击可以删除计划。2 处输入航路，3 处输入出发、到达及备降机场四字代码 ICAO，点击"save"，如果航路验证正确，航图会保存。

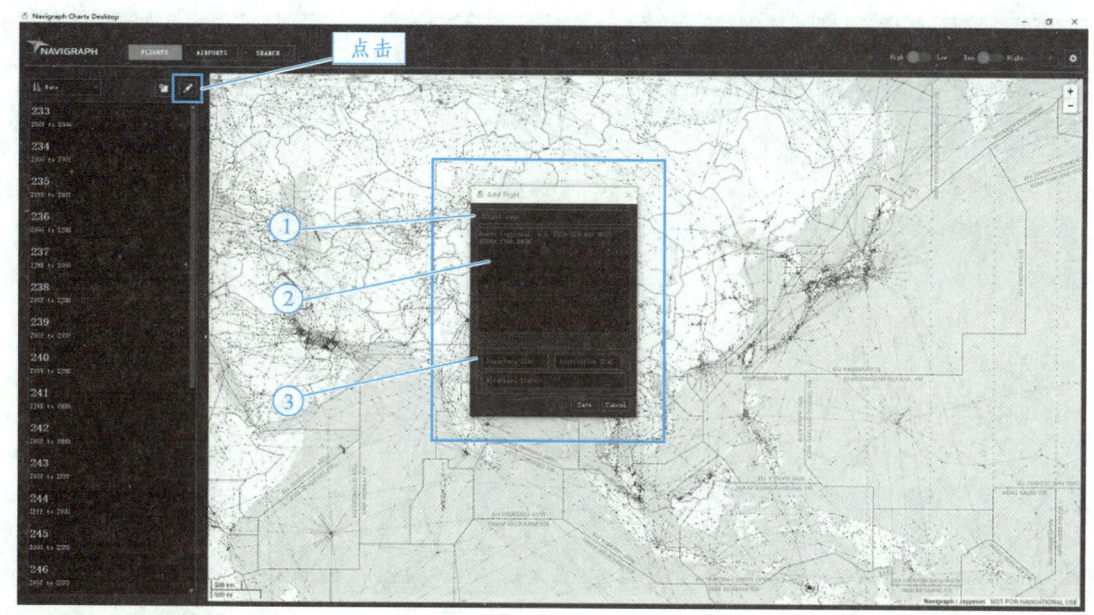

图 8.4.5　人工设置航路

如图 8.4.6 所示，点击进入计划好的飞行航路，会看到航路在航图上以橘红色显示了出来，1 处小铅笔可以删除、修改航路。2 处显示航路，有时候橘红色航路没有加载出来，点一下就会在右边大窗口航图上显示出来。3 处是文字航路，4 处点进去是机场航图。

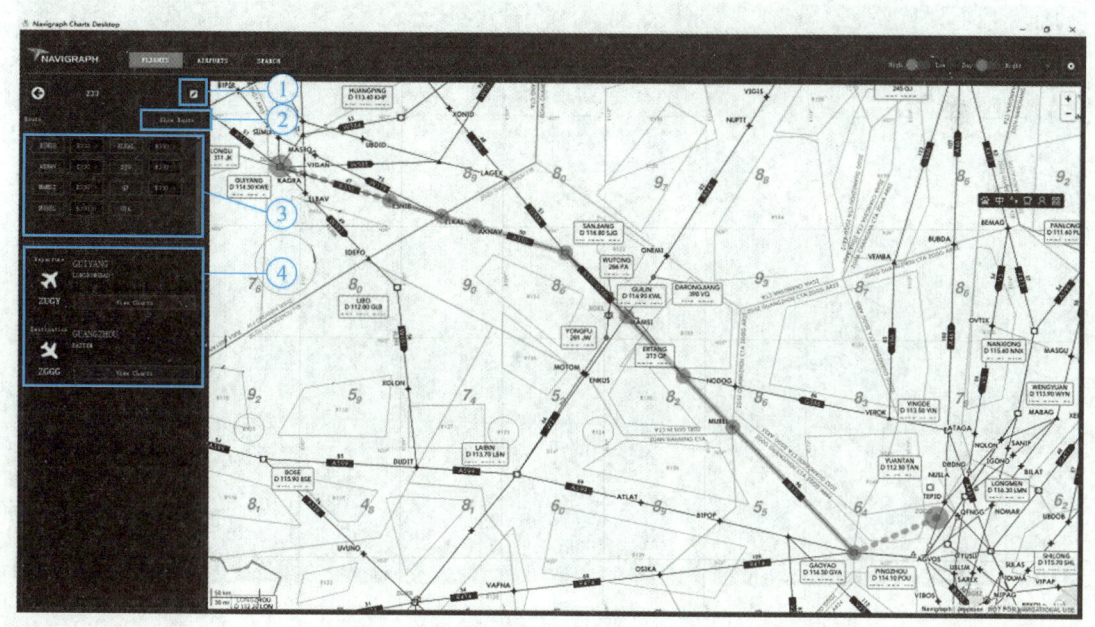

图 8.4.6　计划航路页面（白天模式）

计划航路页面夜间模式如图 8.4.7 所示。

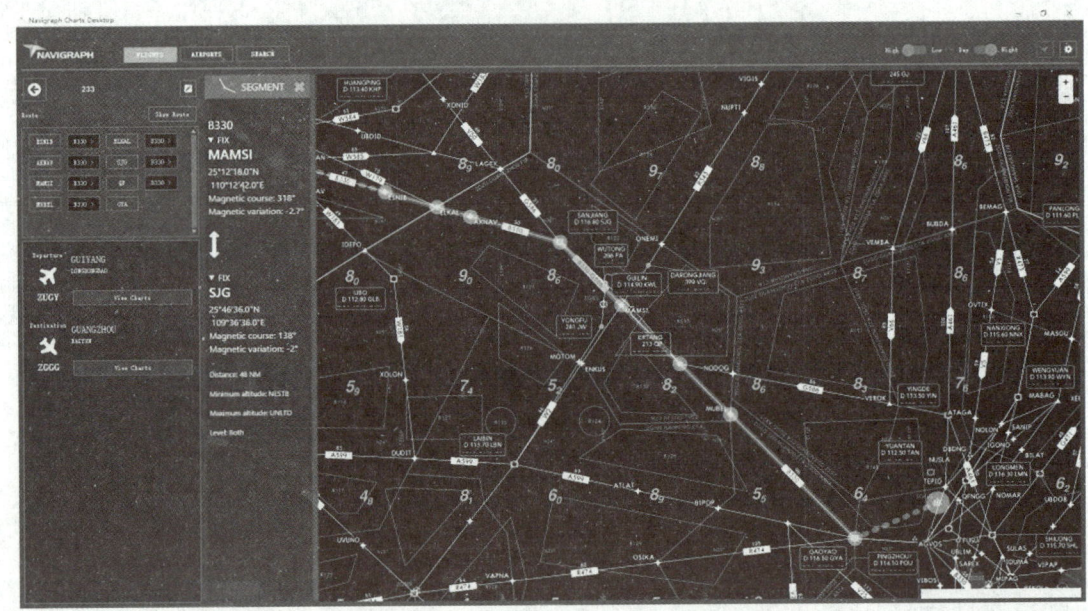

图 8.4.7 计划航路页面（夜间模式）

如图 8.4.8 所示，点进机场图，1 处 5 种航图类型 REF、STAR 进场程序，APP 跑道进近，TAXI 滑行信息，2 处航图页面选择，点白圈选航图可以出现在 4 区，以后可以快捷选出需要的航图。3 处的几个按钮：缩放旋转适配窗口宽度和窗口大小，还有打印航图。

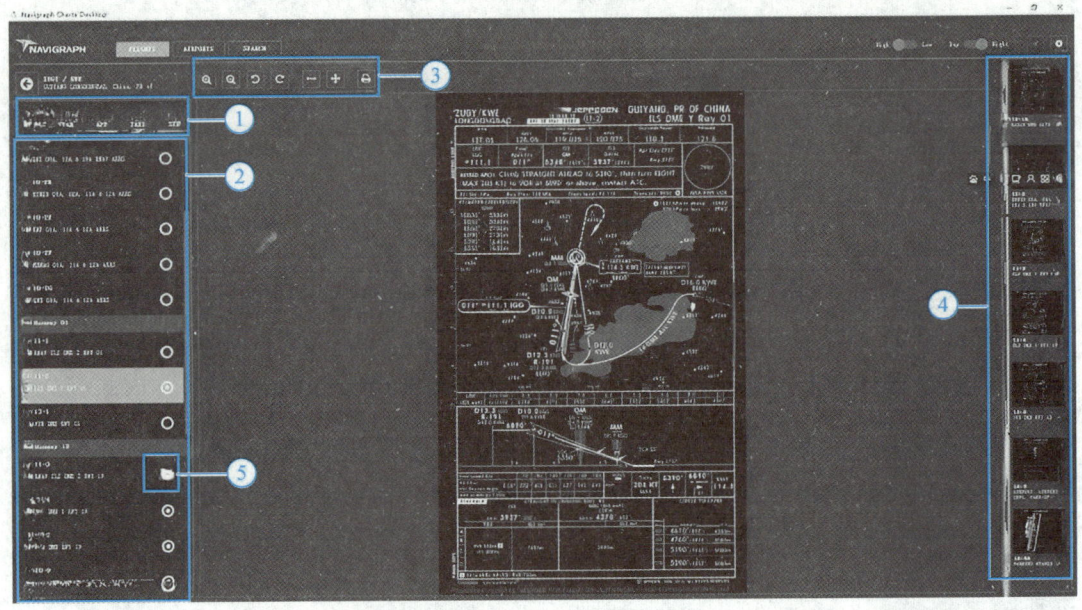

图 8.4.8 终端区信息页面

8.5 电子飞行包（EFB）

电子飞行包（Electronic Flight Bag，EFB）是一种适用于航空领域的电子设备，用于取代传统的纸质飞行手册和导航图表，如图 8.5.1 所示。它采用数字化技术，集成了多种功能，提供实时的飞行信息和操作帮助，为航空公司和机组人员提供了便利、提高了效率。

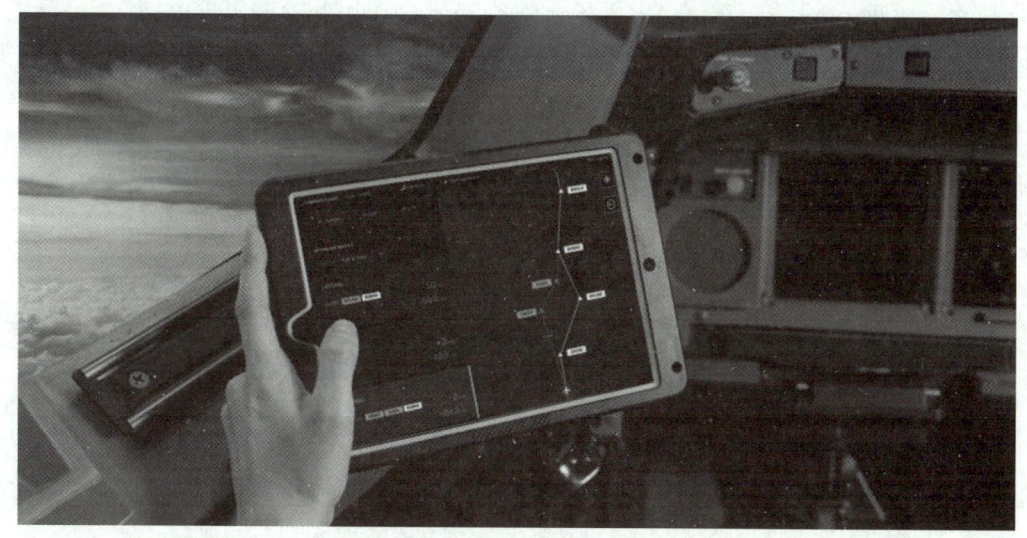

图 8.5.1　EFB 电子飞行包

8.5.1　EFB 的主要功能

（1）数字化飞行手册：EFB 电子飞行包可以存储、管理和更新航空公司的飞行手册，包括飞行操作手册、性能手册、应急程序等。机组人员可以随时查阅最新版本的手册，减少了传统纸质手册的繁琐更新和携带工作。

（2）导航图表和地图：EFB 电子飞行包内置了航空地图和导航图表，包括机场地图、航路图、星座图等。机组人员可以根据实际需要轻松查看和调整导航路径，为飞行操作提供准确和及时的信息。

（3）实时飞行监控：EFB 电子飞行包可以与飞机的导航系统和飞行数据系统进行连接，获取实时飞行相关数据。它可以显示飞机的飞行参数、位置信息、航迹等，并提供实时的地面和空中天气状况，帮助机组人员做出准确的飞行决策。

（4）性能计算和优化：EFB 电子飞行包具备性能计算和优化功能，可以根据当前的飞行情况和机型特性计算出最佳的起飞和着陆速度、燃油消耗、航程规划等。这为机组人员提供了有效的操作建议，帮助他们优化飞行计划，提高燃油效率和飞行安全性。

（5）无线通信和互联功能：EFB 电子飞行包支持无线通信，可以与地面调度员、机组成员和其他飞机进行实时通信。它还可以与其他系统和设备进行互联，如飞机导航系统、航班管理系统等，实现数据共享和集成化操作。

8.5.2　某航 EFB APP 页面介绍

2009 年 10 月 10 日，中国民航局飞标司下发了中国版的 EFB 咨询通告：AC-121-FS-2009-31 电子飞行包（EFB）的适航和运行批准指南。中国民航明确 EFB 定义：包含用于支持一定功能的软硬件，用于驾驶舱或客舱的电子显示系统。EFB 能显示多种航空信息数据或进行基本的计算（如性能数据、燃油计算等）。其中的一些功能传统上是使用纸质参考材料或是基于航空公司"飞行签派"向机组提供数据来完成的。EFB 的功能范围可包括各种数据库和应用程序。EFB 显示可以使用多种技术、格式和通信形式。协助运营人从传统使用的纸质格式过渡到电子格式，提供 EFB 适航和运行批准指南，为 EFB 的应用和批准提供指导。

（1）状态页面可以查看机组信息，航班信息等，如图 8.5.2 所示。

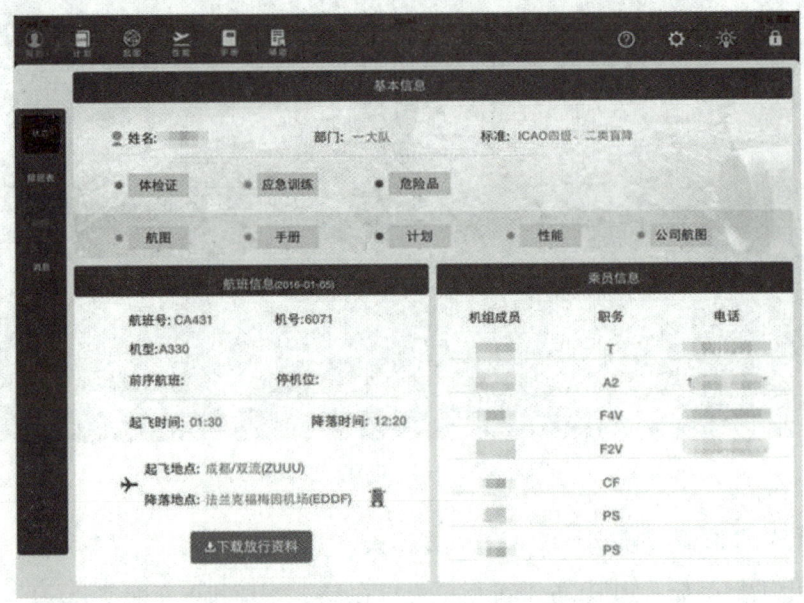

图 8.5.2　状态页面

（2）计划页面可以实现航路与天气图的叠加，如图 8.5.3 所示。

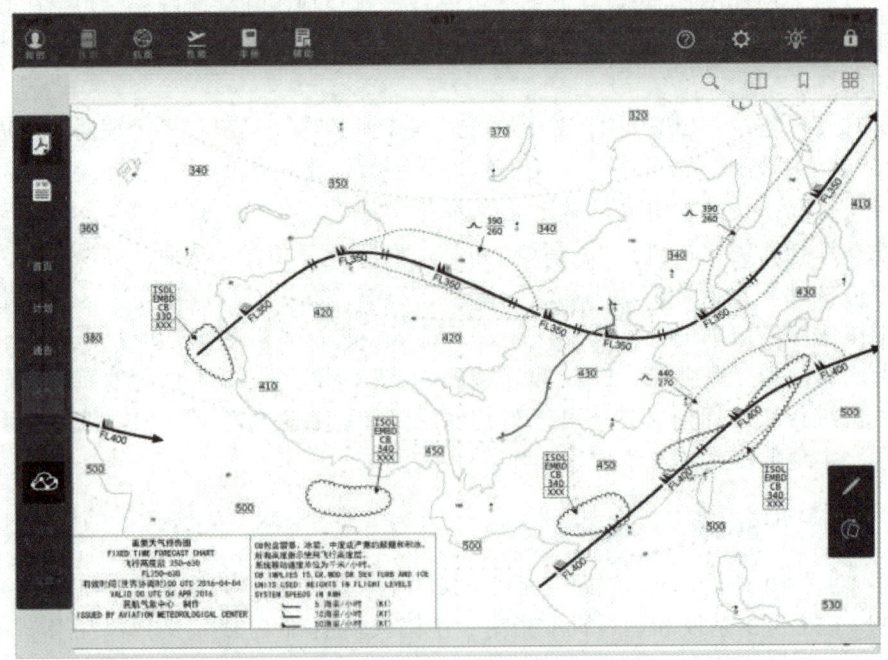

图 8.5.3　计划页面

（3）航图页面具备查询航路、测量、飘降和 ETOPS 等功能，如图 8.5.4 所示。

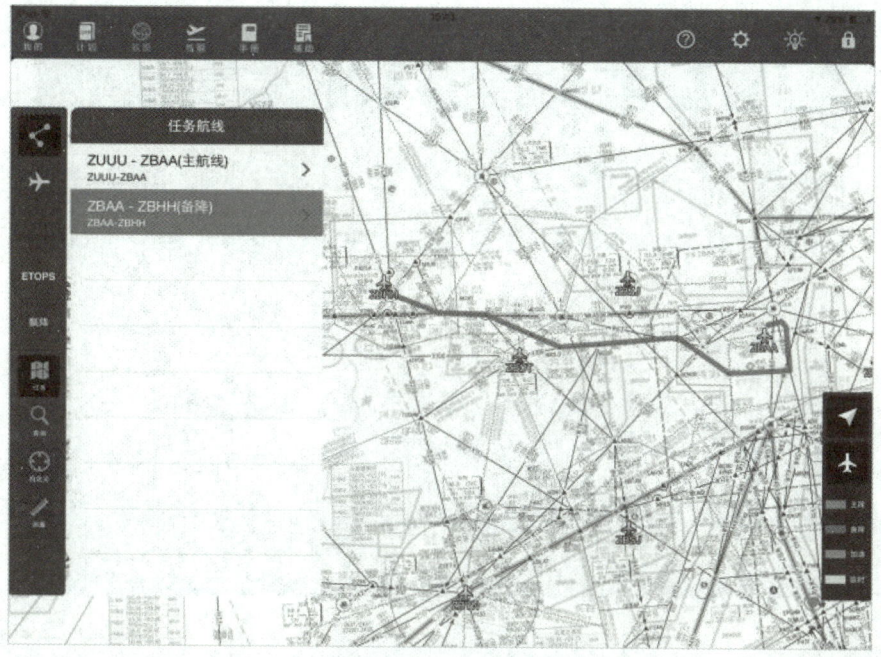

图 8.5.4　航图页面

（4）机场页面除了查看任务机场的航图外，还可以查看任意机场的航图信息，如图 8.5.5 所示。

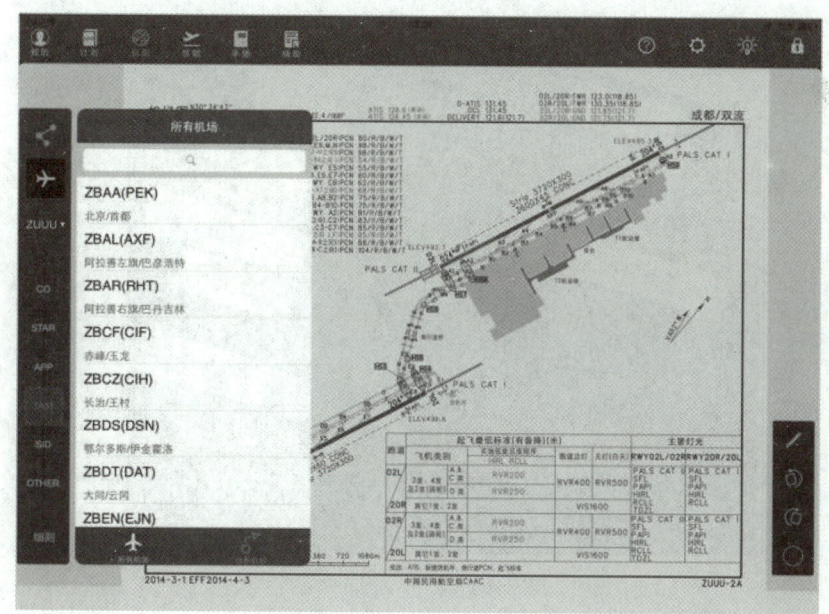

图 8.5.5　机场页面

8.5.3　EFB 的使用

在使用 EFB 之前，先将各种参数，如航路、油量、重量、外界温度和风向风速等各种参数通过 CDU（控制显示组件，图 8.5.6）输入至 FMC。

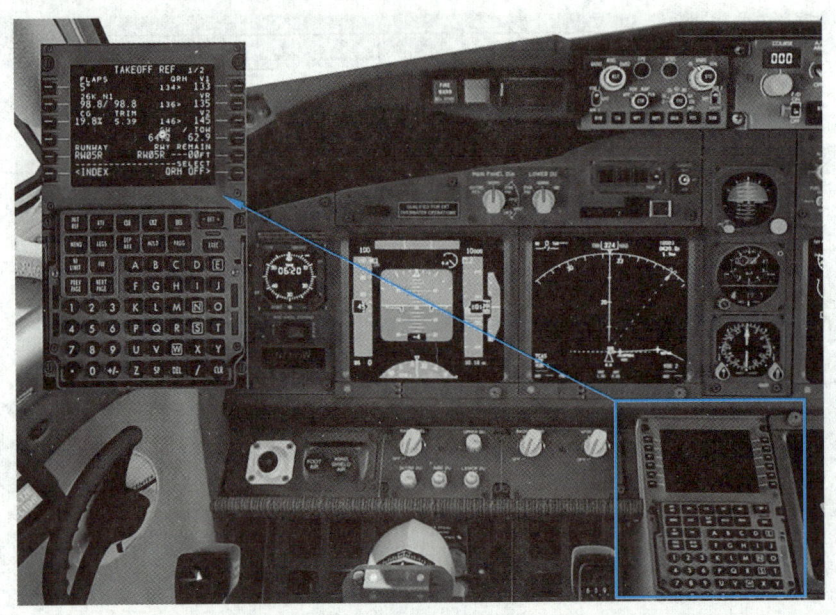

图 8.5.6 CDU

打开电子飞行包，首页中有多种使用功能，如查看机场图，终端区图和各种文件、视频，也可以进行起飞着陆性能的计算，还可以使用一些飞行员小工具等（图 8.5.7）。在使用前要初始化电子飞行包，即将刚刚输入的 FMC 中的数据引入电子飞行包。

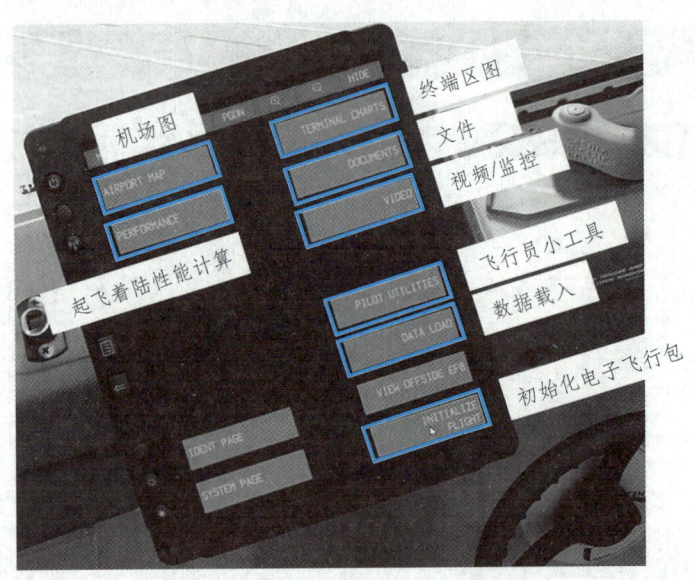

图 8.5.7 首页

1. 查看航图

首先点击"TERMINAL CHARTS"图标，如图 8.5.8 所示。

图 8.5.8 "TERMINAL CHARTS" 图标

然后输入起飞机场和目的地机场,如图 8.5.9 所示,起飞机场为 RCTP,目的地机场为 RJTT,输入完成后点击 "COMPLETE" 按钮进入下一页。

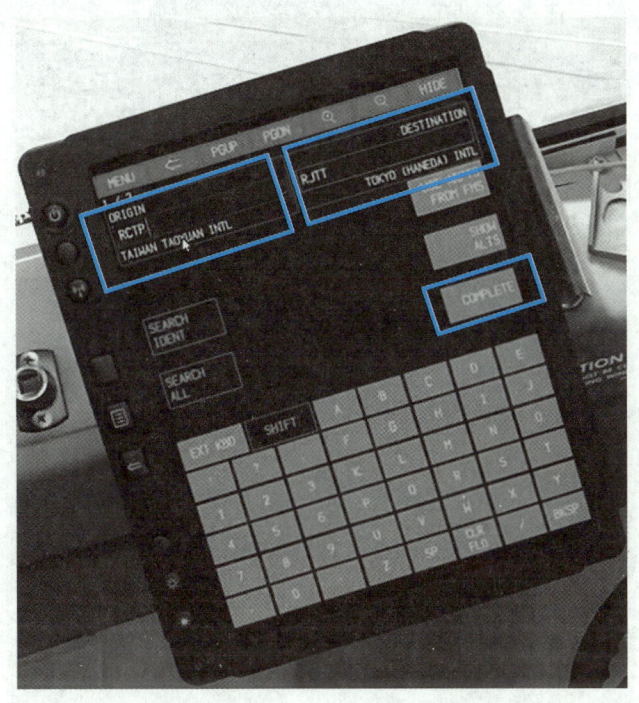

图 8.5.9 输入机场信息页面

在这一页可以查询各种终端区航图，若想查看 RCTP 机场图，点击图示图标即可，如图 8.5.10 所示。

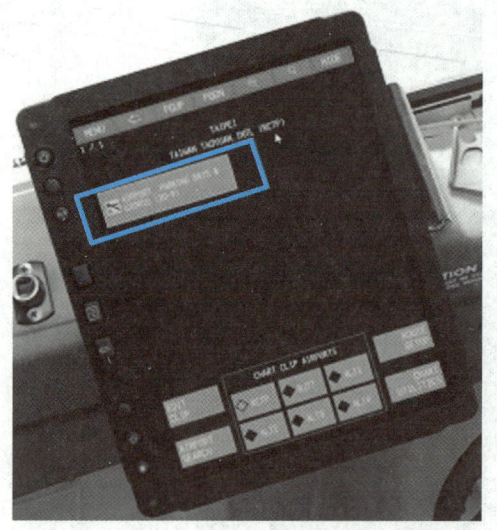 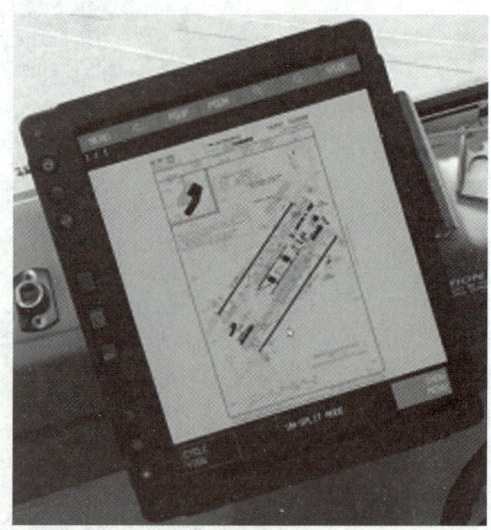

图 8.5.10　机场图

还可以点击"EDIT CLIP"按钮，查看详细说明的机场图、离场图、进场图和进近图等，如图 8.5.11 和图 8.5.12 所示。

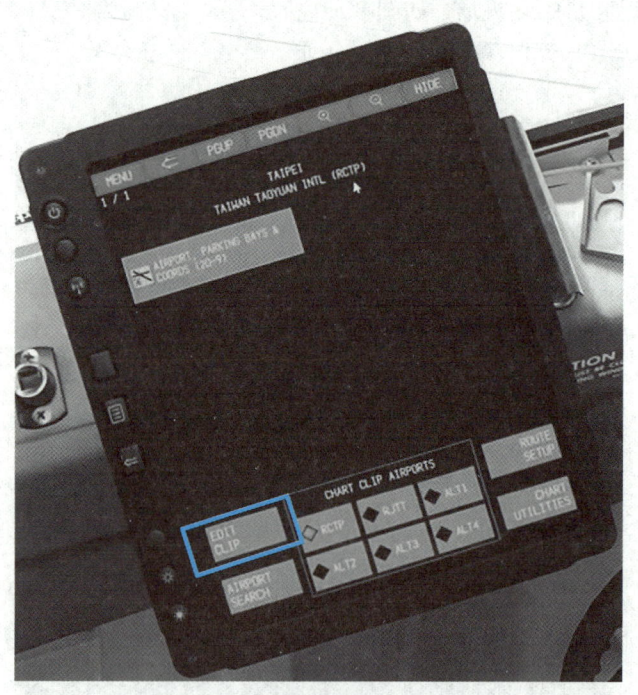

图 8.5.11　终端区航图查询页面

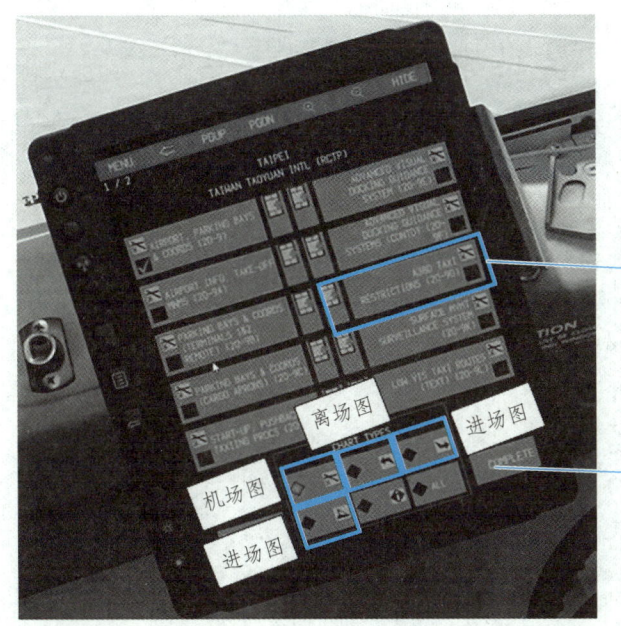

图 8.5.12 终端区航图示例

若要选择离场图,需要首先点击图示离场图按钮,再选择离场程序。假设选择离场程序为 HOLKA 离场程序,则需要选中该程序,再按"COMPLETE",即可出现该离场图(图 8.5.13 和图 8.5.14),想要查看其他终端区图的操作步骤则类似。

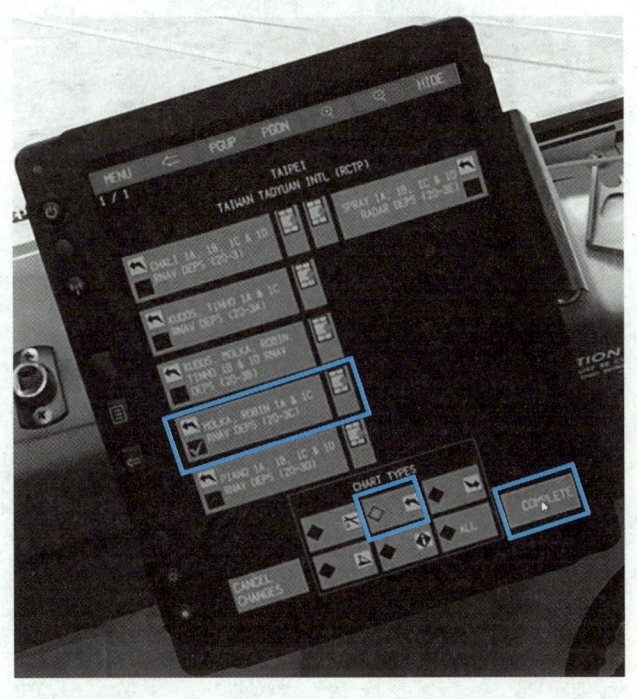

图 8.5.13 离场图页面

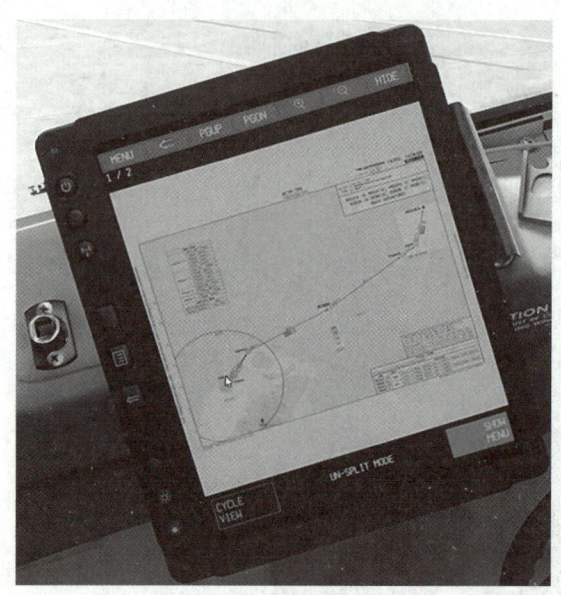

图 8.5.14 离场图示例

2. 储存文件

首先点击"DOCUMENT"图标，如图 8.5.15 所示。

图 8.5.15 "DOCUMENT"图标

接下来的页面将会显示你上传的各种文件，如航图文件、飞行计划文件等，如图 8.5.16 所示。

3. 起飞着陆性能的计算

首先点击首页中的"PERFORMANCE"图标，如图 8.5.17 所示。

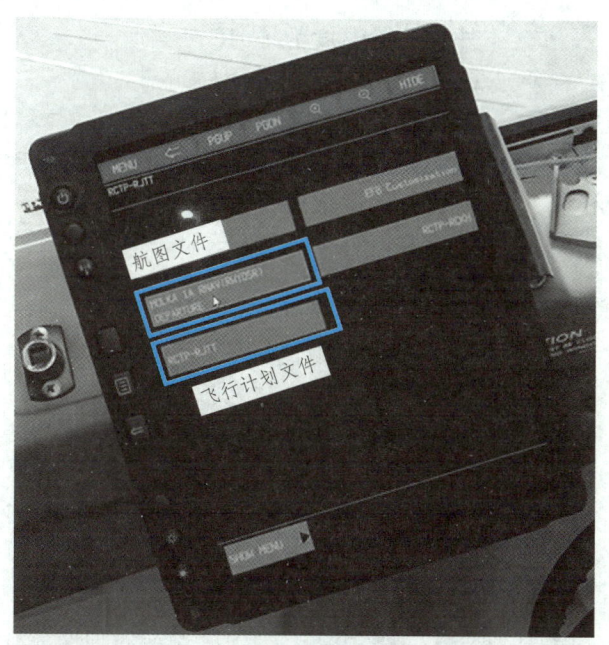

图 8.5.16　存储文件综合页面

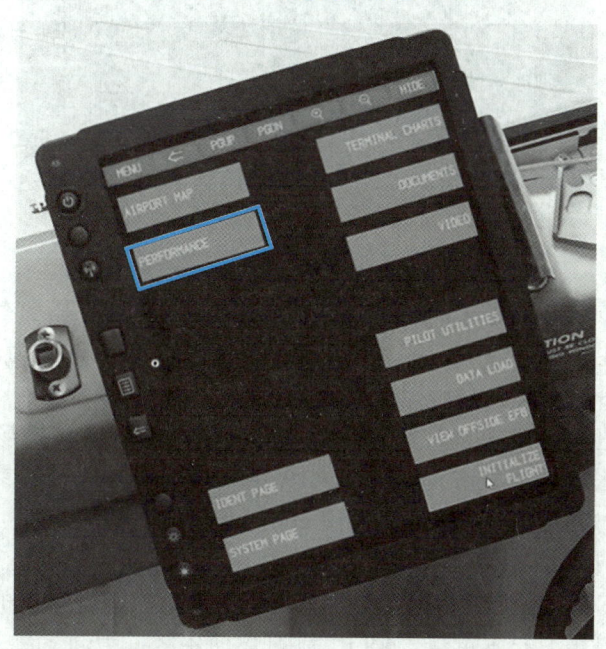

图 8.5.17　"PERFORMANCE" 图标

在之前执行过初始化电子飞行包的操作后，各种参数将自动显示。图 8.5.18 中各种参数代表的含义解释如下（从上至下，从左往右）。

ARPT：RCTP　　　　　　起飞机场为 RCTP 机场
RWY：05R　　　　　　　使用的跑道为 05 号右跑道
COND：DRY　　　　　　跑道道面是干跑道
WIND：60/18KT　　　　　风向是 60°风速为 18 节

OAT：19 °C　　　　　　外界环境温度为 19 °C
QNH：30.18INHG　　　QNH 为 30.18 英寸汞柱
Takeoff weight：138 700　起飞重量为 138 700 lb
CG（%）：19.8　　　　 重心位置为 19.8%
FLAP：OPTIMUM　　　 襟翼位置选取最优位置
A/C：ON　　　　　　 空调开
A/I：OFF　　　　　　 防冰关

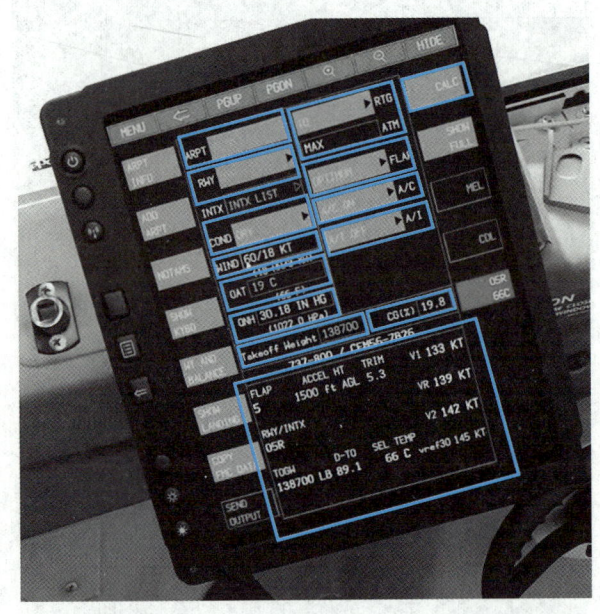

图 8.5.18　PERFORMANCE 示例

确定参数之后，点击右上角 CALC 图标进行计算，计算结果显示在下方的显示屏中，由显示屏中数据可知，在上述参数确定的环境和条件下起飞，襟翼选择为 5°，V1、VR 和 V2 设定值分别为 133 kt、139 kt 和 142 kt。

若要使用传统的性能计算表来计算起飞性能，首先需要找到该机场的起飞性能表，且确定符合各种参数下一张特定的表格，如图 8.5.19 起飞性能表所适合的参数为：干跑道，空调开，防冰关。若起飞时外界温度为 10°，选用 conf1+f 模式，静风，则可确定的最大起飞重量为 76.8 t，受到障碍物和刹车能量的限制，V1、VR 和 V2 分别为 159 kt、159 kt 和 164 kt。（若为湿跑道或者 QNH 不为 1 013 hPa，则需要对以上 4 个数据进行修正）若在该条件下，实际起飞重量是 75 t，小于最大起飞重量 76.8 t，则可以使用减推力起飞，其灵活温度为 36 °C，在 CDU 中输入 36 °C 即可得到对应的起飞推力。

EFB 能向飞行机组提供各种手册、文件、航图、航行通告和气象资料等航行信息的电子设备，其具备的基本的计算功能，并拥有的较强的功能拓展能力，使得实现"无纸化驾驶舱"成为可能。EFB 的推广和应用可以实现机载资料电子化，从而在降低运营成本、提升运行效率、提高飞行安全等方面起到不可替代的作用。近年来，EFB 技术已经成为航空新技术的潮流，国际各大航空公司纷纷开展机载资料电子化项目，加大投入并积极推广。波音、空客、杰普逊、丽都等航空公司相继开发推出新的 EFB 产品，同时越来越多的 EFB 应用也在持续开发中。新研发飞机都已标配 EFB，除具备 EFB 基本功能外还可以实现与机载信息的共享，完全实现"数字化驾驶舱"。随着我国 EFB 的成熟，以及科技的发展，我国在民航领域定会取得更加显著的成就，实现民航强国。

A319112 - JAA CFM56-5B6 engines	CHENGDU · SHUANGLIU CTU · ZUUU	02	26.0.2 21-APR-13 AD112C01 *V10
QNH 1013.25 HPA	Elevation 1616 FT TORA 3600 M		
Air cond. On	Isa temp 12 C TODA 3600 M		DRY
Anti-icing Off	rwy slope 0.07% ASDA 3600 M	2 obstacles	
All reversers inoperative Dry check			

OAT C	CONF 1+F			CONF 2		
	TAILWIND -10 KT	WIND 0 KT	HEADWIND 10 KT	TAILWIND -10 KT	WIND 0 KT	HEADWIND 10 KT
-5	75.0 4/6 151/52/57	77.5 2/4 161/61/67	78.1 2/4 165/65/70	74.7 2/4 153/53/58	76.1 2/4 163/63/68	76.3 2/4 165/65/70
0	74.7 4/6 149/51/56	77.3 2/4 161/61/66	77.9 2/4 165/65/69	74.4 2/4 151/52/57	76.0 2/4 162/62/67	76.3 2/4 165/65/70
5	74.4 4/6 148/50/55	77.1 4/6 161/61/65	77.7 2/4 164/64/68	74.1 4/6 150/51/56	75.8 2/4 161/61/66	76.1 2/4 164/64/69
10	74.4 4/6 147/49/54	76.8 4/6 159/59/64	77.4 2/4 163/63/68	73.8 4/6 149/50/55	75.6 2/4 160/60/65	76.0 2/4 164/64/68
15	73.6 4/6 146/48/53	76.4 4/6 158/58/63	77.2 2/4 162/62/67	73.5 4/6 148/49/54	75.4 2/4 160/60/64	75.8 2/4 163/63/67
20	73.3 4/6 145/47/52	76.1 4/6 156/57/62	76.9 2/4 161/61/66	73.2 4/6 147/48/53	75.2 2/4 159/59/63	75.6 2/4 162/62/66
25	72.9 4/6 144/46/51	75.7 4/6 155/56/61	76.5 2/4 159/60/64	72.9 4/6 146/47/52	75.0 4/6 158/58/63	75.4 2/4 161/61/65
30	72.5 4/6 143/45/50	75.4 4/6 154/55/60	76.2 4/6 158/58/63	72.5 4/6 145/46/51	74.7 4/6 157/57/62	75.2 2/4 160/60/65
32	72.4 4/6 143/45/50	75.2 4/6 154/55/60	76.1 4/6 157/58/63	72.4 4/6 144/46/50	74.6 4/6 156/57/61	75.1 2/4 160/60/64
34	72.2 4/6 142/44/49	75.1 4/6 153/54/59	75.9 4/6 157/58/63	72.3 4/6 144/46/50	74.5 4/6 156/56/61	75.0 2/4 160/60/64
36	72.1 4/6 142/44/49	75.0 4/6 153/54/59	75.8 4/6 156/57/62	72.2 4/6 143/45/50	74.4 4/6 155/56/60	74.9 2/4 159/59/64
38	72.0 4/6 142/44/48	74.9 4/6 152/54/59	75.7 4/6 156/57/62	72.1 4/6 143/45/49	74.3 4/6 155/55/60	74.9 4/6 159/59/63
40	71.9 4/6 141/43/48	74.8 4/6 152/53/58	75.6 4/6 156/56/61	72.0 4/6 142/45/49	74.2 4/6 154/55/59	74.8 4/6 158/59/63
	INFLUENCE OF RUNWAY CONDITION					
WET	-0.6 0 -6/ 0/ 0 (+40) -0.6 0 -6/ 0/ 0	-0.4 0 -7/ -1/ -1 (+40) -0.4 0 -7/ 0/ 0	-0.4 0 -6/ -1/ -1 (+40) -0.4 0 -6/ 0/ 0	-0.3 0 -7/ -1/ -1 (+40) -0.3 0 -7/ 0/ 0	-0.4 0 -9/ -2/ -2 (+40) -0.5 0 -8/ 0/ 0	-0.6 0 -8/ -1/ -1 (+40) -0.6 0 -8/ 0/ 0
D QNH HPA	INFLUENCE OF DELTA PRESSURE					
10.0	-0.5 0 0/ 0/ 0 (+40) -0.5 0 0/ 0/ 0	-0.5 0 0/ 0/ -1 (+40) -0.5 0 0/ 0/ 0	-0.5 0 0/ 0/ -1 (+40) -0.5 0 0/ 0/ 0	-0.5 0 0/ 0/ -1 (+40) -0.5 0 0/ 0/ 0	-0.4 0 0/ 0/ -1 (+40) -0.4 0 0/ 0/ 0	-0.4 0 -1/ -1/ -1 (+40) -0.4 0 0/ 0/ 0
-10.0	+0.2 0 0/ 0/ 0 (+40) +0.2 0 0/ 0/ 0	+0.3 0 0/ +1/ +1 (+40) +0.3 0 0/ 0/ 0	+0.3 0 0/ +1/ +1 (+40) +0.3 0 0/ +1/ +1	+0.2 0 0/ 0/ 0 (+40) +0.2 0 0/ 0/ 0	+0.2 0 0/ 0/ 0 (+40) +0.2 0 0/ 0/ 0	+0.3 0 0/ 0/ 0 (+40) +0.3 0 0/ 0/ 0

LABEL FOR INFLUENCE	MTOW(1000 KG) codes V1min/VR/V2 (kt)	VMC LIMITATION	Tref (OAT) = 42 C Tmax(OAT) = 51 C	Min acc height 434 FT Max acc height 1933 FT	Min QNH alt 2050 FT Max QNH alt 3549 FT

LIMITATION CODES:
1=1st segment 2=2nd segment 3=runway length 4=obstacles
5=tire speed 6=brake energy 7=max weight 8=final take-off 9=VMU

Min V1/VR/V2 = 109/14/20
CHECK VMU LIMITATION
Correct. V1/VR/V2 = 1.0 KT/1000 KG

湿跑道修正
QNH修正

图 8.5.19 案例

附 录

附录 1 缩略词

英文缩写	英文全称	中文全称
ADF	Automatic Direction Finder	自动定向仪
ADI	Attitude Director Indicator	姿态指引仪
AIP	Aeronautical Information Publication	航空资料汇编
ALS	Approach Lighting System	进近灯光系统
APCH	Approach	进近
APP	Approach Control	进近管制
ARP	Airport Reference Point	机场基准点坐标
ASD	AAccelerate Stop Distance Available	可用加速停止距离
ATC	Air Traffic Control	空中交通管制
ATIS	Automatic Terminal Information Service	自动终端情报服务
ATS	Air Traffic Services	空中交通服务
CAN	Aircraft Classification Number	飞机等级序号
CDFA	Continuous Descent Final Approach	连续下降最后进近
CWY	Clearway	净空道
DA/H	Decision Altitude/Height	决断高度高
D-ATIS	Data Link Automatic Terminal Information Service	数据链自动终端情报服务
DER	Departure End of the Runway	起飞跑道的离地端
DME	Distance Measuring Equipment	测距仪
FAF	Final Approach Fix	最后进近定位点

续表

英文缩写	英文全称	中文全称
FAP	Final Approach Point	最后进近点
GBAS	Ground Based Augmentation System	陆基增强系统
GLONASS	Global Orbiting Navigation Satellite System	全球轨道导航卫星系统
GND	Ground	地面
GNSS	Global Navigation Satellite System	全球卫星导航系统
GP	Glide Path	下滑台
GP INOP	Glide Path Inoperative	下滑台不工作
GPS	Global Positioning System	全球定位系统
HIALS	High Intensity Approach Lighting System	高强度进近灯系统
HIS	Horizontal Situation Indicator	水平状态指示仪
IAF	Initial Approach Fix	起始进近定位点
IAS	Indicated Air Speed	指示空速
ICAO	International Civil Aviation Organization	国际民用航空组织
IF	Intermediate Approach Fix	中间进近定位点
ILS	Instrument Landing System	仪表着陆系统
IM	Inner Marker	内指点标
LNAV	Lateral Navigation	水平导航
INS	Inertial Navigation System	惯性导航系统
IRS	Inertial Reference System	惯性基准系统
LDA	Landing Distance Available	可用着陆距离
LOC	Localizer	航向台
MAPt	Missed Approach Point	复飞点
MDA/H	Minimum Descent Altitude/Height	最低下降高度高
MEA	Minimum Enroute Altitude	最低航路高度
MIALS	Medium Intensity Approach Lighting System	中强度进近灯系统
MLS	Microwave Landing System	微波着陆系统
MM	Middle Marker	中指点标
MOCA	Minimum Obstacle Clearance Altitude	最低超障高度
MSA	Minimum Sector Altitude	最低扇区高度
NAIP	National Aeronautical Information Publication	国内航空资料汇编

续表

英文缩写	英文全称	中文全称
NDB	Non-Directional Beacon	无方向性信标台
NPA	Non-precision Approach	非精密进近
OM	Outer Marker	外指点标
PA	Precision Approach	精密进近
PAR	Precision Approach Radar	精密进近雷达
PBN	Performance-Based Navigation	基于性能导航
PCN	Pavement Classification Number	道面等级序号
RNAV	Area Navigation	区域导航
RNP	Required Navigation Performance	所需导航性能
RTZL	Runway Touchdown Zone Lights	跑道接地地带灯
RVR	Runway Visual Range	跑道视程
SDF	Step Down Fix	梯级下降定位点
SID	Standard Instrument Departure	标准仪表离场图
STAR	Standard Instrument Arrival	标准仪表进场图
SWY	Stopway	停止道
TA	Transition Altitude	过渡高度
TL	Transition Height	过渡高度层
TODA	Take off Distance Available	可用起飞距离
TORA	Take off Run Available	可用起飞滑跑距离
TWR	Aerodrome Control Tower	机场管制塔台
VAR	Magnetic Variation	磁差
VHF	Very High Frequency	甚高频
VIS	Visibility	能见度
VORVHF	Omnidirectional Radio Range	甚高频全向信标台
VNAV	Vertical Navigation	垂直导航

附录 2　公英制单位换算

1 in = 25.4 mm
1 ft = 0.304 8 m
1 mile = 1 609 km
1 NM = 1 852 km
1 lb = 0.453 6 kg
1 kt = 1.852 km/h

参考文献

[1] 国际民航组织. 国际民用航空公约附件4 航图[R]. 2013.
[2] 中国民用航空局. 民用航空仪表航路图及区域图编绘规范[S]. WM-TM-2021-002.
[3] 中国民用航空局. 民用航空图编绘规范[S]. MH/T 4019—2012.
[4] 中国民用航空局. 航空器运行目视和仪表飞行程序设计规范[S]. AC-97-FS-005R1.
[5] 中国民用航空局. 民用航空图编绘图式[S]. IB-TM-2015-004.
[6] 中国民用航空局. 中华人民共和国航空资料汇编[S]. MH/T 4047-2017.
[7] 方学东, 由扬. 杰普逊航图教程[M]. 北京：中国民航出版社, 2008.
[8] 张涣. 仪表飞行程序[M]. 成都：西南交通大学出版社, 2004.
[9] 朱代武, 何光勤. 目视和仪表飞行程序设计[M]. 成都：西南交通大学出版社, 2013.
[10] ICAO. Doc 8168, Procedures for Air Navigation Services—Aircraft Operation Volume Ⅱ, Construction of Visual and Instrument Flight Procedure [M]. 2014.
[11] ICAO. Doc 9613—Performance Based Navigation（PBN）Manual（FourthEdition）[M]. 2013.
[12] 陶媚. 航图[M]. 北京：清华大学出版社, 2022.
[13] 李明娟. 杰普逊航图及应用[M]. 北京：北京航空航天大学出版社, 2020.
[14] 罗智. 波音杰普逊 FliteDeck Pro 导航应用程序[EB/OL]. https://www.bilibili.com/read/cv845930/, 2020.
[15] 郭庆叶. ForeFlight 在飞行中的实用性研究[J]. 甘肃科技, 2016, 32（3）：46-48.